现代数学基础丛书·典藏版 12

微分方程定性理论

张芷芬 丁同仁
黄文灶 董镇喜 著

科学出版社
北京

内 容 简 介

本书是作者在常微分方程定性理论的多年教学和科研工作的基础上写成的,着重介绍平面定性理论的主要内容和方法,重点是:平面奇点,极限环的存在,唯一性及个数,无穷远奇点,二维周期系统的调和解,环面上的常微系统,二维流形上的结构稳定性.本书各章均附有习题.

本书可供大学数学系高年级学生及研究生阅读,也可供教师和科研人员参考.

图书在版编目(CIP)数据

微分方程定性理论／张芷芬等著.—北京:科学出版社, 1981.11 (2016.6 重印)

(现代数学基础丛书·典藏版; 12)

ISBN 978-7-03-005991-8

Ⅰ.①微… Ⅱ.①张… Ⅲ.①微分方程－定性理论 Ⅳ.①O175

中国版本图书馆 CIP 数据核字（2016）第 112491 号

责任编辑:张鸿林／责任校对:钟 洋
责任印制:赵 博／封面设计:黄华斌

科学出版社 出版
北京东黄城根北街 16 号
邮政编码:100717
http://www.sciencep.com

北京凌奇印刷有限责任公司印刷

科学出版社发行 各地新华书店经销

*

1981 年 11 月第 一 版 开本:B5(720×1000)
2025 年 1 月印 刷 印张:27 1/4
字数:500 000

定价:198.00 元

(如有印装质量问题,我社负责调换)

序　　言

本书是根据 20 世纪 60 年代以来我们在北京大学数学系开设的常微分方程定性理论课所用的讲义编写成的. 它可作为综合性大学、师范院校、工科大学有关专业的高年级大学生和研究生的专门化课程的教材.

由常微分方程来直接研究和判断解的性质，这是常微分方程定性理论的基本思想. 这种思想在基础课中已经有过，Sturm 振动定理就是一例. 定性理论在常微分方程的研究中往往有其独到的功能. 当前由于电子计算机的出现，给定性理论研究提供了有力的工具，同时定性理论分析往往给数字计算提供了理论依据. 常微分方程定性理论从 H. Poincaré 发表的奠基性工作“微分方程所定义的积分曲线”起，一百年来得到了蓬勃的发展，它已成为从事许多学科和尖端技术(包括自动控制理论，航天技术，生物科学，经济学等)研究的不可缺少的数学工具，并且定性的思想和技巧已逐渐渗透到其他数学分支，例如偏微分方程等.

在二维系统特别是平面系统方面，定性理论的发展比较完整. 本书基本上是根据上述 H. Poincaré 的名著中所涉及到的几个问题，对平面或二维系统的有关成果力图作一较为完整的介绍.

本书第一章 § 1, § 2 讲的是常微分方程解的存在性、唯一性、解对初值的连续依赖性等问题，它是全书的基础. 鉴于当前动力系统的符号和概念被广泛使用，在 § 3 中我们介绍了拓扑动力系统一些最基础的知识，以及平面动力系统的主要结果. 但这一部分最基本的事实是 Poincaré-Bendixson 环域定理. 讲授时可将这部分移到后面，也可适当精简，只要能证明环域定理就可以了. 第二章讲奇点，基本问题是：在什么条件下原方程及其相应的线性方程在奇点附近有相同的拓扑结构或定性结构，以及在一些临界情形下奇点的性质. 对平面系统来说，这个问题解决得较为彻底. 第三章讲平面奇点指数，其中 § 3 是奇点指数的有理计算. 第四章论述极限环，特别是极限环的存在性、唯一性、个数、二次系统的极限环个数等方面，力图反映当前国内外的最新成果. 第五章讨论无穷远奇点，为了研究系统的积分曲线的全局结构，往往必须研究系统的无穷远奇点. 第六章讨论周期微分方程的调和解，它是属于非线性振动理论的基础知识.

前六章是本书的基本内容. 如果是一学期的课程，则可在前六章中选取一些内容. 如果是一年的课程，则第七章环面上的常微系统和第八章结构稳定性理论都是很重要的部分.

为了便于学生自学以及启发学生对此理论的兴趣，我们尽量介绍定性理论中最典型和最常用的方法和技巧，同时也尽量介绍有关内容的当前最新成果，此外为了便于读者的学习，我们在书中还列举了一些例子，每节后面都配有习题.

书中打符号“ * ”的章节乃是进一步的要求，初学时可略过.

本书第一章到第五章是张芷芬撰写或修改定稿的，其中第三章是张芷芬在高维新所写初稿基础上编写成的；第四章 §6 和第五章 §3 是索光俭提供初稿，由张芷芬改写成的. 第六章是丁同仁撰写的，第一章 §1，§2 和第七章是黄文灶编写的，第八章是董镇喜撰写的.

余澍祥，高维新，何启敏，高素志，陈平尚，曾宪武，王裕民，李承治，丁大正，王铎，丁伟岳，王鹏远等还帮助和审查过本书的某些章节. 曾试用过北大所编定性理论讲义的黄启宇、王克、马知恩、蔡燧林、徐世龙，都长青，俞伯华，马遵路等和参加过北大定性理论讨论班的人员，都对本书提出过很多宝贵意见. 本书在写作过程中得到了廖山涛教授的热情关怀，他还对第五章及第八章的有关内容提出过宝贵意见，叶彦谦教授在审查本书过程中从文字到内容提出了很多中肯的意见和有益的建议. 在此对他们一并致以谢意.

限于我们的知识水平，书中难免有错误及不妥之处，请读者批评指正.

作　者

于 1985 年 5 月

目　录

第一章　基本定理

本章介绍关于微分方程的解的一些基本定理,这是常微分方程一般理论的基础.

§1. 解的存在性、唯一性及对初值(或参数)的依赖性

定理 1.1　考虑 Cauchy 问题(E):

$$\begin{cases}\dfrac{d\boldsymbol{x}}{dt}=\boldsymbol{f}(t,\boldsymbol{x}),\\ \boldsymbol{x}(t_0)=\boldsymbol{x}_0,\end{cases}\tag{1.1}$$

其中 $\boldsymbol{x}$ 是 $\mathbf{R}^n$ 中的向量,$\boldsymbol{f}(t,\boldsymbol{x})$是实变量 t 和 n 维向量 $\boldsymbol{x}$ 的 n 维向量值函数;又设 $\boldsymbol{f}(t,\boldsymbol{x})$在闭区域 G:

$$|t-t_0|\leqslant a,\ \|\boldsymbol{x}-\boldsymbol{x}_0\|\leqslant b,$$

上连续,并且对 $\boldsymbol{x}$ 适合 Lipschitz 条件:

$$\|f(t,\boldsymbol{x}_1)-f(t,\boldsymbol{x}_2)\|\leqslant L\|\boldsymbol{x}_1-\boldsymbol{x}_2\|,$$
$$(t,\boldsymbol{x}_i)\in G,\ \boldsymbol{i}=1,2,\tag{1.2}$$

其中 Lipschitz 常数 $L>0$. 令

$$M=\max_G\|\boldsymbol{f}(t,\boldsymbol{x})\|,\ h=\min\left(a,\frac{b}{M}\right).\tag{1.3}$$

那么 Cauchy 问题(E)在区间 $|t-t_0|\leqslant \boldsymbol{h}$ 上有一个解 $\boldsymbol{x}=\boldsymbol{\varphi}(t)$,并且它是唯一的.

证明　我们分以下五个步骤证明之.

(一) Cauchy 问题(E)等价于积分方程

$$\boldsymbol{x}=\boldsymbol{x}_0+\int_{t_0}^{t}\boldsymbol{f}(t,\boldsymbol{x})dt.\tag{1.4}$$

事实上,令 $\boldsymbol{x}=\boldsymbol{\varphi}(t)$是 Cauchy 问题(E)的解,于是由(1.1)对 t 积分便有

$$\boldsymbol{\varphi}(t)=\boldsymbol{C}+\int_{t_0}^{t}\boldsymbol{f}(t,\boldsymbol{\varphi}(t))dt,$$

再由初值条件(1.2)确定 $\boldsymbol{C}=\boldsymbol{x}_0$,因此 $\boldsymbol{x}=\boldsymbol{\varphi}(t)$是(E)的解.

反之,设 $\boldsymbol{x}=\boldsymbol{\varphi}(t)$是积分方程(1.4)的解,从(1.4)可知 $\boldsymbol{\varphi}(t)$是连续的,从而 $\boldsymbol{f}(t,\boldsymbol{\varphi}(t))$也是连续的,因此,$\boldsymbol{\varphi}(t)$是可微的;于是,对积分方程(1.4)的两侧对 t 求导数,便得到

$$\boldsymbol{\varphi}'(t) = \boldsymbol{f}(t, \boldsymbol{\varphi}(t)).$$

并且由(1.4)可见 $\boldsymbol{x} = \boldsymbol{\varphi}(t)$满足初值条件

$$\boldsymbol{\varphi}(t_0) = \boldsymbol{x}_0,$$

即 $\boldsymbol{\varphi}(t)$是 Cauchy 问题(E)的解.

(二) 作(1.4)的 Picard 近似解序列$\{\boldsymbol{\varphi}_n(t)\}$

令 $\boldsymbol{\varphi}_0(t) \equiv \boldsymbol{x}_0$,

$$\boldsymbol{\varphi}_1(t) = \boldsymbol{x}_0 + \int_{t_0}^{t} \boldsymbol{f}(t, \boldsymbol{x}_0) dt, \ |t - t_0| \leqslant h. \tag{1.5}$$

则

$$\| \boldsymbol{\varphi}_1(t) - \boldsymbol{\varphi}_0(t) \| \leqslant \left| \int_{t_0}^{t} \| \boldsymbol{f}(t, \boldsymbol{x}_0) \| dt \right| \leqslant M \cdot |t - t_0| \leqslant b. \tag{1.6}$$

当 $\boldsymbol{x}$ 是一维时,图形如图 1.1:

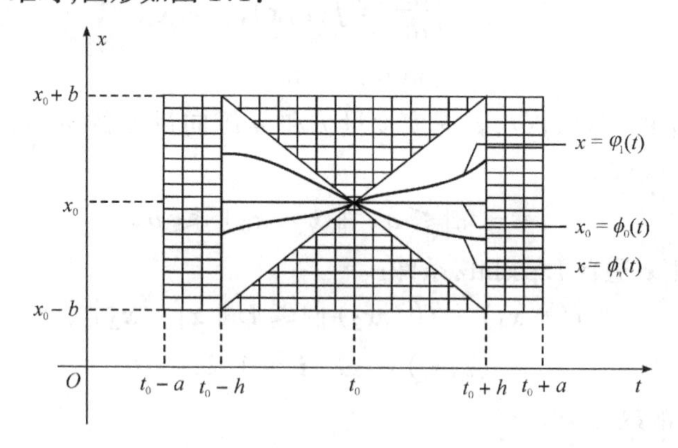

图 1.1

我们可以采用归纳的程序:设已得第 n 次近似解为

$$\boldsymbol{\varphi}_n(t) = \boldsymbol{x}_0 + \int_{t_0}^{t} \boldsymbol{f}(t, \boldsymbol{\varphi}_{n-1}(t)) dt, \tag{1.7}$$

而且当$|t - t_0| \leqslant h$ 时,我们有

$$\| \boldsymbol{\varphi}_n(t) - \boldsymbol{x}_0 \| \leqslant b.$$

令第 $n+1$ 次近似解为

$$\boldsymbol{\varphi}_{n+1}(t) = \boldsymbol{x}_0 + \int_{t_0}^{t} \boldsymbol{f}(t, \boldsymbol{\varphi}_n(t)) dt, \tag{1.8}$$

则当$|t - t_0| \leqslant h$ 时,我们有

$$\begin{aligned} \| \boldsymbol{\varphi}_{n+1}(t) - \boldsymbol{x}_0 \| &\leqslant \left\| \int_{t_0}^{t} \boldsymbol{f}(t, \boldsymbol{\varphi}_n(t)) dt \right\| \\ &\leqslant M \cdot |t - t_0| \leqslant Mh \leqslant b, \ n = 1,2,3,\cdots. \end{aligned}$$

(三) 序列$\{\boldsymbol{\varphi}_n(t)\}$的一致收敛性

由于$\{\boldsymbol{\varphi}_n(t)\}$的收敛问题等价于级数

$$\boldsymbol{\varphi}_0(t)+[\boldsymbol{\varphi}_1(t)-\boldsymbol{\varphi}_0(t)]+[\boldsymbol{\varphi}_2(t)-\boldsymbol{\varphi}_1(t)] +\cdots+[\boldsymbol{\varphi}_n(t)-\boldsymbol{\varphi}_{n-1}(t)]+\cdots \tag{1.9}$$

的收敛问题,我们只要证明(1.9)的一致收敛性即可.

首先证明(1.9)的一般项满足

$$\|\boldsymbol{\varphi}_n(t)-\boldsymbol{\varphi}_{n-1}(t)\|\leqslant\frac{M}{L}\frac{(L|t-t_0|)^n}{n!},\quad n=1,2,3,\cdots. \tag{1.10}$$

由(1.6)可知(1.10)对$n=1$成立.现设不等式(1.10)对$n=m$成立,则我们有下述不等式:

$$\begin{aligned}&\|\boldsymbol{\varphi}_{m+1}(t)-\boldsymbol{\varphi}_m(t)\|\\&=\left\|\int_{t_0}^t(\boldsymbol{f}(t,\boldsymbol{\varphi}_m(t))-\boldsymbol{f}(t,\boldsymbol{\varphi}_{m-1}(t)))dt\right\|\\&\leqslant L\cdot\left|\int_{t_0}^t\|\boldsymbol{\varphi}_m(t)-\boldsymbol{\varphi}_{m-1}(t)\|dt\right|\\&\leqslant\frac{M}{L}\frac{(L|t-t_0|)^{m+1}}{(m+1)!}.\end{aligned}$$

由此可知不等式(1.10)对所有正整数n都成立.所以当$|t-t_0|\leqslant h$时,我们得到

$$\|\boldsymbol{\varphi}_n(t)-\boldsymbol{\varphi}_{n-1}(t)\|\leqslant\frac{M}{L}\frac{(Lh)^n}{n!}. \tag{1.11}$$

由 Weierstrass 判别法推出级数(1.9)是一致收敛的,从而序列$\{\boldsymbol{\varphi}_n(t)\}$一致收敛.令$\lim\limits_{n\to\infty}\boldsymbol{\phi}_n(t)=\boldsymbol{\phi}(t)$,则$\boldsymbol{x}=\boldsymbol{\phi}(t)$连续,且$\|\boldsymbol{\phi}(t)-\boldsymbol{x}_0\|\leqslant b(|t-t_0|\leqslant h)$.

(四) 证明$\boldsymbol{x}=\boldsymbol{\varphi}(t)$是积分方程(1.4)的解

令$n\to+\infty$,由(1.8)得

$$\boldsymbol{\varphi}(t)=\boldsymbol{x}_0+\lim_{n\to\infty}\int_{t_0}^t\boldsymbol{f}(t,\boldsymbol{\varphi}_n(t))dt. \tag{1.12}$$

因此,归结于证明

$$\lim_{n\to+\infty}\int_{t_0}^t\boldsymbol{f}(t,\boldsymbol{\varphi}_n(t))dt=\int_{t_0}^t\boldsymbol{f}(t,\boldsymbol{\varphi}(t))dt. \tag{1.13}$$

任给定$\varepsilon>0$,可找到$N=N(\varepsilon)>0$,使得当$|t-t_0|\leqslant h$,便有不等式

$$\|\boldsymbol{\varphi}_n(t)-\boldsymbol{\varphi}(t)\|\leqslant\frac{\varepsilon}{Lh},\quad 只要\ n\geqslant N.$$

因此,当$n\geqslant N$时,对$|t-t_0|\leqslant h$,我们有

$$\left\|\int_{t_0}^t\boldsymbol{f}(t,\boldsymbol{\varphi}_n(t))dt-\int_{t_0}^t\boldsymbol{f}(t,\boldsymbol{\varphi}(t))dt\right\|$$

$$\leqslant L\left|\int_{t_0}^{t}\|\boldsymbol{\varphi}_n(t)-\boldsymbol{\varphi}(t)\|dt\right|$$

$$\leqslant L\cdot\frac{\varepsilon}{L\cdot h}h=\varepsilon,$$

即(1.13)成立.因此由(1.12)和(1.3),可见 $\boldsymbol{x}=\boldsymbol{\varphi}(t)$ 是积分方程(1.4)的一个解($|t-t_0|\leqslant h$).

(五) 最后证明(1.4)的解的唯一性

事实上,设 $\boldsymbol{x}=\boldsymbol{\varphi}(t)$ 与 $\boldsymbol{x}=\psi(t)$ 是(1.4)的两个解,即

$$\boldsymbol{\varphi}(t)=\boldsymbol{x}_0+\int_{t_0}^{t}\boldsymbol{f}(t,\boldsymbol{\varphi}(t))dt,$$

与

$$\psi(t)=\boldsymbol{x}_0+\int_{t_0}^{t}\boldsymbol{f}(t,\psi(t))dt$$

两式相减,再利用 Lipschitz 条件,我们得到

$$\|\boldsymbol{\varphi}(t)-\psi(t)\|\leqslant L\cdot\left|\int_{t_0}^{t}\|\varphi(t)-\psi(t)\|dt\right|. \tag{1.14}$$

令

$$g(t)=\int_{t_0}^{t}\|\boldsymbol{\varphi}(t)-\psi(t)\|dt,\ t\geqslant t_0.$$

于是当 $t\geqslant t_0$ 时,$g(t)\geqslant 0$,而且(1.14)转化为

$$g'(t)\leqslant L\cdot g(t), \tag{1.15}$$

于是

$$(e^{-L(t-t_0)}\cdot g(t))'\leqslant 0,$$

因而

$$e^{-L\cdot(t-t_0)}\cdot g(t)\leqslant g(t_0)=0.$$

由此推出

$$g(t)\equiv 0,\ t\geqslant t_0,$$

即

$$\boldsymbol{\varphi}(t)\equiv\psi(t),\ t\geqslant t_0.$$

同法可证:当 $t\leqslant t_0$ 时,$\boldsymbol{\varphi}(t)\equiv\psi(t)$.

总结以上各步骤,定理证毕.】

附注1 定理1.1的证明是古典的,但可以抽象为泛函分析中的不动点定理.等式

$$\psi(t)=x_0+\int_{t_0}^{t}f(t,\varphi(t))dt,|t-t_0|\leqslant h,$$

定义了一个从连续函数 $\phi(t)$ 到连续函数 $\psi(t)$ 的变换,可简写为

$$\psi = T(\varphi).$$

若 $T(\varphi)=\varphi$,则称 φ 为变换 T 的不动点. 显然(1.4)的解就是变换 T 的不动点. 近代泛函分析中有各式各样的不动点定理,现介绍其中一个最简单的,称为压缩映像原理.

设 D 是 Banach 空间 $\mathscr{B}$ 的一个非空闭子集,T 是从 D 到 D 自身的映像,即对每一个 $\psi\in D$,有 $T(\psi)\in D$. 又存在常数 k,$0\leqslant k<1$,使对 D 中任何两点 ψ_1,ψ_2,都有不等式

$$\| T(\psi_2) - T(\psi_1) \| \leqslant k \| \psi_2 - \psi_1 \| .$$

则在 D 中存在唯一的一个点 ψ^*,使得 $T(\psi^*)=\psi^*$.

现在我们用上述压缩映象原理来证明定理(1.1). 取 $\mathscr{B}$ 为定义在区间 $|t-t_0|\leqslant h^*$ 上的一切连续函数所成的空间,取 D 为定义在 $|t-t_0|\leqslant h^*$ 上 $\left(0<h^*<\min\left(h,\dfrac{1}{L}\right)\right)$ 而图象包含在 G 中(见定理 1.1 的条件)的一切连续函数所组成的集合. 如果 $\psi(t)\in D$,定义

$$T(\psi) = x_0 + \int_{t_0}^{t} f(\xi,\psi(\xi))d\xi,$$

则

$$\begin{aligned}\| T(\psi) - x_0 \| &\leqslant \left\| \int_{t_0}^{t} f(\xi,\psi(\xi))d\xi \right\| \\ &\leqslant M|t-t_0| \leqslant Mh \leqslant b,\end{aligned}$$

即 $T(\psi)\in D$. 其次设 $\psi_1,\psi_2\in D$,于是

$$\begin{aligned}\| T(\psi_1) - T(\psi_2) \| &\leqslant \left| \int_{t_0}^{t} \| f(t,\psi_1) - f(t,\psi_2) \| dt \right| \\ &\leqslant L\cdot h^* \| \psi_1 - \psi_2 \| \\ &= K \| \psi_1 - \psi_2 \| \quad (K = Lh^* < 1).\end{aligned}$$

故由压缩映象原理,有唯一的不动点 ψ^*,使 $T(\psi^*)=\psi^*$,即

$$\psi^*(t) = x_0 + \int_{t_0}^{t} f(t,\psi^*(t))dt \qquad (|t-t_0|\leqslant h^*).$$

附注 2 设方程(1.1)是线性的,即

$$\frac{dx}{dt} = \mathbf{A}(t)\boldsymbol{x} + \boldsymbol{f}(t), \tag{1.16}$$

其中 $A(t)$,$\boldsymbol{f}(t)$ 在区间 $[\alpha,\beta]$ 上是连续的.

这时由初值 $(t_0,\boldsymbol{x}_0)$ $(t_0\in[\alpha,\beta])$ 所确定的解在整个区间 $[\alpha,\beta]$ 上都有定义. 这是因为所构造的逐次近似解序列 $\{\boldsymbol{\varphi}_n(t)\}$ 在整个区间 $[\alpha,\beta]$ 都有定义,并且是一

致收敛的.

附注 3 如果 $f(t,x)$ 对 t,x 连续,但不一定满足 Lipschitz 条件,则 Cauchy 问题(1.1)+(1.2)的解仍是存在的,参见下面的定理(证明从略).

Cauchy-Peano 定理 若 $f(t,x)$ 在区域 $G: |t-t_0|\leqslant a, \| x-x_0 \| \leqslant b$ 上连续,则(1.4)在区间 $|t-t_0|\leqslant h$ 上有解 $x=\varphi(t)$ 且满足初值条件 $\varphi(t_0)=x_0$,此处

$$h=\min\left(a,\frac{b}{M}\right),\ M=\max_G \| f(t,x) \|.$$

下面讨论解与参数(或初值)的关系.

考虑方程

$$\begin{cases} \dfrac{dx}{dt}=f(t,x), \\ x(t_0)=x_0, \end{cases}$$

的解 $x=\varphi(t,t_0,x_0)$. 这个解是 t,t_0,x_0 的函数. 例如方程

$$\begin{cases} \dfrac{dx}{dt}=x, \\ x(t_0)=x_0, \end{cases}$$

的解为 $x=x_0e^{t-t_0}$,它是 t,t_0,x_0 的函数.

这里发生了一个在理论上和应用上都很重要的问题:当初值或参数变动时,对应的解是如何的变动呢?我们知道,在应用上,微分方程是描述某种物理过程的.而将一个物理问题化成微分方程问题时,不论是初值还是参数,它们的数值都是由实验测定的,因此不可避免地会出现一些微小的误差.如果初值或参数的微小摄动会引起方程的解发生剧烈的变化,那么所求解的可靠性就会很小.因此我们要研究 Cauchy 问题的解与初值或参数的关系是自然而必要的.

定理 1.2 考虑 Cauchy 问题(E_μ):

$$\frac{dx}{dt}=f(t,x,\mu),\ x(t_0)=x_0, \tag{1.17}$$

此处 x 是 $\mathbf{R}^n$ 中的 n 维向量,μ 是 $\mathbf{R}^m$ 中的 m 维向量,函数 $f(t,x,\mu)$ 在区域 G:

$$|t-t_0|\leqslant a,\ \| x-x_0 \| \leqslant b,\ \| \mu-\mu_0 \| \leqslant c,$$

上连续且对 x 适合 Lipschitz 条件:

$$\| f(t,x_1,\mu)-f(t,x_2,\mu) \| \leqslant L \| x_1-x_2 \|,$$
$$\forall (t,x_i,\mu)\in G, i=1,2,$$

其中 Lipschitz 常数 $L>0$. 令

$$M=\max_G \| f(t,x,\mu) \|,\ h=\min\left(a,\frac{b}{M}\right),$$

则对于任意 $\mu(\| \mu-\mu_0 \| \leqslant c)$, (E_μ)的解 $x=x(t;\mu)$ 在区间 $|t-t_0|\leqslant h$ 上存在

且唯一,并且 $\boldsymbol{x}=\boldsymbol{x}(t;\boldsymbol{\mu})$ 是 $(t,\boldsymbol{\mu})$ 的连续函数.

证明 对任意 $\boldsymbol{\mu}(\|\boldsymbol{\mu}-\boldsymbol{\mu}_0\|\leqslant c)$,根据定理 1.1,$(E_\mu)$ 的解 $\boldsymbol{x}=\boldsymbol{x}(t;\boldsymbol{\mu})$ 在 $|t-t_0|\leqslant h$ 上存在唯一.

又因为 Cauchy 问题 (E_μ) 的 n 次近似解 $\boldsymbol{x}=\boldsymbol{\varphi}_n(t;\boldsymbol{\mu})$ 是 $(t,\boldsymbol{\mu})$ 的连续函数而且当 $n\to+\infty$ 时,$\boldsymbol{\varphi}_n(t;\boldsymbol{\mu})$ 在区域 $(|t-t_0|\leqslant h,\ \|\boldsymbol{\mu}-\boldsymbol{\mu}_0\|\leqslant c)$ 上一致收敛,因而 $\boldsymbol{\varphi}(t;\boldsymbol{\mu})$ 是 $(t,\boldsymbol{\mu})$ 的连续函数.】

Grownwall 引理 设函数 $g(t),\varphi(t)$ 是区间 $[t_0,t_1]$ 上的连续函数,而且 $g(t)\geqslant 0,\varphi(t)\geqslant 0$;又常数 $\lambda>0,r>0$. 若 $\varphi(t)$ 满足不等式

$$\varphi(t)\leqslant\lambda+\int_{t_0}^{t}(g(t)\varphi(t)+r)dt,\ t_0\leqslant t\leqslant t_1;\tag{1.18}$$

则有

$$\varphi(t)\leqslant(\lambda+rT)e^{\int_{t_0}^{t}g(t)dt},\ t_0\leqslant t\leqslant t_1,\tag{1.19}$$

其中 $T=t_1-t_0$.

证明 令 $u(t)=\varphi(t)e^{-\int_{t_0}^{t}g(t)dt}$, $t_0\leqslant t\leqslant t_1$. 显然 $u(t)$ 是连续的. 设 $\xi=\sup\{u(t)\,|\,t_0\leqslant t\leqslant t_1\}$,则存在 $t^*\in[t_0,t_1]$,使得 $u(t^*)=\xi$. 由(1.18)得

$$\begin{aligned}\xi e^{\int_{t_0}^{t^*}g(t)dt}&\leqslant\lambda+\int_{t_0}^{t^*}(g(t)\varphi(t)+r)dt\\&\leqslant\lambda+\int_{t_0}^{t^*}(\xi g(t)e^{\int_{t_0}^{t}g(t)dt}+r)dt\\&\leqslant\lambda+rT+\xi(e^{\int_{t_0}^{t^*}g(t)dt}-1),\end{aligned}$$

即

$$\xi\leqslant\lambda+rT.$$

由于

$$\varphi(t)\leqslant\xi e^{\int_{t_0}^{t}g(t)dt},$$

故

$$p(t)\leqslant(\lambda+rT)e^{\int_{t_0}^{t}g(t)dt}.】$$

定理 1.3 设 Cauchy 问题 (E_μ^*):

$$\frac{d\boldsymbol{x}}{dt}=\boldsymbol{f}(t,\boldsymbol{x},\boldsymbol{\mu}),\ \boldsymbol{x}(t_0)=\boldsymbol{x}_0,$$

其中 $\boldsymbol{x}$ 是 $\mathbf{R}^n$ 中的 n 维向量,$\boldsymbol{\mu}$ 是 $\mathbf{R}^m$ 中的 m 维向量,又设 $\boldsymbol{f}(t,\boldsymbol{x},\boldsymbol{\mu})\in C^0(G,\mathbf{R}^n)$,其中

$$G:|t-t_0|\leqslant a,\ \|\boldsymbol{x}-\boldsymbol{x}_0\|\leqslant b,\ \|\boldsymbol{\mu}-\boldsymbol{\mu}_0\|\leqslant c,$$

且$\frac{\partial \boldsymbol{f}}{\partial \boldsymbol{x}_j}(j=1,2,\cdots,n)$，$\frac{\partial \boldsymbol{f}}{\partial \mu_k}(k=1,2,\cdots,m)$连续，则定理 1.2 的结论成立，而且 $\boldsymbol{x}=\boldsymbol{x}(t,\boldsymbol{\mu})$对 $\mu_k(k=1,2,\cdots,m)$有连续的偏导数.

证明 因为$\frac{\partial f}{\partial x_j}\in C^0(G,\mathbf{R}^n)$ $(j=1,2,\cdots,n)$，所以 $\boldsymbol{f}$ 对 $\boldsymbol{x}$ 适合 Lipschitz 条件. 因此定理 1.2 蕴含定理 1.3 的前半部分的结论，即(E_μ^*)的解 $\boldsymbol{x}=\boldsymbol{\varphi}(t,\boldsymbol{\mu})$存在唯一且在区域 $B(|t-t_0|\leqslant h,\ \|\boldsymbol{\mu}-\boldsymbol{\mu}_0\|\leqslant c)$上连续. 下面证明 $x=\boldsymbol{\varphi}(t,\boldsymbol{\mu})$对 $\boldsymbol{\mu}$ 是可微的. 我们的证明分以下三个步骤进行.

为了形式地推导$\frac{\partial \boldsymbol{x}}{\partial \boldsymbol{\mu}}$，首先我们考虑线性方程

$$\begin{cases}\dfrac{dz}{dt}=\boldsymbol{f}_x(t,\boldsymbol{\varphi}(t,\boldsymbol{\mu}),\boldsymbol{\mu})z+\boldsymbol{f}_\mu(t,\boldsymbol{\varphi}(t,\boldsymbol{\mu}),\boldsymbol{\mu}),\\ \boldsymbol{z}(t_0)=\boldsymbol{0}.\end{cases}$$

或与上面等价的积分方程

$$\boldsymbol{z}(t,\boldsymbol{\mu})=\int_{t_0}^{t}[\boldsymbol{f}_x(t,\boldsymbol{\varphi}(t,\boldsymbol{\mu}),\boldsymbol{\mu})\boldsymbol{z}(t,\boldsymbol{\mu})+\boldsymbol{f}_\mu(t,\boldsymbol{\varphi}(t,\boldsymbol{\mu}),\boldsymbol{\mu})]dt,\tag{1.20}$$

其中

$$\boldsymbol{f}_x(t,\boldsymbol{\varphi}(t,\boldsymbol{\mu}),\boldsymbol{\mu})=\left(\frac{\partial f_i(t,\boldsymbol{\varphi}(t,\boldsymbol{\mu}),\boldsymbol{\mu})}{\partial \boldsymbol{x}_j}\right)_{n\times n}$$

是 $n\times n$ 矩阵

$$\boldsymbol{f}_\mu(t,\boldsymbol{\varphi}(t,\boldsymbol{\mu}),\boldsymbol{\mu})=\left(\frac{\partial f_i(t,\boldsymbol{\varphi}(t,\boldsymbol{\mu}),\boldsymbol{\mu})}{\partial \boldsymbol{\mu}_k}\right)_{n\times m}$$

是 $n\times m$ 矩阵

Cauchy 问题(E_μ^*)等价于积分方程

$$\boldsymbol{x}=\boldsymbol{x}_0+\int_{t_0}^{t}\boldsymbol{f}(t,\boldsymbol{x},\boldsymbol{\mu})dt,\tag{1.21}$$

从此式形式地计算$\frac{\partial \boldsymbol{x}}{\partial \boldsymbol{\mu}}$得

$$\frac{\partial \boldsymbol{x}}{\partial \boldsymbol{\mu}}=\int_{t_0}^{t}\left(\frac{\partial \boldsymbol{f}(t,\boldsymbol{\varphi}(t,\boldsymbol{\mu}),\boldsymbol{\mu})}{\partial \boldsymbol{x}}\frac{\partial \boldsymbol{x}}{\partial \boldsymbol{\mu}}+\frac{\partial \boldsymbol{f}(t,\boldsymbol{\varphi}(t,\boldsymbol{\mu}),\boldsymbol{\mu})}{\partial \boldsymbol{\mu}}\right)dt.\tag{1.22}$$

这就是说，如果$\frac{\partial \boldsymbol{x}}{\partial \boldsymbol{\mu}}$存在，则它应满足方程(1.20).

其次，当参量 $\boldsymbol{\mu}$ 有改变量 $\Delta\boldsymbol{\mu}$ 时，相应地 $\boldsymbol{x}$ 有改变量 $\Delta \boldsymbol{x}$，今计算 $\Delta \boldsymbol{x}$.

$$\begin{aligned}\Delta \boldsymbol{x} &= \boldsymbol{x}(t,\boldsymbol{\mu}+\Delta\boldsymbol{\mu}) - \boldsymbol{x}(t,\boldsymbol{\mu}) = \boldsymbol{\phi}+\Delta\boldsymbol{\phi}\\ &=\int_{t_0}^{t}[\boldsymbol{f}(t,\boldsymbol{\varphi}+\Delta\boldsymbol{\varphi},\boldsymbol{\mu}+\Delta\boldsymbol{\mu}) - f(t,\boldsymbol{\varphi},\boldsymbol{\mu})]dt\\ &=\int_{t_0}^{t}\left(\frac{\partial \boldsymbol{f}(t,\boldsymbol{\varphi},\boldsymbol{\mu})}{\partial \boldsymbol{x}}+\varepsilon_1\right)\Delta \boldsymbol{x}dt\\ &\quad+\int_{t_0}^{t}\left(\frac{\partial \boldsymbol{f}(t,\boldsymbol{\varphi},\boldsymbol{\mu})}{\partial \boldsymbol{\mu}}+\varepsilon_2\right)\Delta \boldsymbol{\mu}dt. \end{aligned}\tag{1.23}$$

其中 ε_1 是 $n\times n$ 矩阵,ε_2 是 $n\times m$ 矩阵,而且当 $\|\Delta\boldsymbol{\mu}\|$ 趋于零时,$\|\varepsilon_1\|$,$\|\varepsilon_2\|$ 一致地趋于零,即

$$\lim_{\|\Delta\mu\|\to 0}\|\varepsilon_1\| = 0,\quad \lim_{\|\Delta\mu\|\to 0}\|\varepsilon_2\| = 0.\tag{1.24}$$

把 $\varepsilon_1,\varepsilon_2$ 代入(1.23)便有下式:

$$\begin{aligned}\Delta \boldsymbol{x} &= \int_{t_0}^{t}\left(\frac{\partial \boldsymbol{f}(t,\boldsymbol{\varphi}(t,\boldsymbol{\mu}),\boldsymbol{\mu})}{\partial \boldsymbol{x}}+\varepsilon_1\right)\Delta \boldsymbol{x}dt\\ &\quad+\int_{t_0}^{t}\left(\frac{\partial \boldsymbol{f}(t,\boldsymbol{\varphi}(t,\boldsymbol{\mu}),\boldsymbol{\mu})}{\partial \boldsymbol{\mu}}+\varepsilon_2\right)\Delta \boldsymbol{\mu}dt.\end{aligned}\tag{1.25}$$

最后来证明

$$\lim_{\|\Delta\mu\|\to 0}\frac{\|\Delta\boldsymbol{x}-\boldsymbol{z}(t,\boldsymbol{\mu})\Delta\boldsymbol{\mu}\|}{\|\Delta\boldsymbol{\mu}\|}=0.$$

由(1.20)和(1.25)有

$$\begin{aligned}&\Delta\boldsymbol{x}-\boldsymbol{z}(t,\boldsymbol{\mu})\Delta\boldsymbol{\mu}\\ &\quad=\int_{t_0}^{t}\left[\left(\frac{\partial \boldsymbol{f}}{\partial x}+\varepsilon_1\right)(\Delta\boldsymbol{x}-\boldsymbol{z}\Delta\boldsymbol{\mu})+(\varepsilon_1\boldsymbol{z}+\varepsilon_2)\Delta\boldsymbol{\mu}\right]dt.\end{aligned}$$

令 $\Delta\boldsymbol{u}=\Delta\boldsymbol{x}-\boldsymbol{z}(t,\boldsymbol{\mu})\Delta\boldsymbol{\mu}$,于是上式化为

$$\Delta\boldsymbol{u}=\int_{t_0}^{t}\left[\left(\frac{\partial \boldsymbol{f}}{\partial \boldsymbol{x}}+\varepsilon_1\right)\Delta\boldsymbol{u}+(\varepsilon_1\boldsymbol{z}+\varepsilon_2)\Delta\boldsymbol{\mu}\right]dt,$$

因而

$$\|\Delta\boldsymbol{u}\|\leqslant\left|\int_{t_0}^{t}\left[\left\|\frac{\partial \boldsymbol{f}}{\partial \boldsymbol{x}}+\varepsilon_1\right\|\cdot\|\Delta\boldsymbol{u}\|+\|\varepsilon_1\boldsymbol{z}+\varepsilon_2\|\cdot\|\Delta\boldsymbol{\mu}\|\right]dt\right|.$$

令 $N=\max\limits_{G}\left\|\dfrac{\partial \boldsymbol{f}}{\partial \boldsymbol{x}}\right\|$,又取正数 δ_1,δ_2,使得 $\|\varepsilon_1\|\leqslant\delta_1$, $\|\varepsilon_1 z+\varepsilon_2\|\leqslant\delta_2$,而且当 $\|\Delta\boldsymbol{\mu}\|\to 0,\delta_1\to 0,\delta_2\to 0$,因而

$$\|\Delta\boldsymbol{u}\|\leqslant\left|\int_{t_0}^{t}[(N+\delta_1)\|\Delta\boldsymbol{u}\|+\delta_2\|\Delta\boldsymbol{\mu}\|]dt\right|.$$

再由基本引理便得

$$\|\Delta\boldsymbol{u}\|\leqslant\delta_2\|\Delta\boldsymbol{\mu}\|\cdot h\cdot e^{\int_{t_0}^{t}(N+\delta_1)dt}\leqslant\delta_2\|\Delta\boldsymbol{\mu}\|he^{(N+\delta_1)h},$$

由此推出,当 $\|\Delta\boldsymbol{\mu}\|\to 0$ 时我们有

$$\frac{\|\Delta\boldsymbol{u}\|}{\|\Delta\boldsymbol{\mu}\|}=\frac{\|\Delta\boldsymbol{x}-\boldsymbol{z}(t,\boldsymbol{\mu})\Delta\boldsymbol{\mu}\|}{\|\Delta\boldsymbol{\mu}\|}\leqslant\delta_2\cdot h\cdot e^{(N+\delta_1)h}\to 0,$$

根据多元函数微分学的定义,我们有

$$d\boldsymbol{x}=\boldsymbol{z}(t,\boldsymbol{\mu})\Delta\boldsymbol{\mu}.$$

从而

$$\frac{\partial\boldsymbol{x}}{\partial\boldsymbol{\mu}}=\boldsymbol{z}(t,\boldsymbol{\mu}).$$

这样我们证明了$\frac{\partial\boldsymbol{x}}{\partial\boldsymbol{\mu}}$是存在的.再对(1.20)利用定理1.2,可见$\frac{\partial\boldsymbol{x}}{\partial\boldsymbol{\mu}}$对$(t,\boldsymbol{\mu})$是连续的.定理证毕.】

定理1.4 考虑Cauchy问题$(E_{\boldsymbol{\eta}})$:

$$\begin{cases}\dfrac{d\boldsymbol{x}}{dt}=\boldsymbol{f}(t,\boldsymbol{x}),\\ \boldsymbol{x}(t_0)=\boldsymbol{\eta},\quad\left(\|\boldsymbol{\eta}-\boldsymbol{\eta}_0\|\leqslant\dfrac{b}{2}\right),\end{cases}$$

其中 $\boldsymbol{f}(t,\boldsymbol{x})$在区域 $D(|t-t_0|\leqslant a,\ \|\boldsymbol{x}-\boldsymbol{x}_0\|\leqslant b)$上连续,且对 $\boldsymbol{x}$ 满足 Lipschitz 条件

$$\|\boldsymbol{f}(t,\boldsymbol{x}_1)-\boldsymbol{f}(t,\boldsymbol{x}_2)\|\leqslant L\cdot\|\boldsymbol{x}_1-\boldsymbol{x}_2\|,$$
$$\forall(t,\boldsymbol{x}_i)\in D,\ i=1,2,$$

其中 Lipschitz 常数 $L>0$.令

$$M=\max_D\|f(t,x)\|,\ h=\min\left(a,\frac{b}{M}\right),$$

则对所有 $\boldsymbol{\eta}\left(\|\boldsymbol{\eta}-\boldsymbol{\eta}_0\|\leqslant\frac{b}{2}\right)$,$(E_{\boldsymbol{\eta}})$的解 $\boldsymbol{x}=\boldsymbol{x}(t,\boldsymbol{\eta})$在区间

$$|t-t_0|\leqslant\frac{1}{2}h$$

上存在,且 $\boldsymbol{x}=\boldsymbol{x}(t,\boldsymbol{\eta})$是$(t,\boldsymbol{\eta})$的连续函数.

证明 令 $\boldsymbol{x}=\boldsymbol{z}+\boldsymbol{\eta}$($z$ 是新的未知 n 维向量函数),则$(E_{\boldsymbol{\eta}})$化成$(\hat{E}_{\boldsymbol{\eta}})$:

$$\frac{d\boldsymbol{z}}{dt}=\boldsymbol{F}(t,\boldsymbol{z},\boldsymbol{\eta}),\boldsymbol{z}(t_0)=\boldsymbol{0},$$

其中 $\boldsymbol{F}(t,\boldsymbol{z},\boldsymbol{\eta})=\boldsymbol{f}(t,\boldsymbol{z}+\boldsymbol{\eta})$,在区域 G:

$$|t-t_0|\leqslant a,\ \|\boldsymbol{z}\|\leqslant\frac{b}{2},\ \|\boldsymbol{\eta}-\boldsymbol{\eta}_0\|\leqslant\frac{b}{2},$$

上连续,且

$$\begin{aligned}\|F(t,z_1,\boldsymbol{\eta})-F(t,z_2,\boldsymbol{\eta})\|&=\|\boldsymbol{f}(t,z_1+\boldsymbol{\eta})-\boldsymbol{f}(t,z_2+\boldsymbol{\eta})\|\\&\leqslant L\|z_1+\boldsymbol{\eta}-(z_2+\boldsymbol{\eta})\|\end{aligned}$$

$$= L \| \boldsymbol{z}_1 - \boldsymbol{z}_2 \| .$$

注意 $\boldsymbol{\eta}$ 对于$(\hat{E}_{\boldsymbol{\eta}})$而言作为参数向量出现,因此,由定理 1.2 推出,$(\hat{E}_{\boldsymbol{\eta}})$的解 $\boldsymbol{z} = \psi(t, \boldsymbol{\eta})$在区间$|t - t_0| \leqslant \frac{1}{2}h$ 上存在$\left(\text{这里注意 } G \text{ 中的} \frac{b}{2}\right)$;且 $\boldsymbol{z} = \psi(t, \boldsymbol{\eta})$是$(t, \boldsymbol{\eta})$的连续函数. 由于$(E_{\boldsymbol{\eta}})$的解为

$$\boldsymbol{x} = \boldsymbol{\varphi}(t, \boldsymbol{\eta}) = \psi(t, \boldsymbol{\eta}) + \boldsymbol{\eta},$$

所以定理 1.4 证毕.】

类似地可以考虑 Cauchy 问题(E_ξ):

$$\begin{cases} \dfrac{d\boldsymbol{x}}{dt} = \boldsymbol{f}(t, \boldsymbol{x}), \\ \boldsymbol{x}(\xi) = x_0, \end{cases}$$

对 ξ 的依赖关系.

令 $t = \boldsymbol{\tau} + \xi$,此处 $\boldsymbol{\tau}$ 是新的自变量. 于是把 Cauchy 问题(E_ξ)化为:

$$\begin{cases} \dfrac{d\boldsymbol{x}}{d\tau} = \boldsymbol{f}(\boldsymbol{\tau} + \xi, \boldsymbol{x}) = \boldsymbol{F}(\boldsymbol{\tau}, \boldsymbol{x}, \xi), \\ \boldsymbol{x}(0) = \boldsymbol{x}_0, \end{cases}$$

此处 ξ 是参数.

定理 1.5 若在定理 1.4 中的 $f(t, x)$及其偏导数$\dfrac{\partial \boldsymbol{f}}{\partial \boldsymbol{x}}$在 D 上连续,则$(E_{\boldsymbol{\eta}})$的解 $x = \varphi(t, \boldsymbol{\eta})$对 $\boldsymbol{\eta}$ 有连续的偏导数.

证明 只要注意,此时$(\hat{E}_{\boldsymbol{\eta}})$满足定理 1.3 的条件.】

定理 1.6 设定理 1.3 中方程右侧的函数 $\boldsymbol{f}(t, x, \mu)$对 t 而言是 $r-1$ 次连续可微的,对 $\boldsymbol{x}$ 和 $\boldsymbol{\mu}$ 而言是 r 次连续可微的(包括混合偏导数),则 Cauchy 问题(E_μ^*)的解 $\boldsymbol{x} = \boldsymbol{\varphi}(t, t_0, \boldsymbol{x}_0, \boldsymbol{\mu})$对 $t, t_0, \boldsymbol{x}_0, \boldsymbol{\mu}$ 而言是 r 次连续可微的.

其证明办法是作原方程的变分方程,再对变分方程作变分方程,接连不断重复这一过程,并反复应用定理 1.3 的讨论.】

定理 1.7 设 $\boldsymbol{f}(t, \boldsymbol{x}, \boldsymbol{\mu})$在区域 G 内是 $t, \boldsymbol{x}, \boldsymbol{\mu}$ 的解析函数,则 Cauchy 问题(E_μ^*)的解 $\boldsymbol{x} = \varphi(t, t_0, \boldsymbol{x}_0, \boldsymbol{\mu})$是 $t, \boldsymbol{x}_0, t_0, \boldsymbol{\mu}$ 的解析函数. 若 $\boldsymbol{f}(t, \boldsymbol{x}, \boldsymbol{\mu})$对 t 只是连续,则(E_μ^*)的解只是对 $\boldsymbol{x}_0, \boldsymbol{\mu}$ 解析.

证明请参考文献[4]第 32～37 页.

§2. 解的延拓

由定理 1.1 可知,在相当广泛的条件下,Cauchy 问题

$$\begin{cases} \dfrac{d\boldsymbol{x}}{dt} = \boldsymbol{f}(t, \boldsymbol{x}), & (2.1) \\ \boldsymbol{x}(t_0) = \boldsymbol{x}_0, & (2.2) \end{cases}$$

的解是存在的,但是值得注意的是,这是一个局部性的定理,因为定理所肯定的只是解在某个区间 $|t-t_0|\leqslant h$ 上存在.我们自然要问:能否将一个在小区间上有定义的解"延拓到比较大的区间上去呢"? 为方便起见,以下都假设 Cauchy 问题(2.1),(2.2)的解在 (t_0,x_0) 附近是唯一的,否则可考虑它的最大解或最小解.

设(2.1)+(2.2)的解 $\boldsymbol{x}=\boldsymbol{\varphi}_1(t)$ 在 $[t_0-h_0,t_0+h_0]$ 上存在.记 $t_1=t_0+h_0$.考虑 Cauchy 问题

$$\begin{cases}\dfrac{dx}{dt}=\boldsymbol{f}(t,\boldsymbol{x}),\\ \boldsymbol{x}(t_1)=\boldsymbol{x}_1.\end{cases}$$

根据定理 1.1,上述 Cauchy 问题的解 $\boldsymbol{x}=\varphi_2(t)$ 存在于区间 $[t_1-h_1,t_1+h_1]$.那么根据唯一性可知道,在两区间的重叠部分应有 $\boldsymbol{\varphi}_1(t)=\boldsymbol{\varphi}_2(t)$.然后定义

$$\boldsymbol{\varphi}^*(t)=\begin{cases}\boldsymbol{\varphi}_1(t),当\ t\in[t_0-h_0,t_0+h_0],\\ \boldsymbol{\varphi}_2(t),当\ t\in[t_1,t_1+h_1].\end{cases}$$

于是 $\boldsymbol{\varphi}^*(t)$ 是 Cauchy 问题(2.1)+(2.2)在区间 $[t_0-h_0,t_1+h_1]$ 上的唯一解.同理可向左延拓一小段区间.如此归纳地继续下去,我们得到一个解 $\boldsymbol{x}=\widetilde{\varphi}(t)$,它不能向左右两方再继续延拓了,得到了最大的存在区间 (α,β),要注意,它不能包含这个区间的左,右端点,因为否则就还可以延展,所以总是一个最大的开区间.

$\boldsymbol{f}(t,\boldsymbol{x})$ 叫做在开区域 $G\subseteq\mathbf{R}\times\mathbf{R}^n$ 上对 $\boldsymbol{x}$ 满足局部 Lipschitz 条件,若对任给点 $A(t_0,\boldsymbol{x}_0)\in G$,存在实数 $a>0,b>0$,使得 $\{|t-t_0|\leqslant a,\|\boldsymbol{x}-\boldsymbol{x}_0\|\leqslant b\}\subset G$,并有 $\|f(t,\boldsymbol{x}_1)-f(t,\boldsymbol{x}_2)\|\leqslant L_A\|\boldsymbol{x}_2-\boldsymbol{x}_1\|$,当 $|t-t_0|\leqslant a,\|\boldsymbol{x}_i-\boldsymbol{x}_0\|\leqslant b,i=1,2$.其中 L_A 是与 A 有关的常数.

定理 2.1 设 $f(t,x)$ 在区域 G 内有界,且对 $\boldsymbol{x}$ 满足局部 Lipschitz 条件.若(2.1)+(2.2)的解 $\boldsymbol{x}=\boldsymbol{\phi}(t)$,按照上述方法得到最大的存在区间为 $-\infty<\alpha<t<\beta<+\infty$,则极限

$$\boldsymbol{\varphi}(\alpha+0)=\lim_{t\to\alpha+0}\boldsymbol{\varphi}(t),$$
$$\boldsymbol{\varphi}(\beta-0)=\lim_{t\to\beta-0}\boldsymbol{\varphi}(t),$$

存在且 $(\alpha,\boldsymbol{\varphi}(\alpha+0))$ 与 $(\beta,\boldsymbol{\varphi}(\beta-0))$ 是 G 的边界点.

证明 由于

$$\boldsymbol{\varphi}(t)=\boldsymbol{x}_0+\int_{t_0}^t\boldsymbol{f}(t,\boldsymbol{\varphi}(t))dt,\ \alpha<t<\beta,$$

所以

$$\begin{aligned}\boldsymbol{\varphi}(t_1)-\boldsymbol{\varphi}(t_2)&=\int_{t_0}^{t_1}\boldsymbol{f}(t,\boldsymbol{\varphi}(t))dt-\int_{t_0}^{t_2}\boldsymbol{f}(t,\boldsymbol{\varphi}(t))dt\\&=\int_{t_2}^{t_1}\boldsymbol{f}(t,\boldsymbol{\varphi}(t))dt,\ \alpha<t_2<t_1<\beta.\end{aligned}$$

$$\|\boldsymbol{\varphi}(t_1)-\boldsymbol{\varphi}(t_2)\| \leqslant \left|\int_{t_2}^{t_1}\|\boldsymbol{f}(t,\boldsymbol{\varphi}(t))\|\,dt\right| \leqslant M|t_1-t_2|,$$

其中 $M \geqslant \sup\|\boldsymbol{f}(t,\boldsymbol{x})\|$.

令 $t_1,t_2 \to \alpha$,得 $\boldsymbol{\varphi}(t_1)-\boldsymbol{\varphi}(t_2)\to 0$. 由 Cauchy 准则推出极限 $\boldsymbol{\varphi}(\alpha+0)$存在.

同理可证 $\boldsymbol{\varphi}(\beta-0)$存在.

设$(\alpha,\varphi(\alpha+0))$是 G 的内点,则可用 Picard 定理推出存在 $h^*>0$,使 $\boldsymbol{x}=\boldsymbol{\varphi}(t)$可延拓到 $\alpha-h^*<t<\beta$,与(α,β)为 $\varphi(t)$的最大区间相矛盾,故$(\alpha,\boldsymbol{\varphi}(\alpha+0))$是 G 的边界点.同理$(\beta,\boldsymbol{\varphi}(\beta-0))$是 G 的边界点.】

定理 2.2 设 $\boldsymbol{f}(t,\boldsymbol{x})$在$(t,\boldsymbol{x})$空间的区域 G 上连续,且对 $\boldsymbol{x}$ 满足局部 Lipschitz 条件,则 Cauchy 问题(2.1)+(2.2)的解可延拓到 G 的边界(也许是∞).

证明 作有界区域 $G_n(n=1,2,\cdots)$,使得$(t_0,\boldsymbol{x}_0)\in G_1\subset G_2\subset\cdots\subset G_n\subset\cdots\subset G$ 且$\overline{G}_n\subset G_{n+1}(n=1,2,\cdots)$,$G_n\to G$.

对于区域$\overline{G}_1$利用定理 2.1,知(2.1)的解 $\boldsymbol{x}=\boldsymbol{\varphi}(t)$可延拓到$\overline{G}_1$的边界点 A_1 与 B_1.

对于区域$\overline{G}_2$利用定理 2.1,$\boldsymbol{x}=\boldsymbol{\varphi}(t)$可延拓到 G_2 的边界点 A_2 与 $B_2\cdots$,类似地对于区域$\overline{G}_n$利用定理 2.1,$\boldsymbol{x}=\varphi(t)$可延拓到$\overline{G}_n$的边界点 A_n,B_n,如此继续作下去,在 $\boldsymbol{x}=\boldsymbol{\varphi}(t)$上得两串点序列$\{A_n\}$,$\{B_n\}\in G$ 且 A_n 和 B_n 是$\overline{G}_n$的边界点.因为当 $n\to+\infty$时,$G_n\to G$,所以 A_n 和 B_n 趋于 G 的边界(注意,这与趋于 G 的边界点不同,$\{A_n\}$,$\{B_n\}$可能无极限,但可以与 G 的边界无限接近,它可能在 G 的边界近旁晃动).

如果区域 G 无界或是全空间,利用定理 2.1,位于 G 中的一积分曲线的一端可能成无界,在这种情况下我们也认为积分曲线趋于 G 的边界.】

推论 设 $\boldsymbol{f}(t,\boldsymbol{x})$在$(t,\boldsymbol{x})$全空间连续且对 $\boldsymbol{x}$ 满足局部 Lipschitz 条件.若 $\boldsymbol{x}=\boldsymbol{\varphi}(t)$是有界的,则积分曲线 $\boldsymbol{x}=\boldsymbol{\varphi}(t)$的存在区间为$(-\infty,+\infty)$.

证明 由上述定理,$\boldsymbol{\varphi}(t)$可延拓到$(t,\boldsymbol{x})$全空间的边界,又因$\|\boldsymbol{\varphi}(t)\|$有界,所以$|t|\to+\infty$.】

定理 2.3 考虑 Cauchy 问题

$$\begin{cases}\dfrac{d\boldsymbol{x}}{dt}=\boldsymbol{f}(\boldsymbol{x}), & (2.3)\\ \boldsymbol{x}(t_0)=\boldsymbol{x}_0. & (2.4)\end{cases}$$

设 $\boldsymbol{f}(\boldsymbol{x})$在区域 D 上连续且对 $\boldsymbol{x}$ 满足局部 Lipschitz 条件,又设(2.3)+(2.4)的解(轨线)$\boldsymbol{x}=\boldsymbol{\varphi}(t,\boldsymbol{x}_0)$永远停留在有界区域 $\Gamma\subset D\subset\mathbf{R}^n$ 内,且 $d=\rho(\Gamma,\partial D)\neq 0$,则 $\boldsymbol{x}=\boldsymbol{\varphi}(t,\boldsymbol{x}_0)$可延拓到$(-\infty,+\infty)$.

证明 函数 $\boldsymbol{f}(\boldsymbol{x})$在$(t,\boldsymbol{x})$空间的定义区域是 $G=D\times I(I=(-\infty,+\infty))$,根据定理 2.2,解 $\boldsymbol{x}=\boldsymbol{\varphi}(t,\boldsymbol{x}_0)$可延拓到 G 的边界,即 $\boldsymbol{\varphi}(t,\boldsymbol{x}_0)$趋于 D 的边界∂D

或$|t|\to+\infty$,又由定理的条件,解 $\boldsymbol{x}=\boldsymbol{\varphi}(t,\boldsymbol{x}_0)$的存在区间是$(-\infty,+\infty)$.】

定理 2.4　设$\boldsymbol{f}(t,\boldsymbol{x})$在$(t,\boldsymbol{x})$全空间连续且对 $\boldsymbol{x}$ 满足局部 Lipschitz 条件,又设$\|\boldsymbol{f}(t,\boldsymbol{x})\|\leqslant N\|\boldsymbol{x}\|$,其中常数 $N>0$,则(2.1)+(2.2)的所有解的存在区间为$(-\infty,+\infty)$.

证明　设(2.1)+(2.2)的解 $\boldsymbol{x}=\boldsymbol{\varphi}(t)$有界,于是由定理 2.2,$\boldsymbol{\varphi}(t)$的存在区间为$(-\infty,+\infty)$.

现在假设 $\boldsymbol{\varphi}(t)$在 $t_0\leqslant t<b$ 上无界.(2.1)+(2.2)的解的等价的积分方程为

$$\boldsymbol{\varphi}(t)=\boldsymbol{\varphi}(t_0)+\int_{t_0}^{t}\boldsymbol{f}(t,\boldsymbol{\varphi}(t))dt,\ t_0\leqslant t<b.$$

由定理的条件推出

$$\|\boldsymbol{\varphi}(t)\|\leqslant\|\boldsymbol{\varphi}(t_0)\|+N\left|\int_{t_0}^{t}\|\boldsymbol{\varphi}(t)\|dt\right|,\ t_0\leqslant t<b.$$

由基本引理,有

$$\|\boldsymbol{\varphi}(t)\|\leqslant\|\boldsymbol{\varphi}(t_0)\|\cdot e^{N|t-t_0|},\ t_0\leqslant t<b.$$

这样,如果解的存在区间有限,则解 $\boldsymbol{x}=\boldsymbol{\varphi}(t)$是有界的,与假设矛盾,故若 $x=\varphi(t)$正向无界,则解的正向存在区间必为$[t_0,\infty)$.同理可证 $t\leqslant t_0$ 的情况.】

推论 1　设(2.3)中的 $\boldsymbol{f}(\boldsymbol{x})$在 $\mathbf{R}^n$ 的区域D 上连续有界,又设 Cauchy 问题(2.3)+(2.4)有这样的解,它的几何长度无限,则这个解的存在区间为$(-\infty,+\infty)$.

推论 2　设(2.3)中的 $\boldsymbol{f}(\boldsymbol{x})$在 $\mathbf{R}^n$ 上连续有界,则 Cauchy 问题(2.3)+(2.4)的解的存在区间为$(-\infty,+\infty)$.

定理 2.5(Wintner)　若 $\boldsymbol{f}(t,\boldsymbol{x})$在$(t,\boldsymbol{x})$全空间上连续且对 $\boldsymbol{x}$ 满足局部 Lipschitz 条件和

$$\|f(t,\boldsymbol{x})\|\leqslant L(r),\ r=\left(\sum_{i=1}^{n}x_i^2\right)^{\frac{1}{2}},$$

其中 $L(r)$在 $r>0$ 时为正,且

$$\int_{\alpha}^{+\infty}\frac{dr}{L(r)}=\infty\quad(\alpha>0),\tag{2.5}$$

则 Cauchy 问题(2.1)+(2.2)的解 $\boldsymbol{x}=\boldsymbol{\varphi}(t)$在$-\infty<t<+\infty$上存在.

证明　设 Cauchy 问题(2.1)+(2.2)的解为

$$\boldsymbol{x}=\boldsymbol{\varphi}(t)=(\varphi_1(t),\varphi_2(t),\cdots,\varphi_n(t))^T.$$

如果$\|\boldsymbol{\varphi}(t)\|$有界,那么根据推论,$\boldsymbol{\varphi}(t)$的存在区间为$(-\infty,+\infty)$.

令 $r(t)=\left(\sum_{i=1}^{n}\varphi_i^2(t)\right)^{\frac{1}{2}}$,

$$\frac{d\varphi_i}{dt}=f_i(t_i,\varphi_1(t),\cdots,\varphi_n(t)),\ i=1,2,\cdots,n.$$

于是有

$$r(t)\frac{dr(t)}{dt}=\sum_{i=1}^{n}\varphi_i(t)f_i(t,\varphi_1(t),\cdots,\varphi_n(t)),$$

$$r(t)\frac{dr(t)}{dt}\leqslant\sum_{i=1}^{n}|\varphi_i(t)|\cdot|f_i(t,\varphi_1(t),\cdots,\varphi_n(t))|.$$

现设 $\varphi(t)$无界,又假设 $\varphi(t)$的存在区间为 $t_0\leqslant t<b<+\infty$,则对任意 $k>r(t_0)+1$,都有 $t_k,t_0<t_k<b$,使 $r(t_k)\geqslant k$,根据 $r(t)$的连续性,必存在 $\tau_k,t_0<\tau_k<t_k$,使 $r(\tau_k)=r(t_0)+1$,而且使 $r(t)>0$ 当 $\tau_k\leqslant t\leqslant t_k$ 时.因为当 $\tau_k\leqslant t\leqslant t_k$ 时

$$\begin{aligned}\frac{dr(t)}{dt}&\leqslant\sum_{i=1}^{n}\frac{|\varphi_i(t)|}{r(t)}\cdot|f_i(t,\varphi_1,\cdots,\varphi_n)|\\&\leqslant\sum_{i=1}^{n}|f_i(t,\varphi_1(t),\cdots,\varphi_n(t))|\\&=\|f(t,\varphi_1,\cdots,\varphi_n)\|.\end{aligned}$$

根据定理的条件推出

$$\frac{dr(t)}{dt}\leqslant L(r(t)),\ \tau_k\leqslant t\leqslant t_k.$$

以 $L(r(t))$除上式两端,然后对 t 从τ_k 到t_k 积分,就得到

$$\int_{r(t_0)+1}^{r(t_k)}\frac{dr}{L(r)}\leqslant t_k-\tau_k\leqslant b-t_0<+\infty.$$

但因 $r(t_k)\geqslant k$ 可以任意大,故由定理条件知道上式左端可以任意大,但右端是有限数,这是不可能的.因此解的存在区间为$(-\infty,+\infty)$.定理证毕.】

附注 定理(2.5)中的函数 $L(r)$可以是下列类型的函数:

$$Ar,\ Ar\cdot|\ln r|,Ar\cdot|\ln r|\cdot|\ln r|,\cdots.$$

例题 2.1 求下列 Cauchy 问题解的存在区间:

$$\begin{cases}\dot{x}=x^{1+\varepsilon},x\geqslant 0,\varepsilon>0,\\x(0)=x_0>0.\end{cases}$$

解
$$x=(x_0^{-\varepsilon}-\varepsilon t)^{-\frac{1}{\varepsilon}},\ t<\frac{x_0^{-\varepsilon}}{\varepsilon}.$$

这个例子表明,一个方程的各个解,其存在区间一般来说与解的初值有关.

例题 2.2 求下列 Cauchy 问题解的存在区间:

$$\frac{dx}{dt}=L(x)>0,x\geqslant 0,$$

$$\int_{x_0}^{+\infty}\frac{dx}{L(x)}<+\infty.$$

解

$$t - t_0 = \int_{t_0}^{t} dt = \int_{x_0}^{x} \frac{dx}{L(x)}.$$

不论 $x = \varphi(t, x_0)$ 有界或无界,解的存在区间有限.

§3. 动力系统的一般概念

考虑微分方程

$$\frac{d\boldsymbol{x}}{dt} = \boldsymbol{F}(\boldsymbol{x}), \tag{3.1}$$

或

$$\frac{d\boldsymbol{x}}{dt} = \boldsymbol{F}(t, \boldsymbol{x}), \tag{3.2}$$

其中 $\boldsymbol{F}(\boldsymbol{x}) \in C(G \subseteq \mathbf{R}^n, \mathbf{R}^n)$,而 $\boldsymbol{F}(t, \boldsymbol{x}) \in C(\mathbf{R} \times G, \mathbf{R}^n)$.

当方程(3.1)和(3.2)是描写质点运动时,t 代表时间;

$$\frac{dx_i}{dt}(i = 1, 2, \cdots, n)$$

代表(广义)速度分量;$\mathbf{R}^n$ 叫做相空间;$\mathbf{R} \times \mathbf{R}^n = \{(t, \boldsymbol{x})\}$ 叫做广义相空间(extended phase space);(3.1)或(3.2)的解 $\boldsymbol{x} = \boldsymbol{x}(t)$ 代表质点的运动;$\boldsymbol{x} = \boldsymbol{x}(t)$ 在相空间描出的图形叫做质点运动的轨线.对于一般的方程(3.1)或(3.2),我们也沿用上述这些名词.

以下我们均假设方程(3.1)和(3.2)的右侧函数连续,且满足适当的条件,以保证初值问题解的存在唯一性.

设 $\boldsymbol{x} = \boldsymbol{x}(t, t_0, \boldsymbol{x}_0)$ 是方程(3.1)满足初始条件 $\boldsymbol{x}(t_0) = \boldsymbol{x}_0$ 的解,因(3.1)的右侧不显含 t,容易验证,对任意常数 t_0,$\boldsymbol{x} = \boldsymbol{x}(t - t_0, 0, \boldsymbol{x}_0)$ 仍然是(3.1)满足初始条件 $\boldsymbol{x}(t_0) = \boldsymbol{x}_0$ 的解.这就是说,将(3.1)的解沿 t 轴平移 t_0 后仍旧得到(3.1)的解,而且由唯一性推出 $\boldsymbol{x}(t - t_0, 0, \boldsymbol{x}_0) = \boldsymbol{x}(t, t_0, \boldsymbol{x}_0)$;但方程(3.2)却无此性质.换句话说,(3.1)在相空间 $\mathbf{R}^n$ 上的轨线由初始位置 $\boldsymbol{x}_0$ 完全确定,而与初始时刻 t_0 无关.

现证相空间 $\mathbf{R}^n$ 上的每一点,只有(3.1)的唯一轨线通过.设(3.1)有两条轨线 $\boldsymbol{x} = \boldsymbol{x}(t, t_1, \boldsymbol{x}_1)$ 和 $\boldsymbol{x} = \boldsymbol{x}(t, t_2, \boldsymbol{x}_2)$ 在相空间有公共的点,即存在时刻 T_1 和 T_2,有

$$\boldsymbol{x}(T_1, t_1, \boldsymbol{x}_1) = \boldsymbol{x}(T_2, t_2, \boldsymbol{x}_2).$$

因 $\boldsymbol{x} = \boldsymbol{x}(t + T_1 - T_2, t_1, \boldsymbol{x}_1)$ 仍旧是(3.1)的解,且有

$$\boldsymbol{x}(t + T_1 - T_2, t_1, \boldsymbol{x}_1)\big|_{t = T_2} = \boldsymbol{x}(t, t_2, \boldsymbol{x}_2)\big|_{t = T_2},$$

由解的唯一性,便有

$$\boldsymbol{x}(t+T_1-T_2,t_1,\boldsymbol{x}_1)=\boldsymbol{x}(t,t_2,\boldsymbol{x}_2).$$

这表示 $\boldsymbol{x}(t,t_1,\boldsymbol{x}_1)$和 $\boldsymbol{x}(t,t_2,\boldsymbol{x}_2)$在相空间描出同一条轨线,只是在时间参数上相差一个平移.但对方程(3.2)而言,可能有无数条轨线通过相空间中同一点.或者说,从广义相空间 $\mathbf{R}\times\mathbf{R}^n$ 中点$(t_0,\boldsymbol{x}_0)$出发的解,当 t_0 变动时,自然得到不同的解;但对方程(3.1)而言,这些不同的解沿着 t 轴在相空间 $\mathbf{R}^n$ 上的投影是重合的,对方程(3.2)而言却不然.

以上的差别是由于方程(3.1)在相空间 $\mathbf{R}^n$ 上定义的速度场$\boldsymbol{F}(\boldsymbol{x})$和 t 无关,它是定常场;而方程(3.2)在相空间 $\mathbf{R}^n$ 上定义的速度场$\boldsymbol{F}(t,\boldsymbol{x})$和 t 有关,它是非定常场.正因为如此,(3.1)叫做定常系统,(3.2)叫做非定常系统.

为简单起见,将定常系统(3.1)的解记为

$$\boldsymbol{x}(t,\boldsymbol{x}_0)=\boldsymbol{x}(t,0,\boldsymbol{x}_0).$$

令 $\boldsymbol{x}_1=\boldsymbol{x}(t_1,\boldsymbol{x}_0)$,因

$$\boldsymbol{x}(t+t_1,\boldsymbol{x}_0)\big|_{t=0}=\boldsymbol{x}(t,\boldsymbol{x}_1)\big|_{t=0},$$

故有

$$\boldsymbol{x}(t+t_1,\boldsymbol{x}_0)=\boldsymbol{x}(t,\boldsymbol{x}_1).$$

特别来说,令 $t=t_2$,得

$$\boldsymbol{x}(t_2+t_1,\boldsymbol{x}_0)=\boldsymbol{x}(t_2,\boldsymbol{x}_1)=\boldsymbol{x}(t_2,\boldsymbol{x}(t_1,\boldsymbol{x}_0)).\tag{3.3}$$

这说明,对定常方程(3.1)而言,当 $t=0$ 时从 $\boldsymbol{x}_0$ 出发的解经过时刻 t_1 到达 $\boldsymbol{x}_1$,然后从 $\boldsymbol{x}_1$ 出发经过 t_2 到达 $\boldsymbol{x}_2$;而当 $t=0$ 时从 $\boldsymbol{x}_0$ 出发的解经过 t_1+t_2 时刻也到达 $\boldsymbol{x}_2$.而对非定常方程(3.2)却无此性质.(3.3)的几何意义见图 1.2.

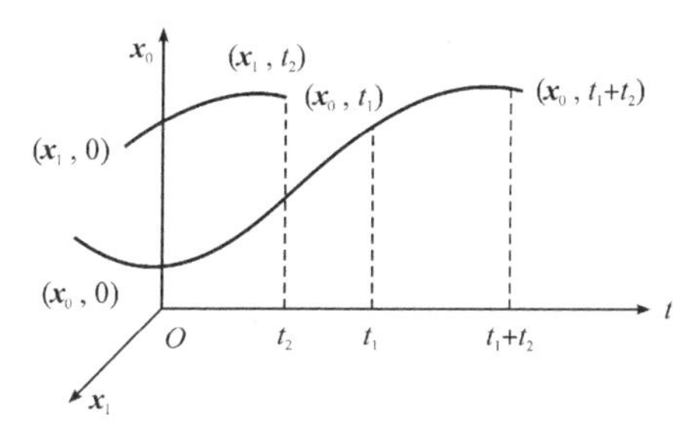

图 1.2

如令 $\boldsymbol{f}(P,t)$表示定常方程(3.1)的当 $t=0$ 时过点 P 的解.设 $\boldsymbol{f}(P,t)$的定义区间为$(-\infty,+\infty)$,则对每个固定的 t,$\boldsymbol{f}(P,t)$定义了开区域 $G\subseteq\mathbf{R}^n$ 到 G 自身的变换,当 $t\in\mathbf{R}$ 时,对于任何 $P\in G$,我们有 $\boldsymbol{f}(P,t)\in G$,亦可表示为

$$f(\cdot,t):G\to G,t\in\mathbf{R},$$

或者

$$\boldsymbol{f}:G\times\mathbf{R}\to G.$$

而等式(3.3)可写成:

$$\boldsymbol{f}(\boldsymbol{f}(P,t_1),t_2)=\boldsymbol{f}(P,t_1+t_2).$$

这说明对单参数变换 $\boldsymbol{f}(\cdot,t)$可进行群的运算.这是定常系统的一个重要性质.

综上所述,如方程(3.1)中的 $\boldsymbol{F}(\boldsymbol{x})$ 在 $G\subseteq\mathbf{R}^n$ 上连续,且满足解的唯一性的条件,又设每个解的存在区间为 $(-\infty,+\infty)$,则变换 $\boldsymbol{f}$ 具有下列性质:

Ⅰ. $\boldsymbol{f}(P,0)=P$;

Ⅱ. $\boldsymbol{f}(P,t)$ 对 P,t 一并连续;

Ⅲ. $\boldsymbol{f}(\boldsymbol{f}(P,t_1),t_2)=\boldsymbol{f}(P,t_1+t_2)$.

条件Ⅱ是说,对任何序列 $\{P_n\},\{t_n\}$,若

$$\lim_{n\to\infty}P_n=P,\ \lim_{n\to\infty}t_n=t,$$

便有

$$\lim_{n\to\infty}\boldsymbol{f}(P_n,t_n)=\boldsymbol{f}(P,t).$$

这就是解对初值的连续性和在任何有限的闭的时间区间上对 t 的连续性.而当(3.1)中的 $\boldsymbol{F}(\boldsymbol{x})\in C^0(G)$ 并满足保证解的唯一性的条件时,便有解对初值与 t 的连续性,故这时性质Ⅱ成立.性质Ⅰ说明 $t=0$ 对应于恒同变换,它是变换群里的单位元素;由性质Ⅰ和性质Ⅲ立刻推得,对每个变换 $\boldsymbol{f}(\cdot,t_1)$,存在逆变换 $\boldsymbol{f}(\cdot,-t_1)$,满足 $\boldsymbol{f}(\boldsymbol{f}(P,t_1),-t_1)=\boldsymbol{f}(P,0)=P$,因而这些变换组成一个群;性质Ⅱ说明这些变换对 (P,t) 是连续的,其中 t 是参数,故变换的全体 $\{\boldsymbol{f}(\cdot,t)\mid-\infty<t<+\infty\}$ 组成从 G 到 G 的单参数连续变换群.这些变换的全体叫做一个动力系统,有时也把方程(3.1)叫做动力系统.

抽象动力系统是抛开了微分方程,只要 $\boldsymbol{f}$ 是 $G\times R$ 到 G 的变换,而且满足条件Ⅰ,Ⅱ和Ⅲ,$\boldsymbol{f}$ 就叫做 G 上的一个抽象动力系统,或叫做拓扑动力系统,这是由于对固定的 t,$\boldsymbol{f}(\cdot,t)$ 是从 G 到 G 自身的拓扑变换.

在 $G\subseteq\mathbf{R}^n$ 上定义的拓扑动力系统,由条件Ⅱ知道,对固定的 $P\in G$,$\{\boldsymbol{f}(P,t)\mid t\in\mathbf{R}\}$ 是 G 上的一条连续曲线,只是不一定光滑;因此也把 G 上的动力系统叫做 G 上的流.如果我们还要求 $\boldsymbol{f}$ 是可微的变换,则 $\{\boldsymbol{f}(P,t)\mid t\in\mathbf{R}\}$ 就是 G 上的光滑曲线,在这种情况下 $\boldsymbol{f}$ 就叫做 G 上的微分动力系统,它是近二十年来发展十分活跃的一个新分支.近年来动力系统的符号和概念被广泛地应用.

定义 3.1 若 $\boldsymbol{x}_0\in\mathbf{R}^n$ 满足 $\boldsymbol{F}(x_0)=\mathbf{0}$,则 $\boldsymbol{x}=\boldsymbol{x}_0$ 叫做方程(3.1)的一个奇点.

由解的唯一性,任何其他解不能在有限时间内到达奇点.

定义 3.2 微分方程组(3.1)与微分方程组

$$\dot{\boldsymbol{x}}=\boldsymbol{H}(\boldsymbol{x})\tag{3.4}$$

叫做等价的,如果它们的轨线在相空间 $\mathbf{R}^n$ 的几何图形两两重合(包括奇点),即它们具有相同的轨线.

例题 3.1 方程

$$\begin{cases} \dfrac{dx}{dt} = \boldsymbol{y} \\ \dfrac{dy}{dt} = -\boldsymbol{x} \end{cases}$$

和方程

$$\begin{cases} \dfrac{dx}{dt} = -\boldsymbol{y} \\ \dfrac{dy}{dt} = \boldsymbol{x} \end{cases} \tag{3.5}$$

在 $\mathbf{R}^2$ 上是等价的.

例题 3.2 方程(3.5)和方程

$$\begin{cases} \dfrac{dx}{dt} = y(x^2 + y^2 - 1) \\ \dfrac{dy}{dt} = -x(x^2 + y^2 - 1) \end{cases} \tag{3.6}$$

在区域 $x^2+y^2\neq 1$ 上是等价的,但在整个 $\mathbf{R}^2$ 上不等价.

定理 3.1 设微分方程组(3.1)的右侧函数 $\boldsymbol{F}(\boldsymbol{x})$在开区域 $D\subseteq\mathbf{R}^n$ 上连续,且满足局部 Lipschitz 条件,则在 D 上存在与(3.1)等价的微分方程组,而它的所有解的存在区间为无限的.

证明 分两种情形.

1. 若 $D=\mathbf{R}^n$,则取(3.1)的等价系统为

$$\frac{d\boldsymbol{x}}{dt} = \frac{\boldsymbol{F}(\boldsymbol{x})}{\|\boldsymbol{F}(\boldsymbol{x})\| + 1}. \tag{3.7}$$

因(3.7)的右侧函数连续有界,且满足局部 Lipschitz 条件,根据定理 2.4,(3.7)的一切解的存在区间均为$(-\infty,+\infty)$.

2. 若 $D\neq\mathbf{R}^n$,则$\partial D\neq\varnothing$,且函数 $\rho(\boldsymbol{x},\partial D)$在 D 内连续并大于零.取(3.1)的等价系统为

$$\frac{d\boldsymbol{x}}{dt} = \frac{\rho(\boldsymbol{x},\partial D)\boldsymbol{F}(\boldsymbol{x})}{(\rho(\boldsymbol{x},\partial D)+1)(\|\boldsymbol{F}(\boldsymbol{x})\|+1)}. \tag{3.8}$$

现证(3.8)的任一解的存在区间为$(-\infty,+\infty)$.

用反证法.若(3.8)有解 $\boldsymbol{x}=\boldsymbol{x}(t,t_0,\boldsymbol{x}_0)$,其存在区间右端有界,设为$[t_0,T]$, $T<+\infty$,由(3.8),

$$\left\| \frac{d\boldsymbol{x}(t,t_0,\boldsymbol{x}_0)}{dt} \right\| < 1,$$

故轨线弧$\{\boldsymbol{x}(t,t_0,\boldsymbol{x}_0)\mid t_0\leqslant t<T\}$的长度有限,故存在唯一的有限极限

$$\lim_{t\to T-0}\boldsymbol{x}(t,t_0,\boldsymbol{x}_0) = \boldsymbol{y}_0,$$

显然 $\boldsymbol{y}_0 \in \partial D$.

记从 $\boldsymbol{x}_0$ 到 $\boldsymbol{x}(t,t_0,\boldsymbol{x}_0)$, $t_0 \leqslant t < T$ 的轨线弧的长度为 $s=s(t)$,而从 $\boldsymbol{x}_0$ 到 $\boldsymbol{y}_0$ 的长度为 $s(T)=s_0$,由(3.8)则有

$$\frac{ds}{dt} = \left[\sum_{i=1}^{n}\left(\frac{dx_i}{dt}\right)^2\right]^{\frac{1}{2}} \leqslant \rho(x,\partial D) \leqslant \rho(x,y_0) \leqslant (s_0 - s).$$

$$t \geqslant \int_0^s \frac{ds}{(s_0 - s)} = \ln\frac{s_0}{s_0 - s} \to +\infty, s \to s_0.$$

从而得矛盾.因此任一解的存在区间的右端为无界.同理可证任一解的存在区间的左端也无界.】

以上证明的要点,在于造(3.1)的等价方程(3.8).(3.8)可扩充到在 $\bar{D}$ 上定义,并在其上有界,而在边界∂D 上引入奇点.于是证得(3.8)的任何解趋向边界的时间为无限.

为了研究轨线的拓扑结构,由定理 3.1,我们不妨认为方程(3.1)的解的存在区间无限.此外,如方程(3.1)的右侧函数 $\boldsymbol{F}(\boldsymbol{x})$连续,且满足解的唯一性条件,则方程(3.1)的解满足条件Ⅰ,Ⅱ,Ⅲ,故方程(3.1)是动力系统.

对固定的 P,$\boldsymbol{f}(P,t)$叫做过 P 点的运动.集合 $\boldsymbol{f}(P,I)=\{\boldsymbol{f}(P,t) \mid -\infty < t < +\infty\}$叫做运动 $\boldsymbol{f}(P,t)$的轨线,记成 L_P.集合

$$\boldsymbol{f}(P,I^+) = \{\boldsymbol{f}(P,t) \mid 0 \leqslant t < +\infty\} \text{ 和集合}$$
$$\boldsymbol{f}(P,I^-) = \{\boldsymbol{f}(P,t) \mid -\infty < t \leqslant 0\}$$

分别叫正半轨线和负半轨线,分别记成 L_P^+ 和 L_P^-.

定义 3.3 若存在 $T>0$,使得对一切 t,有

$$\boldsymbol{f}(P,t+T) = \boldsymbol{f}(P,t),$$

则 $f(p,t)$叫做周期运动.

由性质Ⅲ,这时对一切整数 n,有 $\boldsymbol{f}(P,nT+t)=\boldsymbol{f}(P,t)$.我们称满足等式 $\boldsymbol{f}(P,t+T)=\boldsymbol{f}(P,t)$的最小正实数 T 是周期运动$\boldsymbol{f}(P,t)$的周期.

由定义 3.1 和 3.3,奇点是周期运动,但它没有最小正周期.另外,若一周期运动不存在最小正周期,则它必定是奇点.因这时存在正实数 $T_n \to 0$,使得 $\boldsymbol{f}(P,T_n) = P$.而对任何实数 t,必存在整数 k_n,使得 $\lim\limits_{N\to+\infty}\sum\limits_{n=1}^{N} k_n T_n \to t$.由性质Ⅱ,Ⅲ,$\boldsymbol{f}(P,t) = \lim\limits_{N\to+\infty}\boldsymbol{f}\left(P,\sum\limits_{n=1}^{N} k_n T_n\right) = P$.我们把奇点叫做平凡周期运动,非奇点的周期运动叫做非平凡周期运动.

定义 3.4 如果存在时间序列 $t_n \to +\infty(-\infty)$, $n \to +\infty$,使得

$$\lim_{n\to+\infty}\boldsymbol{f}(P,t_n) = q,$$

则点 q 叫做 $\boldsymbol{f}(P,t)$的 $\omega(\alpha)$极限点.

$f(P,t)$的所有 $\omega(\alpha)$ 极限点的全体记作 $\Omega_P(A_P)$.

由定义 3.3,若 $f(P,t)$是周期运动,则对任意固定的 t, $f(P,nT+t)=f(P,t)$,其中 T 是周期,n 是任何整数.再令 $n\to+\infty$或$-\infty$,我们便推出 $\Omega_P=A_P=L_P$.特别来说,若 P 是奇点,则 $\Omega_P=A_P=P$.

定义 3.5 如果对一切 $t\in(-\infty,+\infty)$,集合 A 满足 $f(A,t)=A$,其中 $f(A,t)=\{f(P,t)\mid P\in A\}$,则 A 叫做 f 的不变集合.

易知任何一条轨线是不变集合.由定义知道不变集合是由整条整条的轨线组成的.

定理 3.2 对一切 $t\in(-\infty,+\infty)$,必有 $f(\Omega_P,t)=\Omega_P$.即 Ω_P 是不变集合.

证明 设 $q\in\Omega_P$, $r=f(q,t)$.要证 $r\in\Omega_P$.因 $q\in Q_P$,根据定义,存在 $t_n\to+\infty$, $n\to+\infty$, $\lim\limits_{n\to+\infty}f(P,t_n)=q$.由动力系统性质Ⅱ和Ⅲ,

$$\lim_{n\to+\infty}f(P,t_n+t)=\lim_{n\to+\infty}f(f(p,t_n),t)=f(q,t)=r$$

即 $r\in\Omega_P$,这就证明了 $f(\Omega_p,t)\subset\Omega_p$,对一切 $t\in(-\infty,+\infty)$.又由性质Ⅱ和Ⅲ,对一切 $t\in(-\infty,+\infty)$,有 $f(f(\Omega_P,t),-t)\subset f(\Omega_P,-t)$,即 $\Omega_P\subset f(\Omega_P,-t)$,这就证明了,对一切 $t\in(-\infty,+\infty)$有 $f(\Omega_P,t)=\Omega_P$.

定理 3.3 Ω_P 是闭集.

证明 如 $P_n\in\Omega_P$ 和 $\lim\limits_{n\to+\infty}P_n=q$,要证 $q\in\Omega_p$.任给 $\varepsilon>0$, $\exists\, m>0$, $\rho(P_m,q)<\frac{\varepsilon}{2}$.因 $p_m\in\Omega_P$,故 $\exists\, t_m>0$,使

$$\rho(P_m,f(P,t_m))<\frac{\varepsilon}{2},$$

从而 $\rho(q,f(P,t_m))<\varepsilon$,故 $q\in\Omega_P$.】

定义 3.6 如果不存在对集合 M 而言的非空闭子集 $M_1,M_2\subset M$,使得 $M_1\cap M_2=\varnothing$和 $M=M_1\cup M_2$,则集合 M 叫做连通的,否则叫做不连通的.

设 M_1,M_2 是 M 的闭子集,且 $M=M_1\cup M_2$ 和 $M_1\cap M_2=\varnothing$.因 $M_2=M\setminus M_1$,因而 M_1 和 M_2 又是 M 的开子集.M_1,M_2 便是 M 的开闭子集.M 和空集$\varnothing$叫做 M 的平凡开闭子集.如果 M 无非平凡开闭子集,则 M 是连通的.如果 M 有非平凡开闭子集,则 M 不连通,它的每个开闭子集是它的一个连通分支.

注意 定义 3.6 叫区域连通,它与曲线连通有区别.

请读者举出区域连通非曲线连通的例子.

定理 3.4 如果 $f(P,I^+)$有界,则 Ω_P 连通.

证明 设 Ω_P 不连通,则 $\exists\,\Omega_P^{(1)},\Omega_P^{(2)}\subset\Omega_P$, $\Omega_P=\Omega_P^{(1)}\cup\Omega_P^{(2)}$, $\Omega_P^{(1)}\cap\Omega_P^{(2)}=\varnothing$, $\Omega_P^{(1)},\Omega_P^{(2)}$是对$\Omega_P$ 而言的闭集.因 Ω_P 是对 $\mathbf{R}^n$ 而言的闭集,因而 $\Omega_P^{(1)},\Omega_P^{(2)}$也是对 $\mathbf{R}^n$ 而言的闭集.故 $\rho(\Omega_P^{(1)},\Omega_P^{(2)})=d>0$.故存在序列 $t_n^{(i)}\to+\infty$, $f(P,t_n^{(i)})$

$\in S\left(\Omega_P^{(i)},\frac{d}{3}\right)$, $i=1,2$, 并且 $0<t_1^{(1)}<t_1^{(2)}<t_2^{(1)}<t_2^{(2)}<\cdots<t_n^{(1)}<t_n^{(2)}<\cdots$. $\rho\left[S\left(\Omega_P^{(1)},\frac{d}{3}\right),S\left(\Omega_P^{(2)},\frac{d}{3}\right)\right]>\frac{d}{6}$. 可取 $t_n^{(1)}<\xi_n<t_n^{(2)}$,

$$f(P,\xi_n)\overline{\in} S\left(\Omega_P^{(1)},\frac{d}{3}\right)\cup S\left(\Omega_P^{(2)},\frac{d}{3}\right).$$

由于 $f(P,I^+)$ 有界,在 $\{f(P,\xi_n)\}$ 中可选出收敛子序列,为符号简单起见,就设原序列收敛,即 $\lim\limits_{n\to+\infty}f(P,\xi_n)=q\overline{\in}\Omega_P$. 导出矛盾,故 Ω_P 连通.】

定理 3.2,3.3,3.4 对 A_P 也相应地成立.

按 $\Omega_P(A_P)$ 的性质,可将动力系统(3.1)的轨线分成三大类:

1. 如果 $\Omega_P(A_P)$ 为空集,则 $f(P,I)$ 叫做正(负)向远离轨线;既正向又负向远离的轨线叫做远离轨线.

2. 如果 $\Omega_P(A_P)$ 非空,但 $\Omega_P\cap f(P,I^+)=\varnothing(A_P\cap f(P,I^-)=\varnothing)$,则 $f(P,I)$ 叫做正(负)向渐近轨线;既正向又负向的渐近轨线叫做渐近轨线.

3. 如果 $\Omega_P\cap f(P,I^+)\neq\varnothing(A_P\cap f(P,I^-)\neq\varnothing)$. 则 $f(P,I)$ 叫做正(负)向 Poisson 稳定轨线,简称 $P^+(P^-)$ 稳定轨线;既正向又负向 Poisson 稳定轨线叫做 Poisson 稳定轨线,或简称 P 式稳定轨线.

例题 3.3 给定微分方程

$$\frac{dx}{dt}=x,\ \frac{dy}{dt}=-y.$$

其图形如图 1.3.

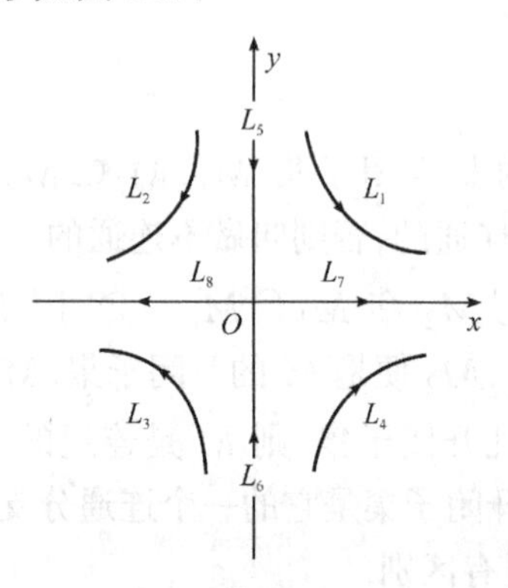

图 1.3

L_1,L_2,L_3,L_4——远离轨线;

L_5,L_6——正向渐近负向远离轨线;

L_7,L_8——负向渐近正向远离轨线;

O——P 稳定轨线.

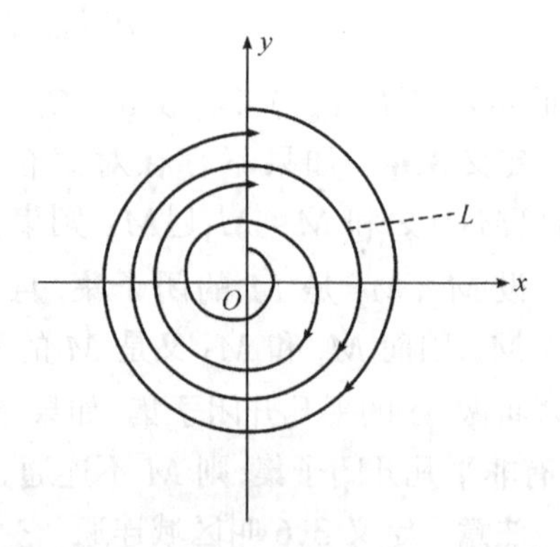

图 1.4

原点 O 和闭轨线

$L(r=1)$——P 式稳定轨线;

$L_P(0<r(P)<1)$——渐近轨线;

$L_P(r(P)>1)$——正向渐近负向远离轨线.

例题 3.4 给定微分方程

$$\frac{dx}{dt} = y + x[1 - (x^2 + y^2)],$$

$$\frac{dy}{dt} = - x + y[1 - (x^2 + y^2)].$$

令 $x = r\cos\theta, y = r\sin\theta$,原方程化为

$$\frac{dr}{dt} = r(1 - r^2),$$

$$\frac{d\theta}{dt} = - 1.$$

或者

$$\frac{dr}{d\theta} = r(r^2 - 1).$$

易知 $r = 0, r = 1$ 都是轨线,而且$\frac{d\theta}{dt} < 0$ 和$(r-1)\frac{dr}{d\theta} > 0$.故在相平面$(x, y)$上的图形如图 1.4.

§4. 平面上的动力系统

给定微分方程组

$$\begin{cases} \dfrac{dx}{dt} = X(x, y), \\ \dfrac{dy}{dt} = Y(x, y), \end{cases} \tag{4.1}$$

其中 $X(x, y), Y(x, y)$是定义在 $\mathbf{R}^2$ 上的连续函数,并且满足条件,以保证初值问题的解唯一.由定理 3.1,可认为(4.1)的每个解的存在区间为$(-\infty, +\infty)$,故(4.1)在 $\mathbf{R}^2$ 上定义了一个动力系统.

Jordan 定理 任何 R^2 上的单闭曲线 L 将 $\mathbf{R}^2$ 分成两部分——D_1 和 D_2,自 D_1 内任何一点到 D_2 内任何一点的连续路径必定与 L 相交.

这一节的结果基本上是由解的存在唯一性和 Jordan 定理这个简单的几何事实推得的,其中主要结果是由 H. Poincaré 和 I. Bendixson 得到的.另外必须指出有些结论只是在底空间是欧氏平面 R^2 或者二维球面 S^2 时才成立,这主要是因为 Jordan 定理的缘故.

定理 4.1 方程(4.1)的所有奇点组成闭集.

证明 要证,如果(x_n, y_n)是奇点,且当 $n \to +\infty$ 时$(x_n, y_n) \to (\bar{x}, \bar{y})$,则$(\bar{x}, \bar{y})$也是奇点.由

$$X^2(x_n, y_n) + Y^2(x_n, y_n) = 0,$$

便知

$$\lim_{n\to+\infty}(X^2(x_n,y_n)+Y^2(x_n,y_n))$$
$$=X^2(\bar{x},\bar{y})+Y^2(\bar{x},\bar{y})=0.】$$

定义 4.1 $\overline{N_1N_2}$为线段,如果凡是与$\overline{N_1N_2}$相交的轨线,当 t 增加时只能都从$\overline{N_1N_2}$的同一侧到另一侧,而且没有轨线与$\overline{N_1N_2}$相切,则$\overline{N_1N_2}$叫做无切线段.

引理 4.1 设 P_0 是(4.1)的常点,则存在过 P_0 的无切线段$\overline{N_1N_2}$,以及曲边长方形 $ABCD$,其中 AB,DC 与$\overline{N_1N_2}$平行,AD,BC 为轨线段,自 $ABCD$ 内任一点出发的轨线,当它向两侧延续时,必分别与 AB 和 CD 各相交一次(从一侧穿过$\overline{N_1N_2}$).

证明 取 $\varepsilon>0$ 充分小,使$\overline{S(P_0,\varepsilon)}$中不包含奇点.

作过 $P_0(x_0,y_0)$点的轨线的法线段$\overline{N_1N_2}$,其方程为:

$$Y(x_0,y_0)(y-y_0)+X(x_0,y_0)(x-x_0)=0.$$

令

$$\lambda(x,y)=Y(x_0,y_0)(y-y_0)+X(x_0,y_0)(x-x_0)=C,$$

它是一组平行于$\overline{N_1N_2}$的直线族.对这组平行直线族沿着方程组(4.1)所定义的向量场求方向导数,得

$$\frac{d\lambda}{dt}=Y(x_0,y_0)Y(x,y)+X(x_0,y_0)X(x,y).$$

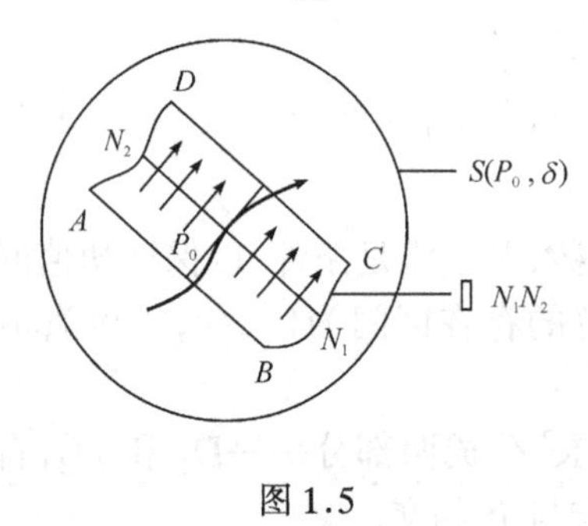

图 1.5

因$\left.\frac{d\lambda}{dt}\right|_{(x_0,y_0)}=Y^2(x_0,y_0)+X^2(x_0,y_0)>0$,由连续性,存在$0<\delta\leqslant\varepsilon$,使得当$(x,y)\in S(P_0,\delta)$时,也有$\frac{d\lambda}{dt}>0$. 这就是说,(4.1)的轨线在$S(P_0,\delta)$中当 t 增加时沿着 C 增加的方向与平行直线族相交. 如图 1.5 所示,取$\overline{N_1N_2}\subset S(P_0,\delta)$,$\overline{N_1N_2}$就是无切线段.显然,可以作满足引理要求的曲边长方形 $ABCD\subset S(P_0,\delta)$,将它记为$\square\overline{N_1N_2}$.】

在 $\mathbf{R}^n$ 上定义的一个连续向量场,它在 $\mathbf{R}^n$ 上决定连续流,在任何常点 P 附近,也能作出具有类似上述性质的曲边长方体,它叫做过 P 点的流盒.沿用这个名词,我们也将满足引理 4.1 的曲边长方形叫做过 P 点的流盒.

引理 4.2 设$\overline{N_1N_2}$为无切线段,$\square\overline{N_1N_2}$为满足引理 4.1 的流盒,又设 $f(P,I^+)$(或 $f(P,I^-)$)与$\overline{N_1N_2}$按时间次序相交于 M_1,M_2,M_3,则 M_2 必落在 M_1 与 M_3 之间.

证明 只证括号外的. $f(P,I^+)$与 N_1N_2 相交于 M_2 之后不能离开(或进入)由轨线段$\widehat{M_1SM_2}$与无切线段$\overline{M_2M_1}$所围成的区域 D,如下图中(1)(或图(2))所示. 因根据解的唯一性,$f(P,I^+)$不能与$\widehat{M_1SM_2}$相交,也不能经过$\overline{M_1M_2}$离开(或进入)D. 既然 $f(P,I^+)$自 M_2 之后永远停留在 D 内(或外),M_3 就不能落在 M_1,M_2 之间,而 M_2 必落在 M_1 与 M_3 之间. 这时我们简称 $f(P,I^+)$按次序与无切线段$\overline{N_1N_2}$相交于 M_1,M_2,M_3.】

定理 4.2 设 $f(P,I)$是 P^+(或 P^-)稳定轨线,则 $f(P,I)$是奇点或闭轨线.

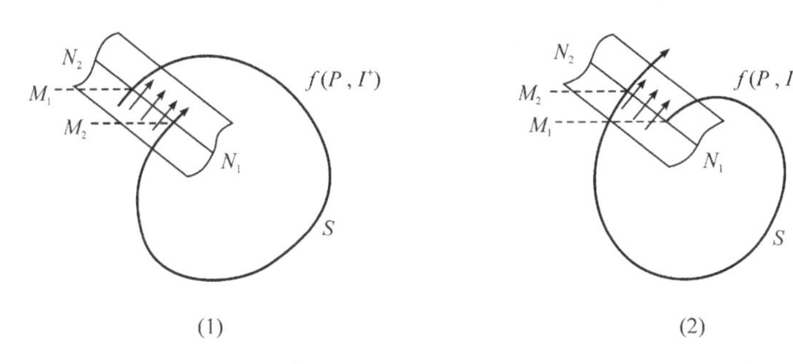

图 1.6

证明 只证正向的情形. 因 $\Omega_P\cap f(P,I^+)\neq\varnothing$,取 $M_1\in\Omega_P\cap f(P,I^+)$. 如 M_1 是奇点,则 $f(P,I^+)=\Omega_P=M_1$,定理得证. 如 M_1 不是奇点,过 M_1 作流盒$\square\overline{N_1N_2}$. 因 $M_1\in\Omega_P$,必存在 $T>0$,$f(P,I^+)$离开$\square\overline{N_1N_2}$后,在时刻 T 时,再次进入$\square\overline{N_1N_2}$,即 $f(P,T)\in\square\overline{N_1N_2}$. 根据$\square\overline{N_1N_2}$的性质,$f(P,I^+)$在 T 附近向正向或负向延续时,与$\overline{N_1N_2}$相交于 M_2,其图形只能是下列三种情形之一:图 1.6 中的(1),(2)或下图 1.7. 如发生图 1.6 中的情形(1)或(2),由引理 4.2,$f(P,I^+)$自 M_2 之后不可能再回到 M_1 的任意小邻域,故 $M_1\bar{\in}\Omega_P$,得矛盾,故只能是图 1.7 的情形,即 $f(P,I)=L_P$ 是闭轨线.】

推论 平面上的 P^+ 或 P^- 稳定轨线必为 P 式稳定轨线.

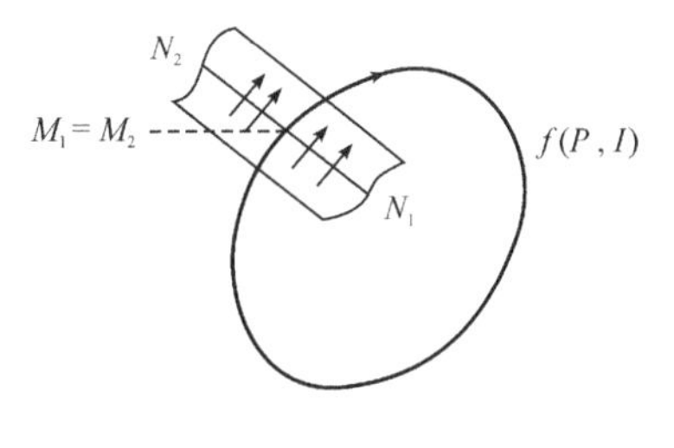

图 1.7

本定理说明,在 $\mathbf{R}^2$ 上的 P 式稳定轨线只能是奇点或闭轨线. 但当底空间不是 $\mathbf{R}^2$ 时,一般来说,P 式稳定轨线可以是非常复杂的,它不属于本节讨论的范围.

定理 4.3 如 L 为闭轨线,$L\subset\Omega_P(A_P)$,则 $\Omega_P=L(A_P=L)$.

证明 只证括号外的. 要证,对任意小的 $\varepsilon_1>0$,存在充分大的实数 $r>0$,

$f(P,t)\subseteq S(L,\varepsilon_1)$,当 $t>r$,这就证明了 $\Omega_P=L$.

如图 1.8 所示,在 L 上取一点 Q,过 Q 作流盒 $\square\overline{N_1N_2}\subset S(Q,\varepsilon_1)$. 取 ε_2 充分小,使 $S(Q,\varepsilon_2)\subset\square\overline{N_1N_2}$. 设 T 为 L 的周期. 根据解对初值的连续性,对 ε_2 与 T,存在正数 $\delta(\varepsilon_2,T)<\varepsilon_2$,当 $\rho(Q,R)<\delta$ 和 $0\leqslant t\leqslant T$,就有 $\rho(\boldsymbol{f}(Q,t),\boldsymbol{f}(R,t))<\varepsilon_2$. 因 $Q\in\Omega_P$,存在 $f(P,t_1)=M_1\in S(Q,\delta)\cap\overline{N_1N_2}$,故有 $\rho(f(P,t_1+t),f(Q,t))<\varepsilon_2$, $0\leqslant t\leqslant T$,即 $\rho(\boldsymbol{f}(P,t_1+T),Q)<\varepsilon_2$,即 $\boldsymbol{f}(P,t_1+T)\in S(Q,\varepsilon_2)\subset\square\overline{N_1N_2}$. 由 $\square\overline{N_1N_2}$的性质,当 $f(P,t_1+T)$向正向或负向延长时必与$\overline{N_1N_2}$相交,设交点为 M_2,由引理 4.2, M_2 必落在 M_1 与 Q 之间,否则 Q 将不属于Ω_P,故 $\rho(M_2,Q)<\delta$. 再由 δ 的定义及$\square\overline{N_1N_2}$的性质, $\boldsymbol{f}(P,t)$自 M_2 之后都落在 $S(L,\varepsilon_1)$中. 因 ε_1 为任给,故 $\Omega_P=L$.】

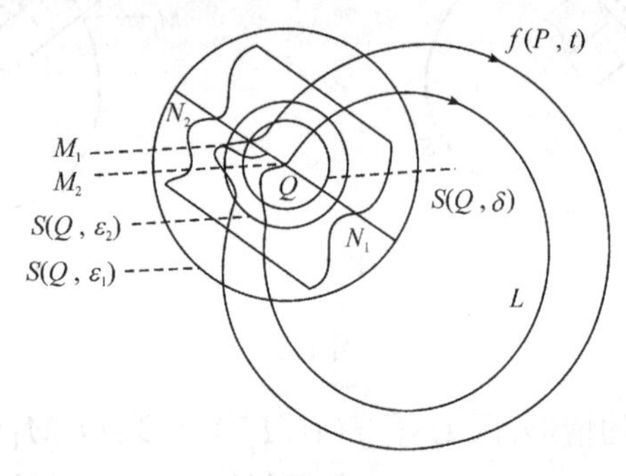

图 1.8

定理 4.4　若 $\Omega_P(A_P)$有界非空,且不包含奇点,则 $\Omega_P(A_P)$必为闭轨线.

证明　只证括号外的. 若 $\boldsymbol{f}(P,I)$为 P^+ 稳定轨线,则由定理 4.2, $\boldsymbol{f}(P,I)=\Omega_P$ 为闭轨线,本定理成立.

若 $\boldsymbol{f}(P,I)$非 P^+ 稳定轨线,即 $\boldsymbol{f}(P,I^+)\cap\Omega_P=\varnothing$. 则可用反证法. 设 Ω_P 非闭轨线,取 $Q\in\Omega_P$,因 Ω_P 有界,故 Ω_Q 非空,且 $\Omega_Q\subset\Omega_P$,根据定理 4.3, Ω_Q 非闭轨线,否则 $\Omega_P=L$ 将为闭轨线. Ω_Q 非奇点又非闭轨线,由定理 4.2, $\boldsymbol{f}(Q,I^+)$非 P^+稳定,即 $\boldsymbol{f}(Q,I^+)\cap\Omega_Q=\varnothing$. 取 $B\in\Omega_Q$,因 B 非奇点,过 B 作流盒$\square\overline{N_1N_2}$,因 $B\overline{\in}\boldsymbol{f}(Q,I^+)$,故存在时间序列 $t_1<t_2<t_3$,

$$M_i=\boldsymbol{f}(Q,t_i)\in\overline{N_1N_2},\ i=1,2,3.$$

$$\rho(M_1,B)>\rho(M_2,B)>\rho(M_3,B)>0.$$

取 $\delta>0$ 充分小,使得

$$S(M_i,\delta)\cap S(M_j,\delta)=\varnothing,\quad i,j=1,2,3,i\neq j.$$

$$S(M_i,\delta)\subset\square\overline{N_1N_2},\quad i=1,2,3.$$

因 $M_3\in\Omega_P$,由$\square\overline{N_1N_2}$的性质,存在

$$R = \boldsymbol{f}(P,T) \in \overline{N_1N_2} \cap S(M_3,\delta).$$

根据图 1.9(1)(或(2)),当 $t>T$,$\boldsymbol{f}(P,t)$将不可能进入(或离开)由轨线弧 $\widehat{M_2SM_3}$及无切线段$\overline{M_3M_2}$所围成的区域,因此不可能进入 $S(M_1,\delta)$. 故 $M_1 \overline{\in} \Omega_P$,得矛盾,这就否定了反证法的前题,定理得证.】

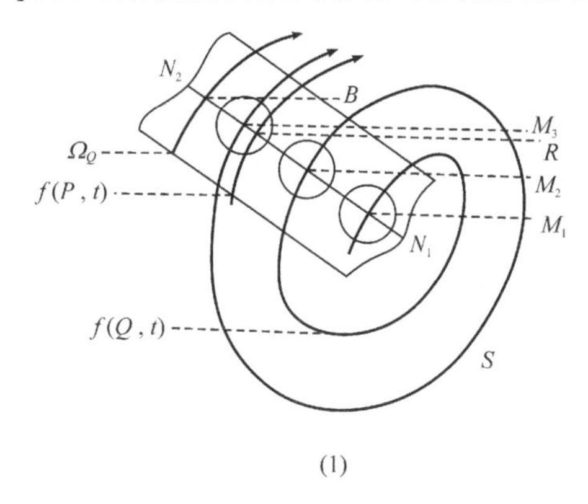

(1)

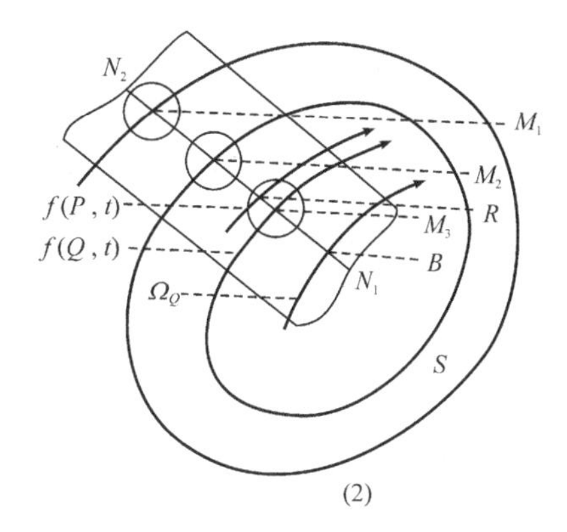

(2)

图 1.9

注意,定理中关于 Ω_P 有界的条件是不可缺少的,否则 Ω_P 可以既不包含奇点,也非闭轨线. 请看图 1.10.

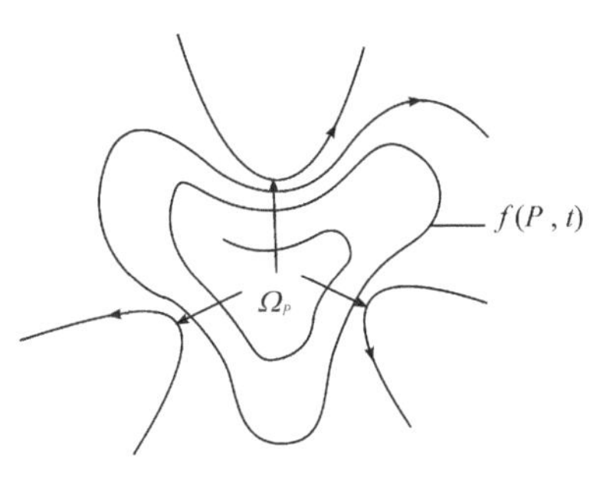

图 1.10

定理 4.5 若 $\boldsymbol{f}(P,I)$非闭轨线,Ω_P 为闭轨线,则存在 $S(P,\varepsilon)$,对任何 $Q\in S(P,\varepsilon)$,必有 $\Omega_Q=\Omega_P$.

由定理 4.4 及解对初值的连续依赖性便可证明.

推论 若 $\boldsymbol{f}(P,I)$非闭轨线,Ω_P 为闭轨线,则

$$A_P \cap \Omega_P = \varnothing.$$

定理 4.6 在平面上任何闭轨线 L 所包围的区域中必有奇点.

证明 令 L 所包含的区域为D. 假设 D 中无奇点. 任取 $P_1\in D$,由定理 4.4,Ω_{P_1}和 A_{P_1}都为闭轨线. 由定理 4.5 的推论,或者 $L_{P_1}=\Omega_{P_1}=A_{P_1}$是闭轨线,或者 $\Omega_{P_1}\neq A_{P_1}$. 也即在 D 中必有异于L 的闭轨线$L_1\subset L$(符号 $L_1\subset L$ 的意思是$L_1\subset D$). 同样可证存在异于 L_1 的闭轨线 $L_2\subset L_1\subset L$. 对任意点 $Q(x,y)\in D$,定义函数

$$F(x,y)=\begin{cases} d, \text{当} f(Q,I) \text{非闭轨线}, d \text{为} D \text{的面积}, \\ a(x,y), \text{当} f(Q,I) \text{是闭轨线}, a(x,y) \text{是} \\ \qquad f(Q,I) \text{所包围的面积}. \end{cases}$$

$F(x,y)>0$ 为 D 上的单值函数，故 $F(x,y)$ 在 D 上有下确界 $C<d$. 因 $F(x,y)$ 不一定连续，故 $F(x,y)$ 不一定达到下确界，但必存在 $(x_n,y_n)\in D$，使 $F(x_n,y_n)\to C$. 因 (x_n,y_n) 有界，必有收敛子序列，为符号简单起见，就设 $(x_n,y_n)\to(x_0,y_0)$，$A(x_0,y_0)\in D$. 考虑轨线 $f(A,I)$. 设 $f(A,I)$ 非闭轨线，由定理 4.4，Ω_A 为闭轨线. 由定理 4.5，存在 $S(A,\varepsilon)\subset D$，对任何 $B\in S(A,\varepsilon)$，$f(B,I)$ 非闭轨线，且 $\Omega_B=\Omega_A$. 故由定义，$F(x,y)=d$，当 $(x,y)\in S(A,\varepsilon)$. 得矛盾，故 $f(A,I)=L_A$ 为闭轨线. 于是存在闭轨线 L' 和 L''，$L''\subset L'\subset L_A$. 对充分小的 $\varepsilon>0$ 及 $Q(x,y)\in S(A,\varepsilon)$，考虑 $f(Q,I)$. 如果 $f(Q,I)$ 为闭轨线，则 $L''\subset L'\subset L_Q=f(Q,I)$. 设 d' 和 d'' 分别是 L' 和 L'' 所包围的区域的面积，则 $F(x,y)>d'>d''$；如果 L_Q 非闭轨线，则按定义 $F(x,y)=d$. 故对一切 $(x_n,y_n)\in S(A,\varepsilon)$，$F(x_n,y_n)>d'>d''$. $\lim\limits_{n\to+\infty}F(x_n,y_n)=C\geqslant d'>d''$. 这与 $F(x,y)$ 在 D 上的下确界为 C 相矛盾. 因而 L_A 既不能是闭轨线，也不能是非闭轨线. 这就推翻了 D 中无奇点的假设，定理得证.】

本定理也可用超限归纳法来证明，请参看文献[1]中第二章.

定理 4.7(Poincaré-Bendixon 环域定理) 设 D 是由两条单闭曲线 L_1 和 L_2 所包围成的环域，并且在 D 内无奇点；又设当 t 增加时从 L_1，L_2 上出发的轨线都进入(或都离开)D，则在 D 内存在闭轨线 L，其相对位置是 $L_1\subset L\subset L_2$.

证明 由定理 4.4，在 D 内有闭轨线 L. 由定理 4.6，其相对位置必为 $L_1\subset L\subset L_2$.】

本定理的条件可减弱成：$\overline{D}$ 上无奇点，从 L_1 和 L_2 上出发的轨线都不能离开(或都不能进入)$\overline{D}$，但 L_1 和 L_2 上均有点，从它出发的轨线进入(或离开)D，则 D 内有闭轨线. 换句话说，环域 D 的内外境界线 L_1 和 L_2 都可以包含轨线弧.

以下讨论闭轨线附近轨线的分布情形.

定理 4.8 设 L 为闭轨线，则对充分小 $\varepsilon>0$，存在相应的适当小 $\delta>0$，对任何 $Q\in S(L,\delta)$，至少 $f(Q,I^+)$，$f(Q,I^-)$ 之一落在 $S(L,\varepsilon)$ 中，并且与过 L 上每一点的无切线段按同一顺序相交(顺时针或逆时针).

证明 对任何 $P\in L$，作法线 $\overline{N_1N_2}(P)$. 对任给充分小实数 $\varepsilon_1>0$，使 $S(L,\varepsilon_1)$ 中无奇点，并作流盒 $\square\overline{N_1N_2}(P)\subset S(P,\varepsilon_1)$. 令 $\square N_1N_2(P)$ 表示流盒 $\square\overline{N_1N_2}(P)$ 的内点集，它是开集. 由 L 的紧致性，必存在有限个 $\square N_1N_2(P)$ 将 L 覆盖住. 即

$$\bigcup_{k=1}^{n}\square N_1N_2(P_k)\supset L.$$

于是便存在充分小 $\varepsilon_2>0$，有 $S(L,\varepsilon_2)\subset\bigcup_{k=1}^{n}\square N_1N_2(P_k)$. 并设点 $P_1,P_2,\cdots,P_k,\cdots,P_n,P_1$ 按顺序两两相邻地排列在 L 上.

设 T 为 L 的周期. 由解对初值的连续依赖性，$\exists\,\delta(\varepsilon_2,T)>0$，对任何点 $P\in L$，当 $Q\in S(P,\delta)$，与定理 4.3 相类似，可证至少 $f(Q,I^+)$ 和 $f(Q,I^-)$ 之一落在 $S(L,\varepsilon_2)$ 中. 由 L 的紧致性，可使这里的 δ 与 P 无关. 设 $\boldsymbol{f}(Q,I^+)$ 落在 $S(L,\varepsilon_2)$ 中，由向量场的连续性 $\boldsymbol{f}(Q,I^+)$ 将按顺序与流盒 $\bigcup_{k=1}^{n}\square\overline{N_1N_2}(P_k)$ 相交. L_Q 可为闭轨线. 若 L_Q 非闭轨线，而 $\Omega_Q=L$ 或 $A_Q=L$，我们就相应地称半轨 L_Q^+ 或 L_Q^- 绕 L 盘旋.】

定理 4.9 设 D 是由两条闭轨线 $L_1\subset L_2$ 所围成的环域，D 中无奇点也无其他闭轨线，则对一切 $Q\in D$，必有 $\Omega_Q=L_1,A_Q=L_2$（或者 $\Omega_Q=L_2,A_Q=L_1$）.

证明 从定理 4.4 和 4.5 的推论可立刻推得.】

设 L 为闭轨线，$P\in L$，过 P 作无切线段 $\overline{R_1PR_2}$，

$$\rho(R_1,P)=\rho(P,R_2)=\delta,$$

其中 δ 满足定理 4.8 的要求，设 R_1 落在 L 之外. 令

$$F=\{Q\mid Q\in\overline{R_1P},\boldsymbol{f}(Q,I)\text{ 为闭轨}\},$$

现证 F 为闭集. 用反证法. 设 F 非闭集，则必存在 $Q_n\in F,Q_n\to B\overline{\in}F$，即 $\boldsymbol{f}(B,I)$ 非闭轨. 由定理 4.8，$\boldsymbol{f}(B,I^+)$ 和 $\boldsymbol{f}(B,I^-)$ 之一必停留在 $S(L,\varepsilon_1)$ 中，ε_1 和 δ 的取法如定理 4.8. 由定理 4.4，Ω_B 或 A_B 是闭轨线. 由定理 4.5，$\exists\,\eta>0$，对一切 $R\in S(B,\eta)$，$\Omega_B=\Omega_R$ 或 $A_B=A_R$，但 $\boldsymbol{f}(R,I)$ 非闭轨线. 这与 $Q_n\in F,Q_n\to B$ 相矛盾，故 F 是闭集. 于是下列两种情况必居其一：

1. P 为 F 的孤立点. 这时存在充分小的 $0<\xi<\eta$，任何 $R\in\overline{R_1P}\cap S(L,\xi)$，$f(R,I)$ 的正半轨或负半轨落在 $S(L,\varepsilon_1)$ 中，并绕 L 盘旋，相应地有 $\Omega_B=L$ 或 $A_B=L$.

2. P 为 F 的聚点. 这时从 $\overline{R_1P}\cap S(L,\xi)$ 出发的轨线，或者都是闭轨线，或者其中既有异于 L 的闭轨线又有非闭轨线.

对 $\overline{PR_2}$ 上的点也可进行类似的讨论.

定义 4.2 设 L 是闭轨线，如果存在 $S(L,\varepsilon)$，对任何 $Q\in S(L,\varepsilon)$，有 $\Omega_Q=L$（这时 $\boldsymbol{f}(Q,I^+)$ 绕 L 盘旋），或者有 $A_Q=L$（这时 $\boldsymbol{f}(Q,I^-)$ 绕 L 盘旋），则 L 叫做极限环.

由以上讨论知，闭轨线附近轨线分布必为下列 5 种情形之一：

1. 稳定极限环. $\exists\,S(L,\varepsilon)$，对任何 $Q\in S(L,\varepsilon)$，有 $\Omega_Q=L$.

2. 不稳定极限环. $\exists\,S(L,\varepsilon)$，对任何 $Q\in S(L,\varepsilon)$，有 $A_Q=L$.

3. 半稳定极限环. $\exists\,S(L,\varepsilon)$，对任何 $Q\in S(L,\varepsilon)$，当 Q 落在 L 的一侧，Q_Q

$=L$,当 Q 落在 L 的另一侧,$A_Q=L$.

4. 周期环域. $\exists S(L,\varepsilon)$,对任何 $Q\in S(L,\varepsilon)$,$f(Q,I)$是闭轨线.

5. 复型极限环. 对任意 $\varepsilon>0$,$S(L,\varepsilon)$中既有异于 L 的闭轨线,又有非闭轨线.

往后我们将要证明,对解析向量场,即(4.1)的右侧是解析函数时,第5种情形不可能发生.

以下进一步讨论 $\Omega_p(A_p)$的构造.

先讨论 Ω_p 有界的情形.

设 $\Omega_p=\Omega_p^{(1)}\cup\Omega_p^{(2)}$,$\Omega_p^{(1)}$为常点集,$\Omega_p^{(2)}$为奇点集,已证 $\Omega_p^{(2)}$是闭集. $\Omega_p^{(2)}=\bigcup\limits_{\alpha}C_\alpha$,$C_\alpha\cap C_\beta=\phi$,当 $\alpha\neq\beta$,C_α 是$\Omega_p^{(2)}$的连通分支.

定义 4.3 对任何点 Q,如果 $\Omega_Q\subset C_\alpha$(或 $A_Q\subset C_\alpha$),轨线 $f(Q,I)$就叫做正向(或负向)接触 C_α.

定理 4.10 考虑轨线 $f(p,l)$,设 Ω_p 有界,$\Omega_p=\Omega_p^{(1)}\cup\Omega_p^{(2)}$,$\Omega_p^{(1)}\neq\phi$,$\Omega_p^{(2)}\neq\phi$,则 $\Omega_p^{(1)}$中的每一条轨线都正向和负向接触 $\Omega_p^{(2)}$中的一个连通分支,同时 $\Omega_p^{(1)}$由可列条轨线组成.

证明 因 $\Omega_p^{(1)}\neq\phi$,$\Omega_p^{(2)}\neq\phi$,由定理 4.3$\Omega_p^{(1)}$中无闭轨线. 设 $R\in\Omega_p^{(1)}$,因 Ω_p 是闭集,故 $\Omega_R\subseteq\Omega_p$,$\Omega_R\neq\phi$. 与定理 4.4 类似的步骤,可证 Ω_R 中无常点(见习题18),Ω_R 有界,由定理 3.4,Ω_R 连通,故 $\Omega_R\subseteq C_\alpha$. 同样可证 $A_R\subseteq C_\beta$(也可能 $C_\alpha=C_\beta$). 定理的前半部分已证明了. 再证 $\Omega_p^{(1)}$由可列条轨线组成.

取 $A\in\Omega_p^{(1)}$,因 A 为常点,过 A 作流盒$\underset{A}{\square}\overline{N_1N_2}$,由$\underset{A}{\square}\overline{N_1N_2}$的性质,$f(p,I)$只能交$\overline{N_1N_2}$于 A 的一侧,设交于$\overline{AN_2}$,并且 $f(p,I)$与$\overline{AN_2}$只能按次序相交于 $M_1,M_2,M_3,\cdots,M_n,\cdots$,且 $M_n\to A$,因此在$\underset{A}{\square}\overline{N_1N_2}$中除了 $\widehat{A_1AA_2}=f(A,I)\cap\square\overline{N_1N_2}$外,再没有 Ω_p 的其他的点. 取正整数 m 适当大,使 $S\left(A,\dfrac{1}{m}\right)\subset\underset{A}{\square}\overline{N_1N_2}$. 对 $\Omega_p^{(1)}$中每条轨线都作相应的圆$S\left(A,\dfrac{1}{m}\right)$,这些圆 $S\left(A,\dfrac{1}{m}\right)$互不包含别的圆的圆心. 因 Ω_p 有界,可使 $\Omega_p^{(1)}\subset G\subset R^2$,其中 G 为有界区域. 对固定的整数 $m>0$,G 上互不包含彼此圆心的圆$S\left(A,\dfrac{1}{m}\right)$的个数为有限个,不同的半径$\dfrac{1}{m}$最多是可列个,因而 G 上这样的圆$S\left(A,\dfrac{1}{m}\right)$的个数最多是可列个. 故 $\Omega_p^{(1)}$最多由可列条轨线组成.】

推论 1 如果 Ω_p 有界,$\Omega_p=\Omega_p^{(1)}\cup\Omega_p^{(2)}$,$\Omega_p^{(1)}$非空,$\Omega_p^{(2)}$ 只包含一个奇点 O,则 $\Omega_p^{(1)}$ 中最多有可列条轨线,每条轨线都正向和负向接触于 O,如图 1.11 所示.

推论 2 G 为有界区域,G 中有唯一的奇点 O,如果 $f(P,I^+)\subset G$,则 $f(P,$

I^+)必为下列 5 种情形之一:

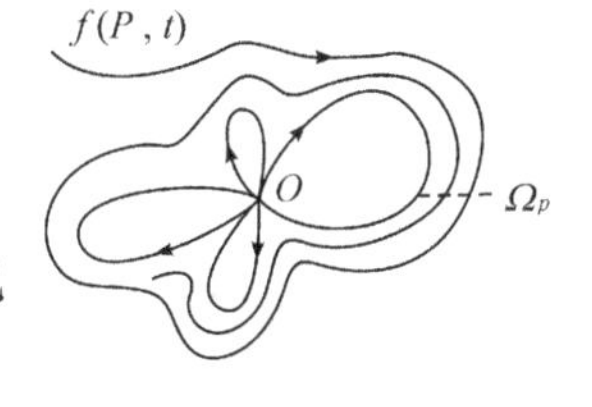

图 1.11

(1) $\boldsymbol{p}=\{O\}$.

(2) $\Omega_p=\{O\}$, $\boldsymbol{f}(P, I^+)\cap\Omega_p=\phi$,

(3) $\boldsymbol{f}(P, I)=\Omega_p$ 为闭轨线,奇点 O 属于 Ω_p 所包围的区域,

(4) Ω_p 为闭轨线, $f(P, I^+)\cap\Omega_p=\phi$,奇点 O 属于 Ω_p 所包围的区域,

(5) $\Omega_p=\Omega_p^{(1)}\cup\Omega_p^{(2)}$, $\Omega_p^{(2)}=\{O\}$, $\Omega_p^{(1)}\neq\phi$. 它们的图形分别如图 1.12 中(1),(2),(3),(4),(5)所示,图形(4)中也可能 $f(P, I)$落在闭轨线 Ω_p 所包围的区域中.

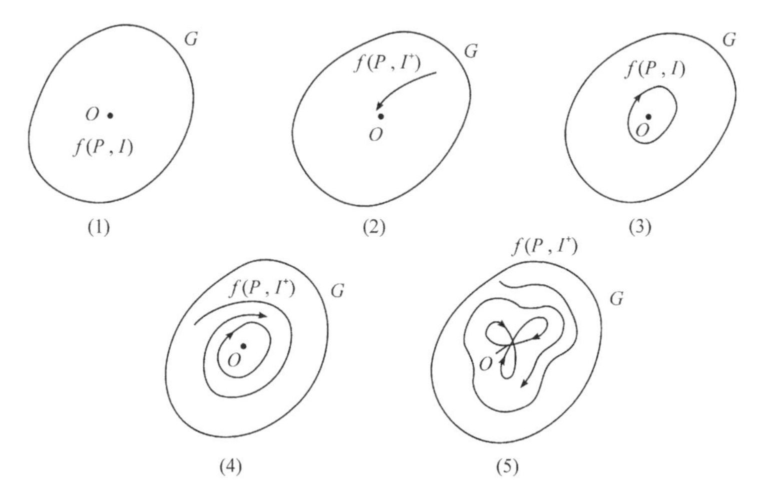

图 1.12

再讨论 Ω_p 无界的情形.

S^2 是二维球面. $x^*, y^*\in S^2$,定义 $\rho(x^*, y^*)$为联接 x^* 和 y^* 的最短球面曲线的长度,于是 S^2 是度量空间.

N 是 Euclid 平面的无穷远点, $x^2+y^2>r>0$ 叫做 N 的邻域. $\overline{\mathbf{R}}^2=\mathbf{R}^2\cup N$ 叫做将 Euclid 平面封闭化, $\overline{\mathbf{R}}^2$ 是紧致度量空间. 如图 1.13 所示, T 是测地投影.

$T: \overline{R^2}\to T(\overline{R^2})=S^2, N\to T(N)=N^*$.

若 $P\to T(P)=P^*$,定义 $\boldsymbol{f}(P, t)\to T(\boldsymbol{f}(P, t))$

$$=\boldsymbol{f}^*(P, t)$$

$$=\widetilde{\boldsymbol{f}}(P^*, t).$$

因 T 是拓扑映射,故 $\widetilde{\boldsymbol{f}}(P^*, t)$是 $\boldsymbol{f}$ 经过 T 在 S^2 上诱导的动力系统, $\widetilde{\boldsymbol{f}}(N^*, t)=N^*$ 是奇点.

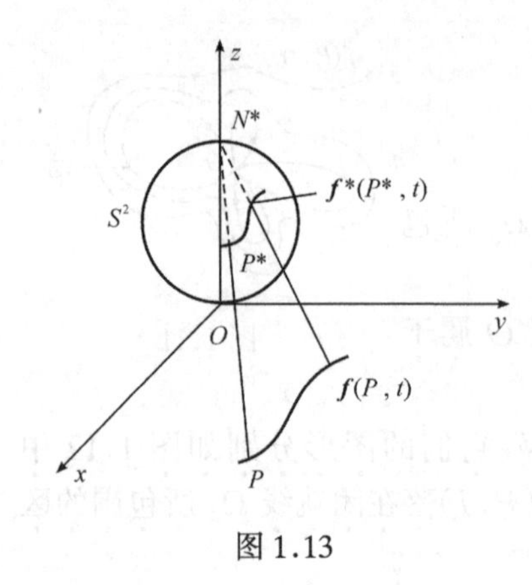

图 1.13

如果 $P_n \to P$,则 $P_n^* \to P^* \neq N^*$;如果 $P_n \to \infty$,则 $P_n^* \to N^*$. 故若 Ω_P 有界,则 $\Omega_{P^*} = T(\Omega_P)$;若 Ω_P 无界,则 $\Omega_{P^*} = T(\Omega_P) \cup N^*$.

定理 4.11　$\Omega_{P^*}(A_{P^*})$必在 S^2 上连通.

证明　只证括号外的. 若 Ω_P 有界,由定理 3.4,Ω_P 连通,故 $\Omega_{P^*} = T(\Omega_P)$连通. 若 Ω_P 无界,$\Omega_P \cup N$ 是$\overline{R}^2$ 上的闭集,故 $\Omega_{P^*} = T(\Omega_P) \cup N^*$是 S^2 上的闭集. 完全类似于定理 3.4 可证 S^2 上的有界闭集 Ω_{P^*}在 S^2 上连通.】

定理 4.12　如 Ω_P 无界,Ω_P 中不包含奇点,则 Ω_P 至多有可列条无界的轨线组成,而且任何有界区域 D 至多与有限条轨线相交.

证明　Ω_P 无界,不包含奇点,故 $\Omega_{P^*} = T(\Omega_P) \cup N^*$,$N^*$是 Ω_{P^*}中唯一奇点. 类似于定理 4.10 的推论 1,Ω_{P^*}中至多有可列条轨线,每条轨线的正向和负向都接触 N^*. 故 Ω_P 中至多有可列条轨线. 令 $K: x^2+y^2 \leqslant r^2$,取 r 充分大,使得 $D \subset K$. 由本节习题 17,$T(\partial K)$至多能与 Ω_{P^*}中有限条轨线相交,故 K 至多能与 Ω_P 中有限轨线相交,故 D 也至多能与 Ω_P 中有限条轨线相交.】

平面 $\mathbf{R}^2$ 上的区域(连通开集)D 叫做单连通区域,如 D 内任何一条单闭曲线,其内部也属于 D.

在平面$\overline{\mathbf{R}^2} = \mathbf{R}^2 \cup N$ 上,单连通区域的概念略有不同. D 叫做$\overline{R}^2$ 上的单连通区域,如果 D 内任何一条单闭曲线 l,或其内部或其外部属于 D. 例如平面上去掉一点 P,$\overline{R}^2 \setminus \{P\}$是$\overline{R}^2$ 上的单连通区域,但 $\mathbf{R}^2 \setminus \{P\}$不是 $\mathbf{R}^2$ 上的单连通区域.

S^2 上去掉一点,它是 S^2 上的单连通区域.

在证明下面的定理 4.13 之前,我们先举两个例子,来说明单连通区域的边界是连通闭集,它可能是非常复杂的.

例题 4.1(见图 1.14).

OBCD 是边长为 1 的正方形,正方形内部记成 K.

$$\left.\begin{aligned} M_{2k+1}N_{2k+1}: x &= \frac{1}{2^{2k+1}}, 0 \leqslant y \leqslant \frac{2}{3}, \\ M_{2(k+1)}N_{2(k+1)}: x &= \frac{1}{2^{2(k+1)}}, \frac{1}{3} \leqslant y \leqslant 1, \end{aligned}\right\} k = 0,1,2,\cdots.$$

令

$$G = K \Big\backslash \bigcup_{j=1}^{\infty} M_j N_j .$$

G 是单连通区域,它的边界是

$$\partial G = \partial K \cup \left(\bigcup_{j=1}^{\infty} M_j N_j \right).$$

边界上的点分两类.一类叫可近边界点,一类叫不可近边界点.$P \in \partial G$ 叫可近边界点,如果存在简单弧段(连续无重点的曲线段)$l \subset G$,P 是 l 的一个端点.$P \in \partial G$ 叫不可近边界点,如果不存在这样的简单弧段.可近边界点在∂G 上处处稠密.

在这个例子中,OD 上的点是不可近边界点,其余的边界上的点都是可近边界点.显然,$\partial G \setminus OD$ 在∂G 上处处稠密.

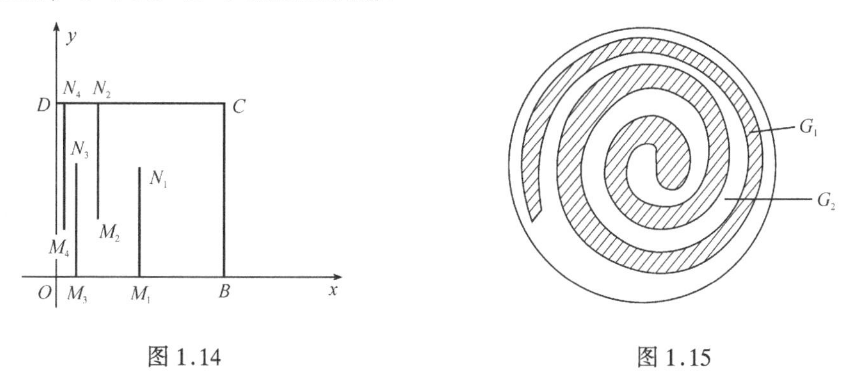

图 1.14　　　图 1.15

例题 4.2(见图 1.15)

K 是单位圆的内部.K 内有两个单连通区域 G_1 和 G_2,形状都像螺旋线.G_1 是打上阴影的,G_2 是没打阴影的.G_1 和 G_2 有公共的边界.

$$\partial G_1 = \partial G_2 = L \cup \partial K,$$

其中 L 是G_1 和 G_2 的分界线.

显然 L 上的点是可近边界点,∂K 上的点是不可近边界点.L 在$L \cup \partial K$ 上处处稠密.

上例中是两个单连通区域有公共的边界,也可发生更多的单连通区域有公共的边界,这时边界的构造将更加复杂.请读者参看文献[5]中的一个有趣的例子.

定理 4.13　平面上点集 E 是微分方程所定义的动力系统某一条轨线 $f(P, I)$的 ω(或 α)极限点集,即 $\Omega_P = E$(或 $A_P = E$),其充要条件为:$T(E) = E^*$ 是 S^2 上单连通区域的边界.

证明　只证明括号外的情形.先证必要性.

如果 $\Omega_P \cap f(P, I^+) \neq \phi$,则由定理 4.2,$E = \Omega_P$ 是奇点或闭轨线,显然 E^* 是 S^2 上单连通区域的边界.

如果 $\Omega_P \cap f(P, I^+) = \phi$,则 $\Omega_{P^*} \cap \widetilde{f}(P^*, I^+) = \phi$(可能 $N^* \in \Omega_{P^*}$,但 $N^* \overline{\in} \widetilde{f}(P^*, I^+)$).令 $\Omega_{P^*} = E^*$,$G = S^2 \setminus E^*$.因 E^* 为闭集,故 G 为开集,$G = \bigcup_{\alpha} G_\alpha$,$G_\alpha \cap G_\beta = \phi$,当 $\alpha \neq \beta$,G_α 为连通分支.因 $\widetilde{f}(P^*, I^+)$连通,$\widetilde{f}(P^*, I^+) \cap E^* = \phi$,故 $\widetilde{f}(P^*, I^+)$必属于其中一个连通分支,设 $\widetilde{f}(P^*, I^+) \subset G_\alpha$,于是

$\widetilde{f}(P^*, I^+)$的极限点集 $E^* \subset \overline{G}_\alpha$,但 $E^* \cap \overline{G}_\alpha \subseteq E^* \cap \overline{G} = \phi$,故 $E^* \subseteq \partial G_\alpha$.另外 $\partial G_\alpha \subseteq \partial G = E^*$,故 $E^* = \partial G_\alpha$.因 E^* 连通,故 G_α 单连通,故 E^* 是单连通区域 G_α 的边界.

现证充分性.

设 E 中只包含一个点,则它必为奇点,这时结论自然成立.

设 E 中不只包含一个点,$T(E) = E^*$ 是 S^2 上单连通区域 G 的边界.则 $T^{-1}(G) = D$是$\overline{\mathbf{R}}^2$ 上的单连通区域,$\partial D = E$ 或$E \cup N$.

可将 $\overline{R}^2$ 看成完全复平面,即复平面加无穷远点.令 K 是$\overline{R}^2$ 上以原点为中心的单位圆的内部.在 $\overline{K}$ 上考虑微分方程:

$$\frac{d\rho}{dt} = \rho(1-\rho),\ \frac{d\varphi}{dt} = 1. \tag{4.2}$$

$\rho = 0$ 是奇点,$\rho = 1$ 是闭轨线.对任何点 $P \in K$,当 P 不是奇点,有 $\Omega_p = \partial K, A_p = \{O\}$.(4.2)的任一解都在整个实轴上定义.

由 Riemann 映射定理[6],对 $\mathbf{R}^2$ 上任何边界多于一个点的单连通区域 D 必存在一个解析函数

$$w = f(z) = u(x,y) + iv(x,y),$$

双方单值保角地将单位圆 K 的内部映射到D 上.于是

$$F: u = u(x,y); v = v(x,y)$$

是拓扑映射,将 K 变到D,并且

$$\frac{\partial(u,v)}{\partial(x,y)} \neq 0.$$

故 F 将方程(4.2)变为

$$\frac{du}{dt} = P(u,v),\ \frac{dv}{dt} = Q(u,v). \tag{4.3}$$

其解为 $u = u(x(t), y(t)), v = v(x(t), y(t)), -\infty < t < +\infty$,故(4.3)是动力系统.

一般来说,在变换 F 下,边界∂K 到边界∂D 的对应不见得是一对一的,但由 Riemann 定理,端点在 $E = \partial D$ 上的简单弧段S,其原像 l 也是端点在∂K 上的简单弧段,设 S 在E 上的端点是B_2,l 在∂K 上的端点是B_1.对(4.2)而言,若 $P_1 \in K$,但 P_1 不是奇点,则有 $\Omega_{p_1} = \partial K$,由定理 4.8,(4.2)的轨线 $f(P_1, I^+)$绕∂K 盘旋.设 $\boldsymbol{f}(P_1, I^+) \cap l = \{\boldsymbol{f}(P_1, t_n)\} = \{M_n\}, M_n \to B_1$,当 $t_n \to +\infty$.设 $F(P_1) = P_2$,因 F 是保角映射,则对(4.3)的轨线$\overline{\boldsymbol{f}}(P_2, I^+)$,有 $\boldsymbol{f}(P_2, I^+) \cap S = \{\boldsymbol{f}(P_2, \overline{t}_n)\} = \{N_n\}, N_n \to B_2$,当 $\overline{t}_n \to +\infty$.故 $B_2 \in \Omega_{p_2}$.这样 E 上的可近边界点都属于Ω_{p_2}.但 E 上的可近边界点在E 上处处稠密,因 Ω_{p_2}是闭集,故 $E \subseteq \Omega_{p_2}$.另外 Ω_{p_2} 中不可能有 E 之外的点,否则 Ω_{p_1} 中将有∂K 之外的点.故 $E = \Omega_{p_2}$.】

由例题4.1,4.2,可见,在平面 $\mathbf{R}^2$ 上,轨线 L_p 的 ω 或 α 极限集 Ω_p 或 A_p 的构造已可能是很复杂的了.而在 $R^n(n\geqslant3)$ 中极限集 Ω_p 或 A_p 的构造更可能是异常复杂的.

当 Ω_p 无界时,经过测地投影,$\Omega_p\xrightarrow{T}\Omega_p^*\in S^2$,因 Ω_p^* 中包含 N^*,故 Ω_p^* 是 S^2 上的有界闭集,故 Ω_p^* 是 S^2 上的有界连通集.这时凡是平面上关于 Ω_p 有界时的结论都可以相应地搬到 Ω_p^* 上来,然后再返回 $\mathbf{R}^2$ 上,这就是为什么要到 S^2 上去研究问题的理由.

习 题 一

1. 设数值函数 $a(t)$ 在 $0<t<t_1$ 上连续且

$$\int_{0^+}^{t}a(t)dt\quad(0<t<t_1)$$

收敛,求证方程

$$\frac{dx}{dt}=a(t)\boldsymbol{x}$$

的满足条件 $\lim\limits_{t\to0^+}x(t)=0$ 的解只有一个.

2. 设 $f(x)$ 在 $x\in\mathbf{R}$ 上连续,证明 $\frac{dx}{dt}=f^2(x)+e^{-t}$ 具有解的唯一性.

3. 设函数 $f(t,x)$ 与 $F(t,x)$ 在区域 G 上连续,满足 Lipschitz 条件,且到处都有

$$f(t,x)\leqslant F(t,x).$$

设 $x=\varphi(t)$ 与 $x=\Phi(t)$ 分别是方程

$$\frac{dx}{dt}=f(t,x)\text{ 与 }\frac{dx}{a}=F(t,x)$$

的满足同一初值条件 $x(t_0)=x_0$ 的解,它们的共同存在区间是 $a\leqslant t\leqslant b$,则

$$\varphi(t)\leqslant\Phi(t)\quad\text{当 }t_0\leqslant t\leqslant b.$$

$$\varphi(t)\geqslant\Phi(t)\quad\text{当 }a\leqslant t\leqslant t_0.$$

提示:(i)当 $f(t,\boldsymbol{x})<F(t,x)$ 时,结论成立.

(ii)考虑方程

$$\begin{cases}\dfrac{dx}{dt}=f(t,x)+\varepsilon_m\\ x(t_0)=x_0\end{cases}$$

的解,$\varepsilon_m>0$ 且当 $m\to\infty$ 时单调地趋于零.

4. 讨论方程

$$\frac{dx}{dt}=(2-x-x^2)e^{(t-1)x^2}$$

的每一积分曲线的两端的性状,并画出积分曲线族的大概图形.

提示:(i)当 $t\leqslant1$ 时,每一积分曲线的左侧都有水平渐近线.

(ii)每一条水平直线,都有一积分曲线的左侧以它为渐近线.

(iii)在 $t>1$ 半平面上,每一条垂直于 x 轴的直线都有二条积分曲线分别以它为垂直渐近线.

5. 若 $\boldsymbol{f}(t,\boldsymbol{x})$在 G 上连续,且满足条件 $\|\boldsymbol{f}(t,\boldsymbol{x}_1)-\boldsymbol{f}(t,\boldsymbol{x}_2)\|\leqslant L(\|\boldsymbol{x}_1-\boldsymbol{x}_2\|)$,当$(t,\boldsymbol{x}_1),(t,\boldsymbol{x}_2)\in \boldsymbol{G}$,其中 $L(r)$在 $0\leqslant r<r_0$ 上连续,$L(r)>0$,且

$$\int_0^{r_0}\frac{dr}{L(r)}=+\infty,$$

则 Cauchy 问题

$$\begin{cases}\dfrac{d\boldsymbol{x}}{dt}=\boldsymbol{f}(t,\boldsymbol{x})\\ \boldsymbol{x}(t_0)=x_0\end{cases}$$

的解 $\boldsymbol{x}=\boldsymbol{x}(t,t_0,\boldsymbol{x}_0)$对初值是连续的.

6. 设 $f_k(x,y_1,\cdots,y_n)$在区域 $D(|x-x_0|\leqslant a,|y_1|<+\infty,\cdots,|y_n|<+\infty)$上连续,且对 $y_1,\cdots,y_n$ 有连续的偏微商. 又设在 D 上 f_h 满足不等式

$$|f_k|\leqslant L\sum_{i=1}^n|y_i|+M\quad (i=1,2,\cdots,n),$$

其中 L 与 M 是正常数,则相应的 Cauchy 问题

$$\frac{dy_k}{dt}=f_k(x,y_1,\cdots,y_n)\quad (i=1,2,\cdots,n)$$

$$y_k(x_0)=y_k^0$$

在区间 $|x-x_0|\leqslant a$ 上恰有一解.

7. 设微分方程(D):

$$\frac{dy}{dx}=\lambda(1+\sin^2x+\sin^2y)+\boldsymbol{x},$$

其中 λ 是参数. 又设边界条件(E):

$$y(0)=0,y(1)=0.$$

试证,存在 $\lambda=\lambda_0$,问题$(D)+(E)$有解.

8. 设给定方程

$$\frac{dx}{dt}=\sin(tx),$$

试求$\left[\dfrac{\partial x}{\partial t_0}(t,t_0,x_0)\right]_{\substack{t_0=0\\x_0=0}},\left[\dfrac{\partial x}{\partial x_0}(t,t_0,x_0)\right]_{\substack{t_0=0\\x_0=0}}$

9. 设 $f_i(t,\boldsymbol{x})$连续可微$(i=1,2,\cdots,n)$,则 Cauchy 问题

$$\frac{dx_i}{dt}=f_i(t,\boldsymbol{x})$$

$$\boldsymbol{x}(t_0)=\boldsymbol{x}_0\qquad (i=1,2,\cdots,n)$$

的解 $\boldsymbol{x}=\varphi(t,t_0,\boldsymbol{x}_0)$满足恒等式

$$\frac{\partial\varphi(t,t_0,\boldsymbol{x}_0)}{\partial t_0}+\sum_{i=1}^n\frac{\partial\varphi(t,t_0,\boldsymbol{x}_0)}{\partial x_i^0}f_i(t_0,\boldsymbol{x}_0)\equiv 0.$$

10. 设 Cauchy 问题

$$\begin{cases}\dfrac{dy}{dx}=f(x,y,\mu)\\ y(x_0)=y_0\end{cases}$$

的解为 $y^*=y^*(x;x_0,y_0,\mu)$. 试证,若$\left(\dfrac{\partial y^*}{\partial x_0}\right)$与$\left(\dfrac{\partial y^*}{\partial \mu}\right)$存在,则

$$\left(\frac{\partial y^*}{\partial x_0}\right)_{x=x_0}=-f(x_0,y_0;\mu),\left(\frac{\partial y^*}{\partial \mu}\right)_{x=x_0}=0.$$

11. 试证在上题中有公式

$$\frac{\partial y^*}{\partial x_0}=-f(x_0,y_0;\mu)e^{\int_{x_0}^{x}f'_y(x,y^*;\mu)dx}.$$

与

$$\frac{\partial y^*}{\partial \mu}=e^{\int_{x_0}^{x}f'_y(x,y^*;\mu)dx}\cdot\int_{x_0}^{x}f'_\mu(x,y^*,\mu)e^{-\int_{x_0}^{x}f'_y(x,y^*;\mu)dx}dx.$$

并同时写出$\dfrac{\partial y^*}{\partial x_0}$与$\dfrac{\partial y^*}{\partial \mu}$所满足的微分方程.

12. 设 $f(t,x,y)$在区域 $G(0\leqslant t\leqslant 1,-\infty<x<+\infty,-\infty<y<+\infty)$上有连续的偏微商,$\varphi(t)$是边值问题

$$\begin{cases}x''=f(t,x,x')\\ x(0)=a,x(1)=b\end{cases}$$

的解. 又设在区域 G 上$\dfrac{\partial f}{\partial x}>0$,试证,对充分靠近 b 的β,边值问题

$$\begin{cases}x''=f(t,x,x).\\ x(0)=a,x(1)=\beta\end{cases}$$

有解.

提示:设满足条件 $\theta(0,\alpha)=a,\theta'(0,\alpha)=\alpha$ 的解为$\theta(t,\alpha)$. 令 $\varphi'(0)=\alpha_0$,于是当$|\alpha-\alpha_0|$充分小时,θ 在区间$t\in[0,1]$上存在.

设

$$\boldsymbol{u}(t)=\frac{\partial\theta(t,\alpha_0)}{\partial\alpha},$$

于是

$$u''-\frac{\partial f}{\partial y}(t,\varphi(t),\varphi'(t))u'-\frac{\partial f}{\partial x}(t,\varphi(t),\varphi'(t))u=0,$$

其中 $u(0)=0,u'(0)=1$.

因为$\dfrac{\partial f}{\partial x}>0$,所以 u 是单调上升和$u(1)=\dfrac{\partial\theta}{\partial\alpha}(1,\alpha_0)>0$. 这样方程 $\theta(1,\alpha)-\beta=0$ 在(α_0,b)的充分小邻域可解出 α 是β 的函数.

13. 试证明,设 $\boldsymbol{f}(\boldsymbol{x})$在定义区域上对 x 连续,则 Cauchy 问题(2.3),(2.4)的解对初值的连续依赖性与解的唯一性等价.

14. 定理 3.4 中的有界性条件是否可缺少? 试举例说明.

15. 如 $\boldsymbol{f}(P,I^+)$有界,能否证明 Ω_p 是曲线连通?

16. 试证明，任何轨线 $f(P,I)$ 在 $\mathbf{R}^2$ 上无处稠密.

17. 试证明，在定理 4.10 的推论 1 中，任何以 O 为圆心的圆周只能与 $\Omega_p^{(1)}$ 中的有限条轨线相交.

18. 试证明，设 Ω_p 有界，Ω_p 非闭轨线，则对任何 $R\in\Omega_p$，Ω_R 和 A_R 必为奇点.

19. 试证明，设 Ω_p 无界，Ω_p 中无奇点，则 Ω_p 中无有界分支.

20. 试举例说明，当 Ω_p 无界，Ω_p 中有奇点，则 Ω_p 中可以有有界分支，而且有界分支必通过奇点与 Ω_p 中的无界分支相联接.

21. 试由动力系统的性质Ⅱ，推证在任何有限时间区间上，解对初值连续依赖.

参　考　文　献

[1] Немыцкий, В. В. и Степанов, В. В., Качественная теория днфференциальных уравнений, М. -Л., Гостехиздат, 1949(中译本：B.B.涅梅茨基、B.B.斯捷巴诺夫，微分方程定性理论，上、下册，科学出版社，1956,1959.)

[2] 秦元勋，微分方程所定义的积分曲线，上、下册，科学出版社，1959.

[3] 叶彦谦，极限环论，上海科学技术出版社，1984，再版.

[4] Coddington, E. A. and Levinson, N., Theory of ordinary differential equations, McGraw-Hill, New York, 1955.

[5] Александров, П. С., Введение в общую теорию множеств и функций, Гостехиздат, 1948.

[6] Ahlfors, L., Complex Analysis, McGraw-Hill, New York, 1966.

第二章　平 面 奇 点

§1. 奇点和常点

给定微分方程组

$$\frac{dx}{dt} = X(x,y), \frac{dy}{dt} = Y(x,y), \tag{1.1}$$

其中 $X(x,y)$, $Y(x,y) \in C^0(D)$,区域 $D \subseteq \mathbf{R}^2$.

方程组(1.1)在奇点及常点有完全不同的性质.

在分析上:若 $P_0(x_0,y_0) \in D$ 是奇点,即

$$X^2(x_0,y_0) + Y^2(x_0,y_0) = 0,$$

则 $x = x_0, y = y_0$ 是方程组(1.1)的解;

若 $P_0(x_0,y_0) \in D$ 是常点,即

$$X^2(x_0,y_0) + Y^2(x_0,y_0) \neq 0,$$

则 $x = x_0, y = y_0$ 不是方程组(1.1)的解.

在拓扑上:若 $P_0(x_0,y_0)$是奇点,则向量场$(X(x,y), Y(x,y))$在 P_0 点为零向量,即 P_0 是向量场的奇点;

若 $P_0(x_0,y_0)$是常点,则向量场$(X(x,y), Y(x,y))$在 P_0 点为非零向量.

在力学上:设$\frac{dx}{dt}$表示速度,$\frac{dy}{dt} = \frac{d^2x}{dt^2}$表示加速度.若 $P_0(x_0,y_0)$是奇点,则 P_0 是平衡点;若 $P_0(x_0,y_0)$是常点,则 P_0 是非平衡点.

常点附近轨线的拓扑结构.

设 $P_0(x_0,y_0)$是方程组(1.1)的常点,则可经非退化线性变换,使 $P_0(x_0,y_0)$与坐标原点重合,并且使由方程组(1.1)所确定的向量场在 P_0 点的方向与 y 轴重合.为了符号简单起见,设方程组(1.1)已满足上述要求,即 $x_0 = y_0 = 0, X(0,0) = 0, Y(0,0) \neq 0$.于是在原点 $O(0,0)$的充分小邻域 $S(O,\varepsilon)$中,$Y(x,y) \neq 0$,(1.1)便等价于下列方程

$$\frac{dx}{dy} = \frac{X(x,y)}{Y(x,y)}. \tag{1.2}$$

在 $S(O,\varepsilon)$中(1.2)的解可表成 $x = x(y,a), x(0,a) = a$.

如图 2.1 所示,存在从长方形 $ABCD$ 到曲边长方形 $A'B'C'D'$的一对一变换 T,

$$T:(a,y) \to (x(y,a),y).$$

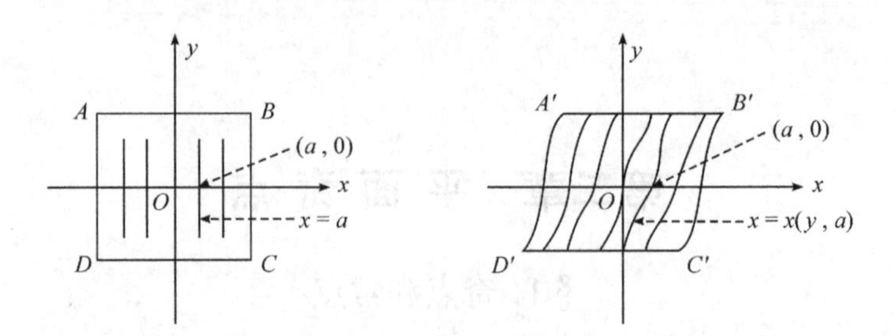

图 2.1

T 将平行直线族 $x=a$ 变换成积分曲线族 $x=x(y,a)$. 如 $X(x,y), Y(x,y)\in C^r(D), r\geqslant 1$, 由第一章§1知 $T\in C^{r+1,r}(y,a)$.

下面来证逆变换 $T^{-1}\in C^r$.

$$\frac{dx(y,a)}{dy}\equiv\frac{X(x(y,a),y)}{Y(x(y,a),y)}.$$

其变分方程为

$$\frac{d\left(\frac{\partial x}{\partial a}\right)}{dy}=\frac{Y\frac{\partial X}{\partial x}-X\frac{\partial Y}{\partial x}}{Y^2}\frac{\partial x}{\partial a},$$

即

$$\frac{d}{dy}\left\{\frac{\partial x}{\partial a}e^{-\int_0^y \frac{Y\frac{\partial X}{\partial x}-X\frac{\partial Y}{\partial y}}{Y^2}dy}\right\}=0,$$

从而

$$\frac{\partial x}{\partial a}e^{-\int_0^y \frac{Y\frac{\partial X}{\partial x}-X\frac{\partial Y}{\partial x}}{Y^2}dy}=C,$$

因 $x(0,a)=a$, 故 $\frac{\partial x(0,a)}{\partial a}=1$, 故 $C=1$, 于是便得

$$\frac{\partial x}{\partial a}=e^{\int_0^y \frac{Y\frac{\partial X}{\partial x}-X\frac{\partial Y}{\partial x}}{Y^2}dy}\neq 0,$$

因而可从 $x=x(y,a)$ 解出反函数 $a=a(x,y)$, 满足 $a(x,0)=x, a(x(y,a),y)=a$.

T 的逆变换为

$$T^{-1}:(x,y)\to(a(x,y),y).$$

T^{-1} 将积分曲线族 $x=x(y,a)$ 变换成平行直线族 $x=a$. 由反函数的导数运算法则, 知 $T^{-1}\in C^r(x,y)$.

综上所说, 如 $X(x,y), Y(x,y)\in C^r(D), r\geqslant 1$, 则在(1.1)的常点 $P_0\in D$ 的

充分小邻域内,存在 C^r 微分同胚,将积分曲线族变成平行直线族.因此,从局部来看,常点附近轨线的拓扑结构异常简单;而在奇点附近情况就复杂多了.

下面着重讨论奇点附近轨线的拓扑结构.

§2. 常系数线性方程组的奇点

给定微分方程组

$$\frac{dx}{dt} = ax + by, \frac{dy}{dt} = cx + dy, \tag{2.1}$$

其中 a, b, c, d 是实数.

$$D(\lambda) = \begin{vmatrix} a-\lambda & b \\ c & d-\lambda \end{vmatrix} = \lambda^2 - (a+d)\lambda + ad - bc = 0$$

叫做(2.1)的特征方程.令 $p = -(a+d), q = ad - bc$.则 $D(\lambda) = \lambda^2 + p\lambda + q = 0$,它的根

$$\lambda_1, \lambda_2 = \frac{-p \pm \sqrt{p^2 - 4q}}{2}$$

叫做特征根.下面我们根据特征根的不同情形进行讨论.

1. $q<0, \lambda_1, \lambda_2$ 是异号实根.

当 $c \neq 0$ 时,作变换

$$\begin{cases} x' = -cx + (a-\lambda_1)y, \\ y' = -cx + (a-\lambda_2)y. \end{cases} \tag{2.2}$$

当 $b \neq 0$ 时,作变换

$$\begin{cases} x' = (d-\lambda_1)x - by, \\ y' = (d-\lambda_2)x - by. \end{cases} \tag{2.3}$$

可将方程组(2.1)变为:

$$\begin{cases} \dfrac{dx'}{dt} = \lambda_1 x', \\ \dfrac{dy'}{dt} = \lambda_2 y'. \end{cases} \tag{2.4}$$

其解为 $x' = C_1 e^{\lambda_1 t}, y' = C_2 e^{\lambda_2 t}$,消去参数 t,得 $y' = C_3 |x'|^{\lambda_2/\lambda_1}, \dfrac{\lambda_2}{\lambda_1} < 0$.除了沿坐标轴的轨线外,其余的轨线当 $|t|$ 趋于无穷时都远离原点 O'.这时奇点 O' 叫做鞍点.设 $\lambda_1 > 0 > \lambda_2$,其图形如图 2.2 所示,其中箭头代表 t 增加时曲线的走向.

2. $q>0, p>0, p^2-4q>0$. λ_1, λ_2 同是负实根.

经变换(2.2)或(2.3),方程组(2.1)变为方程组(2.4).其解为 $x' = C_1 e^{\lambda_1 t}, y'$

$=C_2e^{\lambda_2 t}$,消去参数 t,得 $y'=C|x'|^{\lambda_2/\lambda_1}$,$\frac{\lambda_2}{\lambda_1}>0$.当 $t\to+\infty$时,所有轨线均趋于奇点 O'.设 $0>\lambda_1>\lambda_2$,即$\frac{\lambda_2}{\lambda_1}>1$,除了沿 y'轴的轨线外,其余的轨线均与 x'轴相切于奇点O'.设 $0>\lambda_2>\lambda_1$,$\frac{\lambda_2}{\lambda_1}<1$,除了沿 x'轴的轨线外,其余的轨线均与 y'轴相切于点 O'.这时奇点 O'叫做稳定结点.设 $0>\lambda_1>\lambda_2$,其图形如图 2.3 所示.

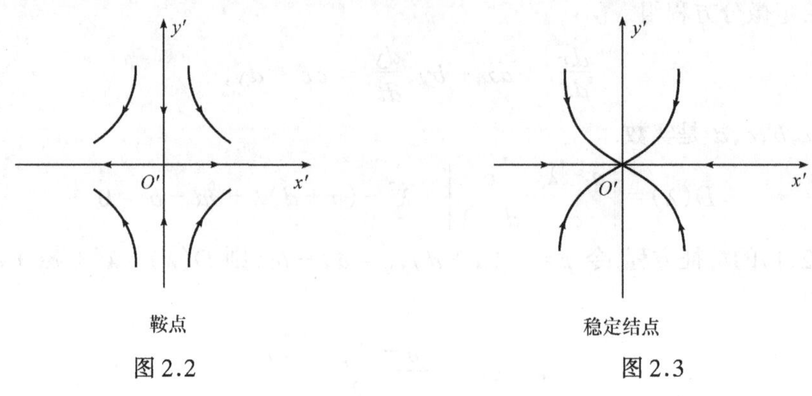

图 2.2　　　　图 2.3

3. $q>0,p>0,p^2-4q<0$.

$\lambda_1=\mu_1+i\mu_2,\lambda_2=\mu_1-i\mu_2$ 是二共轭复根,实部 $\mu_1=\frac{-p}{2}<0$,虚部 $\mu_2=\frac{\sqrt{4q-p^2}}{2}$.可经非退化线性变换,将方程组(2.1)变为

$$\begin{cases}\frac{dx'}{dt}=\mu_1x'+\mu_2y',\\ \frac{dy'}{dt}=-\mu_2x'+\mu_1y'.\end{cases}\tag{2.5}$$

当 $c\neq0$ 时,其变换为

$$x'=-\sqrt{2}cx+\sqrt{2}\left(a+\frac{p}{2}\right)y,$$

$$y'=\frac{\sqrt{2}}{2}\sqrt{4q-p^2}y.$$

当 $b\neq0$ 时,其变换为

$$x'=\sqrt{2}\left(d+\frac{p}{2}\right)x-\sqrt{2}by,$$

$$y'=\frac{\sqrt{2}}{2}\sqrt{4q-p^2}x.$$

再作变换 $x'=r\cos\theta,y'=r\sin\theta$,方程组(2.5)变为:

$$\frac{dr}{dt}=\mu_1 r,\ \frac{d\theta}{dt}=-\mu_2. \tag{2.6}$$

其解为 $r=r(0)e^{\mu_1 t},\theta=-\mu_2 t+\theta(0)$. 当 $t\to+\infty$,所有轨线均螺旋形地趋于点 O'. 这时奇点 O' 叫做稳定焦点. 其图形如图 2.4 所示.

4. $q>0,p<0,p^2-4q>0$.

λ_1,λ_2 同是正实根.

令 $t\to -t$,方程组(2.1)变为:

$$\begin{cases}\dfrac{dx}{dt}=-ax-by,\\ \dfrac{dy}{dt}=-cx-dy.\end{cases} \tag{2.7}$$

(2.7)的特征方程为

$$D(\lambda)=\begin{vmatrix}-a-\lambda, & -b\\ -c & -d-\lambda\end{vmatrix}=\lambda^2+(a+d)\lambda+ad-bc$$
$$=\lambda^2-p\lambda+q=0,$$

它有两个负实根. 于是情形 4 化为情形 2,故轨线的分布和情形 2 相同,只是时间走向相反. 设化为方程(2.4)后,有 $\lambda_2>\lambda_1>0$,于是其图形如图 2.5 所示.

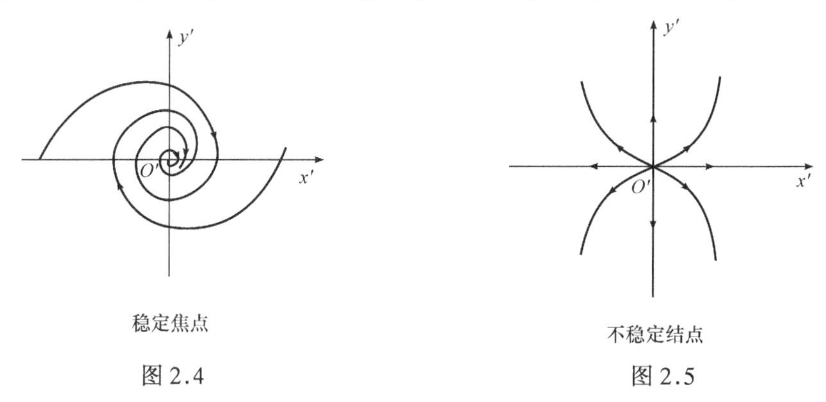

稳定焦点

图 2.4

不稳定结点

图 2.5

5. $q>0,p<0,p^2-4q<0$.

$\lambda_1=\mu_1+i\mu_2,\lambda_2=\mu_1-i\mu_2$ 是二共轭复根,实部 $\mu_1=\dfrac{-p}{2}>0$,虚部 $\mu_2=\dfrac{\sqrt{4q^2-p^2}}{2}$. 与情形 3 类似,可将方程组(2.1)变为方程组(2.6),只是 $\mu_1>0$,故当 $t\to-\infty$时,所有轨线均螺旋形地趋于点 O'. 这时奇点 O' 叫做不稳定焦点. 其图形如图 2.6 所示.

6. $q>0,p=0$.

λ_1,λ_2 是一对共轭虚根. 如情形 3 一样,可将方程组(2.1)变为:

$$\frac{dr}{dt}=0,\quad \frac{d\theta}{dt}=-\mu_2.$$

其解为 $r=r_0\geqslant 0,\theta=-\mu_2 t+\theta_0$. 轨线是一族围绕原点 O' 的封闭曲线. 这时奇点 O' 叫做中心,其图形如图 2.7 所示.

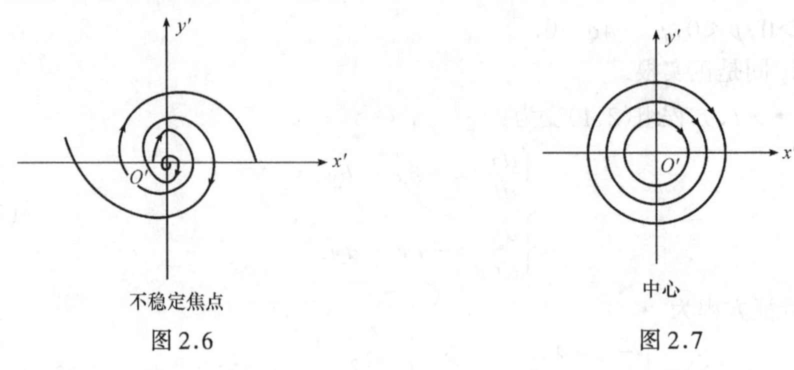

图 2.6　　图 2.7

7. $q>0, p>0, p^2-4q=0$.

$\lambda_1=\lambda_2$ 是一对负实重根.

(i)设初等因子是单的.

经非退化线性变换,方程组(2.1)变为:

$$\begin{cases}\dfrac{dx'}{dt}=\lambda_1 x',\\[2mm] \dfrac{dy}{dt}=\lambda_1 y'.\end{cases}$$

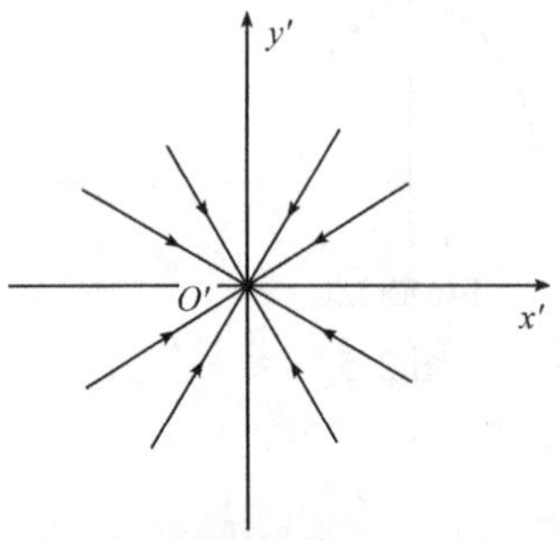

其解为 $x'=C_1e^{\lambda_1 t}, y'=C_2e^{\lambda_1 t}$, 消去参数 t, 得 $y'=C_3x'$. 这时奇点 O' 叫做稳定临界结点. 其图形如图 2.8 所示.

稳定临界结点

图 2.8

(ii)设初等因子是重的.

经非退化线性变换,方程组(2.1)变为:

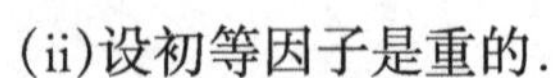

$$\begin{cases}\dfrac{dx'}{dt}=\lambda_1 x',\\[2mm] \dfrac{dy'}{dt}=\xi x'+\lambda_1 y'.\end{cases}\tag{2.8}$$

其解为 $x'=C_1e^{\lambda_1 t}, y'=e^{\lambda_1 t}(C_2+\xi C_1 t)$, 消去参数 t, 得

$$\frac{y'}{x'}=C+\frac{\xi}{\lambda_1}\ln|x'|.$$

故有

$$\lim_{t\to+\infty}x'=0,\ \lim_{t\to+\infty}y'=0.$$

$$\lim_{t\to+\infty}\frac{y'}{x'}=\lim_{x'\to 0}\left(C+\frac{\xi}{\lambda_1}\ln|x'|\right)=\begin{cases}+\infty, \xi>0,\\ -\infty, \xi<0.\end{cases}$$

所有轨线当 $t\to+\infty$ 时都趋向原点,并在原点与 y' 轴相切.这时奇点 O' 叫做稳定退化结点.其图形如图 2.9 所示.

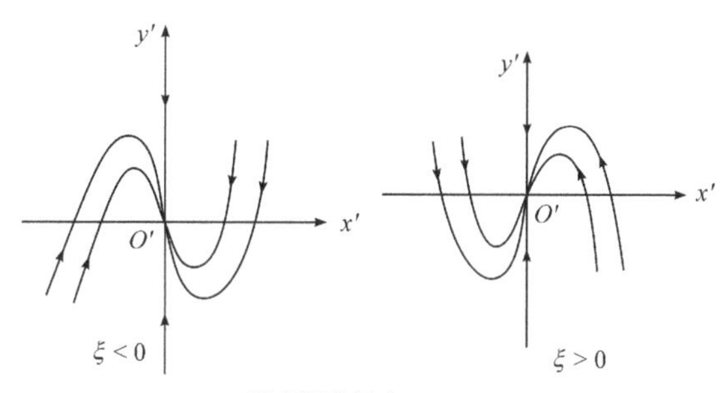

稳定退化结点

图 2.9

8. $q>0, p<0, p^2-4q=0$.

$\lambda_1=\lambda_2$ 是一对正实重根.

(i)设初等因子是单的. $O(0,0)$为不稳定临界结点.

(ii)设初等因子是重的. $O(0,0)$为不稳定退化结点.

轨线的几何图形和情形 7 相同,只是时间走向相反.

9. $q=0$.

(i) $a=b=c=d=0$.

这时(x,y)平面上每点都是奇点.

(ii) $a=b=0$(或 $c=d=0$),但 $c^2+d^2\neq 0$(或 $a^2+b^2\neq 0$).

只讨论括号外的情形.这时 $x=\alpha$ 是解.直线 $cx+dy=0$ 上都是奇点,其图形如图 2.10,图 2.11 所示.

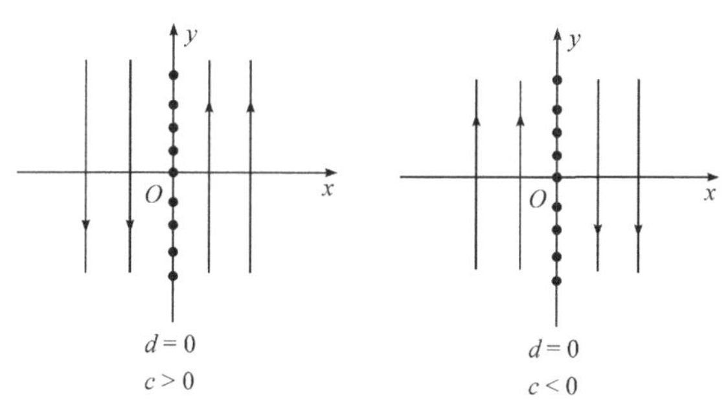

图 2.10

(iii) $a^2+b^2\neq 0, c^2+d^2\neq 0$.

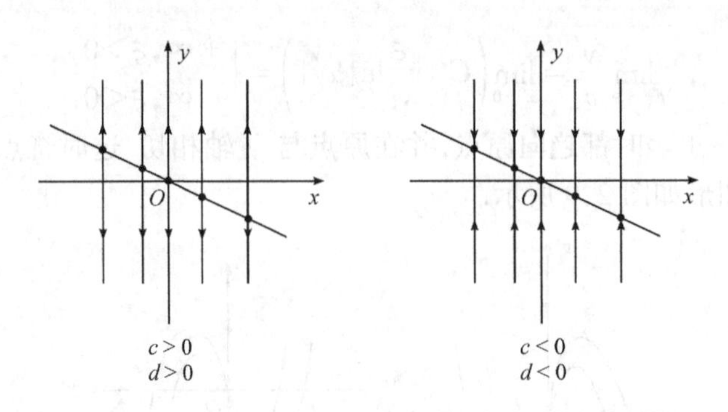

图 2.11

因 $q = ad - bc = 0$,故直线 $ax + by = 0$ 与 $cx + dy = 0$ 重合,且其上都是奇点.再则或者 $ac \neq 0$,或者 $bd \neq 0$.设 $ac \neq 0$,则原方程可化为

$$\frac{dy}{dx} = \frac{c}{a},$$

$ay - cx + k = 0$ 是解,其图作为习题留给读者自己讨论.

在情形 1 中,究竟是 $\lambda_1 > 0 > \lambda_2$,还是 $\lambda_2 > 0 > \lambda_1$;在情形 2 及情形 4 中,究竟是 $\lambda_1 > \lambda_2$,还是 $\lambda_2 > \lambda_1$ 等等,这些都取决于我们所采用的非退化线性变换的形式,因将方程组(2.1)化为标准型时的变换不是唯一的.图形 2.2～图 2.11 是在 (x', y') 平面上绘出的,回到 (x, y) 平面,$x' = 0$,$y' = 0$ 是两条过原点的斜线,它们不见得正交,故轨线的几何形状可能不同,但拓扑性质不变.为了在 (x, y) 平面上绘画,需要求出 $x' = 0$,$y' = 0$ 的斜率 k.这可将 $y = kx$ 代入方程组(2.1),求解二次方程 $bk^2 + (a - d) \cdot k - c = 0$ 而得.

综合以上九种情形,可在 (p, q) 平面上绘出下列图形,即图 2.12.

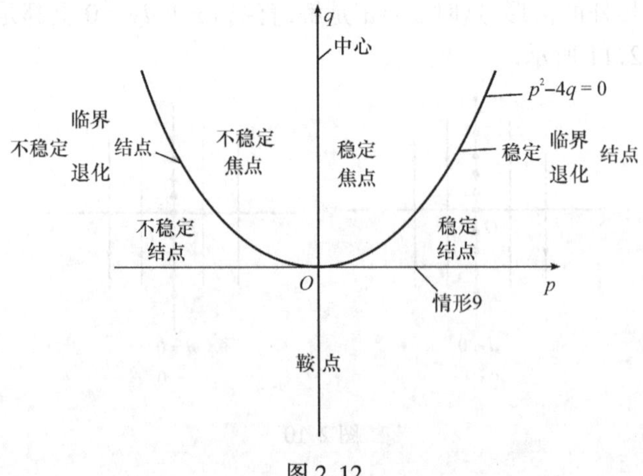

图 2.12

С. М. Вайсборд 在[1]中证明了任何 n 阶常系数线性系统,当特征根实部 k 个为负,$n-k$ 个为正($k=0,1,\cdots,n$),对固定的 k,它们的轨线的拓扑结构都相同,因而稳定(不稳定)焦点,稳定(不稳定)临界结点和退化结点,稳定(不稳定)结点属于同样拓扑类型,于是(p,q)平面被正 q 轴,即 $p=0,q>0$ 和 p 轴,即 $q=0$,分成三个区域.第一区域:$q>0,p>0$,是稳定焦点、结点区.第二区域:$q>0,p<0$,是不稳定焦点、结点区.第三区域:$q<0$,是鞍点区.当(2.1)的系数所对应的(p,q)属于同一区域时,相应奇点附近轨线的拓扑结构相同.换句话说,当(2.1)的系数所对应的(p,q)属于上述三个区域之一时,对系数作充分小的扰动后,奇点附近轨线的拓扑结构不变,轨线的全局结构也不变.从分析上看,这时特征根或是一对共轭复根,实部不为零,或是两个同号实根或异号实根,因而当系数作充分小变动后,特征根的这个基本特性不变.这时方程(2.1)叫做对于上述线性扰动而言是结构稳定的.当(2.1)的系数所对应的(p,q)属于边界时,即 $q=0$ 或 $p=0,q>0$,情形就完全不同了,这时不论(2.1)的系数作多么微小的扰动,都可能使奇点附近轨线的拓扑结构改变,(2.1)的轨线的全局结构自然也改变,这时方程(2.1)叫做对上述线性扰动而言是结构不稳定的.从分析上看,刚好这时对应的特征根的实部为零,因而不论系数作多么微小的扰动,特征根的这种基本特性都可能改变.

稳定(不稳定)焦点、正常结点、退化结点和临界结点具有相同的拓扑结构,而我们称它们具有不同的定性结构,于是在(p,q)平面上,在曲线 $p^2=4q$ 上的每点($p=q=0$ 除外)的充分小邻域中的点,它们所对应的方程的奇点附近轨线的拓扑结构相同,但定性结构可能不同.

线性方程(2.1)的奇点附近轨线的结构是完全弄清楚了.在后面几节里我们将要研究,方程(2.1)的右侧加上非线性项后奇点附近轨线的拓扑结构和定性结构如何.

§3. 非线性方程组的奇点

给定微分方程组

$$\begin{cases}\dfrac{dx}{dt}=X(x,y),\\[2mm]\dfrac{dy}{dt}=Y(x,y).\end{cases}\tag{3.1}$$

设 $O(0,0)$是(3.1)的奇点,即 $X(0,0)=Y(0,0)=0$.设 $X(x,y)$, $Y(x,y)$在原点附近对 x,y 有足够高阶的连续偏导数.于是可将(3.1)写成

$$\begin{cases}\dfrac{dx}{dt}=X_m(x,y)+\Phi(x,y),\\[2mm]\dfrac{dy}{dt}=Y_n(x,y)+\Psi(x,y).\end{cases}\tag{3.2}$$

其中 X_m,Y_n 分别是 x 和 y 的 m,n 次齐次多项式，$m,n\geqslant 1$，$\Phi=o(r^m)$，$\Psi=o(r^n)$，当 $r\to 0$. 我们假设 X_m,Y_n 互质. 在第三章定理 2.1 中我们将证明，当 $0<x^2+y^2\ll 1$ 时便有 $X^2+Y^2\neq 0$，即 $O(0,0)$ 是(3.1)的孤立奇点. 我们在§2 中讨论的是 $m=n=1$ 而 $\Phi\equiv\Psi\equiv 0$ 的情形，这时奇点 O 叫做线性奇点，否则就叫做非线性奇点. 在这一节和下一节中我们将要研究两个问题. 第一，当 $m=n=1$，且特征根实部不为零时，附加的非线性项 Φ 和 Ψ 要满足什么条件，才不改变对应的线性奇点附近轨线分布的拓扑结构或定性结构；第二，当 m,n 中至少有一个大于 1 时，奇点附近轨线分布的情形如何. 这时奇点 O 叫做高次奇点，或复合奇点. 下面我们将这两种情况统一起来处理.

如果某非线性奇点与其对应的线性奇点在其邻域内轨线分布有相同的定性结构，我们就以此线性奇点的类型来称呼此非线性奇点.

定义 3.1　设 L 是方程的轨线，点 $A(r,\theta)$ 是 L 上的动点. 若当 $r\to 0$ 时，有 $\theta\to\theta_0$，则轨线 L 叫做沿固定方向 $\theta=\theta_0$ 进入奇点 $O(0,0)$.

定义 3.2　设原点 O 为方程组(3.1)的孤立奇点. 如果存在点序列 $A_n=A(r_n,\theta_n)$，当 $n\to+\infty$ 时，有 $r_n\to 0,\theta_n\to\theta_0$，且 $\alpha_n\to 0$，其中 α_n 是(3.1)在 A_n 点的方向场的方向(或称场向量)与坐标向量的夹角(从向量半径逆时针方向转向场向量)的正切，则 $\theta=\theta_0$ 叫做(3.1)的特殊方向.

显然，如有轨线沿方向 $\theta=\theta_0$ 进入奇点 O，则 $\theta=\theta_0$ 必是特殊方向.

对§2 中的鞍点和结点，相应的变换后的方程组有四个特殊方向 $\theta=0,\dfrac{\pi}{2},\pi$ 和 $\dfrac{3\pi}{2}$；对退化结点，相应的变换后的方程组有两个特殊方向 $\theta=0,\pi$ 或 $\theta=\dfrac{\pi}{2},\dfrac{3\pi}{2}$；对临界结点，每个方向都是特殊方向；对中心和焦点，则没有特殊方向.

请读者注意，沿着特殊方向不一定有轨线进入，请看下例.

例题 3.1　讨论方程组

$$\frac{dx}{dt}=-x,$$

$$\frac{dy}{dt}=-y+\frac{x\cos\ln\left|\ln\dfrac{1}{|x|}\right|}{\ln\dfrac{1}{|x|}}$$

在奇点 O 邻域的轨线的结构.

解　由第一个方程解得

$$x(t)=x(0)e^{-t},$$

设 $0<|x(0)|<1$,将它代入第二个方程,解得

$$\begin{aligned}y(t)&=e^{-t}\left[C_1+\int_0^t\frac{x(0)\cos\ln|(t-\ln|x(0)|)|}{(t-\ln|x(0)|)}dt\right]\\&=e^{-t}[C_1+x(0)\sin\ln|t-\ln|x(0)||-x(0)\sin\ln(-\ln|x(0)|)]\\&=x(t)\left[C_2+\sin\ln\left|\ln\frac{1}{|x(t)|}\right|\right].\end{aligned}$$

因此,

$$\lim_{t\to+\infty}x(t)=0,$$

$$\lim_{t\to+\infty}y(t)=0.$$

$$\left.\begin{aligned}\overline{\lim_{t\to+\infty}}\frac{y(t)}{x(t)}&=C_2+1,\\\underline{\lim_{t\to+\infty}}\frac{y(t)}{x(t)}&=C_2-1.\end{aligned}\right\}\tag{3.3}$$

可适当选取时间序列$\{t_n\}$,其中 $t_n\to+\infty$,使

$$\ln\left|\ln\frac{1}{|x(t_n)|}\right|=\pm\frac{\pi}{2}+2n\pi,n\gg1,$$

于是,当 $t=t_n$ 时,便有$\dfrac{dy}{dx}=\dfrac{y}{x}=C_2\pm1$.根据定义 3.2,$\theta=\theta_0=\tan^{-1}(C_2\pm1)$便是特殊方向,其中 C_2 是任意常数.显然可适当选取 C_2,使每个方向 $0\leqslant\theta<2\pi$ 都是特殊方向.因 $x=0$ 是解,故沿着 $\theta=\dfrac{\pi}{2},\dfrac{3\pi}{2}$有轨线进入奇点.但当 $x(0)\neq0$ 时,由(3.3)知,其余轨线都不沿固定方向进入奇点 O,也即沿其余方向没有轨线进入奇点 O.方程所定义的向量场与原点对称,其图形如图 2.13 所示.

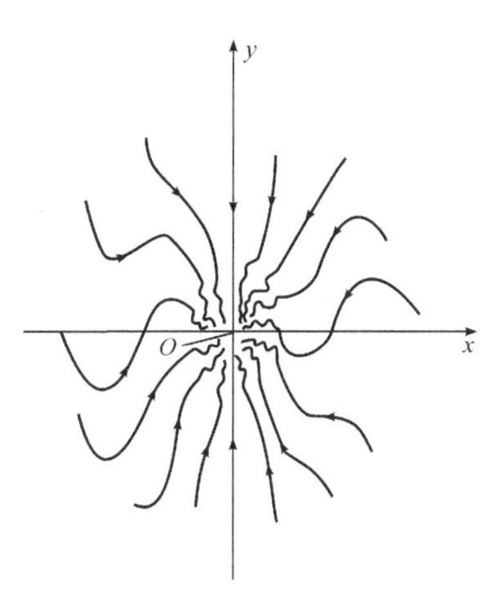

图 2.13

定义 3.3 设轨线 L 与向量半径 $\theta=\theta_0$ 相交于点 P.若在点 P 坐标向量与场向量的夹角满足 $\alpha_P<\pi(>\pi)$,就说 L 与 $\theta=\theta_0$ 正(负)侧相交(α_P 如何计算,可参看定义 3.2).

定义 3.4 设轨线 L 与向量半径 $\theta=\theta_0$ 相交于点 P.若在点 P 坐标向量与场向量的夹角满足

$$\frac{\pi}{2}<\alpha_P<\frac{3\pi}{2}\left(-\frac{\pi}{2}<\alpha_P<\frac{\pi}{2}\right),$$

就说 L 与 $\theta=\theta_0$ 正(负)向相交(α_P 如何计算,可参看定义 3.2,见图 2.14).

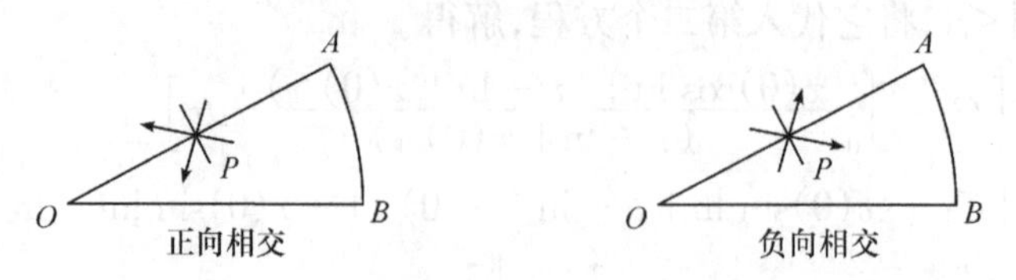

图 2.14

定义 3.5 由向量半径 OA 及 OB 及以奇点 O 为中心的圆弧 $\overset{\frown}{AB}$ 围成的扇形区域 $\triangle\overset{\frown}{OAB}$ 叫做正常区域,如果满足:

1. $\triangle\overset{\frown}{OAB}$ 上除点 O 外无其他奇点,OA 和 OB 是无切线段(自然除去点 O);
2. $\triangle\overset{\frown}{OAB}$ 上任意点的场向量与坐标向量不垂直;
3. $\triangle\overset{\frown}{OAB}$ 内至多包含一个特殊方向,$\overrightarrow{OA}$ 和 $\overrightarrow{OB}$ 与 x 轴的夹角的方向都不是特殊方向.

由条件 1 知,轨线只能与 OA(或 OB)同侧相交,即或者都从 OA(或 OB)进入 $\triangle\overset{\frown}{OAB}$,或者都从 OA(或 OB)离开 $\triangle\overset{\frown}{OAB}$.

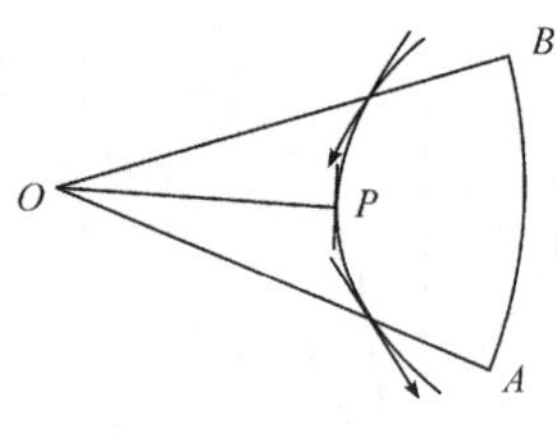

图 2.15

由条件 2 知,轨线只能与 OA(或 OB)同向相交,即或者都是正向相交,或者都是负向相交.

由条件 2 还可知,轨线与 OA 及 OB 相交的正负向也必相同,否则,由方向场的连续性,在 $\triangle\overset{\frown}{OAB}$ 内部的有些点 P 上场向量与坐标向量将互相垂直,这将与条件 2 相矛盾.如图 2.15 所示.

由以上讨论可知,如果不计时间的正负方向,只能有下列三类正常区域(见图 2.16):

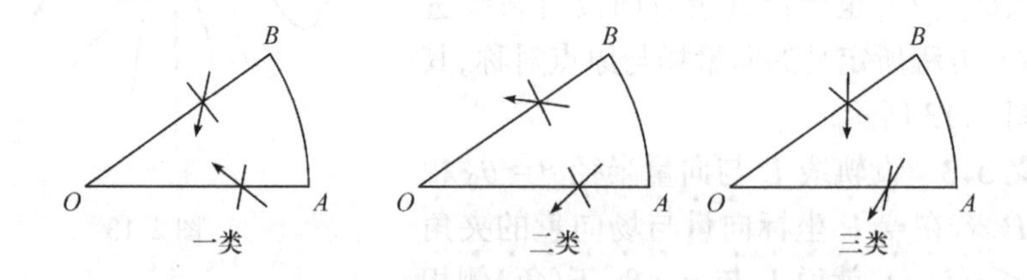

图 2.16

这里的箭头或者同时代表 t 增加时或者同时代表 t 减小时的方向.

为了确定起见,在下面三个引理中我们都将箭头看成是 t 增加时的方向.若看成 t 减小时的方向,则只要将引理中的 $t\to+\infty$ 换成 $t\to-\infty$ 即可.

引理 3.1 设$\triangle\overset{\frown}{OAB}$是第一类正常区域,则当 $t\to+\infty$时,自 OA,OB 上的每一点出发的轨线都进入奇点 O.

证明 由定义 3.5 中条件 2),自 OA,OB 上任一点出发的轨线当t 增加时不能从$\overset{\frown}{AB}$离开;并且当 t 增加时,轨线上的点的向径 r 单调下降,否则$\triangle\overset{\frown}{OAB}$中必有点,在其上场向量与坐标向量垂直.其次,轨线也不能永远停留在$\triangle\overset{\frown}{OAB}$中而不进入奇点$O$,否则,它的 ω 极限点集将是异于奇点O 的奇点,这将与条件 1)相矛盾,故轨线当 $t\to+\infty$时必都进入奇点 O.】

引理 3.2 设$\triangle\overset{\frown}{OAB}$是第二类正常区域,则$\overset{\frown}{AB}$上存在一点或一闭弧段.从其上出发的轨线,当 $t\to+\infty$时,都进入奇点 O.

证明 设 $M\in OA$,则轨线 $\boldsymbol{f}(M,I)$当 t 向负方向延续时必交$\overset{\frown}{AB}$于P_M, $\lim\limits_{M\to\{0\}}P_M=P$.设 $N\in OB$,则轨线 $\boldsymbol{f}(N,I)$当 t 向负向延续时必交$\overset{\frown}{AB}$于 Q_N, $\lim\limits_{N\to\{0\}}Q_N=Q$.易见从点 P 和Q 出发的轨线,当 $t\to+\infty$时,都进入点 O.若 $P=Q$,则只有一条轨线 $\boldsymbol{f}(P,I)$当 $t\to+\infty$时进入奇点 O.若 $P\neq Q$,则从闭弧段$\overset{\frown}{PQ}$上任一点 R 出发的轨线$\boldsymbol{f}(R,I)$当 $t\to+\infty$时都进入奇点 O.】

引理 3.3 设$\triangle\overset{\frown}{OAB}$是第三类正常区域,则有两种可能:(i)$\triangle\overset{\frown}{OAB}$中无轨线进入奇点 O;(ii)存在 $P\in OB$ 或$\overset{\frown}{AB}$,当 $R\in OP$ 或 $R\in OB\cup\overset{\frown}{BP}$,轨线 $\boldsymbol{f}(R,I)$当 $t\to+\infty$时进入奇点 O.】

证明 设 $M\in OA$,则轨线 $\boldsymbol{f}(M,I)$当 t 向负方向延续时必交OB 或$\overset{\frown}{AB}$于P_M, $\lim\limits_{M\to\{0\}}P_M=P$.若 $P=\{0\}$,则为情形(i);若 $P\neq\{0\}$,则为情形(ii).】

研究非线性奇点附近轨线的定性结构,主要办法是找出所有的特殊方向,然后讨论沿着这些特殊方向是否有轨线进入奇点以及有多少条轨线进入奇点等.

令 α 是$P(r,\theta)$点处的坐标向量与场向量的夹角,如图 2.17 所示,便有

$$\tan\alpha=\lim_{\Delta r\to 0}r\frac{\Delta\theta}{\Delta r}=r\frac{d\theta}{dr}.$$

由定义 3.2,若 $\theta=\theta_0$ 是特殊方向,则在点列 $A_n(r_n,\theta_n)$上,必有

$$\lim_{n\to+\infty}\tan\alpha_n=\lim_{n\to+\infty}r\frac{d\theta}{dr}\bigg|_{(r_n,\theta_n)}=0.\qquad(3.4)$$

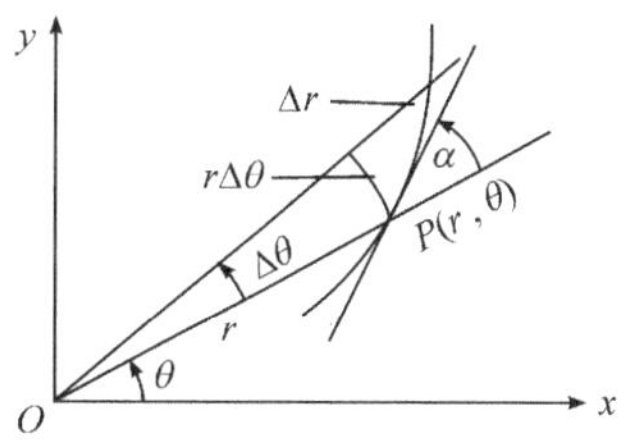

图 2.17

令 $x=r\cos\theta$, $y=r\sin\theta$,(3.2)变为

$$\frac{1}{r}\frac{dr}{d\theta}=\frac{\cos\theta[X_m(r\cos\theta,r\sin\theta)+\Phi(r\cos\theta,r\sin\theta)]+\sin\theta[Y_n(r\cos\theta,r\sin\theta)+\Psi(r\cos\theta,r\sin\theta)]}{\cos\theta[Y_n(r\cos\theta,r\sin\theta)+\Psi(r\cos\theta,r\sin\theta)]-\sin\theta[X_m(r\cos\theta,r\sin\theta)+\Phi(r\cos\theta,r\sin\theta)]}$$

$$=\frac{M(r,\theta)}{I(r,\theta)}. \tag{3.5}$$

令

$$\left.\begin{aligned}&G(\theta)=\cos\theta Y_n(\cos\theta,\sin\theta),\text{当 } m>n \text{ 时},\\&G(\theta)=-\sin\theta X_m(\cos\theta,\sin\theta),\text{当 } m<n \text{ 时},\\&G(\theta)=\cos\theta Y_n(\cos\theta,\sin\theta)-\sin\theta X_n(\cos\theta,\sin\theta),\text{当 } m=n \text{ 时}.\end{aligned}\right\} \tag{3.6}$$

由(3.2)的附加项 Φ 和 Ψ 的条件知存在 $\bar{r}>0,K>0$,使得:

1. 当 $m>n$ 时,用 r^n 除分子分母,

$$\left|\frac{M(r,\theta)}{r^n}\right|<K,\text{当 } r<\bar{r} \text{ 时}.$$

并且

$$\begin{aligned}\left|\frac{I(r,\theta)}{r^n}\right|&=\cos\theta Y_n(\cos\theta,\sin\theta)+o(1)\\&=G(\theta)+o(1),\text{当 } r\to 0 \text{ 时}.\end{aligned}$$

2. 当 $m<n$ 时,用 r^m 除分子分母,

$$\left|\frac{M(r,\theta)}{r^m}\right|<K,\text{当 } r<\bar{r} \text{ 时}.$$

并且

$$\begin{aligned}\frac{I(r,\theta)}{r^m}&=-\sin\theta X_m(\cos\theta,\sin\theta)+o(1)\\&=G(\theta)+o(1),\text{当 } r\to 0 \text{ 时}.\end{aligned}$$

3. 当 $m=n$ 时,用 r^m 除分子分母,

$$\left|\frac{M(r,\theta)}{r^m}\right|<K,\text{当 } r<\bar{r} \text{ 时}.$$

并且

$$\begin{aligned}\frac{I(r,\theta)}{r^m}&=\cos\theta Y_n(\cos\theta,\sin\theta)-\sin\theta X_m(\cos\theta,\sin\theta)+o(1)\\&=G(\theta)+o(1),\text{当 } r\to 0 \text{ 时}.\end{aligned}$$

上述三种情况可统一写成

$$\frac{1}{r}\frac{dr}{d\theta}=\frac{A(r,\theta)}{G(\theta)+o(1)},r\to 0, \tag{3.7}$$

其中 $|A(r,\theta)|<K$,当 $r<\bar{r}$,时,$G(\theta)$ 如(3.6)中所定义.由(3.7)知 $\theta=\theta_0$ 是特殊方向,其必要条件是 $G(\theta_0)=0$.由此称 $G(\theta)=0$ 是微分方程(3.2)的示性方程,往下我们通过研究示性方程来研究非线性奇点.

定理 3.1 设在扇形区域 $\triangle\widehat{OAB}$:$\theta_0\leqslant\theta\leqslant\theta_1,0\leqslant r\leqslant r_1\leqslant\bar{r}$ 上,$G(\theta)\neq 0$,则无轨线从 $\triangle\widehat{OAB}$ 进入奇点 O,并且轨线都从扇形的一侧边 $\theta=\theta_0,0<r\leqslant r_1$(或 θ

$=\theta_1,0<r\leqslant r_1$)到达另一侧边 $\theta=\theta_1,0<r\leqslant r_1$(或 $\theta=\theta_0,0<r\leqslant r_1$).

证明 因 $G(\theta)$在$[\theta_0,\theta_1]$上连续,$G(\theta)\neq 0$,故

$$\min_{\theta_0\leqslant\theta\leqslant\theta_1}|G(\theta)|=C>0.$$

当 r_1 充分小时,有

$$|G(\theta)+o(1)|>\frac{C}{2}>0,(\theta,r)\in\triangle\widehat{OAB}.$$

$$\sup_{(\theta,r)\in\triangle\widehat{OAB}}\left|\frac{A(r,\theta)}{G(\theta)+o(1)}\right|=M<+\infty.$$

对(3.7)两侧求积分,得

$$\int_{r'}^{r}\frac{dr}{r}=\int_{\theta'}^{\theta}\frac{A(r,\theta)}{G(\theta)+o(1)}d\theta,$$

其中 $\theta_0\leqslant\theta',\theta\leqslant\theta_1,0<r',r<r_1$,于是便有

$$\left|\ln\frac{r}{r'}\right|\leqslant M|\theta-\theta'|<+\infty,$$

故在$\triangle\widehat{OAB}$中,r 或r'不可能独立地趋于零,否则$\left|\ln\frac{r}{r'}\right|$将无界,可见,在$\triangle\widehat{OAB}$中,无轨线进入奇点 O,但当 θ 从 θ_0 变到 θ_1 时,当 $r(\theta_0)$充分小时,$r(\theta)$一致地小,故从扇形一侧出发的轨线,当 $r(\theta_0)$充分小时,必到达另一侧.】

下面根据示性方程有无实根,分三种情形进行讨论.

(一) $G(\theta)=0$ 无实根,称为定号情形.

定理 3.2 设 $G(\theta)=0$ 无实根,则 $O(0,0)$是(3.2)的中心,中心焦点或焦点.

证明 在定理 3.1 的证明中,取$\triangle OAB:0\leqslant\theta\leqslant 2\pi,0\leqslant r\leqslant r_1\leqslant\bar{r}$ 即可.】

(二) $G(\theta)\equiv 0$,称为奇异情形.

这时必有 $m=n$.下面我们假定 Ψ,Φ 是x,y 的解析函数,从 $n+1$ 次项开始.

$$\begin{aligned}G(\theta)&=\cos\theta Y_n(\cos\theta,\sin\theta)-\sin\theta X_n(\cos\theta,\sin\theta)\\&=\frac{1}{r^{n+1}}[xY_n(x,y)-yX_n(x,y)]\equiv 0.\end{aligned}$$

作 Briot-Bouquet 变换 $y=ux$,(3.2)变为

$$\frac{dy}{dx}=u+x\frac{du}{dx}=\frac{Y_n+\Psi}{X_n+\Phi},$$

$$\begin{aligned}\frac{du}{dx}&=\frac{Y_n-uX_n+\Psi-u\Phi}{x(X_n+\Phi)}=\frac{\Psi-u\Phi}{x(X_n+\Phi)}\\&=\frac{\Psi^*(x,u)-u\Phi^*(x,u)}{X_n(1,u)+x\Phi^*(x,u)},\end{aligned}\tag{3.8}$$

其中

$$\Psi^*(x,u)=\frac{\Psi(x,ux)}{x^{n+1}},$$

$$\Phi^*(x,u)=\frac{\Phi(x,ux)}{x^{n+1}},$$

$$X_n(1,u)=\frac{X_n(x,ux)}{x^n}.$$

在(x,y)平面上存在方向$\theta=\theta_k$使(3.2)有轨线沿着$\theta=\theta_k$进入奇点,其充要条件是在(x,u)平面上(3.8)有解曲线通过点$(0,u_k)$,其中$\tan\theta_k=u_k$,如图2.18所示.

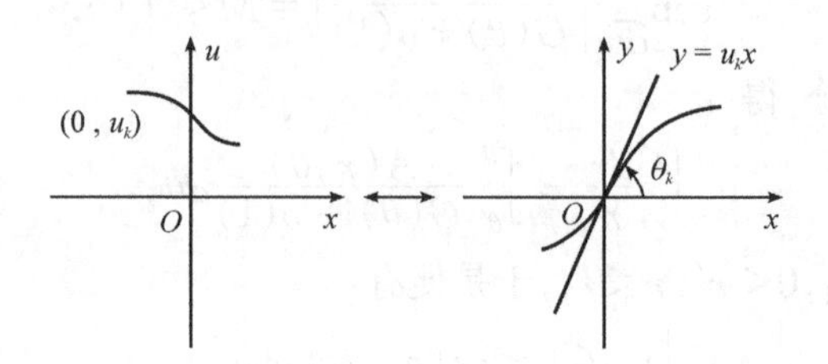

图2.18

1. $X_n(1,u_k)\neq 0$.

这时在(x,u)平面上有(3.8)的唯一的解曲线经过点$(0,u_k)$,因而在(x,y)平面上有(3.2)的两条轨线,分别沿着方向$\theta_k=\arctan u_k$和$\theta_k+\pi$进入奇点O,如上图所示.因为$xY_n(x,y)-yX_n(x,y)\equiv 0$, Y_n中不可能包含x^n项,$X_n(x,y)$中也不可能包含y^n项,故$X_n(1,u)$最多是u的$n-1$次多项式.它最多有$n-1$个实根:$u_1,u_2,\cdots,u_k,\cdots,u_{n-1}$.

2. $X_n(1,u_k)=0$, $\Psi^*(0,u_k)-u_k\Phi^*(0,u_k)\neq 0$.

方程

$$\frac{dx}{du}=\frac{X_n(1,u)+x\Phi^*(x,u)}{\Psi^*(x,u)-u\Phi^*(x,u)}$$

有唯一的解经过点$(0,u_k)$,并切于u轴.这时在(x,y)平面上就有(3.2)的两条轨线同时沿着$\theta_k=\arctan u_k$或同时沿着$\theta_k+\pi$的方向进入奇点O;或者有两条轨线分别沿着$\theta=\theta_k$和$\theta=\pi+\theta_k$的方向进入奇点O,如图2.19所示.

3. $X_n(1,u_k)=0$, $\Psi^*(0,u_k)-u_k\Phi^*(0,u_k)=0$.

这时点$(0,u_k)$是(3.8)的奇点.还需对(3.8)与前面对(3.2)一样进行讨论.如果在这步讨论中遇到情形1或2,问题就得到解决.如果遇到情形3,问题仍未解决.但只要注意到,$X_n(1,u)$是u的$n-1$次多项式,(3.8)的最低次项起码比(3.2)的最低次项降低了一次,因此,这样继续下去,有限步以后,问题必能得到解决.

关于沿着y轴有无轨线进入奇点的问题,作如下处理.

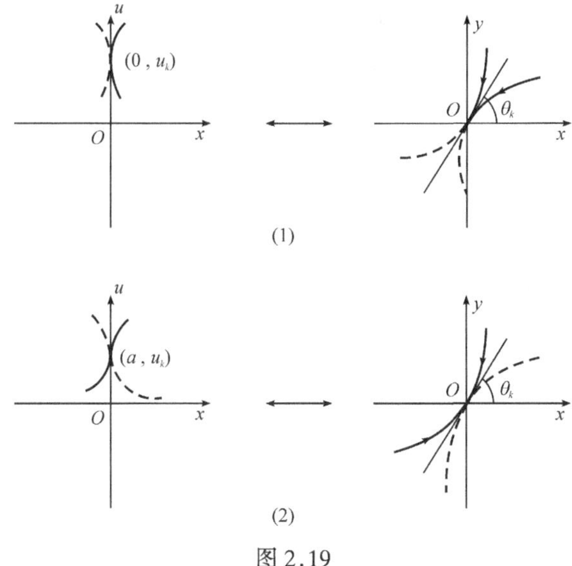

图 2.19

作变换 $x = vy$,(3.2)变为

$$\frac{dv}{dy} = \frac{\bar{\Phi}(v,y) - v\bar{\Psi}(v,y)}{Y_n(v,1) + y\bar{\Psi}(v,y)}, \tag{3.9}$$

其中 $\bar{\Phi}(v,y) = \dfrac{\Phi(vy,y)}{y^{n+1}}$, $\bar{\Psi}(v,y) = \dfrac{\Psi(vy,y)}{y^{n+1}}$, $Y_n(v,1) = \dfrac{Y_n(vy,y)}{y^n}$.

若 $Y_n(0,1) \neq 0$. 与 1)中的讨论类似. 这时在(v,y)平面上,有(3.9)的唯一的解曲线经过点(0,0),因而在(x,y)平面上有(3.2)的两条轨线分别沿着 $\theta = \dfrac{\pi}{2}, \dfrac{3\pi}{2}$ 进入奇点 O.

若 $Y_n(0,1) = 0$,因 $\bar{\Phi}(0,0) = 0$,这时(0,0)是(3.9)的奇点. 往下与 3)中的讨论类似,不再重复.

注意:对 $Y_n(v,1) = 0$,无需再研究它的非零根 v_k. 因为 $Y_n(v_k,1) = 0$ 其充要条件是 $X_n\left(1, \dfrac{1}{v_k}\right) = 0$,而 $u_k = \dfrac{1}{v_k}$已作为$X_n(1,u) = 0$ 的根在上面研究过了.

综上所说,得出如下定理.

定理 3.3 考虑方程组(3.2),设 $G(\theta) \equiv 0$(从而 $m = n$),且 $\Phi(x,y)$, $\Psi(x,y)$是 x, y 的解析函数,从 $n+1$ 次项开始,则

(i) 最多除了 $\theta = \theta_k$, $\theta = \pi + \theta_k$,其中 $\arctan u_k = \theta_k$, $X_m(1,u_k) = 0$ $(k = 1, 2, \cdots, n-1)$,以及 $\theta = \dfrac{\pi}{2}, \dfrac{3\pi}{2}$共 $2n$ 个方向外,沿着其余方向方程组(3.2)有唯一的轨线进入奇点;

(ii) $X_n(1,u_k) = 0$, 若 $\Psi^*(0,u_k) - u_k\Phi^*(0,u_k) \neq 0$, 在$(x,y)$平面上或者沿

着 $\theta=\theta_k$(或 $\theta=\theta_k+\pi$)有(3.2)的两条轨线同时从射线 $y=u_kx, x>0$(或 $x<0$)的两侧进入$\{O\}$,如图2.19(1)所示;或者沿着 $\theta=\theta_k$ 和 $\theta=\pi+\theta_k$ 各有一条轨线进入$\{O\}$,如图2.19(2)所示,这决定于在(x,u)平面上经过$(0,u_k)$的解曲线与 u 轴相切时,它是落在 u 轴的一侧或两侧;

(iii) 若 $Y_n(0,1)\neq 0$,在(x,y)平面上有两条轨线分别沿 $\theta=\frac{\pi}{2},\frac{3\pi}{2}$进入$\{O\}$;

(iv) 若 $\Psi^*(0,u_k)-u_k\Phi^*(0,u_k)=0$(相应地,若 $Y_n(0,1)=0$),则$(0,u_k)$是(3.8)的奇点(相应地,(0,0)是(3.9)的奇点),必须再对(3.8)(相应地,对(3.9))作类似的进一步讨论,但这时(3.8)(相应地,(3.9))的最低次项比原方程的最低次项起码降低一次,这样有限步以后必能解决问题.

下面我们来看几个例子.

例题 3.2 $\dfrac{dy}{dx}=\dfrac{y^2-x^4}{xy}$. (3.10)

解 $O(0,0)$是高次奇点,$m=n=2$

$G(\theta)=\cos\theta\sin^2\theta-\sin^2\theta\cos\theta\equiv 0$,属于奇异情形.

令 $y=xu$,方程(3.10)化为

$$\frac{du}{dx}=\frac{-x}{u}. \tag{3.11}$$

$O(0,0)$是这个方程的中心,因而在(x,u)平面上有唯一的解经过$(0,u_0)$,当 $u_0\neq 0$,但没有解进入 $O(0,0)$,因而(x,y)平面上没有解曲线沿 x 轴方向进入奇点 $O(0,0)$,而沿其余方向都有唯一的解曲线进入 $O(0,0)$.(3.11)的解是 $x^2+u^2=c^2$,因而(3.10)的解是 $y^2+x^4=c^2x^2$.其图形如图2.20(1),(2)所示.

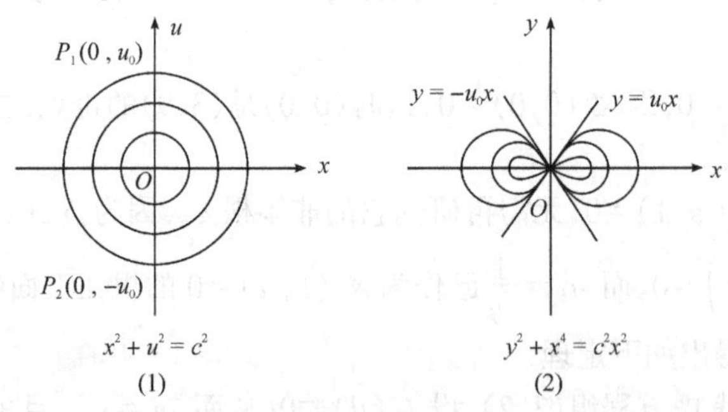

图2.20

(x,u)平面上在 $x>0$($x<0$)半平面中趋于点 $P_1(0,u_0)$及 $P_2(0,-u_0)$的半圆解曲线对应于(x,y)平面上在 $x>0$($x<0$)半平面中沿 $y=u_0x$ 及$y=-u_0x$ 进入原点的解曲线.$x=0$ 也是(3.10)的解.

例题 3.3 $\dfrac{dy}{dx}=\dfrac{y^2-6x^2y+x^4}{xy-3x^3}$. (3.12)

解 $O(0,0)$是高次奇点，$m=n=2$.

$G(\theta)=\cos\theta\sin^2\theta-\sin^2\theta\cos\theta\equiv 0$，属于奇异情形.

令 $y=ux$，(3.12)变为

$$\frac{du}{dx}=\frac{3u-x}{-u+3x}, \tag{3.13}$$

而 $X_2(1,u)=u=0$ 只有一个实根 $u=0$. 对 $u\neq 0$，属于情形 1)，由定理 3.3 知，在(x,y)平面上有(3.12)的唯一解曲线沿着 $\theta=\arctan u$ 及 $\theta+\pi$ 进入奇点 O. 而当 $u=0$ 时，$O(0,0)$是(3.13)的奇点，属于情形 3)，必须讨论(3.13)的奇点 $O(0,0)$的性质. 由于它的特征方程

$$\begin{vmatrix}3-\lambda & -1\\ -1 & 3-\lambda\end{vmatrix}=\lambda^2-6\lambda+8=0$$

的根是 $\lambda=2,4$. $O(0,0)$是(3.13)的结点，由(3.13)在奇点 $O(0,0)$附近解曲线的分布情形，可画出(3.12)在奇点 $O(0,0)$附近解曲线的分布情形. 见图 2.21.

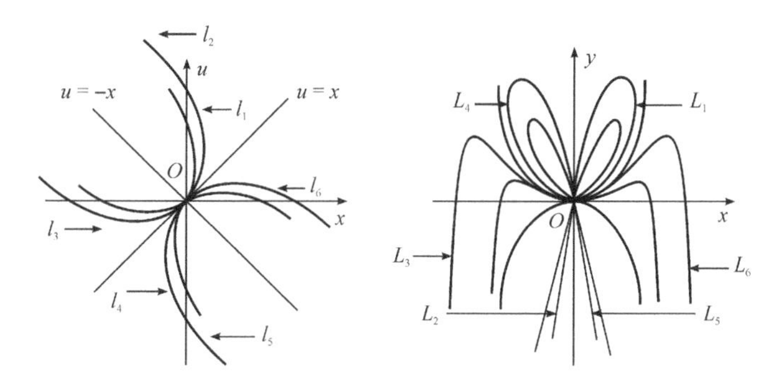

图 2.21

$$u=x\longleftrightarrow y=x^2,$$
$$u=-x\longleftrightarrow y=-x^2,$$
$$l_i\longleftrightarrow L_i \quad (i=1,2,\cdots,6).$$

变换 $y=xu$，当 $x\neq 0$ 时，是(x,y)平面到(x,u)平面的拓扑变换，它将一、四象限变到一、四象限，而将二、三象限分别变到三、二象限. 另外，当 $x=0$ 时，变换 $y=xu$ 将(x,u)平面上的整个 u 轴与(x,y)平面上的原点(0,0)相对应. 形象地说，变换 $y=xu$ 就是将(x,u)平面上的图象，在 $x>0$ 半平面上不变，在 $x<0$ 半平面上对 x 轴作反射变换，然后将 u 轴捏成一个点. 例 2 中(x,y)平面上的图形正好可以看成是(x,u)平面上的同心圆，将 u 轴捏成一点得到的. 例 3 中(x,y)平面上的图形正好可以看成是在(x,u)平面的 $x>0$ 半平面上的图形不变，而在 $x<0$ 半

平面上的图形对 x 轴作反射变换,然后将 u 轴捏成一点而得到的.

H. Poincaré 指出,复杂奇点是由几个初等奇点捏合成的.而 Briot-Bouquet 变换 $y=xu$ 往往正是将(x,y)平面上的复杂奇点,打散成(x,u)平面上的一个或多个初等奇点.例 2 和例 3 正是利用变换 $y=xu$ 将(x,y)平面上的复杂奇点化为(x,u)平面上的一个初等奇点.下面的例 4 正是利用变换 $y=xu$ 将(x,y)平面上的复杂奇点打散成(x,u)平面上的三个初等奇点.这个例子是陆毓麒提供的.

例题 3.4 $$\frac{dy}{dx}=\frac{x^2y^2-y^4+x^6}{x^3y-xy^3}. \tag{3.14}$$

解 $O(0,0)$是高次奇点,$m=n=4$.

$$G(\theta)=\cos\theta(\cos^2\theta\sin^2\theta-\sin^4\theta)-\sin\theta(\cos^3\theta\sin\theta-\cos\theta\sin^3\theta)\equiv 0,$$

因而属于奇异情形.令 $y=ux$,(3.14)变为

$$\frac{dx}{du}=\frac{u-u^3}{x}. \tag{3.15}$$

(3.15)等价于下列方程组:

$$\frac{dx}{d\tau}=X(x,u)=u-u^3,$$

$$\frac{du}{d\tau}=U(x,u)=x. \tag{3.16}$$

(3.16)有三个奇点:(0,0),(0,1),(0,-1).

$$\frac{\partial(X,U)}{\partial(x,u)}=\begin{vmatrix}0 & 1-3u^2\\ 1 & 0\end{vmatrix}.$$

$$\left.\frac{\partial(X,U)}{\partial(x,u)}\right|_{(0,0)}=-1,$$

$$\left.\frac{\partial(X,U)}{\partial(x,u)}\right|_{(0,1)}=\left.\frac{\partial(X,U)}{\partial(x,u)}\right|_{(0,-1)}=2.$$

故(0,0)是鞍点.可证(0,1)与(0,-1)都是中心.

由于(3.16)所定义的方向场对于原点对称,其相图如图 2.22 所示.

由变换 $y=ux$ 的性质,便知(3.14)的相图如图 2.23 所示.

H. Poincaré 的研究复杂奇点的上述思想将在§6 中反复应用.

附注 定理 3.3 的条件可以减弱,譬如附加项

$$\Psi(x,xu),\Phi(x,xu)=o(x^{n+\delta}),x\to 0,$$

其中 δ 为任意小正数,且 Ψ,Φ 满足条件,保证解的唯一性,则定理仍成立.

令

$$v=\frac{x^\delta}{\delta},$$

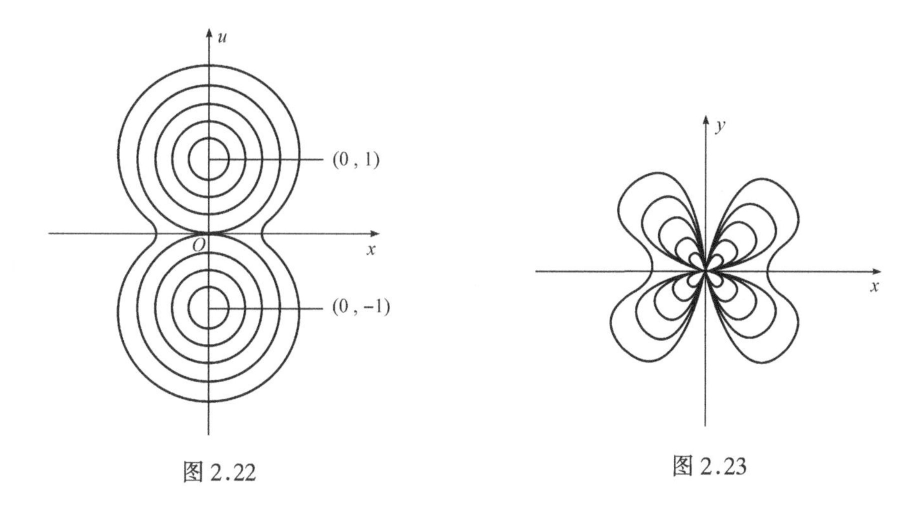

图 2.22　　　　图 2.23

便有

$$\frac{du}{dx}=\frac{du}{dv}\frac{dv}{dx}=\frac{du}{dv}x^{\delta-1},$$

$$\frac{du}{dv}=\frac{\Psi-u\Phi}{x(X_n+\Phi)}\cdot x^{1-\delta}$$

$$=\frac{\dfrac{\Psi}{x^{n+\delta}}-u\dfrac{\Phi}{x^{n+\delta}}}{\dfrac{X_n}{x^n}+x^{\delta}\dfrac{\Phi}{x^{n+\delta}}}$$

$$=\frac{\bar{\Psi}(v,u)-u\bar{\Phi}(v,u)}{X_n(1,u)+\delta v\bar{\Phi}(v,u)},$$

因 $\Phi(x,xu)=o(x^{n+\delta}),\Psi(x,xu)=o(x^{n+\delta}),x\to0$,故

$$\bar{\Phi}(v,u)=\frac{\Phi((\delta v)^{\frac{1}{\delta}},(\delta v)^{\frac{1}{\delta}}u)}{(\delta v)^{\frac{n+\delta}{\delta}}}\to0,v\to0,$$

$$\bar{\Psi}(v,u)=\frac{\Psi((\delta v)^{\frac{1}{\delta}},(\delta v)^{\frac{1}{\delta}}u)}{(\delta v)^{\frac{n+\delta}{\delta}}}\to0,v\to0.$$

如果 $X_n(1,u_k)\neq0$,则属于(二)中情形 1). 如果 $X_n(1,u_k)=0$,因 $\bar{\Psi}(0,u_k)-u_k\bar{\Phi}(0,u_k)=0$,则属于(二)中情形 3).

(三) $G(\theta)=0$ 有有限个实根 $\theta_k(k=1,2,\cdots,n)$,称为不定号情形.

取 $\varepsilon>0,r_1>0$ 充分小,作扇形区域

$$\triangle\ \widehat{OA_kB_k}:|\theta-\theta_k|\leqslant\varepsilon,r\leqslant r_1,$$
$$k=1,2,\cdots,n,$$

使得这些扇形区域除原点外无公共点. 因在区域

$$S(0,r_1)\setminus\bigcup_{k=1}^{n}\triangle\ \widehat{OA_kB_k}$$

的每个小扇形中 $G(\theta)$定号,由定理 3.1 轨线将从这些扇形区域的一个侧边到达另一个侧边,没有轨线在那里进入奇点 O. 留下的问题就要研究$\triangle\ \widehat{OA_kB_k}$ $(k=1,2,\cdots,n)$中的情形.

令

$$H(\theta)\equiv\sin\theta Y_n(\cos\theta,\sin\theta),\text{当 } m>n \text{ 时};$$
$$H(\theta)\equiv\cos\theta X_m(\cos\theta,\sin\theta),\text{当 } m<n \text{ 时};$$
$$H(\theta)\equiv\sin\theta Y_n(\cos\theta,\sin\theta)+\cos\theta X_n(\cos\theta,\sin\theta),$$
$$\text{当 } m=n \text{ 时}.$$

方程(3.7)可改写成:

$$r\frac{d\theta}{dr}=\frac{G(\theta)+o(1)}{H(\theta)+o(1)},r\to 0,$$

设

$$G(\theta_k)=0,H(\theta_k)=H_k\neq 0,$$
$$G(\theta)=C(\theta-\theta_k)^l+o(|\theta-\theta_k|^l),$$

其中整数 $l\geqslant 1$,则有

$$r\frac{d\theta}{dr}=\frac{C}{H_k}(\theta-\theta_k)^l+o(|\theta-\theta_k|^l)+o(1),r\to 0.$$

下面根据 CH_k 的符号以及 l 的奇偶性进行讨论.

定理 3.4　设 l 是奇数,$CH_k>0$,则$\triangle\ \widehat{OA_kB_k}$:$|\theta-\theta_k|\leqslant\varepsilon,r\leqslant r_1$ 是第一类正常区域.故有无数条轨线沿 $\theta=\theta_k$ 进入奇点.

证明　在$\overline{OB_k}$:$\theta=\theta_k+\varepsilon,0\leqslant r\leqslant r_1$ 上 $r\frac{d\theta}{dr}$与CH_k 同号,即 $r\frac{d\theta}{dr}>0$;在$\overline{OA_k}$:$\theta=\theta_k-\varepsilon,0\leqslant r\leqslant r_1$ 上 $r\frac{d\theta}{dr}$与CH_k 反号,即 $r\frac{d\theta}{dr}<0$;在$\triangle\ \widehat{OA_kB_k}$ 上 $r\frac{d\theta}{dr}$有界,故$\triangle\ \widehat{OA_kB_k}$ 是第一类正常区域,见图 2.24(1),(2).

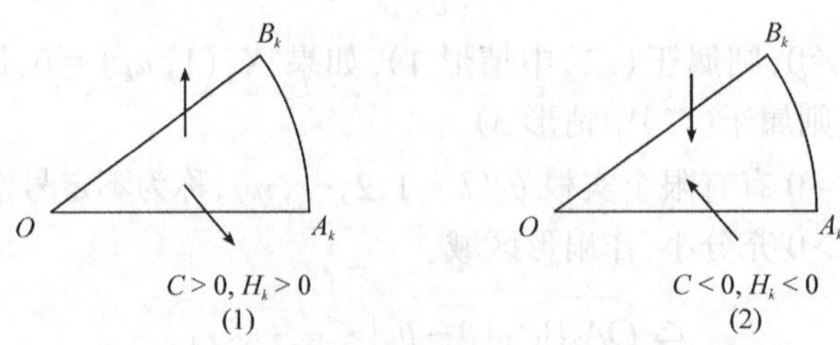

图 2.24

由引理 3.1,若 $H_k>0(<0)$,则从 OA_k 及 OB_k 出发的轨线,都当 $t\to-\infty(+\infty)$时沿着 $\theta=\theta_k$ 进入奇点O.】

定理 3.5 设 l 是奇数,$CH_k<0$,则$\triangle\ \widehat{OA_kB_k}$ 是第二类正常区域,有轨线沿 $\theta=\theta_k$ 进入奇点 O.

证明 在$\overline{OB_k}$上,$r\dfrac{d\theta}{dr}$与CH_k 同号,即 $r\dfrac{d\theta}{dr}<0$;在$\overline{OA_k}$上,$r\dfrac{d\theta}{dr}$与CH_k 反号,即 $r\dfrac{d\theta}{dr}>0$;在$\triangle\ \widehat{OA_kB_k}$ 上 $r\dfrac{d\theta}{dr}$有界,故$\triangle\ \widehat{OA_kB_k}$ 是第二类正常区域,见图 2.25.

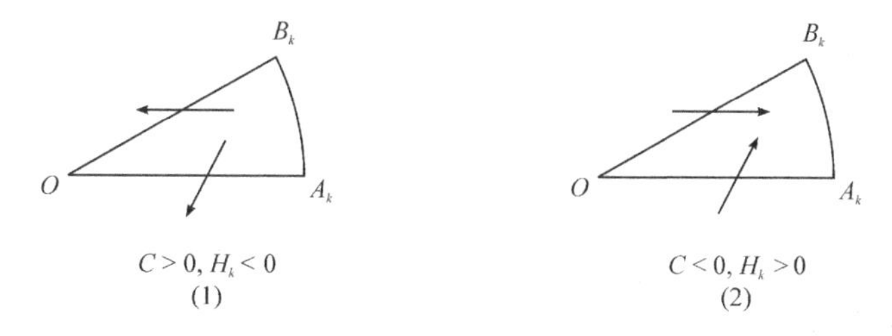

图 2.25

由引理 3.2 知,在$\widehat{A_kB_k}$上存在一点或一闭弧段,从其上出发的轨线沿 $\theta=\theta_k$ 进入奇点,若 $H_k<0(>0)$,则当 $t\to+\infty(-\infty)$时进入奇点 O.究竟只有一条轨线还是有无数轨线进入奇点 O,这叫做第一类判别问题.留待下面再讨论.】

定理 3.6 设 l 是偶数,则$\triangle\ \widehat{OA_kB_k}$ 是第三类正常区域.

证明 在$\overline{OA_k}$,$\overline{OB_k}$上 $r\dfrac{d\theta}{dr}$都与CH_k 同号;在$\triangle\ \widehat{OA_kB_k}$ 上 $r\dfrac{d\theta}{dr}$有界,故由定义 3.5 后的讨论,$\triangle\ \widehat{OA_kB_k}$ 是第三类正常区域,见图 2.26(1),(2).

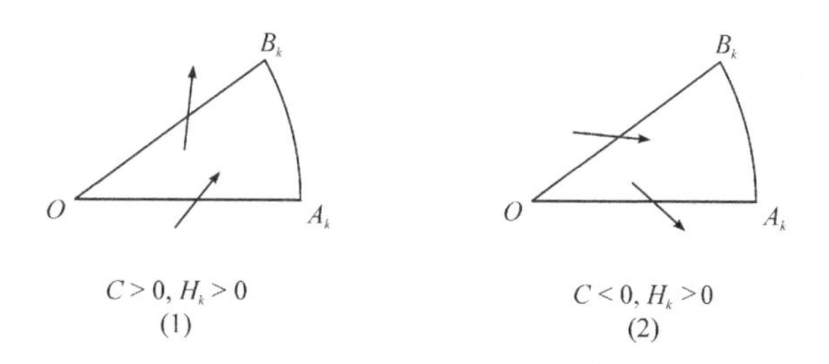

图 2.26

另外两种情况:$C>0,H_k<0$;$C<0,H_k<0$,其图形类似.

由引理 3.3 知道,或者没有轨线沿 $\theta=\theta_k$ 进入奇点O,或者有无数条轨线沿 $\theta=\theta_k$ 进入奇点O,这叫做第二类判别问题,留待下面再讨论.】

第一类判别问题：l 是奇数，$CH_k<0$，判别何时只有一条轨线沿 $\theta=\theta_k$ 进入奇点 O.

引理 3.4 给定微分方程

$$r\frac{d\theta}{dr}=\xi(r,\theta),$$

如果存在连续函数 $D(r)\geqslant 0$，满足

(1) $\int_0^{r_1}\frac{D(r)}{r}dr<+\infty$,

(2) $\frac{\xi(r,\theta_1)-\xi(r,\theta_2)}{\theta_1-\theta_2}\leqslant D(r), 0\leqslant r\leqslant r_1$,

则沿着任何方向 $\theta=\theta_k$ 至多有一条轨线进入奇点 O.

证明 设存在两条轨线 $\theta=\theta_1(r)$，$\theta=\theta_2(r)$ 沿着 $\theta=\theta_k$ 进入奇点 O. 设 $\theta_1(r)>\theta_2(r)$，$0<r\leqslant r_1$，则

$$\frac{d(\theta_1-\theta_2)}{dr}=\frac{1}{r}(\xi(r,\theta_1)-\xi(r,\theta_2))\leqslant\frac{D(r)}{r}(\theta_1-\theta_2),$$

因此对任何正数 $r\leqslant r_1$，都有

$$\int_r^{r_1}\frac{d(\theta_1-\theta_2)}{\theta_1-\theta_2}\leqslant\int_0^{r_1}\frac{D(r)}{r}dr<+\infty,$$

于是

$$\begin{aligned}\ln(\theta_1(r)-\theta_2(r))&\geqslant\ln(\theta_1(r_1)-\theta_2(r_1))\\&\quad-\int_0^{r_1}\frac{D(r)}{r}dr\geqslant B>-\infty.\end{aligned}$$

但由反证法的假设，当 $r\to 0$ 时，有

$$\ln(\theta_1(r)-\theta_2(r))\to-\infty,$$

得矛盾，引理便得证.】

当方程

$$\frac{d\theta}{dr}=\frac{\xi(r,\theta)}{r}$$

的右侧对 θ 满足 Lipschitz 条件，自然满足引理的条件(1)，(2). 但请读者注意，引理不保证解的存在性，这里的唯一性是指满足 $\theta(0^+)=\theta_k$ 的解而言.

定理 3.7 设 $\theta=\theta_k$ 是 $G(\theta)=0$ 的 l 重根，l 为奇数，$G^{(l)}(\theta_k)H(\theta_k)<0$，$\frac{\Phi}{r^m}$，$\frac{\Psi}{r^n}$满足如下条件：

$$\frac{1}{r^m}|\Phi(r,\theta_2)-\Phi(r,\theta_1)|\leqslant C(r)|\theta_2-\theta_1|,$$

$$\frac{1}{r^n}|\Psi(r,\theta_2)-\Psi(r,\theta_1)|\leqslant C(r)|\theta_2-\theta_1|, \tag{3.17}$$

并且当 $l=1$ 时,

$$\frac{\Phi}{r^m},\frac{\Psi}{r^n},C(r)=o(1),r\to 0, \tag{3.18}$$

而当 $l>1$ 时,

$$\Phi=o(r^{m+1}),\Psi=o(r^{n+1}),r\to 0, \tag{3.19}$$

则(3.2)只有唯一的轨线沿 $\theta=\theta_k$ 进入奇点 O.

证明 不妨设 $n\leqslant m$.(3.2)可化为

$$r\frac{d\theta}{dr}=\frac{G(\theta)+\dfrac{\eta_1(r,\theta)}{r^n}}{H(\theta)+\dfrac{\eta_2(r,\theta)}{r^n}}=\xi(r,\theta).$$

因 η_1,η_2 是 Φ,Ψ 的线性组合,故$\dfrac{\eta_1(r,\theta)}{r^n},\dfrac{\eta_2(r,\theta)}{r^n}$也满足条件(3.17),(3.18)或(3.19).为符号简单起见,仍沿用(3.17)中的符号 $C(r)$.

设有两条轨线 $\theta=\theta_1(r),\theta=\theta_2(r)$沿 $\theta=\theta_k$ 进入奇点O,设 $\theta_1(r)>\theta_2(r)$,当 $r\to 0$ 时,$\theta_i(r)\to\theta_k,i=1,2$.

$$\begin{aligned}
&\xi(r,\theta_1(r))-\xi(r,\theta_2(r))\\
&=\frac{G(\theta_1)+\dfrac{\eta_1(r,\theta_1)}{r^n}}{H(\theta_1)+\dfrac{\eta_2(r,\theta_1)}{r^n}}-\frac{G(\theta_2)+\dfrac{\eta_1(r,\theta_2)}{r^n}}{H(\theta_2)+\dfrac{\eta_2(r,\theta_2)}{r^n}}\\
&=\left(H(\theta_1)+\frac{\eta_2(r,\theta_1)}{r^n}\right)^{-1}\left(H(\theta_2)+\frac{\eta_2(r,\theta_2)}{r^n}\right)^{-1}\\
&\quad\times\{[G(\theta_1)-G(\theta_2)]H(\theta_1)+[H(\theta_2)-H(\theta_1)]G(\theta_1)\\
&\quad+\frac{1}{r^n}[(G(\theta_1)-G(\theta_2))\eta_2(r,\theta_1)+(\eta_2(r,\theta_2)-\eta_2(r,\theta_1))G(\theta_1)]\\
&\quad+\frac{1}{r^n}[(\eta_1(r,\theta_1)-\eta_1(r,\theta_2))H(\theta_1)-\eta_1(r,\theta_1)(H(\theta_1)-H(\theta_2))]\\
&\quad+\frac{1}{r^{2n}}[(\eta_1(r,\theta_1)-\eta_1(r,\theta_2))\eta_2(r,\theta_1)-(\eta_2(r,\theta_1)-\eta_2(r,\theta_2))\eta_1(r,\theta_1)]\}.
\end{aligned}$$

若 $l=1$,则由上式并应用条件(3.17),(3.18)可得

$$\xi(r,\theta_1)-\xi(r,\theta_2)=(\theta_1-\theta_2)\left[\frac{G'(\theta_k)}{H(\theta_k)}+o(1)\right],\text{当 } r\to 0 \text{ 时}.$$

于是,由定理中的条件 $G'(\theta_k)H(\theta_k)<0$,就有

$$\frac{\xi(r,\theta_1)-\xi(r,\theta_2)}{\theta_1-\theta_2}<0,当 0<r<r_1\ll 1 时,$$

于是只需在引理 3.4 中取 $D(r)=0$,定理在 $l=1$ 时便得证.

下面证 $l>1$ 的情形.先将上述方程改写成

$$\frac{d\theta}{dr}=\frac{G(\theta)+\dfrac{\eta_1(r,\theta)}{r^n}}{r\left[H(\theta)+\dfrac{\eta_2(r,\theta)}{r^n}\right]}.$$

由条件(3.19)知,可将 $r=0$ 代入 $\eta_1(r,\theta)$,便有$\left.\dfrac{\eta_1(r,\theta)}{r^n}\right|_{r=0}=0$,于是$(\theta_k,0)$便是上方程的奇点.显然,$r=0$ 是它的解.定理的证明就化为论证只有唯一的积分曲线 $\theta=\theta(r)$,$r\geqslant 0$ 进入奇点$(\theta_k,0)$,即当 $r>0$,$r\to 0$ 时,$\theta(r)\to\theta_k$.为此利用中值定理再将上方程化为

$$\frac{d\theta}{dr}=\frac{\dfrac{G^{(l)}(\theta_k)}{H(\theta_k)}(\theta-\theta_k)^l+k_1(\theta-\theta_k)^{l+1}+\eta_1^*(r,\theta)}{r+r[k_2(\theta-\theta_k)+\eta_2^*(r,\theta)]}.$$

其中

$$k_1=\frac{G^{(l+1)}(\theta^*)}{H(\theta_k)},\quad k_2=\frac{H'(\theta^{**})}{H(\theta_k)},$$

$$\eta_1^*(r,\theta)=\frac{\eta_1(r,\theta)}{H(\theta_k)r^n},\quad \eta_2^*(r,\theta)=\frac{\eta_2(r,\theta)}{H(\theta_k)r^n},$$

θ^*,θ^{**}是中值,它连续依赖于 θ,再令 $\bar\theta=\theta-\theta_k$,便得

$$\frac{d\bar\theta}{dr}=\frac{\dfrac{G^{(l)}(\theta_k)}{H(\theta_k)}\bar\theta^l+k_1\bar\theta^{l+1}+\eta_1^*(r,\bar\theta+\theta_k)}{r+r[k_2\bar\theta+\eta_2^*(r,\bar\theta+\theta_k)]}.$$

比较此方程与本章§7 中方程组(7.1),由 $\eta_1^*,\eta_2^*=o(r)$,$r\to 0$,便知此方程属于相应的线性方程有一个特征根为零而另一个不为零的情形.从

$$r+r[k_2\bar\theta+\eta_2^*(r,\bar\theta+\theta_k)]=0$$

解出 $r=0$,再代入方程右端的分子,得$\dfrac{G^{(l)}(\theta_k)}{H(\theta_k)}\bar\theta^l+k_1\bar\theta^{l+1}$.因 l 为奇数,$\dfrac{G^{(l)}(\theta_k)}{H(\theta_k)}<0$,由§7 定理 7.1 的情形(ii)便知,奇点(0,0)是(3.19)的鞍点,即只有唯一的积分曲线 $\bar\theta=\bar\theta(r)$,$r>0$,当 $r\to 0$ 时,$\bar\theta(r)\to 0$.定理得证.】

请读者注意,在定理 7.1 中我们要求方程组(7.1)的右侧是(x,y)的解析函数.对于上述方程这样特定的形式,不需要这样强的限制.

附注 请读者研究是否可用定理 7.1 中的情形(i)和(iii)来分别证明定理 3.5 和 3.6;是否可将条件 3.19 换成 $\Phi=0(r^{m+\varepsilon})$,$\Psi=0(r^{n+\varepsilon})$,$0<\varepsilon<1$,$r\to0$.

设 $n<m$,这时 $G(\theta)=\cos\theta\cdot Y_n(\cos\theta,\sin\theta)$,$H(\theta)=\sin\theta\cdot Y_n(\cos\theta,\sin\theta)$,要使 $\theta=\theta_k$ 是 $G(\theta)=0$ 的根,而不是 $H(\theta)=0$ 的根,只可能 $\theta_k=\frac{\pi}{2},\frac{3\pi}{2}$,而且 $Y_n(\cos\theta,\sin\theta)$中不含因子 $\cos\theta$,这时 $\theta=\frac{\pi}{2},\frac{3\pi}{2}$是 $G(\theta)=0$ 的单根,并且有

$$G'\left(\frac{\pi}{2}\right)H\left(\frac{\pi}{2}\right)<0,$$

$$G'\left(\frac{3\pi}{2}\right)H\left(\frac{3\pi}{2}\right)<0.$$

由定理 3.7,沿着 $\theta=\frac{\pi}{2},\frac{3\pi}{2}$各有唯一的轨线进入奇点 O.

同样,设 $m<n$,这时 $G(\theta)=-\sin\theta X_m(\cos\theta,\sin\theta)$,$H(\theta)=\cos\theta X_m(\cos\theta,\sin\theta)$,要使 $\theta=\theta_k$ 是$G(\theta)=0$ 的根,而不是 $H(\theta)=0$ 的根,只可能 $\theta=0,\pi$,而且 $X_m(\cos\theta,\sin\theta)$不含因子 $\sin\theta$,这时 $\theta=0,\pi$ 是 $G(\theta)=0$ 的单根,而且 $G'(0)H(0)<0$,$G'(\pi)H(\pi)<0$,由定理 3.7,沿着 $\theta=0,\pi$ 各有唯一的轨线进入奇点. 我们将其写成推论.

推论 1 设 $n<m$,$Y_n(x,y)$中不含因子 x,附加项满足(3.17)及(3.18),则沿着 $\theta=\frac{\pi}{2}$及$\frac{3\pi}{2}$各只有方程(3.2)的唯一轨线进入奇点 O.

推论 2 设 $m<n$,$X_m(x,y)$中不含因子 y,附加项满足(3.17)及(3.18),则沿着 $\theta=0$ 及 π 各有方程(3.2)的唯一轨线进入奇点 O.

第二类判别问题:l 是偶数,判别何时没有轨线沿 $\theta=\theta_k$ 进入奇点,何时有无数条轨线沿 $\theta=\theta_k$ 进入奇点.

考虑辅助方程

$$r\frac{d\theta}{dr}=R(\theta-\theta_k)^l+S\frac{A(r)}{r^n},\tag{3.20}$$

其中 l 是偶数,$R>0$,$S\geqslant0$,$A(r)=o(r^n)$,$A(r)$以后再定.

当 $S=0$ 时,(3.20)变为

$$r\frac{d\theta}{dr}=R(\theta-\theta_k)^l,$$

$$\frac{d\theta}{(\theta-\theta_k)^l}=R\frac{dr}{r},$$

其解是

$$\frac{-1}{l-1}(\theta-\theta_k)^{-l+1}=R\ln r+C_1,$$

$$(\theta-\theta_k)^{-l+1}=(l-1)R\ln\left|\frac{C}{r}\right|,$$

$$\theta-\theta_k=\left\{(l-1)R\ln\left|\frac{C}{r}\right|\right\}^{\frac{-1}{l-1}}.$$

当 $S\neq 0$ 时,令

$$\theta-\theta_k = z\left\{\ln\frac{1}{r}\right\}^{\frac{-1}{l-1}}, \tag{3.21}$$

其中 z 是 r 的函数.把(3.21)代入(3.20),来确定 z.

$$r\frac{dz}{dr}\left(\ln\frac{1}{r}\right)^{\frac{-1}{l-1}}+\frac{z}{l-1}\left(\ln\frac{1}{r}\right)^{\frac{-l}{l-1}}$$

$$=Rz^l\left(\ln\frac{1}{r}\right)^{\frac{-l}{l-1}}+S\frac{A(r)}{r^n}.$$

取 $A(r)=r^n\left(\ln\frac{1}{r}\right)^{\frac{-l}{l-1}}$,每项乘以 $\left(\ln\frac{1}{r}\right)^{\frac{l}{l-1}}$,得

$$r\frac{dz}{dr}\ln\frac{1}{r} = Rz^l-\frac{z}{l-1}+S\equiv N(z). \tag{3.22}$$

因 l 是偶数,对一切 $z\neq 0$,都有二阶导数 $N''(z)>0$,故当 S 充分大时,$N(z)=0$ 无实根;当 S 适当小时,$N(z)=0$ 有两个实根;而当 $S=S_0$ 时,$N(z)=0$ 有等根,可以计算出

$$S_0=l^{-\frac{l}{l-1}}[R(l-1)]^{-\frac{1}{l-1}}.$$

下面对 $S<S_0$ 和 $S>S_0$ 分别进行讨论.

设 $S<S_0$. $N(z)=0$ 有两个实根 $z_1<z_2$.

$N(z)<0$,当 $z_1<z<z_2$,对(3.22)求积分,得

$$\begin{aligned}\Phi(z) &= \int_{z_0}^{z}\frac{dz}{N(z)}=\int_{r_0}^{r}\frac{dr}{-r\ln r}\\ &=-\ln\ln\frac{1}{r}+\bar{C},\end{aligned} \tag{3.23}$$

其中 $z_1<z_0<z_2$.由(3.21),(3.23)得

$$\left.\begin{aligned}r &= \exp[\exp(-\Phi(z)+\bar{C})]^{-1},\\ \theta &= \theta_k+z[\exp(-\Phi(z)+\bar{C})]^{\frac{-1}{l-1}}.\end{aligned}\right\} \tag{3.24}$$

(3.24)是方程(3.20)的解的参数表示,其中 z 是参数.由(3.23)知,当 z 从 z_1 变到 z_2 时,$\Phi(z)$ 从 $+\infty$ 变到 $-\infty$.由(3.24)知,当 $\Phi(z)\to-\infty$ 时,$r\to 0,\theta\to\theta_k$,这就是说,方程(3.20)当 $A(r)=r^n\left(\ln\frac{1}{r}\right)^{\frac{-l}{l-1}}$ 时,有解沿着 $\theta=\theta_k$ 进入奇点 O.

设 $S>S_0$,$N(z)$ 无实根,对一切实数 z 都有 $N(z)>0$. $N(z)$ 的次数至少是

2,因而

$$\Phi(z)=\int_{z_0}^{z}\frac{dz}{N(z)} \tag{3.25}$$

是 z 的单调增函数,并且

$$0<\int_{-\infty}^{+\infty}\frac{dz}{N(z)}<+\infty.$$

在(3.25)中取 z_0 为 $-\infty$,则当 z 从 $-\infty$ 变到 $+\infty$ 时,$\phi(z)$ 有界,由(3.24)知不可能有 $r\to 0$,而 θ 却从 $-\infty$ 变到 $+\infty$,因而没有解沿着 $\theta=\theta_k$ 进入奇点 O.

定理 3.8(R. Lohn [2]) 设 $\theta=\theta_k$ 是 $G(\theta)=0$ 的 l 重根,l 是偶数,$G^{(l)}(\theta_k)H(\theta_k)\neq 0$. 令

$$A(r)=r^n\left(\ln\frac{1}{r}\right)^{\frac{-l}{l-1}},$$

$\eta(r,\theta)=\cos\theta\Psi(r\cos\theta,r\sin\theta)-\sin\theta\Phi(r\cos\theta,r\sin\theta)$. 设在扇形区域 $\triangle\widehat{OAB}$: $|\theta-\theta_k|\leqslant\varepsilon, 0\leqslant r\leqslant r_1$ 中,当 ε, r_1 充分小时有

$$\eta(r,\theta)\leqslant C_1A(r), 0<C_1<D, \tag{3.26}$$

则在 $\triangle\widehat{OAB}$ 中有方程(3.2)的无数条轨线沿 $\theta=\theta_k$ 进入奇点 O;设

$$\eta(r,\theta)\geqslant C_2A(r), C_2>D, \tag{3.27}$$

则在 $\triangle\widehat{OAB}$ 中无方程(3.2)的轨线沿 $\theta=\theta_k$ 进入奇点 O;其中常数

$$D=\left(\frac{H(\theta_k)}{l}\right)^{\frac{l}{l-1}}[G^{(l)}(\theta_k)(l-1)]^{\frac{-1}{l-1}}.$$

证明 由 $G(\theta)$ 和 $H(\theta)$ 的表达式,不难推出,如果 $\theta=\theta_k$ 是 $G(\theta)=0$ 的偶重根,而且 $H(\theta_k)\neq 0$,则必有 $n=m$. 因此下面仅就 $n=m$ 的情形进行讨论.

不妨设 $G^{(l)}(\theta_k)>0, H(\theta_k)>0$. 其他情形可经变换 $t\to -t$,或 $\theta\to-\theta$ 化为这种情形.

先设(3.26)成立. 换成极坐标,当 ε, r_1 足够小时,(3.2)可写成

$$r\frac{d\theta}{dr}=\frac{G(\theta)+\dfrac{\eta(r,\theta)}{r^n}}{H(\theta)+o(1)}. \tag{3.28}$$

$$\begin{aligned}r\frac{d\theta}{dr}&<\frac{G^{(l)}(\theta_k)(\theta-\theta_k)^l+C_1\dfrac{A(r)}{r^n}}{H(\theta_k)}(1+\delta_1)\\&=F_1(r,\theta),\end{aligned} \tag{3.29}$$

其中 δ_1 是正数. 由(3.26)

$$\frac{C_1}{H(\theta_k)}<l^{\frac{-l}{l-1}}\left[\frac{G^{(l)}(\theta_k)}{H(\theta_k)}(l-1)\right]^{\frac{-1}{l-1}},$$

因而当 δ_1 足够小时,可使

$$\frac{C_1}{H(\theta_k)}(1+\delta_1) < l^{\frac{-l}{l-1}}\left[\frac{G^{(l)}(\theta_k)}{H(\theta_k)}(1+\delta_1)(l-1)\right]^{\frac{-1}{l-1}}. \tag{3.30}$$

令(3.20)中的

$$R=\frac{G^{(l)}(\theta_k)}{H(\theta_k)}(1+\delta_1),S=\frac{C_1}{H(\theta_k)}(1+\delta_1),$$

考虑辅助方程

$$r\frac{d\theta}{dr}=F_1(r,\theta)=R(\theta-\theta_k)^l+S\frac{A(r)}{r^n}. \tag{3.31}$$

由(3.30)知

$$S<l^{\frac{-l}{l-1}}[R(l-1)]^{\frac{-1}{l-1}}=S_0.$$

由前面对辅助方程(3.20)的讨论,知(3.31)有轨线 L 在$\triangle\widehat{OAB}$中沿 $\theta=\theta_k$ 进入奇点.由(3.29)知

$$r\frac{d\theta}{dr}\bigg|_{(3.28)}<r\frac{d\theta}{dr}\bigg|_{(3.31)}.$$

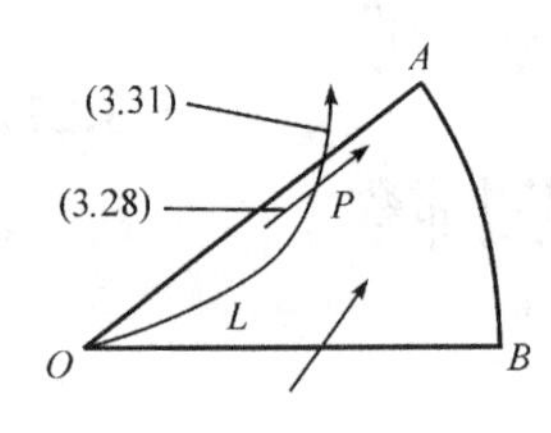

图 2.27

这就是说,在$\triangle\widehat{OAB}$中的任一点 P 上,(3.28)的场向量与坐标向量的夹角比(3.31)的小.如图 2.27 所示,取 $P\in L$,显见(3.28)的过 P 的轨线当 $t\to-\infty$ 时必在$\triangle\widehat{OAB}$中进入奇点 O.故(3.28)有无数条轨线在$\triangle\widehat{OAB}$中进入奇点 O.

再设(3.27)成立.换成极坐标,当 ε, r_1 足够小时,(3.2)可写成

$$\begin{aligned}r\frac{d\theta}{dr}&=\frac{G(\theta)+\dfrac{\eta(r,\theta)}{r^n}}{H(\theta)+o(1)}>\frac{G^{(l)}(\theta_k)(\theta-\theta_k)^l+C_2\dfrac{A(r)}{r^n}}{H(\theta_k)}(1-\delta_1)\\&=F_2(r,\theta),\end{aligned} \tag{3.32}$$

其中 δ_1 是正数.由(3.27)

$$\frac{C_2}{H(\theta_k)}>l^{\frac{-l}{l-1}}\left[\frac{G^{(l)}(\theta_k)}{H(\theta_k)}(l-1)\right]^{\frac{-1}{l-1}},$$

因而当 δ_1 充分小时,可使

$$\frac{C_2}{H(\theta_k)}(1-\delta_1) > l^{\frac{-l}{l-1}}\left[\frac{G^{(l)}(\theta_k)}{H(\theta_k)}(1-\delta_1)(l-1)\right]^{\frac{-1}{l-1}}. \tag{3.33}$$

令(3.20)中的

$$R=\frac{G^{(l)}(\theta_k)}{H(\theta_k)}(1-\delta_1),S=\frac{C_2}{H(\theta_k)}(1-\delta_1).$$

考虑辅助方程

$$r\frac{d\theta}{dr}=F_2(r,\theta)=R(\theta-\theta_k)^l+S\frac{A(r)}{r^n}. \tag{3.34}$$

由(3.33)知

$$S>l^{\frac{-l}{l-1}}[R(l-1)]^{\frac{-1}{l-1}}=S_0.$$

由前面对辅助方程(3.20)的讨论,知(3.34)没有轨线在$\triangle\widehat{OAB}$中进入奇点.由(3.32)知

$$r\frac{d\theta}{dr}\bigg|_{(3.28)}>r\frac{d\theta}{dr}\bigg|_{(3.34)}.$$

这就是说,在$\triangle\widehat{OAB}$中的任一点P上,(3.28)的场向量与坐标向量的夹角比(3.34)的大,故(3.28)在$\triangle\widehat{OAB}$中也没有轨线进入奇点O.】

如方程(3.2)的右侧函数$\Phi(x,y)$,$\Psi(x,y)$在$x=y=0$附近是x,y的解析函数,并且从第$n+1$项开始,则在定理3.8中必有无数条轨线进入奇点O.

因为这时有

$$\eta(r,\theta)\leqslant Kr^{n+1}<C_1r^n\left(\ln\frac{1}{r}\right)^{\frac{-l}{l-1}},$$

C_1可以是任意小的正数,只要r充分小.故条件(3.26)肯定满足.

对于第一类和第二类判别问题,在定理3.7和定理3.8的后面都提到,当附加项$\Phi(x,y)$,$\Psi(x,y)$在$x=y=0$附近是x,y的解析函数,并且分别从$m+1$,$n+1$项开始,则定理3.7的条件和定理3.8中的条件(3.26)自然满足.事实上,条件可大大减弱,请看下面附注.

附注 若方程组(3.2)中的$\Phi(x,y)$,$\Psi(x,y)$在原点邻域对x,y连续,且满足条件保证解的唯一性,并且$\Phi=o(r^{m+\varepsilon})$,$\Psi=o(r^{n+\varepsilon})$,当$r\to0$,其中$\varepsilon>0$为任意小正数,则定理3.8中的条件(3.26)自然成立.

在以上讨论中,我们都假设$G(\theta_k)=0$,而$H(\theta_k)\neq0$,当$G(\theta_k)=H(\theta_k)=0$时,$\theta=\theta_k$是否还是特殊方向,沿着它有无轨线进入奇点等,请参看文献[24],[25];另外胡钦训,陆毓麒[4]对此也作了研究.

由例题1知,轨线进入奇点,可能既非螺旋形地进入,又非沿固定方向进入.那么方程(3.1)的右侧究竟需要满足什么条件才能保证它的轨线进入奇点时,只能螺旋形地进入,或者沿固定方向进入呢?下面我们就来讨论这个问题.

引理3.5 如果$\theta=\theta_0$不是特殊方向,则(3.1)的任何当$t\to+\infty(-\infty)$时趋于奇点$O(0,0)$的轨线$C(r(t),\theta(t))$,当$|t|$充分大时,只能与$\theta=\theta_0$同侧相交(见定义3.3).

证明 只证括号外的.用反证法.如若不然,必存在交点序列$\{A_n(r_n,\theta_0)\}$,其中$r(t_n)=r_n$,$\theta(t_n)=\theta_0$,$t_n<t_{n+1}$,$t_n\to+\infty$,当$n\to+\infty$,具有以下两条性质:

(i) $r_{n+1}<r_n, r_n \to 0$,当 $n \to +\infty$,

(ii) 在点 A_{2k}上正(负)侧相交,在点 A_{2k+1}上负(正)侧相交.

于是,根据向量场的连续性,必存在点序列$\{A_{2k}^*(r_{2k}^*,\theta_0)\}$,$r_{2k+1}<r_{2k}^*<r_{2k}$,在点列$\{A_{2k}^*\}$上,场向量与坐标向量 $\theta=\theta_0$ 相切,且 $r_{2k}^* \to 0$,当 $k \to +\infty$.于是根据定义 3.2,$\theta=\theta_0$ 便是特殊方向,导出矛盾,故引理得证.】

定理 3.9 如果不存在 $\theta_1<\theta_2$,使对一切 $\theta_1 \leqslant \theta \leqslant \theta_2$,$\theta$ 都是方程(3.1)的特殊方向,则(3.1)的轨线如果进入奇点 O,它只能螺旋形地进入或者沿一定方向进入.

证明 设(3.1)的轨线 $C(r(t),\theta(t))$,当 $t \to +\infty$(或 $-\infty$)时,进入奇点 O,即当 $t \to +\infty$(或 $-\infty$)时 $r(t) \to 0$,则 $\theta(t)$可能有下列两个情形:

(i) $\lim\limits_{t \to \infty} \theta(t)=+\infty(-\infty)$,

即 C 螺旋形进入奇点 O.

(ii) $\lim\limits_{t \to \infty} \theta(t)=\bar{\theta}$,

即 C 沿固定方向 $\theta=\bar{\theta}$ 进入奇点 O.

下面我们来证明 $\theta(t)$不可能还有别的情形.如若不然.必存在时间序列$\{t_n\}$和$\{t_n'\}$,$t_n'<t_n<t_{n+1}'$,且当 $n \to +\infty$时,$t_n, t_n' \to +\infty(-\infty)$,而当 $n \to +\infty$时,$\theta_n=\theta(t_n) \to \theta_2$,$\theta_n'=\theta(t_n') \to \theta_1$,$\theta_1<\theta_2$.由定理的假设,知必存在 $\theta_1<\theta_0<\theta_2$,使 $\theta=\theta_0$ 不是特殊方向.于是由引理 3.5,当$|t|$充分大时,C 只能与 $\theta=\theta_0$ 单侧相交.但因 $\theta(t_n) \to \theta_2$,$\theta(t_n') \to \theta_1$,当 n 充分大时由向量场的连续性,必存在 $t_n'<t_n^*<t_n<\bar{t}_n^*<t_{n+1}'$,$\theta(t_n^*)=\theta_0$,$\theta(\bar{t}_n^*)=\theta_0$,$C$ 与 $\theta=\theta_0$ 在点列 $A_n^*(r(t_n^*),\theta_0)$与 $\bar{A}_n^*(r(\bar{t}_n^*),\theta_0)$上不断交替地正侧和负侧相交,得矛盾.定理得证.】

定理 3.10 若原点 O 是方程(3.1)的孤立奇点,$X(x,y)$,$Y(x,y)$在原点 O 的邻域 $S_\delta(O)$上解析,则(3.1)如果有轨线进入奇点 O,它只能螺旋形地进入或沿固定方向进入.

证明 由于 $X(x,y)$,$Y(x,y)$在 $S_\delta(O)$上解析,(3.1)可改写成(3.2),并化成极坐标形式(3.7),我们重写于下:

$$\frac{1}{r}\frac{dr}{d\theta}=\frac{H(\theta)+o(1)}{G(\theta)+o(1)}, r \to 0.$$

$\theta=\theta_0$ 是特殊方向,其必要条件是 $G(\theta_0)=0$.

如果存在 $\theta_1<\theta_2$,对一切 $\theta_1 \leqslant \theta \leqslant \theta_2$,$\theta$ 都是特殊方向,则必有 $G(\theta)=0$,$\theta_1 \leqslant \theta \leqslant \theta_2$.由于 $G(\theta)$是 θ 的解析函数,由此推出 $G(\theta) \equiv 0$.由定理 3.3,这时除了 $2n$ 个方向外,沿其余方向都有唯一轨线进入奇点 O.定理自然成立.

如果不存在 $\theta_1<\theta_2$,对一切 $\theta_1 \leqslant \theta \leqslant \theta_2$,$\theta$ 都是特殊方向,则由定理 3.9,本定理自然也成立.】

§4. 特征根实部不为 0 时附加非线性项的情形

在这一节里,作为上一节诸定理的应用,我们将研究,当线性方程组所对应的特征根实部不为 0 时,即当线性奇点是鞍点、焦点和各类结点时,附加的非线性项要满足什么条件,才不改变原有线性奇点附近轨线的拓扑结构或定性结构.

给定微分方程组

$$\begin{cases} \dfrac{dx}{dt} = ax + by, \\ \dfrac{dy}{dt} = cx + dy, \end{cases} \tag{4.1}$$

和

$$\begin{cases} \dfrac{dx}{dt} = ax + by + \Phi(x,y), \\ \dfrac{dy}{dt} = cx + dy + \Psi(x,y), \end{cases} \tag{4.2}$$

其中 a,b,c,d 是实数,$\Phi(0,0)=\Psi(0,0)=0$,且在原点的邻域中 $\Phi(x,y),\Psi(x,y)$ 对 x,y 连续,还满足解的唯一性的条件.为了下文叙述方便起见,我们对方程组(4.2)引入两组条件.

条件 1:$\Phi(x,y),\Psi(x,y)=o(r),r\to 0$.

条件 2:$\Phi(x,y),\Psi(x,y)$在原点的小邻域内对 x,y 连续可微.

实际上,有了条件 2,也就有了解的存在唯一性,这里是为了下面叙述方便.

定义 4.1 方程组的奇点 $O(0,0)$叫做稳定(不稳定)吸引子,如果存在 $\delta>0$,使对任何解 $x=x(t),y=y(t)$,当初值满足 $x^2(t_0)+y^2(t_0)<\delta$ 时,便有

$$\lim_{t\to+\infty}[x^2(t)+y^2(t)]=0$$

$$\left(\lim_{t\to-\infty}[x^2(t)+y^2(t)]=0\right).$$

定理 4.1 设 $O(0,0)$是方程组(4.1)的稳定(不稳定)吸引子,且方程组(4.2)的附加项满足条件 1,则 $O(0,0)$也是方程组(4.2)的稳定(不稳定)吸引子.

证明 当 $O(0,0)$是(4.1)的稳定(不稳定)吸引子,便有 $q=ad-bc>0$, $p=-(a+d)>0(<0)$.取

$$V(x,y)=(ad-bc)(x^2+y^2)+(ay-cx)^2+(by-dx)^2,$$

便知 $V(0,0)=0$, $V(x,y)>0$,当 $x^2+y^2\neq 0$.

$$\left.\frac{dV}{dt}\right|_{(4.1)}=2(a+d)(ad-bc)(x^2+y^2)<0(>0),$$

$$x^2+y^2\neq 0,$$

$$\left.\frac{dV}{dt}\right|_{(4.2)}=2(a+d)(ad-bc)(x^2+y^2)+o(x^2+y^2),$$
$$x^2+y^2\to 0.$$

故当 $0<r\ll 1$,便有 $\left.\frac{dV}{dt}\right|_{(4.2)}<0(>0)$,故 $O(0,0)$ 也是方程组(4.2)的吸引子,且不改变稳定性.】

定理 4.2 设 $O(0,0)$ 是方程组(4.1)的稳定(不稳定)焦点,另外条件 1 成立,则 $O(0,0)$ 也是方程组(4.2)的稳定(不稳定)焦点.

证明 可经非退化线性变换将(4.2)化成

$$\frac{dx'}{dt}=\mu_1 x'+\mu_2 y'+\Phi'(x',y'),\tag{4.3}$$
$$\frac{dy'}{dt}=-\mu_2 x'+\mu_1 y'+\Psi'(x',y'),$$

其中 Φ',Ψ' 是 Φ,Ψ 的线性组合,因而 Φ' 和 Ψ' 也满足条件 1.(4.3)的示性方程 $G(\theta)=-\mu_2=0$ 无实根,属于定号情形.由定理 3.2,$O(0,0)$ 只能是方程组(4.3),也即方程组(4.2)的中心、中心焦点或焦点.又由定理 4.1,$O(0,0)$ 也是(4.2)的稳定(不稳定)吸引子,故 $O(0,0)$ 只能是(4.2)的稳定(不稳定)焦点.】

若 $O(0,0)$ 是(4.1)的鞍点、结点或临界结点,经非退化线性变换,可将(4.2)化为:

$$\frac{dx'}{dt}=\lambda_1 x'+\Phi'(x',y'),\tag{4.4}$$
$$\frac{dy'}{dt}=\lambda_2 y'+\Psi'(x',y'),$$

其中 Φ',Ψ' 是 Φ,Ψ 的线性组合,为符号简单起见,在这里我们仍然使用 Φ',Ψ'.若 Φ,Ψ 满足条件 1 或 2,则 Φ',Ψ' 也将相应地满足条件 1 或 2.

定理 4.3 设 $O(0,0)$ 是方程组(4.1)的正常结点,设特征根 $|\lambda_2|>|\lambda_1|$.

(i)如条件 1 满足,则方程组(4.4)在奇点附近的轨线都沿特殊方向 $\theta=0,\frac{\pi}{2},\pi,\frac{3\pi}{2}$ 进入奇点 O.

(ii)如条件 2 也满足,则沿 $\theta=\frac{\pi}{2},\frac{3\pi}{2}$ 各只有一条轨线进入奇点 O.

证明 由定理 4.1,$O(0,0)$ 也是(4.2)的吸引子,且不改变稳定性.另外,对(4.4)而言,有

$$G(\theta)=\frac{\lambda_2-\lambda_1}{2}\sin 2\theta,$$
$$H(\theta)=\lambda_2\sin^2\theta+\lambda_1\cos^2\theta.$$

示性方程 $G(\theta)=0$ 有实根 $\theta=0,\frac{\pi}{2},\pi,\frac{3\pi}{2}$,且都是单根,另外

$$H(0)G'(0)=H(\pi)G'(\pi)=\lambda_1(\lambda_2-\lambda_1)>0,$$

$$H\left(\frac{\pi}{2}\right)G'\left(\frac{\pi}{2}\right)=H\left(\frac{3\pi}{2}\right)G'\left(\frac{3\pi}{2}\right)=\lambda_2(\lambda_1-\lambda_2)<0.$$

由定理 3.4 和定理 3.5,在 $S(0,r_1)$中在 $\theta=0$ 和 π 近旁可分别作第一类正常区域 T_1 和 T_2,在 $\theta=\frac{\pi}{2}$ 和$\frac{3\pi}{2}$近旁可分别作第二类正常区域 T_3 和 T_4. 而在 $S(0,r_1)\setminus\bigcup_{i=1}^{4}T_i$ 的每个扇形上 $G(\theta)$定号,故由定理 3.1,3.4,3.5,定理中的结论(i)得证.

至于定理中的结论(ii),由条件 1 和 2,便有

$$\frac{\partial\Phi'}{\partial\theta},\ \frac{\partial\Psi'}{\partial\theta}=o(r),r\to 0,$$

故定理 3.7 中的条件(3.17)(3.18)满足. 由定理 3.7,沿着 $\theta=\frac{\pi}{2},\frac{3\pi}{2}$各只有唯一轨线进入奇点 O.】

定理 4.4 设 $O(0,0)$是方程组(4.1)的鞍点,$\lambda_1>0>\lambda_2$.

(i) 如条件 1 满足,则方程组(4.4)便有轨线当 $t\to+\infty$时沿着 $\theta=\frac{\pi}{2},\frac{3\pi}{2}$进入奇点 O;有轨线当 $t\to-\infty$时沿着 $\theta=0,\pi$ 进入奇点 O. 且存在 $r_2>0$,对于一切 $P\in S(0,r_2)$,除上述轨线外,其余轨线 $f(P,I)$将双侧离开 $S(0,r_2)$.

(ii) 如条件 2 也满足,则沿着 $\theta=0,\frac{\pi}{2},\pi,\frac{3\pi}{2}$各只有一条轨线进入奇点 O.

证明 只要注意到这时示性方程 $G(\theta)=0$ 也只有四个单根 $\theta=0,\frac{\pi}{2},\pi,\frac{3\pi}{2}$,并且

$$H(0)G'(0)=H(\pi)G'(\pi)=\lambda_1(\lambda_2-\lambda_1)<0,$$

$$H\left(\frac{\pi}{2}\right)G\left(\frac{\pi}{2}\right)=H\left(\frac{3\pi}{2}\right)G'\left(\frac{3\pi}{2}\right)=\lambda_2(\lambda_1-\lambda_2)<0.$$

由定理 3.5,在 $S(0,\delta)$中在 $\theta=0,\frac{\pi}{2},\pi$ 和$\frac{3\pi}{2}$近旁,可分别作第二类正常区域 T_1, T_2,T_3 和 T_4. 又因 $H(0)=H(\pi)=\lambda_1>0$,故有轨线当 $t\to-\infty$时分别沿 $\theta=0,\pi$ 进入奇点 O;因

$$H\left(\frac{\pi}{2}\right)=H\left(\frac{3\pi}{2}\right)=\lambda_2<0,$$

故有轨线当 $t\to+\infty$时分别沿 $\theta=\frac{\pi}{2},\frac{3\pi}{2}$进入奇点 O. 取 $r_2<r_1$,因在 $S(0,r_2)\setminus\bigcup_{i=1}^{4}T_i$ 的每个扇形上,$G(\theta)$定号,由定理 3.1,当 r_2 充分小时,对一切 $P\in S(0,r_2)\setminus\bigcup_{i=1}^{4}T_i$, 轨线 $f(P,I)$,当 t 向正负两侧延续时,必将与其中某一 T_i 的侧边相交,然后离开

$S(0,r_2)$,故结论(i)得证.至于结论(ii)的证明与定理4.3中类似.】

定理4.5 设$O(0,0)$是方程组(4.1)的临界结点.若方程组(4.2)中的附加项满足条件2及1^*:

$$\Phi(x,y),\Psi(x,y)=o(r^{1+\varepsilon}),r\to 0,$$

其中$\varepsilon>0$是任意小的正数,则方程组(4.2)沿着任何方向$\theta=\theta_0$有唯一的轨线进入奇点O.

证明 先经非退化线性变换将方程组(4.2)化为(4.4),其中$\lambda_1=\lambda_2$. Φ'和Ψ'也满足条件1^*及2.(4.4)的示性方程$G(\theta)\equiv 0$,属于奇异情形.$X_1(1,u)=\lambda_1$,即$X_1(1,u)=0$无实根.Φ',Ψ'满足定理3.3的附注中的条件,故由定理3.3立刻推得本定理的结论.】

定理4.6 设$O(0,0)$是方程组(4.1)的退化结点.若方程组(4.2)的附加项满足条件1^*,则$O(0,0)$也是方程组(4.2)的退化结点.

证明 由定理4.1,$O(0,0)$也是方程组(4.2)的吸引子,且不改变稳定性.

可经非退化线性变换将方程组(4.2)化为

$$\frac{dx'}{dt}=\lambda x'+\Phi'(x',y'),$$

$$\frac{dy'}{dt}=-x'+\lambda y'+\Psi'(x',y'),\tag{4.5}$$

其中$\lambda\neq 0$,Φ',Ψ'也满足条件1^*.

对(4.5)而言,示性方程$G(\theta)=-\cos^2\theta=0$有实根$\theta=\frac{\pi}{2},\frac{3\pi}{2}$,故属于不定号情形.$\theta=\frac{\pi}{2},\frac{3\pi}{2}$都是$G(\theta)=0$的二重根,而不是$H(\theta)=-\cos\theta\sin\theta+\lambda=0$的根.由定理3.6,在$S(0,r_1)$上在$\theta=\frac{\pi}{2}$和$\frac{3\pi}{2}$近旁可分别作第三类正常区域$T_1$和$T_2$.由定理3.6,或者没有轨线或者有无数条轨线分别沿$\theta=\frac{\pi}{2},\frac{3\pi}{2}$进入奇点$O$,这属于第二类判别问题.由条件$1^*$,定理3.8中的

$$\eta(r,\theta)\leqslant Kr^{1+\varepsilon}<C_1 r\left(\ln\frac{1}{r}\right)^{-2}=C_1 A(r),$$

其中C_1可任意小,只要r充分小,故条件(3.26)满足.由定理3.8,有无数条轨线分别沿$\theta=\frac{\pi}{2}$和$\frac{3\pi}{2}$进入奇点O.因在$S(0,r_1)\Big\backslash\bigcup\limits_{i=1}^{2}T_i$的每个扇形上,$G(\theta)$定号,故奇点$O$附近的所有轨线都沿$\theta=\frac{\pi}{2},\frac{3\pi}{2}$进入奇点$O$,所以$O(0,0)$也是方程组(4.2)的退化结点.】

例题 4.1

$$\begin{aligned}\frac{dx}{dt} &= -x + \frac{2y}{\ln(x^2+y^2)},\\ \frac{dy}{dt} &= -y - \frac{2x}{\ln(x^2+y^2)}.\end{aligned} \tag{4.6}$$

解 令 $x = r\cos\theta, y = r\sin\theta$,(4.6)化为

$$\begin{aligned}\frac{d\theta}{dt} &= -\frac{1}{\ln r},\\ \frac{dr}{dt} &= -r.\end{aligned} \tag{4.7}$$

先解第二个方程,得

$$r(t) = r(0)e^{-t}.$$

取 $0 < r(0) < 1$,代入第一个方程,得

$$\frac{d\theta}{dt} = \frac{-1}{\ln r(0) - t}.$$

求解,得

$$\theta(t) - \theta(0) = \ln|\ln r(t)| - \ln|\ln r(0)|$$

故有

$$r(t) \to 0, \theta(t) \to +\infty, \text{当 } t \to +\infty.$$

故 $O(0,0)$是(4.6)的焦点,但 $O(0,0)$是(4.6)相应的线性方程的临界结点.

请读者自已验证,(4.6)的附加项满足条件 1,2,但不满足条件 1^*.

例题 4.2

$$\begin{aligned}\frac{dx}{dt} &= -x,\\ \frac{dy}{dt} &= -y + \frac{x}{\ln\frac{1}{|x|}}.\end{aligned} \tag{4.8}$$

解 先解第一个方程,得

$$x(t) = x(0)e^{-t}.$$

取 $|x(0)| < 1$,代入第二个方程,得

$$\frac{dy}{dt} = -y + \frac{x(0)e^{-t}}{t - \ln|x(0)|}.$$

求解,得

$$\begin{aligned}y(t) &= e^{-t}\left[C_1 + \int_0^t \frac{x(0)e^{-t}}{-\ln|x(0)|}e^t dt\right]\\ &= e^{-t}[C_1 + x(0)\ln|\ln|x(t)|| - x(0)\ln|\ln|x(0)||]\\ &= x(t)[C_2 + \ln|\ln|x(t)||].\end{aligned}$$

于是有

$$\lim_{t\to+\infty} x(t)=0, \quad \lim_{t\to+\infty} y(t)=0,$$

$$\lim_{t\to+\infty}\frac{y(t)}{x(t)}=+\infty.$$

由此知 $O(0,0)$是(4.8)的稳定吸引子,且轨线都沿着 y 轴进入奇点O,故奇点 O 是(4.8)的退化结点,但 $O(0,0)$是(4.8)的相应的线性方程的临界结点.

请读者自己验证,(4.8)的附加项满足条件 1,2,但不满足条件 1^*.

下面的例子是陆毓麒提供的,都长清也举出了类似的例子.

例题 4.3

$$\begin{aligned}\frac{dx}{dt}&=\lambda x+\frac{1}{2}\Phi(x^2+y^2),\\ \frac{dy}{dt}&=+x+\lambda y+\frac{1}{2}\Phi(x^2+y^2),\end{aligned} \tag{4.9}$$

其中

$$\Phi(x^2+y^2)=(x^2+y^2)^{1/2}\left(\ln\frac{1}{(x^2+y^2)^{1/2}}\right)^{-(1+\delta)},$$

$$0<\delta<1, \quad \lambda>0.$$

解 令 $x=r\cos\theta, y=r\sin\theta$,(4.9)化为

$$\begin{aligned}\frac{d\theta}{dt}&=+\cos^2\theta+\frac{1}{2}\,\frac{\Phi(r)}{r}(\cos\theta-\sin\theta),\\ \frac{dr}{dt}&=\lambda r+r\sin\theta\cos\theta+\frac{1}{2}\Phi(r)(\cos\theta+\sin\theta).\end{aligned}$$

(4.9)的示性方程 $G(\theta)=-\cos^2\theta=0$ 有二重根 $\theta=\frac{\pi}{2}$和$\frac{3\pi}{2}$. 而 $\theta=\frac{\pi}{2},\frac{3\pi}{2}$不是 $H(\theta)=-\cos\theta\sin\theta+\lambda=0$ 的根. 使用定理 3.8 中的符号,我们有

$$A(r)=r\left(\ln\frac{1}{r}\right)^{-2},$$

$$\eta(r,\theta)=\frac{1}{2}(\cos\theta-\sin\theta)r\left(\ln\frac{1}{r}\right)^{-(1+\delta)}$$

扇形区域$\triangle\widehat{OAB}$: $\left|\theta-\frac{3\pi}{2}\right|\leqslant\varepsilon, r\leqslant r_1$ 中,先取 ε 充分小,使

$$\frac{1}{2}(\cos\theta-\sin\theta)\geqslant k>0,$$

再取 r_1 充分小,使

$$\left(\ln\frac{1}{r}\right)^{1-\delta}\geqslant\frac{2D}{k},$$

其中常数 D 如定理 3.8 所定义,于是有

$$k\left(\ln\frac{1}{r}\right)^{-(1+\delta)}\geqslant 2D\left(\ln\frac{1}{r}\right)^{-2},$$

也即

$$\eta(r,\theta)\geqslant 2DA(r).$$

由定理 3.8,沿 $\theta=\frac{3\pi}{2}$无轨线进入奇点 O,同样可证沿 $\theta=\frac{\pi}{2}$有无数条轨线进入奇点 O.

奇点 $O(0,0)$是(4.9)的相应的线性方程的稳定退化结点,且(4.9)的附加项满足条件 1,2,由定理(4.1)便知 $O(0,0)$也是(4.8)的稳定吸引子.但因(4.9)的示性方程仅有两个根 $\theta=\frac{\pi}{2},\frac{3\pi}{2}$,沿着其一无轨线进入,沿着另一有无数条轨线进入奇点 $O(0,0)$,由定理 3.1 和定理 3.9,$O(0,0)$不能是(4.9)的稳定焦点或结点.

读者自证,(4.9)附加项满足条件 1、2,但不满足条件 1^*.

由例题 3.1、例题 4.1、例题 4.2 和例题 4.3 可见,当奇点 O 是方程组 4.1 的临界结点或退化结点时,即使方程组(4.2)中的附加项 Φ、Ψ 满足条件 1、2,但不满足条件 1^*,则奇点 O 的定性结构可能改变,(4.1)的临界结点可能变成(4.2)的焦点,退化结点,或者像例题 3.1 一样,变成既非焦点,也非退化结点和临界结点;而(4.1)的退化结点也可能变成(4.2)的焦点,或既非焦点也非结点.可见定理 4.5 和 4.6 中的条件 1^*不能用条件 1 来替代.

总结以上讨论,我们的结论是:

(i) 当线性方程组(4.1)的奇点 O 是焦点时,如果方程组(4.2)的附加项 Φ,Ψ 满足条件 1,则奇点 O 仍是(4.2)的焦点,且稳定性也不改变;

(ii) 当奇点 O 是(4.1)的鞍点或正常结点时,如果 Φ,Ψ 满足条件 1 和 2,则相应的奇点 O 仍分别是(4.2)的鞍点或正常结点,且对正常结点来说,不改变稳定性;

(iii) 当奇点 O 是(4.1)的退化结点时,如果 Φ,Ψ 满足条件 1^*,则奇点 O 仍是(4.2)的退化结点,且不改变稳定性;

(iv) 当奇点 O 是(4.1)的临界结点时,如果 Φ,Ψ 满足条件 1^* 和 2,则奇点 O 仍是(4.2)的临界结点,且不改变稳定性.

总之,在上述条件下,方程组(4.1)和(4.2)在奇点 O 附近有相同的定性结构.由此可见在定性结构上焦点具有较好的稳定性,其次是鞍点和正常结点,相比之下,临界结点和退化结点在定性结构上较不稳定.

在这里自然要产生这样的问题,究竟非线性方程(4.2)中的附加项 Φ,Ψ 要满足什么条件才能保证(4.1)和(4.2)在奇点 O 附近具有相同的拓扑结构呢? 下面的 Д. Гробман[5] 和 P. Hartman[6] 定理将回答这个问题.

定理 4.7 给定实系数微分方程组(4.1)和(4.2).为讨论方便起见,将

(4.1)中的变量(x,y)换成(u,v). 如果(4.1)的特征方程的根的实部异于零,且Φ,Ψ满足条件1,2,则存在从$x=y=0$邻域到$u=v=0$邻域的拓扑变换

$$T:(x,y)\to(u,v),$$

T将(4.2)的解变到(4.1)的解,且保持时间定向.

由上述定理可见,当(4.1)的奇点是焦点、鞍点和各类结点时,只要Φ,Ψ满足条件1,2,便能保证(4.1)和(4.2)在奇点附近具有相同的拓扑结构. 实际上对焦点来说,条件2可以减弱.

请读者注意,从拓扑的观点看,例题3.1,4.1,4.2,4.3中的非线性方程与对应的线性方程在奇点O邻域的结构是相同的. 这里自然又要提出这样的问题,如果在定理4.7中,$\Phi,\Psi\in C^n(1\leqslant n\leqslant+\infty)$,则是否在奇点$O$的充分小邻域内存在$C^n$微分同胚

$$u=\eta_1(x,y),\quad v=\eta_2(x,y),\tag{4.10}$$

其中

$$\eta_1(0,0)=0,\quad \eta_2(0,0)=0,$$

$$\left.\frac{\partial(\eta_1,\eta_2)}{\partial(x,y)}\right|_{(0,0)}\neq 0,$$

使得在变换(4.10)下,方程组(4.2)变为线性方程组(4.1),这叫做将(4.2)线性化. 在一定的条件下P. Hartman[6]和S. Sternberg[7]对这个问题作了肯定的回答. 现在我们把Sternberg的结果就平面情形叙述如下:

定理4.8 (S. Sternberg, Linearization theorem) 设方程组(4.2)中的$\Phi,\Psi\in C^\infty$,而且

$$\Phi,\Psi=O(r^2),\ r\to 0,$$

方程组(4.1)的特征根λ_1和λ_2满足:

$$\lambda_k\neq m_1\lambda_1+m_2\lambda_2,\ k=1,2,$$

其中m_1,m_2为非负整数,且$2\leqslant m_1+m_2$,则存在C^∞微分同胚(4.10),可使方程组(4.2)线性化.

对于$\Phi,\Psi\in C^n,n\geqslant 2$,也有类似的关于存在$C^m$微分同胚,将(4.2)线性化的定理,只是一般来说$m\leqslant n$,并且$m$与特征根有关.

定理4.7和4.8的证明因牵涉的内容较多,这里就从略了. 我们只作一点解释,有助于对定理的理解.

首先,若方程组(4.1)的特征根是一对纯虚根,即

$$\lambda_1=i\mu,\quad \lambda_2=-i\mu,$$

则定理4.8的条件显然不满足. 事实上,取$m_1=2,m_2=1$,便有$\lambda_1=m_1\lambda_1+m_2\lambda_2$. 同样,若方程组(4.1)的特征根有零根,自然也不满足定理的条件. 因而(4.1)的特征根实部必须不为零,才能满足定理的条件,即§2中p-q平面上边界

点 $p=-(a+d)=0, q=ad-bc>0$ 和 $q=0$ 必须排除在外. 但是定理 4.8 的限制远不止于此. 譬如当 $\lambda_1=2, \lambda_2=1$ 时,定理的条件也不满足,虽然这时(4.1)的奇点 O 是正常结点. 这样看起来定理的限制似乎很不自然,但我们举一例来说明,定理 4.8 的限制是必要的.

例题 4.4 给定微分方程组

$$\begin{cases}\dfrac{dx}{dt}=2x+y^2,\\ \dfrac{dy}{dt}=y.\end{cases}\tag{4.11}$$

这里 $\lambda_1=2, \lambda_2=1$. 取 $m_1=0, m_2=2$,便有 $\lambda_1=m_1\lambda_1+m_2\lambda_2, m_1+m_2\geqslant 2$. 即定理 4.8 的条件不满足. 假如存在充分光滑的微分同胚(4.10),不妨设

$$\begin{cases}u=x+A_1x^2+B_1xy+C_1y^2+\cdots(=\eta_1(x,y)),\\ v=y+A_2x^2+B_2xy+C_2y^2+\cdots(=\eta_2(x,y)).\end{cases}$$

比较系数,可推得其逆变换为

$$\begin{cases}x=u-A_1u^2-B_1uv-C_1v^2+\cdots,\\ y=v-A_2u^2-B_2uv-C_2v^2+\cdots.\end{cases}$$

$$\begin{aligned}\frac{du}{dt}&=\frac{\partial\eta_1}{\partial x}\frac{dx}{dt}+\frac{\partial\eta_1}{\partial y}\frac{dy}{dt}\\ &=(1+2A_1x+B_1y+\cdots)(2x+y^2)+(B_1x+2C_1y+\cdots)(y)\\ &=2x+4A_1x^2+3B_1xy+(1+2C_1)y^2+\cdots\\ &=2u+2A_1u^2+B_1uv+v^2+\cdots.\end{aligned}$$

无论怎样选取 η_1, η_2,都不能使(4.11)线性化,因为出现了系数为 1 的 v^2 项. 这就是说,对于(4.11)不存在充分光滑的微分同胚把它线性化. 由此可见,定理 4.8 的条件看上去不自然,但在一定意义下它是必须的,没有这个条件,定理的结论就可能不成立.

廖山涛在[11]中给出了将方程组(4.2)线性化的十分简洁的证明.

§5. 特征根是一对纯虚根时附加非线性项的情形(中心和焦点判别)

在这一节里我们要研究,当线性方程组所对应的特征根是一对纯虚根时,即当线性奇点是中心时,附加非线性项后的情形.

设奇点 $O(0,0)$ 是方程组(4.1)的中心,特征根是 $\pm i\mu$,则经非退化线性变换,可将(4.1)和(4.2)分别变成

$$\frac{dx'}{dt}=\mu y'$$

$$\frac{dy'}{dt} = -\mu x' \tag{5.1}$$

与

$$\begin{aligned} \frac{dx'}{dt} &= \mu y' + \Phi'(x', y'), \\ \frac{dy'}{dt} &= -\mu x' + \Psi'(x', y'), \end{aligned} \tag{5.2}$$

其中 Φ', Ψ' 都是 Φ, Ψ 的线性组合，若 $\Phi, \Psi = o(r)$，则也有 $\Phi', \Psi' = o(r)$.

定理 5.1 设 $O(0,0)$ 是(4.1)的中心，又设(4.2)的附加项 $\Phi(x,y)$ 和 $\Psi(x,y)$ 都满足§4 中条件 1，则 $O(0,0)$ 是(4.2)的中心、焦点或中心焦点.

证明 设已将(4.1)和(4.2)分别变为(5.1)和(5.2). (5.2)的示性方程 $G(\theta) = -\mu$，即 $G(\theta)=0$ 无实根，故属于§3 中定号情形，由定理 3.2，本定理得证.】

下面先看几个例子.

例题 5.1

$$\begin{aligned} \frac{dx}{dt} &= -y - x(x^2 + y^2), \\ \frac{dy}{dt} &= x - y(x^2 + y^2). \end{aligned} \tag{5.3}$$

解 令 $x = r\cos\theta, y = r\sin\theta$，(5.3)化为

$$\begin{cases} \dfrac{d\theta}{dt} = 1, \\ \dfrac{dr}{dt} = -r^3. \end{cases}$$

其解为

$$\left.\begin{aligned} \theta(t) &= \theta(0) + t \to +\infty, \\ r(t) &= \left(2t + \frac{1}{r^2(0)}\right)^{-\frac{1}{2}} \to 0 \end{aligned}\right\} \text{当 } t \to +\infty \text{时}.$$

故 $O(0,0)$ 是(5.3)的焦点.

(5.3)的相应的线性方程的奇点 O 是中心，而附加项满足条件 1^*.

例题 5.2

$$\begin{cases} \dfrac{dx}{dt} = -y + x(x^2 + y^2)^k \sin\dfrac{\pi}{(x^2 + y^2)^{1/2}}, \\ \dfrac{dy}{dt} = x + y(x^2 + y^2)^k \sin\dfrac{\pi}{(x^2 + y^2)^{1/2}}. \end{cases} \tag{5.4}$$

解 令 $x = r\cos\theta, y = r\sin\theta$，(5.4)化为

$$\frac{d\theta}{dt} = 1,$$

$$\frac{dr}{dt}=r^{2k+1}\sin\frac{\pi}{r}.$$

$r=\frac{1}{n}(n=1,2,3,\cdots)$是解,并且

$$\dot{r}>0,当\ r>1,或\frac{1}{2m+1}<r<\frac{1}{2m};$$

$$\dot{r}<0,当\frac{1}{2m}<r<\frac{1}{2m-1},$$

其中 m 为正整数,故在 $O(0,0)$的任意小邻域内既有闭轨 $r=\frac{1}{n}$,又有间于闭轨 $r=\frac{1}{n},\frac{1}{n+1}$之间的非闭轨.奇点 O 是中心焦点.

而(5.4)的相应的线性方程的奇点 O 是中心,且附加项

$$\left.\begin{aligned}x(x^2+y^2)^k\sin\frac{\pi}{(x^2+y^2)^{1/2}}=o(r^{2k}),\\ y(x^2+y^2)^k\sin\frac{\pi}{(x^2+y^2)^{1/2}}=o(r^{2k}),\end{aligned}\right\}\ r\to0,$$

其中 k 可任意大.

由例题 5.1 和例题 5.2 可见,如果线性方程的奇点 $O(0,0)$是中心,有了附加项以后,即使附加项在奇点 $O(0,0)$附近为任意阶高级无穷小,奇点 O 也可能不再是中心,也就是说,它的拓扑结构可能改变.在§4 中为了保证方程(4.1)和(4.2)在奇点 O 附近有相同的定性结构或拓扑结构,只要求附加项 Φ,Ψ 当$r\to0$ 时是足够高阶的无穷小和充分光滑.而当奇点 O 是(5.1)的中心时,仅仅提高 Φ,Ψ 的无穷小阶数和光滑性,不足以保证(5.2)的奇点 O 仍是中心,正因为如此,中心的判别问题是研究奇点问题中的难点之一,在这方面至今还有人在进行研究.当 Φ,Ψ 是x,y 的解析函数时,由第四章§2 定理 2.1 的推论知,$O(0,0)$不可能是(5.2)的中心焦点,问题就归结为判别(5.2)的奇点 $O(0,0)$何时是中心,何时是焦点,也叫做中心和焦点的判别.我们在此只介绍两种判别方法.

中心和焦点的判别法一

引理 5.1 设 $h(x)$是以 l 为周期的连续周期函数,即

$$h(x+l)=h(x),$$

则 $\int_0^x h(\xi)d\xi = gx+\varphi(x)$,其中 $\varphi(x+l)=\varphi(x)$,

$$g=\frac{1}{l}\int_0^l h(\xi)d\xi.$$

证明 令

$$\varphi(x)=\int_0^x h(\xi)d\xi-\frac{x}{l}\int_0^l h(\xi)d\xi.$$

则有

$$\begin{aligned}\varphi(x+l) &= \int_0^{x+l} h(\xi)d\xi - \frac{x+l}{l}\int_0^l h(\xi)d\xi \\ &= \int_0^x h(\xi)d\xi + \int_x^{x+l} h(\xi)d\xi - \int_0^l h(\xi)d\xi - \frac{x}{l}\int_0^l h(\xi)d\xi \\ &= \int_0^x h(\xi)d\xi - \frac{x}{l}\int_0^l h(\xi)d\xi \\ &= \varphi(x).\text{】}\end{aligned}$$

设(5.2)中的 Φ', Ψ',当 $x'^2+y'^2 \leqslant r_1^2$ 时是解析函数,并且从二次项开始.

令 $x' = r\cos\theta, y' = r\sin\theta$,(5.2)变为

$$\begin{aligned}\frac{d\theta}{dt} &= -\mu + \frac{1}{r}(\Psi'\cos\theta - \Phi'\sin\theta) \\ &= -\mu + Q(r,\theta),\end{aligned} \tag{5.5}$$
$$\frac{dr}{dt} = \Phi'\cos\theta + \Psi'\sin\theta = rR(r,\theta),$$

其中 $Q, R \to 0$,当 $r \to 0$. $Q(r,\theta+2\pi) = Q(r,\theta), R(r,\theta+2\pi) = R(r,\theta)$.

可取 $r_2 > 0$ 充分小,且 $r_2 < r_1$,使得在 $0 \leqslant r < r_2, -\infty < \theta < +\infty$ 上, $-\mu + Q(r,\theta) \neq 0$,于是可从(5.5)消去 t 而得右侧是解析函数的方程

$$\frac{dr}{d\theta} = \frac{rR(r,\theta)}{-\mu + Q(r,\theta)} = R_2(\theta)r^2 + R_3(\theta)r^3 + \cdots, \tag{5.6}$$

其中

$$R_i(\theta + 2\pi) = R_i(\theta), i = 2,3,\cdots. \tag{5.7}$$

因为(5.6)的满足初始条件 $r(0)=0$ 的解是 $r(\theta) \equiv 0, -\infty < \theta < +\infty$. 由解对初值的连续依赖性,存在 $0 < c_1 < r_2$,当 $c < c_1$ 时,满足初始条件 $r(0,c) = c$ 的解 $r(\theta,c)$ 在 $-4\pi \leqslant \theta \leqslant 4\pi$ 上定义,并且在其上 $r(\theta,c)$ 是 c 的解析函数,故在 $-4\pi \leqslant \theta \leqslant 4\pi$ 上可展成 c 的收敛幂级数

$$r(\theta,c) = r_1(\theta)c + r_2(\theta)c^2 + \cdots. \tag{5.8}$$

将(5.8)代入(5.6)的两侧,得

$$\frac{dr_1(\theta)}{d\theta}c + \frac{dr_2(\theta)}{d\theta}c^2 + \cdots = F_2(\theta)c^2 + F_3(\theta)c^3 + \cdots, \tag{5.9}$$

其中

$$F_2(\theta) = r_1^2(\theta)R_2(\theta),$$
$$F_3(\theta) = r_1^3(\theta)R_3(\theta) + 2r_1(\theta)r_2(\theta)R_2(\theta).$$

一般地说, $F_n(\theta)$ 是 $R_2, R_3, \cdots, R_n, r_1, r_2, \cdots, r_{n-1}$ 的正系数多项式,写成

$$F_n(\theta) = P_n(R_2, \cdots, R_n, r_1, \cdots, r_{n-1}),$$

而其中 R_k 只依赖于(5.2)右侧次数不高于 k 的项, $k = 1,2,\cdots,n$. 由 $r(0,c) = c$,知

$$r_1(0)=1,$$
$$r_i(0)=0, i=2,3,\cdots.$$

令(5.9)两侧的 c 的同次幂系数相等,得到一组关于 $r_i(\theta)$的微分方程,结合上述初始条件来解方程,得

$$\begin{aligned} r_1(\theta) &= 1, \\ r_2(\theta) &= \int_0^\theta R_2(\theta)d\theta, \\ r_3(\theta) &= \int_0^\theta (R_3(\theta)+2R_2(\theta)r_2(\theta))d\theta, \\ \cdots & \quad \cdots \end{aligned} \tag{5.10}$$

由引理 5.1 知,

$$\begin{aligned} r_2(\theta) &= g_2\theta+\varphi_2(\theta), \\ g_2 &= \frac{1}{2\pi}\int_0^{2\pi} R_2(\xi)d\xi, \\ \phi_2(\theta+2\pi) &= \phi_2(\theta). \end{aligned}$$

若 $g_2=0$,便有 $r_2(\theta+2\pi)=r_2(\theta)$,这时 $R_3(\theta)+2R_2(\theta)r_2(\theta)$也是周期函数.再由引理 5.1 知

$$\begin{aligned} r_3(\theta) &= g_3\theta+\varphi_3(\theta), \\ g_3 &= \frac{1}{2\pi}\int_0^{2\pi}(R_3(\theta)+2R_2(\theta)r_2(\theta))d\theta, \\ \varphi_3(\theta+2\pi) &= \varphi_3(\theta). \end{aligned} \tag{5.11}$$

若 $g_3=0$,便有 $r_3(\theta+2\pi)=r_3(\theta)$.这样继续下去,若 $g_k=0, k=2,3,\cdots$,则便有 $r_k(\theta+2\pi)=r_k(\theta), k=2,3,\cdots$.显然我们有等式 $r(2\pi,c)=r(0,c)$,即对一切 $c<c_1, r=r(\theta,c)$都是周期解.这时奇点 $O(0,0)$是方程(5.6)的中心,即(5.2)的中心.若存在 $g_m\neq0, g_k=0, k=2,3,\cdots,m-1$,我们来证这时奇点 $O(0,0)$是(4.2)的焦点.

作变换

$$\begin{aligned} r &= \rho+\rho^2r_2(\theta)+\rho^3r_3(\theta)+\cdots+\rho^{m-1}r_{m-1}(\theta)+\rho^m\phi_m(\theta) \\ &= \rho+\rho^2r_2(\theta)+\rho^3r_3(\theta)+\cdots+\rho^{m-1}r_{m-1}(\theta)+\rho^mr_m(\theta)-g_m\theta\rho^m \end{aligned} \tag{5.12}$$

将上式代入(5.6)的两侧,由(5.9),(5.10)知

$$\frac{d\rho}{d\theta}[1+2\rho r_2(\theta)+3\rho^2r_3(\theta)+\cdots+(m-1)\rho^{m-2}r_{m-1}(\theta)+m\rho^{m-1}\varphi_m(\theta)]$$
$$+\rho^2\frac{dr_2}{d\theta}+\rho^3\frac{dr_3}{d\theta}+\cdots+\rho^m\frac{dr_{m-1}}{d\theta}+\rho^m\left[\frac{dr_m}{d\theta}-g_m\right]$$

$$=[r^2R_2(\theta)+r^3R_3(\theta)+\cdots]|_{r=\rho+\rho^2r_2(\theta)+\cdots+\rho^m\varphi_m(\theta)}$$

$$=F_2(\theta)\rho^2+F_3(\theta)\rho^3+\cdots+F_m(\theta)\rho^m+F'_{m+1}(\theta)\rho^{m+1}+\cdots.$$

$$\frac{d\rho}{d\theta}[1+2\rho r_2(\theta)+\cdots+(m-1)\rho^{m-2}r_{m-1}(\theta)+m\rho^{m-1}\varphi_m(\theta)]$$

$$=g_m\rho^m+F'_{m+1}(\theta)\rho^{m+1}+\cdots. \tag{5.13}$$

其中 $F'_{m+1}(\theta)$是 $R_2,R_3,\cdots,R_m,R_{m+1},r_1,r_2,\cdots,r_{m-1},\varphi_m$ 的多项式.令

$$G(\rho,\theta)=2\rho r_2(\theta)+\cdots+(m-1)\rho^{m-2}r_{m-1}(\theta)+m\rho^{m-1}\phi_m(\theta), \tag{5.14}$$

当 $\rho_1(\leqslant r_1)$充分小时,便有

$$|G(\rho,\theta)|<1,\rho\leqslant\rho_1\leqslant r_1,$$

于是便有

$$\frac{d\rho}{d\theta}=\frac{g_m\rho^m+F'_{m+1}(\theta)\rho^{m+1}+\cdots}{1+G(\rho,\theta)}$$

$$=g_m\rho^m+\bar{R}_{m+1}(\theta)\rho^{m+1}+\cdots$$

$$=\rho^m[g_m+\bar{R}_{m+1}(\theta)\rho+\cdots]. \tag{5.15}$$

故当 ρ_1 充分小时,$\frac{d\rho}{d\theta}$的符号由 g_m 决定.

若 $O(0,0)$不是(5.2)的焦点,由定理 5.1,在 $\rho\leqslant\rho_1$ 中必有(5.2)的闭轨,而在闭轨上必有点,在其上$\frac{d\rho}{d\theta}=0$,这便导致矛盾,这就证明了奇点 O 只可能是(5.2)的焦点.且当 $g_m<0(>0)$时,奇点 O 是稳定(不稳定)焦点.

中心和焦点的判别法二

上面讲的判别法要进行无限次积分运算,计算起来比较麻烦.当方程右侧含线性项时,我们可以通过代数运算来判别中心或焦点,下面我们来介绍这个方法及其理论根据.

证明的思想是属于 Poincaré 的,证明的过程可参看第一章的文献[1].在写书过程中引用了曾宪武和王裕民所作的行列式运算,使论证更加严密.

设给定方程

$$\frac{dx}{dt}=y+\sum_{k=2}^{\infty}\Phi_k,$$
$$\frac{dy}{dt}=-x+\sum_{k=2}^{\infty}\Psi_k, \tag{5.16}$$

取形式级数

$$F(x,y) = x^2 + y^2 + \sum_{k=3}^{\infty} F_k,$$

其中 Φ_k, Ψ_k, F_k 都是 x, y 的 k 次齐次多项式, F_k 中的系数待定,使之满足 $\left.\frac{dF}{dt}\right|_{(5.16)} \equiv 0$. 然后若能证明以上级数收敛,则奇点 O 就是中心.

请读者自己加以证明,曲线 $F(x,y)=C$,当常数 $C>0$ 充分小时,是一族围绕原点的互不相交的闭曲线.

$$\begin{aligned}
\left.\frac{dF}{dt}\right|_{(5.16)} &= \left(2x + \sum_{k=3}^{\infty} \frac{\partial F_k}{\partial x}\right)\left(y + \sum_{k=2}^{\infty} \Phi_k\right) + \left(2y + \sum_{k=3}^{\infty} \frac{\partial F_k}{\partial y}\right)\left(-x + \sum_{k=2}^{\infty} \Psi_k\right) \\
&= \sum_{k=3}^{\infty} \left(y \frac{\partial F_k}{\partial x} - x \frac{\partial F_k}{\partial y}\right) + 2\sum_{k=2}^{\infty} (x\Phi_k + y\Psi_k) \\
&\quad + \sum_{\substack{k\geqslant 2 \\ m\geqslant 3}}^{\infty} \left(\Phi_k \frac{\partial F_m}{\partial x} + \Psi_k \frac{\partial F_m}{\partial y}\right) \equiv 0.
\end{aligned} \tag{5.17}$$

令同次幂系数和为零,得

$$x \frac{\partial F_n}{\partial y} - y \frac{\partial F_n}{\partial x} = 2(x\Phi_{n-1} + y\Psi_{n-1}) + \sum_{k=3}^{n-1} \left(\Phi_{n-k+1} \frac{\partial F_k}{\partial x} + \Psi_{n-k+1} \frac{\partial F_k}{\partial y}\right). \tag{5.18}$$

上式右侧只依赖于 $F_3, F_4, \cdots F_{n-1}$,故可用递推的方法,确定所有 F_n.

记

$$F_n = \sum_{k=0}^{n} a_k x^{n-k} y^k,$$

$$\begin{aligned}
A_n &= 2(x\Phi_{n-1} + y\Psi_{n-1}) + \sum_{k=3}^{n-1} \left(\Phi_{n-k+1} \frac{\partial F_k}{\partial x} + \Psi_{n-k+1} \frac{\partial F_k}{\partial y}\right) \\
&= \sum_{k=0}^{n} b_k x^{n-k} y^k.
\end{aligned}$$

约定 $a_{-1} = a_{n+1} = 0$,由(5.18)得

$$\sum_{k=0}^{n} [(k+1)a_{k+1} - (n-k+1)a_{k-1}] x^{n-k} y^k = \sum_{k=0}^{n} b_k x^{n-k} y^k.$$

即

$$(k+1)a_{k+1} - (n-k+1)a_{k-1} = b_k, \quad k = 0, 1, \cdots, n. \tag{5.19}$$

其系数行列式为

$$\Delta = \begin{vmatrix} 0 & -1 & 0 & \cdots & 0 & 0 & 0 \\ n & 0 & -2 & \cdots & 0 & 0 & 0 \\ 0 & n-1 & 0 & \cdots & 0 & 0 & 0 \\ \vdots & \vdots & \vdots & \vdots & \vdots & \vdots & \vdots \\ 0 & 0 & 0 & \cdots & 0 & -(n-1) & 0 \\ 0 & 0 & 0 & \cdots & 2 & 0 & -n \\ 0 & 0 & 0 & \cdots & 0 & 1 & 0 \end{vmatrix}$$

$$= \begin{cases} 0, n=2k, \\ [(2k+1)!!]^2, n=2k+1. \end{cases}$$

故当 n 为奇数时,方程(5.19)有解,即可确定 F_n,满足(5.18).当 $n=2m$ 是偶数时,(5.19)可分解成两个独立的方程组.

$$2ka_{2k} - 2(m-k+1)a_{2(k-1)} = b_{2k-1},$$
$$k = 1,2,\cdots m, \tag{5.20}$$
$$(2k+1)a_{2k+1} - (2m-2k+1)a_{2k-1} = b_{2k},$$
$$k = 0,1,\cdots m. \tag{5.21}$$

方程组(5.20)有 m 个方程,$m+1$ 个未知数 $a_0,a_2,\cdots,a_{2m}$,其系数矩阵的秩为 m,故(5.20)有依赖于一个任意参数的解.

方程组(5.21)有 $m+1$ 个方程,m 个未知数 $a_1,a_3,\cdots,a_{2m-1}$,其系数矩阵的秩为 m,故(5.21)有非零解的充要条件是其增广矩阵的行列式为零,即

$$\begin{vmatrix} 1 & 0 & 0 & \cdots & 0 & b_0 \\ -(2m-1) & 3 & 0 & \cdots & 0 & b_2 \\ 0 & -(2m-3) & 5 & \cdots & 0 & b_4 \\ \vdots & \vdots & \vdots & & \vdots & \vdots \\ 0 & 0 & 0 & \cdots & 2m-1 & b_{2(m-1)} \\ 0 & 0 & 0 & \cdots & -1 & b_{2m} \end{vmatrix}$$

$$= \sum_{k=0}^{m}(2m-2k-1)!!(2k-1)!!b_{2k} = 0. \tag{5.22}$$

当上述矩阵的行列式不为零时,(5.21)无解,此时可求满足如下条件的 F_{2m}:

$$x\frac{\partial F_{2m}}{\partial y} - y\frac{\partial F_{2m}}{\partial x} + \lambda(x^2+y^2)^m = A_{2m}, \tag{5.23}$$

其中 λ 作为一个新未知量添加到 $a_1,a_3,\cdots,a_{2m-1}$ 中.由(5.23)仍可得到两个独立的线性方程组,其中之一仍是(5.20),另一个是

$$(2k+1)a_{2k+1} - (2m-2k+1)a_{2k-1} + C_m^k\lambda = b_{2k},$$
$$k = 0,1,\cdots,m. \tag{5.24}$$

其系数矩阵的行列式是:

$$\begin{vmatrix} 1 & 0 & 0 & \cdots & 0 & C_m^0 \\ -(2m-1) & 3 & 0 & \cdots & 0 & C_m^1 \\ 0 & -(2m-3) & 5 & \cdots & 0 & C_m^2 \\ \vdots & \vdots & \vdots & & \vdots & \vdots \\ 0 & 0 & 0 & \cdots & 2m-1 & C_m^{m-1} \\ 0 & 0 & 0 & \cdots & -1 & C_m^m \end{vmatrix} = (2m)!!$$

其中 $C_m^k(k=0,1,2,\cdots,m)$是二项式系数.(5.24)有唯一解$(a_1,a_2,\cdots,a_{2m-1},\lambda)$,而

$$\lambda = \frac{1}{(2m)!!}\sum_{k=0}^{m}(2m-2k-1)!!(2k-1)!!b_{2k}. \tag{5.25}$$

显然,若(5.21)有解,则由上式确定的 λ 为零.若(5.21)无解,则 $\lambda\neq0$.由(5.18)及(5.23),有

$$\frac{d(x^2+y^2+F_4+\cdots+F_{2m})}{dt} = +\lambda r^{2m}+O(r^{2m}), \tag{5.26}$$

其中 $r^2=x^2+y^2$.故当 $\lambda<0$ 时,原点 O 为(5.16)的稳定焦点;当 $\lambda>0$ 时,原点 O 为(5.16)的不稳定焦点.

综上所述,对一切奇数 $2m+1$,相应的线性方程组(5.19)必有解.若对一切偶数 $2m$,相应的线性方程组(5.19)也有解,则奇点 O 是(5.16)的中心.$F(x,y)=C$(其收敛性由 A. M. Ляпунов[8]证明了)是(5.16)的第一积分.若存在偶数 $2m$,相应的方程组(5.19)无解,而对应于偶数 $2,4,\cdots,2(m-1)$,相应的方程组(5.19)有解.这时可引进新的未知数 λ,方程组(5.23)必有解,且 $\lambda\neq0$.这时奇点 O 为稳定焦点,当 $\lambda<0$;为不稳定焦点,当 $\lambda>0$.

事实上,若对一切偶数 $2m$,(5.19)都有解,由于我们已有了第一判别法,这时也能判定 $O(0,0)$只能是(5.16)的中心.若不然,设 $O(0,0)$是(5.16)的焦点.不妨设是稳定焦点,由第一判别法,知这时必存在整数 $m>0$,第一判别法中的 $g_k=0$,$k=1,2,\cdots,m-1$,$g_m<0$.然后我们改变(5.16)中的 Φ_{2m},Ψ_{2m} 为 $\bar{\Phi}_{2m},\bar{\Psi}_{2m}$,而当 $k\neq2m$ 时,Φ_k 与 Ψ_k 不变,并使改变后的方程$\overline{(5.16)}$的奇点 O 是不稳定焦点,这是可以做得到的.但显然对$\overline{(5.16)}$用第一判别法来判定,仍将有 $\bar{g}_k=g_k=0$,$k=1,2,\cdots,m-1$,$\bar{g}_m=g_m<0$,故 $O(0,0)$是$\overline{(5.16)}$的稳定焦点,得矛盾.

有关中心存在的充要条件:奇点 O 是方程(5.16)的中心,其充要条件是,存在与 t 无关的实的正则积分 $F(x,y)=C$.

证明可参看第一章的文献[2].

请读者注意,上述中心和焦点的判别法二以及中心存在的充要条件,都只有当微分方程右侧含一次项时才成立,否则就不一定存在正则积分 $F(x,y)=C$.请读

者自己举例说明.

关于中心的判别,一般来说,要进行无穷多次运算,满足无穷多个条件.但也有例外的情形.譬如给定微分方程

$$\frac{dx}{dt} = X(x,y),\ \frac{dy}{dt} = Y(x,y). \tag{5.27}$$

如右侧函数所定义的向量场$(X(x,y),Y(x,y))$关于 y 轴对称,即

$$Y(-x,y) = -Y(x,y),$$
$$X(-x,y) = X(x,y).$$

或者关于 x 轴对称,即

$$Y(x,-y) = Y(x,y),$$
$$X(x,-y) = -X(x,y).$$

则在中心或焦点的判别中必定是中心.

另外,М. И. Альмухамедов[9],[10]等人证明了,如果(5.27)的右侧是多项式,则中心问题的判别可在有限步内解决.对于右侧是二次多项式的平面系统

$$\begin{cases} \dfrac{dx}{dt} = -y + a_{20}x^2 + a_{11}xy + a_{02}y^2, \\ \dfrac{dy}{dt} = x + b_{20}x^2 + b_{11}xy + b_{02}y^2, \end{cases} \tag{5.28}$$

早在 1908 年 H. Dulac[12]就开始研究过,不久后,W. Kapteyn[13][14]给出了原点是中心的全部条件,但需将系统(5.28)经转轴化为 $b_{20}+b_{02}=0$ 的情形才能判别.后来 H. A. Сахарников[15]对系统(5.28)经转轴后的另一特定形式也给出了原点是中心的全部条件.叶彦谦(参看第一章文献[3],298—299)把 Kapteyn 条件从 $b_{20}+b_{02}=0$ 的情形转化到 $b_{02}=0$ 的情形,这给他引入的二次系统分类研究带来方便. K.C. Сибирскйи[16]把系统(5.28)变到复数域内,用不变量理论导出了直接从(5.28)的系数判定中心的全部条件.在焦点与中心区分出来之后,人们关心的是如何判定细焦点的阶数和稳定性. H. H. Баутин[17]在 Kapteyn 条件的基础上证明了二次系统细焦点阶数最高为 3,并导出了焦点量 $\bar{V}_3$, $\bar{V}_5$, $\bar{V}_7$ 的公式,这些公式至今还经常被应用.但由于 $b_{20}+b_{02}=0$ 的限制而带来的不便,人们希望能从系统(5.28)的系数来直接判定.秦元勋、刘尊全[18]把系统(5.28)的系数按一种确定的方式重新安排,用计算机导出了焦点量 $\bar{V}_3,\bar{V}_5,\bar{V}_7$ 的公式.最近,李承治[19]直接用系统(5.28)的系数给出三个判定量 W_1,W_2,W_3(是 $\bar{V}_3,\bar{V}_5,\bar{V}_7$ 的推广),这样可经过简单计算直接区分出中心与焦点,并且同时判定出细焦点的阶数和稳定性.由于公式比较简单,对于定性研究将是有益的.下面是他证明的定理.从这个定理得出的推论 1 与上述 K. C. Сибирский 的结果等价.文献[12—18]中有关二次系统中心焦点的判定条件可视为推论 1 与推论 2 的特殊情形.

定理 5.2 对系统(5.28)引入判定量

$$\left.\begin{aligned} W_1 &= A\alpha - B\beta, \\ W_2 &= [\beta(5A-\beta)+\alpha(5B-\alpha)]\gamma, \\ W_3 &= (A\beta + B\alpha)\gamma\delta, \end{aligned}\right\} \tag{5.29}$$

其中

$$\left.\begin{aligned} & A = a_{20}+a_{02}, B = b_{20}+b_{02}, \\ & \alpha = a_{11}+2b_{02}, \beta = b_{11}+2a_{20}, \\ & \gamma = b_{20}A^3-(a_{20}-b_{11})A^2B+(b_{02}-a_{11})AB^2-a_{02}B^3, \\ & \delta = a_{02}^2+b_{20}^2+a_{02}A+b_{20}B, \end{aligned}\right\} \tag{5.30}$$

则

(i) 原点是 k 阶细焦点($k=1,2,3$),当且仅当下列第 k 组条件成立:

(1) $W_1 \neq 0$,

(2) $W_1=0, W_2\neq 0$,

(3) $W_1=W_2=0, W_3\neq 0$.

(ii) k 阶细焦点的稳定性由 $\operatorname{sgn} W_k$ 决定:$W_k<0$ 时稳定,$W_k>0$ 时不稳定.

(iii) 原点是中心点,当且仅当 $W_1=W_2=W_3=0$ 时.

附注 1 显然,只有在 $W_1=0$ 时才有必要去考察 W_2 与 W_3,因此表达式(5.29)可用下式代替.

$$W_1 = A\alpha - B\beta,$$

$$W_2=\begin{cases}\beta(5A-\beta)\gamma, & \text{当 } A\neq 0 \text{ 时}, \\ \alpha(5B-\alpha)\gamma, & \text{当 } B\neq 0 \text{ 时}, \\ 0, & \text{当 } A=B=0 \text{ 时},\end{cases}$$

$$W_3=\begin{cases}A\beta\gamma\delta, & \text{当 } A\neq 0 \text{ 时}, \\ B\alpha\gamma\delta, & \text{当 } B\neq 0 \text{ 时}, \\ 0, & \text{当 } A=B=0 \text{ 时}.\end{cases}$$

附注 2 对于以原点为中心或细焦点的更一般形式的二次系统

$$\begin{cases}\dfrac{dx}{dt}=ax+by+\text{二次项}, \\ \dfrac{dy}{dt}=cx-ay+\text{二次项},\end{cases}$$

其中 $a^2+bc<0$,记 $\sigma=\sqrt{-(a^2+bc)}$,引入变换

$$x=-\frac{1}{c}\xi-\frac{a}{c\sigma}\eta, y=-\frac{1}{\sigma}\eta, t=\frac{c}{\sigma},$$

则可变为(5.28)的形式.

从定理 5.2 可以得出下列推论.

推论 1 系统(5.28)以原点为中心点,当且仅当下列三组条件至少有一组成立:

(1) $A\alpha - B\beta = \gamma = 0$;

(2) $\alpha = \beta = 0$;

(3) $5A - \beta = 5B - \alpha = \delta = 0$.

其中 $A, B, \alpha, \beta, \gamma, \delta$ 由(5.30)式确定.

推论 2 对系统

$$\begin{cases} \dfrac{dx}{dt} = -y + lx^2 + mxy + ny^2, \\ \dfrac{dy}{dt} = x + ax^2 + bxy, \end{cases} \tag{5.31}$$

引入判定量

$$\left.\begin{aligned} W_1 &= m(l+n) - a(b+2l), \\ W_2 &= ma(5a-m)[(l+n)^2(n+b) - a^2(b+2l+n)], \\ W_3 &= ma^2[2a^2 + n(l+2n)][(l+n)^2(n+b) - a^2(b+2l+n)], \end{aligned}\right\} \tag{5.32}$$

则定理 5.2 的结论对系统(5.31)成立. 系统(5.31)以原点为中心点,当且仅当下列条件至少有一组成立:

(1) $m(l+n) = a(b+2l)$,

$a[(l+n)^2(n+b) - a^2(b+2l+n)] = 0$;

(2) $m = b + 2l = 0$;

(3) $m = 5a, b = 3l + 5n, 2a^2 + n(l+2n) = 0$.

定理 5.2 的证明 Баутин[17]对于系统(5.28)的如下特定形式

$$\begin{cases} \dfrac{d\xi}{dt} = -\eta - \lambda_3\xi^2 + (2\lambda_2 + \lambda_5)\xi\eta + \lambda_6\eta^2, \\ \dfrac{d\eta}{dt} = \xi + \lambda_2\xi^2 + (2\lambda_3 + \lambda_4)\xi\eta - \lambda_2\eta^2, \end{cases} \tag{5.33}$$

导出了三个判定量:

$$\left.\begin{aligned} \bar{V}_3 &= -\frac{\pi}{4}\lambda_5(\lambda_3 - \lambda_6), \\ \bar{V}_5 &= \frac{\pi}{24}\lambda_2\lambda_4(\lambda_3 - \lambda_6)[\lambda_4 + 5(\lambda_3 - \lambda_6)], \\ \bar{V}_7 &= -\frac{5}{32}\pi\lambda_2\lambda_4(\lambda_3 - \lambda_6)^2(\lambda_3\lambda_6 - 2\lambda_6^2 - \lambda_2^2)^*, \end{aligned}\right\} \tag{5.34}$$

并对系统(5.33)得出下述结论: (1) $\bar{V}_3 \neq 0$ 时原点是一阶细焦点; $\bar{V}_3 = 0$, $\bar{V}_3 \neq 0$ 时是二阶细焦点; $\bar{V}_3 = \bar{V}_5 = 0$, $\bar{V}_7 \neq 0$ 时是三阶细焦点; $\bar{V}_3 = \bar{V}_5 = \bar{V}_7 = 0$ 时是

中心点.(2)K 阶细焦点的稳定性由 $\operatorname{sgn}\bar{V}_{2k+1}$决定:$\bar{V}_{2k+1}<0$ 时稳定,$\bar{V}_{2k+1}>0$ 时不稳定.我们现在把这个结论推广到系统(5.28)上去.

当 $A^2+B^2=0$ 时,系统(5.28)已成为(5.33)的形式,并且 $\lambda_3-\lambda_6=0$.据(5.34),$\bar{V}_3=\bar{V}_5=\bar{V}_7=0$;据(5.29),$W_1=W_2=W_3=0$.因而定理 5.2 成立.

下面均设 $A^2+B^2\neq 0$.对系统(5.28)作变换.

$$\begin{cases} x=\dfrac{1}{\sqrt{A^2+B^2}}(A\xi-B\eta), \\ y=\dfrac{1}{\sqrt{A^2+B^2}}(B\xi+A\eta), \end{cases} \tag{5.35}$$

则可将(5.28)化为(5.33)的形式,并由计算可知,

$$\begin{aligned}\lambda_3=&-(A^2+B^2)^{-\frac{3}{2}}[a_{20}A^3+(b_{20}+a_{11})A^2B \\ &+(a_{02}+b_{11})AB^2+b_{02}B^3],\end{aligned} \tag{5.36}$$

$$\begin{aligned}\lambda_6=&(A^2+B^2)^{-\frac{3}{2}}[a_{02}A^3+(b_{02}-a_{11})A^2B \\ &+(a_{20}-b_{11})AB^2+b_{20}B^3],\end{aligned} \tag{5.37}$$

$$\begin{aligned}\lambda_2=&(A^2+B^2)^{-\frac{3}{2}}[b_{20}A^3-(a_{20}-b_{11})A^2B \\ &+(b_{02}-a_{11})AB^2-a_{02}B^3],\end{aligned} \tag{5.38}$$

$$\lambda_4=(A^2+B^2)^{-\frac{1}{2}}[(2a_{20}+b_{11})A+(2b_{02}+b_{11})B], \tag{5.39}$$

$$\lambda_5=(A^2+B^2)^{-\frac{1}{2}}[(2b_{02}+a_{11})A-(2a_{20}+b_{11})B], \tag{5.40}$$

$$\lambda_3-\lambda_6=-(A^2+B^2)^{\frac{1}{2}}. \tag{5.41}$$

利用(5.30)式,还可将(5.38)~(5.40)写成

$$\lambda_2=(A^2+B^2)^{-\frac{3}{2}}\gamma, \tag{5.42}$$

$$\lambda_4=(A^2+B^2)^{-\frac{1}{2}}(A\beta+B\alpha), \tag{5.43}$$

$$\lambda_5=(A^2+B^2)^{-\frac{1}{2}}(A\alpha-B\beta). \tag{5.44}$$

1. 从(5.34),(5.41),(5.44)和(5.29)可得

$$\bar{V}_3=\frac{\pi}{4}W_1. \tag{5.45}$$

2. 现在设 $\bar{V}_3=0$,据(5.34)和(5.41)可知 $\lambda_5=0$,由(5.44)知 $A\alpha-B\beta=0$,故 $2AB\alpha\beta=A^2\alpha^2+B^2\beta^2$,从而 $(A\beta+B\alpha)^2=(A^2+B^2)(\alpha^2+\beta^2)$,再由(5.43)、(5.41)可得

$$\begin{aligned}&\lambda_4[\lambda_4+5(\lambda_3-\lambda_6)] \\ &=(A^2+B^2)^{-1}(A\beta+B\alpha)[A\beta+B\alpha-5(A^2+B^2)]\end{aligned}$$

$$= \alpha^2+\beta^2-5(A\beta+B\alpha)$$
$$= -[\beta(5A-\beta)+\alpha(5B-\alpha)],$$

利用此式及(5.34),(5.42),(5.41)式可得

$$\bar{V}_5=\frac{\pi}{24(A^2+B^2)}W_2. \tag{5.46}$$

3. 最后设 $\bar{V}_3=\bar{V}_5=0$. 若又有 $\bar{V}_7\neq 0$,则从(5.34)易知 $\lambda_5=\lambda_4+5(\lambda_3-\lambda_6)=0$. 由(5.44),(5.43),(5.41)并利用

$$A^2+B^2\neq 0,$$
$$\lambda_5=\lambda_4+5(\lambda_3-\lambda_6)=0,$$
$$\Leftrightarrow\begin{cases}A\alpha-B\beta=0,\\ B\alpha+A\beta=5(A^2+B^2),\end{cases}\Leftrightarrow\begin{cases}\alpha=5B,\\ \beta=5A,\end{cases}$$
$$\Leftrightarrow\begin{cases}a_{11}=5b_{20}+3b_{02},\\ b_{11}=3a_{20}+5a_{02}.\end{cases} \tag{5.47}$$

将上式最右端 a_{11},b_{11} 的表达式代入 $\lambda_3\lambda_6-2\lambda_6^2-\lambda_2^2$,据(5.36)~(5.38),有

$$\lambda_6(\lambda_3-2\lambda_6)-\lambda_2^2=-(A^2+B^2)^{-3}\Delta,$$

其中

$$\begin{aligned}\Delta=&[a_{02}A^3-(5b_{20}+2b_{02})A^2B-(2a_{20}+5a_{02})AB^2+b_{20}B^3]\\ &\cdot[(a_{20}+2a_{02})A^3-(4b_{20}+b_{02})A^2B\\ &-(a_{20}+4a_{02})AB^2+(2b_{20}+b_{02})B^3]\\ &+[b_{20}A^3+(2a_{20}+5a_{02})A^2B-(5b_{20}+2b_{02})AB^2-a_{02}B^3]^2\\ =&[a_{02}A(A^2-3B^2)+b_{20}B(B^2-3A^2)-4A^2B^2]\\ &\cdot[a_{02}A(A^2-3B^2)+b_{20}B(B^2-3A^2)+(A^2-B^2)^2]\\ &+[b_{20}A(A^2-3B^2)-a_{02}B\cdot(B^2-3A^2)+2AB(A^2-B^2)]^2\\ =&(a_{02}^2+b_{20}^2)[A^2(A^2-3B^2)^2+B^2(B^2-3A^2)^2]\\ &+a_{02}A[(A^2-3B^2)(A^4-6A^2B^2+B^4)-4B^2(A^2-B^2)(B^2-3A^2)]\\ &+b_{20}B[(B^2-3A^2)(B^4-6A^2B^2+A^4)-4A^2(B^2-A^2)(A^2-3B^2)]\\ =&(a_{02}^2+b_{20}^2+a_{02}A+b_{20}B)(A^6+3A^4B^2+3A^2B^4+B^6)\\ =&\delta(A^2+B^2)^3,\end{aligned}$$

因此
$$\lambda_3\lambda_6-2\lambda_6^2-\lambda_2^2=-\delta.$$

利用上式及(5.34)、(5.41)~(5.43)可得

$$\bar{V}_7=\frac{25\pi}{32(A^2+B^2)}W_3. \tag{5.48}$$

另一方面,当 $\bar{V}_3=\bar{V}_5=0$ 时,据(5.45),(5.46),必有 $W_1=W_2=0$. 若又有 $W_3\neq 0$,则从(5.29)式可知,必有 $\alpha=5B,\beta=5A$,再据(5.47)式,此时仍有 $\lambda_5=\lambda_4+$

$5(\lambda_3-\lambda_6)=0$. 因而(5.48)式仍成立. 定理 5.2 证完.

当线性方程组(4.1)的奇点 O 是焦点时,在 §4 中已证明,只要非线性项满足条件 1,则奇点 O 仍是(4.2)的焦点,这时奇点 O 称为(4.2)的粗焦点. 当奇点 O 是(4.1)的中心,而是(4.2)的焦点时,这时的奇点 O 称为(4.2)的细焦点. 粗焦点的结构较为稳定,细焦点的结构不稳定. 整数 $k=\dfrac{n-1}{2}$ 称为细焦点的阶数,而 g_n 称为焦点量或焦值. k 阶细焦点,经过系数适当的微小扰动能在细焦点附近跳出恰好 k 个闭轨. H. H. Баутин 证明,对二次系统而言,$k\leqslant 3$. 对这个问题在此仅作粗略介绍,详细内容参看引文[17],[19].

定理 5.2 的证明的手法是,证明判定量 W_1,W_2,W_3 与 H. H. Баутин 的判定量 $\bar{V}_3,\bar{V}_5,\bar{V}_7$ 是等价的. 至于 H. H. Баутин 的工作由于篇幅过长,在此无法引进. 我们在此介绍定理 5.2 的结论,是为了便于应用. 事实上,在第四章 §6 中我们将不只一次地应用定理 5.2 的结论. 另外,Баутин 原文中 $\bar{V}_7$ 的符号有误,文[18]首次指出这点,文[26]再次指出其有误,并指出 $\bar{V}_7$ 前面的系数还应乘以 5.

§6.* 奇点的几何分类

在非线性奇点一节里,我们引进了特殊方向,并讨论了有无轨线以及有多少条轨线沿特殊方向进入奇点,但仅仅有了这些信息还不足以确定奇点邻域的拓扑结构;为此,还必须弄清两个特殊方向之间轨线的可能走向. 在这一节里,我们将把奇点的邻域分成一些曲边扇形,然后讨论平面孤立奇点附近究竟可能有多少种不同的曲边扇形. 知道了某一孤立奇点邻域中有那些不同类型的曲边扇形以及它们的相对位置,这个奇点邻域的拓扑结构就确定了.

在这一节里我们除了要求平面微分方程的右侧函数是连续的并满足条件保证解的唯一性外,不附加任何其他条件.

如果对于任给 $\delta>0$,在孤立奇点 O 的邻域 $S_\delta(O)$ 中,都包含围绕 O 的闭轨线,这时奇点 O 或是中心或是中心焦点,这样的奇点 O 就叫作中心型的.

定理 6.1 设 O 是非中心型孤立奇点,则存在 O 的充分小邻域 $S_\delta(O)$,$S_\delta(O)$ 中除 O 外不包含其他奇点,$S_\delta(0)$ 也不包含围绕 O 的整条闭轨线.

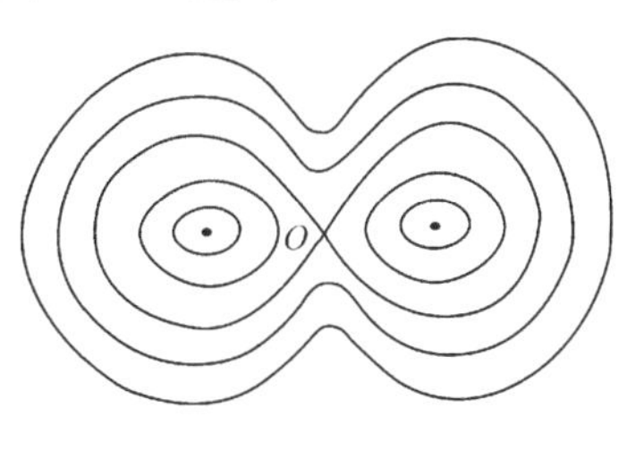

图 2.28

本定理的结论是显然的,不再赘述,但请读者注意,在定理 6.1 的条件下对无论多么小的 $\delta>0$,$S_\delta(O)$ 都可能与围绕 O 及非围绕 O 的闭轨线相交,请看图 2.28.

定理 6.2 设 O 是非中心型孤立奇点,则至少存在两条或当 $t\to+\infty$ 时或当 $t\to-\infty$ 时进入 O 的半轨线(即 O 是它的唯一极限点).

证明 取满足定理 6.1 的邻域 $S_\delta(O)$.若存在点 $Q_1\in S_{\delta/2}(O)$,使 $f(Q_1,I^+)\subset S_{\delta/2}(O)$,则 $\Omega_{Q_1}\subset S_\delta(O)$.先证 $\{O\}\in\Omega_{Q_1}$.设若不然,因 $S_\delta(O)$ 内不含异于 $\{O\}$ 的奇点,故 Ω_{Q_1} 仅由常点组成,则由第一章定理 4.4,Ω_{Q_1} 为 $S_\delta(O)$ 中的闭轨线,并且 Ω_{Q_1} 必围绕 $S_\delta(O)$ 中的唯一奇点 O,这便与 $S_\delta(O)$ 的性质矛盾,故 $\{O\}\in\Omega_{Q_1}$.若 $\Omega_{Q_1}\setminus\{O\}\neq\varnothing$,则由第一章定理 4.10,对任何常点 $R\in\Omega_{Q_1}\setminus\{O\}$,$f(R,I^+)$ 和 $f(R,I^-)$ 都进入 $\{O\}$,定理得证.若 $\Omega_{Q_1}=\{O\}$,即 $f(Q_1,I^+)$ 进入 $\{O\}$.若还存在 $Q_2\in S_{\delta/2}(O)$,$Q_2\overline{\in}f(Q_1,I)$,$Q_2\neq\{O\}$,$f(Q_2,I^+)$ 或 $f(Q_2,I^-)\subset S_{\delta/2}(O)$,则由第一部分的讨论,便知或者 $f(Q_2,I^+)$ 或者 $f(Q_2,I^-)$ 或者另有两条半轨线,其中一正一负,进入奇点 O,不论发生何种情形,至此定理都已得证.剩下的是要证明,当不存在满足上述条件的 Q_1 与 Q_2,即存在 $Q_n\neq\{O\}$,当 $n\to+\infty$ 时,$Q_n\to\{O\}$,且 $Q_i\overline{\in}f(Q_j,I)$,$i\neq j$,$i,j=1,2,\cdots,n,\cdots$,而 $f(Q_n,I^+)$ 与 $f(Q_n,I^-)$ 都离开 $S_{\delta/2}(O)$.我们要证此时定理的结论仍真.

设沿着 t 增加的方向 $f(Q_n,I^+)$ 与 $\partial S_{\delta/2}(O)$ 的第一个交点是 A_n;沿着 t 减小的方向 $f(Q_n,I^-)$ 与 $\partial S_{\delta/2}(O)$ 的第一个交点是 B_n.由 $\partial S_{\delta/2}(O)$ 的紧致性,$\{A_n\}$ 与 $\{B_n\}$ 中存在收敛子序列;为符号简单起见,就设 $A_n\to A$,$B_n\to B$,$A,B\in\partial S_{\delta/2}(O)$.另外,设 $A_n=f(Q_n,t_n)$,$B_n=f(Q_n,-\tau_n)$,便有 $Q_n=f(A_n,-t_n)$,$Q_n=f(B_n,\tau_n)$.现证 $\{t_n\}$,$\{\tau_n\}$ 无界.设若不然,可取收敛子序列,为符号简单起见,就设当 $n\to+\infty$ 时,$t_n\to T_1$,$\tau_n\to T_2$.于是,便有 $f(A,-T_1)=\{O\}$,$f(B,T_2)=\{O\}$.但任何异于 $\{O\}$ 的轨线都不能在有限时间内进入奇点 O,这便导出矛盾,故 $\{t_n\}$,$\{\tau_n\}$ 无界,且其中不存在收敛的子序列,为符号简单起见,就设

$$\lim_{n\to+\infty}t_n=\lim_{n\to+\infty}\tau_n=+\infty.$$

现证 $f(B,I^+)\subset S_{\delta/2}(O)$ 设若不然,必存在时刻 $\xi>0$ 及 $\varepsilon>0$,有

$$\rho(f(B,\xi),S_{\delta/2}(O))\geqslant\varepsilon.$$

由解对初值的连续性,对于 ξ 及 $\frac{\varepsilon}{2}$,存在 $N>0$,当 $n>N$ 时,有

$$\rho(f(B_n,\xi),f(B,\xi))<\frac{\varepsilon}{2},$$

即

$$\rho(f(B_n,\xi),S_{\delta/2}(O))\geqslant\frac{\varepsilon}{2}.$$

这与

$$f(B_n;0,\tau_n)\subset\overline{S_{\delta/2}(O)}.$$

及

$$\lim_{n\to+\infty}\tau_n=+\infty$$

相矛盾.这就证明了 $f(B,I^+)\subset S_{\delta/2}(O)$ 由证明的前半部分知,这时存在正半轨进入奇点 O.同理可证 $f(A,I^-)\subset S_\delta(O)$,并存在负半轨进入奇点 O.定理证毕.】

叶彦谦[20]和黄文灶[21]都研究过一般动力系统不变集合邻域里轨线的情形.

叶彦谦证明:若不变闭集合 E 具有足够小的,不含除 E 之外整条轨线的紧致邻域,则必存在 $P\overline{\in}E$,使 $\rho[f(p,t),E]\to0$,当 $t\to+\infty$ 或 $t\to-\infty$.

黄文灶证明:设动力系统不包含孤立轨道,E 是此动力系统的不变闭集合,G 是 E 的任意紧致邻域,则至少存在两条从边界 ∂G 出发的半轨线,停留在 $\bar{G}$ 上.

请读者比较黄文灶证明的结论与定理 6.2 的结论的关系.

定理 6.3 设 $\{O\}$ 是非中心型孤立奇点,则 $\exists S_\delta(O),\forall Q\in S_\delta(O),f(Q,I^+)$ 及 $f(Q,I^-)$ 都有这样的性质:它或者进入奇点 O,或者离开 $S_\delta(O)$.所谓 $f(Q,I^+)$(或 $f(Q,I^-)$)离开 $S_\delta(O)$,是指对任意 $T>0,\exists T_1>T,f(Q,T_1)$(或 $f(Q,-T_1)$) $\overline{\in}\overline{S_\delta(O)}$.

图 2.29 中的轨线 $f(Q,I^+)$ 就是不断地离开 $S_{\delta_1}(O)$,又不断地进入 $S_{\sigma_1}(O)$,这样的 $f(Q,I^+)$ 就叫做离开 $S_{\delta_1}(O)$ 的轨线.

证明 取 $S_\delta(O)$,使其满足定理 6.1,且使定理 6.2 中的一条进入奇点 O 的半轨线(设为 $f(Q_1,I^+)$)与 $\partial S_\delta(O)$ 相交.

任取 $Q\in S_\delta(O)$.如同定理 6.2 中讨论过的,若从某时刻起,$f(Q,I^+)\subset S_\delta(O)$,则或者 $f(Q,I^+)$ 进入奇点 O;或者存在 $f(R,I)\subset\Omega_Q\subset S_\delta(O)$,$f(R,I^+)$ 和 $f(R,I^-)$ 都进入奇点 O,且 $f(Q,I^+)$ 将绕 $l=f(R,I)\cup\{O\}$ 的外侧盘旋(Ω_Q 中可能还有其他两侧都进入奇点 O 的花瓣,$f(Q,I^+)$ 将绕着这些花瓣的外侧盘旋,但 $f(Q,I^+)$ 不可能绕 l 的内侧盘旋,否则在 l 所围成的区域中将有奇点).由于 $f(Q_1,I^+)$ 的存在,第二种情形不可能,故 $f(Q,I^+)$ 只可能进入奇点 O.这就证明了,或者 $f(Q,I^+)$ 离开 $S_\delta(O)$(在定理的意义之下),或者 $f(Q,I^+)$ 进入奇点 O,将此记成 $f(Q,I^+)\to\{O\}$.同理可证或者 $f(Q,I^-)$ 离开 $S_\delta(O)$,或者 $f(Q,I^-)$ 进入奇点 O,将此记成 $f(Q,I^-)\to\{O\}$.】

请注意:定理中邻域 $S_\delta(O)$ 的取法不是任意的,必须使定理 6.2 中进入奇点 O 的一条半轨 $f(Q_1,I^+)$(或 $f(Q_1,I^-)$)与 $\partial S_\delta(O)$ 相交,否则定理的结论将不真.请看图 2.29 中的 $f(Q,I^+)\subset S_\delta(O)$,它不进入奇点 O 也不离开 $S_\delta(O)$,原因是没有从边界 $\partial S_\delta(O)$ 上出发而进入奇点 O 的半轨线 $f(Q_1,I^+)$ 存在.如图 2.29 所示,若取邻域 $S_{\delta_1}(O)$,则定理的结论就真.对 $S_{\delta_1}(O)$ 而言,$f(Q,I^+)$ 就是离开 $S_{\delta_1}(O)$ 的轨线了.

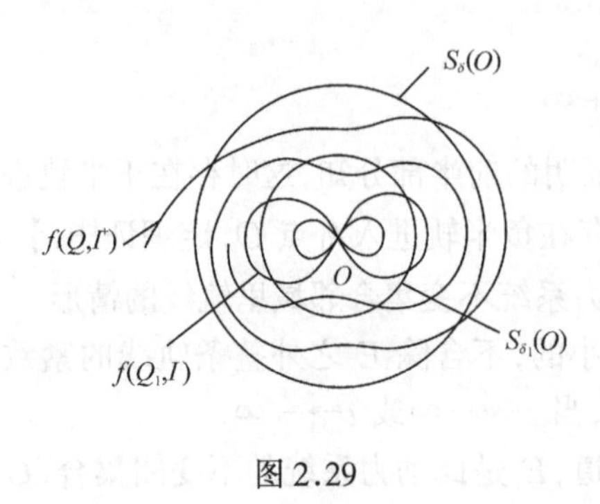

图 2.29

由定理 6.3,我们将从 $S_\delta(O)\setminus\{O\}$ 中出发的轨线分成三类:

(1) $f(Q,I)$ 叫做抛物型轨线,若 $f(Q,I^+)$ 和 $f(Q,I^-)$ 之一进入奇点 O,另一离开 $S_\delta(O)$;

(2) $f(Q,I)$ 叫做双曲型轨线,若 $f(Q,I^+)$ 和 $f(Q,I^-)$ 都离开 $S_\delta(O)$;

(3) $f(Q,I)$ 叫做椭圆型轨线,若 $f(Q,I^+)$ 和 $f(Q,I^-)$ 都进入奇点 O.

由解对初值的连续性,$S_\delta(O)$ 中的双曲型轨线组成开集,即若有点 $P\in S_\delta(O)$,$f(P,I)$ 为双曲型轨线,则必存在充分小 $\eta>0$,$S_\eta(P)\subset S_\delta(O)$,对任何 $Q\in S_\eta(P)$,$f(Q,I)$ 也为双曲型轨线. 若 $f(P,I)$ 为椭圆型轨线,即 $f(P,I^+)\to\{O\}$,$f(P,I^-)\to\{O\}$,若由 $f(P,I)\cup\{O\}$ 围成的单连通区域 G 内部无奇点,则 $G\cap S_\delta(O)$ 中的轨线都是椭圆型的.

上述轨线的分类与奇点 O 的邻域 $S_\delta(O)$ 的半径 δ 无关,即对一切 $0<\delta\leqslant\delta_1$,其中 $\partial S_{\delta_1}(O)$ 与定理 6.2 中进入奇点 O 的一条轨线相交,上述分类对 $S_\delta(O)$ 而言是一致的. 即若有轨线 $f(Q,I^+)$(或 $f(Q,I^-)$)对 $S_{\delta_1}(O)$ 而言是进入奇点 O,则自不待言对一切 $S_\delta(O)$ 而言也是进入奇点 O;若它是离开 $S_{\delta_1}(O)$ 的,则对一切 $S_\delta(O)$ 而言,它也是离开的,故以上分类法是不矛盾的,是合理的.

设 O 是非中心型孤立奇点. $S_\delta(O)$ 满足定理 6.3. $P_1,P_2\in\partial S_\delta(O)$,$f(P_i,I^+)$(或 $f(P_i,I^-)$)进入奇点 O,且除端点 P_i 外,轨线弧 $\overparen{OP_i}\subset S_\delta(O)$,$i=1,2$. 以 $\triangle\widetilde{OP_1P_2}$ 代表由轨线弧 $\overparen{OP_1}$,$\overparen{OP_2}$ 及圆弧 $\overparen{P_1P_2}$ 所围成的曲边扇形. 下文中凡是曲边扇形都意为着满足上述性质. 在第二章中我们曾用符号 $\triangle\overparen{OP_1P_2}$ 表示以 O 为顶点的扇形. 请注意这两个符号的区别.

设 $\{O\}$ 是非中心型孤立奇点,$S_\delta(O)$ 满足定理 6.3 的条件. 符号 $f(P,I^+)$(或 $f(P,I^-)$)$\subset\bar{S}_\delta(O)$,是指 $f(P,t)\subset\bar{S}_\delta(O)$,当 $0\leqslant t<+\infty$(或 $-\infty<t\leqslant 0$). 请注意它与 $f(P,I^+)\to 0$ 和 $f(P,I^-)\to 0$ 的区别.

令

$$F=\{P\in\partial S_\delta(O)\mid f(P,I^+)\text{或}f(P,I^-)\subset\bar{S}_\delta(O)\},$$

即 F 是由边界 $\partial S_\delta(O)$ 上的这样一些点组成,从它出发的或者正半轨线或者负半轨线或者整条轨线都落在 $\bar{S}_\delta(O)$ 中. 而 $\partial S_\delta(O)\setminus F$ 是由这样一些点组成,从它出发的正半轨线和负半轨线都分别在某有限时刻离开 $S_\delta(O)$,即落在 $\bar{S}_\delta(O)$ 之外,但它从某时刻起还可以整条半轨线都落在 $S_\delta(O)$ 中,甚至正、负半轨线都从某

时刻起落在 $S_\delta(O)$中. 请注意,从$\partial S_\delta(O)\setminus F$ 出发的轨线可能双侧都进入$\{O\}$.

F 是闭集,故$\partial S_\delta(O)\setminus F$ 是由一些复合区间组成,即端点属于 F 的开圆弧段. 设$\widehat{P_1P_2}\subset\partial S_\delta(O)\setminus F, P_1,P_2\in F$,若

$$f(P_i,I^+)(\text{或 } f(P_i,I^-))\subset\bar{S}_\delta(O),\ i=1,2,$$

则$\widehat{P_1P_2}$叫做第一类复合区间;若

$$f(P_1,I^+)\cup f(P_2,I^-)(\text{或 } f(P_1,I^-)\cup f(P_2,I^+))\subset\bar{S}_\delta(O),$$

则$\widehat{P_1P_2}$叫做第二类复合区间. 下面我们先研究这两类复合区间的性质. 这里都假定$\triangle\widetilde{OP_1P_2}$中再没有其他进入 O 的轨线,即从 $P_i(i=1,2)$出发的另一半轨线不在$\triangle\widetilde{OP_1P_2}$内.

第一类复合区间 设 $f(P_1,I^+), f(P_2,I^+)\subset\overline{S_\delta(O)}$,要证必有 $P_1\in f(P_2,I)$,即 P_1 与 P_2 落在同条轨线上. 用反证法. 设若不然,则由解对初值的连续依赖性,存在轨线弧序列$\{Q_n\bar{Q}_n\}$, $Q_n\in\widehat{P_1P_2}$,当 $n\to+\infty$时,$Q_n\to P_2$, $\bar{Q}_n\to\{O\}$. $f(Q_n,t_n)=\bar{Q}_n$, $t_n>0$, $f(Q_n,t_n)$再向正向延续必有时刻要离开 $S_\delta(O)$,否则由定理 6.3,由 $f(Q_n,I^+)\subset S_\delta(O)$,必有 $f(Q_n,I^+)\to\{O\}$,这将与$\widehat{P_1P_2}$是复合区间这个事实相矛盾. 设 $f(Q_n,t_n)$再向正向延续时与$\partial S_\delta(O)$的第一个交点是 $R_n\in\widehat{P_1P_2}$,由$\widehat{P_1P_2}$的紧致性,$\{R_n\}$中存在收敛子序列,为符号简单起见,就设当 $n\to+\infty$时,$R_n\to R\in\widehat{P_1P_2}$,往下要证 $f(R,I^-)\subset S_\delta(O)$. 设 $f(\bar{Q}_n,\tau_n)=R_n$,即 $f(R_n,-\tau_n)=\bar{Q}_n$, $\tau_n>0$. 由于$\{O\}$是奇点,当 $n\to+\infty$时,$\bar{Q}_n\to\{O\}$,故时间序列$\{-\tau_n\}$无界,为符号简单起见,就设当 $n\to+\infty$时,$-\tau_n\to-\infty$. 这样由解对初值的连续依赖性,必有 $f(R,I^-)\subset S_\delta(O)$,由定理 6.3,必有 $f(R,I^-)\to\{O\}$,不论 R 是否与P_1 重合,这都与$\widehat{P_1P_2}$是第一类复合区间的假定相矛盾,这就证明了 $P_1\in f(P_2,I)$,即第一类复合区间的两个端点必落在同一条轨线上. 这时将$\triangle\widetilde{OP_1P_2}$叫做假双曲扇形,见图 2.30(1).

第二类复合区间 易证此时曲边扇形$\triangle\widetilde{OP_1P_2}$中或者都是双侧在某个有限时刻离开$\triangle\widetilde{OP_1P_2}$的轨线,或者除此之外还有整条落在$\triangle\widetilde{OP_1P_2}$内部的椭圆型轨线. 若为前者,则将$\triangle\widetilde{OP_1P_2}$叫做双曲扇形;若为后者,则将$\triangle\widetilde{OP_1P_2}$叫做双曲椭圆扇形,见图 2.30(3)和(4). 此时,也可能 P_1,P_2 在同条轨线上,且 $f(P_1,I)\subset\overline{S_\delta(O)}$,这时$\triangle\widetilde{OP_1P_2}$叫做椭圆扇形,见图 2.30(2).

令

$$F_1=\{P\in F\mid f(P,I)\subset\bar{S}_\delta(O)\},$$

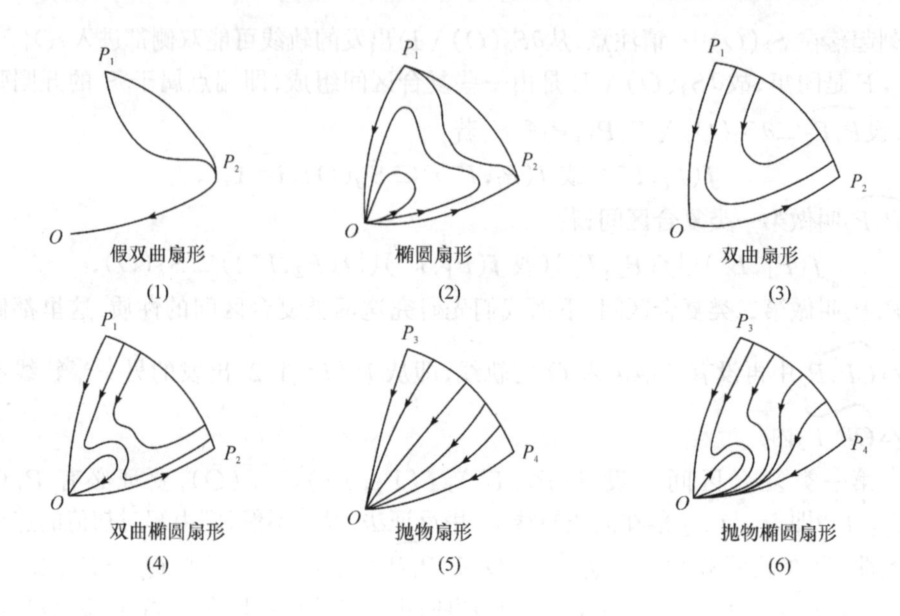

假双曲扇形 (1)　椭圆扇形 (2)　双曲扇形 (3)

双曲椭圆扇形 (4)　抛物扇形 (5)　抛物椭圆扇形 (6)

图 2.30

由定理 6.3, $f(P,I^+)$, $f(P,I^-)\to\{O\}$. F_1 是 F 中的闭集. F_1 是由一些闭圆弧及一些孤立的点所组成. F_1 的每一个连通分支对应一个椭圆扇形. 有的椭圆扇形所对应的圆弧段可能只是一个点. F 中的孤立点都是复合区间的端点. F 中除去这些孤立的点及 F_1 外(F_1 中也可能包含 F 中的孤立点), 余下的都对应抛物扇形, 即由一端在扇形中进入$\{O\}$另一端在某有限时间离开扇形的轨线组成. 如抛物扇形内部尚有整条椭圆型轨线, 则将它叫做抛物椭圆扇形, 见图 2.30(5)和(6).

下面我们讨论 $S_\delta(O)$中上述不同类型的扇形的个数问题.

定理 6.4 设 O 为非中心型孤立奇点, $S_\delta(O)$满足定理 6.3, 则$\overline{S_\delta(O)}$内的双曲扇形及双曲椭圆扇形的个数是有限的, 椭圆扇形的个数也是有限的(指的是与$\partial S_\delta(O)$有公共点而整个落在$\overline{S_\delta(O)}$内的椭圆花瓣).

证明 只证$\overline{S_\delta(O)}$内的椭圆扇形个数有限. 用反证法. 设其为无限, 则与$\partial S_{\delta/2}(O)$有公共点的椭圆花瓣个数显然也无限. 设点 $P_i, Q_i\in\partial S_\delta(O)$(可能 $P_i=Q_i$), 点 $\bar{P}_i, \bar{Q}_i\in\partial S_{\delta/2}(O)$, 且点 $P_i, Q_i, \bar{P}_i, \bar{Q}_i$ 落在同条椭圆型轨线上, 另外设轨线弧

$$\widehat{P_i\bar{P}_i}\cup\widehat{Q_i\bar{Q}_i}\subset Cl(S_\delta(O)\setminus S_{\delta/2}(O)).$$

令 $\rho_t(P_i,\bar{P}_i)$, $\rho_t(Q_i,\bar{Q}_i)$分别代表从点 P_i 到 $\bar{P}_i$ 和从点 Q_i 到 $\bar{Q}_i$ 的时间, 设$\rho_t(P_i,\bar{P}_i)>0$, $\rho_t(Q_i,\bar{Q}_i)L0$. 由$\partial S_\delta(O)$, $\partial S_{\delta/2}(O)$的紧致性, 可从$\{P_i\}$中选取收敛子序列$\{P_{i_k}\}$, $P_{i_k}\to P\in\partial S_\delta(O)$, 再从$\{P_{i_k}\}$中选取收敛子序列$\{\bar{P}_{i_{\bar{k}}}\}$, $\bar{P}_{i_{\bar{k}}}\to$

$\bar{P}\in\partial S_{\delta/2}(O)$. 为符号简单起见就设 $P_i\to P$, $\bar{P}_i\to\bar{P}$. 同理可设 $Q_i\to Q\in\partial S_\delta(O)$, $\bar{Q}_i\to\bar{Q}\in\partial S_{\delta/2}(O)$. 由于弧长 $\partial S_\delta(O)$ 与 $\partial S_{\delta/2}(O)$ 有界,必有 $P=Q$, $\bar{P}=\bar{Q}$. 往下要证 $\rho_t(P_i,\bar{P}_i)$ 和 $\rho_t(Q_i\bar{Q}_i)$ 有界.

设若不然,则从某时刻起 $\boldsymbol{f}(P,I^+)$ 与 $\boldsymbol{f}(P,I^-)$ 将永远停留在由 $\partial S_\delta(O)$ 和 $\partial S_{\delta/2}(O)$ 所围成的环域内,于是 Ω_P 与 A_P 非空且也落在此环域内。因在此环域内无奇点,故 Ω_P 与 A_P 中无奇点,故 Ω_P 与 A_P 都是闭轨线,但 $S_\delta(O)$ 中不包含整条闭轨线,这便导出矛盾. 故 $\rho_t(P_i,\bar{P}_i)$ 与 $\rho_t(Q_i,\bar{Q}_i)$ 有界,于是必存在收敛的时间子序列,为符号简单起见,就设时间序列 $\rho_t(P_i\bar{P}_i)\to T_1>0$, $\rho_t(Q_i\bar{Q}_i)\to T_2<0$. 这样既有 $\boldsymbol{f}(P,T_1)=\bar{P}$, 又有 $\boldsymbol{f}(P,T_2)=\bar{P}$, 便有 $\boldsymbol{f}(P,T_1-T_2)=P$, $T_1-T_2>0$, 故 $\boldsymbol{f}(P,I)$ 为闭轨线,又得矛盾. 这就证明了 $\overline{S_\delta(O)}$ 上椭圆扇形个数有限. 同理可证 $\overline{S_\delta(O)}$ 上的双曲扇形及双曲椭圆扇形个数有限.】

图 2.30(1) 中的 $\overset{\frown}{P_1P_2}$ 叫做假双曲弧段. 与定理 6.4 的证明完全类同,可证对任何整数 $n\geqslant 1$, $\partial S_{\delta/n}(O)$ 上的假双曲弧段的个数有限,因而 $\partial S_\delta(O)$ 上的任何点都不可能是这些假双曲弧段的极限点,可从 $\partial S_\delta(O)$ 中去掉假双曲扇形所对应的开圆弧段,并将圆弧段的两端点看成一点,这样 $\partial S_\delta(O)\setminus F$ 中就只有第二类复合区间了. 故非中心型孤立奇点 O 的充分小邻域 $\overline{S_\delta(O)}$ 中只可能有五种不同类型的曲边扇形:椭圆,双曲,双曲椭圆,抛物,抛物椭圆. 由于不同扇形是相间排列的,由定理 6.4,抛物扇形和抛物椭圆扇形的个数也有限.

上图中的 $\triangle\widetilde{OP_3P_3}$, $\triangle\widetilde{OP_4P_4}$, $\triangle\widetilde{OP_6P_7}$, $\triangle\widetilde{OP_{10}P_{10}}$ 是椭圆扇形; $\triangle\widetilde{OP_5P_9}$, $\triangle\widetilde{OP_2P_3}$, $\triangle\widetilde{OP_{10}P_1}$ 是双曲扇形; $\triangle\widetilde{OP_1P_2}$ 是双曲椭圆扇形; $\triangle\widetilde{OP_3P_4}$, $\triangle\widetilde{OP_7P_8}$, $\triangle\widetilde{OP_9P_{10}}$ 是抛物扇形; $\triangle\widetilde{OP_4P_6}$ 是抛物椭圆扇形. 由上图可见椭圆扇形由椭圆型轨线组成;双曲扇形可能由双曲型轨线组成,如 $\triangle\widetilde{OP_8P_9}$, 双曲扇形也可能由椭圆型轨线组成,如 $\triangle\widetilde{OP_2P_3}$, 双曲扇形甚至可能由双曲型轨线和抛物型轨线组成,如 $\triangle\widetilde{OP_{10}P_1}$; 抛物扇形可能由椭圆型轨线组成,如 $\triangle\widetilde{OP_3P_4}$, 抛物扇形也可能由椭圆型轨线和抛物型轨线组成,若 $\triangle\widetilde{OP_4P_6}$ 中不存在椭圆花瓣 $f(P_{19},I)$, 便成了抛物扇形,这时从开圆弧 $\overset{\frown}{P_5P_{15}}$ 上出发的轨线是抛物型的,而从开圆弧 $\overset{\frown}{P_4P_5}$ 和 $\overset{\frown}{P_{15}P_6}$ 上出发的轨线是椭圆型的. 可见扇形的分类和轨线的分类在名称上不完全一致. 图 2.31 中的 $\overset{\frown}{P_{11}P_{12}}$, $\overset{\frown}{P_{13}P_{14}}$, $\overset{\frown}{P_{16}P_{17}}$ 是假双曲弧段.

非中心型孤立奇点 O 的充分小圆形邻域 $\overline{S_\delta(O)}$ 里扇形的划分与半径 δ 的大

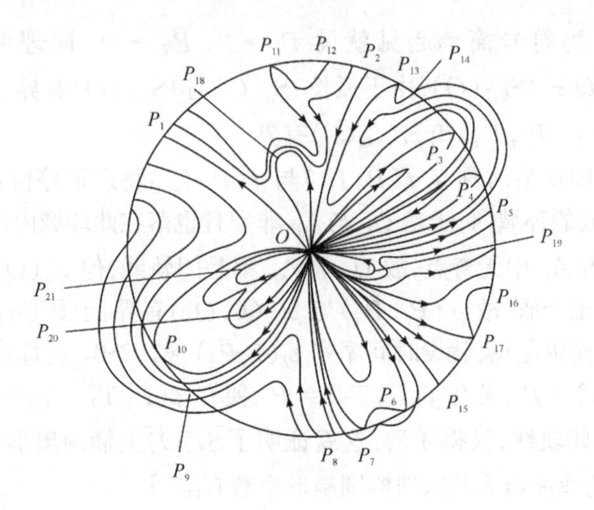

图 2.31

小是有关系的,即对于不同的 $\delta>0$,扇形的划分可能不同.但对平面解析向量场,互不包含的椭圆花瓣,不论与$\partial S_\delta(O)$相交的或不相交的,其个数是有限的.可取 $\delta_1>0$ 充分小,使得$\partial S_{\delta_1}(O)$与所有椭圆花瓣相交.于是对一切 $0<\delta<\delta_1$,$\overline{S_\delta(O)}$中椭圆和双曲扇形个数便分别地唯一确定了.并且此时在$\overline{S_\delta(O)}$中只有三种扇形了:椭圆,双曲和抛物.此外它们的个数之间满足 Bendixson 公式:

$$I=1+\frac{e-h}{2},$$

其中 I 是孤立奇点O 的指数(定义见第三章§2),e 和h 分别是椭圆扇形和双曲扇形的个数.这个公式我们将在第三章§6 中证明,并将证明它对一切孤立奇点都是成立的(即包括中心型孤立奇点).

对于非解析向量场,充分小$\overline{S_\delta(O)}$邻域中可能有五种不同扇形,而且它们的划分与 δ 的大小有关.那么对于一切充分小的$\overline{S_\delta(O)}$邻域,这五种扇形的个数之间还有无规律可寻?我们将在第三章§6 中证明,Bendixson 公式对连续向量场也是成立的,只是其中 e 是椭圆扇形的个数,h 是双曲和双曲椭圆扇形的个数和,它们虽都与 δ 有关,但 Bendixson 公式对一切 $0<\delta<\delta_1$ 仍都成立.

定义 6.1　设$\{O\}$为非中心型孤立奇点,$S_\delta(O)$满足定理 6.3 的条件,对 $P\in S_\delta(O)$,若 $f(P,I^+)\to\{O\}$(或 $f(P,I^-)\to\{O\}$),且对任给 $\varepsilon>0$,使 $S_\varepsilon(P)\subset S_\delta(O)$,或者 $S_\varepsilon(P)$中存在不同类型的轨线(包括 $f(P,I)$),或者 $S_\varepsilon(P)$中都是椭圆型轨线,但存在 $P_n\in S_\varepsilon(P)$,当 $n\to+\infty$时,$P_n\to P$,且 $\lim\limits_{n\to+\infty}f(P_n,I)\neq f(P,I)$,则称 $f(P,I^+)$(或 $f(P,I^-)$或 $f(P,I)$)是奇点 O 的分界线.

图2.31 中的 $f(P_1,I^-)$,$f(P_2,I^+)$,$f(P_3,I)$,$f(P_5,I^-)$,$f(P_8,I^+)$,

$\boldsymbol{f}(P_9,I^-)$,$\boldsymbol{f}(P_{10},I)$,$\boldsymbol{f}(P_{15},I^-)$,$\boldsymbol{f}(P_{18},I)$,$\boldsymbol{f}(P_{19},I)$,$\boldsymbol{f}(P_{20},I)$,$\boldsymbol{f}(P_{21},I)$,都是奇点 O 的分界线.

能否用从 $\partial S_\delta(O)$ 出发的分界线将 $S_\delta(O)$ 分成一些曲边扇形呢?当从 $\partial S_\delta(O)$ 出发的所有轨线双侧都不进入除 $\{O\}$ 以外的任何奇点(自然这样的奇点只能落在 $R^2\setminus S_\delta(O)$ 上),则这种分类法似乎更加合理.以图 2.31 为例,这时 $\triangle\widetilde{OP_3P_5}$,$\triangle\widetilde{OP_{15}P_8}$ 叫做椭圆扇形,其余的与上述分类法一致.但当椭圆扇形中的有些椭圆型轨线在 $R^2\setminus S_\delta(O)$ 上被奇点切断,它们就不再是椭圆型轨线了,这时这种分类法将不可行,因为它取决于邻域 $S_\delta(O)$ 以外的信息.是否还有其他更合理的分类法,请读者自己研究.

例题 6.1 请读者讨论方程组

$$\frac{dx}{dt}=-x^2+2xy$$

$$\frac{dy}{dt}=\frac{3}{2}y^2-\frac{1}{2}x^2$$

在奇点 $O(0,0)$ 邻域的轨线的拓扑结构.

§7.* 有零特征根时附加非线性项的情形

在这一节里我们将要研究,线性方程组对应§2 的图 2.12 中 $q=0$,加上非线性项后的情形,也即线性方程组的特征根一个是零或两个都是零,但线性项系数不全为零时,附加非线性项后奇点的性质.

(一)$q=0,p\neq0$.

这时相应的线性方程的特征根一个为零,另一个不为零,不失一般性,可设平面系统已化为如下形式:

$$\begin{aligned}\frac{dx}{dt}&=P_2(x,y),\\ \frac{dy}{dt}&=y+Q_2(x,y).\end{aligned}\tag{7.1}$$

此外,还假设 $O(0,0)$ 是(7.1)的孤立奇点,P_2 和 Q_2 是在点 $O(0,0)$ 附近次数不低于 2 的解析函数.

由隐函数存在定理,在点 $O(0,0)$ 的充分小邻域 $S_\delta(O)$ 内可从 $y+Q_2(x,y)=0$ 解出 $y=\phi(x)$,$\phi(x)$ 也是 $S_\delta(O)$ 内的解析函数,且有 $\phi(0)=\phi'(0)=0$.

令

$$\psi(x)=P_2(x,\phi(x))=a_mx^m+[x]_{m+1},$$

其中 $[x]_{m+1}$ 代表 $\psi(x)$ 中次数不低于 $m+1$ 的那些项的和.

将(7.1)改写成

$$\begin{aligned}\frac{dx}{dt} &= \psi(x) + P_2(x,y) - P_2(x,\phi(x)) \\ &= \psi(x) + [y-\phi(x)]\bar{P}(x,y), \\ \frac{dy}{dt} &= y-\phi(x) + Q_2(x,y) - Q_2(x,\phi(x)) \\ &= [y-\phi(x)][1+\bar{Q}(x,y)],\end{aligned} \tag{7.2}$$

其中 $\bar{P}$ 和 $\bar{Q}$ 也在 $S_\delta(O)$ 内解析,且 $\bar{P}(0,0)=\bar{Q}(0,0)=0$. 由于 $O(0,0)$ 是(7.1)的孤立奇点,便有 $\psi(x)\neq 0$,即 $a_m\neq 0, m\geqslant 2$;否则(7.1)的右侧将有公因子 $y-\phi(x)$,曲线 $y=\phi(x)$ 上的点将都是奇点,这将与 $O(0,0)$ 是(7.1)的孤立奇点相矛盾.

(7.2)的示性方程为

$$G(\theta)=\cos\theta\sin\theta.$$

由定理 3.1,(7.2)的特殊方向只可能是 $\theta=0,\frac{\pi}{2},\pi$ 和 $\frac{3\pi}{2}$. 因 $\theta=\frac{\pi}{2}$ 和 $\frac{3\pi}{2}$ 是 $G(\theta)=0$ 的单根,而且

$$H(\theta)=\sin^2\theta,$$

$$H\left(\frac{\pi}{2}\right)G'\left(\frac{\pi}{2}\right)=H\left(\frac{3\pi}{2}\right)G'\left(\frac{3\pi}{2}\right)=-1<0,$$

由定理 3.7,沿着 $\theta=\frac{\pi}{2},\frac{3\pi}{2}$ 各有唯一的轨线进入奇点 O.

奇点 O 附近轨线的拓扑结构将由 m 的奇偶性和 a_m 的正负号而定.

定理 7.1 设 $O(0,0)$ 是(7.1)的孤立奇点,且 P_2,Q_2 是 $S_\delta(O)$ 内次数不低于 2 的解析函数,于是当 δ 充分小时,存在解析函数 $\phi(x)$,满足

$$\phi(x)+Q_2(x,\phi(x))\equiv 0,\quad |x|<\delta,$$

令

$$\psi(x)=P_2(x,\phi(x))=a_m x^m+[x]_{m+1},$$

其中 $a_m\neq 0, m\geqslant 2$. 于是有:

(i) 当 m 是奇数且 $a_m>0$ 时,$O(0,0)$ 是不稳定结点.

(ii) 当 m 是奇数且 $a_m<0$ 时,$O(0,0)$ 是鞍点;另外它的四条分界线分别沿方向 $\theta=0,\frac{\pi}{2},\pi$ 和 $\frac{3\pi}{2}$ 进入 $O(0,0)$.

(iii) 当 m 是偶数时,$O(0,0)$ 是鞍结点,即 $S_\delta(O)$ 由分别沿着 y 正半轴和负半轴进入 $O(0,0)$ 的两条分界线分成两部分,一部分是抛物扇形,一部分是两个双曲扇形,另外当 $a_m>0(<0)$ 时,抛物扇形落在右(左)半平面,如图 2.35(2.34)所示.

证明 由于(7.2)的右侧在 $S_\delta(O)$ 内解析,由定理 3.10,(7.2)的轨线若进入

奇点 O,只可能螺旋形地进入或沿固定方向进入. 又因示性方程 $G(\theta)=\cos\theta\sin\theta$,且存在唯一的分别沿 $\theta=\dfrac{\pi}{2}$ 和 $\dfrac{3\pi}{2}$ 进入奇点 O 的轨线,故(7.2)如再有轨线进入奇点 O,只能沿 $\theta=0$ 或 π 的方向进入.

先证(i). 先说明当 $t\to+\infty$ 时无轨线进入奇点 O.

由(7.2),如当 δ 充分小时,

$$\phi(x)\equiv 0,\quad (x,0)\in S_\delta(O),$$

便有

$$y\frac{dy}{dt}>0,y\neq 0,(x,y)\in S_\delta(O),$$

于是在邻域 $S_\delta(O)$ 内,在 $y>0$ 半平面,沿着轨线,y 递增;在 $y<0$ 半平面,沿着轨线,y 递减;在 $y=0$ 上,$\dfrac{dx}{dt}=a_mx^m+[x]_{m+1}$ 与 x 同号,故当 $t\to+\infty$ 时轨线 $y=0,x=x(t)$ 离开奇点 O.

如果

$$\phi(x)\not\equiv 0,(x,0)\in S_\delta(O),$$

由 $\phi(x)$ 的解析性,可假设 $\phi(x)=0$ 在 $S_\delta(O)$ 内只有孤立零点 $x=0$. 设 $y=\phi(x)$ 落在 $y>0$ 半平面. 如图 2.32 所示,记 P_1 和 P_2 是水平等倾线 $y=\phi(x)$ 与 $S_\delta(O)$ 的边界 $\partial S_\delta(O)$ 的交点,M_1 和 M_2 分别是沿 y 轴进入奇点的轨线 L_1^- 和 L_2^- 与 $\partial S_\delta(O)$ 的交点. L_i 右上角的符号 + 或 − 分别表示轨线当 $t\to+\infty$ 或 $t\to-\infty$ 时进入奇点 O. 因

$$[y-\phi(x)]\frac{dy}{dt}>0,$$

$$\text{当}(x,y)\in S_\delta(O),y-\phi(x)\neq 0,$$

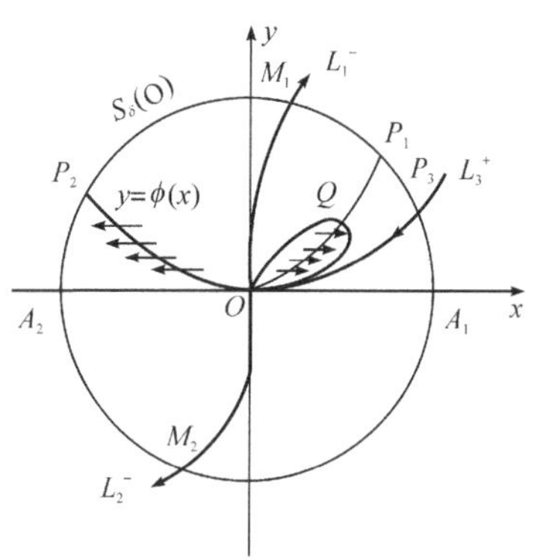

图 2.32

故当 $t\to+\infty$ 时进入奇点的轨线,如存在,令其为 L_3^+,它既不能落在 $y=\phi(x)$ 曲线之上方,也不能落在 $y<0$ 半平面,它只能落在曲边扇形 $\triangle\widetilde{OA_1P_1}$ 或 $\triangle\widetilde{OP_2A_2}$ 中,设

$$L_3^+\subset\triangle\widetilde{OA_1P_1}.$$

取充分小 $0<\varepsilon<\delta$,在水平等倾线 $\widehat{OP_1}$ 上任取一点 $Q\neq O(0,0),Q\in S_\varepsilon(O)$. $L_{\bar{Q}}$ 必在 $S_\delta(O)$ 内进入奇点 O. 由于存在 L_3^+,L_Q^+ 也只能在 $\triangle\widetilde{OP_3P_1}$ 内进入奇点 O. 于是轨线 $L_Q\subset S_\varepsilon(O)$. 令 A_Q 表示由单闭曲线 $L_Q\cup O(0,0)$ 所围成的区域. 于是由格林公式,当 ε 充分小时,便有

$$0 = \int_{L_Q \cup O(0,0)} P_2(x,y)dy - (y + Q_2(x,y))dx$$
$$= \iint_{A_Q} \left(1 + \frac{\partial P_2}{\partial x} + \frac{\partial Q_2}{\partial y}\right)dx \quad dy > 0,$$

得出矛盾,这就证明了不存在这样的 L_3^+. 同理可证在$\triangle \widetilde{OP_2A_2}$中也不存在这样的 L_3^+. 若水平等倾线 $y=\phi(x)$当 $x>0$ 和 $x<0$ 的一支或两支都落在 $y<0$ 半平面时,证明是类似的. 既然 $S_\delta(O)$中存在当 $t\to-\infty$ 时进入奇点的轨线 L_1^- 和 L_2^-,而不存在当 $t\to+\infty$时进入奇点的轨线,故 $S_\delta(O)$中不能有椭圆和双曲扇形,而只能有抛物扇形,即所有轨线都当 $t\to-\infty$时进入奇点 O,且除 L_1^-, L_2^- 外,其余都沿 x 轴进入$O(0,0)$,故 $O(0,0)$是不稳定结点.

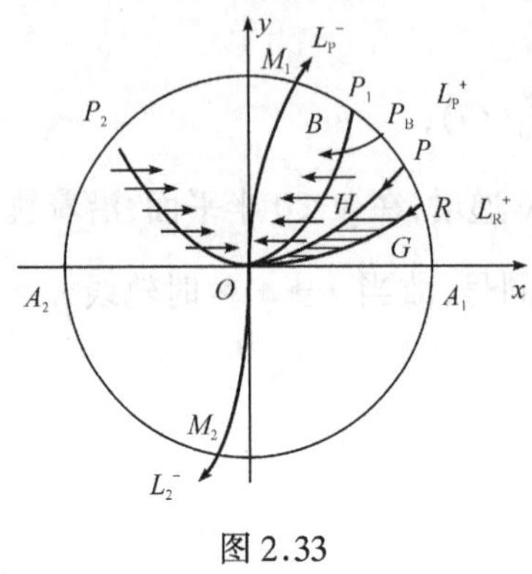

图 2.33

现证(ii). 这时水平等倾线 $y=\phi(x)$上场向量与情形(i)相反,如图 2.33 所示.

先考虑水平等倾线 $y=\phi(x)$的右半支位于 $y>0$半平面上的情形. 取点 $B\in\widehat{OP_1}\setminus O(0,0)$. 因沿 $\boldsymbol{f}(B,I^-)$,当 t 减小时 y 单增,故 $\boldsymbol{f}(B,I^-)$必与$\partial S_\delta(O)$相交,设第一个交点为 P_B. 记

$$\lim_{B\to\{0\}} P_B = P \in \partial S_\delta(O).$$

类似于定理 6.3 可证 L_P^+ 沿$\theta=0$ 进入奇点 O. 现证这样的轨线是唯一的. 设还有一条这样的轨线 L_R^+. 因

$$(y-\phi(x))\frac{dy}{dt}>0, (x,y)\in S_\delta(O),$$

故 L_P^+, L_R^+ 必位于$\triangle\widetilde{OA_1P_1}$内. 在开轨线弧段$\widehat{OP}$和$\widehat{OR}$上分别取$G, H$,使$\overline{GH}$平行 x 轴,且

$$\triangle\widetilde{OGH} \subset \triangle\widetilde{OA_1P_1},$$

则沿$\overline{GH}$,方程组(7.2)的场向量均指向$\triangle\widetilde{OGH}$的内部. 以 L 表$\triangle\widetilde{OGH}$的边界, A 表 L 所围成的区域,以 X_n 表场向量$\boldsymbol{x}=(P_2, y+Q_2)$在 L 的外法向上的投影,注意到$\widehat{OP}$和$\widehat{OR}$为轨线弧,得

$$\oint_L X_n ds = \int_{\overline{GH}} X_n ds \leqslant 0.$$

但另一方面,当 $0<x_G\ll 1$ 时,由 Green 公式有

$$\oint_L X_n ds = \iint_\Lambda \mathrm{div}\boldsymbol{x} dxdy$$
$$= \iint_\Lambda \left(1 + \frac{\partial P_2}{\partial x} + \frac{\partial Q_2}{\partial y}\right) dxdy > 0.$$

从而得矛盾.

对 $y=\phi(x)$ 当 $x>0$ 和 $x<0$ 的一支或两支位于 $y<0$ 半平面的情况,证明是类似的.若 $\phi(x)\equiv 0$,则 L_P^+ 就是正半 x 轴,此时在 $y>0(y<0)$ 内,沿着轨线,当 t 增加时,y 单调增加(单调减小),故不能有异于 L_P^+ 的正半轨进入奇点 O.这就证明了只有唯一的 L_P^+ 沿 $\theta=0$ 进入奇点 O.同理可证有唯一轨线当 $t\to+\infty$ 时沿 $\theta=\pi$ 进入奇点 O.同情形(i),可用 Green 公式证 $S_\delta(O)$ 中无椭圆扇形,可见 $S_\delta(O)$ 由四个双曲扇形组成,故 O 是鞍点.

再证(iii)

当 $a_m<0$ 时,在曲线 $y=\varphi(x)$ 的右半支上,方向场如图 2.33,故在 $O(0,0)\cup L_1^-\cup L_2^-$ 的右侧轨线的拓扑结构如情形(ii).在曲线 $y=\varphi(x)$ 的左半支上,方向场如图 2.32,故在 $O(0,0)\cup L_1^-\cup L_2^-$ 的左侧轨线的拓扑结构如情形(i).$O(0,0)$ 叫鞍结点,如图 2.34 所示.当 $a_m>0$ 时,$O(0,0)\cup L_1^-\cup L_2^-$ 的左右两侧的构造正好相反,如图 2.35 所示.】

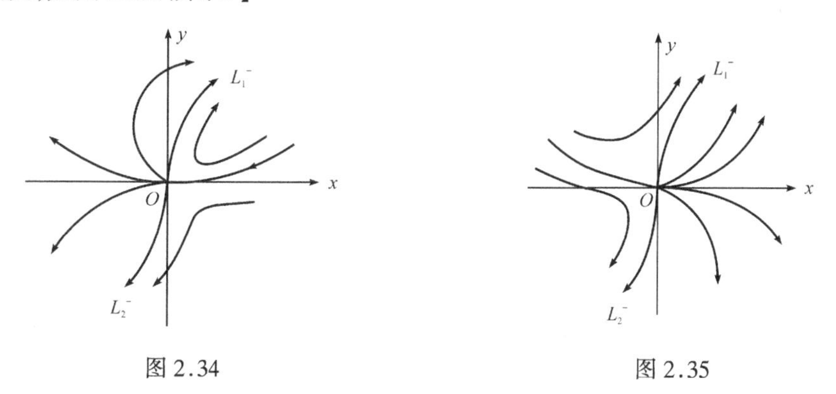

图 2.34　　　　图 2.35

I. Bendixon 研究了方程

$$x^m \frac{dy}{dx} = ay + bx + P(x,y)$$

的奇点 $O(0,0)$ 的性质,其中 a,b 为常数,m 为正整数,$P(x,y)$ 为次数不低于 2 的解析函数.

A. M. Ляпунов 研究了方程

$$\frac{dx}{dt} = \phi(x,y),$$

$$\frac{dy}{dt}=ax+by+\psi(x,y)$$

的奇点 $O(0,0)$的稳定性,其中 a,b 为常数,且 $b\neq0,\phi(x,y)$和 $\psi(x,y)$为次数不低于 2 的解析函数.

丁同仁[22]对上述两类方程在奇点 $O(0,0)$邻域的拓扑结构作了全面研究.可参看第一章的文献[2]的第 138—146 页.

我们将这两类方程都统一在方程(7.1)中.证明的手法参看了文献[23].

(二)$|a|+|b|+|c|+|d|\neq0, p=q=0$.

这时相应的线性方程组的两个特征根都是零,但线性项系数不全为零.研究这类奇点的手法是,作 Briot-Bouquet 变换 $y=\eta x$,将(x,y)平面上的复杂奇点 O 分解成(x,η)平面上的较简单奇点,这种想法起源于 H. Poincaré. 本节主要参看了文献[23].

以下我们不失一般性,可假设方程已化成如下形式:

$$\frac{dx}{dt}=y+P_2(x,y),$$
$$\frac{dy}{dt}=Q_2(x,y). \tag{7.3}$$

又假设,P_2 和 Q_2 在 $S_\delta(O)$内解析,且其最低项次数不低于 2,并且 $O(0,0)$是(7.3)的孤立奇点.

作变换

$$T:\xi=x,\eta=y+P_2(x,y). \tag{7.4}$$

由隐函数存在定理,在 $O(0,0)$的充分小邻域内,存在逆变换

$$T^{-1}:x=\xi,y=g(\xi,\eta),$$

$g(\xi,\eta)$也在 $S_\delta(O)$内解析,且 $g(0,0)=0$.

变换 T 将(7.3)化为

$$\frac{d\xi}{dt}=\eta, \tag{7.5}$$

$$\begin{aligned}\frac{d\eta}{dt}&=Q_2(\xi,g(\xi,\eta))+P'_{2x}(\xi,g(\xi,\eta))\eta+P'_{2y}(\xi,g(\xi,\eta))Q_2(\xi,g(\xi,\eta))\\&=\bar{Q}_2(\xi,\eta),\end{aligned}$$

其中 $\bar{Q}_2(\xi,\eta)$也在 $S_\delta(O)$内解析,且最低项次数不低于 2.

在 $O(0,0)$的充分小邻域内,(7.4)是拓扑变换,故方程(7.3)和(7.5)在奇点 O 附近的轨线有相同的拓扑结构.

下面我们就着重研究方程(7.5).为符号简单起见,仍将(7.5)写成:

$$\begin{aligned} \frac{dx}{dt} &= y, \\ \frac{dy}{dt} &= \bar{Q}_2(x,y), \end{aligned} \tag{7.6}$$

其中 $\bar{Q}_2(x,y)$也是 $S_\delta(O)$内的解析函数,其最低项次数不低于2.由假设 $O(0,0)$是(7.6)的孤立奇点,故 $\bar{Q}_2(x,y)$中不可能含因子 y,因而(7.6)可写成:

$$\begin{aligned} \frac{dx}{dt} &= y, \\ \frac{dy}{dt} &= a_kx^k[1+h(x)]+b_nx^ny[1+g(x)]+y^2p(x,y), \end{aligned} \tag{A}$$

其中 $h(x),g(x),p(x,y)$是 $S_\delta(O)$内的解析函数;$h(O)=g(O)=0$;$a_k\neq0$,$k\geqslant2$;b_n 可为零,当 $b_n\neq0$ 时,$n\geqslant1$.(A)的奇点 O 的性质将由 k 和 n 的奇偶性以及 a_k 和 b_n 的正负号而定.

为了研究(A)的奇点 O 的性质,我们采用下面办法,先作变换

$$x=x,y=\eta_1x, \tag{F}$$

(A)化为

$$\begin{aligned} \frac{dx}{dt} &= \eta_1x, \\ \frac{d\eta_1}{dt} &= -\eta_1^2+a_kx^{k-1}[1+h(x)]+b_nx^n\eta_1[1+g(x)]+\eta_1^2xp(x,\eta_1x). \end{aligned} \tag{A_1}$$

再作变换

$$x=x,\eta_1=\eta_2x,d\tau=xdt, \tag{F_1}$$

为符号简单起见,仍将 τ 写成 t,(A_1)就化为

$$\begin{aligned} \frac{dx}{dt} &= \eta_2x, \\ \frac{d\eta_2}{dt} &= -2\eta_2^2+a_kx^{k-3}[1+h(x)]+b_nx^{n-1}\eta_2[1+g(x)]+\eta_2^2xp(x,\eta_2x^2). \end{aligned} \tag{A_2}$$

如此继续下去,作变换(F),(F_1),…(F_{r-1}):$x=x$,$\eta_{r-1}=\eta_rx$,$d\tau_{r-1}=xd\tau_{r-2}$,为符号简单起见,仍将 τ_{r-1}写成 t,(A)便化为

$$\begin{aligned} \frac{dx}{dt} &= \eta_rx, \\ \frac{d\eta_r}{dt} &= -r\eta_r^2+a_kx^{k-2r+1}[1+h(x)] \\ &\quad +b_nx^{n-r+1}\eta_r[1+g(x)]+\eta_r^2xp(x,\eta_rx^r). \end{aligned} \tag{A_r}$$

变换(F)就是§3中的Briot-Bouquet变换,而变换(F_1),…,(F_{r-1})有所不同,这时我们还对时间变量作了相应的变换.而变换F_{k-1}的作用仍是将方程(A_{k-1})的拓扑结构较复杂的奇点分解成方程(A_k)的拓扑结构较简单的奇点,$k=0,1,2,\cdots$,其中$F_0=F$,(A_0)=(A).这样一步步地继续下去,一直到第r步,使(A_r)的奇点都是简单的,然后由逆变换(F_k^{-1})($k=0,1,\cdots,r-1$)的性质,便可知(A)的奇点O邻域的结构.

下面我们先研究变换(F)的性质,虽然它已在§3中出现过,由于它是这一部分的基础,我们作必要的重复.

变换(F)将方程(7.6)变为

$$\begin{aligned}\frac{dx}{dt}&=\eta x,\\ \frac{d\eta}{dt}&=\frac{Q_2(x,\eta x)}{x}-\eta^2.\end{aligned}\tag{7.7}$$

为符号简单起见,在这里我们仍将η_1写成η,$\bar{Q}_2(x,y)$写成$Q_2(x,y)$.$\widetilde{O}(0,0)$是(7.7)的唯一奇点.$x=0,\eta>0$和$x=0,\eta<0$是(7.7)的解.

变换(F)将(x,y)平面上的一、二、三、四象限分别变到(x,η)平面上的一、三、二、四象限.(F)是$R^2(x,y)\setminus\{x=0\}$到$\widetilde{R}^2(x,\eta)\setminus\{x=0\}$的拓扑变换,但($F^{-1}$)将$\eta$轴变到点$O(0,0)$.形象地说,变换($F^{-1}$)相当于将$(x,\eta)$平面上的一、四象限不动,将二、三象限对$x$负半轴做反射变换,然后再将$\eta$轴捏成一个点.

在(x,y)平面上有方程(7.6)的轨线沿方向$\theta=\theta_0\neq\frac{\pi}{2}$和$\frac{3\pi}{2}$进入奇点$O$,其充要条件是$(x,\eta)$平面上有方程(7.7)的轨线经过点$(0,\eta_0)$,其中$\tan\theta_0=\eta_0$.

令$S_\delta(O):x^2+y^2\leqslant\delta^2$,$\widetilde{S}_\delta(\widetilde{O}):x^2(1+\eta^2)\leqslant\delta^2$.(F)将$S_\delta(O)\setminus\{x=0\}$变到$\widetilde{S}_\delta(\widetilde{O})\setminus\{x=0\}$.从$\eta$轴左右两侧进入$\widetilde{O}(0,0)$的轨线$\widetilde{L}_2^{(-)}$和$\widetilde{L}_1^{(+)}$对应从$y$轴左右两侧进入$O(0,0)$的轨线$L_2^{(-)}$和$L_1^{(+)}$,而且$L_2^{(-)}$和$L_1^{(+)}$与$x$轴相切.如图2.36和2.37所示,$\widetilde{L}_2^{(-)}$和$\widetilde{L}_1^{(+)}$及$L_2^{(-)}$和$L_1^{(+)}$分别将$\widetilde{S}_\delta(\widetilde{O})\setminus\{x=0\}$与$S_\delta(O)\setminus\{x=0\}$分成子区域$\Gamma_i$及$U_i$,而且$\Gamma_i$对应$U_i$,$i=1,2,3,4$,又点$\widetilde{N}_i=\widetilde{L}_i\cap\partial\widetilde{S}_\delta(\widetilde{O})$对应点$N_i=L_i\cap\partial S_\delta(O)$,$i=1,2$.

再令$W:x^2+y^2\leqslant\xi^2<\delta^2$,$\widetilde{V}:x^2+\eta^2\leqslant\xi^2$,$\eta^+(\eta^-)$表示$(x,\eta)$平面上的$\eta$正(负)半轴,$\widetilde{V}_1=\widetilde{V}\cap(\Gamma_1\cup\eta^+)$,$\widetilde{V}_2=\widetilde{V}_2\cap(\Gamma_2\cup\eta^-)$.$y^+$表示$(x,y)$平面上的$y$正(负)半轴;$W^*=W\cap(U_1\cup U_2\cup y^+)$.于是我们有下列引理.

引理 7.1

(i) 若$\widetilde{V}_1$和$\widetilde{V}_2$是抛物扇形,则W^*由一个椭圆扇形和它两侧的各一个抛物扇形组成,两侧的抛物扇形也可能分别退化成两条轨线L_1^+和L_2^-.

(ii) 若$\widetilde{V}_1$和$\widetilde{V}_2$都是双曲扇形,则W^*也是双曲扇形.

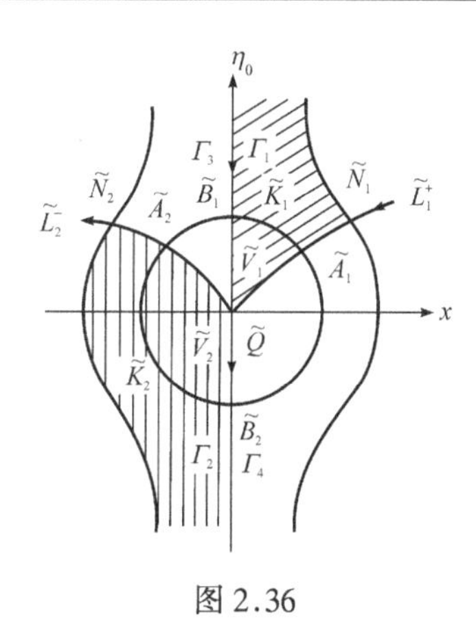

图 2.36

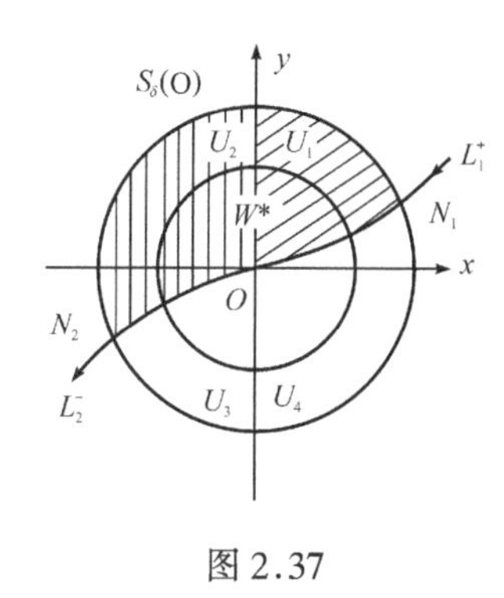

图 2.37

(iii) 若 $\widetilde{V}_1$ 和 $\widetilde{V}_2$ 中一个是双曲扇形而另一个是抛物扇形,则 W^* 是抛物扇形.

证明 先证(i)

参看图 2.36～图 2.38 因 $\widetilde{V}_1,\widetilde{V}_2$ 是抛物扇形,而沿着 η 轴,$\dfrac{d\eta}{dt}<0$,故必有 $\widetilde{L}_1^+,\widetilde{L}_2^-$ 进入奇点 O,故 L_1^+,L_2^- 进入奇点 O. 在变换(F)下,η 轴上的区间 $\widetilde{O}\widetilde{B}_1$ 对应一个点 $O(0,0)$,轨线段 $\widetilde{O}\widetilde{A}_1$ 对应轨线段 $\widehat{OA_1}$, 曲线 $\widetilde{B}_1\widetilde{K}_1\widetilde{A}_1$ 对应曲线 $\widehat{OK_1A_1}$. 令 V_1 是由轨线段 $\widehat{OA_1}$ 与曲线 $\widehat{OK_1A_1}$ 所围成的区域,便有 $F(V_1)=\widetilde{V}_1$.

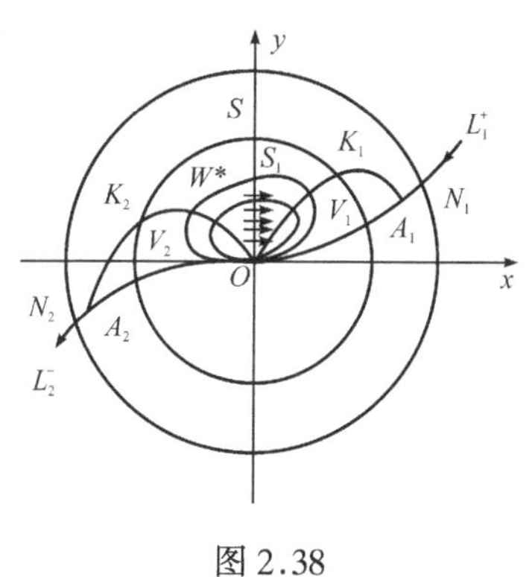

图 2.38

因 $\widetilde{V}_1$ 是抛物扇形,可取弧 $\widetilde{B}_1\widetilde{K}\widetilde{A}_1$,使从其上出发的正半轨都进入 $\widetilde{V}_1$. 由于变换(F)的 Jocobi 行列式是

$$\begin{vmatrix} 1 & 0 \\ \eta & x \end{vmatrix} = x,$$

当 $x\neq 0$ 时,(F)是非退化的,故除 $O(0,0)$外,曲线 $\widehat{OK_1A_1}$ 上出发的正半轨也进入 V_1. 由(F)的性质,在区域 V_1 和曲边扇形 $\triangle\widehat{OK_1S}$ 上有以下两个性质:

1. 从区域 V_1 内出发的轨线,当 $t\to+\infty$ 时,都在 V_1 内沿 $\theta=0$ 进入奇点 O.

2. 不可能有轨线 L 在 $\triangle\widehat{OK_1S}$ 中进入奇点 O. 这是因为(7.6)的示性方程 $G(\theta)=-\sin^2\theta=0$ 的根是 $\theta=0$ 和 π. L 只可能沿 $\theta=0$ 进入 $O(0,0)$. 另一方面,由变换(F)的性质,设曲线 $\widehat{OK_1A_1}$ 在点 O 的切线与 x 轴的夹角为 θ,则有 $\theta=$

$\arctan^{-1}\eta_{\widetilde{B}_1}\neq 0$.

现证必存在点 $S_1\in\overline{O}S$，$y_{s_1}>0$，使过 S_1 的正半轨 $L_{S_1}^+\cap\widehat{OK_1}\neq\varnothing$. 如若不然，由性质 2，既然 $L_{S_1}^+$不可能在$\triangle\widehat{OK_1S}$中进入$O(0,0)$，必有 $L_{S_1}^+\cap\widehat{SK_1}=R_{S_1}$，对一切点 $S_1\in\overline{O}S$，$y_{S_1}>0$. 于是便有

$$\lim_{S_1\to\{0\}}R_{S_1}=R_0\in\widehat{SK_1},$$

如同定理 6.3，可证 $L_{R_0}^-$在$\triangle\widehat{OK_1S}$中进入奇点O，这也与性质 2 相矛盾. 这便证明了 $L_{S_1}^+$进入 V_1，并在 V_1 中沿 $\theta=0$ 进入 $O(0,0)$.

由以上讨论，立刻推得对一切 $P\in\overline{OS_1}$，$y_P>0$，L_P^+ 也进入V_1，并在 V_1 中沿 $\theta=0$ 进入奇点 O.

在区域 V_2 上也有类似的结构. 为符号简单起见，就设 $L_{S_1}^-$在 V_2 中沿 $\theta=\pi$ 进入奇点 O，于是对一切 $P\in\overline{OS_1}$，$y_P>0$ 便有 L_P^- 在V_2 中沿 $\theta=\pi$ 进入奇点 O. 这样的轨线 L_P 便围成椭圆型区域. 它是单瓣的椭圆型花瓣，即 L_{S_1}中不包含两个或更多的椭圆型花瓣. 情形(i)证毕.

现证(ii)

因 $\widetilde{V}_1$ 和 $\widetilde{V}_2$ 是双曲扇形，由沿 η 轴上轨线的走向所决定，必有 $\widetilde{L}_1^-$ 和 $\widetilde{L}_2^+$ 进入奇点 $\widetilde{O}$，故 L_1^- 和 L_2^+ 进入奇点 O. 与情形(i)中类似，可证没有轨线 L 在曲边扇形$\triangle\widetilde{OK_1}S$与区域$V_1$ 中进入奇点 O，并可证必存在 $S_1\in\overline{O}S$，$y_{s_1}>0$，$L_{S_1}^+\cap\widehat{OK_1}=R_1$. 记 $F(R_1)=\widetilde{R}_1$，由于 $L_{\widetilde{R}_1}^+$，从 $\widetilde{R}_1$ 进入区域 $\widetilde{V}_1$，又离开 $\widetilde{V}_1$，故 $L_{S_1}^+$也从 R_1 进入 V_1，又离开 V_1，于是对一切 $P\in\overline{OS_1}$，$y_P>0$，L_P^+ 都有此性质. 同理可证 L_P^- 必进入V_2，又离开 V_2. 可见 W^*是双曲型区域，如图 2.39 所示. 情形(ii)证毕.

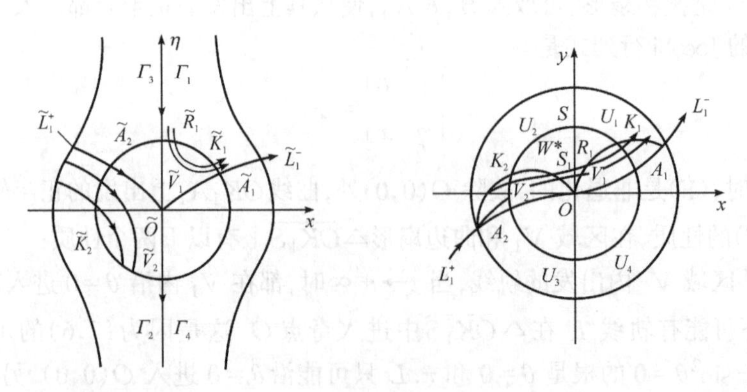

图 2.39

情形(iii)是情形(i)与(ii)的组合.设 $\widetilde{V}_1$ 是抛物扇形,$\widetilde{V}_2$ 是双曲扇形,便有图2.40.当 $\widetilde{V}_1$ 是双曲扇形而 $\widetilde{V}_2$ 是抛物扇形时,图形类似.】

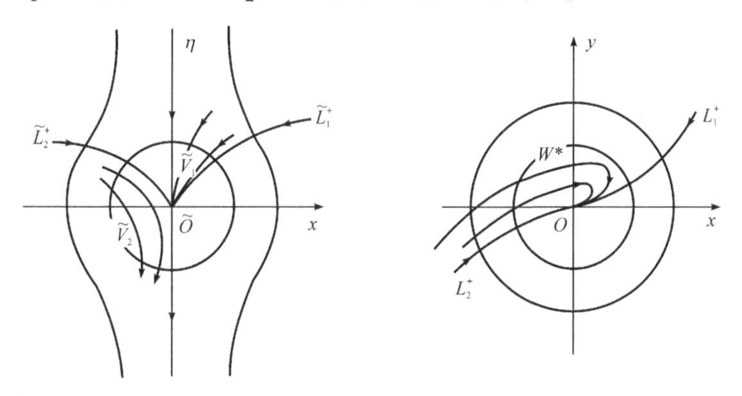

图 2.40

变换(F)的这些性质将在下面的证明中一再应用.变换(F_k),对于 $k>0$ 也有类似的性质,所不同的只是在将 η_k 轴左侧的轨线变到 η_{k+1} 轴左侧的轨线时,轨线沿时间的走向恰好相反,因为在那里我们对时间参量作了变换 $d\tau_k = xd\tau_{k-1}$.

为了研究方程(A_r)的奇点 $O(0,0)$附近的拓扑结构,我们再证几个引理.

当 $k=2m+1$ 时,将(A_r)改写成

$$\begin{aligned}\frac{dx}{dt} &= \eta_r x,\\ \frac{d\eta_r}{dt} &= -r\eta_r^2 + a_{2m+1}x^{2m-2r+2}[1+h(x)]\\ &\quad + b_n x^{n-r+1}\eta_r[1+g(x)] + \eta_r^2 x p(x,\eta_r x^r).\end{aligned} \tag{A_r}$$

引理 7.2 考虑方程组(A),假设 $k=2m+1$,此外或者 $b_n=0$;或者 $b_n\neq 0$,$n>m$,则当 $a_{2m+1}<0$ 时,奇点 O 是中心或焦点;当 $a_{2m+1}>0$ 时,奇点 O 是鞍点.

证明 对任何满足 $1\leqslant r\leqslant m-1$ 的 r,必有

$$2m-2r+2\geqslant 4,\ n-r+1\geqslant n-m+2\geqslant 3.$$

于是方程(A_r)的示性方程是

$$G(\theta) = -(r+1)\cos\theta\sin^2\theta = 0,$$

它的根是 $\theta=0,\frac{\pi}{2},\pi$ 和$\frac{3\pi}{2}$.由定理 3.1,(A_r)的轨线只可能沿方向 $\theta=0,\frac{\pi}{2},\pi$ 和$\frac{3\pi}{2}$进入奇点 O.又因 $\theta=\frac{\pi}{2},\frac{3\pi}{2}$是 $G(\theta)=0$ 的单根,且

$$H(\theta) = \sin\theta[\cos^2\theta - r\sin^2\theta],$$

$$G'\left(\frac{\pi}{2}\right)H\left(\frac{\pi}{2}\right)=G'\left(\frac{3\pi}{2}\right)H\left(\frac{3\pi}{2}\right)=-r(r+1)<0,$$

由定理3.7,沿着 $\theta=\frac{\pi}{2},\frac{3\pi}{2}$ 各有唯一轨线进入奇点 O,且它们就是 $x=0,\eta_r>0$ 和 $x=0,\eta_r<0$.

当 $r=m$ 时,得

$$\frac{dx}{dt}=\eta_m x,$$

$$\frac{d\eta_m}{dt}=-m\eta_m^2+a_{2m+1}x^2[1+h(x)]$$

$$+b_n x^{n-m+1}\eta_m[1+g(x)]+\eta_m^2 xp(x,\eta_m x^m). \quad (A_m)$$

(A_m)的示性方程是

$$G(\theta)=\cos\theta[a_{2m+1}\cos^2\theta-(m+1)\sin^2\theta]=0.$$

当 $a_{2m+1}<0,G(\theta)=0$ 的根是 $\theta=\frac{\pi}{2}$ 和 $\frac{3\pi}{2}$,故轨线只可能沿 $\theta=\frac{\pi}{2}$ 或 $\frac{3\pi}{2}$ 进入奇点 O. 又因 $\theta=\frac{\pi}{2}$ 和 $\frac{3\pi}{2}$ 是 $G(\theta)=0$ 的单根,且

$$G'\left(\frac{\pi}{2}\right)H\left(\frac{\pi}{2}\right)=G'\left(\frac{3\pi}{2}\right)H\left(\frac{3\pi}{2}\right)=-m(m+1)<0,$$

由定理3.7,沿着 $\theta=\frac{\pi}{2}$ 和 $\frac{3\pi}{2}$ 各有唯一轨线进入奇点 O,它们就是 $x=0,\eta_m>0;x=0,\eta_m<0$.

因方程(A_m)只可能有轨线沿 $\theta=\frac{\pi}{2}$ 和 $\frac{3\pi}{2}$ 进入奇点 O,而且它们就是 $x=0,\eta_m>0$ 和 $x=0,\eta_m<0$. 由变换(F_{m-1})的性质,方程(A_{m-1})也只可能有轨线沿 $\theta=\frac{\pi}{2}$ 和 $\frac{3\pi}{2}$ 进入奇点 O,它们就是 $x=0,\eta_{m-1}>0$ 和 $x=0,\eta_{m-1}<0$,而不可能有轨线沿其他方向进入奇点 O. 因为否则方程(A_m)将有异于 η 轴的轨线经过常点$(0,\eta_0)$或进入奇点$(0,\eta_0)$($(0,\eta_0)$可能是奇点),其中 $\eta_0=\tan\theta_0$. 这都将与本段第一句话相矛盾. 如此继续下去,由变换(F_k)的性质,方程(A_k)只可能有轨线沿 $\theta=\frac{\pi}{2}$ 和 $\frac{3\pi}{2}$ 进入奇点 O,它们就是 $x=0,\eta_k>0$ 和 $x=0,\eta_k<0,k=1,2,\cdots,m-1$. 当 $k=0$ 时,由于$(A_0)=(A)$的示性方程 $G(\theta)=-\sin^2\theta=0$ 的根是 $\theta=0,\pi$,故方程(A)没有轨线沿任何固定方向 $\theta\neq0$ 和 π 进入奇点 O,而沿 $\theta=0$ 和 π 也不可能有轨线进入,否则(A_1)除 $\eta_1>0,x=0$ 和 $\eta_1<0,x=0$ 外将还有轨线进入奇点 O,这不可能. 于是由定理6.2,或者奇点 O 是中心型的,或者必有轨线进入奇点 O. 又由于(A)的右侧在 $S_\delta(O)$ 内解析,由定理3.10,轨线既然不沿固定方向进入奇点 O,它必螺旋形进入奇点 O. 又因对解析向量场,奇点不可能是中心焦点,故(A)的奇点

O 或者是中心或者是焦点. 当 $a_{2m+1}<0$ 时的情形得证.

当 $a_{2m+1}>0$ 时. (A_m) 的轨线只可能沿下列六个方向进入奇点 O.

$$\theta=\begin{cases}\dfrac{\pi}{2},\dfrac{3\pi}{2},\\ \operatorname{Arc}\tan\sqrt{\dfrac{a_{2m+1}}{m+1}},\operatorname{Arc}\tan\sqrt{\dfrac{a_{2m+1}}{m+1}}+\pi,\\ \operatorname{Arc}\tan\left(-\sqrt{\dfrac{a_{2m+1}}{m+1}}\right),\operatorname{Arc}\tan\left(-\sqrt{\dfrac{a_{2m+1}}{m+1}}\right)+\pi.\end{cases}$$

再考虑方程(A_{m+1}):

$$\frac{dx}{dt}=\eta_{m+1}\boldsymbol{x},$$

$$\frac{d\eta_{m+1}}{dt}=-(m+1)\eta_{m+1}^2+a_{2m+1}[1+h(x)]$$
$$+b_nx^{n-m}\eta_{m+1}[1+g(x)]+\eta_{m+1}^2xp(x,\eta_{m+1}x^{m+1}).$$

(A_{m+1}) 在 η_{m+1} 轴上有两个奇点 $\bar{O}\left(0,\sqrt{\dfrac{a_{2m+1}}{m+1}}\right)$ 和 $\bar{\bar{O}}\left(0,-\sqrt{\dfrac{a_{2m+1}}{m+1}}\right)$, 且都是简单鞍点. 它们的两条分界线与 η_{m+1} 轴重合, 另两条分界线分别落在 $x>0$ 和 $x<0$ 半平面, 其图形如图 2.41.

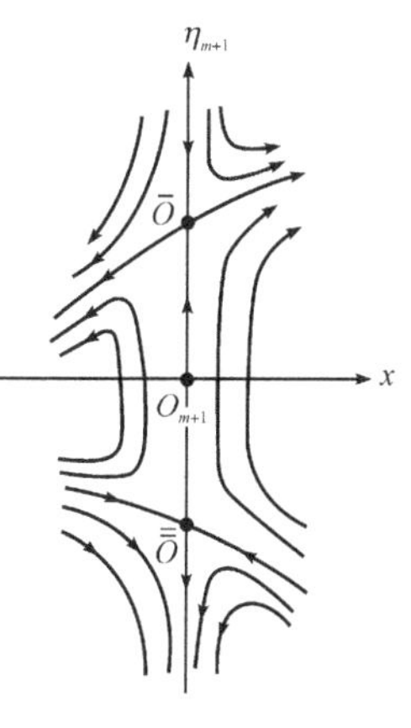

图 2.41

由变换(F_r)的性质, 再由方程(A_{m+1})的图形, 便得方程(A_r)的图形如下, $r=1,2,\cdots,m$.

注意其中(A_r), $r=1,2,\cdots,n$ 的图形与图 2.42 类似, 只是四条分界线进入奇点 O 时不与 x 轴相切.

方程(A_1)就是方程(7.7), 由(A_1)的图形, 再由引理 7.1 情形(2), 便得(A)在奇点 O 邻域的图形如图 2.43.

注意: 变换(F)与$(\mathrm{F}_r)$$(r\geqslant1)$形式一样. 变换(F)将方程(7.6)变成方程(7.7), 也即(A_1); 而变换$(\mathrm{F}_r)$$(r\geqslant1)$将方程$(\mathrm{A}_r)$变成$(\mathrm{A}_{r+1})$. 由于 $x=0$ 既是(A_r)的解, 也是(A_{r+1})的解, $r\geqslant1$; 而 $x=0$ 是(7.7)的解, 却不是(7.6)的解. 另外在变换$(\mathrm{F}_r)$$(r\geqslant1)$中, 我们对时间参量作了变换 $d\tau_r=xd\tau_{r-1}$. 因而变换(F)与$(\mathrm{F}_r)$$(r\geqslant1)$是有区别的. 形象地说. 在变换$(F)^{-1}$下一、四象限不变, 二、三象限对 x 负半轴作反射变换, 然后将 η 轴捏成一个点. 其性质如引理 7.1 所述. 在变换$(\mathrm{F}_r^{-1})$$(r\geqslant1)$下一、四象限不变, 二、三象限对 x 负半轴作反射变换, 然后将 η_{r+1} 轴上的奇点与原点之间线段压缩到原点, 并且在 x 负半平面上将轨线的时间走向反转.

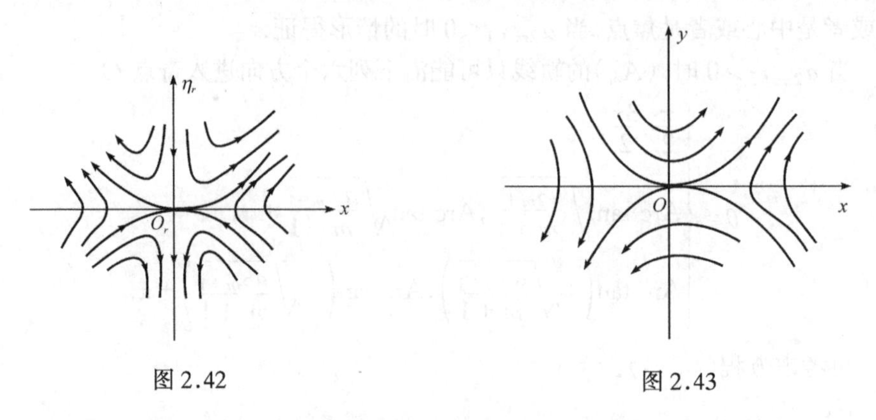

图 2.42 图 2.43

引理 7.3 考虑方程组(A),假设 $k=2m+1, b_n \neq 0$ 且 $n<m$,则

(i) 当 $a_{2m+1}>0$ 时,奇点 O 是鞍点;

(ii) 当 $a_{2m+1}<0$ 且 n 为偶数时,奇点 O 为结点;

(iii) 当 $a_{2m+1}<0$ 且 n 为奇数时,奇点 O 的邻域 $S_\delta(O)$ 由一个椭圆扇形和一个双曲扇形组成,其中 $S_\delta(O)$ 满足§6 中定理 6.1,6.3.

证明 令 $r=n$,得

$$\frac{dx}{dt}=\eta_n x, \tag{A_n}$$

$$\frac{d\eta_n}{dt}=-n\eta_n^2+b_n x\eta_n[1+g(x)]+a_{2m+1}x^{2m-2n+2}[1+h(x)]$$

$$+\eta_n^2 xp(x,\eta_n x^n),$$

其中 $2m-2n+2\geqslant 4$,故(A_n)的示性方程为

$$G(\theta)=-\cos\theta\sin\theta[(1+n)\sin\theta-b_n\cos\theta]=0.$$

(A_n)的特殊方向只可能是下列六个方向:

$$\theta=0,\frac{\pi}{2},\pi,\frac{3\pi}{2},\text{Arc }\tan\frac{b_n}{1+n},\pi+\text{Arc }\tan\frac{b_n}{1+n}.$$

因 $\theta=\frac{\pi}{2},\frac{3\pi}{2}$是 $G(\theta)=0$ 的单根,且

$$G'\left(\frac{\pi}{2}\right)H\left(\frac{\pi}{2}\right)=G'\left(\frac{3\pi}{2}\right)H\left(\frac{3\pi}{2}\right)=-(n+1)n<0,$$

由引理 3.7,沿着 $\theta=\frac{\pi}{2}$和$\frac{3\pi}{2}$各有唯一轨线进入奇点 O,它们就是 $x=0,\eta_n>0$ 和 $x=0,\eta_n<0$.

为了研究其余的特殊方向,再作变换(F_n),(A_n)化为:

$$\frac{dx}{dt}=\eta_{n+1}x,$$

$$\frac{d\eta_{n+1}}{dt}=b_n\eta_{n+1}[1+g(x)]-(n+1)\eta_{n+1}^2 \qquad (\mathrm{A}_{n+1})$$

$$+a_{2m+1}x^{2m-2n}[1+h(x)]+\eta_{n+1}^2xp(x,\eta_{n+1}x^{n+1}).$$

(A_{n+1})有两个奇点 $O_{n+1}(0,0)$, $\bar{O}\left(0,\dfrac{b_n}{1+n}\right)$.

对奇点 $\bar{O}$,有 $q=-\dfrac{b_n^2}{n+1}<0$,故 $\bar{O}$ 是鞍点.

对奇点 O_{n+1},有 $q=0$, $p=b_n\neq 0$,令 $\tau=b_nt$, (A_{n+1})化为

$$\frac{dx}{d\tau}=\frac{\eta_{n+1}}{b_n}x, \qquad \overline{(\mathrm{A}_{n+1})}$$

$$\frac{d\eta_{n+1}}{d\tau}=\eta_{n+1}[1+g(x)]-\frac{(n+1)}{b_n}\eta_{n+1}^2+\frac{a_{2m+1}}{b_n}x^{2m-2n}[1+h(x)]$$

$$+\frac{\eta_{n+1}^2}{b_n}xp(x,\eta_{n+1}x^{n+1}).$$

$\overline{(\mathrm{A}_{n+1})}$与(7.1)有相同的形式,令第二方程右侧为零,解出 $\eta_{n+1}=\varphi(x)$,它的展开式的第一项是 $-\dfrac{a_{2m+1}}{b_n}x^{2m-2n}$,将 $\eta_{n+1}=\varphi(x)$代入第一个方程的右侧,其展开式的第一项是 $-\dfrac{a_{2m+1}}{b_n^2}x^{2m-2n+1}$. 由定理 7.1, $\overline{(A_{n+1})}$的奇点 $\bar{O}_{n+1}$是鞍点,当 $a_{2m+1}>0$; $\bar{O}_{n+1}$是结点,当 $a_{2m+1}<0$. 显然,当 $a_{2m+1}>0$, (A_{n+1})的奇点 O_{n+1}也是鞍点;当 $a_{2m+1}<0$, O_{n+1}也是结点. 当 O_{n+1}是鞍点时,两条分界线与 η_{n+1}轴重合,另两条分界线分别落在 η_{n+1}轴两侧.

当 $a_{2m+1}>0$ 时,在两个奇点附近(A_{n+1})的草图如图 2.41. 当 $a_{2m+1}<0$ 时,(A_{n+1})的草图如下:

当 $a_{2m+1}>0$ 时,与引理 7.2 中情形 $a_{2m+1}>0$ 类似,由(A_{n+1})的草图 2.41 及变换(F_k)的性质, $k=0,1,\cdots,n$,便得知,(A)的奇点 O 是鞍点,其草图如 2.43.

当 $a_{2m+1}<0$ 时,由(F_n)的性质,从(A_{n+1})的图形 2.44 便得(A_n)在奇点 O_n 附近的图形如图 2.45.

对一切 r,满足 $1\leqslant r\leqslant n-1$,有 $2m-2r+2>4$, $n-r+1\geqslant 2$,故方程(A_r),当 $1\leqslant r\leqslant n-1$ 时,有与方程(7.7),即方程(A_1)类似的形式. 于是类似于引理 7.2,由变换(F_r)的性质,可从(A_n)出发,逐次地画出方程(A_{n-1}), (A_{n-2}), $\cdots$, (A_1)在奇点附近的草图.

(A_{n-1})的图形如图 2.46:

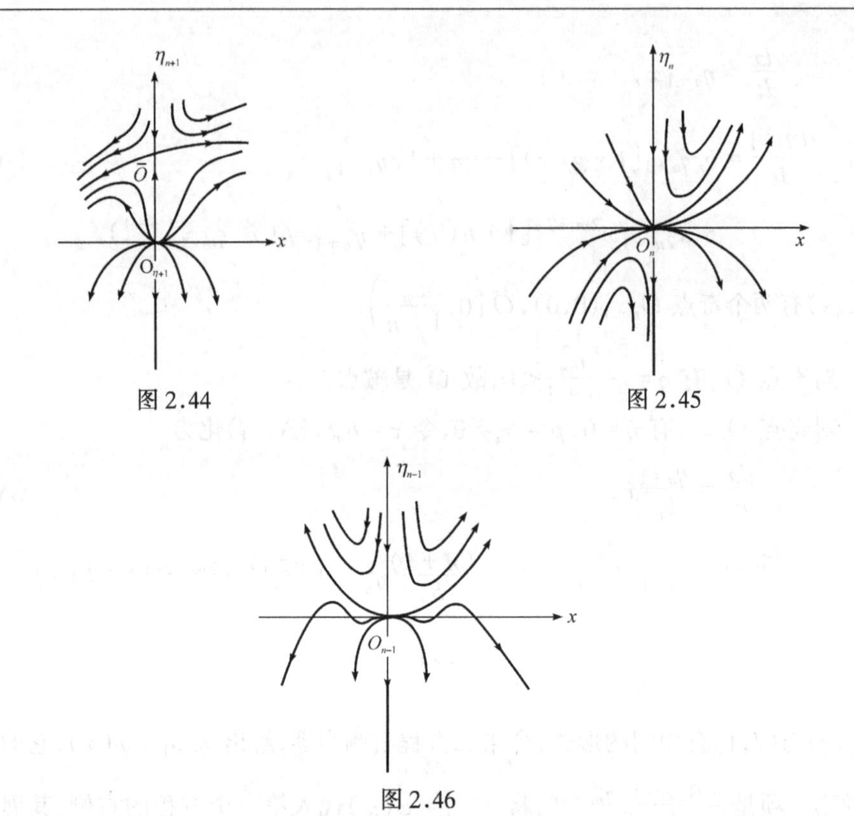

图 2.44

图 2.45

图 2.46

(A_{n-2})的图形与(A_n)的类同,(A_{n-3})的图形与(A_{n-1})的类同,如此类推,当n是奇数时,(A_1)的图形与(A_n)的类同,当n是偶数时,(A_1)的图形与(A_{n-1})的类同,由(A_1)的图形来推断(A)的图形时,要考虑变换(F^{-1})的性质,要用引理7.1.当n是奇数时,由引理7.1中情形(i)及(ii),便知(A)的奇点O的邻域由一个椭圆扇形和一个双曲扇形组成,如图2.47所示.当n是偶数时,由引理7.1中情形(iii)便知(A)的奇点O是结点,如图2.48所示.

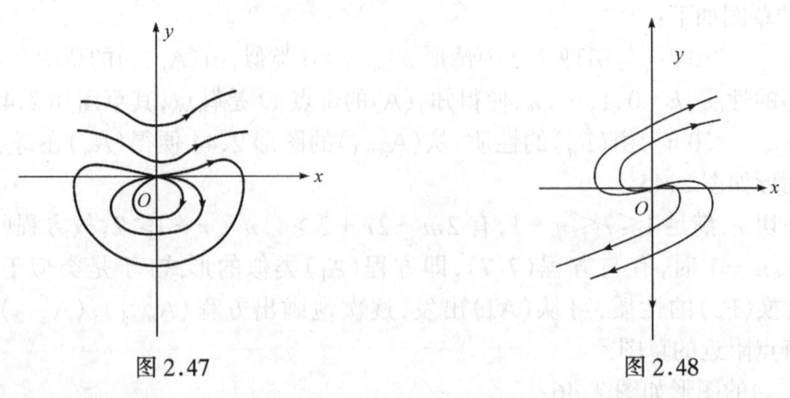

图 2.47

图 2.48

图2.47和2.48是 $b_n>0$ 时的情形;当 $b_n<0$ 时,由上图对 x 轴作反射变换并将时间反向便可.

引理 7.4 考虑方程组(A).设 $k=2m+1$, $m=n$.若 $\lambda=b_n^2+4(m+1)a_{2m+1}<0$,则奇点 O 是中心或焦点;若 $\lambda>0$, $a_{2m+1}>0$,则奇点 O 是鞍点;若 $\lambda>0$, $a_{2m+1}<0$, n 是偶数,则奇点 O 是结点,而 n 是奇数时,则奇点 O 的邻域 $S_\delta(O)$ 由一个椭圆扇形和一个双曲扇形组成;若 $\lambda=0$, n 是偶数,则奇点 O 是结点, n 是奇数时,奇点 O 的邻域 $S_\delta(O)$ 由一个椭圆扇形和一个双曲扇形组成,其中 $S_\delta(O)$ 满足§6中定理6.1,6.3.

证明 令 $r=m=n$.(A_r)有如下形式:

$$\frac{dx}{dt}=\eta_m x,$$

$$\frac{d\eta_m}{dt}=-m\eta_m^2+a_{2m+1}x^2[1+h(x)]+b_n x\eta_m[1+g(x)]$$
$$+\eta_m^2 xp(x,\eta_m x^m).$$

其示性方程是

$$G(\theta)=-\cos\theta[(m+1)\sin^2\theta-b_n\sin\theta\cos\theta-a_{2m+1}\cos^2\theta]=0. \quad (7.8)$$

又

$$H(\theta)=\sin\theta[-m\sin^2\theta+(a_{2m+1}+1)\cos^2\theta+b_n\cos\theta].$$

因 $G\left(\frac{\pi}{2}\right)=G\left(\frac{3\pi}{2}\right)=0$,且 $\theta=\frac{\pi}{2},\frac{3\pi}{2}$ 是 $G(\theta)=0$ 的单根,而 $G'\left(\frac{\pi}{2}\right)H\left(\frac{\pi}{2}\right)=G'\left(\frac{3\pi}{2}\right)H\left(\frac{3\pi}{2}\right)=-m(m+1)<0$,由定理3.7,沿着 $\theta=\frac{\pi}{2},\frac{3\pi}{2}$ 各有唯一轨线进入奇点 O,它们就是 $x=0,\eta_m>0$ 和 $x=0,\eta_m<0$.

(1) $\lambda<0$.由(7.8)知,(A_m)除 $\theta=\frac{\pi}{2},\frac{3\pi}{2}$ 外,无其他特殊方向.又当 $1\leqslant r\leqslant n-1$ 时,有 $2m-2r+2\geqslant4$, $n-r+1\geqslant2$,故(A_r)与方程(7.7)即(A_1),有类似的形式.由引理7.2中情形 $a_{2m+1}<0$ 知,方程(A)的奇点 O 是中心或焦点.

(2) $\lambda>0$.方程(A_m)最多可能有六个特殊方向.为了讨论(A_m)的奇点,再作变换(F_m),将(A_m)变成(A_{m+1})如下:

$$\frac{dx}{dt}=\eta_{m+1}x,$$

$$\frac{d\eta_{m+1}}{dt}=a_{2m+1}[1+h(x)]-(m+1)\eta_{m+1}^2+b_m\eta_{m+1}[1+g(x)]$$
$$+\eta_{m+1}^2 xp(x,\eta_{m+1}x^{m+1}).$$

(A_{m+1})在 η_{m+1}轴上有两个奇点 $O_1(0,k_1)$,$O_2(0,k_2)$,其中

$$k_1=\frac{b_n+\sqrt{\lambda}}{2(m+1)},\quad k_2=\frac{b_n-\sqrt{\lambda}}{2(m+1)}.$$

奇点 O_i 的特征方程的常数项为 $q_i=(-1)^i k_i\sqrt{\lambda}$, $i=1,2$.

当 $a_{2m+1}>0$ 时,有$\sqrt{\lambda}>|b_n|$,故 $q_i<0$, $i=1,2$,故奇点 O_1,O_2 都是简单鞍点. 与引理 7.3 中情形 $a_{2m+1}>0$ 一样,可证 $O(0,0)$是(A)的鞍点.

当 $a_{2m+1}<0$,有$\sqrt{\lambda}<|b_n|$, $k_1k_2>0$, $q_1q_2<0$. 故奇点 O_1 与 O_2 之一是鞍点,可证另一是结点. 当 $b_n>0$,鞍点在结点之上;当 $b_n<0$,鞍点在结点之下. 往下的讨论与引理 7.3 中情形 $a_{2m+1}<0$ 类似. 当 n 是偶数时,$O(0,0)$是(A)的结点;当 n 是奇数时,$O(0,0)$的邻域 $S_\delta(O)$有一个椭圆扇形和一个双曲扇形组成,当 $b_n>0$ 时,双曲型扇形在椭圆扇形之上,如图 2.47 所示,当 $b_n<0$ 时,双曲扇形在椭圆扇形之下,其草图可由图 2.47 对 x 轴作反射变换得到.

(3)$\lambda=0$. (A_{m+1})在 η_{m+1}轴上有唯一奇点 $\bar{O}\left(0,\dfrac{b_n}{2(m+1)}\right)$,其对应的特征方程的一次项系数 $p\neq0$,常数项系数 $q=0$,即特征根一个是零,另一个不是零. 由定理 7.1,可证 O_3 是(A_{m+1})的鞍结点. 其图形如图 2.49.

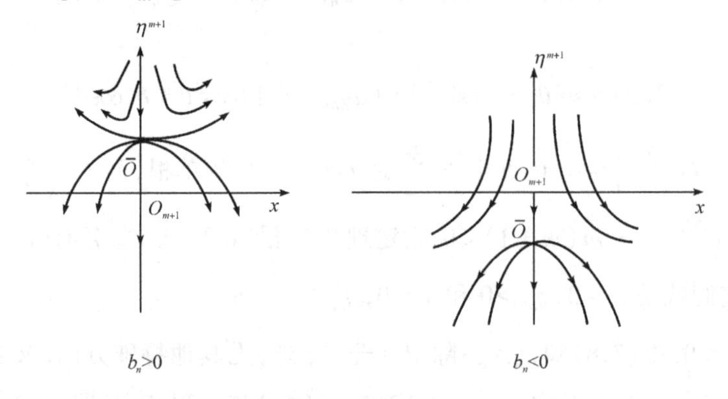

图 2.49

当 $b_n>0$ 时,由变换(F_m)的性质,(A_m)在奇点 O_m 附近轨线的拓扑结构如图 2.45 所示;而当 $b_n<0$ 时,(A_m)在奇点 O_m 附近轨线的拓扑结构可从图 2.45 对 x 轴作反射变换并将时间反向便可. 往下的讨论与引理 7.3 中情形 $a_{2m+1}<0$ 类似,结论是:当 n 是偶数,$O(0,0)$是(A)的结点;当 n 是奇数,$O(0,0)$的邻域由一个椭圆扇形和一个双曲扇形组成. 当 $b_n>0$ 时,双曲扇形在椭圆扇形之上,如图 2.47 所示,当 $b_n<0$ 时,双曲扇形在椭圆扇形之下,其图可从图 2.47 对 x 轴作反射变换得到.】

总结引理 7.2,7.3,7.4 我们得到如下的定理.

定理 7.2 考虑方程组(A),假设 $k=2m+1(m\geqslant 1)$,令 $\lambda=b_n^2+4(m+1)a_{2m+1}$,则奇点 O 的性态由下表确定.

<table>
<tr><td colspan="3">a_{2m+1},b_n,λ,m,n 的各种可能的关系</td><td>奇点 O 的性态</td></tr>
<tr><td colspan="3">$a_{2m+1}>0$</td><td>鞍　点</td></tr>
<tr><td rowspan="4">$a_{2m+1}<0$</td><td colspan="2">$b_n=0$</td><td>中心或焦点</td></tr>
<tr><td rowspan="3">$b_n\neq 0$</td><td>$n>m$ 或 $m=n$ 且 $\lambda<0$</td><td>中心或焦点</td></tr>
<tr><td>n 为偶数 $\begin{cases}n<m \text{ 或} \\ n=m \text{ 且 } \lambda\geqslant 0\end{cases}$</td><td>结　　点</td></tr>
<tr><td>n 为奇数 $\begin{cases}n<m \text{ 或} \\ n=m \text{ 且 } \lambda\geqslant 0\end{cases}$</td><td>$S_\delta(O)$由一个双曲扇形和一个椭圆扇形组成</td></tr>
</table>

当 $k=2m$ 时,用类似的方法可证明如下的定理.

定理 7.3 考虑方程组(A),假设 $k=2m(m\geqslant 1)$,则奇点 O 的性态由下表确定.

<table>
<tr><td colspan="2">b_n,n,m 的各种可能的关系</td><td>奇点 O 的性态</td></tr>
<tr><td colspan="2">$b_n=0$</td><td rowspan="2">退化奇点(图 2.50)</td></tr>
<tr><td rowspan="2">$b_n\neq 0$</td><td>$n\geqslant m$</td></tr>
<tr><td>$n<m$</td><td>鞍结点(图 2.51)</td></tr>
</table>

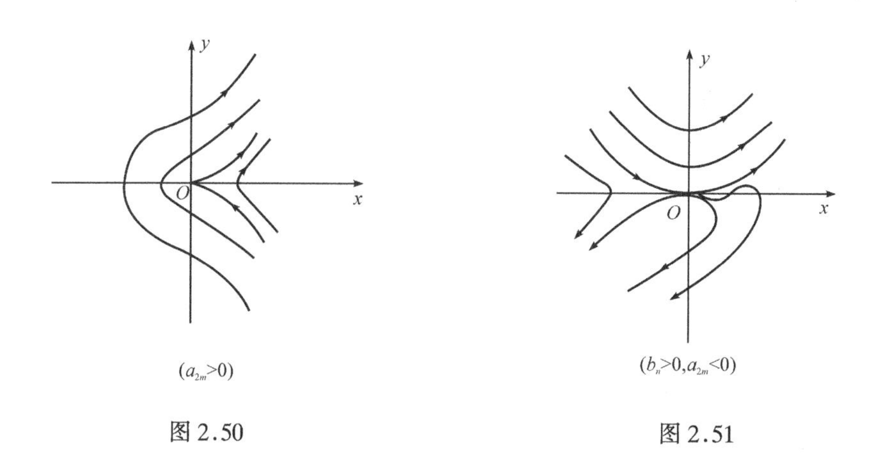

图 2.50　　图 2.51

由定理 7.2 和定理 7.3 知,方程(A)的奇点 O 的性质完全由 k 和 n 的奇偶性以及 a_k,b_n 和 λ 的正负号确定.下面我们将研究,如何能用较简便的办法来获得这些信息,使定理便于应用.

由(7.4)式知,若令 $\phi(x)=g(x,0)$,便有

$$\phi(x)+P_2(x,\phi(x))\equiv 0,$$

也即 $y=\varphi(x)$是由 $y+P_2(x,y)=0$ 在 $O(0,0)$附近确定的隐函数.

由(7.5)和(7.6)式知,

$$\begin{aligned}\bar{Q}_2(x,y)&=Q_2(x,g(x,y))+P'_{2x}(x,g(x,y))y\\&\quad+P'_{2y}(x,g(x,y))Q_2(x,g(x,y))\\&=a_kx^k+a_{k+1}x^{k+1}+\cdots+y(b_nx^n+b_{n+1}x^{n+1}+\cdots)\\&\quad+y^2p(x,y).\end{aligned}$$

由此可见,a_kx^k 是 $\bar{Q}_2(x,\varphi(x))$的展开式中的最低次项;而 b_nx^n 是$\dfrac{\partial\bar{Q}_2(x,0)}{\partial y}$的展开式中的最低次项.而

$$y\equiv g(x,y)+P_2(x,g(x,y)),$$

$$\frac{\partial g(x,0)}{\partial y}=\frac{1}{1+P'_{2y}(x,\varphi(x))}.$$

故有

$$\begin{aligned}\frac{\partial\bar{Q}_2(x,0)}{\partial y}&=P'_{2x}(x,\varphi(x))+Q'_{2y}(x,\varphi(x))\cdot[1+P'_{2y}(x,\phi(x))]\frac{\partial g(x,0)}{\partial y}\\&\quad+P''_{2yy}(x,\varphi(x))Q_2(x,\varphi(x))\frac{\partial g(x,0)}{\partial y}\\&=P'_{2x}(x,\varphi(x))+Q'_{2y}(x,\varphi(x))+\frac{P''_{2yy}(x,\phi(x))Q_2(x,\phi(x))}{1+P'_{2y}(x,\phi(x))}\\&=\delta(x)+\eta(x).\end{aligned}$$

其中

$$\delta(x)=P'_{2x}(x,\phi(x))+Q'_{2y}(x,\phi(x)),$$

$$\eta(x)=\frac{P''_{2yy}(x,\phi(x))Q_2(x,\phi(x))}{1+P'_{2y}(x,\phi(x))}.$$

因 $Q_2(x,\varphi(x))$在 $x=0$ 附近展开式的最低项次数不小于 $k=2m+1$,故 $\eta(x)$在 $x=0$ 附近展开式的最低项次数也不小于 $k=2m+1$.设 $\delta(x)$的展开式的最低项是 B_Nx^N,而当 $\delta(x)\equiv 0$ 时,便认为 $B_N=0$.于是在$\dfrac{\partial\bar{Q}_2(x,0)}{\partial y}=\delta(x)+\eta(x)$的最低次项 b_nx^n 与B_Nx^N之间有以下的事实,我们把它写成推论.

推论 在定理 7.2 和 7.3 中,若用 N 和 B_N 去分别代替 n 和 b_n,则定理的结论仍真.

证明 因 $\eta(x)$的最低次项次数$\geqslant k>m$,故有

$$n=N,b_n=B_N,\text{当 } N<k,$$

这时推论自然成立.

而

$$n \geqslant k > m, \text{当 } N \geqslant k \text{ 或 } \delta(x) \equiv 0,$$

这时由定理 7.2 和 7.3,显见以 N 和 B_N 分别代替 n 和 b_n,定理结论不变. 推论得证.

由于 B_N 和 N 较易计算,在讨论实际例子中,我们就用 B_N 和 N 来分别代替 b_n 和 n.

例题 7.1 考虑方程组

$$\frac{dx}{dt} = x(\beta x - y),$$

$$\frac{dy}{dt} = -\frac{1}{\alpha}y - y^2 + \alpha x^2,$$

其中 $\beta > 0, \alpha > 0$. 求奇点 $O(0,0)$ 邻域的拓扑结构.

解 $a = b = c = 0, d = -\dfrac{1}{\alpha}$,故 $q = 0, p = \dfrac{1}{\alpha} \neq 0$. 属于定理 7.1 考虑的类型.

令 $\tau = -\dfrac{1}{\alpha}t$,上方程组化为

$$\frac{dx}{d\tau} = -\alpha\beta x^2 + \alpha xy = P_2(x, y),$$

$$\frac{dy}{d\tau} = y + \alpha y^2 - \alpha^2 x^2 = y + Q_2(x, y).$$

由 $y + Q_2(x, y) = 0$,解得隐函数.

$$\phi(x) = \alpha^2 x^2 - \alpha^5 x^4 + \cdots,$$

并有

$$\psi(x) = P_2(x, \phi(x)) = -\alpha\beta x^2 + [x]_3.$$

对应定理 7.1 中的符号,便有 $m = 2, a_m = -\alpha\beta < 0$,于是由定理 7.1,奇点 O 是鞍结点,抛物扇形包含 x 负半轴.

$x = 0, y > 0$ 和 $x = 0, y < 0$ 是轨线. 考虑到我们做了变换 $\tau = -\dfrac{1}{2}t$,故奇点 O 邻域的拓扑结构大体与图 2.34 类似,只是时间走向刚好相反.

例题 7.2 考虑方程组

$$\frac{dx}{dt} = x(-y + y^2 + 3xy),$$

$$\frac{dy}{dt} = 3x + y - x^2 + y^3 + 3xy^2.$$

求奇点 $O(0,0)$ 邻域的拓扑结构.

解 $a = b = 0, c = 3, d = 1$,故 $q = 0, p = 1 \neq 0$. 属于定理 7.1 考虑的类型.

先作非退化线性变换

$$\begin{cases} \bar{x} = x, \\ \bar{y} = 3x + y, \end{cases}$$

将上方程组化为(7.1)的类型,为符号简单起见,仍将$(\bar{x},\bar{y})$写成(x,y),得

$$\frac{dx}{dt} = -xy + 3x^2 - 3x^2y + xy^2 = P_2(x,y),$$

$$\frac{dy}{dt} = y + 8x^2 - 3xy - 3xy^2 + y^3 = y + Q_2(x,y).$$

由 $y + Q_2(x,y) = 0$ 解得隐函数

$$\phi(x) = -8x^2 - 24x^3 + \cdots,$$

并有

$$\psi(x) = P_2(x,\phi(x)) = 3x^2 + [x]_3.$$

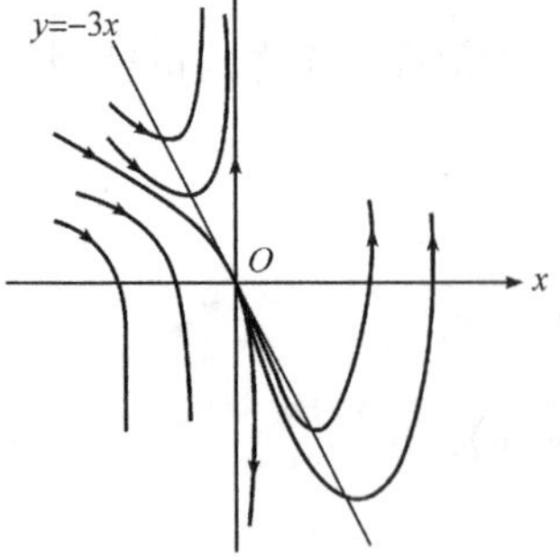

图 2.52

对应定理 7.1 中的符号,便有 $m=2, a_m = 3>0$,于是由定理 7.1,奇点 O 是鞍结点,抛物扇形包含 x 正半轴.

考虑到作了上述非退化线性变换,原方程组在奇点 O 邻域的图形如图 2.52.

例题 7.3 考虑方程组

$$\frac{dx}{dt} = y - \frac{1}{2}xy - 3x^2 = y + P_2(x,y),$$

$$\frac{dy}{dt} = -y\left(x + \frac{3}{2}y\right) = Q_2(x,y).$$

求奇点 $O(0,0)$邻域的拓扑结构.

解 $a=c=d=0, b=1$,故 $q=0, p=0$.属于定理 7.2,7.3 考虑的类型.

由 $y + P_2(x,y) = 0$,解得隐函数.

$$\phi(x) = 3x^2 + \frac{3}{2}x^3 + \cdots,$$

并有

$$\psi(x) = Q_2(x,\phi(x)) = -3x^3 - 15x^4 + \cdots,$$

$$\delta(x) = P'_{2x}(x,\phi(x)) + Q'_{2y}(x,\phi(x)) = -7x + [x]_2.$$

对应定理 7.2 中的符号,便有 $k = 2m+1 = 3, m=1; a_k = -3<0; N=1, B_N = -7 <0; \lambda = b_n^2 + 4(m+1)a_{2m+1} = 25>0$.由附注及定理 7.2,$O(0,0)$的邻域由一个椭圆扇形与一个双曲扇形组成,前者落在后者的上方,$y=0, x>0$ 和 $y=0, x<0$ 是轨线,其草图如图 2.53.

例题 7.4 考虑方程组

$$\frac{dx}{dt}=y+y^2-x^3=y+P_2(x,y),$$

$$\frac{dy}{dt}=3x^2y+y^3-3x^5=Q_2(x,y).$$

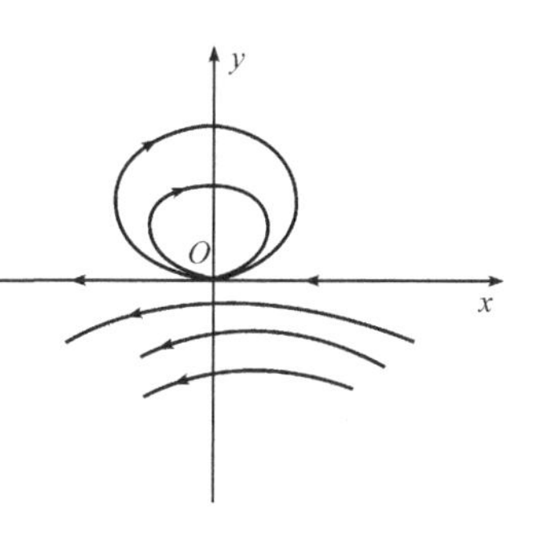

图 2.53

求奇点 $O(0,0)$邻域的拓扑结构.

解 $a=c=d=0, b=1\neq 0$,故 $q=0, p=0$,属于定理 7.2,7.3 考虑的类型.

由 $y+P_2(x,y)=0$ 解得隐函数

$$\phi(x)=x^3-x^6+2x^9+\cdots,$$

并有

$$\psi(x)=-3x^8+x^9+\cdots,$$
$$\delta(x)=3x^6-6x^9+\cdots.$$

对应定理 7.3 中的符号,便有 $k=2m, m=4, a_{2m}=-3, N=6, B_N=3$. 由附注及定理 7.3,$O$ 是退化奇点.其草图如图 2.54:

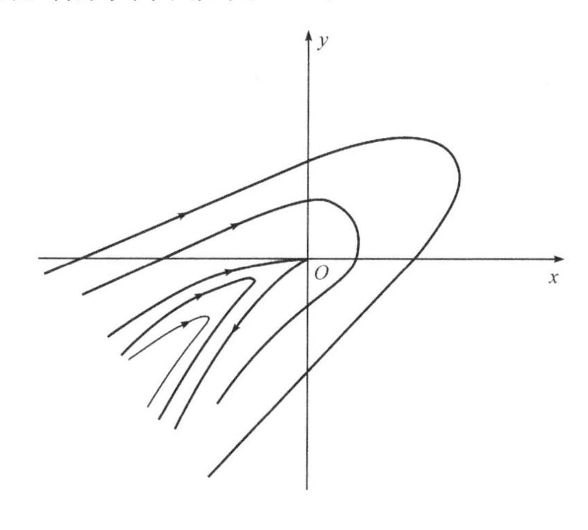

图 2.54

此例说明,有时为了求出 $\psi(x)$和 $\delta(x)$的展开式中的最低次项,只知道 $\phi(x)$的展开式中的最低次项是不够的,还需要知道 $\phi(x)$的展开式中的随后几项.

习 题 二

1. 试画出§2 情形 9(iii)的草图.

2. 试讨论下列非线性方程组在奇点 $O(0,0)$邻域轨线的结构,并画出草图.

(i) $\dfrac{dx}{dt}=-x+e^{-y}-1,$

$\dfrac{dy}{dt}=1-e^{x+y}.$

(ii) $\dfrac{dx}{dt}=xy,$

$\dfrac{dy}{dt}=y^2+x^4.$

(iii) $\dfrac{dx}{dt}=-x^6,$

$\dfrac{dy}{dt}=y^3-x^4y.$

3. 试证例题 3.1,4.1,4.2,4.3 中的附加项满足条件 1 和条件 2,但不满足条件 1^*.

4. 试证定理 4.5 仍真,若将条件 1^* 换成如下条件 1^{**}:

$$|\phi(x,y)|,\ |\psi(x,y)|<\eta(r),r\leqslant r_1,$$

$$\eta(r)\in C^0(0\leqslant r\leqslant r_1),\eta(r)=o(r),r\to 0,$$

$$\int_0^{r_1}\frac{\eta(r)}{r^2}dr<+\infty.$$

5. 试讨论,若将条件 1^* 换成条件 1^{**},定理 4.6 是否仍真.

6. 试用第一判别法和第二判别法来判定方程组

$$\frac{dx}{dt}=-y+xy+2y^2$$

$$\frac{dy}{dt}=x+3x^2+y^3$$

的奇点 $O(0,0)$是中心或焦点.

7. 试证若 $O(0,0)$是方程组(5.16)的焦点,则在第一判别法中使 $g_n\neq 0$ 的最小正整数 n 与在第二判别法中使(5.19)无解的最小偶数 $2m$ 之间有等式关系 $2m=n+1$.

8. 试讨论下列非线性方程组在奇点 $O(0,0)$邻域轨线的结构,并画出草图.

(i) $\dfrac{dx}{dt}=-4x^2+2xy,$

$\dfrac{dy}{dt}=y^2-2x^2+x^4.$

(ii) $\dfrac{dx}{dt}=2x^3+x^2y+x^5,$

$\dfrac{dy}{dt}=2xy^2-x^3+2y^2.$

9. 试讨论下列非线性方程组在奇点 $O(0,0)$邻域轨线的结构,并画出草图.

(i) $\dfrac{dx}{dt}=x(2y+x),$

$\dfrac{dy}{dt}=x+2xy+y^2.$

(ii) $\dfrac{dx}{dt}=\left(y+\dfrac{\lambda}{n-1}\right)x,$

$\dfrac{dy}{dt}=x+\dfrac{1}{1-n}y^2,$

其中 $n>1,\lambda>0$.

$$(iii)\ \frac{dx}{dt}=y+\frac{n}{1-n}x^2+\frac{\pi}{1-n}xy,$$
$$\frac{dy}{dt}=y\left(\frac{\lambda}{n-1}y-x\right),$$

其中 $n>1,\lambda>0$.

参 考 文 献

[1] вайсборд, С. М., Об эквивалентности систем дифференциалъных уравнений в окрестности особой точки, *Научные Доклады Высшей Школы, Физ-Матем. Науки*, 1958, 1, 37—42.

[2] Lohn, E. R., Über singuläre Punkte gewöhnlicher Differentialgleichungen, *Math. Ztscher.*, **44**(1939), 4, 507—535.

[3] 张锦炎,常微分方程几何理论和分支问题,北京大学出版社,1981.

[4] 胡钦训,陆毓麒,高次奇点在不定号情形下的定性分析,北京工业学院学报,1981,2,1—16.

[5] Гробман, Д., Огомеоморфизме систем дифференциалъных уравнений, *ДАН СССР*, **128**(1959), 880—881.

[6] Hartman, P., On the local linearization of differential equations, *Proc. A. M. S.*, **14**(1963), 568—573.

[7] Sternberg, S., Lectures on differential geometry, Prentice-Hall, 1964.

[8] Ляпунов, А. М., Исследование одного из особенных случаев задачи об устойчивости движения, Мат. Сб., **17**(1893), 2.

[9] Альмухамедов, М. И., О число возможных типов особых точек для систем обыкновенных дифференциалъных уравнений с n-переменными, *Казань Изв. Физматем. общества* (3), **8**(1936—1937), 23—29.

[10] ——, О проблеме центра, ——, **8**(1936—1937), 29—37.

[11] 廖山涛,常微系统的结构稳定性及一些相关的问题,计算机应用与应用数学,**7** (1978), 52—64.

[12] Dulac, H., Détermination et intégration d'une certaine classe d'equations différentielles ayant pour point singulier un centre, *Bull Sc. Math.* (2), **32** (1908), 230—252.

[13] Kapteyn, W., Over de middelpunten de integraalkrommer van differentiaalvergelijkingen van de eerste orde en den eersten graad, *Koninkl. Nederland. Akad.*, **19** (1911), 1446—1457.

[14] ——, Nieuw onderzoek omtrent de middelpunten der integralen van differentiaalvergelijkingen van de eerste orde en den eersten graad, *Koninkl. Nederland. Akad.*, **20**(1912), 1354—1365; **21**(1912), 27—33.

[15] Сахарников, Н. А., Об условиях фроммера существования центра, *ПММ*, 12:5 (1948), 669—670.

[16] Сиóирский, К. С., Алгеóраические инварианты дифференциальных уравнений и матриц, Кишинев, Штиинца, 1976, 131—140.

[17] Баутин, Н. Н., О числе предельных циклов, появляющихся при изменении коэффициентов из состояния равновесия типа фокуса или центра, Мат. Сб., **30**(72), 1952, 1, 181—196.

[18] 秦元勋,刘尊全,微分方程公式的机器推导(Ⅲ),科学通报,**7** (1981),388—391.

[19] 李承治,关于平面二次系统的两个问题,中国科学,A辑,**12**(1982),1087—1096.

[20] 叶彦谦,В. И. Зубов 著"А. М. Ляпунов 方法及其应用"一书中两个错误定理的修正,南京大学学报,**1** (1963),67—70.

[21] 黄文灶,Cauchy 运动和极小集合,数学学报,**2**(1979),22,249—252.

[22] 丁同仁,关于 Ляпунов 第一临界情形积分曲线的拓扑分布,见第一章文献[2],138—146.

[23] Андронов, А. А., Леонтович, Е. А., Гордон, И. И, Майер, А. Г., Қачественная теория динамических систем второго порядка, *Изд. Наука*, 1966,241—249, 377—410.

[24] Frömmer, M., Die Integralkurven einer gewöhnichen Differentialgleichung erster ordnung in der Umgebung rationaler Umgebung Unbestimmtheitsstellen, *Math. Annallen*, **99**(1928),222—272.

[25] Андреев, А. Ф., Особые точки дифференциалъных уравнений, Минск, Вышэйшая школа, 1979.

[26] Farr, W. W., Li, C., Labouriau, I. S. & Langford, W. F., Degenerate Hopf Bifurcation Formulas and Hilbert's 16th Problem, SIAM J. Math. Anal., **20** (1989), 13—30.

[27] Zhang Zhi-fen, About Singular Points of a Polynomial System, Boll. Un. Mat. Italy, C(6) 5(1986), 367—382.

第三章　平面奇点指数

奇点指数是刻划奇点拓扑性质的一个量,它是一个整数.在§1中我们先介绍连续向量场的旋转数和它的一些性质,例如:同伦向量场具有相同的旋转数,等等.在§2中我们用连续向量场的旋转数来定义奇点指数,并介绍奇点指数的一些性质,例如:由解析向量场所定义的微分方程,在一定条件下,它的奇点指数等于对应的主方程的奇点指数(由最低次齐次式组成的).在§3、§4、§5中我们着重介绍高维新1962年的一个工作[1],他用Cauchy指标的代数工具提供了由方程的系数直接有理计算奇点指数的有效方法.这样对于平面解析向量场,奇点指数的计算问题基本上解决了.在§6中我们介绍联系奇点指数与奇点邻域的双曲扇形和椭圆扇形个数的Bendixson公式.

§1. 连续向量场的旋转数[2]

给定平面 R^2 上的连续向量场

$$A(x,y)=(X(x,y),Y(x,y)),(x,y)\in R^2.$$

设 $\mathscr{L}\subset R^2$ 为逐段光滑的定向封闭曲线,设 $A(x,y)$ 在 $\mathscr{L}$ 上非退化,即 X^2+Y^2 恒不为0,定义连续映射

$$T(x,y)=\frac{A(x,y)}{\|A(x,y)\|}=\left(\frac{X(x,y)}{\sqrt{X^2+Y^2}},\frac{Y(x,y)}{\sqrt{X^2+Y^2}}\right),$$

$$(x,y)\in\mathscr{L}.$$

如图3.1所示 T 将 $\mathscr{L}$ 映到单位圆周 L.当点 (x,y) 在 $\mathscr{L}$ 上逆时针方向绕 $\mathscr{L}$ 一周时,易证 $T(x,y)$ 在 L 上绕整数圈,所绕圈数的代数和(逆时针方向为正,顺时针方向为负)叫做 T 的映射度,记作

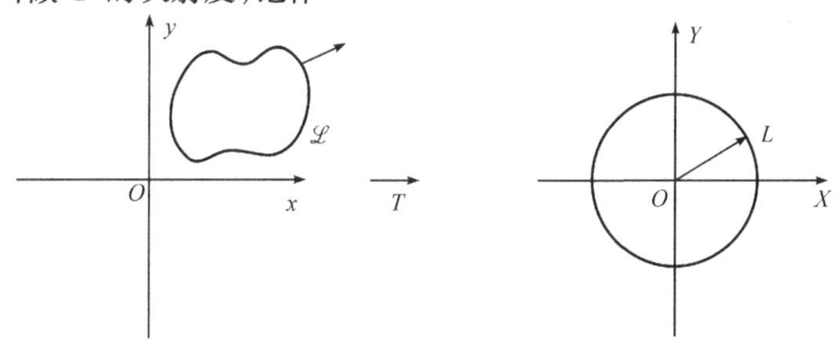

图3.1

$$\mu(T,\mathscr{L}).$$

当点(x,y)在$\mathscr{L}$上逆时针方向绕$\mathscr{L}$一周时,向量$A(x,y)$,就其方向来说,旋转了整数圈,所旋转的圈数的代数和叫做向量场$A(x,y)$沿$\mathscr{L}$的旋转数,记作

$$\gamma(A,\mathscr{L}).$$

显然有

$$\gamma(A,\mathscr{L}) = \mu(T,\mathscr{L}). \tag{1.1}$$

当$A(x,y)$是光滑向量场时,即

$$X(x,y), Y(x,y) \in C^1,$$

则显然有

$$\gamma(A,\mathscr{L}) = \frac{1}{2\pi}\oint_{\mathscr{L}} d\arctan\frac{Y}{X}. \tag{1.2}$$

设$D \subset R^2$是单连通或多连通闭区域,∂D是由有限条逐段光滑的封闭曲线组成,即

$$\partial D = \bigcup_{i=1}^{n} \partial D_i,$$

又$A(x,y)$在∂D上非退化.今规定∂D_i上的定向按其与内法线成正直角为正定向,如图3.2所示.我们就定义$\gamma(A,\partial D)$是$A(x,y)$沿D的所有边界的旋转数的总和,即

$$\gamma(A,\partial D) = \sum_{i=1}^{n} \gamma(A,\partial D_i).$$

以下我们都假定区域D的边界是逐段光滑的封闭曲线.

连续向量场的旋转数有下列几条性质.

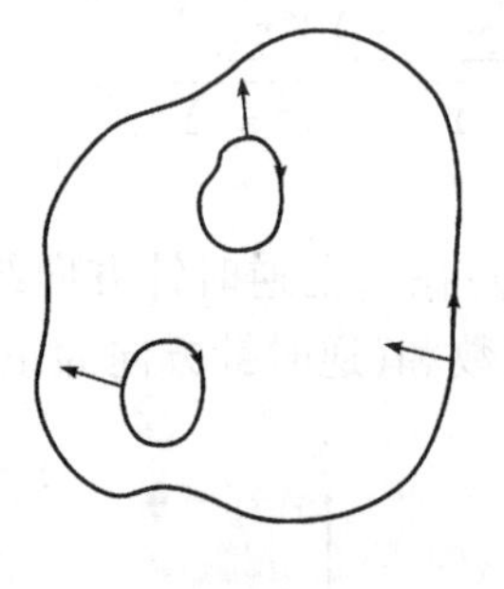

图 3.2

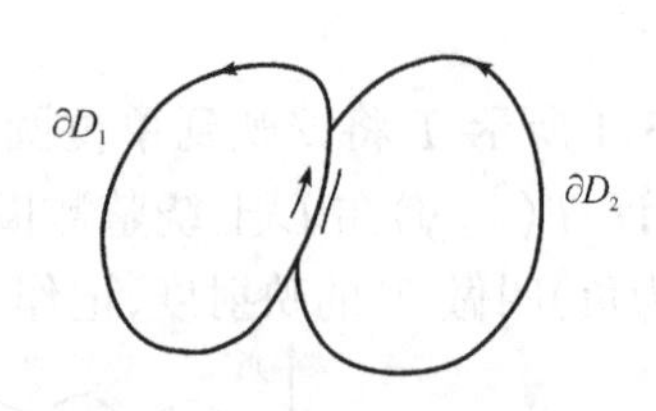

图 3.3

性质 1　若两个闭连通区域D_1与D_2的内部不相交,$D = D_1 \cup D_2$,则

$$\gamma(A,\partial D) = \gamma(A,\partial D_1) + \gamma(A,\partial D_2). \tag{1.3}$$

证明　当$\partial D_1 \cap \partial D_2 = \varnothing$,我们就将公式(1.3)作为$\partial D$上旋转数的定义.

当$\partial D_1 \cap \partial D_2 \neq \varnothing$,取定$\partial D_1$与$\partial D_2$的正定向后,如图3.3所示,它们在公共边

界上的定向刚好相反,故有

$$\mu(T,\partial D)=\mu(T,\partial D_1)+\mu(T,\partial D_2).$$

由等式(1.1),便得等式(1.3).

性质 2 若在有界闭连通区域 D 上 $A(x,y)$ 非退化,则

$$\gamma(A,\partial D)=0.$$

证明 先设 D 是单连通区域,$\partial D=\mathscr{L}$.

当 $A(x,y)$ 是光滑向量场,即

$$X(x,y),Y(x,y)\in C^1,$$

时,证明比较简单.由公式(1.2)及图 3.1,知

$$\begin{aligned}\gamma(A,\mathscr{L})&=\frac{1}{2\pi}\oint_{\mathscr{L}}d\arctan\frac{Y}{X}\\&=\frac{1}{2\pi}\oint_{L}\frac{XdY-YdX}{X^2+Y^2}\\&=\frac{1}{2\pi}\iint_{U}\left[\frac{\partial}{\partial X}\left(\frac{X}{X^2+Y^2}\right)+\frac{\partial}{\partial Y}\left(\frac{Y}{X^2+Y^2}\right)\right]dXdY\\&=\frac{1}{2\pi}\iint_{U}\left[\frac{(X^2+Y^2)-2X^2+(X^2+Y^2)-2Y^2}{(X^2+Y^2)^2}\right]dXdY\\&=0,\end{aligned}$$

其中 U 是由 L 所包围的区域.

当 $A(x,y)$ 是连续向量场时,我们先将 $A(x,y)$ 连续扩充到 D 的一个充分小紧致邻域 $S(D)$.由于 D 的紧致性,这种扩充是可能的,且 $A(x,y)$ 在 $S(D)$ 上也是非退化的.

对任意点 $P(x,y)\in D$,由 $A(x,y)$ 的连续性,存在充分小正数 δ_P,$A(x,y)$ 在 $S(P,\delta_P)\subset S(D)$ 上的场向量几乎是平行的,于是对于任何 $Q\in\partial S(P,\delta_P)$,便不存在 $R\in\partial S(P,\delta_P)$,使得

$$\frac{A(Q)}{\|A(Q)\|}=\frac{-A(R)}{\|A(R)\|},\tag{1.4}$$

故当 Q 绕 $\partial S(P,\delta_P)$ 逆时针方向一圈,$A(x,y)$ 就其方向来说,在 $\partial S(P,\delta_P)$ 上不可能绕一整圈,即

$$\gamma(A,\partial S(P,\delta_P))=0.$$

对 D 上每一点 P 都可找到满足上述性质的 $S(P,\delta_P)$.由有限覆盖定理,存在有限个 $S(P_i,\delta_{P_i})(i=1,2,\cdots,n)$ 将紧致闭集 D 覆盖住.再经过适当的手术,可得有限个开区域 $B_i(i=1,2,\cdots,k)$,满足:

$$D=\bigcup_{i=1}^{k}\overline{B_i},$$

$$B_i \cap B_j = \varnothing, i \neq j, 1 \leqslant i, j \leqslant k,$$

$$\gamma(A, \partial B_i) = 0, i = 1, 2, \cdots, k.$$

于是由性质 1 便得

$$\gamma(A, \partial D) = \sum_{i=1}^{k} \gamma(A, \partial B_i) = 0.$$

以上事实也可以这样来论证. 由于∂D 上的每一连续非退化向量场可以由光滑非退化向量场一致逼近到任意精确度. 另外, 由于旋转数是一个整数, 于是充分接近连续向量场的光滑向量场与这连续向量场都具有同样的旋转数. 这样性质 2 既然对光滑向量场成立, 对连续向量场也就自然成立.

当 D 是多连通区域, 设

$$\partial D = \bigcup_{i=1}^{n} \partial D_i,$$

我们将 D 分成 $n-1$ 个单连通区域. 图 3.4 是 $n=4$ 时的示意图.

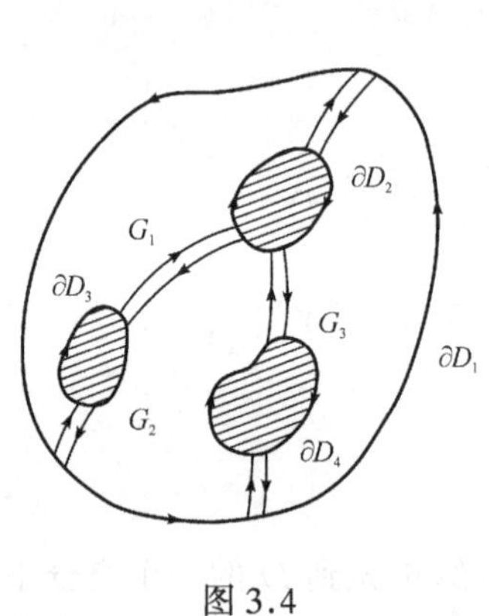

图 3.4

$$D = \bigcup_{i=1}^{n-1} G_i,$$

$$\mathrm{Int}(G_i) \cap \mathrm{Int}(G_j) = \varnothing,$$

$$i \neq j, 1 \leqslant i, j \leqslant n-1.$$

由前面对单连通区域的证明, 知

$$\gamma(A, \partial G_i) = 0,$$

$$i = 1, 2, \cdots, n-1.$$

由性质 1,

$$\gamma(A, \partial D) = \sum_{i=1}^{n-1} \gamma(A, \partial G_i) = 0.$$

定义 1.1　设 $D \subset R^2$ 为有界闭区域, 设 $A_0(x, y), A_1(x, y)$是∂D 上的连续、非退化向量场. 若存在依赖于参数 λ 的连续向量场, 也可看成连续映射

$$A(x, y, \lambda): \partial D \times [0,1] \to R^2,$$

且

$$A(x, y, 0) = A_0(x, y),$$

$$A(x, y, 1) = A_1(x, y),$$

则称 $A(x, y, \lambda)$为从 $A_0(x, y)$到 $A_1(x, y)$的连续形变. 若当$(x, y) \in \partial D$ 和 $\lambda \in [0,1]$时 $A(x, y, \lambda)$恒不为 0, 则称形变 $A(x, y, \lambda)$在∂D 上非退化. 若存在从 $A_0(x, y)$到 $A_1(x, y)$的连续、非退化形变, 则称 $A_0(x, y)$与$A_1(x, y)$同伦.

定理 1.1　若 $A_0(x, y), A_1(x, y)$都与 $A_*(x, y)$同伦, 则 $A_0(x, y)$与 $A_1(x, y)$也同伦.

证明 设从 $A_0(x,y)$ 与 $A_1(x,y)$ 到 $A_*(x,y)$ 的连续、非退化形变分别为 $\bar{A}_0(x,y,\lambda)$ 与 $\bar{A}_1(x,y,\lambda)$，即

$$\left.\begin{aligned}\bar{A}_i(x,y,0) &= A_i(x,y),\\ \bar{A}_i(x,y,1) &= A_*(x,y),\end{aligned}\right. \quad i = 0,1;(x,y) \in \partial D.$$

令

$$A(x,y,\lambda) = \begin{cases}\bar{A}_0(x,y,2\lambda), & 0 \leqslant \lambda \leqslant \dfrac{1}{2},\\ \bar{A}_1(x,y,2-2\lambda), & \dfrac{1}{2} < \lambda \leqslant 1,\end{cases}$$

则 $A(x,y,\lambda)$ 就是从 $A_0(x,y)$ 到 $A_1(x,y)$ 的连续、非退化形变.】

性质 3 设 $D \subset R^2$ 是有界闭区域，则 ∂D 上的同伦向量场有相同的旋转数.

使用定义 1.1 中的符号. 由于 $\gamma(A(x,y,\lambda),\partial D)$ 一方面是一个整数，另一方面对 λ 连续，故它只能是一个常数，故

$$\begin{aligned}\gamma(A_0(x,y),\partial D) &= \gamma(A(x,y,0),\partial D)\\ &= \gamma(A(x,y,1),\partial D)\\ &= \gamma(A_1(x,y),\partial D).\end{aligned}$$

下面我们以定理的形式介绍两个重要的同伦场，它们在以后的论述中将经常被用到.

定理 1.2 设 $D \subset R^2$ 是有界闭区域，在 ∂D 上有两个非退化、连续向量场 $A_0(x,y)$ 和 $A_1(x,y)$. 若对一切 $(x,y) \in \partial D$，$A_0(x,y)$ 和 $A_1(x,y)$ 的方向恒不相反，即

$$\frac{A_0(x,y)}{\| A_0(x,y) \|} \neq \frac{-A_1(x,y)}{\| A_1(x,y) \|}, \quad (x,y) \in \partial D,$$

则

$$\gamma(A_0,\partial D) = \gamma(A_1,\partial D). \tag{1.5}$$

证明 构造从 $A_0(x,y)$ 到 $A_1(x,y)$ 之间的连续形变

$$A(x,y,\lambda) = (1-\lambda)A_0(x,y) + \lambda A_1(x,y),$$
$$(x,y) \in \partial D, 0 \leqslant \lambda \leqslant 1.$$

往下证 $A(x,y,\lambda)$ 为非退化. 用反证法. 设 $A(x,y,\lambda)$ 为退化，则必存在 $(x_0,y_0) \in \partial D$，$\lambda_0 \in [0,1]$，使得

$$(1-\lambda_0)A_0(x_0,y_0) + \lambda_0 A_1(x_0,y_0) = 0.$$

即

$$(1-\lambda_0)A_0(x_0,y_0) = -\lambda_0 A_1(x_0,y_0).$$

于是便有

$$(1-\lambda_0)\|A_0(x_0,y_0)\| = \lambda_0\|A_1(x_0,y_0)\|,$$

$$\frac{A_0(x_0,y_0)}{\|A_0(x_0,y_0)\|} = -\frac{A_1(x_0,y_0)}{\|A_1(x_0,y_0)\|}.$$

与定理的假设矛盾.这就证明了 $A(x,y,\lambda)$ 非退化.故 $A_0(x,y)$ 与 $A_1(x,y)$ 同伦.由性质 3,等式(1.5)得证.】

定义 1.2　设 $D\subset R^2$ 是有界闭区域.设 $A_0(x,y)$ 是 ∂D 上的连续、非退化向量场.向量场 $\triangle A_0(x,y)$ 叫做 $A_0(x,y)$ 的连续、微小扰动,若 $\triangle A_0(x,y)$ 在 ∂D 上连续,且

$$\|\triangle A_0(x,y)\| < \|A_0(x,y)\|, \quad (x,y)\in\partial D.$$

定理 1.3　设 $D\subset R^2$ 是有界闭区域.若 $A_0(x,y)$ 是 ∂D 上的连续、非退化向量场,$\triangle A_0(x,y)$ 是 $A_0(x,y)$ 的连续、微小扰动.令

$$A_1(x,y) = A_0(x,y) + \triangle A_0(x,y),$$

则 $A_1(x,y)$ 在 ∂D 上也非退化,且

$$\gamma(A_0,\partial D) = \gamma(A_1,\partial D). \tag{1.6}$$

证明　构造从 $A_0(x,y)$ 到 $A_1(x,y)$ 的连续形变

$$A(x,y,\lambda) = A_0(x,y) + \lambda\triangle A_0(x,y),$$
$$(x,y)\in\partial D,\quad 0\leqslant\lambda\leqslant 1.$$

由微小扰动的定义,知

$$\begin{aligned}\|A(x,y,\lambda)\| &\geqslant \|A_0(x,y)\| - \lambda\|\triangle A_0(x,y)\| \\ &> (1-\lambda)\|\triangle A_0(x,y)\| \geqslant 0,\end{aligned}$$
$$(x,y)\in\partial D, 0\leqslant\lambda\leqslant 1.$$

故 $A(x,y,\lambda)$ 在 ∂D 上非退化,因而 $A_0(x,y)$ 与 $A_1(x,y)$ 同伦.由性质 3,等式(1.6)成立.】

§2. 平面奇点指数

对于由连续向量场 $A(x,y)=(X(x,y),Y(x,y))$ 所确定的平面微分方程

$$\frac{dx}{dt} = X(x,y), \quad \frac{dy}{dt} = Y(x,y), \tag{2.1}$$

如果 $M_0(x_0,y_0)$ 为(2.1)的孤立奇点($A(x_0,y_0)=0$),则必存在充分小正数 R,使圆 $S_R=S(M_0,R)$ 内部无异于 M_0 的奇点.于是对任何正数 $0<r_1<r_2<R$,由于在环域 $\overline{S_{r_2}\setminus S_{r_1}}$ 上无奇点,由§1 中性质 1 和 2 便知

$$\begin{aligned}\gamma(A,\partial S_{r_2}) &= \gamma(A,\partial(S_{r_2}\setminus S_{r_1})) + \gamma(A,\partial S_{r_1}) \\ &= \gamma(A,\partial S_{r_1}).\end{aligned}$$

由此可知,对于任何 $0<r<R$, $\gamma(A,\partial S_r)$是不依赖于 r 的整数.

定义 2.1 考虑微分方程(2.1),设 $X(x,y),Y(x,y)\in C^0$,又设 $M_0(x_0,y_0)$ 是(2.1)的孤立奇点,则存在 $R>0$,对一切 $0<r<R$, $\gamma(A,\partial S_r)$是常数,我们就将它叫作方程(2.1)的奇点 $M_0(x_0,y_0)$的指数,记作 $J_{M_0}(A)$或 $J_{M_0}(X,Y)$.当(2.1)只有唯一的奇点时,$J_{M_0}(A)$可简记为 $J(A)$或 $J(X,Y)$.

连续向量场的奇点有下列几个性质.

性质 1 若有界单连通或多连通区域 D 的内部仅包含方程(2.1)的有限个奇点 $M_1,M_2,\cdots,M_k$,且在∂D 上无奇点,则

$$\gamma(A,\partial D)=\sum_{i=1}^{k}J_{M_i}(A).$$

证明 取 $r_i>0$ 充分小,使

$$S_{r_i}=S(M_i,r_i)\subset D,$$

$$S_{r_i}\cap S_{r_j}=\varnothing,\quad i\neq j,\quad 0\leqslant i,\quad j\leqslant k.$$

于是由§1 性质 1,2,便有

$$\begin{aligned}\gamma(A,\partial D)&=\gamma\Big(A,\partial\Big(D\setminus\bigcup_{i=1}^{k}S_{r_i}\Big)\Big)+\sum_{i=1}^{k}\gamma(A,\partial S_{r_i})\\&=\sum_{i=1}^{k}J_{M_i}(A).\end{aligned}\tag{2.2}$$

作为性质 1 的推论,便得

性质 2 若方程(2.1)只有孤立奇点,则(2.1)的任何闭轨线 $\mathscr{L}$所围成的区域 D 内部所有奇点的指数和为 1.

这时因为$\partial D=\mathscr{L}$上的向量都与∂D 相切,故 $\gamma(A,\partial D)=1$.再由等式(2.2),性质 2 得证.

性质 3 方程(2.1)的闭轨线 $\mathscr{L}$所围成的区域 D 内部一定包含奇点.

因为这时 $\gamma(A,\partial D)=1$.若 D 中无奇点,由§1 性质2,将有 $\gamma(A,\partial D)=0$.得矛盾.这个重要事实已在第一章中证明过,从向量场的旋转数的角度来看,便变成十分显然的了.

性质 4 $J_{M_0}(aX,Y)=\operatorname{sgn}a\cdot J_{M_0}(X,Y)$, $a\neq 0$.

证明 先作 $S_r=S(M_0,r)$,使向量场(X,Y)和$(|a|X,Y)$在 $\bar{S}_r$ 中除M_0 外无其他奇点.构造从(X,Y)到$(|a|X,Y)$的连续形变

$$((1-(1-|a|)\lambda),X,Y),\quad (x,y)\in\partial S_r,0\leqslant\lambda\leqslant 1.$$

现证它在∂S_r 上非退化.用反证法.设它是退化的,则必存在$(x_0,y_0)\in\partial S_r$, $0\leqslant\lambda_0\leqslant 1$,有

$$Y(x_0,y_0)=0,(1-(1-|a|)\lambda_0)X(x_0,y_0)=0.$$

因为(X,Y)在∂S_r上非退化，即$X(x_0,y_0)$与$Y(x_0,y_0)$不能同时为零，故必有$1-(1-|a|)\lambda_0=0$，即

$$0\leqslant\lambda_0=\frac{1}{1-|a|}\leqslant 1,\text{即}\ 1-|a|\geqslant 1.$$

这不可能.这便证明了(X,Y)与$(|a|X,Y)$在∂S_r上同伦，故

$$J_{M_0}(X,Y)=J_{M_0}(|a|X,Y).$$

再由习题3，便得性质4.

性质5 $J_{M_0}(X,Y)=-J_{M_0}(Y,X)$.

证明 当$A_0(x,y)=(X(x,y),Y(x,y))$是光滑向量场时，可由等式(1.2)来直接验证.

当$A_0(x,y)$是连续向量场时，我们构造从$A_0(x,y)$到$A_1(x,y)=(-Y,X)$的连续形变

$$((1-\lambda)X-\lambda Y,\lambda X+(1-\lambda)Y),$$
$$(x,y)\in\partial S_r,0\leqslant\lambda\leqslant 1,$$

其中$S_r=S(M_0,r)$，$A_0(x,y)$，$A_1(x,y)$在$\bar{S}_r$上除M_0外无其他奇点，即$A_0(x,y)$，$A_1(x,y)$在∂S_r上非退化.又因

$$\begin{vmatrix}1-\lambda & -\lambda\\ \lambda & 1-\lambda\end{vmatrix}=(1-\lambda)^2+\lambda^2\neq 0,$$

故$((1-\lambda)X-\lambda Y,\lambda X+(1-\lambda)Y)$在$\partial S_r$上非退化.故$A_0(x,y)$与$A_1(x,y)$在$\partial S_r$上同伦.由§1的性质3和本节的性质4，便有

$$J_{M_0}(X,Y)=J_{M_0}(-Y,X)=-J_{M_0}(Y,X).$$

性质6 $J_{M_0}(X+Y,Y)=J_{M_0}(X,Y)$.

证明 先作$S_r=S(M_0,r)$，使向量场(X,Y)，$(X+Y,Y)$在$\bar{S}_r$上除M_0外无其他奇点，即它们在∂S_r上非退化.构造从(X,Y)到$(X+Y,Y)$的连续形变

$$(X+\lambda Y,Y),\quad (x,y)\in\partial S_r,0\leqslant\lambda\leqslant 1.$$

显然$(X+\lambda Y,Y)$在∂S_r上非退化，故(X,Y)与$(X+Y,Y)$在∂S_r上同伦.由§1的性质3，这里的性质6便得证.

为了让读者熟悉性质4,5,6在计算奇点指数时的用处，下面我们应用公式(1.2)及奇点指数的这些性质来求线性奇点的指数，虽然下面的例题1—5都是习题4的特例，我们仍将它们单独加以讨论.

例题2.1 方程

$$\frac{dx}{dt}=x,\quad\frac{dy}{dt}=y$$

的奇点$O(0,0)$是临界结点，求它的指数.

解 由公式(1.2),

$$J(x,y)=\frac{1}{2\pi}\oint_{\mathscr{L}}d\arctan\left(\frac{y}{x}\right)$$
$$=\frac{1}{2\pi}\int_0^{2\pi}d\theta$$
$$=1,$$

其中 $\mathscr{L}$: $x^2+y^2=1$.

例题 2.2 方程

$$\frac{dx}{dt}=-y,\quad \frac{dy}{dt}=x$$

的奇点 $O(0,0)$是中心,求它的指数.

解 由例题 2.1 及奇点指数的性质 4,5,便知

$$J(-y,x)=-J(y,x)=J(x,y)=1.$$

例题 2.3 求方程

$$\frac{dx}{dt}=\lambda_1 x,\quad \frac{dy}{dt}=\lambda_2 y(\lambda_1,\lambda_2\neq 0)$$

的奇点 $O(0,0)$的指数.

解 由例题 2.1 及奇点指数的性质 4,5,便知

$$J(\lambda_1 x,\lambda_2 y)=\mathrm{sgn}(\lambda_1\lambda_2)J(x,y)=\mathrm{sgn}(\lambda_1\lambda_2).$$

当 $\lambda_1\lambda_2<0$ 时,$O(0,0)$为鞍点,它的指数为 -1. 当 $\lambda_1\lambda_2>0$ 时,$O(0,0)$为结点,它的指数为 $+1$.

例题 2.4 方程

$$\frac{dx}{dt}=\mu_1 x-\mu_2 y,\frac{dy}{dt}=\mu_2 x+\mu_1 y(\mu_1,\mu_2\neq 0)$$

的奇点 $O(0,0)$是焦点,求它的指数.

解 由例题 2.1 及奇点指数的性质 4,5,6,便知

$$\begin{aligned}
&J(\mu_1 x-\mu_2 y,\mu_2 x+\mu_1 y)\\
&=\mathrm{sgn}(\mu_1\mu_2)J(\mu_1^2 x-\mu_1\mu_2 y,\mu_2^2 x+\mu_1\mu_2 y)\\
&=\mathrm{sgn}(\mu_1\mu_2)J((\mu_1^2+\mu_2^2)x,\mu_2^2 x+\mu_1\mu_2 y)\\
&=\mathrm{sgn}(\mu_1\mu_2)J(x,\mu_2^2 x+\mu_1\mu_2 y)\\
&=\mathrm{sgn}(\mu_1\mu_2)J(\mu_2 x,\mu_2 x+\mu_1 y)\\
&=\mathrm{sgn}(\mu_1\mu_2)J(\mu_2 x+\mu_1 y,-\mu_2 x)\\
&=\mathrm{sgn}(\mu_1\mu_2)J(\mu_1 y,-\mu_2 x)\\
&=J(y,-x)\\
&=J(x,y)
\end{aligned}$$

$= 1.$

例题 2.5 方程

$$\frac{dx}{dt} = \lambda_1 x, \frac{dy}{dt} = \xi x + \lambda_1 y (\xi, \lambda_1 \neq 0)$$

的奇点 $O(0,0)$是退化结点,求它的指数.

解 由例题 2.1 及奇点指数的性质 4,5,6 便知

$$\begin{aligned} & J(\lambda_1 x, \xi x + \lambda_1 y) \\ &= \text{sgn}(\lambda_1 \xi) J(\lambda_1 \xi x, \lambda_1 \xi x + \lambda_1^2 y) \\ &= \text{sgn}(\lambda_1 \xi) J(\lambda_1 \xi x + \lambda_1^2 y, -\lambda_1 \xi x) \\ &= \text{sgn}(\lambda_1 \xi) J(\lambda_1^2 y, -\lambda_1 \xi x) \\ &= \text{sgn}(\lambda_1 \xi) J(y, -\lambda_1 \xi x) \\ &= J(y, -x) \\ &= J(x, y) \\ &= 1. \end{aligned}$$

如果 $X(x,y)$和 $Y(x,y)$是 x,y 的解析函数,我们就把 $A(x,y)$叫做解析向量场.对于由解析向量场 $A(x,y)$所确定的方程组(2.1)的奇点 M_0,可将 X,Y 在 M_0 上 Taylor 展开

$$X(x,y) = P_m(x - x_0, y - y_0) + \widetilde{X}(x - x_0, y - y_0),$$
$$Y(x,y) = Q_n(x - x_0, y - y_0) + \widetilde{Y}(x - x_0, y - y_0).$$

这里 m 次型$P_m(x-x_0,y-y_0)$和 n 次型$Q_n(x-x_0,y-y_0)$分别是 $X(x,y)$和 $Y(x,y)$的展开式中的最低次项的和.又 $\widetilde{X}(x-x_0,y-y_0)$和 $\widetilde{Y}(x-x_0,y-y_0)$分别是 $X(x,y)$和 $Y(x,y)$展开式中所有次数分别高于 m 和 n 的各项的和.此时微分方程组

$$\frac{dx}{dt} = P_m(x,y), \frac{dy}{dt} = Q_n(x,y) \tag{2.3}$$

叫做方程组(2.1)在奇点 $M_0=(x_0,y_0)$上的主方程.这里(2.3)的奇点 $x=y=0$ 对应于方程组(2.1)的奇点 M_0.通常类型为(2.3)的奇点 $x=y=0$ 当 $m=n$ 时叫做齐次奇点.当 m 和 n 不都为 1 时,方程组(2.1)的奇点 M_0 叫做高次奇点,这在第二章中已提到过了.

定理 2.1 设方程组(2.1)中 $X(x,y)$, $Y(x,y)$在奇点 $M_0=(x_0,y_0)$上解析.若(2.3)的奇点 $x=y=0$ 孤立,那么方程组(2.1)的奇点 M_0 也孤立,而且

$$J_{M_0}(X,Y) = J(P_m, Q_n).$$

证明 构造从向量场$(P_m(x-x_0,y-y_0),Q_n(x-x_0,y-y_0))$到$(X(x,y),Y(x,y))$的连续形变:

$$A_\lambda(x,y)=(X_\lambda(x,y),Y_\lambda(x,y)),$$

这里

$$X_\lambda(x,y)=P_m(x-x_0,y-y_0)+\lambda\widetilde{X}(x-x_0,y-y_0),$$
$$Y_\lambda(x,y)=Q_n(x-x_0,y-y_0)+\lambda\widetilde{Y}(x-x_0,y-y_0),$$
$$0\leqslant\lambda\leqslant1.$$

必存在以 M_0 为中心,半径为 R 的闭圆面$\overline{S(M_0,R)}$,在其上除 M_0 点外 $A_\lambda(x,y)$ 非退化,即对$\overline{S(M_0,R)}$上任何异于 M_0 的点及任何 $0\leqslant\lambda\leqslant1$,恒有 $A_\lambda(x,y)\neq0$. 因为倘若上述结论不成立,则必存在异于 M_0 并以 M_0 为极限的点列$\{(x_k,y_k)\}$,以及数列$\{\lambda_k\}(0\leqslant\lambda_k\leqslant1)$,使得 $A_{\lambda_k}(x_k,y_k)=0$. 令 $x_k-x_0=\gamma_k\cos\theta_k$, $y_k-y_0=\gamma_k\sin\theta_k(k=1,2,\cdots)$,便知 $\gamma_k\to0$,当 $k\to+\infty$时,代入上式,变形后可得

$$P_m(\cos\theta_k,\sin\theta_k)+\lambda_k\gamma_k^{-m}\widetilde{X}(\gamma_k\cos\theta_k,\gamma_k\sin\theta_k)=0,$$
$$Q_n(\cos\theta_k,\sin\theta_k)+\lambda_k\gamma_k^{-n}\widetilde{Y}(\gamma_k\cos\theta_k,\gamma_k\sin\theta_k)=0.$$

又必存在$\{(\cos\theta_k,\sin\theta_k)\}$的收敛子点列$(\cos\theta_{kl},\sin\theta_{kl})\to(\cos\bar{\theta},\sin\bar{\theta})$,以及收敛子序列 $\lambda_{kl}\to\bar{\lambda}(0\leqslant\bar{\lambda}\leqslant1)$,对上式取子极限即导出

$$P_m(\cos\bar{\theta},\sin\bar{\theta})=Q_n(\cos\bar{\theta},\sin\bar{\theta})=0.$$

于是直线$\dfrac{x}{\cos\bar{\theta}}=\dfrac{y}{\sin\bar{\theta}}$上的所有点都是方程(2.3)的奇点,这与(2.3)的奇点 $x=y=0$ 孤立的假设相矛盾.这就证明了 $A_\lambda(x,y)$在 $S(M_0,R)$上除 M_0 点外非退化,即 $A_\lambda(x,y)$是在$\partial S(M_0,R)$上从$(P_m(x-x_0,y-y_0),Q_n(x-x_0,y-y_0))$到$(X(x,y),Y(x,y))$的连续、非退化形变,故$(P_m(x-x_0,y-y_0),Q_n(x-x_0,y-y_0))$与$(X(x,y),Y(x,y))$在$\partial S(M_0,R)$上同伦,由§1 的性质 3 及习题 1,便知

$$J_{M_0}(X,Y)=J_{M_0}(P_m(x-x_0,y-y_0),Q_n(x-x_0,y-y_0)),$$
$$=J(P_m(x,y),Q_n(x,y)).】$$

附注:定理中 X,Y 在M_0 上解析的条件显然太强,可减弱为在 M_0 上有对 x, y 的足够高阶的连续偏导数.

在定理的条件下,计算方程(2.1)的奇点 M_0 的指数就归结为计算主方程(2.3)的奇点 $x=y=0$ 的指数.当 $n=m=1$ 时,主方程(2.3)的奇点 $x=y=0$ 是线性奇点,奇点指数的计算问题比较简单,早已解决(见例题 1—5 或习题 4).剩下的还有两个问题:第一,当 n,m 不全为 1 时,即主方程(2.3)的奇点 $x=y=0$ 是高次奇点,奇点指数如何计算.第二,当 $x=y=0$ 不是(2.3)的孤立奇点,这时方程组(2.1)的相应的奇点 M_0 叫做临界奇点,定理 2.1 不再成立,如何计算临界奇点的指数.1957 年刘品馨[3]对平面齐次方程(2.3)得到它的奇点指数的奇偶性的判别定理.1960 年 Иоревичиный[4]用有理函数 $P_m(x,y)$和 $Q_n(x,y)$的变号数,来表示平面方程(2.3)的奇点指数,但他的方法,不能用来直接计算指数.1962 年高维

新[1]用 Cauchy 指标的代数工具,提供了由方程的系数直接且有理地计算齐次方程的孤立奇点和临界奇点指数的方法,计算的步骤也很简洁,只要进行多项式除法.在§3,§4,§5 中我们将着重介绍高维新的工作.

§3. Cauchy 指标

给定两个 t 的实系数多项式

$$u(t)=\sum_{i=0}^{k}a_it^{k-i},$$

$$v(t)=\sum_{i=0}^{l}b_it^{l-i}. \tag{3.1}$$

设分式函数 $v(t)/u(t)$ 的所有变号间断点为 $t_1,t_2,\cdots,t_\gamma;t'_1,t'_2,\cdots,t'_{\gamma'}$,这里

$$\lim_{t\to t_i-0}\frac{v(t)}{u(t)}=-\infty,$$

$$\lim_{t\to t_i+0}\frac{v(t)}{u(t)}=+\infty\quad(i=1,2,\cdots,\gamma);$$

$$\lim_{t\to t'_i-0}\frac{v(t)}{u(t)}=+\infty,$$

$$\lim_{t\to t'_i+0}\frac{v(t)}{u(t)}=-\infty\quad(i=1,2,\cdots,\gamma').$$

此时将整数 $\gamma-\gamma'$ 叫做分式函数$\dfrac{v(t)}{u(t)}$的 Cauchy 指标,表示为 $N(u(t),v(t))$或 $N(u,v)$.

例题 3.1　$v(t)=t^2$,

$$u(t)=(t-2)^2(t-4)^3(t-5)(t-6),$$

求 $N(u,v)$.

解　$\dfrac{v(t)}{u(t)}$的变号间断点为 $t=4,5,6$.

$$\lim_{t\to 4-0}\frac{v(t)}{u(t)}=-\infty,$$

$$\lim_{t\to 4+0}\frac{v(t)}{u(t)}=+\infty;$$

$$\lim_{t\to 5-0}\frac{v(t)}{u(t)}=+\infty,$$

$$\lim_{t\to 5+0}\frac{v(t)}{u(t)}=-\infty;$$

$$\lim_{t\to 6-0}\frac{v(t)}{u(t)}=-\infty,$$

$$\lim_{t \to 6+0} \frac{v(t)}{u(t)} = +\infty.$$

故 $N(u,v)=2-1=1$.

下面我们先证明 Cauchy 指标 $N(u,v)$ 的几个性质.

性质 1 如果(3.1)式中 $a_0 \neq 0$,且 u,v 无公共实根,那么 $N(u,v)-k$ 为偶数,即 $N(u,v)$ 与整数 k 奇偶性相同.

事实上此时 $\bar{t}$ 是 $\frac{v(t)}{u(t)}$ 的变号间断点,其充要条件是 $\bar{t}$ 为 $u(t)$ 的单根(或奇重根). 又 $\frac{v(t)}{u(t)}$ 的变号间断点的总个数 $\gamma+\gamma'$ 与 $N(u,v)=\gamma-\gamma'$ 的奇偶性相同,而 $u(t)$ 的单根(或奇重根)的总个数与 $u(t)$ 的次数 k 奇偶性相同.

性质 2 设式(3.1)中 $a_0 b_0 \neq 0$,则

$$\frac{1}{\pi}\int_{-\infty}^{+\infty} d\arctan\frac{v(t)}{u(t)} = \begin{cases} \operatorname{sgn}(a_0 b_0) - N(u,v), \text{当 } l-k \text{ 为正奇数}, \\ -N(u,v), \text{当 } l-k \text{ 不为正奇数}. \end{cases} \tag{3.2}$$

证明 设 $\frac{v(t)}{u(t)}$ 的所有间断点为 $\lambda_i (i=1,2,\cdots,s)$,记 $t \to \lambda_i - 0$ 时 $\frac{v(t)}{u(t)}$ 的符号为 ε_i^-,$t \to \lambda_i + 0$ 时 $\frac{v(t)}{u(t)}$ 的符号为 ε_i^+,又 ε^+,ε^- 分别表示 $t \to +\infty$,$t \to -\infty$ 时 $\frac{v(t)}{u(t)}$ 的符号.

如图 3.5 所示,当 $t \in (\lambda_i, \lambda_{i+1})$,$t$ 从 $\lambda_i + 0$ 变到 $\lambda_{i+1} - 0$ 时,$\arctan\frac{v(t)}{u(t)}$ 由 $\varepsilon_i^+ \frac{\pi}{2}$ 变到 $\varepsilon_{i+1}^- \frac{\pi}{2}$,故有

$$\begin{aligned} \frac{1}{\pi}\int_{\lambda_i}^{\lambda_{i+1}} d\arctan\frac{v(t)}{u(t)} &= \frac{1}{\pi}\left[\varepsilon_{i+1}^- \cdot \frac{\pi}{2} - \varepsilon_i^+ \cdot \frac{\pi}{2}\right] \\ &= \frac{1}{2}(\varepsilon_{i+1}^- - \varepsilon_i^+), \\ i &= 1,2,\cdots,s-1. \end{aligned} \tag{3.3}$$

又当 $l \leqslant k$ 时,$\lim\limits_{t \to \pm\infty} \frac{v(t)}{u(t)}$ 为相等的有限数. 令

$$\lim_{t \to \pm\infty} \arctan\frac{v(t)}{u(t)} = \theta,$$

此时

$$\begin{aligned} &\frac{1}{\pi}\left(\int_{-\infty}^{\lambda_1} + \int_{\lambda_s}^{+\infty}\right) d\arctan\frac{v(t)}{u(t)} \\ &= \frac{1}{\pi}\left[\left(\varepsilon_1^- \cdot \frac{\pi}{2} - \theta\right) + \left(\theta - \varepsilon_s^+ \cdot \frac{\pi}{2}\right)\right] \end{aligned}$$

$$= \frac{1}{2}(\varepsilon_1^- - \varepsilon_s^+). \tag{3.4}$$

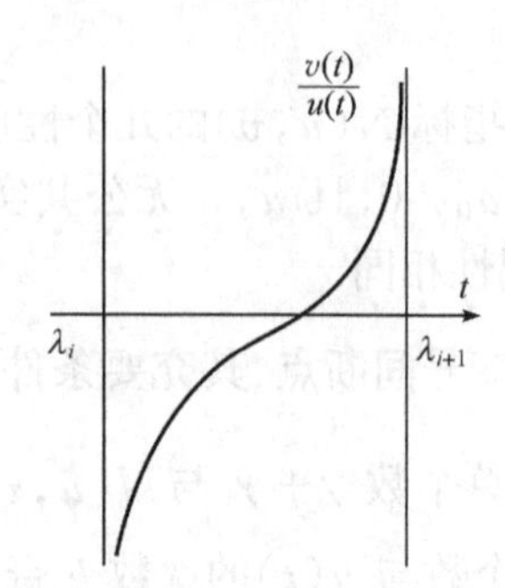

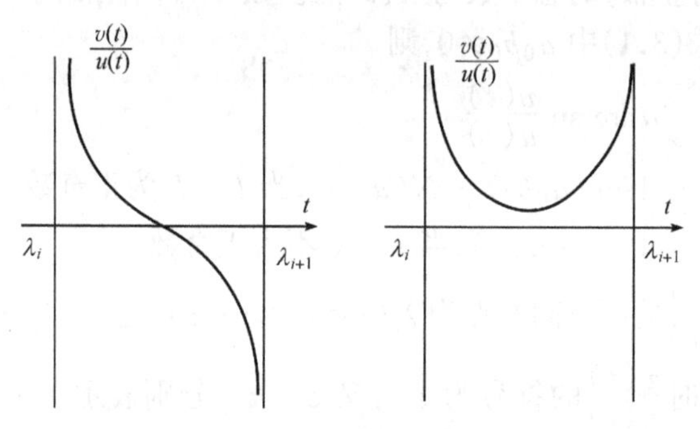

图 3.5

而当 $l>k$ 时，$\lim\limits_{t\to\infty}\frac{v(t)}{u(t)}=\infty$，从而

$$\begin{aligned}\frac{1}{\pi}\int_{-\infty}^{\lambda_1} d\arctan\frac{v(t)}{u(t)} &= \frac{1}{2}(\varepsilon_1^- - \varepsilon^-),\\ \frac{1}{\pi}\int_{\lambda_s}^{+\infty} d\arctan\frac{v(t)}{u(t)} &= \frac{1}{2}(\varepsilon^+ - \varepsilon_s^+).\end{aligned} \tag{3.5}$$

而当 $l-k$ 为正偶数时，$\varepsilon^+=\varepsilon^-$. $l-k$ 为正奇数时

$$\lim_{t\to+\infty}\frac{v(t)}{u(t)} = \operatorname{sgn}(a_0b_0)\cdot\infty, \varepsilon^+ = \operatorname{sgn}(a_0b_0)$$

$$\lim_{t\to-\infty}\frac{v(t)}{u(t)} = -(\operatorname{sgn} a_0b_0)\cdot\infty, \varepsilon^- = -\operatorname{sgn} a_0b_0.$$

故当 $l-k$ 为正奇数时，有

$$\operatorname{sgn}(a_0b_0) = \frac{1}{2}(\varepsilon^+ - \varepsilon^-).$$

(3.5)中两式相加，综合(3.4)式，得

$$\frac{1}{\pi}\left(\int_{-\infty}^{\lambda_1} + \int_{\lambda_s}^{+\infty}\right)d\arctan\frac{v(t)}{u(t)}$$

$$=\begin{cases}\dfrac{1}{2}(\varepsilon_1^- - \varepsilon_s^+) + \operatorname{sgn}(a_0b_0), \text{当 } l-k \text{ 为正奇数;}\\ \dfrac{1}{2}(\varepsilon_1^- - \varepsilon_s^+), \text{当 } l-k \text{ 不为正奇数.}\end{cases}$$

将上式与(3.3)中各式相加,并注意到

$$\begin{aligned}\frac{1}{2}(\varepsilon_1^- - \varepsilon_s^+) + \frac{1}{2}\sum_{i=1}^{s-1}(\varepsilon_{i+1}^- - \varepsilon_i^+) &= \frac{1}{2}\sum_{i=1}^{s}(\varepsilon_i^- - \varepsilon_i^+)\\ &= -N(u,v),\end{aligned}$$

(3.2)式便得证.

性质 3 设式(3.1)中 $a_0b_0\neq 0$,便有

$$N(u,v)+N(v,u)=\operatorname{sgn}((1-(-1)^{l-k})a_0b_0).$$

证明 由(3.2)式可推出

$$\begin{aligned}&\frac{1}{\pi}\int_{-\infty}^{+\infty} d\arctan\frac{u(t)}{v(t)}\\ &\qquad=\begin{cases}\operatorname{sgn}(a_0b_0)-N(v,u), \text{当 } l-k \text{ 为负奇数,}\\ -N(v,u), \text{当 } l-k \text{ 不为负奇数.}\end{cases}\end{aligned}$$

将上式与(3.2)式相加,可知

$$\begin{aligned}&\frac{1}{\pi}\int_{-\infty}^{+\infty}\left(d\arctan\frac{u(t)}{v(t)}+d\arctan\frac{v(t)}{u(t)}\right)\\ &\qquad=\operatorname{sgn}((1-(-1)^{l-k})a_0b_0)-N(u,v)-N(v,u).\end{aligned}$$

由于 $\arctan\dfrac{u}{v}+\arctan\dfrac{v}{u}=\pm\dfrac{\pi}{2}$,从而上式左端为 0,因此上式右端也为 0,即性质 3 得证.

由于$\dfrac{v(t)}{u(t)}$的变号间断点为 $u(t)$的根,它的总个数不超过 $u(t)$的最大次数 k,从而$|N(u,v)|\leqslant k$.如再利用性质 3 可进一步推出

性质 4 $|N(u,v)|\leqslant\min(k,l+1)$.

下面推导两个计算 Cauchy 指标的常用公式.

公式 1 如果 u,v 无公共实根,且 $u(t)$无实重根,令 $\lambda_i(i=1,2,\cdots,s)$是 $u(t)$的所有实根,那么

$$N(u,v)=\sum_{i=1}^{s}\operatorname{sgn}(u'(\lambda_i)v(\lambda_i)).$$

证明 仿照(3.2)式证明中使用的记号,可知

$$\operatorname{sgn}(u'(\lambda_i)v(\lambda_i))=\frac{1}{2}(\varepsilon_i^+-\varepsilon_i^-).$$

由

$$N(u,v)=\frac{1}{2}\sum_{i=1}^{s}(\varepsilon_i^+-\varepsilon_i^-),$$

即推得公式 1.

今对(3.1)式中给定的多项式 u 与 v 辗转相除(余式改变符号),即

$$\begin{aligned}v&=w_0u-u_1,\\u&=w_1u_1-u_2,\\u_{i-1}&=w_iu_i-u_{i+1},\quad i=2,3,\cdots,r,\\u_{r+1}&\equiv 0.\end{aligned}$$

令多项式 w_i 的首项为 $\alpha_i t^{m_i}$ ($\alpha_i\neq 0, 1\leqslant i\leqslant r$),便有

公式 2　$N(u,v)=\sum_{i=1}^{\gamma}\frac{(-1)m_i-1}{2}\operatorname{sgn}\alpha_i.$

证明　因

$$\frac{v(t)}{u(t)}=w_0-\frac{u_1(t)}{u(t)},$$

故

$$N(u,v)=-N(u,u_1).$$

又 u 与 u_1 的次数差为 m_1,系数比为 α_1,

故由性质 3,便得

$$N(u,u_1)+N(u_1,u)=\frac{1-(-1)^{m_1}}{2}\operatorname{sgn}\alpha_1,$$

从而可知

$$N(u,v)-N(u_1,u)=\frac{(-1)^{m_1}-1}{2}\operatorname{sgn}\alpha_1.$$

同理可得

$$N(u_1,u)-N(u_2,u_1)=\frac{(-1)^{m_2}-1}{2}\operatorname{sgn}\alpha_2,$$

$$N(u_i,u_{i-1})-N(u_{i+1},u_i)=\frac{(-1)m_{i+1}-1}{2}\operatorname{sgn}\alpha_{i+1},$$

$$i=2,3,\cdots,r-1.$$

因 $u_{r+1}\equiv 0$,便有 $u_{r-1}=w_ru_r$,

$$N(u_r,u_{r-1})=0.$$

以上各式相加便得公式 2.

例题 3.2　$u(t)=t^3+t^2+t-1,$
$v(t)=t^2+2t+3,$

求 $N(u,v)$ 及 $N(v,u)$,并验证性质 1,3,4.

解　$v=w_0u-u_1,\quad w_0=0,$

$$u = w_1 u_1 - u_2,\quad w_1 = -t+1,$$

$$u_1 = w_2 u_2,\qquad w_2 = \frac{1}{2}t^2 + t + \frac{3}{2}.$$

$$N(u,v) = \frac{(-1)^1 - 1}{2}\operatorname{sgn}(-1) + \frac{(-1)^2 - 1}{2}\operatorname{sgn}\left(\frac{1}{2}\right) = 1.$$

再求 $N(v,u)$.

$$u = w'_0 v - v_1,\quad w'_0 = t - 1,$$

$$v = w'_1 v_1,\qquad w'_1 = -\frac{1}{2}t^2 - t - \frac{3}{2}.$$

$$N(v,u) = \frac{(-1)^2 - 1}{2}\operatorname{sgn}\left(-\frac{1}{2}\right) = 0.$$

验证性质 1:

$$N(u,v) - k = 1 - 3,\text{偶数}.$$
$$N(v,u) - l = 0 - 2,\text{偶数}.$$

验证性质 3:

$$N(u,v) + N(v,u) = \operatorname{sgn}(1 - (-1)^1) = 1.$$

验证性质 4:

$$|N(u,v)| \leqslant 3,$$
$$|N(v,u)| \leqslant 2.$$

§4. 齐次方程孤立奇点指数的有理计算

对于型如式(2.3)的微分方程,其中 P_m, Q_n 分别为 x, y 的 m 次型和 n 次型,当奇点 $x=y=0$ 孤立时,即 P_m, Q_n 无公因子时,$P_m(1,0), Q_n(1,0)$便不全为 0,此时,关于奇点指数有下列定理.

定理 4.1 如果方程(2.3)的奇点 $x=y=0$ 孤立,便有

$$J(P_m, Q_n) = \begin{cases} 0,\text{当 } m+n \text{ 为奇数时;} \\ N(P_m(t,1), Q_n(t,1)),\text{当 } m+n \text{ 为偶数,} \\ P_m(1,0) \neq 0 \text{ 时;} \\ -N(Q_n(t,1), P_m(t,1)),\text{当 } m+n \text{ 为偶数,} \\ Q_n(1,0) \neq 0 \text{ 时.} \end{cases}$$

证明 方程(2.3)所对应的向量场沿逆时针方向在单位圆周 $x^2+y^2=1$ 上的旋转数,就是(2.3)的奇点 $x=y=0$ 的指数. 于是由公式(1.2),便有

$$J(P_m, Q_n) = \frac{1}{2\pi}\int_{-\pi}^{\pi} d\arctan\frac{Q_n(\cos\theta, \sin\theta)}{P_m(\cos\theta, \sin\theta)}$$

$$= \frac{1}{2\pi}\left(\int_{-\pi}^{0} + \int_{0}^{\pi}\right) d\arctan\frac{Q_n(\cos\theta,\sin\theta)}{P_m(\cos\theta,\sin\theta)}.$$

当 $m+n$ 为奇数时,对上式右端第一个积分作变换 $\tau=\theta+\pi$,可得

$$J(P_m,Q_n) = -\frac{1}{2\pi}\int_0^{\pi} d\arctan\frac{Q_n(\cos\tau,\sin\tau)}{P_m(\cos\tau,\sin\tau)} + \frac{1}{2\pi}\int_0^{\pi} d\arctan\frac{Q_n(\cos\theta,\sin\theta)}{P_m(\cos\theta,\sin\theta)} = 0.$$

而当 $m+n$ 为偶数时,对上式右端第一个积分作变换 $\tau=\theta+\pi$ 后,第一积分与第二个积分相等,于是

$$J(P_m,Q_n) = \frac{1}{\pi}\int_0^{\pi} d\arctan\frac{Q_n(\cos\theta,\sin\theta)}{P_m(\cos\theta,\sin\theta)}.$$

令 $\gamma=\dfrac{m-n}{2}$,γ 为整数,上式积分通过变换 $t=\dfrac{\cos\theta}{\sin\theta}$,可得

$$J(P_m,Q_n) = -\frac{1}{\pi}\int_{-\infty}^{+\infty} d\arctan\left[\sin^{n-m}(\theta)\frac{Q_n\left(\frac{\cos\theta}{\sin\theta},1\right)}{P_m\left(\frac{\cos\theta}{\sin\theta},1\right)}\right]$$

$$= -\frac{1}{\pi}\int_{-\infty}^{+\infty} d\arctan\left[(t^2+1)^r\frac{Q_n(t,1)}{P_m(t,1)}\right].$$

当 $P_m(1,0)\neq 0$,$P_m(t,1)$中 t 的最高次幂为 m,而$(t^2+1)^rQ_n(t,1)$中 t 的最高次幂小于 $2r+n=m$.由等式(3.2),这时 $l-k\leqslant 2r+n-m=0$ 不为正奇数,故有

$$J(P_m,Q_n) = N(P_m(t,1),(t^2+1)^rQ_n(t,1)).$$

弃去与符号无关的因子$(t^2+1)^r$,即得

$$J(P_m,Q_n) = N(P_m(t,1),Q_n(t,1)),\quad P_m(1,0)\neq 0.$$

又当 $Q_n(1,0)\neq 0$ 时,由上式可推得

$$J(P_m,Q_n) = -J(Q_n,P_m)$$

$$= -N(Q_n(t,1),P_m(t,1)),Q(1,0)\neq 0.】$$

当方程(2.1)在奇点 $M_0=(x_0,y_0)$上的主方程(2.3)具有孤立奇点 $x=y=0$ 时,(2.1)的奇点 M_0 的指数的计算问题由定理 2.1 和定理 4.1 便彻底解决了.

定理 4.2 如果方程(2.3)的奇点 $x=y=0$ 孤立,那么当 $m+n$ 为偶数时,$J(P_m,Q_n)$与 m 或 n 同为奇数或偶数,而且

$$|J(P_m,Q_n)|\leqslant\min\{m,n\}. \tag{4.1}$$

证明 事实上当 $P_m(1,0)\neq 0$ 时,$P_m(t,1)$的次数为 m,由定理 4.1 可得

$$J(P_m,Q_n) = N(P_m(t,1),Q_n(t,1)).$$

由§3 性质 1 从上式可知 $J(P_m,Q_n)$与 m 或 n 奇偶性相同.且由§3 性质 4 可知

$$|J(P_m,Q_n)|\leqslant\min\{m,n+1\}.$$

但显然 $|J(P_m,Q_n)|\neq n+1$，从而式(4.1)成立. 又当 $Q_n(1,0)\neq 0$，类似地可推证定理 4.2.】

例题 4.1 求平面微分方程

$$\frac{dx}{dt}=(x^2+xy+y^2)^k\prod_{i=1}^{s}(x-2iy)=P_{2k+s}(x,y),$$

$$\frac{dy}{dt}=\pm(x^2-xy+y^2)^l\prod_{i=1}^{s}[x-(2i-1)y]=Q_{2l+s}(x,y)$$

的奇点 $x=y=0$ 的指数.

解 因 $P_{2k+s}(1,0)=1\neq 0$，由定理 4.1 知

$J(P_{2k+s},Q_{2l+s})=N(P_{2k+s}(t,1),Q_{2l+s}(t,1))$.

$P_{2k+s}(t,1)=(t-2)(t-4)\cdots(t-2s)(t^2+t+1)^k$,

$Q_{2l+s}(t,1)=(t-1)(t-3)\cdots(t-(2s-1))(t^2-t+1)^l$.

$\dfrac{Q_{2l+s}(t,1)}{P_{2k+s}(t,1)}$的变号间断点为 $t=2,4,\cdots,2s$. 应用等式(3.2)的证明中的符号，有

$$t=2i,\varepsilon_{2i}^-=(-1)^{1+2(s-i)},$$
$$\varepsilon_{2i}^+=(-1)^{2(s-i)},i=1,2,\cdots,s.$$

故

$$N(P_{2k+s}(t,1),Q_{2l+s}(t,1))=\frac{1}{2}\sum_{i=1}^{s}(\varepsilon_{2i}^+-\varepsilon_{2i}^-)=s.$$

即奇点 $x=y=0$ 的指数为 s.

由例题 4.1 说明，对任何给定的和数为偶数的自然数 m 与 n，以及与 m 或 n 奇偶相同的整数 J，又 $|J|\leqslant\min\{m,n\}$，那么必存在 m 次型 $P_m(x,y)$ 及 n 次型 $Q_n(x,y)$，使其对应的方程组(2.3)的奇点指数恰好为 J. 这就是说，任何满足定理 4.2 中不等式(4.1)的 J 都是可以实现的.

§5.* 临界奇点指数的有理计算

如果方程组(2.1)在奇点 $M_0=(x_0,y_0)$ 上的主方程(2.3)不具有孤立奇点 $x=y=0$，那么方程组(2.1)的奇点 M_0 叫临界奇点.

例题 5.1 给定微分方程组

$$\frac{dx}{dt}=ax+by+X_2(x,y),$$
$$\frac{dy}{dt}=cx+dy+Y_2(x,y). \tag{5.1}$$

其中 X_2,Y_2 包含二次以上的项. 当 $ad-bc=0$ 时，(5.1)在奇点 $M_0=(0,0)$ 上的

主方程

$$\frac{dx}{dt} = ax + by$$

$$\frac{dy}{dt} = cx + dy$$

不具有孤立奇点 M_0,这时奇点 $M_0=(0,0)$叫做(5.1)的临界奇点.

例题 5.2 给定微分方程

$$\begin{aligned}\frac{dx}{dt} &= (x-1)(y-1),\\ \frac{dy}{dt} &= (y-1)^2-(x-1)^4.\end{aligned} \tag{5.2}$$

(5.2)的奇点 $M_0=(1,1)$上的主方程

$$\frac{dx}{dt} = xy$$

$$\frac{dy}{dt} = y^2$$

不具有孤立奇点 $x=y=0$,这时奇点 $M_0=(1,1)$叫做(5.2)的临界奇点.

对于临界奇点,定理 4.1 不再成立.如何计算临界奇点的指数,过去还没有人讨论过.下面也是高维新提供的关于临界奇点指数的有理计算方法.

给定 x,y 的 i 次型 $P_i(x,y)(i=m,m+1,\cdots,N_1)$与 $Q_i(x,y)(i=n,n+1,\cdots,N_2)$.如果平面微分方程组

$$\begin{aligned}\frac{dx}{dt} &= P(x,y) = \sum_{i=m}^{N_1}P_i(x,y),\\ \frac{dy}{dt} &= Q(x,y) = \sum_{i=n}^{N_2}Q_i(x,y),\end{aligned} \tag{5.3}$$

在圆周 $x^2+y^2=\rho^2(\rho>0)$上无奇点,而在圆 $x^2+y^2<\rho^2$ 内的所有奇点都是孤立的,此时 $P(0,\rho)$与 $Q(0,\rho)$不全为 0,不失一般性可假定 $P(0,\rho)\neq 0$.

定理 5.1 方程组(5.3)在圆 $x^2+y^2<\rho^2$ 内的所有奇点的指数和为

$$-\frac{1}{2}N\Big[\sum_{i=m}^{N_1}\rho^i(t^2+1)^{N_1-i}P_i(2t,t^2-1),$$

$$\sum_{i=n}^{N_2}\rho^i(t^2+1)^{N_2-i}Q_i(2t,t^2-1)\Big].$$

证明 事实上令(5.3)在圆 $x^2+y^2<\rho^2$ 内的所有奇点的指数和为 I,I 就等于由(5.3)所确定的向量场绕圆周 $x^2+y^2=\rho^2$ 的旋转数.在圆周 $x^2+y^2=\rho^2$ 上令 $x=\rho\sin\varphi$,

$$y = -\rho\cos\varphi(-\pi < \varphi < \pi),$$

并利用代换 $t=\tan\frac{\varphi}{2}$,于是便有 $\cos\varphi=\frac{1-t^2}{t^2+1}$,$\sin\varphi=\frac{2t}{t^2+1}$,由计算旋转数的公式(1.2),便得

$$\begin{aligned} I &= \frac{1}{2\pi}\int_{-\pi}^{\pi} d\arctan\frac{Q(\rho\sin\varphi,\ -\rho\cos\varphi)}{P(\rho\sin\varphi,\ -\rho\cos\varphi)} \\ &= \frac{1}{2\pi}\int_{-\infty}^{+\infty} d\arctan\frac{Q\left(\frac{2t\rho}{t^2+1},\frac{t^2-1}{t^2+1}\rho\right)}{P\left(\frac{2t\rho}{t^2+1},\frac{t^2-1}{t^2+1}\rho\right)}. \end{aligned}$$

因 $P(0,\rho)\neq 0$,故 $P(x,y)$中有不含 x 而只含 y 的项,即

$$P\left(\frac{2t\rho}{t^2+1},\frac{t^2-1}{t^2+1}\rho\right)$$

中有这样的项$\left(\frac{t^2-1}{t^2+1}\right)^i\rho^i$,$N_1\geqslant i\geqslant m$,因而

$$(t^2+1)^{N_1+N_2}P\left(\frac{2t\rho}{t^2+1},\frac{t^2-1}{t^2+1}\rho\right)$$

的最高次数为 $2(N_1+N_2)$.而$(t^2+1)^{N_1+N_2}Q\left(\frac{2t\rho}{t^2+1},\frac{t^2-1}{t^2+1}\rho\right)$的最高次数$\leqslant 2(N_1+N_2)$,等号成立只当 $Q(0,\rho)\neq 0$ 时.故

$$(t^2+1)^{N_1+N_2}Q\left(\frac{2t\rho}{t^2+1},\frac{t^2-1}{t^2+1}\rho\right)$$

与

$$(t^2+1)^{N_1+N_2}P\left(\frac{2t\rho}{t^2+1},\frac{t^2-1}{t^2+1}\rho\right)$$

的次数之差不为正.由§3 性质 2 中公式(3.2),便有

$$\begin{aligned} I = &-\frac{1}{2}N\Bigg((t^2+1)^{N_1+N_2}P\left(\frac{2t\rho}{t^2+1},\frac{t^2-1}{t^2+1}\rho\right), \\ &(t^2+1)^{N_1+N_2}Q\left(\frac{2t\rho}{t^2+1},\frac{t^2-1}{t^2+1}\rho\right)\Bigg). \end{aligned}$$

在上述 Cauchy 指标的分母与分子中各弃去与符号无关的因子$(t^2+1)^{N_2}$与$(t^2+1)^{N_1}$,得

$$\begin{aligned} I &= -\frac{1}{2}N\Bigg((t^2+1)^{N_1}P\left(\frac{2t\rho}{t^2+1},\frac{t^2-1}{t^2+1}\rho\right), \\ &\quad (t^2+1)^{N_2}Q\left(\frac{2t\rho}{t^2+1},\frac{t^2-1}{t^2+1}\rho\right)\Bigg) \\ &= -\frac{1}{2}N\Big(\sum_{i=m}^{N_1}\rho^i(t^2+1)^{N_1-i}P_i(2t,t^2-1), \end{aligned}$$

$$\sum_{i=n}^{N_2}\rho^i(t^2+1)^{N_2-i}Q_i(2t,t^2-1)).】$$

定理 5.2 如果方程

$$\begin{aligned}\frac{dx}{dt}&=P_{N_1}(x,y),\\ \frac{dy}{dt}&=Q_{N_2}(x,y),\end{aligned}\tag{5.4}$$

与方程(5.3)的所有奇点都孤立,那么(5.3)在全平面上所有奇点的指数和等于(5.4)的唯一奇点 $x=y=0$ 的指数

$$J(P_{N_1}(x,y),Q_{N_2}(x,y)).$$

证明 既然 $x=y=0$ 是(5.4)的孤立奇点,(5.4)便不可能有其他的奇点.若(5.4)还有奇点$(x_0,y_0)\neq(0,0)$,即

$$P_{N_1}^2(x_0,y_0)+Q_{N_2}^2(x_0,y_0)=0.$$

则对任何实数 k,有

$$P_{N_1}^2(kx_0,ky_0)+Q_{N_2}^2(kx_0,ky_0)=0.$$

这样奇点 $x=y=0$ 就不是孤立的了.故 $x=y=0$ 只能是(5.4)的唯一奇点.

既然(5.3)只有孤立奇点,那么(5.3)在有界区域内只能有有限个奇点,设为 $M_i,i=1,2,\cdots,s$.

构造从(P_{N_1},Q_{N_2})到$\left(\sum_{i=m}^{N_1}P_i,\sum_{i=n}^{N_2}Q_i\right)$的连续形变

$$\left(P_{N_1}+\lambda\sum_{i=m}^{N_1-1}P_i,Q_{N_2}+\lambda\sum_{i=n}^{N_2-1}Q_i\right).$$

可取充分大的 k,使得(5.3)的奇点都在圆 $x^2+y^2<k^2$ 内;另外使得当 $x^2+y^2=k^2,0\leqslant\lambda\leqslant1$ 时,有

$$\left(P_{N_1}+\lambda\sum_{i=m}^{N_1-1}P_i\right)^2+\left(Q_{N_2}+\lambda\sum_{i=n}^{N_2-1}Q_i\right)^2\neq0.$$

这样 $A_0=(P_{N_1},Q_{N_2})$与 $A_1=\left(\sum_{i=m}^{N_1}P_i,\sum_{i=n}^{N_2}Q_i\right)$在$x^2+y^2=k^2$ 上同伦. 由§1 的性质 3,便有

$$\gamma(A_0,x^2+y^2=k^2)=\gamma(A_1,x^2+y^2=k^2).$$

又由§2 的性质 1,便有

$$\gamma(A_0,x^2+y^2=k^2)=J(P_{N_1},Q_{N_2}),$$

$$\gamma(A_1,x^2+y^2=k^2)=\sum_{i=1}^{s}J_{M_i}(A_1).$$

定理得证.】

通常临界奇点的指数可借助定理 5.1 或定理 5.2 来计算.

例题 5.3 求微分方程

$$\frac{dx}{dt}=xy=P(x,y),\quad \frac{dy}{dt}=y^2+x^4=Q(x,y),\tag{5.5}$$

的奇点 $M_0(0,0)$的指数.

解 上方程在奇点 $M_0(0,0)$上的主方程为

$$\frac{dx}{dt}=xy,\quad \frac{dy}{dt}=y^2,$$

它的奇点 $x=y=0$ 不是孤立的,故 M_0 是(5.5)的临界奇点. 这时计算 M_0 的指数不能应用定理 2.1 或定理 4.1.

由于(5.5)只有孤立奇点 M_0,故奇点 M_0 的指数计算可应用定理 5.1. 因 $Q(0,1)\neq0$,由定理 5.1,

$$\begin{aligned}J_{M_0}&=\frac{1}{2}N\Big(\sum_{i=2}^{4}(t^2+1)^{4-i}Q_i(2t,t^2-1),P_2(2t,t^2-1)\Big)\\&=\frac{1}{2}N(t^8+14t^4+1,2t^3-2t)=0.\end{aligned}$$

请读者画出方程(5.5)在 $M_0(0,0)$附近的相图来验证结论 $J_{M_0}=0$.

例题 5.4 求微分方程

$$\frac{dx}{dt}=xy=P(x,y),\quad \frac{dy}{dt}=y^2-x^4=Q(x,y).\tag{5.6}$$

的奇点 $M_0(0,0)$的指数.

解 M_0 是(5.6)的临界奇点.

M_0 是(5.6)的孤立奇点,故可用定理 5.1 来计算 M_0 的指数. 因 $Q(0,1)\neq1$,由定理 5.1

$$\begin{aligned}J_{M_0}&=\frac{1}{2}N\Big(\sum_{i=2}^{4}(t^2+1)^{4-i}Q_i(2t,t^2-1),P_2(2t,t^2-1)\Big)\\&=\frac{1}{2}N((t^2+1)^2(t^2-1)^2-(2t)^4,2t(t^2-1))\\&=\frac{1}{2}N(t^8-18t^4+1,2t^3-2t)=2.\end{aligned}$$

请读者以第二章§3中图2.20来验证 $J_{M_0}=2$.

高维新在[5]中推广了Cauchy指标的概念,对空间 R^3 上的常微系统也给出了奇点指数的有理计算公式及类似于定理4.1的结论.

§6.*Bendixson公式

给定微分方程

$$\begin{aligned}\frac{dx}{dt} &= X(x,y),\\ \frac{dy}{dt} &= Y(x,y).\end{aligned} \tag{6.1}$$

设 $X(x,y)$, $Y(x,y)$ 在原点 O 的邻域中是 x,y 的解析函数,原点 O 是(6.1)的孤立奇点,h,e 和 p 分别是原点 O 的充分小邻域中双曲扇形、椭圆扇形和抛物扇形的个数,又设奇点 O 的指数是 J,则有Bendixson公式:

$$J = 1 + \frac{e-h}{2}. \tag{6.2}$$

证明Bendixson公式.

1. 设 $\{O\}$ 是中心型奇点,即 $\{O\}$ 的任意小邻域内部都有闭轨.这时显然有 $J=1$, $e=h=0$.公式(6.2)自然成立.

2. 设 $\{O\}$ 是结点或焦点,即 $\{O\}$ 的充分小邻域内的每条轨线当 $t\to+\infty$(或 $-\infty$)时都进入奇点 O.对充分小 $\delta>0$,可作在 $\partial S_\delta(O)$ 上与(6.1)同伦的向量场 $\overline{(6.1)}$,使得对 $\overline{(6.1)}$ 而言,$\partial S_\delta(O)$ 是无切的,于是对 $\overline{(6.1)}$ 有旋转数 $\gamma(\partial S_\delta(O))=1$, $e=h=0$.由于同伦向量场的旋转数相等,公式(6.2)对(6.1)也就成立.

3. 设 O 为非中心型和非结点和焦点型奇点.

作 $S_\delta(O)$ 满足第二章§6中的定理6.1和6.3.于是由第二章§6中定理6.2,$S_\delta(O)$ 中必有轨线进入奇点 O.由于 O 不是结点和焦点,$S_\delta(O)$ 中至少有一个双曲扇形或椭圆扇形,又由于 $X(x,y)$ 和 $Y(x,y)$ 解析,它们的个数有限.取 δ 充分小,使 $\partial S_\delta(O)$ 与所有椭圆扇形相交.令 $L_1, L_2, \cdots, L_n$ 是不同扇形的边界,且逆时针方向排列.设 L_r 与圆周 $\partial S_\delta(O)$ 的最后一个交点(不相切)是 P_r,这就是说,当 L_r 是正(负)半轨线时,当 t 增加(减小)时,在点 P_r 之后(前) L_r 都落在 $S_\delta(O)$ 内.此外,总可适当选取 $\delta>0$,使得存在以 P_r 为中点弧长为 ε 的圆弧邻域 $S(P_r,\varepsilon)\subset\partial S_\delta(O)$,$S(P_r,\varepsilon)$ 是无切的,$r=1,2,\cdots,n$.

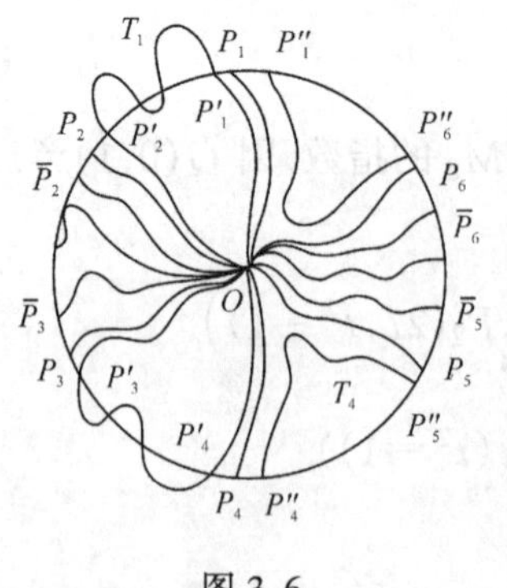

图3.6

图 3.6 是 $h=2, e=2, p=2, n=6$ 时的示意图,为了便于讨论,将它作为模型.

对抛物扇形$\triangle \widetilde{OP_kP_{k+1}}$,将圆弧 $\widehat{P_kP_{k+1}}$ 叫做抛物弧段,取$\overline{P_k}\in S(P_k,\varepsilon)$, $\overline{P_{k+1}}\in S(P_{k+1},\varepsilon)$,

$$\overline{P_k},\overline{P_{k+1}}\in \widehat{P_kP_{k+1}},k=1,2,\cdots,p.$$

以双曲扇形$\triangle \widehat{OP_4P_5}$ 作为模型,对一般的双曲扇形$\triangle \widetilde{OP_iP_{i+1}}$,取轨线段 $\widehat{P''_iT_iP''_{i+1}}$,叫做双曲弧段,其中 $P''_i\in S(P_i,\varepsilon)$, $P''_{i+1}\in S(P_{i+1},\varepsilon)$,且 $T_i\in\triangle \widetilde{OP_iP_{i+1}}$, $i=1,2,\cdots,h$.

以椭圆扇形$\triangle \widetilde{OP_1P_2}$ 作为模型,对一般的椭圆扇形$\triangle \widetilde{OP_jP_{j+1}}$,取轨线段 $\widehat{P'_jT_jP'_{j+1}}$,叫做椭圆弧段,其中 $P'_j\in S(P_j,\varepsilon)$, $P'_{j+1}\in S(P_{j+1},\varepsilon)$, $j=1,2,\cdots,e$.

以$\widehat{P_iP''_i}$, $\widehat{P''_{i+1}P_{i+1}}$, $\widehat{P_jP'_j}$及 $\widehat{P'_{j+1}P_{j+1}}$ 分别表示连接点 P_i,P''_i,点 P''_{i+1}, P_{i+1},点 P_j,P'_j 及点P'_{j+1},P_{j+1}的圆弧段.令

$$l=\bigcup_{i=1}^{h}(\widehat{P''_iT_iP''_{i+1}}\cup\widehat{P_iP''_i}\cup\widehat{P''_{i+1}P_{i+1}})\bigcup_{j=1}^{e}(\widehat{P'_jT_jP'_{j+1}}\cup\widehat{P_jP'_j}\cup\widehat{P'_{j+1}P_{j+1}})$$
$$\cdot\bigcup_{k=1}^{p}(\widehat{P_k\overline{P}_k}\cup\widehat{\overline{P}_k\overline{P}_{k+1}}\cup\widehat{\overline{P}_{k+1}P_{k+1}})$$

向量场 $A_0(x,y)=(X(x,y),Y(x,y))$沿逐段光滑单闭曲线 l 的旋转数就是奇点O 的指数.

在 l 上对向量场$A_0(x,y)$作连续形变,使得无切圆弧段$\widehat{P_k\overline{P}_k}$, $\widehat{\overline{P_{k+1}}P_{k+1}}$, $\widehat{P_iP''_i}$, $\widehat{P''_{i+1}P_{i+1}}$, $\widehat{P_jP'_j}$, $\widehat{P'_{j+1}P_{j+1}}$ 仍是无切的.在端点$\overline{P_k}$, $\overline{P_{k+1}}$, P''_i, P''_{i+1}, P'_j, P'_{j+1}上场向量不变,而在端点 $P_k,P_{k+1},P_i,P_{i+1},P_j,P_{j+1}$上场向量变成与过这些点的对$\partial S_\delta(O)$的法方向一致,在 l 的其余点上.场向量不变.令形变后的 l 上的向量场为$A_1(x,y)$,显然有

$$\frac{A_0(x,y)}{\|A_0(x,y)\|}\neq\frac{-A_1(x,y)}{\|A_1(x,y)\|},(x,y)\in l.$$

由定理 1.2, $A_1(x,y)$与 $A_0(x,y)$在 l 上同伦,它们在 l 上有相同的旋转数.下面我们就来计算 $A_1(x,y)$在 l 上的旋转数.

对双曲扇形$\triangle \widetilde{OP_iP_{i+1}}$,令过两点 P_i,P_{i+1}与点 O 的联线的夹角是α_i,显然 $A_1(x,y)$沿$\widehat{P_iP''_i}\cup\widehat{P''_iT_iP''_{i+1}}\cup\widehat{P''_{i+1}P_{i+1}}$ 的旋转角是 $\alpha_i-\pi$, $i=1,2,\cdots,h$.

对椭圆扇形$\triangle \widetilde{OP_jP_{j+1}}$，令过两点$P_j, P_{j+1}$与点$O$的联线的夹角是$\beta_j$，显然$A_1(x,y)$沿$\widehat{P_jP'_j} \cup \widehat{P'_jT_jP'_{j+1}} \cup \widehat{P'_{j+1}P_{j+1}}$的旋转角是$\beta_j+\pi, j=1,2,\cdots,e$.

对抛物扇形$\triangle \widetilde{OP_kP_{k+1}}$，令过两点$P_k, P_{k+1}$与点$O$的联线的夹角是$\gamma_k$，显然$A_1(x,y)$沿$\widehat{P_kP_{k+1}}$的旋转角是$\gamma_k, k=1,2,\cdots,p$.

因为

$$\sum_{i=1}^{h}\alpha_i+\sum_{j=1}^{e}\beta_j+\sum_{k=1}^{p}\gamma_k=2\pi, \tag{6.3}$$

故$A_1(x,y)$沿l的旋转数

$$\begin{aligned}\gamma(A_1,l)&=\frac{1}{2\pi}\Big[\sum_{i=1}^{h}(\alpha_i-\pi)+\sum_{j=1}^{e}(\beta_j+\pi)+\sum_{k=1}^{p}\gamma_k\Big]\\&=1+\frac{e-h}{2}\\&=\gamma(A_0,l)\\&=J(A_0).\end{aligned}$$

Bendixson 公式证毕.

附注 Bendixson 公式对于连续向量场也是成立的.只是要将e换成与边界$\partial S_\delta(O)$至少有两个公共点(不是切点)的椭圆扇形的个数，要将h换成双曲扇形及双曲椭圆扇形个数的和.而上面的证明几乎不必作任何改动.在第二章§6中我们定义$\overline{S_\delta(O)}$上的椭圆扇形$\triangle \widetilde{OP_1P_2}$，是$P_1, P_2\in\partial S_\delta(O)$，也可能$P_1=P_2$；而椭圆花瓣整个落在$\overline{S_\delta(O)}$中，这是为了便于分类.为了证明 Bendixson 公式，我们总可以通过向量场在$S_\delta(O)$的邻域上的连续形变，使得椭圆扇形的边界与$\partial S_\delta(O)$至少相交两点(不是相切).

习 题 三

1. 试证经坐标轴的移动和旋转，连续向量场的旋转数不变.

2. 试证经反射变换$(x,y)\to(-x,y)$或$(x,y)\to(x,-y)$，连续向量场的旋转数相差一个符号.

3. 设连续向量场$A(x,y)=(X(x,y),Y(x,y))$在区域D的边界∂D上非退化，试证

$$\gamma((X,Y),\partial D)=-\gamma((-X,Y),\partial D).$$

4. 考虑微分方程

$$\frac{dx}{dt}=ax+by, \frac{dy}{dt}=cx+dy.$$

试证当行列式

$$\begin{vmatrix} a & b \\ c & d \end{vmatrix} \neq 0,$$

便有

$$J(ax+by, cx+dy) = \operatorname{sgn}\begin{vmatrix} a & b \\ c & d \end{vmatrix} J(x,y) = \operatorname{sgn}\begin{vmatrix} a & b \\ c & d \end{vmatrix},$$

由此推得,当 $O(0,0)$是鞍点时,奇点指数为 -1,当 $O(0,0)$是结点,中心,焦点时,奇点指数为 1.

5. 给定平面微分方程

$$\frac{dx}{dt} = ax + by + h(x,y), \frac{dy}{dt} = cx + dy + g(x,y),$$

其中 $ad \neq bc$,又 $h(x,y), g(x,y)$在 $x=y=0$ 附近有连续偏导数,并设

$$\lim_{x^2+y^2\to 0} \frac{h(x,y)}{\sqrt{x^2+y^2}} = \lim_{x^2+y^2\to 0} \frac{g(x,y)}{\sqrt{x^2+y^2}} = 0.$$

证明此方程的奇点 $x=y=0$ 的指数为 $\operatorname{sgn}(ad-bc)$. 由此推得,当

$$\begin{vmatrix} a & b \\ c & d \end{vmatrix} = ad - bc \neq 0$$

时,非线性方程的奇点指数等于相应的线性方程的奇点指数.

6. $u(t) = t^4 + 3t^3 + 2t^2 - 2t + 1$,

$v(t) = t^2 - t + 1$,

求 $N(u,v)$及 $N(v,u)$,并验证 Cauchy 指标的性质 1,3,4.

7. 叫多项式 $f(t)$为正定(或负定)的,如果存在正数 $\varepsilon > 0$,使得 $f(t) \geqslant \varepsilon$(或 $f(t) \leqslant -\varepsilon$). 正定的或负定的多项式叫做定号多项式.

试证若 $g_1(t), g_2(t)$为定号多项式,则

$$N(g_1(t)u(t), g_2(t)v(t)) = \begin{cases} N(u,v), & \text{当 } g_1, g_2 \text{ 同为正定或负定时}, \\ -N(u,v), & \text{当 } g_1, g_2 \text{ 一为正定另一为负定时}. \end{cases}$$

8. 对于两个无公共间断点的分式函数来说,它们的 Cauchy 指标的和等于它们和的 Cauchy 指标.

9. 求平面微分方程

$$\frac{dx}{dt} = x^3 + x^2y - xy^2 + y^3 + x^4$$

$$\frac{dy}{dt} = x^5 + x^3y^2 - x^2y^3 + y^5 + y^6$$

的奇点 $O(0,0)$的指数.

10. 求平面微分方程

$$\frac{dx}{dt} = xy - 3x^3$$

$$\frac{dy}{dt} = y^2 - 6x^2y + x^4$$

的奇点 $O(0,0)$的指数.

11. 求平面微分方程

$$\frac{dx}{dt}=2x^2-y$$

$$\frac{dy}{dt}=y^2+x^5 \quad (s\geqslant 3)$$

的奇点 $O(0,0)$的指数.

12. 试证在结点附近可作包围结点的无切单闭光滑曲线.

13. 对例题 5.3,5.4 和习题 10,11 验证 Bendixson 公式.

参 考 文 献

[1] 高维新,平面奇点的指数,微分方程论文集,北京大学数学力学系,1963 年,189—198.

[2] 李正元、钱敏,向量场的旋转度理论及其应用,北京大学出版社,1982.

[3] 刘品馨,关于微分方程高次奇点的指数,北京大学学报,4(1957),395—401.

[4] Иоревичиный, П. Т., Общий метод вычисления индекса особой точки дифференциального уравнения, *Научн. Зап. Одеис. Подитехи. ИН-Та*, 23 (1960), 56—62.

[5] Cao Weixin, Index for a Singular Point of Spatial Differential Systems, Acta-Math. Sinica, 28(1985), 671—680.

第四章　极　限　环

在研究动力系统的局部结构时，奇点占特殊重要的位置，而在研究平面动力系统的全局结构时，除奇点外，闭轨线也占特殊重要的位置．给了一个平面动力系统，如果知道它的奇点的个数及每个奇点附近的拓扑结构，再知道它的闭轨线的个数(若为有限)及它们的相对位置，还有奇点的分界线及其走向，则一般来说，这个系统的全局结构定性地就可以勾划出来了．但正如第一章§3中所说，平面动力系统也可以有非常复杂的 ω(或 α)极限集等，这时情形就完全不同了．

关于极限环的研究大体上分两个方面，一个方面是关于极限环的存在性，稳定性，个数以及它们的相对位置等问题；另一个方面是关于极限环随系统中参数的变化而产生或消失的问题．关于极限环存在性问题的工作多一些，唯一性问题的工作就比较少，至于个数问题和相对位置问题难度比较大，已有的工作是屈指可数的．

著名数学家 D. Hilbert[1]于1900年在国际数学家大会上提出了二十三个数学难题，其中第十六个问题的后一半就是：给定微分方程

$$\frac{dy}{dx}=\frac{P_n(x,y)}{Q_n(x,y)},$$

其中 P_n, Q_n 是 x, y 的次数不高于 n 的实系数多项式；问它最多有几个极限环以及它们的相对位置，即对一切这样的 n 次系统，能否估算出极限环个数的上界(自然依赖于 n)．有关这个问题只有法国数学家 H. Dulac[2]在1923年证明了对每个这样的系统，极限环的个数是有限的①．另外，只对限制很强的一类极限环，即强稳定和强不稳定极限环，S. P. Diliberto[3]给出了极限环个数的上界．

关于极限环理论，国内很多同志做了大量的工作，特别在平面二次系统极限环的存在性、唯一性、个数和相对位置等方面，秦元勋、蒲富全[78]利用 Баутин 的结果(第二章[17])对二次系统提供了在奇点附近构造出具有三个极限环的具体例子的办法．最近史松龄[4]和陈兰荪、王明淑[5]举出了平面二次系统至少存在四个极限环的例子，破除了平面二次系统极限环个数的上界是3的传统猜测，对 $n=2$ 时的 Hilbert 第十六问题是一个大的推进．这方面前期的工作已收集在叶彦谦的专著(第一章文献[3])中，在秦元勋的著作(第一章文献[2])中也有总结，本章限于篇幅，着重介绍 Liénard 型方程极限环的存在性、唯一性和个数等问题．只在§6中介绍一点关于平面二次系统极限环的唯一性和个数等问题．关于二次系统极限环的

① 80年代初 Dulac 的证明被发现有误，后来 Yu. S. Ilyashenko[90]和 J. Ecalle[91]独立地弥补了此漏洞．

相对位置问题,除[4],[5]以外,还可参考叶彦谦的工作[76],[77]和董金柱的工作[6],[7],这些结果在上述两本专著中已有介绍,在本书中就不再作介绍了.

关于极限环随系统中参数变化而变化的情形,它属于分岔理论的范畴,本书只对一种特殊的平面向量场,叫做旋转向量场,介绍有关结果.

§1. 极限环的存在性

给定微分方程

$$\ddot{x} + f(x,\dot{x})\dot{x} + g(x) = 0, \tag{1.1}$$

在实际问题中 $-g(x)$ 代表弹性力,$f(x,\dot{x})\dot{x}$ 代表阻尼力,(1.1)等价于下列方程组

$$\frac{dx}{dt} = v,$$
$$\frac{dv}{dt} = -g(x) - f(x,v)v. \tag{1.2}$$

当 $g(x)=kx$, $f(x,\dot{x})=c$,(1.2)变成常系数线性方程组,它可能有闭轨线,但没有极限环,即没有孤立闭轨线.

(一)关于方程 $\ddot{x}+g(x)=0$

给定微分方程

$$\ddot{x} + g(x) = 0, \tag{1.3}$$

令 $v=\dfrac{dx}{dt}$,则有

$$\ddot{x} = \frac{dv}{dt} = \frac{dv}{dx}\cdot\frac{dx}{dt} = v\frac{dv}{dx},$$

和

$$v\frac{dv}{dx} + g(x) = 0, \tag{1.4}$$

从而

$$\frac{v^2}{2} + G(x) = C, \tag{1.5}$$

其中

$$G(x) = \int_0^x g(x)dx.$$

亦即(1.5)是(1.3)的一个第一积分.

由于(1.3)中无阻尼项,它在运动过程中不消耗能量,通常叫做保守系统.在(1.5)中,各项乘以 m,则 $\dfrac{mv^2}{2}$ 代表动能,$mG(x)$ 代表势能;等式(1.5)也说明运动

的能量守恒.

(1.4)在相平面(x,v)上的轨线可以通过简单的作图法得到(图 4.1). $(x_i,0)$是方程(1.4)的奇点的充要条件是$g(x_i)=0$. $G(x)$的极小点x_2,x_4,对应于相平面上的中心点$(x_2,0),(x_4,0)$;$G(x)$的极大点x_3,x_5,对应于相平面上的鞍点$(x_3,0),(x_5,0)$;$G(x)$的拐点x_1,对应相平面上的非初等奇点$(x_1,0)$.

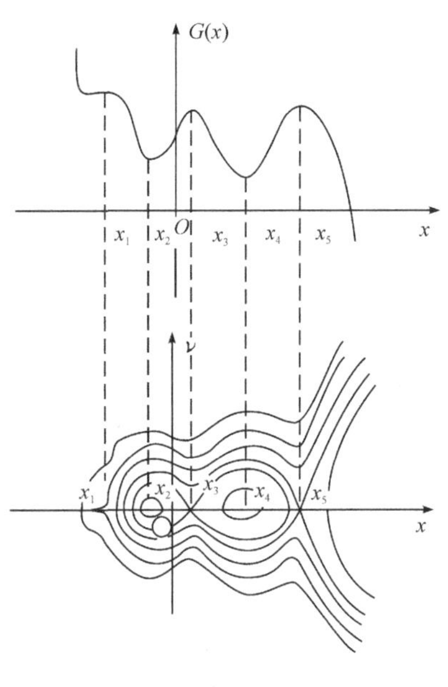

图 4.1

这类方程可能有周期解,但是没有极限环. 这类方程的全局结构比较清楚. 有人研究这样的问题:当$g(x)\neq kx$时,一般来说,中心附近不同周期解的周期是不同的. 当$g(x)$满足什么条件时,在中心的一个适当小邻域里,不同周期解的周期相同;或者周期是单调变化的

(二)关于 Liénard 型方程$\ddot{x}+f(x)\dot{x}+g(x)=0$

在第一章§4 中证明过这样的定理,如果一个动力系统有一条正(负)半轨线$\boldsymbol{f}(P,I^+)[\boldsymbol{f}(P,I^-)]$有界,并且$Q_P(A_P)$中不包含奇点,则$Q_P(A_P)$是闭轨线. 但是为了要论证$\boldsymbol{f}(P,I^+)\boldsymbol{f}(P,I^-)$有界和$Q_P(A_P)$中不包含奇点,比较方便易行的还是运用上述定理的直接推论,即 Poincaré-Bendixson 环域定理. 因而讨论极限环的存在性问题关键就是要在相平面上作出环域的内外境界线,使得在境界线上系统的向量场,当时间参数增加时,都由环域的外(内)部指向内(外)部,并且在环域中无奇点.

关于 A. Liénard 型方程极限环的存在性问题比较好的结果是 A. Ф. Филиппов[8]的工作,在他之前的很多结果都可以从他的结果推出,但为了让读者了解不同的手法,本书准备多介绍一两种有代表性的方法.

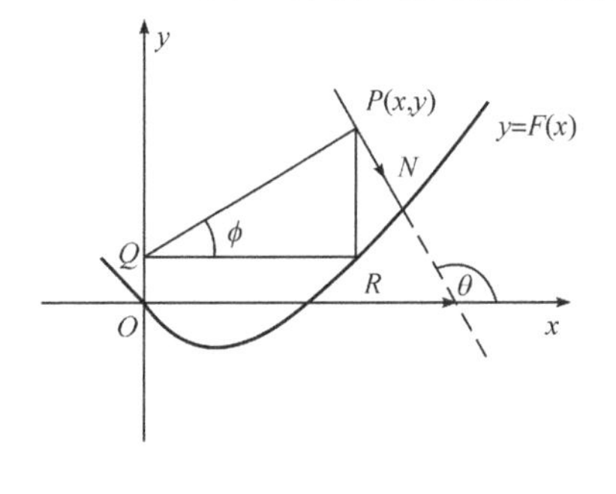

图 4.2

首先介绍 Liénard 作图法.

当$f(x,\dot{x})=f(x)$时,方程(1.1)还等价于下列方程组

$$\frac{dx}{dt}=y-F(x),\quad \frac{dy}{dt}=-g(x),\tag{1.6}$$

其中 $F(x)=\int_0^x f(x)dx$. 当 $g(x)=x$ 时,用简单作图法可以画出相平面 (x,y) 上任一点 $P(x,y)$ 的由(1.6)确定的方向场 $(y-F(x),-g(x))$ 的方向,其作法如下:

过 P 作 $PR/\!/y$ 轴,交曲线 $y=F(x)$ 于点 $R(x,F(x))$,过 R 作 $RQ/\!/x$ 轴,交 y 轴于点 $Q(0,F(x))$,连接 P、Q,过 P 作直线 $\overline{PQ}$ 的垂直线 PN,如图 4.2 所示,这个垂直线就是过 P 点的方向场的方向,这是因为

$$\tan\phi=\frac{y-F(x)}{x},$$

$$\tan\theta=\frac{-x}{y-F(x)},$$

箭头根据(1.6)来判定. 这种作图法虽然简单,但很有用,可以用来作环域的境界线.

1926 年 van der Pol 在研究三极管等幅振荡时,研究了方程

$$\ddot{x}+\mu(x^2-1)\dot{x}+x=0,$$

其中 μ 是正常数,他用图解法证明了相平面上孤立闭轨线的存在性;1928 年 A. A. Андронов 将 van der Pol 的工作与 H. Poincaré 的极限环理论联系起来,进行了一系列工作. 因而上述方程对极限环理论的发展起了很大的推动作用,后来这个方程就命名为 van der Pol 方程.

定理 1.1 给定 van der Pol 方程

$$\ddot{x}+(x^2-1)\dot{x}+x=0,\tag{1.7}$$

或它的等价方程组

$$\frac{dy}{dt}=-x,\ \frac{dx}{dt}=y-\left(\frac{x^3}{3}-x\right),\tag{1.8}$$

则在相平面 (x,y) 上(1.8)存在极限环.

证明 我们将用 Liénard 作图法来作 Poincaré-Bendixson 环域的外境界线 L_2. 先作内境线 L_1. 令

$$\lambda(x,y)=\frac{x^2}{2}+\frac{y^2}{2}.$$

便有

$$\begin{aligned}\left.\frac{d\lambda}{dt}\right|_{(1.8)}&=x\dot{x}+y\dot{y}\\&=x\left(y-\left(\frac{x^3}{3}-x\right)\right)-yx\\&=x^2\left(1-\frac{x^2}{3}\right)\\&>0,0<|x|\ll 1.\end{aligned}$$

故可取充分小 $C_1>0$,使(1.8)的轨线除了在点$(0,C_1)$,$(0,-C_1)$上与 L_1 相切,当 t 增加时只能从L_1:$\frac{x^2}{2}+\frac{y^2}{2}=C_1^2$ 的内部走到 L_1 的外部. L_1 可作为内境界线.

L_2 的作法见图 4.3.

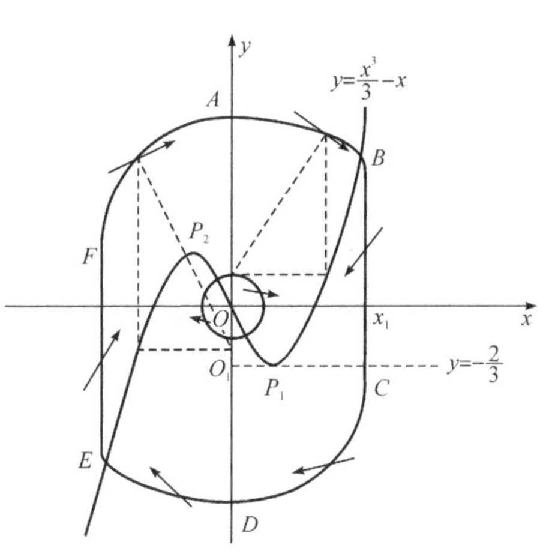

图 4.3

$L_2=\widehat{AB}\cup\overline{BC}\cup\widehat{CD}\cup\widehat{DE}\cup\overline{EF}\cup\widehat{FA}$,其中$\widehat{AB}$和$\widehat{CD}$是以 $O_1\left(0,-\frac{2}{3}\right)$为中心的圆弧,它们的半径分别为 $x_1+\frac{4}{3}$和 $x_1(x_1>0)$;而 $P_1\left(1,-\frac{2}{3}\right)$是曲线 $y=\frac{x^3}{3}-x$ 的极小值点;直线$\overline{BC}$的方程是 $x=x_1$;$\widehat{DE}$,$\overline{EF}$,$\widehat{FA}$分别与$\widehat{AB}$,$\overline{BC}$,$\widehat{CD}$关于原点对称.

因当 x_1 充分大时,$y_A=x_1+\frac{2}{3}<\frac{x_1^3}{3}-x_1$,又 $y_B<y_A$,于是 B 点落在曲线 $y=\frac{x^3}{3}-x$ 的下方. 由 Liénard 作图法易知(1.8)的轨线当 t 增加时只能从L_2 的外部走到 L_2 的内部. L_2 可作为外境界线. 在 L_1 与 L_2 所围成的环域内无奇点,由环域定理,在其间存在方程组(1.8)的极限环.】

关于(1.8)的极限环的唯一性留待§4 中讨论.

在上述定理的证明中,内外境界线都是简单的代数曲线段并成的. 也可用其他曲线,例如用

$$\lambda(x,y)=\frac{1}{2}y^2+G(x)=C>0$$

来作境界线,其中 $G(x)=\int_0^x g(x)dx$, 见黄克成的工作[9]. 有时也用轨线弧来作境界线的一部分. 为此就要知道方程组(1.6)的轨线的一些几何性质. 这些性质我们在下面用引理的形式给出.

引理 1.1 设方程组(1.6)的右侧函数满足

(1) $f(x),g(x)\in C^0(|x|<+\infty)$,

(2) $xg(x)>0, x\neq 0$

则方程组(1.6)在整个相平面(x,y)上关于初值问题有解的存在唯一性.

证明 作 Филиппов 变换.

当 $x>0$ 时,令

$$z = z_1(x) = \int_0^x g(\xi)d\xi \quad (z > 0),$$

其反函数为 $x = x_1(z)$,又

$$\int_0^x f(\xi)d\xi = F(x) = F(x_1(z)) = F_1(z).$$

当 $x<0$ 时,令

$$z = z_2(x) = \int_0^x g(\xi)d\xi \quad (z > 0),$$

其反函数为 $x = x_2(z)$,又

$$\int_0^x f(\xi)d\xi = F(x) = F(x_2(z)) = F_2(z).$$

方程组(1.6)当 x 大于0和小于0时分别等价于下列两个方程:

$$\begin{cases} \dfrac{dz}{dy} = \dfrac{dz}{dx}\cdot\dfrac{dx}{dy} = F_1(z) - y \quad (z > 0), \\ \dfrac{dz}{dy} = F_2(z) - y \quad (z > 0). \end{cases} \tag{1.9}$$

当 $x \neq 0$ 时,(1.9)的右侧对 z 连续可微,即

$$\frac{dF_i(z)}{dz} = \frac{dF_i(z)}{dx}\cdot\frac{dx}{dz} = \frac{f(x)}{g(x)}$$

连续.在 y 轴上,除原点外,方程

$$\frac{dy}{dx} = \frac{-g(x)}{y - F(x)}$$

的右侧对 y 连续可微.故在整个相平面 (x,y) 上(1.6)的解存在唯一.】

引理 1.2 设方程组(1.6)的右侧函数满足

(1) $g(x), F(x) \in C^0(|x| < +\infty)$,

(2) $xg(x) > 0, x \neq 0$,

则(1.6)的过任何点 $C(x, F(x))(x \neq 0)$ 的正半轨和负半轨必分别与 y 轴相交,或趋于原点 O.

证明 我们只证明在区域 $G: x>0, y<F(x)$ 上正半轨 L_C^+ 或趋于原点 O,或与 y 负半轴相交.用反证法,假设不然,因在区域 G 上,当 t 增加时,(1.6)的解 $x(t), y(t)$ 都单调下降.设 L_C^+ 有界,L_C^+ 必有唯一的极限点 D,且 D 必为奇点.由反证法的假设,$D \neq \{O\}$,而区域 G 内无其他奇点,很矛盾.设 L_C^+ 无界,于是 L_C^+ 必有垂直渐近线 $x = a \geqslant 0$.但因当 $x \to a, |y| \to +\infty$ 时,$\dfrac{dy}{dx} = \dfrac{-g(x)}{y - F(x)}$ 趋于零,又矛盾.这就证明了在区域 G 上 L_C^+ 或趋于原点 O,或与 y 负半轴相交.同理可证 L_C^- 必在区域 $x>0, y>F(x)$ 上或趋于原点 O,或与 y 正半轴相交,$x<0$ 时的证

明也是类似的,引理证毕.】

引理 1.3 设方程组(1.6)的右侧函数满足

(1) $f(x),g(x)\in C^0(|x|<+\infty)$,

(2) $xg(x)>0, x\neq 0$,

(3) 或者

$$\overline{\lim_{x\to+\infty}}F(x)=+\infty,\quad \underline{\lim_{x\to-\infty}}F(x)=-\infty, \tag{1.10}$$

或者

$$\int_0^{\pm\infty}g(\xi)d\xi=G(\pm\infty)=+\infty, \tag{1.11}$$

$$F(x)>k_1, x>0,\quad F(x)<k_2, x<0, \tag{1.12}$$

则从任何点 $P(0,y_P)(y_P\neq 0)$出发的(1.6)的正半轨线 L_P^+ 必与 $y=F(x)$相交.

证明 只证明 $y_P>0$ 的情形.

由条件(2)知,沿着 L_P^+, y 单调下降.若条件(3)中(1.10)成立,因为 $y_P<\overline{\lim\limits_{x\to+\infty}}F(x)$,自然 L_P^+ 必与 $y=F(x)$相交.若条件(3)中(1.11),(1.12)成立,且 $y_P>\overline{\lim\limits_{x\to+\infty}}F(x)$,我们用反证法来证明定理结论也成立.设 L_P^+ 永远不与 $y=F(x)$相交,即永远停留在曲线 $y=F(x)$之上方.于是沿着 L_P^+ 恒有

$$0<y-F(x)<y_P-F(x)<y_P-k_1.$$

$$\frac{dy}{dx}=\frac{-g(x)}{y-F(x)}<\frac{-g(x)}{y_P-k_1}.$$

$$k_1-y_P<y-y_P<\int_0^x\frac{-g(x)}{y_P-k_1}dx$$

$$=\frac{-1}{y_P-k_1}G(x)\to-\infty, x\to+\infty.$$

得矛盾.这就证明了 L_P^+ 必与 $y=F(x)$相交. $y_P<0$ 时的证明类似.】

下面我们证明 A. B. Драгилёв 存在性定理。由于有了前面的几个引理,我们将原来的证明简化了。另外为了增加直观性,还对证明作了一点更动。

定理 1.2(A. B. Драгилёв[10]) 给定微分方程

$$\ddot{x}+f(x)\dot{x}+g(x)=0, \tag{1.13}$$

或其等价方程组

$$\frac{dy}{dt}=-g(x),\ \frac{dx}{dt}=y-F(x). \tag{1.14}$$

若

(1) 当 $|x|<A$ 时 $F(x)$和 $g(x)$满足 Lipschitz 条件,其中 A 充分大,

(2) $xg(x)>0$,当 $x \neq 0$ 时,

$$G(x)=\int_0^x g(x)dx,\quad G(\pm\infty)=+\infty,$$

(3) $F(x)<0$,当 $0<x<x_1$ 时,

$F(x)>0$,当 $x_2<x<0$ 时,

(4) $\exists M>\max(x_1,|x_2|)$,$k_2<k_1$,

$F(x)\geqslant k_1$,当 $x>M$ 时,

$F(x)\leqslant k_2$,当 $x<-M$ 时,

则(1.14)至少有一条闭轨线.

证明　由条件(1)在 $|x|<A$ 中(1.14)的初值问题的解存在唯一.

不妨设 $k_1>0$,如果 $k_2<k_1\leqslant 0$,可作变换 $x'=-x$,$y'=-y$,方程组(1.14)的类型不变,条件(1)—(3)仍满足,而对应于 k_1,k_2 的分别是 $-k_2>-k_1\geqslant 0$.

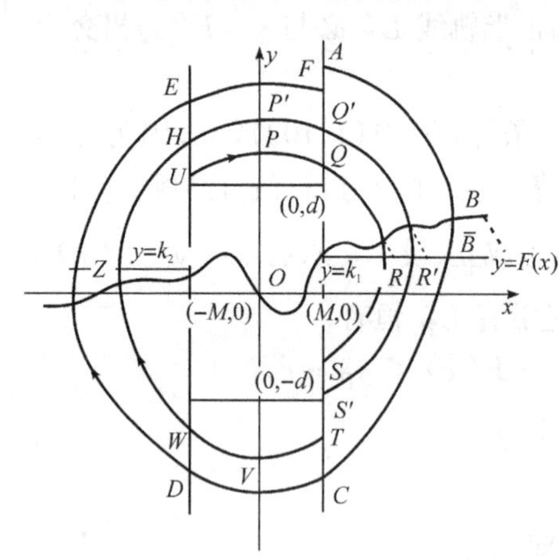

图 4.4

1. 先作 L_1

令 $\lambda(x,y)=\dfrac{y^2}{2}+G(x)$,则 $\lambda(x,y)=C>0$ 为(x,y)平面上围绕(1.14)的唯一奇点 O 的闭曲线族.

$$\left.\frac{d\lambda}{dt}\right|_{(1.14)}=y\dot{y}+g(x)\dot{x}$$

$$=y(-g(x))+g(x)(y-F(x))$$

$$=-g(x)F(x)\geqslant 0,\ |x|\ll 1.$$

故存在充分小的 $C_1>0$,沿着闭曲线

$$L_1:\lambda(x,y)=C_1,\left.\frac{d\lambda}{dt}\right|_{(1.14)}\geqslant 0,$$

L_1 可作为内境界线.

2. 再作 L_2

设当 $|x|\leqslant M$ 时,$|F(x)|<e$,于是当 d 充分大时便有:

$$\frac{dx}{dt}=y-F(x)>a=d-e>0,\text{当}|x|\leqslant M\text{和}y>d\text{时};$$

$$0\leqslant -g(x)=\frac{dy}{dt}<b,\text{当}-M<x<0\text{时};$$

$$-b<-g(x)=\frac{dy}{dt}<0,\text{当}0<x<M\text{时}.$$

故

$$0<\frac{dy}{dx}<\frac{b}{a},\text{当}-M<x<0\text{和}y>d\text{时};$$

$$\frac{-b}{a} < \frac{dy}{dx} < 0, \text{当} 0 < x < M \text{和} y > d \text{时}.$$

在 $x=-M$ 上取点 U,使 $y_U>2d$. 只要 d 充分大,$\frac{b}{a}$ 可任意小,故 $\boldsymbol{f}(U,I^+)$必与 y 正半轴相交于 P,与 $x=M$ 相交于 Q,且沿着轨线弧 $\widehat{UPQ}$,y 的值 $y_{\widehat{UPQ}}>d$,又 $|y_Q-y_U|$可任意小.

由引理 1.3,再向正向延续,$\boldsymbol{f}(U,I^+)$必与 $y=F(x)$相交,设交点为 R. 由引理 1.2,再向正向延续,$\boldsymbol{f}(U,I^+)$必再次与直线 $x=M$ 相交,设交点为 S.

再在 $x=M$ 上取点 T,使 $y_T<\min(-2d,y_S)$,与上面同样的讨论,可证只要 d 充分大,$\boldsymbol{f}(T,I^+)$必交 y 负半轴于 V,交 $x=-M$ 于 W,且沿着轨线弧 $\widehat{TVW}$,y 的值 $y_{\widehat{TVW}}<-d$,又 $|y_T-y_W|$可任意小. 由引理 1.3,再向正向延续,$\boldsymbol{f}(T,I^+)$将与 $y=F(x)$相交于 Z,将与 $x=-M$ 相交于 H,$y_H>0$.

令 $\widehat{UPQRS}$ 和 $\widehat{TVWZH}$ 分别代表过点 U,P,Q,R,S 和点 T,V,W,Z,H 的轨线弧. 如果 $y_H\leqslant y_U$,令

$$L_2 = \widehat{UPQRS} \cup \overline{ST} \cup \widehat{TVWZH} \cup \overline{HU},$$

因在$\overline{ST}$上,$\frac{dx}{dt}<0$;在$\overline{HU}$上,$\frac{dx}{dt}>0$,故单闭曲线 L_2 便可作为环域的外境界线. 到此定理得证.

如果 $y_H>y_U$. 再将轨线向正向延续,$\boldsymbol{f}(T,I^+)$将与 y 正半轴相交于P',与 $x=M$ 相交于Q',与 $y=F(\boldsymbol{x})$相交于 R',与 $x=M$ 再次相交于S'. 我们要证,当 d 充分大时,必有 $y_{S'}>y_T$.

令

$$\bar{\lambda}(x,y) = \frac{1}{2}(y-k_2)^2 + G(x).$$

下面我们考察 $\bar{\lambda}(x,y)$沿着轨线弧 $\widehat{TVWHQ'S'}$ 的改变量.

$$\left.\frac{d\bar{\lambda}}{dy}\right|_{(1.14)} = F(x) - k_2,$$

$$\begin{aligned}\bar{\lambda}_{Q'} - \bar{\lambda}_{S'} &= \int_{y_{S'}}^{y_{Q'}} (F(x)-k_2)dy \\ &> (k_1-k_2)(y_{Q'}-y_{S'}) > 0,\end{aligned} \tag{1.15}$$

$$\bar{\lambda}_W - \bar{\lambda}_H = \int_{y_W}^{y_H} (k_2 - F(x))dy \geqslant 0.$$

$$\left.\frac{d\bar{\lambda}}{dx}\right|_{(1.14)} = \frac{g(x)[k_2-F(x)]}{y-F(x)},$$

在 $|x| \leqslant M$ 内,当 d 充分大时,$\left|\frac{d\bar{\lambda}}{dx}\right|$ 可任意小,故当 d 充分大时,$|\bar{\lambda}_T - \bar{\lambda}_W|$ 和 $|\bar{\lambda}_H - \bar{\lambda}_{Q'}|$ 可任意小,故有

$$\bar{\lambda}_T - \bar{\lambda}_{S'} > \frac{1}{2}(k_1 - k_2)(y_{Q'} - y_{S'}) > 0.$$

这就证明了,当 d 充分大时,$y_{S'} > y_T$.

令

$$L_2 = \widehat{TVWZHP'Q'R'S'} \cup \overline{S'T},$$

L_2 可作为环域的外境界线.定理证毕.】

Драгилёв 定理的本质是:首先在定理的条件下,引理 1.2 和 1.3 的条件成立,故方程组(1.14)的正半轨线都绕原点 O 盘旋;其次,由条件(1),在带域 $|x| \leqslant M$ 上,在长方形 K:$|x| = M, |y| = d$ 之外,其中 d 充分大,所有轨线弧都几乎与 x 轴平行,沿着这些轨线弧,$\bar{\lambda}(x,y)$ 的改变量可任意小;再则,由条件(4),在带域 $|x| \leqslant M$ 之外,沿着轨线弧 $\widehat{WH}$ 和 $\widehat{Q'S'}$,$\bar{\lambda}(x,y)$ 下降,且

$$\bar{\lambda}_{Q'} - \bar{\lambda}_{S'} + \bar{\lambda}_W - \bar{\lambda}_H > \xi > 0,$$

即有正的下界.于是当 d 充分大时,在长方形 K 之外从 $x = M$(或 $x = -M$)出发的轨线如绕 K 一周又回到 $x = M$(或 $x = -M$),则沿着这段轨线弧,$\bar{\lambda}(x,y)$ 的值下降.于是就可用它来作外境界线的一部分.这里关键的一步是由条件(4)来推证不等式(1.15).但为了证明 $\bar{\lambda}(x,y)$ 下降,条件(4)可以减弱.黄启昌首先减弱了条件(4),对 Драгилёв 定理作了推广[11].丁大正又作了一点改进[12],将条件(4)改成条件(4)*.

附注 1 在定理 1.2 中若将条件(4)换成下列条件(4)*,则定理仍真.

(4)* 存在常数 $M > \max(x_1, |x_2|)$,当 $x \geqslant M$ 时,$F(x) \geqslant k$;当 $x \leqslant -M$ 时,$F(x) \leqslant k$,而

$$\overline{\lim_{x \to +\infty}} F(x) > k$$

或

$$\underline{\lim_{x \to -\infty}} F(x) < k.$$

显然定理的前半部分证明都能通过.将后半部分证明作如下变动.

如果 $y_H > y_U$.又设

$$\overline{\lim_{x \to +\infty}} F(x) > k$$

成立.这就是说存在 $x_n \to +\infty$,$F(x_n) \geqslant k + \eta$,其中 $\eta > 0$.如图 4.4 所示,取点 $B(x_n, F(x_n))$,使 $x_n > x_{R'}$,负半轨 $\boldsymbol{f}(B, I^-)$ 必与 $x = M$ 相交,设交点为 A;正半轨 $\boldsymbol{f}(B, I^+)$ 必与直线 $y = k$ 相交,设交点为 $\bar{B}$;正半轨 $\boldsymbol{f}(B, I^+)$ 还将与 $x = M$ 和

$x=-M$ 相交,设交点分别为 C 和 D, $y_C, y_D<0$. 再向正向延续, $f(B, I^+)$ 还将与 $x=-M$ 和 $x=M$ 相交,设交点分别为 E 和 F, $y_E, y_F>0$.

如图 4.4 所示,如果 $y_C \geqslant y_T$,则显然 $y_F<y_A$.

如果 $y_C<y_T$,便有 $|y_C|, |y_D|, y_E, y_F>d$. 下面我们沿着轨线弧 $\overparen{ABC}$, $\overparen{DE}$ 来计算 $\bar{\lambda}(x, y)$ 的改变量,这时 $\bar{\lambda}(x, y)=\frac{1}{2}(y-k)^2+G(x)$.

因为 $x_n>x_{\bar{B}}$,故 $G(x_n)>G(x_{\bar{B}})$,于是便有

$$
\begin{aligned}
\bar{\lambda}(B) &= \frac{1}{2}(F(x_n)-k)^2+G(x_n) \\
&> \frac{1}{2}\eta^2+G(x_{\bar{B}}) \\
&= \frac{1}{2}\eta^2+\bar{\lambda}(\bar{B}).
\end{aligned}
$$

又因

$$\left.\frac{d\bar{\lambda}}{dt}\right|_{(1.14)}=g(x)(k-F(x)) \leqslant 0, \quad |x|>M$$

故

$$
\begin{aligned}
&\bar{\lambda}(A) \geqslant \bar{\lambda}(B), \\
&\bar{\lambda}(\bar{B}) \geqslant \bar{\lambda}(C), \\
&\bar{\lambda}(D) \geqslant \bar{\lambda}(E).
\end{aligned}
$$

而当 d 充分大时, $|\bar{\lambda}(C)-\bar{\lambda}(D)|$ 和 $|\bar{\lambda}(F)-\bar{\lambda}(E)|$ 可任意小. 故有

$$\bar{\lambda}(A)>\bar{\lambda}(F),$$

即

$$y_F<y_A.$$

这就是说,只要 d 充分大,不论 $y_C \geqslant y_T$,或 $y_C<y_T$,都将有 $y_F<y_A$. 因在 $\overline{AF}$ 上, $\frac{dx}{dt}>0$,于是便可用轨线弧 $\overparen{AB\bar{B}CDEF}$ 和线段 $\overline{FA}$ 所围成的单闭曲线来作外境界线. 当

$$\varliminf_{x \to \infty} F(x)<k$$

成立时,证明完全类同.

附注 2 为了保证解的存在唯一性,由引理 1.1,定理 1.2 中的条件(1)还可以减弱.

定理 1.3(А. Ф. Филиппов[8]) 给定微分方程(1.13),或其等价方程组(1.14). 若

(1) $f(x), g(x)$ 连续; $xg(x)>0, x \neq 0$;

$$\int_0^{\pm\infty} g(x)dx=+\infty,$$

(2) 如同引理 1.1,作 Филиппов 变换,方程组(1.14)等价于

$$\begin{cases} \dfrac{dz}{dy} = F_1(z) - y, z > 0, & (1.16) \\ \dfrac{dz}{dy} = F_2(z) - y, z > 0. & (1.17) \end{cases}$$

$\exists \delta > 0$,当 $0 < z < \delta$ 时,

$$F_2(z) \geqslant (\not\equiv) F_1(z),$$
$$F_1(z) < a\sqrt{z},$$
$$F_2(z) > - a\sqrt{z},$$

其中正数 $a < \sqrt{8}$,

(3) $\exists z_0 > \delta$,有

$$\int_0^{z_0} (F_1(z) - F_2(z)) dz > 0,$$

当 $z > z_0$ 时,有

$$F_1(z) \geqslant F_2(z),$$
$$F_1(z) > - a\sqrt{z},$$
$$F_2(z) < a\sqrt{z},$$

其中正数 $a < \sqrt{8}$,则方程组(1.14)在(x, y)平面上至少有一条闭轨线.

由引理 1.1,知方程组(1.14)在整个相平面(x, y)上除原点外有解的存在唯一性.

为证定理我们先证几个引理.

引理 1.4　考虑方程

$$\frac{dz}{dy} = F(z) - y, \tag{1.18}$$

若 $F(z)$连续;$F(0) = 0$,且当 $0 < z < \delta$ 时,$F(z) < a\sqrt{z}(F(z) > - a\sqrt{z})$,其中 $a < \sqrt{8}$,则通过点 $B(F(z), z)$的(1.18)的解曲线必交 y 轴于点 A 和 C,且 $y_A \geqslant 0, y_C < 0(y_A > 0, y_C \leqslant 0)$,其中 $z > 0$ 是任意的.

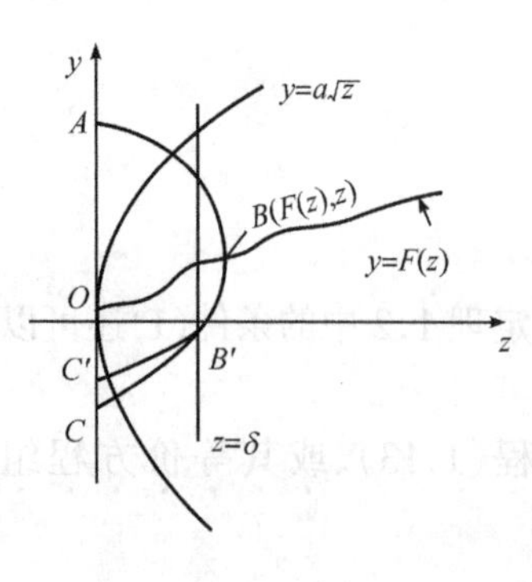

图 4.5

证明　只证明括号外的情形.

由引理 1.2 知,通过 B 的解曲线必与 y 正、负半轴分别相交于点 A 和 C,且 $y_A \geqslant 0, y_C \leqslant 0$. 我们只要证明,在引理的假设下,有 $y_C < 0$.

考虑辅助方程

$$\frac{dz}{dy} = a\sqrt{z} - y. \tag{1.19}$$

令 $z = u^2$,(1.19)变为

$$2u\frac{du}{dy} = au - y,$$

或者

$$\frac{du}{dt} = au - y, \frac{dy}{dt} = 2u. \tag{1.20}$$

它的特征方程为

$$\begin{vmatrix} a-\lambda, & -1 \\ 2, & -\lambda \end{vmatrix} = \lambda^2 - a\lambda + 2 = 0,$$

特征根为

$$\lambda_1, \lambda_2 = \frac{a \pm \sqrt{a^2 - 8}}{2}.$$

因正数 $a<\sqrt{8}$,λ_1,λ_2 为复根,故奇点 O 是(1.20)的焦点,故(1.20)的从 B 出发的解曲线必与 y 正、负半轴分别相交于 A'和 C',$y_{A'}>0$,$y_{C'}<0$. 自然方程(1.19)也有这样的性质.现在比较(1.18)与(1.19)的方向场.

如 $z_B>\delta$,方程(1.18)的过点 B 的解曲线必交直线 $z=\delta$ 于点 B',$y_{B'}<F(\delta)$. 因当 $0\leqslant z\leqslant\delta$ 时,$F(z)<a\sqrt{z}$,故有

$$\left.\frac{dz}{dy}\right|_{(1.18)} < \left.\frac{dz}{dy}\right|_{(1.19)}, \quad 0 \leqslant z \leqslant \delta,$$

由比较定理,$y_C\leqslant y_{C'}<0$. 引理括号内的部分可同样证明.】

注意,当 $a\geqslant\sqrt{8}$时,(1.20)的特征根 λ_1 和 λ_2 是同号实数,这时奇点 O 是(1.20)的结点,每条轨线都进入奇点 O,因而 $y_{C'}=0$. 如图 4.6 所示,这时可能发生 $0=y_C\leqslant y_{C'}$. 为简单起见,图中不考虑变换 $z=u^2$ 引起的变化. $f(B', I)_{(1.18)}$和 $f(B', I)_{(1.19)}$分别代表方程(1.18)和(1.19)的过点 B'的解曲线.

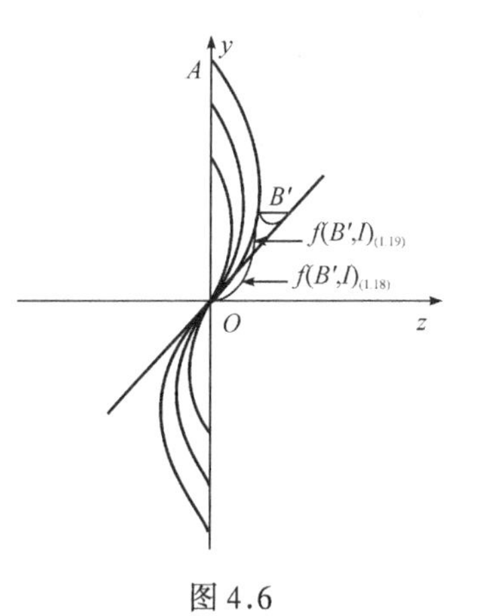

图 4.6

由此可见,为了保证 $y_C<0$,从一定意义上讲,引理的条件是最佳的.

引理 1.5 考虑方程(1.18). 设 $F(z)$连续,$F(0)=0$,且当 $z>z_0$ 时,$F(z)<a\sqrt{z}$($F(z)>-a\sqrt{z}$),其中 $a<\sqrt{8}$,则从任何点 $K(y_K,0)$,$y_K<0$($M(y_M,0)$,$y_M>0$)出发的解曲线 $f(K,I^+)$($f(M,I^-)$),必交 y 轴于 R,$y_R\geqslant0$(N,$y_N\leqslant0$).

证明　只证括号外的情形.

如果 $\boldsymbol{f}(K,I^+)$不与 $z=z_0$ 相交,则它必与 $y=F(z)$相交,还将与 y 正半轴相交于 R,且 $y_R\geqslant 0$.

如果 $\boldsymbol{f}(K,I^+)$与 $z=z_0$ 相交于 P,则方程(1.19)的过点 P 的解曲线 $\boldsymbol{f}(P,I)|_{(1.19)}$必与 $z=z_0$ 再次相交于 P',并且 P'落在 $y=F(z)$之上,这是因为当(z,y)落在 $y=F(z)$之下时,$\left.\dfrac{dz}{dy}\right|_{(1.19)}>0$.

又当 $z>z_0$ 时

$$\left.\frac{dz}{dy}\right|_{(1.19)}>\left.\frac{dz}{dy}\right|_{(1.18)},$$

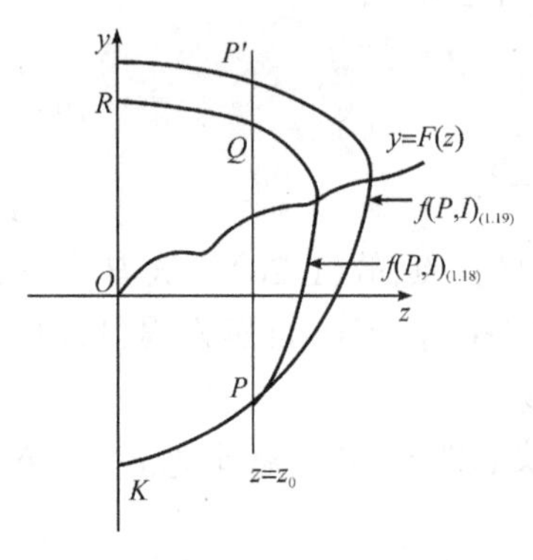

图 4.7

故 $\boldsymbol{f}(P,I)|_{(1.18)}$必落在$\overset{\frown}{PP'}$的左边,不可能再与$\overset{\frown}{PP'}$相交,故 $\boldsymbol{f}(P,I)|_{(1.18)}$必与 $z=z_0$ 相交于 Q,且 $y_Q>F(z_0)$. 而当 $y>F(z)$时,$\left.\dfrac{dz}{dy}\right|_{(1.18)}<0$,故 $\boldsymbol{f}(P,I)|_{(1.18)}$还将与 y 正半轴相交于点R,$y_R\geqslant 0$.引理证毕.】

请读者注意,引理 1.5 的条件比引理 1.3 的条件(1.12)弱.那么引理 1.5 的条件是否还可进一步减弱呢?把它作为思考题,留给读者.

定理的证明

1. 作内境界线 L_1

由定理的条件(2),对方程(1.16)和(1.17)而言,引理 1.4 中括号外和内的条件分别成立.取 $0<z<\delta$,$B(F_1(z),z)$,$E(F_2(z),z)$.由引理 1.4,解曲线 $f(B,I)|_{(1.16)}$和 $f(E,I)|_{(1.17)}$都分别与 y 轴相交于A,C 和F,D,且有 $y_A\geqslant 0$,$y_C<0$;$y_F>0$,$y_D\leqslant 0$.考虑方程

$$\frac{dy}{dz}=\frac{1}{F_1(z)-y},\tag{1.21}$$

$$\frac{dy}{dz}=\frac{1}{F_2(z)-y}.\tag{1.22}$$

由条件(2)知,当 $0\leqslant z\leqslant\delta$ 时,$F_2(z)-y\geqslant F_1(z)-y$,且 $F_2(z)-y\not\equiv F_1(z)-y$,故在$\overset{\frown}{EF}$上有

$$0>\left.\frac{dy}{dz}\right|_{(1.21)}\geqslant\left.\frac{dy}{dz}\right|_{(1.22)},$$

因而$\overset{\frown}{BA}$整个落在$\overset{\frown}{EF}$之下,$y_A<y_F$.同样可证 $y_C<y_D$,将(z,y)半平面上的图形回

到(x,y)平面,其中$\overset{\frown}{FG}$和$\overset{\frown}{CH}$分别是过点F和点C的轨线弧,$\overline{GB'}$和$\overline{HE'}$平行于y轴.

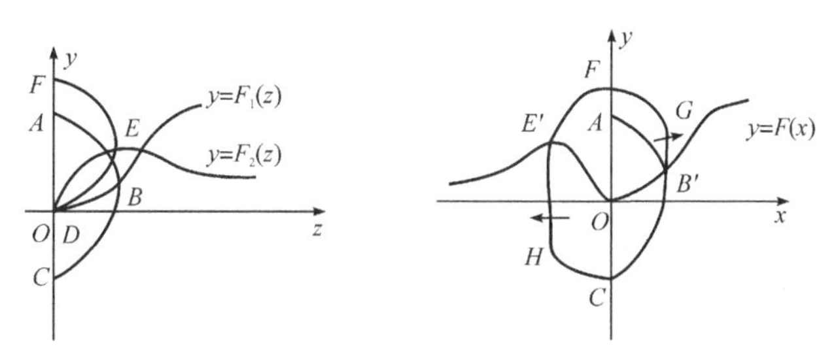

图 4.8

如图 4.8 所示,令 $L_1=\overset{\frown}{E'FG}\cup\overline{GB'}\cup\overset{\frown}{B'CH}\cup\overline{HE'}$. 由于在$\overline{GB'}$上,$\dfrac{dx}{dt}>0$,在$\overline{HE'}$上,$\dfrac{dx}{dt}<0$,$L_1$ 可作为内境界线.

2. 作外境界线 L_2

由定理的条件(3),对方程(1.16)和(1.17)而言,引理 1.5 成立. 方程(1.17)满足引理 1.5 括号外的情形,方程(1.16)满足括号内的情形.

取点 $K(y_K,0)$,$y_K<0$,$f(K,I)|_{(1.17)}$与 y 轴相交于R. $y_R\geqslant 0$. 因方程(1.17)还满足引理 1.4 括号内的情形,故 $y_R>0$. 令 $\lim\limits_{y_K\to-\infty}y_R=y_M$. 下面分情形讨论.

对于 $y_M<+\infty$的情况,由引理 1.4,1.5,$f(M,I)|_{(1.16)}$交 y 轴于N,且 $y_N<0$. 再由引理 1.4,1.5,$f(N,I)|_{(1.17)}$交 y 轴于P,且 $y_P>0$. 显然 $y_P<y_M$. 回到(x,y)平面,如图 4.9 所示,令 $L_2=\overset{\frown}{MNP}\cup\overline{PM}$. 因在$\overline{PM}$上$\dfrac{dx}{dt}>0$,外境界线 L_2 作成.

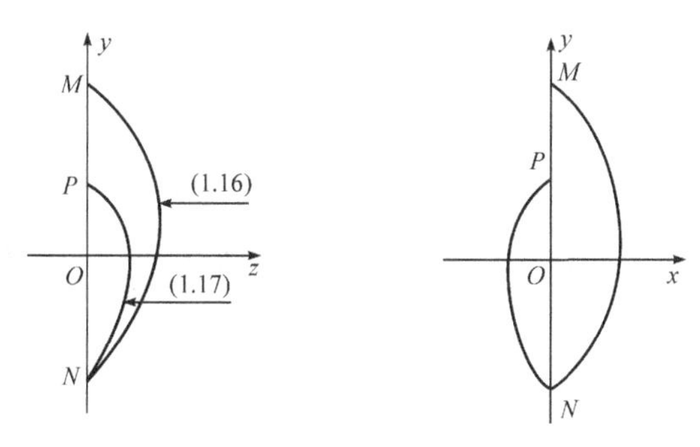

图 4.9

对于 $y_M=+\infty$的情况,先证一个引理:

设 $y_1(z), y_2(z)$ 分别是方程(1.16)和(1.17)的解,且满足初始条件: $y_1(0)=y_2(0)=y_0$. 在定理1.2中已讨论过,对于任何固定的 $z_0>0$ 和任意小的 $\varepsilon>0$,存在充分大的 $d>0$,使得当 $|y_0|>d$ 时,

$$|y_i(z_1)-y_i(z_2)|<\varepsilon, 0\leqslant z_1, z_2\leqslant z_0, i=1,2, \tag{1.23}$$

于是当 $|y_0|\to+\infty$ 时,便有

$$\frac{y_0^2}{(F_1(z)-y_1(z))(F_2(z)-y_2(z))}\xrightarrow{\text{均匀}}1, 0\leqslant z\leqslant z_0.$$

引理 1.6　设 $y_1(z)$ 和 $y_2(z)$ 分别是方程(1.16)和(1.17)的解,且满足初始条件 $y_1(0)=y_2(0)=y_0$,则存在 $d>0$,使得当 $|y_0|>d$ 时,有 $y_1(z_0)<y_2(z_0)$.

证明　由 $y_1(0)=y_2(0)$,从方程(1.21)(1.22)立刻得出等式

$$\begin{aligned}
&y_0^2(y_2(z_0)-y_1(z_0))\\
&=\int_0^{z_0}(y_2(z)-y_1(z))\frac{y_0^2dz}{(F_1(z)-y_1(z))(F_2(z)-y_2(z))}\\
&\quad+\int_0^{z_0}(F_1(z)-F_2(z))dz\\
&\quad+\int_0^{z_0}(F_1(z)-F_2(z))\left[\frac{y_0^2}{(F_1(z)-y_1(z))(F_2(z)-y_2(z))}-1\right]dz\\
&=I_1+I_2+I_3.
\end{aligned}$$

当 $|y_0|\to+\infty$ 时, $I_1\to0$;因当 $0\leqslant z\leqslant z_0$ 时 $F_1(z)-F_2(z)$ 有界,故 $I_3\to0$;由定理中的条件(3), $I_2>0$. 故当 $|y_0|$ 充分大时,必有 $y_2(z_0)>y_1(z_0)$.

现在讨论当 $y_M=+\infty$ 时如何作外境界线 L_2.

取点 $K(y_0,0)$, $y_0<0$, $f(K,I)|_{(1.17)}$ 交 y 轴于 $R(y_1,0)$, $y_1>0$.

设 $y_1(z)$ 和 $\bar{y}_1(z)$, $y_2(z)$ 和 $\bar{y}_2(z)$ 分别是方程(1.16)和(1.17)的解,满足 $y_1(0)=y_2(0)=y_0$, $\bar{y}_1(0)=\bar{y}_2(0)=y_1$. 由引理1.6,当 $|y_0|$ 充分大时,有 $y_1(z_0)<y_2(z_0)$, $\bar{y}_1(z_0)<\bar{y}_2(z_0)$. 如图4.10所示, $S(\bar{y}_1(z_0),z_0)$ 落在 $D(\bar{y}_2(z_0),z_0)$ 的下面, $V(y_1(z_0),z_0)$ 落在 $U(y_2(z_0),z_0)$ 下面.

由定理中条件(3),当 $z>z_0$ 时, $F_2(z)\leqslant F_1(z)$. 比较方程(1.16),(1.17)的方向场,便知方程(1.16)的轨线段 $\widehat{SQ}$ 将整个落在方程(1.17)的轨线段 $\widehat{DU}$ 的左侧,不与 $\widehat{DU}$ 相交. 回到 (x,y) 平面,令 $L_2=\widehat{V'KU'D'RS'Q'}\cup\overline{Q'V'}$,因在 $\overline{Q'V'}$ 上, $\frac{dx}{dt}<0$,外境界 L_2 作成.

至此,环域的内外境界线 L_1, L_2 作成,定理证毕.】

关于 Liénard 方程的极限环的存在性问题,迄今为止 Филиппов 的结果是较好的,他总结了以往的成果,他的条件几乎是最少的. 定理1.3中的条件(1)一般来说

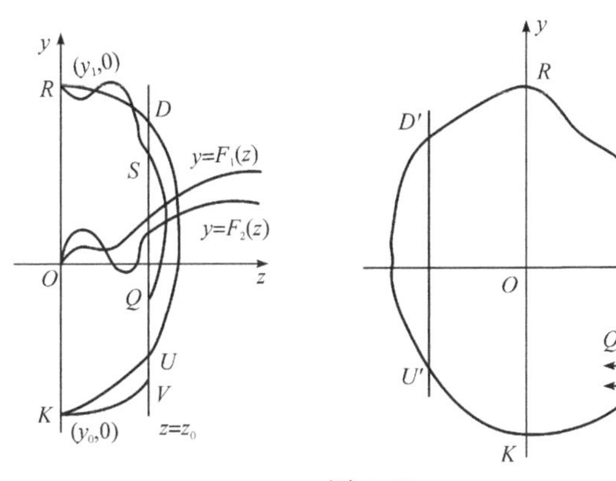

图 4.10

是需要的，它是为了保证系统有唯一的奇点 O；从力学背景看，弹性恢复力也应与 x 异号. 为了产生极限环，在他以前的一些定理都要求当 $|x|<\delta$ 时，阻尼项 $f(x)<0$，当 $|x|>\eta>\delta$ 时，$f(x)>a>0$. 由于阻尼项变号，时而吸收能量时而释放能量，在这过程中产生了周期振荡. Филиппов 的定理不要求 $f(x)$ 变号，也不要求当 $|x|<\delta$ 时，$xF(x)<0$. 当 $|x|>\eta>\delta$ 时，$xF(x)>b>0$，而只要求当 $0\leqslant z\leqslant\delta$ 时 $F_1(z)<F_2(z)$，存在 $z_0>\delta$，$\int_0^{z_0}(F_1(z)-F_2(z))dz>0$，而当 $z>z_0$ 时 $F_1(z)>F_2(z)$，以保证在原点的充分小邻域内系统吸收能量，而在充分大的区域外，系统的轨线绕原点盘旋一周后释放能量，在这过程中系统产生了周期振荡. 另外为了保证在 (x,y) 平面上轨线都绕原点盘旋，他所加的条件在当时也是最少的(请比较引理 1.3 和引理 1.5).

用 Филиппов 定理的思想，不断改变 $F_1(z)-F_2(z)$ 的符号，不难在相平面上构造存在至少 n 个极限环的例子.

在 Филиппов 以后，这方面的工作又有了一些推进. 例如定理 1.2 和黄启昌等的工作[11]，以及定理 1.2 的附注，它们是互不包含的，因在后两者并不要求

$$\int_0^{+\infty}(F_1(z)-F_2(z))dz>0,$$

而这个条件在定理 1.3 的证明中为了构造外境界线是必不可少的.

在 Филиппов 定理的证明中，当 $\lim\limits_{y_K\to-\infty}y_R=y_M<+\infty$ 时，不需要比较 $F_1(z)$ 与 $F_2(z)$，外境界线的作法便十分容易了. 这时方程(1.17)的过点 M 的解曲线 $\boldsymbol{f}(M,I)$ 必不与 $y=F_2(z)$ 相交，否则 $\boldsymbol{f}(M,I)$ 还将与 y 负半轴相交，这将导出矛盾. 回到 (x,y) 平面上，方程组(1.14)的过 M 点的负半轨线 $\boldsymbol{f}(M,I^-)_{(1.14)}$ 将不与曲线 $y=F(x)$ 相交，再加上 $\boldsymbol{f}(M,I^+)_{(1.14)}$ 绕原点盘旋，外境界线作成. 同理，如果在 y 负半轴上有点 N，$\boldsymbol{f}(N,I^-)_{(1.14)}$ 不与 $y=F(x)$ 相交，再加上 $f(N,I^+)$ 绕原点盘

旋,外境界线也作成.这是构造外境界线的又一种方法.在这方面可参看伍卓群[13],E. И. Железнов[14],余澍祥[15,16]等的工作.这里的关键是要判定,什么情形下方程组(1.14)才存在从 y 轴出发的不与 $y=F(x)$ 相交的负半轨.下面的引理将给出存在这样的负半轨的充分条件.

引理 1.7　考虑微分方程

$$\frac{dz}{dy} = kz - y, \quad k > 0. \tag{1.24}$$

从点 $N\left(0,-\frac{1}{k}\right)$ 出发的解曲线 $f(N,I)$,当 $z>0$ 时,将不与直线 $y=kz$ 相交;而从点 $\overline{N}(0,y_0)\left(-\frac{1}{k}<y_0<0\right)$ 出发的解曲线 $f(\overline{N},I)$,当 $z>0$ 时,将与直线 $y=kz$ 相交.

证明　初值问题

$$\begin{cases}\dfrac{dz}{dy} = kz - y, \quad k > 0,\\ z(y_0) = 0\end{cases}$$

的解为

$$z = \left(\frac{1}{k}y + \frac{1}{k^2}\right) - \left(\frac{1}{k}y_0 + \frac{1}{k^2}\right)e^{k(y-y_0)}.$$

当 $y_0=-\frac{1}{k}$ 时,$z=\frac{1}{k}y+\frac{1}{k^2}$,它不与直线 $y=kz$ 相交.当 $-\frac{1}{k}<y_0<0$ 时,由解的表达式知,当 $z>0$ 时,它必将与 $y=kz$ 相交.】

引理 1.8　考虑微分方程(1.13),或其等价方程组(1.14).若它满足

(1) $g(x),f(x)\in C^0(|x|<+\infty)$,

(2) $xg(x)>0,x\neq 0$,

(3) $\exists$ 正常数 C 和 M,使得

$$CG(x) - F(x) \leqslant M, \quad 当 0 < x < +\infty 时,$$

其中 $G(x)=\int_0^x g(x)dx$,则从点 $N\left(0,-\left(M+\frac{1}{c}\right)\right)$ 出发的(1.14)的负半轨 $f(N,I^-)$ 将不与 $y=F(x)$ 相交.

证明　作 Филиппов 变换.当 $0<x<+\infty$ 时,方程组(1.14)等价于方程(1.16).由条件(3),当 $0<z<z_{01},z_{01}=G(+\infty)$ 时,$F_1(z)\geqslant C_z-M$.

对方程

$$\frac{dz}{dy} = (Cz - M) - y, \quad 0 < z < +\infty, \tag{1.25}$$

作变换 $z=\bar{z},y=\bar{y}-M$,得方程

$$\frac{d\bar{z}}{d\bar{y}} = C\bar{z} - \bar{y}.$$

由引理 1.7 从 $\overline{N}\left(0,-\frac{1}{C}\right)$出发的上方程的解曲线是 $\bar{y}=C\bar{z}-\frac{1}{C}$,因而从 $N\left(0,-\left(M+\frac{1}{C}\right)\right)$出发的方程(1.25)的解曲线是 $y=Cz-\left(M+\frac{1}{C}\right)$. 因为 $F_1(z)\geqslant Cz-M,0<z<z_{01}$. 比较方程(1.16)和(1.25),便知方程(1.16)的从 N 出发的解曲线落在直线$y=Cz-\left(M+\frac{1}{C}\right)$的下方,因而当 $0<z<z_{01}$时不能与曲线 $y=F_1(z)$相交,而回到(x,y)平面,引理得证.】

在引理 1.7 的基础上再附加条件使 $f(N,I^+)$绕原点盘旋,外境界线便作成. 下面是余澍祥的定理[16],我们对原证明做了一点改动.

定理 1.4 考虑微分方程(1.13),或其等价方程组(1.14). 若它满足

(1) $xg(x)>0,x\neq0;G(-\infty)=+\infty$;

$xF(x)<0$,当 $0<|x|<\delta$ 时,

(2) 存在正数 C 及 M,使

$CG(x)-F(x)\leqslant M$,当 $0<x<+\infty$时,

(3) 存在正数 x_0 及 k,当 $x<-x_0$ 时,$\frac{f(x)}{g(x)}\leqslant k$,且 $M+\frac{1}{C}+F(-x_0)\leqslant\frac{1}{k}$,

(4) $\overline{\lim\limits_{x\to+\infty}}F(x)=+\infty$,

则方程组(1.14)存在闭轨线.

证明 内境界线的作法同定理 1.2.

方程组(1.14)等价于方程(1.16),(1.17). 由引理 1.8,方程(1.16)的过点 $N\left(0,-\left(M+\frac{1}{C}\right)\right)$的解曲线$f(N,I)_{(1.16)}$不与 $y=F_1(z)$相交. 回到(x,y)平面,方程组(1.14)的过点 N 的负半轨 $f(N,I^-)_{(1.14)}$不与 $y=F(x)$相交. 只要再证 $f(N,I^+)$绕原点盘旋,定理就得证. 回到(z,y)平面,只要再证方程(1.17)的过点 N 的解曲线$f(N,I)|_{(1.17)}$与 $y=F_2(z)$相交,且与 y 正半轴相交,设交点为 E;再证方程(1.16)的过点 E 的解曲线$f(E,I)|_{(1.16)}$与 $y=F_1(z)$相交,且与 y 负半轴相交.

令 $z_0=G(-x_0),\overline{M}=kz_0-F(z_0)$. 由条件(3),当 $z\geqslant z_0$ 时,$F'_2(z)=\frac{f(x(z))}{g(x(z))}\leqslant k$,其中 $x=x(z)$是 $z=G(x)$当 $x\leqslant0$ 时的反函数. 于是当 $z\geqslant z_0$ 时,$F_2(z)-kz\leqslant F_2(z_0)-kz_0$,即 $F_2(z)\leqslant kz-\overline{M}$.

设 $f(N,I)_{(1.17)}$不与直线 $z=z_0$ 相交,它自然得与 $y=F_2(z)$相交. 设 $f(N,I)_{(1.17)}$与直线 $z=z_0$ 相交于点 A,我们要证它也得与 $y=F_2(z)$相交. 由 $-\left(M+\frac{1}{C}\right)\geqslant F(-x_0)-\frac{1}{k}$,如图 4.11所示,便知点 A 落在点$D\left(z_0,F(z_0)-\frac{1}{k}\right)$之上方. 由引理 1.7 方程

$$\frac{dz}{dy} = kz - \overline{M} - y \tag{1.26}$$

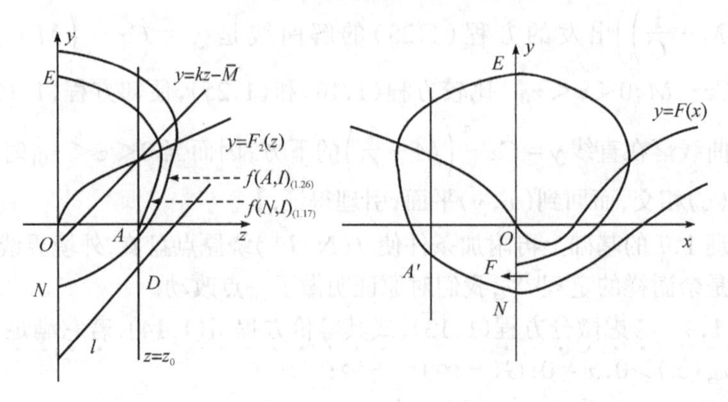

图 4.11

的过点 D 的解是直线 $l: y = kz - \left(\overline{M} + \frac{1}{k}\right)$,它不与 $y = kz - \overline{M}$ 相交,而过点 A 的解曲线 $\boldsymbol{f}(A, I)_{(1.26)}$必与直线 $y = kz - \overline{M}$ 相交. 由于当 $z \geqslant z_0$ 时,$F_2(z) \leqslant kz - \overline{M}$,故 $\boldsymbol{f}(A, I)_{(1.26)}$也必与 $y = F_2(z)$相交. 比较方程(1.17)与(1.26)的右侧函数,

$$\left.\frac{dz}{dy}\right|_{(1.17)} \leqslant \left.\frac{dz}{dy}\right|_{(1.26)}, \quad z \geqslant z_0,$$

故 $\boldsymbol{f}(N, I)_{(1.17)} = \boldsymbol{f}(A, I)_{(1.17)}$必与 $y = F_2(z)$相交. 由引理 1.2 $\boldsymbol{f}(A, I)_{(1.17)}$还将与 $\boldsymbol{y}$ 正半轴相交,设交于 E,由条件(1),$y_E > 0$. 回到(x, y)平面,$\boldsymbol{f}(N, I^+)_{(1.14)}$经 $x < 0$ 半平面与 y 正半轴交于 E. 由条件(4),$\boldsymbol{f}(N, I^+)$将在 $x > 0$ 半平面再与 $y = F(x)$相交,由引理 1.2,然后再与 y 负半轴相交于 F,自然 $y_F > y_N$. 因在$\overline{FN}$上$\frac{dx}{dt} < 0$,$L_2 = \widehat{NA'EF} \cup \overline{FN}$便可作为外境界线,定理得证.】

附注 3　由定理证明可知条件$\frac{f(x)}{g(x)} \leqslant k$ 可减弱为 $F_2(z) - F_2(z_0) \leqslant k(z - z_0)$.

由以上四个定理可以看到,为了方程组(1.14)有正半轨绕原点盘旋,除了要求当 $x \neq 0$ 时 $xg(x) > 0$ 外,一般来说还要求下列条件成立:

$$\overline{\lim_{x \to +\infty}} F(x) = +\infty,$$

$$\overline{\lim_{x \to -\infty}} F(x) = -\infty,$$

$$\int_0^{+\infty} g(x)dx = G(+\infty) = +\infty,$$

$$\int_0^{-\infty} g(x)dx = G(-\infty) = +\infty.$$

最近周毓荣[17]在以上四式至少有两个不成立的条件下给出了一些闭轨线存在的充分条件.

丁大正取消了上述四条限制,得到了一组判定方程组(1.14)闭轨线存在性的充分条件[12],下面我们引用文中的一个定理,这个定理对文献[15]中的相应结果作了一点改进.

引理 1.9 考虑微分方程(1.14).若 $g(x), F(x) \in C^0$;当 $x \neq 0, a < x < b$ 时,$xg(x) > 0$,其中 $-\infty \leqslant a < 0 < b \leqslant +\infty$,设过 $D(\bar{x}, F(\bar{x}))$ 的轨线 $f(D, I)|_{(1.14)}$ 交 y 轴于点 A 和 B,$y_A \geqslant 0 \geqslant y_B$,则有

$$y_A - y_B \geqslant \sqrt{8G(\bar{x})}$$

其中 $G(x) = \int_0^x g(x)dx$.

证明 设 $0 < \bar{x} < b$.将轨线 $f(D, I)$ 在 $y = F(x)$ 之上(下)部分用 $L_1: y = y_1(x)$ $(L_2: y = y_2(x))$ 表示,其中 $0 \leqslant x \leqslant \bar{x}$.并记

$$Y_i(x) = (-1)^i[F(x) - y_i(x)], i = 1,2.$$

于是有等式

$$\frac{d(Y_1(x) + Y_2(x))}{dx} = -\left[\frac{1}{Y_1(x)} + \frac{1}{Y_2(x)}\right]g(x), \quad 0 < x < \bar{x}.$$

再利用不等式 $(a+b)\left(\frac{1}{a} + \frac{1}{b}\right) \geqslant 4$,其中 $a, b > 0$,便得

$$\frac{d(Y_1(x) + Y_2(x))}{dx} \leqslant \frac{-4g(x)}{Y_1(x) + Y_2(x)}, \quad 0 < x < \bar{x}.$$

于是对于 $0 < x_1 < x_2 < \bar{x}$,有

$$\frac{1}{2}[Y_1(x) + Y_2(x)]^2 \Big|_{x_1}^{x_2} \leqslant -4\int_{x_1}^{x_2} g(x)dx.$$

令 $x_1 \to 0, x_2 \to \bar{x}$,并注意到 $Y_1(0) - Y_2(0) = y_A - y_B$, $Y_1(\bar{x}) + Y_2(\bar{x}) = 0$,便得

$$y_A - y_B \geqslant \sqrt{8G(\bar{x})}.$$

对 $a < \bar{x} < 0$,证明类似.引理得证.】

当 $g(x) = x, F(x) \equiv 0$ 时,轨线为圆周,这时不等式中等号成立.

定理 1.5 考虑微分方程(1.13),或其等价方程组(1.14).若它满足

(1) $g(x), f(x) \in C^0$; $xg(x) > 0, x \neq 0, a < x < b$,其中 $-\infty \leqslant a < 0 < b \leqslant +\infty$; $xF(x) < 0$,当 $0 < |x| < \delta \ll 1$ 时,

(2) 存在正数 C 及 M,使得 $C + F(x) > 0$,

$$\int_0^b \frac{g(x)dx}{C+F(x)} \leqslant M, \text{当 } 0<x<b \text{ 时},$$

其中
$$F(x)=\int_0^x f(x)dx,$$

(3) 记 $y_0=C+M$,如果 $\inf\limits_{a<x<0} F(x)>-y_0$,不等式

$$\sup_{a<x<0}\left[\int_0^x \frac{g(\xi)d\xi}{y_0+F(\xi)}-(y_0+F(x))\right]>0$$

成立,

(4) 记 $\sup\limits_{a<x<0} F(x)=A\leqslant+\infty, G(a)\leqslant+\infty$,

$y_1=A+\sqrt{2G(a)}$,其中 $G(x)=\int_0^x g(x)dx$,下列条件(a)与(b)之一成立:

$$\text{(a) } G(b)\geqslant\frac{(y_0+y_1)^2}{8},$$

$$\text{(b) } \sup_{0<x<b} F(x)\geqslant y_1,$$

则方程组(1.14)在广义矩形 $a<x<b, -y_0<y<y_1$ 内存在闭轨线.

证明　1. 对于点 $N(0,-y_0)$,证明轨线 $\boldsymbol{f}(N,I^-)_{(1.14)}$ 在 $0<x<b$ 内不与曲线 $y=F(x)$ 相交见图 4.12.

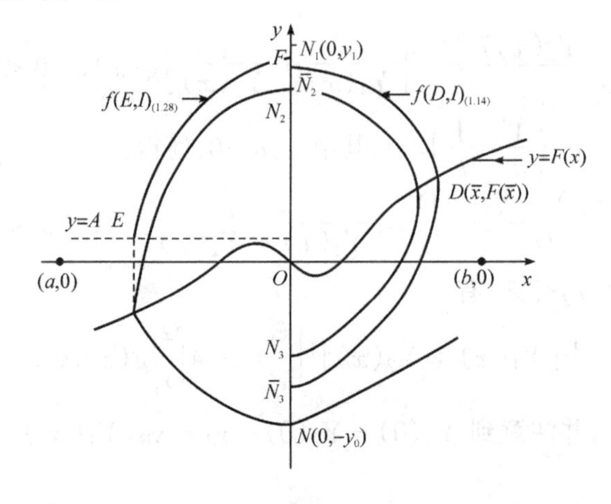

图 4.12

记 $\boldsymbol{f}(N,I^-)$ 在曲线 $y=F(x)$ 之下部分为: $y(x)$,假设 $\boldsymbol{f}(N,I^-)$ 在 $0<x<b$ 内与 $y=F(x)$ 相交,由 $F(x)>-C$,必有 $y(\bar{x})=-C$,其中 $0<\bar{x}<b$,且使当 $0\leqslant x<\bar{x}$ 时 $y(x)<-C$. 于是有

$$y(\bar{x})=-y_0+\int_0^{\bar{x}}\frac{g(x)dx}{F(x)-y(x)}<-y_0+\int_0^{\bar{x}}\frac{g(x)dx}{C+F(x)}$$

$$< -y_0 + \int_0^b \frac{g(x)dx}{C + F(x)} \leqslant -y_0 + M = -C,$$

这与假设相矛盾.

2. 证明 $\boldsymbol{f}(N, I^+)$在 $a<x<0$ 内必与曲线 $y=F(x)$相交.

当 $\inf\limits_{a<x<0} F(x) \leqslant -y_0$ 时,由于在区域 $y<F(x)$, $x<0$ 上沿轨线 $\boldsymbol{f}(N, I^+)$, y 值单调递增,结论显然成立.

当 $\inf\limits_{a<x<0} F(x) > -y_0$ 时,如果 $\boldsymbol{f}(N, I^+)$在 $a<x<0$ 内不与 $y=F(x)$相交,则当 $a<x<0$ 时,有 $y(x)-F(x)<0$,于是

$$0 > y(x) - F(x) = -y_0 - F(x) - \int_0^z \frac{g(\xi)d\xi}{y(\xi) - F(\xi)}$$

$$\geqslant \int_0^x \frac{g(\xi)d\xi}{y_0 + F(\xi)} - (y_0 + F(x)), \quad a < x < 0.$$

这便与条件(3)相矛盾,因此 $\boldsymbol{f}(N, I^+)$必与曲线 $y=F(x)$相交于$(x_1, F(x_1))$, $a<x_1<0$.

3. 证明 $\boldsymbol{f}(N, I^+)$与 y 正半轴相交于点 $N_2(0, y_2)$,其中 $0<y_2<y_1=A+\sqrt{2G(a)}$.

由条件(1)知 $y_2>0$. 当 $y_1=+\infty$时, $y_2<y_1$ 显然成立.

当 $y_1<+\infty$时,也必有 $A<+\infty$. 在区域 $a<x<0$, $A<y<+\infty$内,有不等式

$$\frac{-g(x)}{y-A} \geqslant \frac{-g(x)}{y-F(x)}. \tag{1.27}$$

考虑方程

$$\frac{dy}{dx} = \frac{-g(x)}{y-A}, \tag{1.28}$$

它的过点 $E(x_1, A)$的解曲线 $\boldsymbol{f}(E, I)|_{(1.28)}$必交 y 正半轴于$F(0, \bar{y}_2)$,其中 $0<\bar{y}_2=A+\sqrt{2G(x_1)}<y_1$.

比较方程组(1.14)与方程(1.28),由不等式(1.27)及 $F(x_1)\leqslant A$,易见 $y_2\leqslant \bar{y}_2<y_1$.

4. 证明 $\boldsymbol{f}(N, I^+)$在 $0<x<b$ 内再与曲线 $y=F(x)$交于点$(x_2, F(x_2))$,并再交 y 负半轴于点 $N_3(0, y_3)$.

当条件(4),(b)成立时,结论是显然的.

当条件(4),(a)成立时,因为 $0<y_2<y_1$,故必存在 $0<\bar{x}<b$,使得 $G(\bar{x})>\frac{(y_0+y_2)^2}{8}$. 过点 $D(\bar{x}, F(\bar{x}))$的轨线 $f(D, I)|_{(1.14)}$必交 y 正负半轴分别于点 $\bar{N}_2(0, \bar{y}_2)$和 $\bar{N}_3(0, \bar{y}_3)$由条件(1) $-y_0<\bar{y}_3<0<\bar{y}_2$,由引理 1.9 有

$$\bar{y}_2 - \bar{y}_3 \geqslant \sqrt{8G(\bar{x})} > y_0 + y_2,$$
$$\bar{y}_2 - y_2 > y_0 + \bar{y}_3 > 0.$$

上式说明点 N_2 落在点 $\bar{N}_2$ 的下方,故 $f(N,I^+)$必与曲线 $y=F(x)$相交,并再次与 y 负半轴相交于点 $N_3(0,y_3)$,其中 $-y_0<\bar{y}_3<y_3<0$.

令 $L_2=\widehat{NN_2N_3}\cup\overline{N_3N}$.由于在$\overline{N_3N}$上$\frac{dx}{dt}<0$,外境界线 L_2 作成.内境界线 L_1 的作法与定理 1.2 相同.定理证毕.】

定理 1.2~1.4 的条件都加在整个相平面上.定理 1.5 的条件可以只加在有界区域上.因而定理 1.5 不但去掉了当 $x\to+\infty$或 $x\to-\infty$时 $F(x)$的上下极限无界和 $G(\pm\infty)=+\infty$的限制,而且得到了关于极限环的存在区域的估计.定理 1.5 的条件还可以用其他条件代替,可参看文献[12].

比较以上各定理.关于构造内境界线,定理 1.3 所加的条件是最少的.关于构造外境界线,定理 1.2 的附注,定理 1.3,定理 1.4 和定理 1.5 所加的条件是互相独立的.这里都首先要求相平面上的正半轨线绕原点盘旋,并使轨线弧的始点和终点都落在 y 轴或平行于 y 轴的直线上.定理 1.2 及其附注中是用计算广义状态函数

$$\bar{\lambda}(x,y)=\frac{1}{2}(y-k)^2+G(x)$$

沿着绕原点一周的轨线弧的改变量来确定始点和终点的几何位置;定理 1.3 是用比较特征函数 $y=F(x)$在 $x>0$ 与 $x<0$ 两半平面上的大小来确定绕原点一周的轨线弧的始点和终点的几何位置;定理 1.4 和定理 1.5 都是用证明 y 负半轴上存在点 $N(0,-y_0)$,$f(N,I^-)$不与特征曲线 $F=F(x)$相交,再加上 $f(N,I^+)$绕原点盘旋来确定绕原点一周的轨线弧的始点和终点的几何位置.这是讨论极限环存在性常用的几种方法.

陈秀东对 Liénard 方程引入了特征区间的概念[18],使得现有的各种存在性定理的本质显得更加清楚.

关于方程

$$\ddot{x}+f(x,\dot{x})\dot{x}+g(x)=0$$

或其等价方程组

$$\begin{cases}\dfrac{dx}{dt}=v\\[2ex]\dfrac{dv}{dt}=-g(x)-f(x,v)v\end{cases}$$

的极限环的存在性问题,还有一些很好的工作,例如 N. Levinson 和 O. K. Smith[19]和 A.B. Драгилёв[10]的工作,由于证明的思想是类似的,就不再细讲了.

下面是关于判别极限环不存在的几个定理.

给定微分方程组

$$\frac{dx}{dt} = X(x,y), \quad \frac{dy}{dt} = Y(x,y), \tag{1.29}$$

其中 $X(x,y), Y(x,y)$在 R^2 上定义.

定理 1.6(Poincaré 的切性曲线法) 设 $F(x,y)=C$ 为一曲线族,$F(x,y)\in C^1(G)$,并且

$$\left.\frac{dF}{dt}\right|_{(1.29)} = \frac{\partial F}{\partial x}\cdot\frac{dx}{dt} + \frac{\partial F}{\partial y}\cdot\frac{dy}{dt} = X\frac{\partial F}{\partial x} + Y\frac{\partial F}{\partial y}$$

在 G 上保持常号(即$\geqslant 0$ 或$\leqslant 0$),还有

$$X\frac{\partial F}{\partial x} + Y\frac{\partial F}{\partial y} = 0$$

不包含(1.29)的整条轨线,则方程(1.29)在 G 中不存在闭轨线.

证明 用反证法.假设方程(1.29)有闭轨线 $\Gamma\subset G$.对函数 $X\frac{\partial F}{\partial x} + Y\frac{\partial F}{\partial y}$按 t 增加的方向沿着 Γ 一周求积,得

$$\oint_\Gamma\left(X\frac{\partial F}{\partial x} + Y\frac{\partial F}{\partial y}\right)dt = \oint_\Gamma\frac{dF}{dt}dt.$$

由函数 $F(x,y)$的单值性上式右侧为零,但左侧不为零,得矛盾.定理得证.】

本定理的思想在定性理论中是常用的,在前面几个定理的证明中也已用过,即对一曲线族沿着给定的微分方程组求导,用导数的符号来刻画轨线的走向.

定理 1.7(Bendixson-Dulac) 设在单连通区域 G 中方程(1.29)右侧的函数 $X(x,y), Y(x,y)\in C^1(G)$,且存在 $B(x,y)\in C^1(G)$,使得

$$\frac{\partial(BX)}{\partial x} + \frac{\partial(BY)}{\partial y}$$

保持常号,且不在任何子区域中恒为零,则(1.29)在 G 中不存在闭轨线.

证明 用反证法.假设(1.29)有闭轨线 $\Gamma\subset G$,设 D 是由 Γ 所包围的区域.由 Green 公式

$$\oint_\Gamma BXdy - BYdx = \iint_D\left(\frac{\partial(BX)}{\partial x} + \frac{\partial(BY)}{\partial y}\right)dxdy. \tag{1.30}$$

因沿 Γ 等式 $Xdy = Ydx$ 处处成立,故等式(1.30)左侧为零;但右侧不为零,得矛盾.定理得证.】

当 $B(x,y)=1$ 时这个定理有很明确的物理含义.

如果(1.29)代表不可压缩平面流体的速度场,而发散量 $\mathrm{div}(X,Y) = \frac{\partial X}{\partial x} +$

$\frac{\partial Y}{\partial y}$在任一点$P\in G$的正或负号代表在$P$的一个充分小的邻域$S(P)$上沿着边界$\partial S(P)$流体是流出或流入.因等式(1.30)的另一形式是:

$$\iint_{(D)}\left(\frac{\partial X}{\partial x}+\frac{\partial Y}{\partial y}\right)dxdy=\oint_{\Gamma}[X\cos(n,X)+Y\cos(n,Y)]ds,$$

n代表在Γ上任一点的外法线方向,等式右侧代表流体经过Γ的流量.

如果Γ是闭轨线,则经过Γ流体的流量显然为零,这样在Γ所包围的区域内,$\operatorname{div}(X,Y)$应该变号,即必须在有的地方流入,在有的地方流出.换句话说,如果$\operatorname{div}(X,Y)$在区域G上保持常号,且不在任何子区域中恒为零,则G中必无闭轨.

对于 Liénard 型方程的等价方程组(1.14)而言,$\operatorname{div}(X,Y)=-f(x)$,故若$f(x)$在带域$|x|\leqslant a$上定号,(即$>0$或$<0$),则(1.14)没有闭轨线整条落在带域$|x|\leqslant a$上.因而在定理1.1~1.5中,为了保证极限环的存在,对$f(x)$变号的要求是自然的.

推论 1 如果曲线

$$\operatorname{div}(X,Y)=\frac{\partial X}{\partial x}+\frac{\partial Y}{\partial y}=0$$

不通过(1.29)的某一奇点,则这个奇点不可能是中心.

定理 1.8(В. Ф. Ткачёв 与 Вг. Ф. Ткачёв[20]) 若在单连通区域G中存在$B(x,y),F(x,y)\in C^1(G)$,并使得

$$\frac{\partial}{\partial x}(BX)+\frac{\partial}{\partial y}(BY)+B\left[X\frac{\partial F}{\partial x}+Y\frac{\partial F}{\partial y}\right]$$

在G中保持常号,且不在任何子区域中恒为零,则方程(1.29)在G中不存在闭轨线.

证明 令

$$H(x,y)=B(x,y)e^{F(x,y)},$$

则

$$\frac{\partial}{\partial x}(H(x,y)\cdot X(x,y))+\frac{\partial}{\partial y}(H(x,y)\cdot Y(x,y))$$
$$=e^{F(x,y)}\left[\frac{\partial}{\partial x}(BX)+\frac{\partial}{\partial y}(BY)+BX\frac{\partial F}{\partial x}+BY\frac{\partial F}{\partial y}\right].$$

然后在定理1.7的证明中分别以HX和HY代替BX和BY即可.】

当$F(x,y)\equiv 0$时就是定理1.7.

定理 1.9(陈翔炎[21],В. Ф. Ткачёв 与 Вг. Ф. Ткачёв[20]) 若在单连通区域G上存在函数$M(x,y),N(x,y)\in C^1(G)$,使得在区域G上,$MX+NY$和$\frac{\partial M}{\partial y}-\frac{\partial N}{\partial x}$都保持常号,且符号相同,于是有下列结论:

(i) 若$\frac{\partial M}{\partial y}-\frac{\partial N}{\partial x}$在 G 的任何子区域上不恒为 0,$MX+NY$ 与$\frac{\partial M}{\partial y}-\frac{\partial N}{\partial x}$同号(异号),则方程组(1.29)在 G 内不存在正(负)定向的闭轨线;又若在 G 上 $MX+NY\equiv 0$,则(1.29)在 G 内不存在闭轨线.

(ii) 若在 G 上$\frac{\partial M}{\partial y}-\frac{\partial N}{\partial x}\equiv 0$,且使 $MX+NY=0$ 的点集的闭分支不是(1.29)的轨线,则(1.29)在 G 内不存在闭轨线.

证明 设 Γ 是(1.29)的闭轨线,$x=x(t),y=y(t)$是 Γ 的参数方程,周期为 $T>0$.设 D 为 Γ 所包围的区域.记

$$\delta(\Gamma)=\begin{cases}1, & \text{当 } \Gamma \text{ 为正定向时},\\ -1, & \text{当 } \Gamma \text{ 为负定向时}.\end{cases}$$

由 Green 公式,

$$\iint_D\left(\frac{\partial N}{\partial x}-\frac{\partial M}{\partial y}\right)dxdy=\oint_\Gamma Mdx+Ndy$$

$$=\delta(\Gamma)\int_0^T[M(x(t),y(t))X(x(t),y(t))+N(x(t),y(t))Y(x(t),$$
$$y(t))]dt. \tag{1.31}$$

由(i)中的条件,等式(1.31)的左侧定号,且不为 0.如(1.31)的右侧的积分号下函数 $MX+NY\equiv 0$,便导出矛盾,即(1.29)不存在闭轨线 Γ.若 $MX+NY\not\equiv 0$,且 $MX+NY$ 与$\frac{\partial M}{\partial x}-\frac{\partial N}{\partial y}$同号(异号),则只有当 $\delta(\Gamma)=-1(=1)$时才不出现矛盾,故(1.29)不存在正(负)定向的闭轨线.结论(i)证毕.结论(ii)是显然的.】

取 $M=BY,N=-BX$,便得定理 1.7.

取 $M=\frac{\partial F}{\partial x},N=\frac{\partial F}{\partial y}$,其中 $F\in C^2(G)$,便得定理 1.6.

方程组(1.29)的由若干个奇点及两端进入奇点的轨线所构成的单闭曲线叫作方程组(1.29)的奇异闭轨线.

附注 4 在定理 1.7,1.8,1.9 中将闭轨线换成奇异闭轨线,在定理 1.6 中将闭轨线换成带一个奇点的奇异闭轨线,定理的结论仍真.也就是说,定理 1.6,1.7,1.8,1.9 也给出了不存在奇异闭轨线的充分条件.至于证明,定理 1.6 的可不加修改,定理 1.7,1.8,1.9 的只要略加修改就行了.现以定理 1.7 为例来证明它对奇异闭轨线也真.

也用反证法,设存在奇异闭轨线 Γ,不妨设 Γ 上只有一个奇点 P,D 为由 Γ 所围成的区域.

如图 4.13 所示,取 $P_1,P_2\in\Gamma$,以光滑弧段 γ 连接 P_1 和 P_2,且在 P_1 和 P_2 处 γ 与 Γ 相切.令 $\Gamma'=\widehat{P_1P_3P_2}\cup$

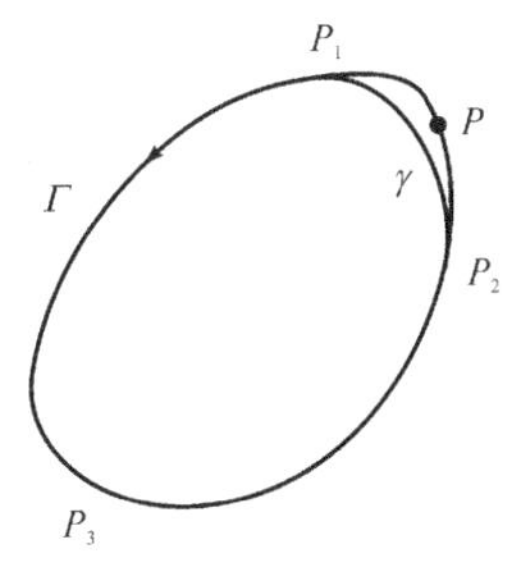

图 4.13

γ, D'是由Γ'所围成的区域，由 Green 公式，有

$$\int_{\gamma} BXdy - BYdx = \oint_{\Gamma'} BXdy - BY\widehat{dx}$$

$$= \iint_{D'} \left(\frac{\partial(BX)}{\partial x} + \frac{\partial(BY)}{\partial y} \right) dxdy.$$

因在点 P 上 $X = Y = 0$，由连续性当 P_1, P_2 与 P 充分接近时，上式左侧可任意小，但上式右侧将与异于零的数

$$\iint_{D} \left(\frac{\partial(BX)}{\partial x} + \frac{\partial(BY)}{\partial y} \right) dxdy$$

任意接近，得矛盾. 定理 1.7 对奇异闭轨线便得证.】

§2. 后继函数和极限环的重次及稳定性

给定微分方程组

$$\frac{dx}{dt} = X(x,y), \quad \frac{dy}{dt} = Y(x,y), \tag{2.1}$$

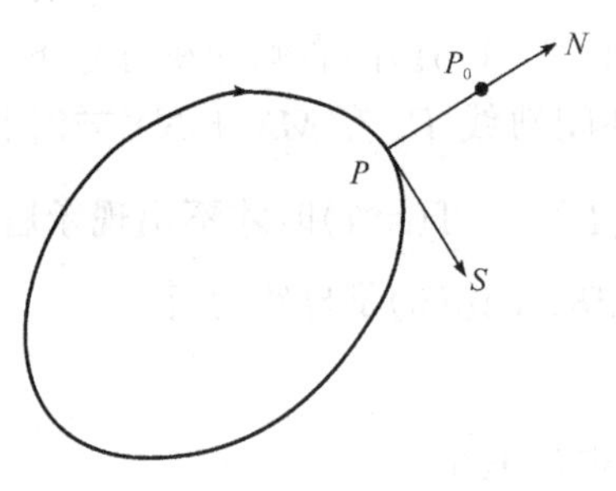

图 4.14

设 $X(x,y), Y(x,y) \in C^0(G \subseteq R^2)$，且满足保证(2.1)的解的唯一性的条件，其中 G 是开区域.

设 $L \subset G$ 是(2.1)的闭轨线. 任取点 $P \in L$，过 P 作光滑无切弧段或无切线段，譬如可取过 P 点的外法线 PN. 任取 $P_0 \in PN$，由于闭轨线邻近的轨线或者也是闭轨线，或者是绕 L 盘旋的轨线，故当距离 $\rho(P, P_0) = n_0$ 充分小时，轨线 $f(P_0, I^+)$ 必将再次与 PN 相交于点 P_1. 设 P_1 是继 P_0 之后的第一个交点，令 $n = \rho(P_1, P)$，这样我们就定义了 P_1 与 P_0 之间的一一对应关系，即定义了函数

$$n = g(n_0).$$

自然也可能发生 $g(n_0) = n_0$ 的情形，这时相应的 $f(P_0, I)$ 便是闭轨线. 当 $g(n_0) \neq n_0$ 时，因按时间次序点 P_1 在点 P_0 之后，故称点 P_1 为点 P_0 的后继点，点 P_0 为点 P_1 的先行点，而称 $n = g(n_0)$ 为后继函数. 特别 P 的后继点就是 P 自己，故有 $g(0) = 0$.

如果在外法线 PN 上，对充分小的实数 $\delta > 0$，当 $0 < n_0 < \delta$ 时，恒有

$$g(n_0) > n_0 (< n_0),$$

则 L 就是外不稳定(稳定)极限环. 如果不论 $\delta > 0$ 多么小，总存在 $n_0, n'_0 \in (0,$

δ),使得

$$g(n_0) = n_0,$$
$$g(n'_0) \neq n'_0,$$

则 L 就是外侧复型极限环.如果存在实数 $\delta>0$,对一切 $0\leqslant n_0\leqslant\delta$,恒有

$$g(n_0) = n_0,$$

则 L 的外侧是周期环域.在内法线方向也有类似的情形.由此可见后继函数对研究闭轨线邻域中轨线的性态是十分重要的.但只有知道了后继函数 $g(n_0)$时才能对它进行研究.下面我们引进曲线坐标,以便将 $g(n_0)$与(2.1)右侧的已知函数联系起来.

设 L 为负定向的(即当 t 增加时,朝顺时针方向盘旋),其方程为

$$x = \varphi(s), \quad y = \psi(s),$$

其中参数 s 是从某固定点算起的 L 的弧长,顺时针方向为正.当 $X(x,y)$, $Y(x,y)$充分光滑时,存在适当小的 $\xi>0$,使对任何点 $P_0\in S(L,\xi)\setminus L$,存在唯一的点 $P\in L$, P_0 落在过 P 的法线上.设 s 是 P 点到 L 上固定点的弧长, $n=\rho(P,P_0)$,便可建立 P_0 点的直角坐标(x,y)与它的曲线坐标(s,n)之间的对应关系如下:

$$x = \varphi(s) - n\psi'(s), \quad y = \psi(s) + n\varphi'(s),$$

其中

$$\phi'(s) = \frac{dx}{ds} = \frac{X_0}{\sqrt{X_0^2 + Y_0^2}},$$

$$\psi'(s) = \frac{dy}{ds} = \frac{Y_0}{\sqrt{X_0^2 + Y_0^2}},$$

而

$$X_0 = X(\phi(s), \psi(s)), \quad Y_0 = Y(\phi(s), \psi(s)).$$

代入原方程得

$$\frac{dy}{dx} = \frac{\psi'(s) + \dfrac{dn}{ds}\phi'(s) + n\phi''(s)}{\phi'(s) - \dfrac{dn}{ds}\psi'(s) - n\psi''(s)}$$
$$= \frac{Y(\phi(s) - n\psi'(s), \psi(s) + n\phi'(s))}{X(\phi(s) - n\psi'(s), \psi(s) + n\varphi'(s))}.$$

由此可解出

$$\frac{dn}{ds} = \frac{Y\phi' - X\psi' - n(X\phi'' + Y\psi'')}{X\phi' + Y\psi'} = F(s,n), \tag{2.2}$$

其中

$$\phi''(s) = \frac{-Y_0}{(X_0^2 + Y_0^2)^2}[X_0^2 Y_{x_0} + X_0 Y_0 (Y_{y_0} - X_{x_0}) - Y_0^2 X_{y_0}],$$

$$\psi''(s)=\frac{X_0}{(X_0^2+Y_0^2)^2}[X_0^2Y_{x_0}+X_0Y_0(Y_{y_0}-X_{x_0})-Y_0^2X_{y_0}], \tag{2.3}$$

而

$$X_{x_0}=\left.\frac{\partial X}{\partial x}\right|_{n=0},\quad X_{y_0}=\left.\frac{\partial X}{\partial y}\right|_{n=0},$$

$$Y_{x_0}=\left.\frac{\partial Y}{\partial x}\right|_{n=0},\quad Y_{y_0}=\left.\frac{\partial Y}{\partial y}\right|_{n=0}.$$

由(2.2)知后继函数

$$g(n_0)=n(l,n_0)=n_0+\int_0^l F(s,n(s,n_0))ds, \tag{2.4}$$

其中 l 为 L 的总弧长;且当 $X(x,y),Y(x,y)\in C^r$,便有 $g(n_0)\in C^r(|n_0|<\xi)$,其中 ξ 为充分小正数.特别我们有下列定理.

定理 2.1 设 $X(x,y),Y(x,y)\in C^\omega(G\subseteq R^2)$,即(2.1)是解析向量场,则(2.1)不可能有复型极限环.

证明 由于 $X^2(\phi(s),\psi(s))+Y^2(\varphi(s),\psi(s))\neq 0$,故当 $\xi>0$ 充分小时,在 $S(L,\xi)$ 中(2.2)右侧分式中的分母恒不为零,故当 $\xi>0$ 充分小时,$g(n_0)\in C^\omega(|n_0|<\xi)$.故若有

$$g(n_k)-n_k=0,\quad n_k\to 0,$$

则当 $|n|<\xi<\xi$ 时,便有 $g(n)\equiv n$.定理证毕.】

推论 在定理的假设下,(2.1)的奇点不可能是中心焦点;即对解析向量场来说,奇点不可能是中心焦点.

令

$$h(n_0)=g(n_0)-n_0=\int_0^l F(s,n(s,n_0))ds.$$

有时也称 $h(n_0)$为后继函数.显然 $h(0)=0$.由微分学理论,下列事实是明显的.若 $h(0)=h'(0)=\cdots=h^{(k-1)}(0)=0,h^{(k)}(0)<0(>0)$,其中 k 是奇数,则 L 为稳定(不稳定)极限环;若 $h(0)=h'(0)=\cdots=h^{(k-1)}(0)=0,h^{(k)}(0)\neq 0$,其中 k 是偶数,则 L 为半稳定极限环.

定义 2.1 当 $n_0=0$ 是 $h(n_0)=0$ 的单根时,称 L 为单重环,当 $n_0=0$ 是 $h(n_0)=0$ 的 $k(\geqslant 2)$重根时,称 L 为 k 重环,或多重环.

由于 $n=n(s,n_0)$为闭轨线的充要条件是后继函数 $h(n_0)=0$.而由(2.2)显见后继函数连续依赖于方程组(2.1)右侧函数中可能出现的参数.因而当方程组(2.1)右侧函数中的参数作微小变动时,单重极限环(对应于后继函数的单重根)比较稳定,也就是说,它不会增加也不会消失,也不会改变原来的稳定性;而多重极限环(对应于后继函数的多重根)很不稳定,当方程组(2.1)的参数有微小的变动时,

就会使极限环消失或分解成几个极限环.故单重极限环是结构稳定的,多重极限环是结构不稳定的.

那么究竟如何利用后继函数来判别极限环的重数和稳定性呢? 由于(2.2)的右侧函数 $F(s,n)$ 比较复杂,且依赖于未知函数 $\varphi(s)$ 和 $\psi(s)$,因而不易进行研究,为此先求出(2.2)的一次近似方程.由(2.2),(2.3)知

$$F(s,0)=0,$$

$$X_0\phi''+Y_0\psi''=0,$$

$$F'_n(s,0)=\frac{X_0^2Y_{y_0}-X_0Y_0(X_{y_0}+Y_{x_0})+Y_0^2X_{x_0}}{(X_0^2+Y_0^2)^{3/2}}=H(s), \tag{2.5}$$

于是方程(2.2)可写成

$$\frac{dn}{ds}=H(s)n+o(n). \tag{2.6}$$

其一次近似方程为

$$\frac{dn}{ds}=H(s)n. \tag{2.7}$$

设 T 为 L 的时间周期,于是沿 L 求积,便有

$$\begin{aligned}\int_0^l H(s)ds&=\int_0^T\left[X_{x_0}+Y_{y_0}-\frac{X_0^2X_{x_0}+X_0Y_0(X_{y_0}+Y_{x_0})+Y_0^2Y_{y_0}}{X_0^2+Y_0^2}\right]dt\\&=\int_0^T(X_{x_0}+Y_{y_0})dt-\frac{1}{2}\oint_L\frac{d(X_0^2+Y_0^2)}{X_0^2+Y_0^2}\\&=\oint_0^T\operatorname{div}(X,Y)dt.\end{aligned} \tag{2.8}$$

定理 2.2 若沿着 L 有

$$\oint_0^T\operatorname{div}(X,Y)dt<0(>0), \tag{2.9}$$

则 L 为稳定(不稳定)极限环,且是单重环.

证明 由(2.6)和(2.8)知,沿 L 邻近的轨线求积分,有

$$\int_0^l\frac{dn}{n}=\int_0^l H(s)ds+\int_0^l\frac{o(n)}{n}ds.$$

$$h(n_0)=n(l,n_0)-n_0=n_0[e^{\int_0^l H(s)ds}e^{\int_0^l\frac{o(n)}{n}ds}-1].$$

$$h'(0)=\lim_{n_0\to0}\frac{h(n_0)-h(0)}{n_0}=e^{\oint_0^T\operatorname{div}(X,Y)dt}-1.$$

定理得证.】

显见 $\oint_0^T\operatorname{div}(X,Y)dt\neq0$ 是 L 为单重环的充要条件.但条件(2.9)是判定极限环稳定性的充分条件,而不是必要条件.但我们有下列推论.

推论 1 L 是方程组(2.1)的半稳定极限环或复型极限环,或 L 包含在周期环域中,其必要条件是

$$\oint_0^T \operatorname{div}(X,Y)dt = 0. \tag{2.10}$$

推论 2 设在方程组(2.1)的闭轨线 L 的一侧恒有下列三种情形之一:

$$\operatorname{div}(X,Y) < 0, \operatorname{div}(X,Y) > 0, \operatorname{div}(X,Y) \equiv 0,$$

则在此侧 L 分别是稳定的,不稳定的,或在 L 的充分小邻域中全是异于 L 的闭轨线.

前两种情形可直接由定理 2.2 推出.而 $\operatorname{div}(X,Y)\equiv 0$ 的情形,请读者自己证明.

当等式(2.10)成立时,即当 $h'(0)=0$ 时,极限环稳定性的判定便是很困难的了.也就是说,当 $n_0=0$ 不是 $h(n_0)=0$ 的单根时,即当后继函数的一次近似方程(2.7)不能判定极限环的稳定性时,问题便变得很困难了.

§3. 旋转向量场

给定含参量 α 的微分方程组

$$\frac{dx}{dt} = X(x,y,\alpha), \quad \frac{dy}{dt} = Y(x,y,\alpha), \tag{3.1}$$

在第一章中我们研究过(3.1)的解对参数 α 的依赖关系,但在那里仅限于考虑解在任意有限的时间区间上对 α 的依赖关系,至于整条轨线或者说整个相图如何随参数 α 的变化,则尚未研究,而这却是非常复杂又非常有兴趣的问题.倘若当参数 α 在 α_0 附近有微小变动时,方程组$(3.1)_{\alpha_0}$的相图的拓扑结构不变,这时称 α_0 是参数 α 的普通值,而系统$(3.1)_{\alpha_0}$就称为对扰动 α 而言是结构稳定的;倘若当 α 在 α_0 附近不论有多么微小的变动时,方程组$(3.1)_{\alpha}$ 的相图的拓扑结构都发生变化,这时就称参数 α_0 是分支值,拓扑结构发生变化的现象称为分支现象.例如,由参数 α 的变动导致在奇点附近极限环的产生或消失,以及由原来的一个极限环分解成几个极限环等现象,都叫做分支现象.分支理论是近年来微分方程理论中非常活跃的一个领域.可参看第二章文献[3]及本章文献[22].

在本节我们主要讨论极限环随参数 α 而变化的情形.由于对一般的含参数 α 的平面向量场而言,其变化是十分复杂的,因而我们在这里只局限于讨论一种特殊的含参数 α 的平面向量场,即旋转向量场.讨论在平面旋转向量场中极限环随参数而变化的情形,即当参数变化时极限环的产生,消失等现象,这时这种变化表现得很有规律.

这方面已有比较完整的结果.最早的工作见于 G. F. Duff 在 1953 年的论文

[23]. 后来 G. Seifert[24], L. M. Perko[25]和陈翔炎[26,27,28]等人相继改进了 Duff 的工作. 特别应当提到的是陈翔炎,他提出广义旋转向量场的概念,大大地减弱了 Duff 的条件,并得到了旋转向量场的一些重要的应用. 下面我们着重介绍 Duff 和陈翔炎的工作. 本节我们主要参考了第一章的文献[3].

在本节中我们假设向量场$(X(x,y,\alpha),Y(x,y,\alpha))$只有孤立奇点,且

$$X(x,y,\alpha),Y(x,y,\alpha),\frac{\partial X}{\partial\alpha},\frac{\partial Y}{\partial\alpha}\in C^0(G\times I),$$

其中 $I:0\leqslant\alpha\leqslant T$ 或 $-\infty<\alpha<+\infty$,开区域 $G\subseteq R^2$. 另外(3.1)还满足保证初值问题解的唯一性的条件.

定义 3.1(G. F. Duff) 若当 α 在$[0,T]$中变动时,向量场$(X(x,y,\alpha),Y(x,y,\alpha))$的奇点不变,而在一切常点处恒有

$$\begin{vmatrix} X & Y \\ \frac{\partial X}{\partial\alpha} & \frac{\partial Y}{\partial\alpha}\end{vmatrix}>0, \tag{3.2}$$

且有

$$\begin{aligned} X(x,y,\alpha+T) &= -X(x,y,\alpha), \\ Y(x,y,\alpha+T) &= -Y(x,y,\alpha), \end{aligned} \tag{3.3}$$

则称$(X(x,y,\alpha),Y(x,y,\alpha))$对一切 $0\leqslant\alpha\leqslant T$ 构成一旋转向量场的完全族.

由(3.3)知 $X(x,y,\alpha),Y(x,y,\alpha)$对 α 而言是周期为 $2T$ 的周期函数.

记向量(X,Y)与 x 轴的夹角为$\theta(x,y,\alpha)$,便有

$$\frac{\partial\theta}{\partial\alpha}=\frac{\partial}{\partial\alpha}\mathrm{Arctg}\,\frac{Y}{X}=\frac{1}{X^2+Y^2}\begin{vmatrix} X & Y \\ \frac{\partial X}{\partial\alpha} & \frac{\partial Y}{\partial\alpha}\end{vmatrix}. \tag{3.4}$$

由条件(3.2)知,在一切常点 $P(x,y)$处,当参数 α 增加时,向量$(X(x,y,\alpha),Y(x,y,\alpha))$以 P 为顶点按逆时针方向旋转. 由条件(3.3)知,当参数 α 变到$\alpha+T$ 时,向量(X,Y)刚好以 P 为顶点逆时针方向旋转 π 度,且向量的长度不变. 由此可知当 α 变到$\alpha+2T$ 时,向量(X,Y)刚好逆时针方向旋转 2π 而回到原来的位置. 这就是 Duff 定义中的"旋转"和"完全"的几何含义. 当参数 α 变动时,旋转向量场中极限环的变动是比较有规则的,只是定义 3.1 中的限制太强,只要抓住了事物的本质,就可大大放宽定义 3.1 中的限制条件. 例如,陈翔炎引进了广义旋转向量场,在那里极限环随参数的变动有同样的规律性. 以下我们就着重讨论广义旋转向量场中极限环随参数的变动情况.

定义 3.2(陈翔炎) 若当 α 在$[0,T]$中变动时向量场$(X(x,y,\alpha),Y(x,y,\alpha))$的奇点不变,而在一切常点处恒有

(1) $\frac{\partial\theta}{\partial\alpha}\geqslant 0$,并沿任一闭曲线$\frac{\partial\theta}{\partial\alpha}\not\equiv 0$;

(2) 对于$(0,T)$上任意两点 $\alpha_1<\alpha_2$,有

$$0\leqslant\int_{\alpha_1}^{\alpha_2}\frac{\partial\theta}{\partial\alpha}d\alpha\leqslant\pi.$$

则称$(X(x,y,\alpha),Y(x,y,\alpha))$为广义旋转向量场.

我们参考文献[27],[28],定义广义旋转向量场如下.

定义 3.3　若当参数 α 在(a,b)中变动时向量场$(X(x,y,\alpha),Y(x,y,\alpha))$的奇点不变,且对任意固定的点 $P(x,y)$和任意属于(a,b)的参数 $\alpha_1>\alpha_2$,恒有

$$\begin{vmatrix}X(x,y,\alpha_2), & Y(x,y,\alpha_2)\\ X(x,y,\alpha_1), & Y(x,y,\alpha_1)\end{vmatrix}\geqslant 0(\leqslant 0),\tag{3.5}$$

但等号不在$(3.1)_{\alpha_i}(i=1,2)$的整条闭轨线上成立,则称$(X(x,y,\alpha),Y(x,y,\alpha))$为广义旋转向量场,其中区间$(a,b)$可为有界也可为无界.

定义 3.2 中的条件(1),(2)和定义 3.3 中的不等式(3.5)的关系如何,作为习题留给读者.

若对某一常点(x_0,y_0)及参数 α_0,存在 $\delta(x_0,y_0,\alpha_0)>0$,使得对于 $\alpha\in[\alpha_0-\delta,\alpha_0+\delta]$,(3.5)式中的等号恒成立,则称$(x_0,y_0)$是 α_0 逗留点,否则称为 α_0 旋转点.广义旋转向量场允许有逗留点,另外广义旋转向量场不一定周期性地依赖于 α,特别不要求条件(3.3)成立.

条件(3.5)的几何含义是,在任一固定点 $P(x,y)$上,向量$(X(x,y,\alpha_2),Y(x,y,\alpha_2))$与$(X(x,y,\alpha_1),Y(x,y,\alpha_1))$之间的有向面积与 $\operatorname{sgn}(\alpha_2-\alpha_1)$同号(异号).即在任一点 $P(x,y)$上当参数 α 增加时,向量$(X(x,y,\alpha),Y(x,y,\alpha))$只能朝同一方向旋转,且旋转的角度不超过 π.定义 3.2 的几何含义也正是如此.

下面我们给出两个旋转向量场的例子.

例题 3.1　对任一微分方程组

$$\frac{dx}{dt}=X(x,y),\quad \frac{dy}{dt}=Y(x,y),\tag{3.6}$$

其中 $X,Y\in C^{\cup}$,且满足解的唯一性的条件.作含参量 α 的微分方程组

$$\frac{dx}{dt}=X\cos\alpha-Y\sin\alpha,\quad \frac{dy}{dt}=X\sin\alpha+Y\cos\alpha,\tag{3.7}$$

不难验证方程(3.7)满足条件(3.2),(3.3),因而(3.7)构成一旋转向量场的完全族,但在 $0<\alpha\leqslant 2\pi$ 上它不是广义旋转向量场.

其实可以把(3.7)看成一转轴公式,它把原方程确定的向量场转过角度 α 而长度不变,故(3.7)称为均匀旋转向量场.

例题 3.2　给定微分方程组

$$\frac{dx}{dt}=-\alpha y,\quad \frac{dy}{dt}=\alpha x-\alpha yf(\alpha x),\tag{3.8}$$

其中 $0<\alpha<+\infty$,当 $|x|$ 增加时,$f(x)$ 单调递增.可用条件(3.5)验证,(3.8)构成广义旋转向量场,但它不是旋转向量场的完全族.

下面我们将对广义旋转向量场证明关于极限环的几个主要定理,自然它们对于旋转向量场的完全族也成立.我们先证几个引理.

引理 3.1 设 L_0 是光滑的简单闭曲线,其参数方程为:$x=\phi(t), y=\psi(t)$.又设 L_0 为正定向(当 t 增加时,它按逆时针方向盘旋).若在 L_0 上恒有

$$H(t)=\begin{vmatrix} \phi'(t) & \psi'(t) \\ X(\phi(t),\psi(t)) & Y(\phi(t),\psi(t)) \end{vmatrix} \geqslant 0(\leqslant 0), \tag{3.9}$$

则方程组

$$\frac{dx}{dt}=X(x,y), \quad \frac{dy}{dt}=Y(x,y) \tag{3.10}$$

的轨线当 t 增加时不可能由 L_0 所围成的区域 G 的内部(外部)走到 G 的外部(内部)(即从 $R^2\setminus L_0$ 中一个区域走到另一区域).

证明 只证括号外的情形.令 L_0 上的每一点的切向量与过此点的场向量 $(X(x,y),Y(x,y))$ 的夹角为 θ,便有

$$\sin\theta(t)=\frac{H(t)}{\sqrt{\phi^{2'}(t)+\psi^{2'}(t)}\cdot\sqrt{X^2(\phi(t),\psi(t))+Y^2(\phi(t),\psi(t))}}. \tag{3.11}$$

由(3.9)知 $\sin\theta(t)\geqslant 0$,即 $0\leqslant\theta(t)\leqslant\pi$.当 $0<\theta(t)<\pi$ 时,引理的结论显然成立.倘若在某点 $(\varphi(t_0),\psi(t_0))\in L_0$ 上,$\theta(t_0)=0$ 或 π,且引理的结论不真,即(3.10)的轨线在点 $(\phi(t_0),\psi(t_0))\in L_0$ 上与 L_0 相切,而当 t 增加时由 G 的内部走到 G 的外部.由于解对初值的连续依赖性,在点 $(\phi(t_0),\psi(t_0))$ 的近旁的轨线也将有此性质.而这种情况是不可能发生的,事实上由(3.9),(3.11)知,在那些点上仍有 $0\leqslant\theta(t)\leqslant\pi$.若对所有这些点都有 $\theta(t)=0$ 或 π,那么(3.10)的轨线将在 $(\phi(t_0),\psi(t_0))$ 的近旁与 L_0 相切且重合,故不可能由 G 的内部走到 G 的外部;若在 $(\phi(t_0),\psi(t_0))$ 的任何邻域内都有使 $0<\theta(t)<\pi$ 的点,那就更不可能发生此情形.于是引理得证.自然 L_0 本身也可能是(3.10)的轨线,这时在 L_0 上(3.9)中的等号恒成立.

引理 3.2 对于方程组

$$\frac{dx}{dt}=X_i(x,y), \quad \frac{dy}{dt}=Y_i(x,y), \tag*{(3.12)$_i$}$$

若 $X_i, Y_i\in C^0(G\subseteq R^2)$,$i=1,2$,且满足解的唯一性的条件,又若当 $(x,y)\in G$ 时

$$\begin{vmatrix} X_1(x,y) & Y_1(x,y) \\ X_2(x,y) & Y_2(x,y) \end{vmatrix} \tag{3.13}$$

保持常号,则 $(3.12)_1$ 和 $(3.12)_2$ 的闭轨线或重合或互不相交.

证明　设 $L_i: x_i=\phi_i(t), y=\psi_i(t)$ 是 $(3.12)_i$ 的闭轨线，$i=1,2$. 不失一般性，可设 L_1 为正定向. 根据方程组 $(3.12)_1$，

$$\phi'_1(t)=X_1(\phi_1(t),\psi_1(t)),$$
$$\psi'_1(t)=Y_1(\phi_1(t),\psi_1(t)),$$

由于(3.13)保持常号，便推得

$$\begin{vmatrix} \phi'_1(t) & \psi'_1(t) \\ X_2(\phi_1(t),\psi_1(t)) & Y_2(\phi_1(t),\psi_1(t)) \end{vmatrix} \tag{3.14}$$

保持常号. 假设它恒为非负，于是由引理3.1括号外的情形，便知 L_2 与 L_1 不能相交. 若 L_1 与 L_2 不重合而内切或外切，如图4.15所示，由解对初值的连续依赖性，$(3.12)_2$ 的轨线 $f_2(P,I)$ 当 t 增加时将从 L_1 所围成的区域 G_1 的内部走到 G_1 的外部，这将与引理3.1相矛盾，故 L_2 与 L_1 或重合或不相交. 当(3.14)恒为非正时，证明是类似的.】

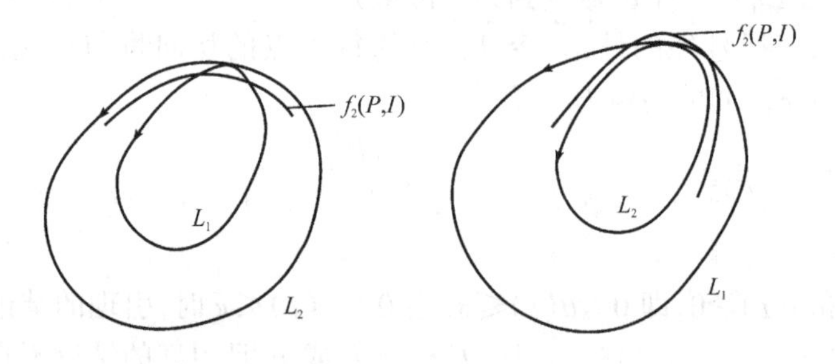

图 4.15

定理 3.1(不相交定理)　设 $(X(x,y,\alpha),Y(x,y,\alpha))$ 构成广义旋转向量场，则对应不同的 α_1 和 α_2，方程组 $(3.1)_{\alpha_1}$ 的闭轨线和 $(3.1)_{\alpha_2}$ 的闭轨线互不相交.

证明　因 $\alpha_1\neq\alpha_2$，由广义旋转向量场的定义3.3易知

$$\begin{vmatrix} X(x,y,\alpha_1) & Y(x,y,\alpha_1) \\ X(x,y,\alpha_2) & Y(x,y,\alpha_2) \end{vmatrix} \tag{3.15}$$

保持常号. 由引理3.2，方程组 $(3.1)_{\alpha_1}$ 与 $(3.1)_{\alpha_2}$ 的闭轨线或互相重合或互不相交. 但因行列式(3.15)不能在 $(3.1)_{\alpha_i}$ $(i=1,2)$ 的整条闭轨线上恒为零，故 $(3.1)_{\alpha_1}$ 与 $(3.1)_{\alpha_2}$ 的闭轨线不可能重合. 定理得证.】

以下我们讨论，方程组(3.1)中的参数 α 变化时极限环的变动情况.

定理 3.2　设 $(X(x,y,\alpha),Y(x,y,\alpha))$ 构成广义旋转向量场，满足定义3.3中不等式(3.5)括号外的条件. 若当 $\alpha=\alpha_0$ 时方程组 $(3.1)_{\alpha_0}$ 存在外稳定环 L_{α_0}，设其为正(负)定向，则对任意足够小的正数 $\varepsilon>0$，一定存在 $\alpha_1<\alpha_0$ $(\alpha_0<\alpha_1)$，使得对任何 $\alpha\in(\alpha_1,\alpha_0)$ $((\alpha_0,\alpha_1))$，在 L_{α_0} 的外 ε 邻域中至少存在方程组 $(3.1)_\alpha$ 的一个

外稳定环 L_α 和一个内稳定环 $\overline{L}_\alpha$(L_α 和 $\overline{L}_\alpha$ 可能重合);又存在 L_{α_0}的外 $\delta(\leqslant\varepsilon)$邻域,它被$(3.1)_\alpha$ 的闭轨线$\{L_\alpha\}$,$[\alpha\in(\alpha_1,\alpha_0)((\alpha_0,\alpha_1))]$所充满;当 $\alpha>\alpha_0(\alpha<\alpha_0)$ 时,L_{α_0}的外 δ 邻域中无$(3.1)_\alpha$ 的闭轨线.

证明 只证括号外的情形.先证定理的第一部分.

过 L_{α_0}上任一点 P 作外法线 $\overline{PN}$,由于 L_{α_0}为外侧稳定,可取足够小正数 $\varepsilon>0$,使得 $S(L_{\alpha_0},\varepsilon)$中无奇点也无$(3.1)_{\alpha_0}$的其他闭轨线,且$\overline{PN}\cap S(L_{\alpha_0},\varepsilon)$是$(3.1)_{\alpha_0}$的无切线段.再取 $P_0\in\overline{PN}$,且 $\rho(P,P_0)$充分小,使得方程组$(3.1)_{\alpha_0}$的过 P_0 点的正半轨线 $L^+_{\alpha_0}(P_0)\subset S_{\frac{\varepsilon}{2}}(L_{\alpha_0})$,将 P_0 的后继点记作 Q,$Q\in\overline{PP_0}$.再则,由解对参数 α 的连续依赖性,可取 $\alpha_1<\alpha_0$,且 $\alpha_0-\alpha_1$ 充分小,使对任何 $\alpha\in[\alpha_1,\alpha_0]$,$PP_0$ 是$(3.1)_\alpha$ 的无切线段;将对$(3.1)_{\alpha_1}$而言 P_0 的后继点记作 Q_{α_1},将有 $Q_{\alpha_1}\in\overline{QP_0}$;另外轨线弧 $\widehat{P_0Q_{\alpha_1}}\subset S_{\frac{\varepsilon}{2}}(\widehat{P_0Q})$.这样由旋转向量场的条件(3.5),对一切 $\alpha\in[\alpha_1,\alpha_0]$,$L_{\alpha_0}$和 $\widehat{P_0Q_{\alpha_1}}\cup\overline{Q_{\alpha_1}P_0}$构成方程组$(3.1)_\alpha$ 的 Poincaré-Bendixson 环域的内外境界线,当 t 增加时$(3.1)_\alpha$ 的轨线不能从环域的内部走到外部.由环域定理,在环域中至少存在$(3.1)_\alpha$ 的一个外侧稳定环和一个内侧稳定环,它们可能重合.定理的第一部分得证.

现证定理的第二部分.即经过 L_{α_0}的外 $\delta(\leqslant\varepsilon)$邻域内任一点,都有$(3.1)_\alpha$ 的一条闭轨线经过,其中 $\alpha\in[\alpha_1,\alpha_0]$.

上面已证在 L_{α_0}的外 ε 邻域中至少存在$(3.1)_{\alpha_1}$的一个内稳定环,设最靠近 L_{α_0}的内稳定环为 $\overline{L}_{\alpha_1}$(这样的内稳定环是存在的).下面要证明由 L_{α_0}与 $\overline{L}_{\alpha_1}$所围成的环域 G 被$(3.1)_\alpha$ 的闭轨线所充满,其中 $\alpha\in(\alpha_1,\alpha_0)$.设 $\overline{L}_{\alpha_1}\cap\overline{PN}=P_1$,为此只要证过任一点 $B\in\overline{PP_1}$,必存在某一 $\alpha\in(\alpha_1,\alpha_0)$,而过 B 的轨线 $L_\alpha(B)$恰为方程组$(3.1)_\alpha$ 的闭轨线.因 L_{α_0}为$(3.1)_{\alpha_0}$的外侧稳定环,设 B_0 为 B 的对 L_{α_0}而言的后继点,必有 $B_0\in\overline{PB}$.因 $\overline{L}_{\alpha_1}$为$(3.1)_{\alpha_1}$的内侧稳定环,设 B_1 为 B 的对$\overline{L}_{\alpha_1}$而言的后继点,必有 $B_1\in BP_1$.

设 l 为 L_{α_0}的弧长,$\rho(B,P)=n_0$,由§2 中公式(2.2),便知后继函数

$$n(l,n_0,\alpha)-n_0=\int_0^l F(s,n(s,n_0,\alpha),\alpha)ds$$

为 α 的连续函数,而

$$n(l,n_0,\alpha_0)-n_0=-\rho(B,B_0)<0,$$
$$n(l,n_0,\alpha_1)-n_0=\rho(B,B_1)>0,$$

故必存在 $\alpha\in(\alpha_1,\alpha_0)$,使得 $n(l,n_0,\alpha)-n_0=0$.即 $L_\alpha(B)$为$(3.1)_\alpha$ 的闭轨线.定理的第二部分得证.

定理第三部分的结论是明显的.参看图 4.16,当 $\alpha>\alpha_0$ 时,设对 $L_\alpha^+(P_0)$ 而言,P_0 的后继点是 Q_α,必有 $Q_\alpha\in\overline{PQ}$,即 Q_α 不可能与 P_0 重合.故当 $\alpha>\alpha_0$ 时,在 L_{α_0} 的外 δ 邻域中无 $(3.1)_\alpha$ 的闭轨线.定理证毕.】

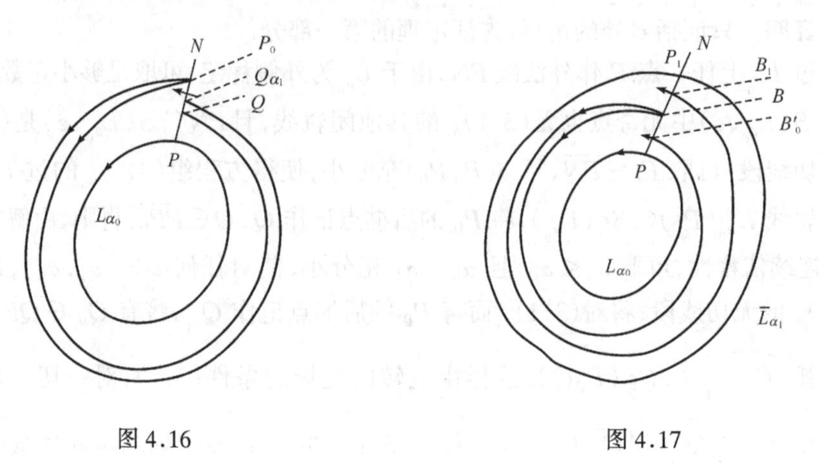

图 4.16　　　　　　　　　　　　　　　　图 4.17

类似地可证.

定理 3.3　设 $(X(x,y,\alpha),Y(x,y,\alpha))$ 构成广义旋转向量场,满足定义 3.3 中不等式(3.5)括号外的条件.若当 $\alpha=\alpha_0$ 时方程组 $(3.1)_{\alpha_0}$ 存在正(负)定向的内稳定环 L_{α_0},则对任意足够小的正数 $\varepsilon>0$,一定存在 $\alpha_2>\alpha_0(\alpha_2<\alpha_0)$,使得对任何 $\alpha\in(\alpha_0,\alpha_2)((\alpha_2,\alpha_0))$,在 L_{α_0} 的内 ε 邻域中至少存在方程组 $(3.1)_\alpha$ 的一个外稳定环 L_α 和一个内稳定环 $\bar{L}_\alpha$(L_α 和 $\bar{L}_\alpha$ 可能重合);又存在 L_{α_0} 的内 $\delta(\leqslant\varepsilon)$ 邻域,它被 $(3.1)_\alpha$ 的闭轨线 $\{L_\alpha\}(\alpha\in(\alpha_0,\alpha_2)((\alpha_2,\alpha_0)))$ 所充满;当 $\alpha<\alpha_0(\alpha>\alpha_0)$ 时,L_{α_0} 的内 δ 邻域中无 $(3.1)_\alpha$ 的闭轨线.

对不稳定极限环 L_{α_0} 亦可写出与定理 3.2 和 3.3 相并行的两个定理.但当 L_{α_0} 的定向固定时,α 的变动方向刚好与上述定理相反.

由以上定理可见,在广义旋转向量场中,稳定或不稳定极限环的变动是比较有规则的,即当参数单调变动时,极限环并不消失,而是扩大或缩小.设广义旋转向量场满足不等式(3.5)括号外的条件,$(3.1)_\alpha$ 的稳定或不稳定极限环 L_α 当 α 增加时的变动情况如下表:

定　向	正	正	负	负
稳定性	稳定	不稳定	稳定	不稳定
变动情况	缩小	扩大	扩大	缩小

关于旋转向量场中参数变化时半稳定环的变化情形有以下定理.

定理 3.4 设$(X(x,y,\alpha),Y(x,y,\alpha))$构成广义旋转向量场,又方程组$(3.1)_{\alpha_0}$存在半稳定环$L_{\alpha_0}$,则当参数$\alpha$按照适当方向变动时,$L_{\alpha_0}$至少分解成一个稳定环和一个不稳定环,它们分别落在$L_{\alpha_0}$的内外两侧;而当$\alpha$向相反方向变动时,$L_{\alpha_0}$消失.

证明 不妨设广义旋转向量场$(X(x,y,\alpha),Y(x,y,\alpha))$满足不等式(3.5)括号外的条件,又设$L_{\alpha_0}$为正定向,$L_{\alpha_0}$为外稳定而内不稳定环.由定理3.2,给定正数$\varepsilon>0$,存在$\alpha_1<\alpha_0$,当$\alpha\in(\alpha_1,\alpha_0)$时,在$L_{\alpha_0}$的外$\varepsilon$邻域中至少存在$(3.1)_\alpha$的一个外稳定环和一个内稳定环.当$(X(x,y,\alpha),Y(x,y,\alpha))$是解析向量场时,这两个环之间不可能充满$(3.1)_\alpha$的闭轨线,故至少存在一个稳定环,但一般来说,这两个环之间也可能充满闭轨线.

由上面的表格知,存在$\alpha_2<\alpha_0$,当$\alpha\in(\alpha_2,\alpha_0)$时,在$L_{\alpha_0}$的内$\varepsilon$邻域中至少存在$(3.1)_\alpha$的一个外不稳定环和一个内不稳定环.当$(X(x,y,\alpha),Y(x,y,\alpha))$是解析向量场时,这两个环之间不可能充满$(3.1)_\alpha$的闭轨线,故至少存在一个不稳定环.令$\alpha^*=\max(\alpha_1,\alpha_2)$,则当$\alpha\in(\alpha^*,\alpha_0)$时,$L_{\alpha_0}$分解成$(3.1)_\alpha$的一个不稳定环和一个稳定环分别落在$L_{\alpha_0}$的内外两侧,或者分解成一个外不稳定环和一个内不稳定环,另外一个外稳定环和一个内稳定环两两分别落在L_{α_0}的内外两侧.

当$\alpha>\alpha_0$时,由定理3.2,L_{α_0}的外ε邻域中无闭轨线.由以上表格知,当$\alpha>\alpha_0$时,L_{α_0}的内ε邻域中也无闭轨线.故当$\alpha>\alpha_0$时L_{α_0}消失.定理得证.】

根据半稳定环L_α的定向及内外稳定性,当α变动时L_α的变动情形见下表.

定向	正	正	负	负
稳定性	外稳内不稳	外不稳内稳	外稳内不稳	外不稳内稳
α增加时	消失	分解成两个以上环	分解成两个以上环	消失
α减小时	分解成两个以上环	消失	消失	分解成两个以上环

那么在旋转向量场中当参数α单调变化时,稳定或不稳定极限环L_α的扩大或缩小是否也是单调的呢?为此必须弄清楚当α单调变化时,L_α会不会分解成几个极限环.一般来说事实正是这样,请看下例.

例题 3.3 给定微分方程组

$$\frac{dx}{dt}=-y+x\tan\left[(r-r_0)^{2n+1}\left(\sin\frac{1}{r-r_0}+2\right)\right]=X(x,y),$$

$$\frac{dy}{dt}=x+y\tan\left[(r-r_0)^{2n+1}\left(\sin\frac{1}{r-r_0}+2\right)\right]=Y(x,y),\qquad(3.16)$$

其中$r_0>0,r=\sqrt{x^2+y^2}$,n为正整数.

易知 $r=r_0$ 是(3.16)的不稳定极限环. 事实上令 $V(x,y)=x^2+y^2$,便有

$$\left.\frac{dV}{dt}\right|_{(3.16)} = 2x\frac{dx}{dt}+2y\frac{dy}{dt}$$
$$= 2(x^2+y^2)\tan\left[(r-r_0)^{2n+1}\left(\sin\frac{1}{r-r_0}+2\right)\right].$$

可见

$$\frac{dV}{dt}=0,\quad 当\ r=r_0,$$
$$(r-r_0)\frac{dV}{dt}>0,\quad 当\ r\neq r_0,$$

故 $r=r_0$ 为不稳定极限环.

作旋转向量场的完全族.

$$\frac{dx}{dt}=X(x,y)\cos\alpha-Y(x,y)\sin\alpha=\overline{X}(x,y,\alpha),$$
$$\frac{dy}{dt}=X(x,y)\sin\alpha+Y(x,y)\cos\alpha=\overline{Y}(x,y,\alpha). \tag{3.17}$$

显然 $\overline{X}(x,y,0)=X(x,y),\overline{Y}(x,y,0)=Y(x,y)$. 下面讨论当 $|\alpha|$ 充分小时在相平面上(3.16)的不稳定环 $r=r_0$ 的附近是否存在(3.17)的闭轨线,如果存在闭轨线,是否唯一?

$$\left.\frac{dV}{dt}\right|_{(3.17)} = 2x\overline{X}(x,y)+2y\overline{Y}(x,y)$$
$$= 2r^2\cos\alpha\left[\tan(r-r_0)^{2n+1}\left(\sin\frac{1}{r-r_0}+2\right)-\tan\alpha\right].$$

解 $\frac{dV}{dt}=0$,即解

$$\tan\alpha=\tan(r-r_0)^{2n+1}\left(\sin\frac{1}{r-r_0}+2\right). \tag{3.18}$$

对任一 $r^*>0$,由(3.18)式可求出 $\alpha(r^*)$,使(3.18)式成立. 对于这样的 r^* 和 $\alpha(r^*)$,$\frac{dV}{dt}=0$,故 $r=r^*$ 是(3.16)的闭轨线. 往下要证 r^* 与 $\alpha(r^*)$ 的对应不是一一的.

曲线

$$l:\alpha=(r-r_0)^{2n+1}\left(\sin\frac{1}{r-r_0}+2\right)$$

夹在两条曲线

$$l_1:\alpha=(r-r_0)^{2n+1}$$
$$l_2:\alpha=3(r-r_0)^{2n+1}$$

之间. 当

$$r = r_0 + \frac{1}{2k\pi + \frac{\pi}{2}}, \quad k = 0, \quad \pm 1, \quad \pm 2, \cdots \tag{3.19}$$

l 与 l_2 相交;当

$$r = r_0 + \frac{1}{(2k+1)\pi + \frac{\pi}{2}}, \quad k = 0, \quad \pm 1, \quad \pm 2, \cdots \tag{3.20}$$

l 与 l_1 相交,见图 4.18.

又因

$$\frac{d\alpha}{dr} = (2n+1)(r-r_0)^{2n}\left(\sin\frac{1}{r-r_0}+2\right) - (r-r_0)^{2n-1}\cos\frac{1}{r-r_0}.$$

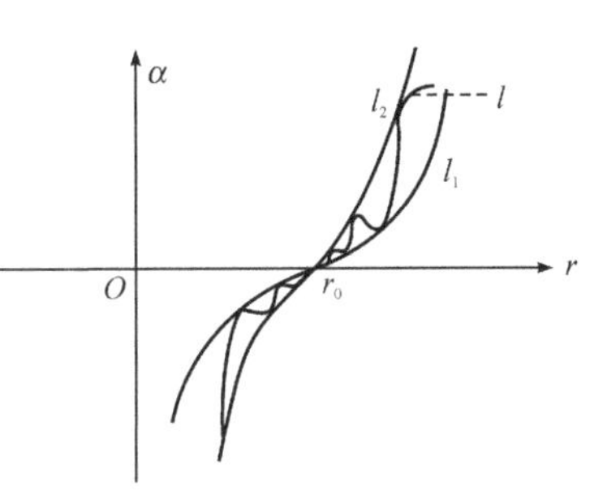

图 4.18

当$|r-r_0|$充分小时,$\frac{d\alpha}{dr}$的符号几乎由第二项 $-(r-r_0)^{2n-1}\times\cos\frac{1}{r-r_0}$决定. 故在点序列(3.19)和(3.20)的两两相邻点之间$\frac{d\alpha}{dr}$要不断地改变符号. 故当$|a|$充分小时,直线 $\alpha=a$ 与曲线 l 相交于两个以上的点,设其中有两个交点为(r_1,a)和(r_2,a),则当 $\alpha=a$ 时,方程组(3.17)至少有两条闭轨线 $r=r_1, r=r_2$. 也就是说,在旋转向量场$(\bar{X}(x,y,\alpha),\bar{Y}(x,y,\alpha))$中,当 $\alpha=0$ 时有一个不稳定环 L_0,它是正定向,当 α 不论变动得多么微小时,它却分解成两个以上的环(当 $\alpha>0$ 时,它们落在 L_0 的外侧,当 $\alpha<0$ 时,它们落在 L_0 的内侧). 当 α 再继续变化时,根据这些环的稳定性,有的扩大,有的缩小,有的消失,有的甚至又分解成两个环. 显然在这种情况下讨论当参数 α 单调变化时,L_0 是否单调扩大或缩小是没有意义的. 那么究竟在什么情况下当参数 α 单调变化时稳定或不稳定环并不分解而是单调地扩大或缩小呢? 为此必须研究后继函数随参数的变化情形.

设 L 是$(3.1)_{\alpha=0}$的闭轨线,其方程为 $x=\varphi(s), y=\psi(s)$. s 是从 L 上某一固定点算起的弧长,顺时针方向为正,l 是 L 的总弧长. 如§2 中一样可在 L 附近引进曲线坐标,将(3.1)化为

$$\frac{dn}{ds} = F(s,n,\alpha),$$

其中 $F(s,n,\alpha)$的含义如§2 等式(2.2)所示. 设 $n=n(s,n_0,\alpha)$为上方程的满足初始条件 $n(0,n_0,\alpha)=n_0$ 的解,定义后继函数

$$\begin{aligned} h(n_0,\alpha) &= n(l,n_0,\alpha) - n_0 \\ &= \int_0^l F(s,n(s,n_0,\alpha),\alpha)ds. \end{aligned} \tag{3.21}$$

$n=n(s,n_0,\alpha)$是闭轨,其充要条件为 $h(n_0,\alpha)=0$.

我们有以下引理.

引理 3.3

$$h'_{n_0}(0,0) = e^{\int_0^l H(s)ds} - 1; \tag{3.22}$$

$$h'_\alpha(0,0) = e^{\int_0^l H(s)ds}\int_0^l e^{-\int_0^s H(s)ds}\frac{\partial\theta(s)}{\partial\alpha}ds, \tag{3.23}$$

其中 $H(s)$的意义如§2 公式(2.5)所示.

证明　等式(3.22)的证明与§2 定理 2.2 完全一样. 现证等式(3.23). 由(3.21)对 α 求导,得

$$h'_\alpha(n_0,\alpha) = \int_0^l\left(F'_\alpha + F'_n\frac{\partial n}{\partial\alpha}\right)ds. \tag{3.24}$$

由

$$\frac{dn}{ds} = F(s,n,\alpha),$$

其变分方程为

$$\frac{d\dfrac{\partial n}{\partial\alpha}}{ds} = F'\frac{\partial n}{\partial\alpha} + F'_\alpha.$$

因 $n(0,n_0,\alpha)=n_0$,故$\left.\dfrac{\partial n}{\partial\alpha}\right|_{s=0}=0$,解此变分方程得

$$\frac{\partial n}{\partial\alpha} = e^{\int_0^s F'_n ds}\int_0^s e^{-\int_0^\xi F'_n d\xi}F'_\alpha d\bar{s}.$$

代入(3.24)得

$$h'_\alpha(n_0,\alpha) = \int_0^l\left(F'_\alpha + F'_n e^{\int_0^s F'_n ds}\int_0^s e^{-\int_0^\xi F'_n d\xi}F'_\alpha d\bar{s}\right)ds.$$

由分部积分得

$$\int_0^l\left(F'_n e^{\int_0^s F'_n ds}\int_0^s e^{-\int_0^\xi F'_n d\xi}F'_\alpha d\bar{s}\right)ds$$

$$=\int_0^l\int_0^s e^{-\int_0^\xi F'_n d\xi}F'_\alpha d\bar{s}d\left(e^{\int_0^\xi F'_n ds}\right)$$

$$=e^{\int_0^l F'_n ds}\int_0^l e^{-\int_0^\xi F'_n d\xi}F'_\alpha d\bar{s} - \int_0^l F'_\alpha ds.$$

故有

$$h'_\alpha(n_0,\alpha) = e^{\int_0^l F'_n ds}\int_0^l e^{-\int_0^\xi F'_n d\xi}F'_\alpha d\bar{s}. \tag{3.25}$$

与§2 等式(2.5),(2.8)类似,有

$$F'_n(s,0,0) = H(s), \tag{3.26}$$

$$\int_0^l H(s)ds = \oint_0^T \operatorname{div}(X,Y)dt, \tag{3.27}$$

其中 T 为闭轨线 L 的时间周期.

而

$$F'_\alpha(s,0,0) = \frac{(Y'_\alpha X - YX'_\alpha)(\phi'^2 + \psi'^2)}{(X\phi' + Y\psi')^2}$$

$$= \frac{\begin{vmatrix} X & Y \\ \dfrac{\partial X}{\partial \alpha} & \dfrac{\partial Y}{\partial \alpha} \end{vmatrix}}{X^2 + Y^2} = \frac{\partial \theta(s)}{\partial \alpha}. \tag{3.28}$$

将(3.26),(3.28)代入(3.25),等式(3.23)得证】

定理 3.5 设$(X(x,y,\alpha),Y(x,y,\alpha))$构成广义旋转向量场,则当参数 α 单调变化时方程组(3.1)的单重环既不分解也不消失,且单调地扩大或缩小.

证明 不妨设 L 是$(3.1)_{\alpha=0}$的单重环,其弧长为 l,时间周期为 T. 令后继函数

$$h(n_0,\alpha) = n(l,n_0,\alpha) - n_0 = 0.$$

因 L 是单重环,由等式(3.22)便知$\left.\dfrac{\partial h}{\partial n_0}\right|_{(0,0)} \neq 0$. 故在(0,0)的充分小邻域内存在隐函数 $n_0(\alpha)$,使得 $h(n_0(\alpha),\alpha) \equiv 0$. 因$(X(x,y,\alpha),Y(x,y,\alpha))$是广义旋转向量场,故$\dfrac{\partial\theta}{\partial\alpha}$定号. 由等式(3.23)便知

$$\frac{\partial n_0}{\partial \alpha} = \frac{-\dfrac{\partial h}{\partial \alpha}}{\dfrac{\partial h}{\partial n_0}} = \frac{e^{\int_0^T \operatorname{div}(X,Y)dt}\displaystyle\int_0^l e^{-\int_0^s H(s)ds}\frac{\partial\theta}{\partial\alpha}ds}{e^{\int_0^T \operatorname{div}(X,Y)dt} - 1}$$

在(0,0)的充分小邻域中定号. 这就是说当$|\alpha|$充分小时 $n_0(\alpha)$是 α 的单调函数. 即当 α 在 $\alpha=0$ 附近单调变化时,对应的单重环既不分解也不消失,再由不相交定理,便知它单调地扩大或缩小.】

由例题 3.3 便知,当 L 是多重环时,定理的结论便不一定成立了.

下面我们研究在旋转向量场的完全族中当 α 变动时极限环变动的极限状态.

定理 3.6 设$(X(x,y,\alpha),Y(x,y,\alpha))$构成旋转向量场的完全族. L_α 是方程组(3.1)的闭轨线. 设当 α 在$[0,T]$之间变动时 L_α 也变动,且其扫过的区域为 D,则 D 的内外边界线上必都有奇点(无限远点也作为奇点).

证明 只需在 D 有界的情况来证明定理结论为真. 任取一常点 $P\in\partial D$(若取不出这样的常点,定理自然成立),必有点序列$\{P_n\}\subset D$,当 $n\to+\infty$时 $P_n\to P$,且对每一点 P_n,存在方程组$(3.1)_{\alpha_n}$的闭轨线L_{α_n},$P_n\in L_{\alpha_n}$. 因$(X(x,y,\alpha),Y(x,y,\alpha))$是旋转向量场的完全族,故可设 $0\leqslant\alpha_n\leqslant T$,因而序列$\{\alpha_n\}$必有极限点. 现证

$\{\alpha_n\}$有唯一极限点 $\bar{\alpha}$. 如若不然,设$\{\alpha_n\}$有两个极限点 $\bar{\alpha} \neq \bar{\bar{\alpha}}$,且 $\alpha_{\bar{n}} \to \bar{\alpha}$, $\alpha_{\bar{\bar{n}}} \to \bar{\bar{\alpha}}$, $\alpha_{\bar{n}}, \alpha_{\bar{\bar{n}}} \in \{\alpha_n\}$. 由方程组(3.1)的右侧对 x, y 与参数α 的连续性,当 $\bar{n}$, $\bar{\bar{n}}$ 充分大时,向量$(X(P_{\bar{n}}, \alpha_{\bar{n}}), Y(P_{\bar{n}}, \alpha_{\bar{n}}))$与$(X(P, \bar{\alpha}), Y(P, \bar{\alpha}))$可任意接近,向量$(X(P_{\bar{\bar{n}}}, \alpha_{\bar{\bar{n}}}), Y(P_{\bar{\bar{n}}}, \alpha_{\bar{\bar{n}}}))$与$(X(P, \bar{\bar{\alpha}}), Y(P, \bar{\bar{\alpha}}))$也可任意接近,但$(X(P, \bar{\alpha}), Y(P, \bar{\alpha})) \neq (X(P, \bar{\bar{\alpha}}), Y(P, \bar{\bar{\alpha}}))$,故当 $\bar{n}$, $\bar{\bar{n}}$ 充分大时,闭轨线 $L_{\alpha_{\bar{n}}}$ 与 $L_{\alpha_{\bar{\bar{n}}}}$ 将在 P 点附近相交这便与不相交定理相矛盾,这就证明了$\{L_{\alpha_n}\}$有唯一极限点 $\bar{\alpha}$.

由解对初值和参数 α 的连续依赖性,当 $P \in \partial D$ 时,必有

$$\boldsymbol{f}_{\bar{\alpha}}(P, I) \subset \partial D,$$

$$\Omega_p, A_p \subset \partial D,$$

其中 $\boldsymbol{f}_{\bar{\alpha}}(P, I)$代表$(3.1)_{\bar{\alpha}}$ 的过P 点的轨线.

现证集合

$$\boldsymbol{f}_{\bar{\alpha}}(P, I) \cup \Omega_p \cup A_p$$

中有奇点. 由假设 $\boldsymbol{f}_{\bar{\alpha}}(P, I)$有界,故 Ω_p 和A_p 非空. 由第一章平面动力系统一般理论,便知这时只可能发生下列三种情况之一:第一,$\Omega_p \cup A_p$ 中有奇点;第二,$\Omega_p = A_p = \boldsymbol{f}_{\bar{\alpha}}(P, I)$为闭轨线;第三,$\Omega_p, A_p, \boldsymbol{f}_{\bar{\alpha}}(P, I)$互不相等而 Ω_p 和A_p 为闭轨线. 若是第一种情况,定理已得证. 若是第二种情况,显然

$$\Omega_p = A_p = \boldsymbol{f}_{\bar{\alpha}}(P, I) \subset \partial D.$$

设 Ω_p 属于D 的内(外)边界,则 Ω_p 至少是$(3.1)_{\bar{\alpha}}$ 的外(内)侧极限环,因为倘若 Ω_p 的外(内)侧的任意小邻域内有闭轨线,则将与不相交定理相矛盾. 既然 Ω_p 至少是单侧极限环,由定理 3.2,当 α 在 $\bar{\alpha}$ 附近向适当方向变动时,Ω_p 将缩小(扩大),这又与 Ω_p 是属于D 的内(外)边界这一事实相矛盾,故第二种情况不可能发生. 而第三种情况也不可能发生(这一点请读者自证). 定理证毕.】

定理 3.6 说明,对于旋转向量场的完全族,极限环随参数 α 变动是一个不断扩大或缩小的过程,只有碰到了奇点,这个过程才会终止.

但请读者注意,这个定理对广义旋转向量场而言不见得成立. 当定义 3.3 中的 α 的定义区间是无界时或是开区间时,以上证明中的序列$\{\alpha_n\}$的极限点就不见得存在. 而当定义 3.3 中的 $\alpha \in [0, T]$时,序列$\{\alpha_n\}$的极限点 $\bar{\alpha}$ 虽存在且唯一,但当 $\bar{\alpha}=0$ 或 T 时,在以上证明中,就不可能排除第二种情况,即∂D 是闭轨线其上无奇点,因为这时 $\bar{\alpha}$ 就不见得可再向适当方向变动来使闭轨线∂D 扩大或缩小,以导出矛盾,请看下例.

例题 3.4 给定微分方程组

$$\frac{dx}{dt} = y - \left[x^3 - \frac{1}{1+\alpha^2}x\right], \quad \frac{dy}{dt} = -x,$$

其中 $0 \leqslant \alpha < +\infty$.

对一切 $0\leqslant\alpha_1<\alpha_2<+\infty$,有

$$\begin{vmatrix} y-\left[x^3-\left(\dfrac{1}{1+\alpha_1^2}\right)x\right] & -x \\ y-\left[x^3-\left(\dfrac{1}{1+\alpha_2^2}\right)x\right] & -x \end{vmatrix}=\left(\frac{1}{1+\alpha_2^2}-\frac{1}{1+\alpha_1^2}\right)x^2<0,$$

故上述方程组的右侧构成广义旋转向量场,但不是旋转向量场的完全族.而对一切 $\alpha\in[0,+\infty)$,上述方程组存在唯一的稳定极限环 L_α,它为负定向.当 $\alpha\to+\infty$时,L_α 缩小成一点,即奇点 O;而当 $\alpha\to 0$ 时,L_α 扩大成闭轨线 L_0,L_0 是上述方程组当 $\alpha=0$ 时的稳定极限环(见§1 定理 1.1).L_0 就是定理 3.6 中区域 D 的外边界,L_0 上并无奇点.可见定理 3.6 对广义旋转向量场而言不一定成立.

关于参数 α 变动时,如何从奇点附近产生极限环,这方面的成果很多,我们在此只作一点介绍.设方程组(3.1)的右侧函数 $X(x,y,\alpha)$, $Y(x,y,\alpha)$对 x,y,α 一次连续可微,且设 $X(0,0,\alpha)=Y(0,0,\alpha)=0$,于是方程组(3.1)可在奇点附近写成如下形式:

$$\frac{dx}{dt}=a(\alpha)x+b(\alpha)y+X_2(x,y,\alpha),$$

$$\frac{dy}{dt}=c(\alpha)x+d(\alpha)y+Y_2(x,y,\alpha),$$

其中 $X_2,Y_2=o(r)$.

定理 3.7 设 $\Delta(0)=a(0)d(0)-b(0)c(0)>0$, $a(0)+d(0)=0$,又奇点 O 是方程组(3.1)当 $\alpha=0$ 时的稳定焦点;且当 $\alpha>0$ 时奇点 O 是不稳定吸引子,则当 α 从 0 增加时,在奇点 O 的邻域内至少出现方程组$(3.1)_\alpha$ 的一个外稳定环和一个内稳定环(这两个环可能重合).

证明 由定理的条件知 $\Delta(0)=a(0)d(0)-b(0)c(0)>0$,故 $b(0)c(0)\neq 0$,不妨设 $b(0)>0$,于是存在充分小 $\delta>0$,当 $x=0,0<y<\delta,|\alpha|<\delta$ 时,可使

$$\frac{dx}{dt}=b(\alpha)y+X_2(0,y,\alpha)>0.$$

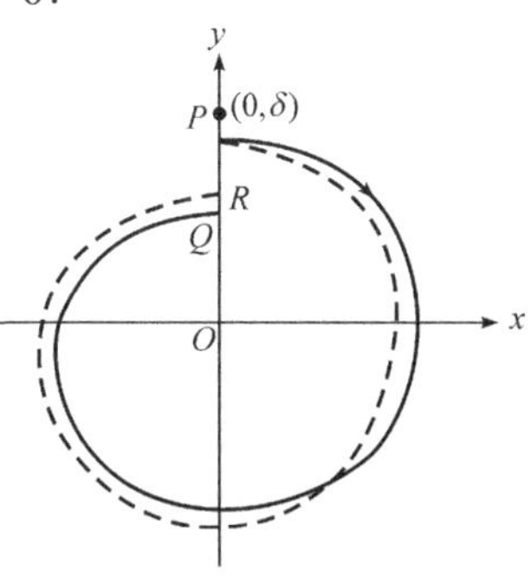

图 4.19

如图 4.19 所示 y 轴上线段 $x=0,0<y<\delta$ 便可作为$(3.1)_\alpha(|\alpha|<\delta)$的无切线段.在其上任取点 P,由于奇点 O 是$(3.1)_{\alpha=0}$的稳定焦点,正半轨 $L_0^+(P)$必将再次与$\overline{OP}$相交于Q,且 $Q\neq P$.由解对参数的连续依赖性,存在 $0<\delta_1<\delta$,当 $0<\alpha<\delta_1$ 时,$L_\alpha^+(P)$也交 OP 于R, $R\neq P$, $R\neq\{0\}$.由假设当 $\alpha>0$ 时奇点 O 是$(3.1)_\alpha(\alpha>0)$的不稳定吸引子.这样单闭曲线$\overset{\frown}{PR}\cup\overline{RP}$便可作为$(3.1)_\alpha(0<\alpha<$

δ_1)的外境界线,在其间$(3.1)_\alpha(\alpha>0)$至少有一个外稳定环和一个内稳定环,它们可能重合成一个稳定环.】

请读者注意,在定理 3.7 中并未假设$(X(x,y,\alpha),Y(x,y,\alpha))$是广义旋转向量场.产生闭轨线的原因是:当参数 α 从 0 增大时,奇点由稳定焦点变成不稳定焦点,从物理角度看,奇点由释放能量到吸收能量,在此过程中产生等幅振荡.在本章§6 中我们将要介绍这样的例题,由于调整方程组的系数,几次改变奇点的稳定性,以致在奇点邻域中产生多个闭轨线.

在定理 3.7 中 $\alpha=0$ 就是分支值,由于奇点改变稳定性而在其邻域中跳出闭轨线的现象就是分支现象.由定理 3.2~3.5 可知,当 $\alpha=\alpha_0$ 时,若$(3.1)_{\alpha_0}$只有单重环,则 $\alpha=\alpha_0$ 是普通值;若$(3.1)_{\alpha_0}$具有多重环,则不论是奇重的还是偶重的,$\alpha=\alpha_0$ 有可能是分支值,这时$(3.1)_{\alpha_0}$对于参数的扰动来说是结构不稳定的.

在本节中,我们系统地研究了广义旋转向量场的理论,我们在研究极限环理论时要经常用到它,如在下面讨论极限环的个数问题时,我们将不止一次地应用这些理论.

§4. 极限环的唯一性

关于极限环的唯一性问题,只有对 Liénard 型方程的结果还多一些,还有些可行的判定办法.特别是七十年代以来苏联学者得到了一些新的结果[29].近年来国内也出现很好的工作,如曾宪武等的唯一性定理[30],但对一般的平面系统至今还缺少办法,这个领域还有待于人们去开发.在这一节里我们着重介绍 Liénard 型方程极限环的唯一性定理.并且根据年代逐个地介绍有代表性的工作,虽然后面的结果已经包括了前面的有些结果.

定理 4.1(N. Levinson, O. K. Smith[19]) 给定微分方程

$$\ddot{x}+f(x)\dot{x}+g(x)=0, \tag{4.1}$$

或其等价方程组

$$\begin{cases} \dfrac{dy}{dt}=g(x), \\ \dfrac{dx}{dt}=-y-F(x), \end{cases} \tag{4.2}$$

其中 $F(x)=\int_0^x f(x)dx$.如果它满足下列条件:

(1) $g(x)$为奇函数;当 $x\neq0$ 时,$xg(x)>0$,

(2) $F(x)$为奇函数;并且存在 $x_0>0$,当 $0<x<x_0$ 时,$F(x)<0$;当 $x\geqslant x_0$ 时,$F(x)\geqslant0$,且单调递增,

(3) $\int_0^{\infty} f(x)d\boldsymbol{x} = \int_0^{\infty} g(x)d\boldsymbol{x} = +\infty$,

(4) $f(x)$和 $g(x)$在任何有界区间上满足 Lipschetz 条件,则方程组(4.2)有唯一的极限环,且为稳定的.

这个定理可由下面的定理推出,故证明省略.

定理 4.2(G. Sansone[31]) 给定微分方程

$$\ddot{x} + f(x)\dot{x} + x = 0, \tag{4.3}$$

或其等价方程组

$$\begin{cases} \dfrac{dy}{dt} = -\boldsymbol{x}, \\ \dfrac{dx}{dt} = y - F(x), \end{cases} \tag{4.4}$$

其中 $F(x) = \int_0^x f(x)dx$.如果它满足下列条件:

(1) $f(x) \in C^0(-\infty, +\infty)$; $\exists\, \delta_{-1} < 0 < \delta_1$,当 $\delta_{-1} < x < \delta_1$ 时,$f(x) < 0$;当 $\boldsymbol{x} > \delta_1$ 以及 $x < \delta_{-1}$时,$f(x) > 0$,

(2) $\exists\, \Delta > 0, F(\Delta) = F(-\Delta) = 0$,

(3) $F(+\infty) = +\infty$,或 $F(-\infty) = -\infty$,

则方程组(4.4)有唯一的极限环,且为稳定的.

证明 存在性可由定理 1.2 推得;现证唯一性(如图 4.20).

令

$$\lambda(x, y) = \frac{x^2}{2} + \frac{y^2}{2}.$$

则易证当 $0 < |x| < \Delta$ 时,

$$\left.\frac{d\lambda}{dt}\right|_{(4.4)} = x\dot{x} + y\dot{y} = -xF(x) > 0.$$

所以极限环不能整个落在区域$|x| \leqslant \Delta$ 中,极限环必定包围点$(\Delta, 0)$和$(-\Delta, 0)$. 假设存在两个极限环 $L_1 \subset L_2$(即 L_1 落在 L_2 所包围的区域内),必有

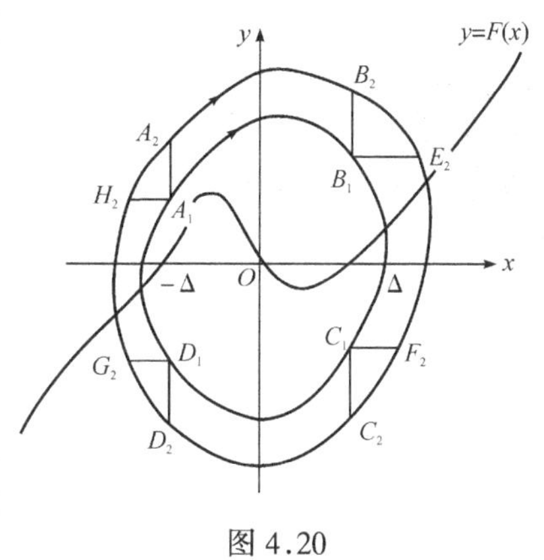

图 4.20

$$0 = \oint_{L_i} d\lambda = \oint_{L_i} F(x)dy. \tag{4.5}$$

下面我们要证

$$\oint_{L_2} F(x)dy < \oint_{L_1} F(x)dy. \tag{4.6}$$

在轨线段$\widehat{A_1B_1}$和$\widehat{A_2B_2}$上,分别有 $y=y_1(x)$和 $y=y_2(x)$;且

$$\int_{\widehat{A_iB_i}} F(x)dy=\int_{-\Delta}^{+\Delta}\frac{-xF(x)}{y_i(x)-F(x)}dx,\quad i=1,2.$$

因此,由

$$\int_{-\Delta}^{\Delta}\left(\frac{-xF(x)}{y_1(x)-F(x)}-\frac{-xF(x)}{y_2(x)-F(x)}\right)dx$$

$$=\int_{-\Delta}^{\Delta}\frac{-xF(x)(y_2(x)-y_1(x))}{(y_1(x)-F(x))(y_2(x)-F(x))}dx>0,$$

推出

$$\int_{\widehat{A_1B_1}} F(x)dy>\int_{\widehat{A_2B_2}} F(x)dy. \tag{4.7}$$

同样可证

$$\int_{\widehat{C_1D_1}} F(x)dy>\int_{\widehat{C_2D_2}} F(x)dy. \tag{4.8}$$

在轨线段$\widehat{B_1C_1}$,$\widehat{E_2F_2}$上,分别有 $x=x_i(y),i=1,2$.

$$\int_{\widehat{B_1C_1}} F(x)dy=\int_{y_{B_1}}^{y_{C_1}} F(x_1(y))dy,$$

$$\int_{\widehat{E_2F_2}} F(x)dy=\int_{y_{E_2}}^{y_{F_2}} F(x_2(y))dy.$$

令 $y_{C_1}=y_{F_2}=y_1$ 和 $y_{B_1}=y_{E_2}=y_2$,则当 $y_1\leqslant y\leqslant y_2$ 时,有 $x_2(y)>x_1(y)$;由 $F(x)$ 的单调递增性,当 $y_1\leqslant y\leqslant y_2$ 时 $F(x_2(y))>F(x_1(y))$.故有

$$\int_{y_{B_1}}^{y_{C_1}} F(x_1(y))dy>\int_{y_{E_2}}^{y_{F_2}} F(x_2(y))dy,$$

即

$$\int_{\widehat{B_1C_1}} F(x)dy>\int_{\widehat{E_2F_2}} F(x)dy. \tag{4.9}$$

同样可证

$$\int_{\widehat{D_1A_1}} F(x)dy>\int_{\widehat{G_2H_2}} F(x)dy. \tag{4.10}$$

因当$|x|>\Delta$时,$xF(x)>0$,显然有

$$\int_{\widehat{B_2E_2}\cup\widehat{F_2C_2}\cup\widehat{D_2G_2}\cup\widehat{H_2A_2}} F(x)dy<0. \tag{4.11}$$

由不等式(4.7)~(4.11)可以推出不等式(4.6).这与等式(4.5)相矛盾.由此证明了方程(4.4)只能有唯一的极限环,从而它显然是稳定的.】

令

$$G(x) = \int_0^x g(x)dx,$$

$$u(x) = \sqrt{2G(x)}\operatorname{sgn}(x),$$

(4.2)可化为

$$\frac{du}{dy} = \frac{du}{dx}\cdot\frac{dx}{dy} = \frac{g(x)}{u}\cdot\frac{-y-F(x)}{g(x)}$$

$$= \frac{-y-F(x(u))}{u}, \tag{4.12}$$

其中 $x = x(u)$ 是 $u = \sqrt{2G(x)}\operatorname{sgn}x$ 的反函数. 在定理 4.1 的假设下, $y = F(x(u))$是 u 的奇函数,因而上面关于唯一性的证明对定理 4.1 而言也都能通过.

定理 4.2 的证明的本质是:沿着闭轨一周对任一单值可微函数的全微分求积,其值为 0. 如果我们能找到这样的单值可微函数,使沿着给定方程的两条包围原点的闭轨线求积时其值不相等,这就导出矛盾. 从而证明了闭轨不能多于一个.

定理 4.3(G. Sansone[31]) 给定微分方程(4.3),或其等价方程组

$$\frac{dx}{dt} = v, \frac{dv}{dt} = -x - f(x)v. \tag{4.13}$$

如果它满足下列条件:

(1) $f(x)\in C^0(-\infty,+\infty)$; $f(x)<0, |x|<\delta$; $f(x)>0, |x|>\delta>0$,

(2) $F(+\infty) = +\infty$,或 $F(-\infty) = -\infty$,

则(4.13)有唯一的极限环,且是稳定的.

证明 存在性可由定理 1.2 推得;现在证明唯一性.

令

$$\lambda(x,v) = \frac{x^2}{2} + \frac{v^2}{2}.$$

$$\left.\frac{d\lambda}{dt}\right|_{(4.13)} = x\dot{x} + v\dot{v} = -f(x)v^2 > 0, |x| < \delta,$$

故极限环 L 必定包含点$(\delta,0)$和$(-\delta,0)$,并且整个落在圆 $x^2+v^2\leqslant\delta^2$ 之外. 下面证明,(4.13)所定义的方向场的发散量 $-f(x)$沿任何闭轨线 L 的积分为负,即

$$\oint_L -f(x)dt < 0, \tag{4.14}$$

于是由定理 2.2, L 必为稳定极限环,但两个稳定极限环不能一个包围一个且相邻并存,这就证明了唯一性.

下面证明不等式(4.14).

$$0 = \oint_L \frac{d(x^2+v^2)}{x^2+v^2-\delta^2} = \oint_L \frac{-2vf(x)dx}{x^2+v^2-\delta^2}. \tag{4.15}$$

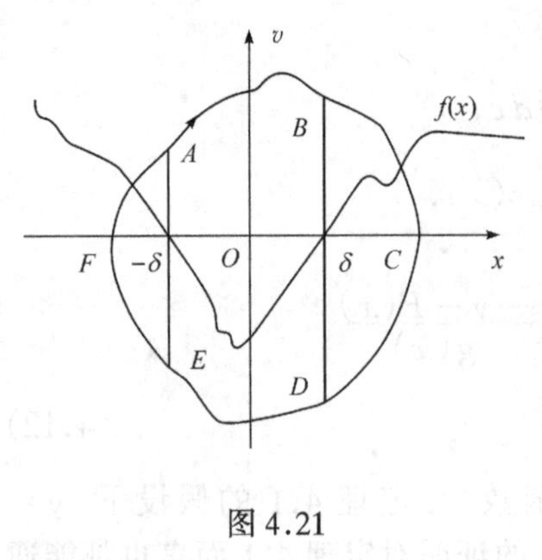

图 4.21

在$\overset{\frown}{BCD}$和$\overset{\frown}{EFA}$上,有 $x^2>\delta^2$ 和 $f(x)>0$. 故

$$\frac{v^2f(x)}{x^2+v^2-\delta^2}=\frac{v^2}{v^2+(x^2-\delta^2)}f(x)<f(x). \tag{4.16}$$

在$\overset{\frown}{AB}$和$\overset{\frown}{DE}$上,有 $x^2<\delta^2, x^2+v^2>\delta^2$ 和 $f(x)<0$,故

$$\frac{v^2f(x)}{x^2+v^2-\delta^2}=\frac{v^2}{v^2-(\delta^2-x^2)}f(x)<f(x). \tag{4.17}$$

由(4.15),(4.16)和(4.17),便有

$$\oint_L f(x)dt>\oint_L\frac{v^2f(x)}{x^2+v^2-\delta^2}dt$$
$$=\oint_L\frac{vf(x)dx}{x^2+v^2-\delta^2}=0.$$

不等式(4.14)得证.】

定理 4.3 的证明的本质是:沿着给定方程组(4.13)的任一闭轨线,对(4.13)所定义的向量场的发散量求积,如果其值具有相同的符号,闭轨线便都具有相同的稳定性.但具有相同稳定性的两条闭轨线不能一个包围一个而相邻并存,这就说明闭轨线不能多于一个.

定义 4.1　(x,v)平面上的曲线 L 叫做星形的,如果从原点 $O(0,0)$出发的每条半射线至多能与 L 相交于一点.

定理 4.4(J. L. Massera[32])　给定方程(4.3),或其等价方程组(4.13),如果它满足下列条件:

(1) $f(x)\in C^0(-\infty,+\infty)$,

(2) $f(x)<0, \delta_{-1}<x<\delta_1$;

$f(x)>0, x>\delta_1>0, x<\delta_{-1}<0$,

(3)当$|x|$增加时 $f(x)$不下降,

则(4.13)有唯一的极限环,而且它是稳定的.

证明　存在性可由定理 1.2 推得,现证明唯一性.

先证(4.13)的任何闭轨线 L 都是星形的.

令 $x=\rho\cos\theta, v=\rho\sin\theta$,则(4.13)化为

$$\begin{cases}\dfrac{d\rho}{dt}=-\rho f(\rho\cos\theta)\sin^2\theta,\\ \dfrac{d\theta}{dt}=-1-\cos\theta\sin\theta f(\rho\cos\theta).\end{cases}$$

如图 4.22 所示,如果 L 不是星形的,则必存在半射线 $\theta=\theta_0$,它与 L 相交三点 A_1,A_2,A_3,而且 $d\theta/dt$ 在点 A_1,A_2,A_3 上要两次改变符号,即 $\left.\dfrac{d\theta}{dt}\right|_{\theta=\theta_0}$ 当 ρ 增加时要两次变号,由 $f(x)$ 的单调性,这不可能.这就证明了(4.13)的闭轨线都是星形的.

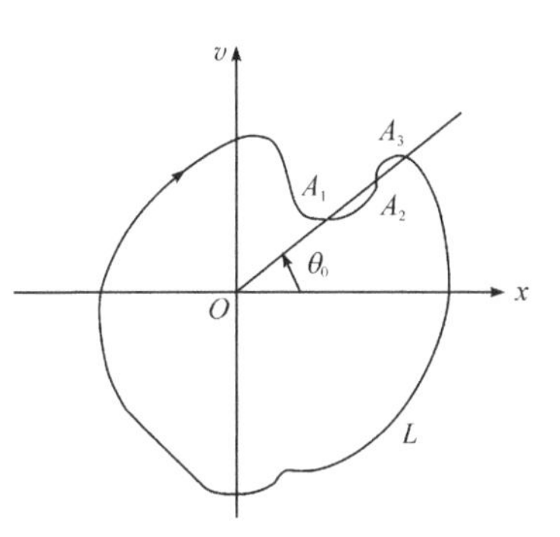

图 4.22

对 L 作相似变换:

$$L(x,v)\to L_k(kx,kv).$$

$L_k\subset L,k<1;L_k\supset L,k>1$.令 $L_1=L$,以 $T(x,v)$表示由原方程(4.13)所定义的在(x,v)点的场向量与 x 轴夹角的正切,以 $\overline{T}(x,v)$表示闭曲线族 L_k 在(x,v)点的切向量与 x 轴夹角的正切.

当 $k>1$ 时,在点 $A_k(kx,kv)$上,

$$T(A_k)=-\frac{kx}{kv}-f(kx)\leqslant-\frac{x}{v}-f(x)=\overline{T}(A_k).$$

当 $k<1$ 时,

$$T(A_k)=-\frac{kx}{kv}-f(kx)\geqslant\frac{-x}{v}-f(x)=\overline{T}(A_k).$$

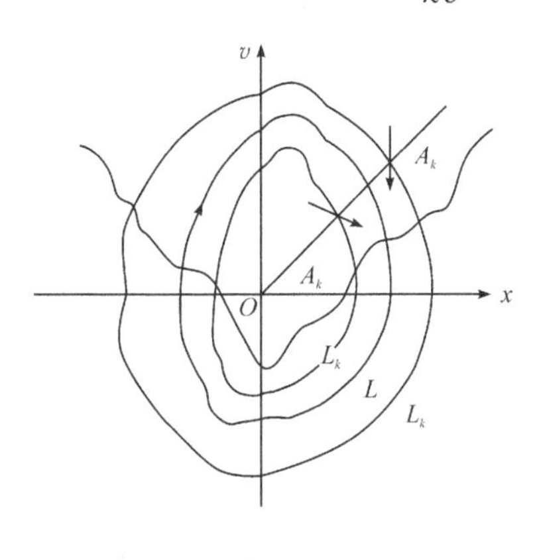

图 4.23

但等号不可能在 L_k 上都成立,于是如图所示,对任何点 $p\neq\{0\}$,都有 $\Omega_p=L$.这就证明了(4.13)只有唯一闭轨,且是稳定的.】

定理 4.4 的证明的本质是:(4.13)的任一闭轨线 L 都是星形的,对 L 作相似变换,在 L 两侧在全平面产生一单闭曲线族 L_k,(4.13)的轨线与 $L_k(k>1)(k<1)$相交不能从内走向外(从外走向内),因而 L 之外无其他闭轨线.L_k 也叫地形系.

定理 4.5[33] 给定方程(4.1),若其等价方程组(4.2).如果它满足下列条件:

(1) $xg(x)>0,x\neq0$; $G(x)=\int_0^x g(x)dx$,$G(\pm\infty)=+\infty$; $g(x)$连续且在任何有限区间上满足 Lipschitz 条件,

(2) $f(x)$连续,且当$|u|$增加时$\dfrac{F(x(u))}{u}$不下降,其中 $F(x)=\int_0^x f(x)dx$,

$x=x(u)$是 $u=u(x)=\sqrt{2G(x)}\operatorname{sgn}x$ 的反函数,则(4.2)至多有一个极限环.

证明 作变换

$$u = \sqrt{2G(x)}\operatorname{sgn} x,$$

方程(4.2)化为方程(4.12),这就化为定理 4.4 的情形,这里的$\frac{F(x(u))}{u}$相当于定理 4.4 中的 $f(x)$,往下的证明完全类似.但是,定理 4.5 蕴含定理 4.4.因当 $g(x) = x$ 时,由当$|x|$增加时 $f(x)$不下降,马上推出当$|x|$增加时$\frac{F(x)}{x}$不下降.

另外,R. Conti[34]曾经证明方程组(4.2)有唯一极限环,除了上述条件外,还要求$\left|\frac{F(x(u))}{u}\right| < 2$.现在我们知道这个条件显然是多余的.

H. Serbin[35]曾经企图证明如下定理:

考虑方程(4.1),或其等价方程组(4.2),如果满足下列条件:

(1) $xg(x) > 0, x \neq 0$; $G(x) = \int_0^x g(x)dx$,$G(\pm\infty) = +\infty$,

(2) $f(x) < 0, x_2 < x < x_1$;

$f(x) > 0, x > x_1 > 0, x < x_2 < 0$,

(3) $F(x) = \int_0^x f(x)dx$,$F(+\infty) > 0$ 或 $F(-\infty) < 0$,则方程组(4.2)有唯一的极限环.

G. F. Duff 和 N. Levinson[36]举出了反例,说明上述条件不能保证唯一性.

下面是 G. F. Duff 和 N. Levinson 的反例.

考虑方程

$$\ddot{x} + \varepsilon f(x)\dot{x} + x = 0,$$

或其等价方程组

$$\frac{dx}{dt} = v, \quad \frac{dv}{dt} = -x - \varepsilon f(x)v, \tag{4.18}$$

其中 ε 是小参数,$f(x)$是待定多项式.令 $x = r\cos\theta, v = r\sin\theta$,当 ε 充分小时,(4.18)可化为

$$\frac{dr}{d\theta} = \frac{\varepsilon r f(r\cos\theta)\sin^2\theta}{1 + \varepsilon f(r\cos\theta)\sin\theta\cos\theta}. \tag{4.19}$$

(4.19)的周期解必为(4.18)的闭轨线.当 r 有界和$|\varepsilon|$充分小时,(4.19)的右侧是 ε, r 和 θ 的解析函数,故解也是 ε 的解析函数;可把它写成

$$r = H(\theta,\rho,\varepsilon), H(0,\rho,\varepsilon) = \rho,$$
$$r = H_0(\theta,\rho) + \varepsilon H_1(\theta,\rho) + \varepsilon^2 H_2(\theta,\rho,\varepsilon).$$

代入(4.19),得

$$\frac{dH_0}{d\theta} + \varepsilon\frac{dH_1}{d\theta} + \varepsilon^2\frac{dH_2}{d\theta}$$

$$= \frac{\varepsilon(H_0 + \varepsilon H_1 + \varepsilon^2 H_2)f(\cdots)\sin^2\theta}{1 + \varepsilon f[(H_0 + \varepsilon H_1 + \varepsilon^2 H_2)\cos\theta]\cos\theta\sin\theta}.$$

比较等式两侧 ε 同次幂的系数,得

$$\frac{dH_0}{d\theta} = 0, \quad \frac{dH_1}{d\theta} = H_0 f(H_0\cos\theta)\sin^2\theta.$$

由初始条件知 $H_0(\theta,\rho)=\rho$.

$$H_1(2\pi,\rho) = \int_0^{2\pi} \rho f(\rho\cos\theta)\sin^2\theta d\theta = \overline{F}(\rho),$$

$$H(2\pi,\rho,\varepsilon) - \rho = \varepsilon\overline{F}(\rho) + \varepsilon^2 H_2(2\pi,\rho,\varepsilon). \tag{4.20}$$

设 $\rho_0>0$ 是 $\overline{F}(\rho)=0$ 的正根,并且 $\overline{F}(\rho)$在 $\rho=\rho_0$ 附近变号,则当 ε 适当小时,$\overline{F}(\rho)+\varepsilon H_2(2\pi,\rho,\varepsilon)$在 $\rho=\rho_0$ 附近也变号,因而 $H(2\pi,\rho,\varepsilon)-\rho$ 在$\rho=\rho_0$ 附近也变号,这就是说,在 $\rho=\rho_0$ 附近,

$$H(2\pi,\rho,\varepsilon) - \rho = 0$$

至少有一个根,它对应于(4.20)的周期解.

令

$$f(x) = A_6 x^6 - A_4 x^4 + A_2 x^2 - A_0 + Cx, A_i > 0.$$

$$I_{2k} = \int_0^{2\pi} \cos^{2k}\theta\sin^2\theta d\theta > 0,$$

$$\overline{F}(\rho) = \int_0^{2\pi} \rho f(\rho\cos\theta)\sin^2\theta d\theta$$

$$= I_6 A_6 \rho^7 - I_4 A_4 \rho^5 + I_2 A_2 \rho^3 - I_0 A_0 \rho.$$

取 $I_6A_6=1, I_4A_4=14, I_2A_2=49, I_0A_0=36$,得 $\overline{F}(\rho)=\rho(\rho^2-1)(\rho^2-4)(\rho^2-9)$,$\rho=1,2,3$ 是 $\overline{F}(\rho)=0$ 的三个正根,而且 $\overline{F}(\rho)$在它们附近变号.故当$|\varepsilon|$充分小时,(4.19)至少有三个周期解.

另一方面,可以取常数 C 充分大,使得

$$f'(x) = 6A_6x^5 - 4A_4x^3 + 2A_2x + C = 0$$

只有一个实根,这样的 $f(x)$显然满足 H. Serbin 的所有条件,但相应的方程(4.18)的周期解不唯一.并且用上述办法不难构造这样的例子:对任给正整数 n,造函数 $f(x)$满足 H. Serbin 条件,而方程组(4.18)至少有 n 个周期解.可见只要求 $f(x)$有两个零点,并不能保证极限环的唯一性.上面构造的函数 $f(x)$,它不单只有两个零点,而且 $f'(x)$只有一个零点,设为 $x=x_0$. $f(x)$在 $x>x_0$ 和 $x<x_0$ 时都是单调的,即便这样,也不能保证极限环的唯一性.可见 J. L. Massera 定理中,$f(x)$的极小点在 $x=0$ 处,这个条件是不能任意去掉的.

如果 $f(x)$只有两个零点 x_1,x_2;$x_1<0,x_2>0$.还要附加什么条件才能保证 Liénard 型方程极限环的唯一性呢!为了回答这个问题,张芷芬证明了下列定

理[33],[89]

定理 4.6　给定微分方程

$$\ddot{x} + f(x)\dot{x} + x = 0, \tag{4.21}$$

或其等价方程组

$$\frac{dy}{dt} = -x, \quad \frac{dx}{dt} = y - F(x), \tag{4.22}$$

其中 $F(x) = \int_0^x f(x)dx$. 如果它满足条件:

$f(x) \in C^0(-\infty, +\infty)$; $f(0) \neq 0$; 当 x 增加时 $\dfrac{f(x)}{x}$ 不下降, $x \in (-\infty, 0), (0, +\infty)$, 则(4.22)至多有一个极限环; 如果它存在, 则是稳定的.

证明　因当 x 增加时 $f(x)/x$ 不下降, $x \in (-\infty, 0), (0, +\infty)$, 故 $f(0) \leqslant 0$; 再由假设 $f(0) \neq 0$ 推出 $f(0) < 0$.

令

$$\lambda(x, y) = \frac{x^2}{2} + \frac{y^2}{2}.$$

则

$$\left.\frac{d\lambda}{dt}\right|_{(4.22)} = -xF(x) > 0, \quad 0 < |x| \ll 1.$$

故(4.22)的唯一奇点 $O(0,0)$ 是不稳定的, 因此(4.22)如有闭轨线, 必有最靠近奇点 O 的. 设为 L_1, 则 L_1 必为内侧稳定极限环. 由定理 2.2 必有

$$\oint_{L_1} f(x_1(t))dt \geqslant 0,$$

其中 $x = x_1(t)$, $y = y_1(t)$ 是闭轨线 L_1 的参数方程, 周期为 $2T_1$.

假设(4.22)还有闭轨线 $L_2 \supset L_1$, $x = x_2(t)$ $y = y_2(t)$ 是 L_2 的参数方程, 周期为 $2T_2$, 要证

$$\int_0^{2T_2} f(x_2(t))dt > \int_0^{2T_1} f(x_1(t))dt. \tag{4.23}$$

这样, 如 L_1 为稳定的, L_1 之外无闭轨线; 如 L_1 为半稳定, 则 L_1 之外至多还有一条闭轨线. 然后再来证第二种情况不可能.

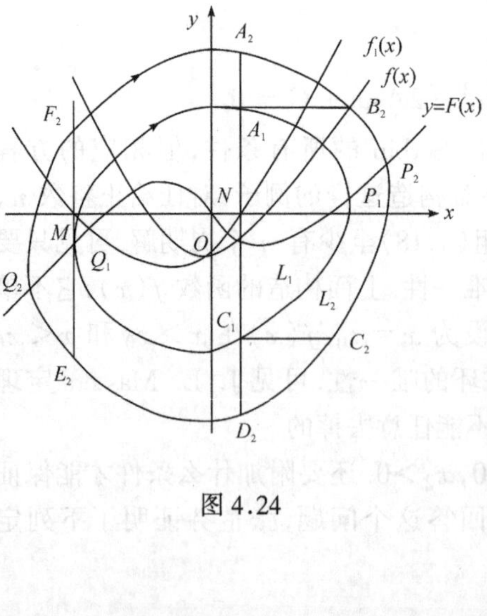

构造新的函数 $f_1(x) = f(x) + ax$. 设 Q_1, P_1 分别是极限环 L_1 上 x 坐标最小和最大的点, 这两点必落在 $y = F(x)$ 上, 取

图 4.24

$a=-f(x_{Q_1})/x_{Q_1}$,则新函数 $f_1(x)$满足:

(1) $f_1(0)=f(0)<0$,

(2) 当 x 增加时,$f_1(x)/x=f(x)/x+a$ 不下降,$x\in(-\infty,0),[0,+\infty)$,

(3) $f_1(x_{Q_1})=f_1(x_M)=0$;

$f_1(x)\geqslant 0, x<x_M$.

$f_1(x)$必与 x 正半轴相交于点N,而且 $x_N<x_{P_1}$;否则,L_1 就整个落在 $f_1(x)\leqslant 0,\neq 0$ 的区域中,那样显然有

$$\int_0^{2T_1} f(x_1(t))dt<0,$$

这不可能.

又因沿着周期解有

$$\int_0^{2T_i} x_i(t)dt=\int_0^{2T_i}-dy=0,\quad i=1,2,$$

故

$$\int_0^{2T_i} f_1(x_i(t))dt=\int_0^{2T_i} f(x_i(t))dt.$$

因而为了证明(4.23),只要证明

$$\int_0^{2T_2} f_1(x_2(t))dt>\int_0^{2T_1} f_1(x_1(t))dt. \tag{4.24}$$

下面我们就来证明不等式(4.24).

在$\overset{\frown}{Q_1A_1}$和$\overset{\frown}{F_2A_2}$上,$\dfrac{dx}{dt}=y-F(x)>0$,故可以从 $x=x_i(t)$中解出反函数 $t=t_i(x)$,在 L_i 的这段轨线弧上,解可分别表成 $y=y_i(t)=y_i(t_i(x))=\bar{y}_i(x)$,$i=1,2$. 于是

$$\begin{aligned}&\int_{\overset{\frown}{F_2A_2}} f_1(x_2(t))dt-\int_{\overset{\frown}{Q_1A_1}} f_1(x_1(t))dt\\&=\int_{x_M}^{x_N}\frac{f_1(x)dx}{\bar{y}_2(x)-F(x)}-\int_{x_M}^{x_N}\frac{f_1(x)dx}{\bar{y}_1(x)-F(x)}\\&=\int_{x_M}^{x_N}\frac{-f_1(x)(\bar{y}_2(x)-\bar{y}_1(x))dx}{(\bar{y}_1(x)-F(x))(\bar{y}_2(x)-F(x))}>0.\end{aligned} \tag{4.25}$$

同样可证

$$\int_{\overset{\frown}{D_2E_2}} f_1(x_2(t))dt-\int_{\overset{\frown}{C_1Q_1}} f_1(x_1(t))dt>0. \tag{4.26}$$

在 $\overset{\frown}{B_2P_2C_2}$ 和 $\overset{\frown}{A_1P_1C_1}$ 上,解可分别表成 $x=\bar{x}_2(y)$和 $x=\bar{x}_1(y)$,且 $\bar{x}_2(y)>\bar{x}_1(y)>0$,故有

$$\int_{\overset{\frown}{B_2P_2C_2}} f_1(x_2(t))dt-\int_{\overset{\frown}{A_1P_1C_1}} f_1(x_1(t))dt$$

$$= \int_{y_{A_1}}^{y_{C_1}} - \left[\frac{f_1(\bar{x}_2(y))}{\bar{x}_2(y)} - \frac{f_1(\bar{x}_1(y))}{\bar{x}_1(y)} \right] dy \geqslant 0, \tag{4.27}$$

此外

$$\int_{\overset{\frown}{E_2Q_2F_2} \cup \overset{\frown}{A_2B_2} \cup \overset{\frown}{C_2D_2}} f_1(x_2(t))dt \geqslant 0. \tag{4.28}$$

由(4.25)~(4.28),不等式(4.24)得证.

下面再证 L_1 不可能是半稳定环.

设直线 $x=x_1<0$ 与 L_1 相交.构造新的函数 $\bar{F}(x)=F(x)=-ar(x)$,其中

$$r(x)=\begin{cases} 0, & x \geqslant x_1, \\ (x-x_1)^2, & x<x_1<0, \end{cases}$$

和 $0 \leqslant a \ll 1$.显然 $\bar{f}(x)=\bar{F}'(x)$ 满足定理的条件.而 $(y-\bar{F}(x),-x)$ 对参数 a 构成广义旋转向量场.它满足§3 定义 3.3 括号内的条件.考虑方程组

$$\frac{dx}{dt}=y-\bar{F}(x), \frac{dy}{dt}=-x. \tag{4.29}$$

当 $a=0$ 时方程组(4.29)就是方程组(4.22),由§3 定理 3.4,当 $0<a \ll 1$ 时,(4.22)的半稳定环 L_1 分解成(4.29)的至少两个环 $\bar{L}_2 \supset \bar{L}_1$,且 $\bar{L}_1$ 为内侧稳定,$\bar{L}_2$ 为外侧不稳定.由§2 定理 2.2,便有

$$\oint_{\bar{L}_1} \bar{f}(x)dt \geqslant 0,$$

$$\oint_{\bar{L}_2} \bar{f}(x)dt \leqslant 0.$$

而由于方程组(4.29)也满足定理的条件,根据本定理前半部分的证明,应有

$$\oint_{\bar{L}_2} \bar{f}(x)dt > \oint_{\bar{L}_1} \bar{f}(x)dt.$$

因此得出矛盾.定理得证.】

定理 4.7[33]　给定微分方程(4.1),或其等价方程组(4.2).如果它满足下列条件:

(1) $xg(x)>0, x \neq 0$; $G(-\infty)=G(+\infty)=+\infty$,其中 $G(x)=\int_0^x g(x)dx$;$g(x)$连续且满足 Lipshitz 条件在任何有限区间内,

(2) $f(x)$连续;当 x 增加时 $f(x)/g(x)$ 不下降,$x \in (-\infty,0),(0,+\infty)$;$f(x)/g(x) \not\equiv 0$,在 $x=0$ 的邻域内,则(4.2)至多有一个极限环;如果它存在,则是稳定的.

作变换 $u=\sqrt{2G(x)}\operatorname{sgn}x$，则(4.2)可化为与之等价的方程组

$$\begin{cases}\dfrac{dy}{dt}=u,\\ \dfrac{du}{dt}=-y-F(x(u)),\end{cases}$$

其中 $x=x(u)$ 是 $u=\sqrt{2G(x)}\operatorname{sgn}x$ 的反函数. 因

$$\frac{F'_u}{u}=\frac{f(x)}{g(x)},$$

问题就化为定理 4.6 的情形.

附注 1. 在文[33][89]中我们还证明了以下定理. 考虑微分方程组

$$\frac{dy}{dt}=g(x),\quad \frac{dx}{dt}=-\phi(y)-F(x),$$

如果除了满足定理 4.7 中的条件外，对 $\phi(y)$ 而言满足条件：$y\phi(y)>0, y\neq0$；$\phi(\pm\infty)=\infty$；$\phi(y)$ 连续单调且满足 Lipschitz 条件；函数 $\phi(y)$ 在 $y=0$ 有左、右导数 $\phi'_-(0)$ 和 $\phi'_+(0)$，且 $\phi'_+(0)\cdot\phi'_-(0)\neq0$，当 $f(0)=0$，这样上述系统至多有一个极限环，如果它存在，则是稳定的.

2. 定理 4.6 的证明的本质是：估算沿着包围同一奇点的两条闭轨线的发散量的积分，证明它们的值是严格单调的，考虑到奇点的稳定性，这就证得闭轨线的总数不超过 2；如为 2，最里面一条必为半稳定，然后对原方程作适当扰动来排除这种可能. 另外对发散量加上一个单值可微函数的全微分，使得上述积分的估算成为可能.

3. 当 $f(0)<0, f''(x)>0$ 时，定理 4.6 的条件显然满足，即 H. Serbin 的定理中要加上条件 $f''(x)>0$ 才能保证极限环的唯一性. 由定理 4.6，方程 $\ddot{x}+(x^2+\alpha x+\beta)\dot{x}+x=0$，当 $\beta<0$ 时在相平面上存在唯一的极限环，这个方程虽然简单，但用以前的定理却不能判别其唯一性.

4. 如果存在 $x_2<0<x_1$，使得当 $x_2<x<x_1$ 时，$xF(x)<0$；当 $x>x_1$ 及 $x<x_2$ 时，$xF(x)\geqslant0$；并且 $x_1<|x_2|$（或 $x_1>|x_2|$），则只要求当 x 增加时 $f(x)/x$ 不下降，$x\in(-\infty,0)$，$(x_1,+\infty)$（或 $x\in(-\infty,x_2)$，$(0,+\infty)$），而当 $x\in(0,x_1)$（或 $x\in(x_2,0)$）时，只要求 $f(x)/x\leqslant f(x_1)/x_1$（或 $f(x)/x\geqslant f(x_2)/x_2$），这时定理 4.6 仍然成立. 相应的对定理 4.7 的条件也可作类似减弱.

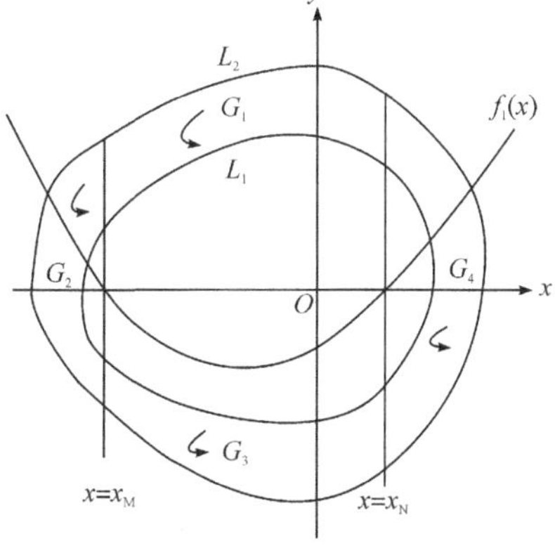

图 4.25

如果定理 4.6 和 4.7 中的 $f(x),g(x)$连续可微,则用 Черкас[29]的办法,证明可以简化,以定理 4.6 为例,来介绍 Черкас 的办法.

已经知道 $f_1(x)$有两个零点 x_M 和 x_N, $x_M<0<x_N$,并且所有极限环都包围点$(x_M,0)$和$(x_N,0)$.

用直线 $x=x_M, x=x_N$ 将 L_1, L_2 所包围的环域分成四部分 G_1,G_2,G_3,G_4 如图 4.25 所示.由 Green 公式

$$\oint_{L_2} f_1(x_2(t))dt-\oint_{L_1} f_1(x_1(t))dt$$

$$=\iint_{G_1\cup G_3} -\frac{\partial}{\partial y}\left(\frac{f_1(x)}{-y(x)-F(x)}\right)dxdy+\iint_{G_2\cup G_4}\frac{\partial}{\partial x}\left(\frac{f_1(x)}{x}\right)dxdy$$

$$=\iint_{G_1\cup G_3}\frac{-f_1(x)dxdy}{[-y(x)-F(x)]^2}+\iint_{G_2\cup G_4}\frac{\partial}{\partial x}\left(\frac{f_1(x)}{x}\right)dxdy>0.$$

要注意的是,这时我们将(4.21)的等价方程组写成如下形式:

$$\frac{dy}{dt}=x\quad \frac{dx}{dt}=-y-F(x),$$

这不影响问题的本质.

定理 4.8 (Bendixson-Dulac) 给定微分方程组

$$\frac{dx}{dt}=X(x,y),\quad \frac{dy}{dt}=Y(x,y),\tag{4.30}$$

其中 $X,Y\in C^1(D)$, D 是环域, D 中无奇点.若存在函数 $B(x,y),M(x,y)\in C^1(D)$, $B(x,y)>0$,且在环域 D 上有

$$\frac{\partial M}{\partial x}XB+\frac{\partial M}{\partial y}YB+\frac{\partial}{\partial x}(XB)+\frac{\partial}{\partial y}(YB)\leqslant 0,\tag{4.31}$$

而等号不能在整条轨线上成立,则在 D 上至多有一个极限环.如果它存在.则是稳定的.

证明 改变时间参数,将方程组(4.30)变成

$$\frac{dx}{d\tau}=X(x,y)B(x,y),\quad \frac{dy}{d\tau}=Y(x,y)B(x,y).\tag{4.32}$$

计算(4.32)的发散量沿闭轨线 L_i 一周的积分:

$$\int_0^{T_i}\left(\frac{\partial}{\partial x}(XB)+\frac{\partial}{\partial y}(YB)\right)d\tau$$

$$=\int_0^{T_i}\left(\frac{\partial}{\partial x}(XB)+\frac{\partial}{\partial y}(YB)+\frac{dM}{d\tau}\right)d\tau$$

$$=\int_0^{T_i}\left(\frac{\partial}{\partial x}(XB)+\frac{\partial}{\partial y}(YB)+\frac{\partial M}{\partial x}XB+\frac{\partial M}{\partial y}YB\right)$$

$$d\tau<0,$$

其中 T_i 是(4.32)的闭轨线 L_i 的时间周期，$i=1,2$. 由定理 2.2, L_i 是稳定的. 因 D 内无奇点，L_i 的相对位置必定是 $L_2 \supset L_1$，而两个稳定极限环不能如此相邻并存，故至多有一个极限环；如果它存在，则是稳定的.】

在定理 4.6 的证明中，我们构造函数 $f_1(x)=f(x)+ax$，然后计算 $\oint_L f_1(x)dt$，相当于在定理 4.8 中，取 $B(x,y)=1, M(x,y)=-ay$. 但如何选择适当的 $B(x,y), M(x,y)$，使积分的估算可行，这并非轻而易举的事.

上面提到 Л. А. Черкас 的有关唯一性定理，其本质就在于，代替计算发散量 $\frac{\partial X}{\partial x}+\frac{\partial Y}{\partial y}$ 的积分，而计算 $\frac{\partial X}{\partial x}+\frac{\partial Y}{\partial y}+\frac{dM}{dt}$ 的积分. 问题在于如何能够选择适当的 $M(x,y)$，使问题简化，这也并非轻而易举的事.

定理 4.9 (Л. А. Черкас 和 Л. И Жилевыч[38]) 考虑微分方程组

$$\frac{dy}{dt}=g(x),$$

$$\frac{dx}{dt}=-\phi(y)-F(x), \tag{4.33}$$

其中 $F(x)=\int_0^x f(x)dx$. 如果对 $x\in(a,b)$, $-\infty\leqslant a<0<b\leqslant+\infty$, $-\infty<y<+\infty$，它满足下列条件：

(1) 当 $x\neq0$ 时，$xg(x)>0$；当 $y\neq0$ 时，$y\phi(y)>0$，

(2) $f(x), g(x), \phi(y)$ 连续可微；$\phi(y)$ 单调递增；$f(0)<0(f(0)>0)$，

(3) 存在常数 α,β，使 $f_1(x)=f(x)+g(x)[\alpha+\beta F(x)]$ 有简单零点 $x_1<0$ 与 $x_2>0$，而且在区间 (x_1,x_2) 上 $f_1(x)\leqslant0(f_1(x)\geqslant0)$，

(4) 在区间 $[x_1,x_2]$ 之外，函数 $\frac{f_1(x)}{g(x)}$ 不减(不增)，

(5) 所有闭轨线包围 x 轴上的区间 $[x_1,x_2]$，则系统(4.33)最多有一个极限环；如果它存在，则是稳定的(不稳定的).

证明 证明的思想和步骤与定理 4.6 的完全一样.

沿着(4.33)的任一闭轨线 L 我们有

$$\oint_L g(x)dt=0,$$

$$\oint_L g(x)\phi(y)dt=0,$$

$$\oint_L g(x)[\phi(y)+F(x)]dt=0,$$

因而

$$\oint_L f(x)dt=\oint_L f_1(x)dt.$$

设 $f(0)<0$,设(4.33)有闭轨线 L_1, L_2 如图 4.25 所示,便有

$$\oint_{L2} f_1(x)dt - \oint_{L1} f_1(x)dt$$

$$= \iint_{G_1\cup G_3} -\frac{\partial}{\partial y}\left(\frac{f_1(x)}{\phi(y)+F(x)}\right)dxdy + \iint_{G_2\cup G_4} \frac{\partial}{\partial x}\left(\frac{f_1(x)}{g(x)}\right)dxdy > 0.$$

往下的讨论与定理 4.6 完全类似,不再赘述.】

当 $\beta=0$ 时就是定理 4.7 中的情形.

下面是曾宪武的两个唯一性定理[30],它们包含了某些常见的关于方程组(4.34)的唯一性定理作为特例.定理 4.10 的推论提出了一个"判定"函数 $F(x)/G^{\alpha}(x)$, $\alpha\geqslant 0$. 上述定理 4.1[19],定理 4.2[31],定理 4.4[32] 和定理 4.5,4.6 与 4.7[33] 中所使用的函数可看作此函数当 $\alpha=0,\frac{1}{2},1$ 的特殊情况.

考虑 Liénard 方程(4.1)或其等价方程组:

$$\frac{dx}{dt} = y - F(x),\ \frac{dy}{dt} = -g(x). \tag{4.34}$$

设(4.34)在带域 $x_{02}<x<x_{01}$ 内定义($x_{01}x_{02}<0$); $xg(x)>0$,当 $x\neq 0$. 记 $z_{0i}=G(x_{0i})$, $i=1,2$. $z_0=\min(z_{01},z_{02})$. 以 $x_i(z)$ 表 $z=G(x)$, $(-1)^{i+1}x\geqslant 0$ 的反函数, $i=1,2$. 由 Филиппов 变换 $x=x_i(z)$, $i=1,2$,将(4.34)在区域 $x\geqslant 0$ 和区域 $x\leqslant 0$ 上分别化为下列方程(E_1)和(E_2):

$$\frac{dz}{dy} = F_i(z) - y,\quad 0\leqslant z < z_{0i},\quad (E_i)_{i=1,2}$$

其中 $F_i(z)=F(x_i(z))$. 方程(4.34)的任一闭轨线 L 位于半平面 $x\geqslant 0$ 和 $x\leqslant 0$ 上的弧段分别被变为(E_1)和(E_2)的积分曲线 L_1 和 L_2,(4.34)的发散量 $-f(x)$ 沿 L 的积分可表作

$$-\int_L f(x(t))dt = -\left(\int_{L_1} F'_1(z)dy - \int_{L_2} F'_2(z)dy\right), \tag{4.35}$$

其中沿各自的积分路线有 $dt>0$ 和 $dy>0$.

定理 4.10 设 $f(x), g(x)$ 在 (x_{02}, x_{01}) 内连续,当 $x\neq 0$ 时, $xg(x)>0$,并满足:

(1) 存在 a, $0\leqslant a\leqslant z_0$,使得当 $0<z<a$ 时, $F_1(z)\leqslant 0\leqslant F_2(z)$,但当 $0<z\ll 1$ 时 $F_1(z)\not\equiv F_2(z)$,当 $a<z<z_{01}$ 时, $F_1(z)\geqslant 0$ 且 $F'_1(z)\geqslant 0$,

(2) 当 $F_2(z)<0$, $0<z<z_{02}$ 时, $F'_2(z)\leqslant 0$,

(3) 对任何常数 $k\geqslant 1$,当 $H_k(z)=F_2(u)$, $u\geqslant z>a$ 时,有 $H'_k(z)\geqslant F'_2(u)$,其中 $H_k(z)$ 为

$$H_k(z) = k^{-1}F_1(k^2(z-a)+a),$$

$$a \leqslant z < h_{0k} = k^{-2}(z_{01} - a) + a, \tag{4.36}$$

则(4.34)在带域 $x_{02} < x < x_{01}$ 内至多有一个极限环;若它存在,则是稳定的单重环.

附注 这里允许 $a=0$ 或 $a=z_0$(后一情况下(4.34)无闭轨线).这对获得以下的推论是必要的.与此相应,在一个空区间上所要求的上述任何条件将认为自然满足.

推论 1 设 $f(x), g(x)$ 在 $(-\infty, +\infty)$ 内连续,当 $x \neq 0$ 时,$xg(x) > 0$,并满足:

(1) 存在 x_1 和 x_2,$x_2 \leqslant 0 \leqslant x_1$($x_1, x_2$ 可为 ∞),使得当 $x \in [x_2, x_1]$ 时 $xF(x) \leqslant 0$;当 $x \notin [x_2, x_1]$ 时 $xF(x) > 0$ 且 $f(x) \geqslant 0$,

(2) 存在常数 $\alpha \geqslant 0$,使得当 $G(x_1) < G(x_2)$ 时 $F(x)/G^{\alpha}(x)$ 在 (x_2, x'_2) 和 $(x_1, +\infty)$ 内不减,(当 $G(x_1) > G(x_2)$ 时在 $(-\infty, x_2)$ 和 (x'_1, x_1) 内不减),其中 x'_1 和 x'_2 分别由 $G(x'_1) = G(x_2)$,$x'_1 \geqslant 0$ 和 $G(x'_2) = G(x_1)$,$x'_2 \leqslant 0$ 确定,则(4.34)至多有一个极限环,若存在,它是稳定的单重环.

特别地,我们还有

推论 2 设 $f(x), g(x)$ 在 $(-\infty, +\infty)$ 内连续,当 $x \neq 0$ 时 $xg(x) > 0$,并存在常数 $\alpha \geqslant 0$,使得 $F(x)/G^{\alpha}(x)$ 在 $(-\infty, 0)$ 和 $(0, +\infty)$ 内不减,且当 $0 < |x| \ll 1$ 时,$F(x)/G^{\alpha}(x) \not\equiv \text{const.}$,则(4.34)至多有一个极限环,若存在,它是稳定的单重环.

推论 3 设 $g(x) = x$,$f(x)$ 在 $(-\infty, +\infty)$ 内连续,并存在常数 $\alpha \geqslant 0$,使得 $f(x)|x|^{-\alpha}.\operatorname{sgn}x$ 在 $(-\infty, 0)$ 和 $(0, +\infty)$ 内不减,且当 $0 < |x| \ll 1$ 时 $f(x)|x|^{-\alpha}\operatorname{sgn}x \not\equiv \text{const}$,则(4.34)至多有一个极限环,若存在,它是稳定的单重环.

在证明定理 4.10 之前,先述证几个引理.考虑方程

$$\frac{dz}{dy} = F(z) - y, \quad 0 \leqslant z < z_0, \tag{E}$$

其中 $F(z)$ 在 $[0, z_0)$ 上连续,$F'(z)$ 在 $(0, z_0)$ 内连续,$F(0) = 0$.以 L_P 表(E)的经过等倾线 $y = F(z)$ 上的点 $P(z_P, F(z_P))$ 的积分曲线,并以 $y = \varphi_P(z)$ 和 $y = \widetilde{\varphi}_P(z)$ 分别表示 L_P 位于曲线 $y = F(z)$ 下方和上方的弧段.当 $0 < z < z_P$ 时,显然有 $\varphi_P(z) < F(z) < \widetilde{\varphi}_P(z)$ 和 $\varphi'_P(z) > 0 > \widetilde{\varphi}'_P(z)$.为书写简便起见引进记号

$$V(F(z), \varphi_P(z), \widetilde{\varphi}_P(z)) = \frac{F'(z)}{F(z) - \varphi_P(z)} + \frac{F'(z)}{\widetilde{\varphi}_P(z) - F(z)}, \tag{4.37}$$

则有

$$\int_{L_P} F'(z)dy = \int_0^{z_P} V(F(z), \varphi_P(z), \widetilde{\varphi}_P(z))dz. \tag{4.38}$$

在以下的引理中总假定 $\varphi_P(0)<0<\widetilde{\varphi}_P(0)$. 容易看出此时(4.38)中的积分收敛.

引理 4.1 设当 $0\leqslant z_1<z<z_2$ 时 $F(z)\leqslant F(z_2)$ $(F(z)\geqslant F(z_2))$,则

$$\int_{z_1}^{z_2} V(F(z),\varphi_P(z),\widetilde{\varphi}_P(z))dz \geqslant 0(\leqslant 0),\text{当 } z_P\geqslant z_2 \text{ 时}. \tag{4.39}$$

证明 先设 $z_P>z_2$,则当 $z_1\leqslant z\leqslant z_2$ 时,$\varphi_P(z)<F(z)<\widetilde{\varphi}_P(z)$ 和 $\varphi'_P(z)>0>\widetilde{\varphi}'_p(z)$. 若当 $z_1<z<z_2$ 时,有 $F(z)\leqslant F(z_2)$,则

$$\begin{aligned}\int_{z_1}^{z_2}\frac{F'(z)dz}{F(z)-\varphi_P(z)} &= \int_{z_1}^{z_2}\frac{F'(z)-\varphi'_P(z)}{F(z)-\varphi_P(z)}dz+\int_{z_1}^{z_2}\frac{\varphi'_P(z)dz}{F(z)-\varphi_P(z)}\\ &\geqslant \ln\frac{F(z_2)-\varphi_P(z_2)}{F(z_1)-\varphi_P(z_1)}+\int_{z_1}^{z_2}\frac{\varphi'_P(z)dz}{F(z_2)-\varphi_P(z)}\\ &= \ln\frac{F(z_2)-\varphi_P(z_1)}{F(z_1)-\varphi_P(z_1)}\geqslant 0.\end{aligned}$$

同样可得 $\int_{z_1}^{z_2}\frac{F'(z)dz}{\widetilde{\varphi}_P(z)-F(z)}\geqslant 0$, 故得(4.39). 若 $z_P=z_2$,可先在开区间上求积,则(4.39)可由取极限求得.】

以下将使用可测集上 Lebesgue 积分的概念. 设 $0\leqslant z_1<z_2<z_0$. 令 $T=\{z\in(z_1,z_2)\mid \exists\xi\in(z,z_2)\text{使 }F(z)>F(\xi)\}$, $N=\{z\in(0,z_0)\mid F'(z)=0\}$, $R=(z_1,z_2)\setminus\overline{T\cup N}$. 以 $\mu(E)$ 表可测集 E 的测度.

引理 4.2 设当 $z_1<z<z_2$ 时 $F(z_2)>F(z_1)$, $F(z)\geqslant F(z_1)$,则 $F(z)$ 在开集 R 内严格单调递增(从而 $F(R)$ 为开集),当 $z\in R$ 时,$F'(z)>0$,且

$$F(R)\subset(F(z_1),F(z_2)),\quad \mu(F(R))=F(z_2)-F(z_1), \tag{4.40}$$

$$\begin{aligned}&\int_{z_1}^{z_2}V(F(z),\varphi_P(z),\widetilde{\varphi}_P(z))dz\\ &\qquad\leqslant\int_P V(F(z),\varphi_P(z),\widetilde{\varphi}_P(z))dz,\text{当 } z_P\geqslant z_2\text{ 时}.\end{aligned} \tag{4.41}$$

证明 由 R 的定义和当 $z_1<z<z_2$ 时 $F(z)\geqslant F(z_1)$,即知 $F(R)\subset(F(z_1),F(z_2))$ 和当 $z\in R$ 时 $F'_z>0$. 由 Riesz 引理[38]知 T 为开集且对 T 的任一构成区间 (c_i,d_i),当 $c_i\leqslant z\leqslant d_i$ 时有 $F(z)\geqslant F(d_i)$;另一方面,若 $c_i=z_i$,则 $F(c_i)\leqslant F(d_i)$,若 $c_i>z_1$,则因 $c_i\in T$,仍有 $F(c_i)\leqslant F(d_i)$,故

$$F(c_i)=F(d_i),F(z)\geqslant F(d_i),\text{当 } c_i\leqslant z\leqslant d_i\text{ 时}. \tag{4.42}$$

又对 R 的任二构成区间 (a_i,b_i) 和 (a_j,b_j),当 $b_i\leqslant a_j$ 时必有 $F(b_i)\leqslant F(a_j)$(否则将导致 b_i 左邻域内的点 $\in T$,从而得矛盾),故 $F(z)$ 在 R 内严格单调递增. 由(4.42)有 $\int_{c_i}^{d_i}F'(z)dz=0$,故 $\int_T F'(z)dz=0$, 于是

$$F(z_2)-F(z_1)=\int_{z_1}^{z_2}F'(z)dz=\int_R F'(z)dz=\mu(F(R)).$$

(4.40)得证. 由(4.42)和引理 4.1, 有$\int_{c_i}^{d_i}V(F(z),\varphi_P(z),\widetilde{\varphi}_P(z))dz\leqslant 0$, 故 $\int_T V(F(z),\varphi_P(z),\widetilde{\varphi}_P(z))dz\leqslant 0$,再注意到当 $z\in N$ 时, $F'(z)=0$,便得(4.41).证毕.】

引理 4.3 设 $v(z)(\widetilde{v}(z))$在开集 $O\subset(0,z_1)$内连续可微且单调递增(单调递减),$\mu(O)=z_1$,当 $z\in O$ 时 $v(z)<F(z)(\widetilde{v}(z)>F(z))$,并满足

$$\frac{dv(z)}{dz}\geqslant\frac{1}{F(z)-v(z)}\left(\frac{d\widetilde{v}(z)}{dz}\leqslant\frac{1}{F(z)-\widetilde{v}(z)}\right).$$

若存在 $z_P\geqslant z_1$,使 $\varphi_P(0)\leqslant v(+0)(\widetilde{\varphi}_P(0)\geqslant\widetilde{v}(+0))$,则当 $z\in O$ 时,

$$v(z)\geqslant\varphi_P(z)(\widetilde{v}(z)\leqslant\widetilde{\varphi}_P(z)).$$

证明 令 $v^*(z)=v(+0)+\int_0^z v'(u)du\left(\widetilde{v}^*(z)=\widetilde{v}(+0)+\int_0^z\widetilde{v}'(u)du\right)$,$v^*(z)(\widetilde{v}^*(z))$在$0\leqslant z\leqslant z_1$上绝对连续, 当 $z\in O$ 时 $v^*(z)\leqslant v(z)(\widetilde{v}^*(z)\geqslant\widetilde{v}(z))$. 注意到$(F(z)-y)^{-1}$在区域 $y<F(z)(y>F(z))$内对变数 y 单调递增,故

$$v^*(z)\geqslant v(+0)+\int_0^z\frac{dz}{F(z)-v^*(z)}\left(\widetilde{v}^*(z)\leqslant\widetilde{v}(+0)+\int_0^z\frac{dz}{F(z)-\widetilde{v}^*(z)}\right).$$

由具有单调递增核的积分不等式定理[39],有

$$v^*(z)\geqslant\varphi_P(z)(\widetilde{v}^*(z)\leqslant\widetilde{\varphi}_P(z)),\quad 0\leqslant z\leqslant z_1.】$$

附注 若以 $v(z_1-0)\leqslant\varphi_P(z_1)(\widetilde{v}(z_1-0)\geqslant\widetilde{\varphi}_P(z_1))$代替 $v(+0)\geqslant\varphi_P(0)(\widetilde{v}(+0)\leqslant\widetilde{\varphi}_P(0))$,则有 $v(z)\leqslant\varphi_P(z)(\widetilde{v}(z)\geqslant\widetilde{\varphi}_P(z))$.

我们称一个点 $z=\Delta$ 为一个 $R(F_1,F_2)$点,如果 $F_1(\Delta)=F_2(\Delta)$且当$0<z-\Delta\ll 1$ 时 $F_1(z)>F_2(z)$.

引理 4.4 设 $F_1(z)$和 $F_2(z)$满足定理 4.10 的条件(1),(2),(3),且对某个 $k\geqslant 1$ 存在一个 $R(H_k,F_2)$点 $\Delta(\geqslant a)$,则

$$H_k(z)>F_2(z),\text{当}\Delta<z<z_{0k}^*=\min(h_{0k},z_{02})\text{时}.$$

证明 设若不然,则∃$\Delta_1,\Delta<\Delta_1<z_{0k}^*$,使

$$H_k(\Delta_1)=F_2(\Delta_1),H_k(z)>F_2(z),\text{当}\Delta<z<\Delta_1\text{时}.\tag{4.43}$$

令 $F_2(\eta)=\min\limits_{\Delta\leqslant z\leqslant\Delta_1}F_2(z),\Delta\leqslant\eta\leqslant\Delta_1$. 由(4.43)及定理 4.10 的条件(1),(2),应有 $F_2(\eta)\geqslant 0$. 再由 $R(H_k,F_2)$点的定义,当 $z>\Delta$ 时有 $H_k(z)>0$. 令 $\xi=\max\{z\in$

$[a,\Delta] \mid H_k(z)=F_2(\eta)\}$. 显然当 $z>\xi$ 时有 $H_k(z)>0$, 以下先证

$$H'_k(z)>0,\quad \xi<z<\Delta_1. \tag{4.44}$$

设有 $r\in(\xi,\Delta_1)$ 使 $H'_k(r)=0$. 取连续参数 $\alpha\to k+0$, 记 $z_\alpha=\alpha^{-2}k^2(r-a)+a$, 则 $z_\alpha<r$, $H_\alpha(z_\alpha)=\alpha^{-1}kH_k(r)<H_k(r)$, $H'_\alpha(z_\alpha)=0$. 由定理 4.10 的条件(3)有

$$F'_2(u)\leqslant H'_\alpha(z_\alpha)=0, 当 F_2(u)=H_\alpha(z_\alpha), u>r 时.$$

故

$$F'_2(u)\leqslant 0, 当 0<H_k(r)-F_2(u)\ll 1, u>r 时.$$

这将导致当 $u>r$ 时, $F_2(u)<H_k(r)\leqslant H_k(\Delta_1)=F_2(\Delta_1)$, 从而得矛盾. 由(4.44), $H_k(z)$ 在 $\xi<z<\Delta_1$ 上的反函数 $H_k^{-1}(y)$ 在 $H_k(\xi)<y<H_k(\Delta_1)$ 内连续可微. 再对 $F_2(z)$ 取引理 4.2 中的开集 $R\subset(\eta,\Delta_1)$, $F_2(R)\subset(H_k(\xi),H_k(\Delta_1))$, $\mu F_2(R)=H_k(\Delta_1)-H_k(\xi)$. 以 $F_2^{-1}(y)$ 表 $F_2(z)$, $z\in R$ 的反函数, 则 $F_2^{-1}(y)$ 在开集 $F_2(R)$ 内连续可微且单调递增. 由定理 4.10 的条件(3), 有 $\frac{d}{dy}(F_2^{-1}(y))\geqslant\left(\frac{d}{dy}H_k^{-1}(y)\right)$, 当 $y\in F_2(R)$. 因 $\mu F_2(R)=H_k(\Delta_1)-H_k(\xi)$, 故当 $y\in F_2(R)$ 时, $F_2^{-1}(H_k(\Delta_1)-0)-F_2^{-1}(y)>H_k^{-1}(H_k(\Delta_1))-H_k^{-1}(y)$, 即 $F_2^{-1}(y)<H_k^{-1}(y)$, $y\in F_2(R)$, 此与(4.43)矛盾. 证毕.】

附注 1　对任何 $\delta\geqslant 0$, 令 $F_{1\delta}(z)=F_1(z-\delta)$, 仿上易证若存在一个 $R(F_{1\delta},F_2)$ 点 $\Delta\geqslant a+\delta$, 则有 $F_1(z-\delta)>F_2(z)$, 当 $z>\Delta$.

附注 2　由以上证明易见: 若存在一个 $R(F_1,F_2)$ 点 Δ, 且当 $z>\Delta$ 时, $F'_1(z)>0$, 又当 $F_1(z)=F_2(u)$, $u\geqslant z>\Delta$ 时, $F'_1(z)\geqslant F'_2(u)$, 则当 $z>\Delta$ 时, $F_1(z)>F_2(z)$.

定理 4.10 的证明　由(4.35)只需证明对(4.34)的任一闭轨线 L, 成立

$$\int_{l_1} f(x)dt<(>)\int_{l_2} f(x)dt \tag{4.45}$$

若在 $z\geqslant\alpha$ 上没有 $R(F_1,F_2)$ 点, 或 $\alpha=0$ 且原点 O 是一个 $R(F_1,F_2)$ 点, 则由条件(1)或引理 4.4 知(4.34)无闭轨线. 因此, 由引理 4.4 可设在 $(0,z_0)$ 内有唯一的 $R(F_1,F_2)$ 点 $\Delta_0\geqslant\alpha$, 即

$$F_1(z)\leqslant F_2(z), 当 0<z<\Delta_0 时; F_1(z)>F_2(z), 当 z>\Delta_0 时. \tag{4.46}$$

设 L_1 和 L_2 分别与曲线 $y=F_1(z)$ 和 $y=F_2(z)$ 交于点 A 和 B. 由(4.46), 引理 4.4 的注 1 以及[40], 有

$$z_A>\Delta_0, z_B>\Delta_0, y_A=F_1(z_A)>y_B=F_2(z_B). \tag{4.47}$$

因 $z_A>\Delta_0\geqslant a$, 故当 $0\leqslant z\leqslant z_A$ 时, $F_1(z)\leqslant F_1(z_A)$, 若 $F_2(z_B)\leqslant 0$, 则由条件(1), (2), 当 $0\leqslant z\leqslant z_B$ 时, 有 $F_2(z)\geqslant F_2(z_B)$, 于是由引理 4.1 便得(4.45). 因之可设

$$y_B=F_2(z_B)>0. \tag{4.48}$$

据(4.47),(4.48)又可设条件(1)中的 a 满足:

$$F_1(z)\leqslant 0,\text{当 } 0<z<a \text{ 时},F_1(z)>0,\text{当 } z>a \text{ 时} \tag{4.49}$$

(必要时以 $a'=\inf\{z\,|\,F_1(z)>0\}$ 代替 a,对此 a',易知条件(1),(3)仍成立.)以 $y=\varphi_i(z)$ 和 $y=\widetilde{\varphi}_i(z)$ 分别表示 L_i 位于曲线 $y=F_i(z)$ 下方和上方的弧段,$i=1,2$.显然有

$$\varphi_2(z)\leqslant\varphi_1(z)<0<\widetilde{\varphi}_2(z)\leqslant\widetilde{\varphi}_1(z),0\leqslant z\leqslant a. \tag{4.50}$$

令 $k=y_A/y_B$,$k>1$,令 $z_C=k^{-2}(z_A-a)+a$,并记

$$v_1(z)=k^{-1}\varphi_1(k^2(z-a)+a),\ \widetilde{v}_1(z)=k^{-1}\widetilde{\varphi}_1(k^2(z-a)+a). \tag{4.51}$$

易检验 $v_1(z)$ 和 $\widetilde{v}_1(z)$ 经过点 $C(z_C,H_k(z_C))$ 且满足方程

$$\frac{dv}{dz}=\frac{1}{H_k(z)-v},\quad a\leqslant z\leqslant z_C. \tag{E_3}$$

以下按 1)～5)逐步地证明不等式(4.45).

1) $z_C<z_B$

若 $z_C\geqslant z_B$,注意到 $H_k(z_C)=F_2(z_B)$,由引理 4.4,当 $a<z<z_B$ 时,得 $H_k(z)\leqslant F_2(z)$.又据 $z_C\geqslant z_B$,有 $v_1(z_B)\leqslant v_1(z_C)=\varphi_2(z_B)$.对$(E_2)$和$(E_3)$应用微分不等式定理,得 $v_1(a)\leqslant\varphi_2(a)$.因 $\varphi_1(a)<0$.且 $k>1$,于是便有 $\varphi_1(a)=kv_1(a)<\varphi_2(a)$,此与(4.50)矛盾.

2) 见图 4.26.设存在一个 $R(H_k,F_2)$ 点 $\Delta\in[a,z_C)$.由引理 4.4,得

$$\left.\begin{aligned}&0<H_k(z)\leqslant F_2(z)\quad \text{当 } a<z<\Delta \text{ 时},\\&H_k(z)>F_2(z),\text{当 } z>\Delta \text{ 时}.\end{aligned}\right\} \tag{4.52}$$

令 $F_2(\eta)=\min\limits_{\Delta\leqslant z\leqslant z_B}F_2(z)$,$\Delta\leqslant\eta\leqslant z_B$.令 $\xi=\max\{z\in[a,\Delta]\,|\,H_k(z)=F_2(\eta)\}$.仿(4.44)可证

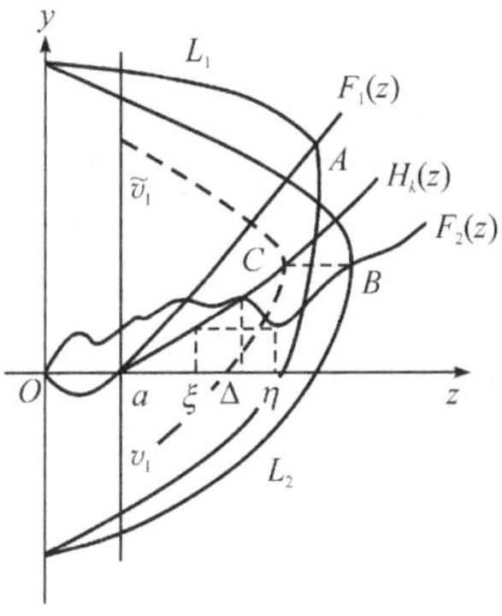

$$H'_k(z)>0,\quad \xi<z<z_C. \tag{4.53}$$

图 4.26

3) 对 $H_k(z)$ 和 $F_2(z)$ 分别取引理 4.2 所说的开集 $R_C\subset(a,z_C)$ 和 $R_B\subset(0,z_B)$,$\mu H_k(R_C)=\mu F_2(R_B)=y_B$.因 $H_k(z)$ 在 $z>a$ 上非减,故实际上有 $R_C=\{z\in(a,z_C)\,|\,H'_k(z)>0\}$.以 $H_k^{-1}(y)$ 和 $F_2^{-1}(y)$ 分别表示 $H_k(z)$,$z\in R_C$ 和 $F_2(z)$,$z\in R_B$ 的反函数.$H_k^{-1}(y)$ 和 $F_2^{-1}(y)$ 分别在开集 $H_k(R_C)$ 和 $F_2(R_B)$ 内连续可微且单调递增.再记

$$S_C=H_k^{-1}(H_k(R_c)\cap F_2(R_B)), \tag{4.54}$$

易见 $S_C\subset R_C$ 为开集,$\mu S_C=\mu R_C$,且函数 $F_2^{-1}(H_k(u))$ 在 S_C 内连续可微且单调递增.令

$$v_2(u) = \varphi_2(F_2^{-1}(H_k(u))), \widetilde{v}_2(u) = \widetilde{\varphi}_2(F_2^{-1}(H_k(u))), u \in S_C, \tag{4.55}$$

易见 $v_2(u)$在 S_C 内单调递增,$\widetilde{v}_2(u)$在 S_C 内单调递减,且均满足方程

$$\frac{dv}{du} = \frac{1}{H_k(u) - v} \frac{H'_k(u)}{F'_2(z)}\bigg|_{z=F_2^{-1}(H_k(u))}, u \in S_C. \tag{E_4}$$

以下要证

$$v_1(u) \geqslant v_2(u), \widetilde{v}_1(u) \leqslant \widetilde{v}_2(u), u \in S_C. \tag{4.56}$$

首先,由 ξ 的定义知$(u - F_2^{-1}(H_k(u)))(\xi - u) \geqslant 0$,当 $u \in S_C$,故有

$$(\varphi_2(u) - v_2(u))(\xi - u) \geqslant 0, (\widetilde{\varphi}_2(u) - \widetilde{v}_2(u))(\xi - u) \leqslant 0,$$
$$u \in S_C. \tag{4.57}$$

由(4.53),$(\xi, z_C) \subset R_C$,故 $\mu(S_C \cap (\xi, z_C)) = \mu(R_C \cap (\xi, z_C)) = z_C - \xi$. 由条件(3)有 $H'_k(u) \geqslant F'_2(z) > 0$,其中 $z = F_2^{-1}(H_k(u)), u \in S_C \cap (\xi, z_C)$. 又 $v_1(z_C) = \varphi_2(z_B) \geqslant v_2(z_C - 0)$, $\widetilde{v}_1(z_C) = \widetilde{\varphi}_2(z_B) \leqslant \widetilde{v}_2(z_C - 0)$,于是由$(E_3)$、$(E_4)$和引理 4.3 有

$$v_1(u) \geqslant v_2(u), \widetilde{v}_1(u) \leqslant \widetilde{v}_2(u), u \in S_C \cap (\xi, z_C). \tag{4.58}$$

由(4.57),(4.58)有

$$v_1(\xi) \geqslant v_2(\xi + 0) \geqslant \varphi_2(\xi), \widetilde{v}_1(\xi) \leqslant \widetilde{v}_2(\xi + 0) \leqslant \widetilde{\varphi}_2(\xi). \tag{4.59}$$

又由 $\varphi_2(a) \leqslant \varphi_1(a) < 0, k > 1$,有

$$v_1(a) = \varphi_1(a)/k > \varphi_2(a). \tag{4.60}$$

由(4.52),当 $a < z < \xi$ 时,有 $H_k(z) \leqslant F_2(z)$. 对(E_2)和(E_3)应用微分不等式定理,注意到(4.59)(4.60),得

$$v_1(u) \geqslant \varphi_2(u), \widetilde{v}_1(u) \leqslant \widetilde{\varphi}_2(u), a < u < \xi. \tag{4.61}$$

由(4.57),(4.58)和(4.61)便得(4.56).

4) 令 $S_B = F_2^{-1}(H_k(R_C) \cap F_2(R_B))$, $S_B \subset R_B$ 为开集,$\mu S_B = \mu R_B$. 由(4.54)有 $S_B = F_2^{-1}(H_k(S_C))$. 由引理 4.2 和(4.56),并注意到 $\mu S_C = \mu R_C$ 和 $H'_k(z) = 0$,当 $z \in (a, z_C) \setminus R_C$ 时,得

$$\begin{aligned}\int_{L_2} F'_2(z)dy &\leqslant \int_{R_B} V(F_2(z), \varphi_2(z), \widetilde{\varphi}_2(z))dz \\ &= \int_{S_B} V(F_2(z), \varphi_2(z), \widetilde{\varphi}_2(z))dz \\ &= \int_{S_C} V(H_k(u), v_2(u), \widetilde{v}_2(u))du \\ &< \int_{S_C} V(H_k(u), v_1(u), \widetilde{v}_1(u))du\end{aligned}$$

$$= \int_a^{z_C} V(H_k(u), v_1(u), \widetilde{v}_1(u))du$$

$$= \int_a^{z_A} V(F_1(z), \varphi_1(z), \widetilde{\varphi}_1(z))dz. \tag{4.62}$$

由引理 4.1,有

$$\int_0^a V(F_1(z), \varphi_1(z), \widetilde{\varphi}_1(z))dz \geqslant 0. \tag{4.63}$$

由(4.62),(4.63)即得(4.45).

5) 若在$[a, z_C)$中没有 $R(H_k, F_2)$点,即当 $a \leqslant z < z_c$ 时,有 $H_k(z) \leqslant F_2(z)$. 令 $F_2(\eta) = \min\limits_{z_C \leqslant z \leqslant z_B} F_2(z), z_C \leqslant \eta \leqslant z_B$. ξ 仍如 2)中定义. 对此 ξ, η,容易验证 2),3)和 4)中的论证均有效. 证毕.】

推论 1 的证明 若 $x_1 = +\infty$ 且 $x_2 = -\infty$,即在定理 4.10 中 $a = z_0$,易知定理 4.10 的条件已全部满足(此时(4.34)无闭轨线). 现设至少 x_1, x_2 中之一为有限数,当 $G(x_1) < (>) G(x_2)$时,令 $a = G(x_1)$ ($a = G(x_2)$并对(4.34)作变换 $x \to -x, y \to -y$). 由推论 1 的条件知当 $a < z < z_{01}$时,$F_1(z) > 0$ 且 $F_1(z)/z^\alpha$ 不减(从而易知对任何常数 $k \geqslant 1$, $H_k(z) > 0$ 且 $H_k(z)/z^\alpha$ 不减,当 $a < z < h_{0k}$);当 $0 < z < b$ 时 $F_2(z) \geqslant 0$,且 $F_2(z)/z^\alpha$ 在 $a < z < b$ 内不增,其中 $b = \max(G(x_1), G(x_2))$,及当 $z > b$ 时 $F_2(z) < 0$. 由$\dfrac{d}{dz}(H_k(z)/z^\alpha) \geqslant 0$ 和$\dfrac{d}{dz}(F_2(z)/z^\alpha) \leqslant 0$,得

$$H'_k(z) \geqslant \alpha H_k(z)/z, \text{当 } a < z < h_{0k}, F'_2(z) \leqslant \alpha F_2(z)/z,$$
$$\text{当 } a < z < b.$$

因之,若 $H_k(z) = F_2(u), u \geqslant z > a$,则立得

$$H'_k(z) \geqslant \alpha H_k(z)/z \geqslant \alpha F_2(u)/u \geqslant F'_2(u).$$

故定理 4.10 的条件(3)成立. 又定理 4.10 的条件(1),(2)是显然成立的. (注:条件 $F(x)/G^\alpha(x) \not\equiv \text{const.}$,当 $0 < |x| \ll 1$,在推论 1 其他条件存在的前提下,用来保证当 $0 < z \ll 1$ 时 $F_1(z) \not\equiv F_2(z)$).

例题 4.1 考虑方程 $\ddot{x} + f(x)\dot{x} + x = 0$,其中 $f(x) = x^{2m} + ax^P + bx^{2n}$ 为多项式,$2m > P > 2n \geqslant 0, b < 0$. 由推论 3(取 $\alpha = P$),知此方程至多有一个极限环.

引理 4.5 考虑方程(E),设 $a \geqslant 0, F(a) = 0$. 若当 $z > a$ 时 $F(z) > 0$ 且$F(z)F'(z)$不减,则

$$\int_a^{z_Q} V(F(z), \varphi_Q(z), \widetilde{\varphi}_Q(z))dz \leqslant \int_a^{z_P} V(F(z), \varphi_P(z), \widetilde{\varphi}_P(z))dz,$$
$$\text{当 } a < z_Q < z_P. \tag{4.64}$$

证明 令 $k = F(z_P)/F(z_Q), k > 1$. 先证

$$\left.\begin{aligned} v(u) &= k^{-1}\varphi_P(F^{-1}(kF(u))) \geqslant \varphi_Q(u), \\ \widetilde{v}(u) &= k^{-1}\widetilde{\varphi}_P(F^{-1}(kF(u))) \leqslant \widetilde{\varphi}_Q(u), \end{aligned}\right\} a \leqslant u \leqslant z_Q. \tag{4.65}$$

易见有 $v(z_Q)=\varphi_Q(z_Q)$，$\widetilde{v}(z_Q)=\widetilde{\varphi}_Q(z_Q)$，且 $v(u)$ 和 $\widetilde{v}(u)$ 满足方程

$$\frac{dv}{du}=\frac{1}{F(u)-v}\frac{F(u)F'(u)}{F(z)F'(z)}\bigg|_{z=F^{-1}(kF(u)),}\quad a\leqslant u\leqslant z_Q.$$

因 $k>1$，故当 $a<u<z_Q$ 时，$z=F^{-1}(kF(u))>u$. 由引理的条件并注意到 $v(u)<F(u)<\widetilde{v}(u)$，有

$$\frac{dv(u)}{du}\leqslant\frac{1}{F(u)-v(u)},\ \frac{d\widetilde{v}(u)}{du}\geqslant\frac{1}{F(u)-\widetilde{v}(u)},\ a\leqslant u\leqslant z_Q.$$

据此由微分不等式定理得(4.65)，由(4.65)可证(4.64). 证毕.】

定理 4.11 设 $f(x)$，$g(x)$ 在 (x_{02},x_{01}) 内连续，当 $x\neq0$ 时 $xg(x)>0$，并满足下列条件：

(1) 存在 a，$0\leqslant a<z_0$，当 $0<z<a$ 时有 $F_1(z)\leqslant0\leqslant F_2(z)$，但当 $0<z\ll1$ 时 $F_1(z)\not\equiv F_2(z)$，当 $a<z<z_{01}$ 时 $F_1(z)>0$，

(2) 当 $F_2(z)<0$，$0<z<z_{02}$ 时，$F'_2(z)\leqslant0$，

(3) $F_1(z)F'_1(z)$ 在 $z>a$ 上不减(或 $F_2(z)F'_2(z)$ 在 $z>0$ 上不减且 $F_1(z_{01}-0)\leqslant F_2(z_{02}-0)$)，

(4) 当 $F_1(z)=F_2(u)$，$u\geqslant z>a$ 时，$F'_1(z)\geqslant F'_2(u)$，则(4.34)在 $x_{02}<x<x_{01}$ 内至多有一个极限环，若它存在，则为稳定的.

证明 设 L，L_1 和 L_2 同定理 4.10. 现在当 $z>a$ 时有 $F'_1(z)>0$，由条件(4)并注意到引理 4.4 的附注 1 和 2，同样可设(4.46)，(4.47)，(4.48)成立. 取点 $C(F_1^{-1}(y_B),y_B)$（或 $C(F_2^{-1}(y_A),y_A)$），显然 $z_C<\min(z_A,z_B)$（或 $z_C>\max(z_A,z_B)$）. 记方程(E_1)（或(E_2)）的经过点 C 的积分曲线为 L_3. 由条件(1)，(4)，仿照定理 4.10 中 1)，3)，比较 L_3 和 L_2（L_1 和 L_3），得

$$\int_{L_2}F'_2(z)dy<\int_a^{z_C}V(F_1,\varphi_3,\varphi_3)dz\left(\text{或}\int_{L_3}F'_2(z)dy<\int_a^{z_A}V(F_1,\varphi_1,\varphi_1)dz\right).$$

又由条件(3)和引理 4.5 得

$$\int_a^{z_C}V(F_1,\varphi_3\widetilde{\varphi}_3)dz\leqslant\int_a^{z_A}V(F_1,\varphi_1,\widetilde{\varphi}_1)dz\left(\text{或}\int_{L_2}F'_2(z)dy\leqslant\int_{L_3}F'_2(z)dy\right).$$

又(4.63)仍成立，故得(4.45)，证毕.】

附注 由 $a=G(a^*)$，$a^*\geqslant0$ 来定义 a^*，则下面的条件$(3)^*$就是条件(3)，而条件$(4)^*$是使条件(4)成立的充分条件.

$(3)^*$ $F(x)f(x)/g(x)$ 在 (a^*,x_{01}) 内不减(或在 $(x_{02},0)$ 内不增且 $F(x_{01}-$

$0) \leqslant F(x_{02}+0))$,

(4)* 对任何常数 $c>0$,二曲线 $F(u)=F(x)$ 和 $G(u)=G(x)+c$ 在区域 $a^* \leqslant x < x_{01}, x_{02} < u < 0$ 上至多有一个交点(这相当于曲线 $y=F_1(z-C)$ 和 $y=F_2(z)$ 在半平面 $y \geqslant 0$ 上至多有一个交点).

据此容易得以下一个简单推论.

推论 设 $g(x)=x$, $f(x)$ 在 $(-\infty,+\infty)$ 内连续,且满足:(1)存在 $x_1, x_2, x_2 \leqslant 0 \leqslant x_1 \leqslant |x_2|$ (x_2 可为 $-\infty$),当 $x \in [x_2, x_1]$ 时,使 $xF(x) \leqslant 0$,但当 $|x| \ll 1$ 时 $F(x) \not\equiv F(-x)$;当 $x \overline{\in} [x_2, x_1]$ 时,$xF(x)>0$ 且 $f(x) \geqslant 0$,(2) $f(x)$ 在 $(x_1, +\infty)$ 内不减,(3)对任何常数 $c>0$, $\Delta_c(x)=F(x)-F(-x-c)$ 在 $[x_1,+\infty]$ 上至多有一个实根,则(4.34)至多有一个极限环.

例题 4.2 考虑四次多项式 Liénard 方程

$$\dot{x}=y-F(x), \dot{y}=-x, (F(x)=a_0x^4+a_1x^3+a_2x^2+a_3x, \quad a_0 \neq 0), \tag{4.66}$$

A. Lins, W. de Melo 和 C. C. Pugh[63]猜想(4.66)至多有一个极限环.我们来证:若 $F(x)$ 仅有两个实根,则(4.66)至多有一个极限环.由[41]知若 $a_1=a_3=0$,则(4.66)的奇点(0,0)为中心,若 $a_1a_3 \geqslant 0$ 且 $a_1^2+a_3^2>0$,则(4.66)无闭轨线.故不失一般性可设 $a_0=1, a_1>0>a_3$.以 $x_1(>0)$ 表 $F(x)$ 的唯一的非零实根.令 $F_1(x)=F(x), F_2(x)=F(-x)$.则当 $x \neq x_1, 0<x<+\infty$ 时,$F_1(x)(x-x_1)>0$;当 $0<x<+\infty$ 时,$F_2(x)>0$,容易证实当 $x>x_1$ 时 $F'_1(x)>0$ 且单调递增.现有

$$\begin{aligned} \Delta_c(x) &= F_1(x)-F_2(x+c) \\ &= 2(a_1-2c)x^3+3c(a_1-2c)x^2+(a_3-F'_2(c))x-F_2(c). \end{aligned} \tag{4.67}$$

$\Delta_c(x)$ 为次数小于 3 的多项式,易见对任何 $c>0$ 总有 $\Delta_c(-c)>0, \Delta_c(x_1)<0$.分三种情况讨论.(i)$0<c<2^{-1}a_1$.由 $\Delta_c(\pm\infty)=\pm\infty$,知 $\Delta_c(x)$ 在 $(x_1,+\infty)$ 内仅有一个实根.(ii)$c=2^{-1}a_1$.此时 $\Delta_c(x)$ 为一次多项式,它的根属于 $(-c, x_1)$.这还表明当 $x \geqslant x_1$ 时 $F_1(x)<F_2(x+2^{-1}a_1)$.(iii)$c>2^{-1}a_1$.由当 $x \geqslant x_1$ 时 $F_2(x+c)=F_2((x+c-2^{-1}a_1)+2^{-1}a_1)>F_1(x+c-2^{-1}a_1)>F_1(x)$,知 $\Delta_c(x)$ 在 $[x_1,+\infty)$ 上无实根.综上据定理 4.11 的推论即得所欲证.

定理 4.10, 4.11 的证明的本质是:经 Филиппов 变换,将方程组(4.34)变为方程 $(E_i)_{i=1,2}$,将(4.34)的闭轨线 L 位于 $x \geqslant 0$ 和 $x \leqslant 0$ 半平面上的弧段分别变为方程 (E_1) 和 (E_2) 在 $z \geqslant 0$ 半平面上的解曲线 L_1 和 L_2,它们在 y 轴上有公共的端点.将 L_2 和 L_1 分成若干弧段,由 $F_1(z)$ 和 $F_2(z)$ 的性质分段地来估算等式(4.35)右侧括号内的两个积分

$$\int_{L_1} F'_1(z)dy - \int_{L_2} F'_2(z)dy > 0,$$

以此来判定(4.34)的发散量沿 L 一周的积分为负.这是估算发散量积分的又一方法.以定理4.11为例,关键是引理4.1,4.2和4.5.有了引理4.1,4.2,对特征曲线 $y=F(x)$ 的光滑性的要求大大降低,有了引理4.5,使上述估算成为可能.

以上是关于Liénard型方程极限环的唯一性方面的有代表性的结果.限于本书的篇幅,其余的就不再一一介绍了.对于其他类型的方程,这方面的成果就更少了.譬如对方程

$$\ddot{x}+f(x,\dot{x})\dot{x}+g(x)=0,$$

Antonio De Castro 曾企图将J. L. Massera的唯一性定理(定理4.4)推广到上述方程,但结果是错误的,张芷芬对此举了一个反例.下面我们介绍De Castro定理的条件以及我们的反例,以此来进一步揭示唯一性问题的本质.

Antonio De Castro 定理

给定微分方程

$$\ddot{x}+f(x,\dot{x})\dot{x}+g(x)=0, \tag{4.68}$$

或其等价方程组

$$\frac{dx}{dt}=v,\quad \frac{dv}{dt}=-g(x)-f(x,v)v, \tag{4.69}$$

如果它满足下列条件:

(1) $g(x)$ 连续且满足Lipschitz条件;$xg(x)>0, x\neq 0$; $G(x)=\int_0^x g(x)dx$, $G(+\infty)=+\infty$;当 x 增加时,$g(x)$ 不下降,

(2) $f(x,v)$ 连续且对 x,v 满足Lipschitz条件;$f(0,0)<0$;当 $|x|>a>0$ 时 $f(x,v)>0$,

(3) 存在 $N>0,\alpha>0$,对任意连续函数 $|v(s)|>N$,当 $|x|>a$ 时,$\int_{-x}^x f(s,v(s))ds\geqslant\alpha>0$,

(4) 当 $|x|,|v|$ 增加时,$f(x,v)$ 不下降,则(4.69)有唯一的极限环.

这个定理的唯一性部分是错误的.他的证明方法是所谓地形系法.像J. L. Massera定理一样,对闭轨线 L 沿着曲线族 $v=ag(x)$ 作变换:

$$L(x,v)\to L_k(x',v'),$$

其中 $v=ag(x), v'=ag(x')$.于是有

$$\frac{dv'}{dx'}=\frac{-g(x')}{v'}-f(x',v') \tag{4.70}$$

$$\geqslant\frac{-g(x)}{v}-f(x,v)=\frac{dv}{dx},\quad \text{当 } L_k\subset L \text{ 时},$$

$$\frac{dv'}{dx'}\leqslant\frac{dv}{dx},\quad \text{当 } L_k\supset L \text{ 时}. \tag{4.71}$$

De Castro 由此判断 L 是稳定的，故只有唯一的极限环. 证明的漏洞在于：若以 $T(x,v)$ 表示(4.69)所定义的在 (x,v) 点的场向量与 x 轴夹角的正切，以 $\bar{T}(x;v)$ 表示闭曲线族 L_k 在 (x,v) 点的切向量与 x 轴夹角的正切. 不等式(4.70)与(4.71)说明 $T(A_k)\geqslant T(A)$, $k\leqslant 1$; $T(A_k)\leqslant T(A)$, $k\geqslant 1$. 另外 $T(A)=\bar{T}(A)$. 但在上述变换下并不能保证 $\bar{T}(A_k)=\bar{T}(A)$，因而在 $\bar{T}(A_k)$ 与 $T(A_k)$ 之间并没有固定的大小关系，也就是说 L_k 不是地形系.

下面我们举一个反例来说明 De Castro 定理的唯一性部分当 $g(x)\not\equiv x$ 时是错误的.

例子：

构造方程

$$\ddot{x}+f(x)\dot{x}+g(x)=0, \tag{4.72}$$

满足条件：

(1) 与 De Castro 定理的条件(1)相同，

(2) $f(x)$ 满足 Lipschitz 条件；$f(0)<0$；当 $|x|>b>0$ 时，$f(x)>c>0$，

(3) 当 $|x|$ 增加时，$f(x)$ 不下降；

显然这时 De Castro 定理的条件都满足.

(4.72)等价于

$$\begin{cases}\dfrac{dy}{dt}=-g(x),\\[2mm] \dfrac{dx}{dt}=y-F(x).\end{cases} \tag{4.73}$$

作变换 $u=\sqrt{2G(x)}\operatorname{sgn}x$，则(4.73)变成

$$\begin{cases}\dfrac{dy}{dt}=-u,\\[2mm] \dfrac{du}{dt}=y-F[x(u)]=y-H(u),\end{cases} \tag{4.74}$$

其中 $x=x(u)$ 是 $u=\sqrt{2G(x)}\operatorname{sgn}x$ 的反函数.

构造反例的主要思想如下：令 $h(u)=H'(u)$，造函数 $H(u)$，使 $h(u)$ 满足上述条件(2)；满足条件(3)当 $u\leqslant u_1$，其中 $u_1>0$；$h(u)>0$，当 $u>u_1$，但 $h(u)$ 当 $u>u_1$ 时几次振荡，使(4.74)至少有两个极限环. 然后造函数 $g(x)$，使它满足条件(1)，并使经变换 $u=\sqrt{2G(x)}\operatorname{sgn}x$ 后，

$$f(x)=H'u\cdot u'_x=\frac{h[u(x)]g(x)}{u(x)}$$

满足条件(2)，(3)，这时方程(4.73)就至少有两个极限环.

如图 4.27 所示，造 $\overparen{POEDG}$ 作为 $y=H(u)$ 的一部分. 在 $\overparen{OED}$ 上，$H(u)\leqslant 0$，

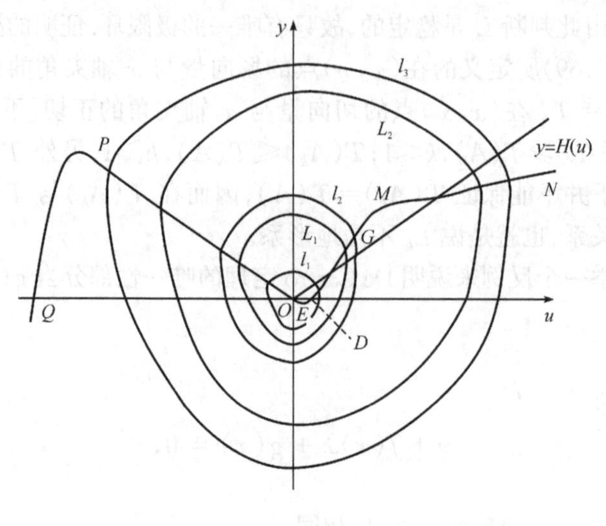

图 4.27

$H''(u)>0$;在$\overline{PO}$,$\overline{DG}$上,$H(u)\geqslant 0$;在$\overline{PO}$上,$H'(u)=c_2$,在$\overline{DG}$上,$H'(u)=c_1$,且$-1.2c_2>c_1>-c_2$,$-c_2<1$.当 $u_P\leqslant u\leqslant u_G$ 时,$H(u)$连续可微.

对方程组(4.74)作 Филиппов 变换 $z=\dfrac{1}{2}u^2$,于是(4.74)变为

$$\frac{dz}{dy}=H_1(z)-y, H_1(z)=H(\sqrt{2z}), z>0.$$

$$\frac{dz}{dy}=H_2(z)-y, H_2(z)=H(-\sqrt{2z}), z>0. \tag{4.75}$$

由 $y=H(u)$的作法,方程(4.75)满足条件:

(i) $\exists\,\delta>0$,当$0<z<\delta$ 时,$H_1(z)\leqslant H_2(z)$.($H_1(z)\not\equiv H_2(z)$);$H_1(z)<a\sqrt{z}$,$H_2(z)>-a\sqrt{z}$($a<\sqrt{8}$),

(ii) $\exists\, z_0>\delta$,$\int_0^{z_0}(H_1(z)-H_2(z))dz>0$;当 $z\geqslant z_0$ 时,$H_1(z)\geqslant H_2(z)$,$H_1(z)>-a\sqrt{z}$,$H_2(z)=H(-\sqrt{2z})=-c_2\sqrt{2z}<\sqrt{2z}<a\sqrt{z}$($a<\sqrt{8}$),

由§1定理1.3,对方程(4.75),也即对(4.74)可作内外境界线 $l_1\subset l_2$,当时间增加时,从 l_1,l_2 上出发的轨线只能进入由 l_1,l_2 所包围成的环域内部,故在其间存在极限环 L_1.设外境界 l_2 与 $y=H(u)$在右半平面上相交于 G,为了使方程(4.74)存在至少两个极限环,继续造曲线$\overset{\frown}{GMN}$作为$y=H(u)$的一部分,在其上$H'(u)>0$;在$\overset{\frown}{GM}$上,$H''(u)=\lambda<0$;在$\overline{MN}$上,$H'(u)=c_3>0$,且$1.5c_3>c_1>-c_2>c_3$,$u_M/u_G>3$.这样作成的 $y=H(u)$,当对换 $H_1(z)$与 $H_2(z)$的位置,存

在 $z_1 > z_0$,使上述条件(ii)仍然成立,即

存在 $z_1 > z_0$, $\int_0^{z_1}(H_2(z)-H_1(z))dz>0$; $H_2(z)\geqslant H_1(z)$, $H_2(z)>-a\sqrt{z}$, $H_1(z)=H(\sqrt{2z})=\alpha+c_3\sqrt{2z}<\alpha+\sqrt{2z}<a\sqrt{z}$,当 $z>z_1$, z_1 充分大时($a<\sqrt{8}$).

由§1定理1.3可以造外境界线 $l_3\supset l_2$,当 t 减小时,从 l_2, l_3 上出发的轨线只能进入由 l_3 和 l_2 所围成的环域内部,故在 l_2 与 l_3 所围成的环域内至少存在一个极限环 $L_2\supset L_1$.

$y=H(u)$已基本作成,再向左右两侧延长,使得当 $u>U_N$ 时,$H'(u)=c_3$;当 $u<u_p$ 时,$H''(u)<\delta<0$, $H(u)\in C^1(-\infty,+\infty)$.这时方程(4.74)至少存在两个极限环.

再构造函数 $g(x)$如下:

$$g(x)=\begin{cases}x, & x\leqslant x_1=u_G,\\ x^m/x_1^{m-1}, & x>x_1, m\geqslant 2.\end{cases}$$

显然 $g(x)$满足条件(1),这里的 m 待定.

$$G(x)=\int_0^x g(x)dx=\frac{1}{2}x^2,\quad x\leqslant x_1,$$

$$G(x)=\int_0^x g(x)dx=\int_0^{x_1}xdx+\int_{x_1}^x\frac{x^m}{x_1^{m-1}}dx$$

$$=\left(\frac{1}{2}-\frac{1}{m+1}\right)x_1^2+\frac{1}{m+1}\cdot\frac{x^{m+1}}{x_1^{m-1}},\quad x>x_1.$$

下面要证,当 m 充分大,经变换 $u=\sqrt{2G(x)}\operatorname{sgn}x$ 后,$f(x)=F'(x)=H'_u u'_x=\dfrac{h(u(x))g(x)}{u(x)}$满足例子中的条件(2),(3).满足条件(2)是显然的,着重讨论条件(3).

当 $x<x_1$ 时,$f(x)=h(u(x))=h(x)$,故当 $x<x_1$ 时,$f(x)$满足条件(3),

$$f'(x)=h'_u(u(x))\left(\frac{g(x)}{u(x)}\right)^2+h(u(x))\left(\frac{g(x)}{u(x)}\right)', x>x_1 \tag{4.76}$$

$$\frac{g(x)}{u(x)}=\frac{x^m/x_1^{m-1}}{\left[\dfrac{m-1}{m+1}x_1^2+\dfrac{2}{m+1}\cdot\dfrac{x^{m+1}}{x_1^{m-1}}\right]^{\frac{1}{2}}}, x>x_1.$$

$$\left(\frac{g(x)}{u(x)}\right)'=\frac{\dfrac{m-1}{m+1}\left[m\dfrac{x^{m-1}}{x_1^{m-3}}+\dfrac{x^{2m}}{x_1^{2(m-1)}}\right]}{\left[\dfrac{m-1}{m+1}x_1^2+\dfrac{2}{m+1}\cdot\dfrac{x^{m+1}}{x_1^{m-1}}\right]^{3/2}}, x>x_1.$$

当 $u\geqslant u_M$, $x_2=x(u_M)$时,$h'(u)=H''_u(u)=0$,故当 $x>x_2$ 时,$f'(x)\geqslant 0$.留下的

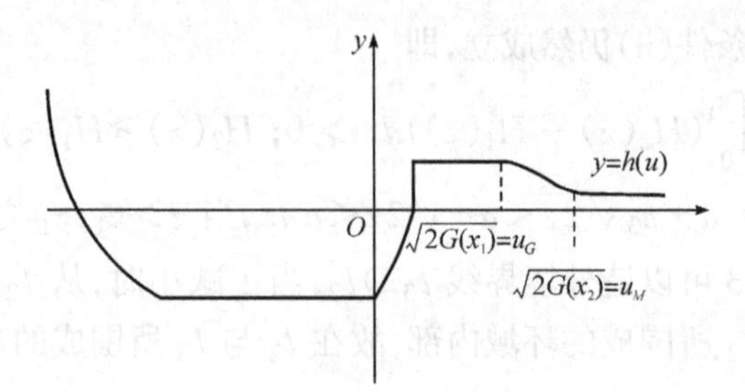

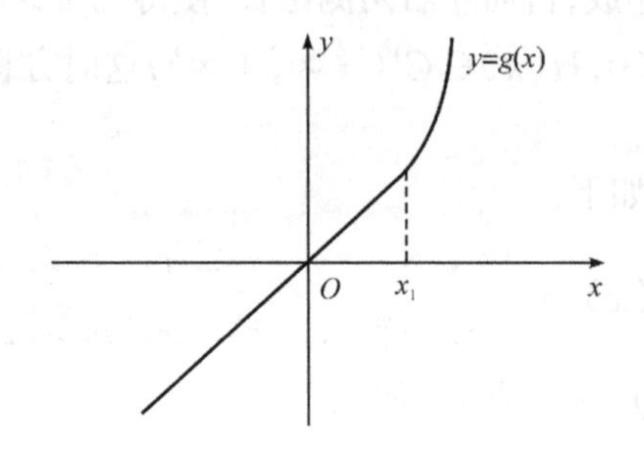

图 4.28

只要证明 $f'(x)\geqslant 0, x_1<x<x_2$.

$$\left|\frac{h'(u)}{h(u)}\right|=\left|\frac{H''(u)}{H'(u)}\right|\leqslant\left|\frac{H''(u)}{H'(u_M)}\right|=\left|\frac{H'(u_M)-H'(u_G)}{H'(u_M)(u_M-u_G)}\right|=k.$$

$$u_G<u<u_M.$$

为了证(4.76)非负,只要证

$$(g(x)/u(x))'/(g(x)/u(x))^2>k,\quad x_1<x<x_2,$$

即

$$\frac{\dfrac{m(m-1)}{m+1}\cdot\dfrac{x^{m-1}}{x_1^{m-3}}+\dfrac{m-1}{m+1}\cdot\dfrac{x^{2m}}{x_1^{2(m-1)}}}{\dfrac{x^{2m}}{x_1^{2(m-1)}}\left(\dfrac{m-1}{m+1}\cdot x_1^2+\dfrac{2}{m+1}\cdot\dfrac{x^{m+1}}{x_1^{m-1}}\right)^{1/2}}\geqslant k,\quad x_1<x<x_2.$$

即

$$\left[\frac{(m-1)^2}{m+1}-2k^2\frac{x^{m+1}}{x_1^{m-1}}\right]\frac{x^{2m+2}}{x_1^{2m+2}}+(m-1)\left[\frac{2m(m-1)}{m+1}\right.$$
$$\left.-k^2\frac{x^{m+1}}{x_1^{m-1}}\right]\cdot\frac{x^{m+1}}{x_1^{m+1}}+\frac{m^2(m-1)^2}{(m+1)}\geqslant 0,$$

$$x_1<x<x_2.$$

为此只要证

$$
\begin{aligned}
&\frac{(m-1)^2}{m+1}-2k^2\frac{x_2^{m+1}}{x_1^{m-1}}\geqslant 0,\\
&\frac{2m(m-1)}{m+1}-k^2\frac{x_2^{m+1}}{x_1^{m-1}}\geqslant 0.
\end{aligned}
\tag{4.77}
$$

而

$$
u_M=u(x_2)=\left[\frac{m-1}{m+1}x_1^2+\frac{2}{m+1}\cdot\frac{x_2^{m+1}}{x_1^{m-1}}\right]^{\frac{1}{2}},
$$

$$
\frac{x_2^{m+1}}{x_1^{m-1}}=\left(u_M^2-\frac{m-1}{m+1}u_G^2\right)\cdot\frac{m+1}{2}.
$$

为证(4.77),只要证下列不等式成立:

$$
\begin{aligned}
&\frac{(m-1)^2}{m+1}-2k^2\left(u_M^2-\frac{m-1}{m+1}u_G^2\right)\frac{m+1}{2}\geqslant 0,\\
&\frac{2m(m-1)}{m+1}-k^2\left(u_M^2-\frac{m-1}{m+1}u_G^2\right)\cdot\frac{m+1}{2}\geqslant 0.
\end{aligned}
\tag{4.78}
$$

因 $\lim\limits_{m\to+\infty}\dfrac{m-1}{m+1}=1$,如能证 $k^2(u_M^2-u_G^2)<\dfrac{1}{2}$,则当 m 充分大时,不等式(4.78)自然成立.因此,留下的问题就是要证 $k^2(u_M^2-u_G^2)<\dfrac{1}{2}$.

$$
\text{因 } H'(u_M)=c_3, H'(u_G)=c_1, 1.5c_3>c_1,
$$

$$
0.5c_3>c_1-c_3,\text{即 } 0.5H'(u_M)>H'(u_G)-H'(u_M),
$$

$$
0.5>\frac{H'(u_G)}{H'(u_M)}-1>0.
$$

因

$$
\frac{u_M}{u_G}>3, 2>\frac{u_G+u_M}{u_M-u_G},
$$

故

$$
k^2(u_M^2-u_G^2)=\left(\frac{H'(u_M)-H'(u_G)}{u_M-u_G}\right)^2\frac{(u_M^2-u_G^2)}{H'(u_M)^2}<\frac{1}{2},
$$

反例作成.

附注 1. 上例至少有三个极限环,事实上在 L_2 之外,至少还有一个极限环.

2. 方程(4.74)中的 $H(u)$ 满足下列条件:存在 $u_Q<0<u_D$,当 $u_Q<u<u_D$ 时 $uH(u)<0$, $H(u_Q)=H(u_D)=0$;当 u 增加时,$H(u)$ 单调上升,$u\in(-\infty,u_Q)$, $(u_D,+\infty)$.实际上当 $u>u_D$ 时,虽然 $H'(u)$ 定号,但增加 $H''(u)$ 的变号次数,仍然可以使方程(4.74)有任意有限多个极限环.由此可见,定理4.5中,当 $|u|$ 增加时,$F(u)/u$ 不下降,这个条件不能无条件抛去掉,即为了保证唯一性,还要求 $F(u)$ 是星形的.

令 $H_1(u)=H(u),u\geqslant 0;H_2(u)=H(-u),u\geqslant 0$. 于是当 $u_D<u<u_N$ 时 $H'_1(u)>0,H'_2(u)>0$. 由§1 定理 1.3,方程(4.74)产生多个极限环的原因是:$H_1(u)$与 $H_2(u)$在 $u_D<u<u_N<-u_Q$ 上多次相交. 但在下一节将要讲到,同时包围 Q,D 两点的极限环只能有一个.

3. 反例的几何直观是:当 $x>x_1$ 时,取 m 充分大,使 $g(x)=x^m/x_1^{m-1}$ 的斜率适当大,以致作变换 $u=\sqrt{2G(x)}\operatorname{sgn}x$ 后,使 $y=H(u)$在 $u>u_G$ 半平面上沿着 u 轴方向猛烈压缩,压缩后在其上新函数的二阶导数大于零. 于是当 $x>0$ 时,函数的二阶导数不小于零,这样函数的导函数 $f(x)$就满足条件(2)和(3).

4. De Castro 定理的唯一性部分当 $g(x)=x$ 时是正确的,不过也得将条件(4)改成严格上升(后者是中山大学李炳熙指出的). 证明类同 J. L. Massera 定理.

关于证明极限环唯一性的方法大体上可归纳为以下几种:

1. 点变换法. 如果在相平面上存在一闭的无接触线段$\overline{AB}$,且从$\overline{AB}$出发的轨线必再次与$\overline{AB}$相交,由解对初值的连续性,可以定义一个$\overline{AB}$到自身的连续映射 T. 由 Brouwer 不动点定理,此映射存在不动点 $P\in\overline{AB}$,过 P 点的轨线$\boldsymbol{f}(P,t)$就是闭轨. 如果上述映射是压缩映射,即对任何点 $A_1,B_1\in\overline{AB}$,有 $\rho(T(A_1),T(B_1))<\rho(A_1,B_1)$,则此映射存在唯一不动点. 这时过$\overline{AB}$存在唯一的闭轨线. 对于分块线性常系数系统常常用点换法来研究极限环的存在唯一性问题. 但找到上述连续映射并不容易.

2. 比较全微分的积分. 对任何单值连续可微函数 $V(x,y)$,它的全微分沿闭轨线 L 一周的积分值为零,即$\oint_L dV=0$. 如果对于互相包含的闭轨线 $L_2\supset L_1$,能证$\oint_{L_i} dV$是单调的,则这样的闭轨线只能有一条. 定理 4.2 的证明正是应用了这个办法,在那里取 $V(x,y)=\dfrac{x^2}{2}+\dfrac{y^2}{2}$.

3. 计算发散量的积分. 当$\oint_L \operatorname{div}(X,Y)dt<0(>0)$,则 L 稳定(不稳定),而两个相邻极限环 $L_2\supset L_1$,如其围成的环域中无奇点,则它们不能具有相同的稳定性,故若能证$\oint_{L_i}\operatorname{div}(X,Y)dt$ 同号,$i=1,2$,这就证明了这样的极限环唯一,于是要证明极限环的唯一性就是要估算发散量沿闭轨线一周的积分. 最早用此法证明唯一性的是 N. Levinson 和 O. K. Smith[19]. 定理 4.3 就是直接估算发散量积分. 在这方面还有叶彦谦等的工作[42]. 定理 4.6,4.7 是对 $L_2\supset L_1$ 比较$\oint_{L_2}\operatorname{div}(X,Y)dt$ 和$\oint_{L_1}\operatorname{div}(X,Y)dt$ 的大小,比较法有时较为可行. 定理 4.10 和 4.11 是将闭

轨 L 分成两半 L_1 和 L_2，$L = L_1 \cup L_2$，它们分别落在相平面的 $x \geqslant 0$ 和 $x \leqslant 0$ 半平面上. 然后用比较 $\int_{L_1} \operatorname{div}(X, Y) dt$ 和 $\int_{L_2} \operatorname{div}(X, Y) dt$ 的大小来估算 $\int_L \operatorname{div}(X, Y) dt$ 的符号. 这是值得注意的新方法.

前面提到的 Л. А. Черкас 的工作，代替计算发散量积分而计算 $\oint_L \left(\operatorname{div}(X, Y) + \frac{dM}{dt}\right) dt$. 其中 $M(x, y)$ 是单值连续可微函数，由于 $\oint_L dM = 0$，故

$$\oint_L \operatorname{div}(X, Y) dt = \oint_L \left(\operatorname{div}(X, Y) + \frac{dM}{dt}\right) dt$$

问题在于如何能找到适当的 $M(x, y)$，使后者的计算更为方便.

4. 地形系法. 就是在闭轨线附近构造一族无接触闭曲线. 这就叫地形系. 这样在 L 附近就不能有别的闭轨线. 最早引用地形系法的是 H. Poincaré，后来有 J. L. Massear[32]. 在这方面还有秦元勋的工作[43]. 困难在于如何构造地形系. 定理 4.4，4.5 都是当 L 是星形时，用相似变换构造地形系. M. Войлоков[44] 和前面提到的 Л. А. Черкас 的工作，对地形系法作了较好的推广，但他们的工作，本质上也是要求 L 星形，并作相似变换. De Castro 定理的错误就在于当 $g(x) \not\equiv x$ 时，他构造的并非地形系. 能否用别的方法构造地形系是值得研究的问题.

国内已有些人将 Liénard 方程极限环的存在性、唯一性等理论应用于解决生态平衡、机械振动和电机振荡等实际问题，例如[79]～[84].

§5. 极限环的唯二性

关于极限环个数的唯二性方面的工作比起唯一性来就更少了，而且主要也只是关于 Liénard 方程的. Г. С. Рычков[45] 首先证明了一个关于 Liénard 方程极限环个数的唯二性定理，由此推得，当特征函数 $F(x)$ 是 5 次奇次多项式时 Liénard 方程最多有两个极限环的结论. 文献[46]推广了他的定理. 周毓荣也得到了新的结果[17]. 国内还有些同志得到了一些关于极限环个数的唯 n 性方面的结果，当 $n=2$ 时就是唯二性问题，其中有些内容将在§7 里介绍. 在这一节里我们将先介绍几个估算发散量积分的引理，然后着重介绍文献[46]中的结果；再介绍文献[49]中的几个例子，用以揭示影响极限环个数的因素.

在研究极限环个数问题时，主要的途径之一是计算沿闭轨的发散量积分. 下面介绍计算发散量积分的几个常用引理.

给定 Liénard 方程

$$\ddot{x} + f(x)\dot{x} + g(x) = 0, \tag{5.1}$$

或其另一形式的等价方程组

$$\frac{dx}{dt} = v, \frac{dv}{dt} = -g(x) - f(x)v. \tag{5.2}$$

假设 $f(x), g(x) \in C^0$,且满足初值问题解的唯一性的条件.如前一样,记 $F(x) = \int_0^x f(x)dx$.

引理 5.1[47] 假设对于方程组(5.2),在所考虑的区间内存在常数 α, ξ 和 $\beta(0 \leqslant \alpha < \xi < \beta)$,使满足条件:

(1) $F(\alpha) = F(\beta)$,

(2) $(\xi - x)F'(x) = (\xi - x)f(x) \geqslant 0 (\leqslant 0), \neq 0, x \in [\alpha, \beta]$,则沿着方程组(5.2)的任意位于带形域 $\alpha \leqslant x \leqslant \beta$ 的轨线弧 l,恒有

$$\begin{aligned} \int_l \operatorname{div}(5.2)dt &= \int_l \operatorname{div}(v, -g(x) - f(x)v)dt \\ &= -\int_l f(x)dt > 0 (< 0). \end{aligned} \tag{5.3}$$

证明 只证括号外的情形,括号内的证明类似.

先记

$$l: v = v(x) > 0, x \in [\alpha, \beta].$$

令 $z = F(x), x \in [\alpha, \beta]$,则由条件(2),存在反函数

$$x = x_1(z) \in [\alpha, \xi], x = x_2(z) \in [\xi, \beta],$$

且 $\alpha = x_1(z_\alpha), \beta = x_2(z_\beta), z_\alpha = z_\beta; \xi = x_i(z_\xi), i = 1, 2$. 于是得

$$\begin{aligned} -\int_l \operatorname{div}(5.2)dt &= \int_l f(x)dt = \int_\alpha^\beta \frac{f(x)dx}{v(x)} \\ &= \left(\int_\alpha^\xi + \int_\xi^\beta\right)\frac{f(x)dx}{v(x)} \\ &= \int_{z_\alpha}^{z_\xi}\left(\frac{1}{v[x_1(z)]} - \frac{1}{v[x_2(z)]}\right)dz < 0. \end{aligned}$$

这是因为由(5.2)易见

$$v[x_2(z)] - v[x_1(z)] = \int_{x_1(z)}^{x_2(z)} \frac{-g(x)dx}{v(x)} < 0.$$

再记 $$l: v = \tilde{v}(x) < 0, x \in [\alpha, \beta].$$

因为 $\tilde{v}[x_1(z)] < \tilde{v}[x_2(z)] < 0$,故同理可得

$$\begin{aligned} -\int_l \operatorname{div}(5.2)dt &= \int_l f(x)dt = \int_\alpha^\beta \frac{f(x)}{\tilde{v}(x)}dx \\ &= \int_{z_\alpha}^{z_\xi}\left(\frac{1}{\tilde{v}[x_2(z)]} - \frac{1}{\tilde{v}[x_1(z)]}\right)dz < 0, \end{aligned}$$

从而不等式(5.3)得证.】

引理 5.2[47] 假设方程组(5.2)满足引理 5.1 中的条件,则沿着方程组(5.2)的任意位于带形域 $\alpha \leqslant x \leqslant \beta$ 的轨线弧 $l_i, i=1,2$,对发散量求积,恒有

$$\int_{l_1} -f(x)dt > (<) \int_{l_2} -f(x)dx, \tag{5.4}$$

其中 $$l_i: v = v_i(x), \text{且 } v_2(x) > v_1(x) > 0, \tag{5.5}$$

或者 $$l_i: v = \widetilde{v}_i(x), \text{且 } \widetilde{v}_2(x) < \widetilde{v}_1(x) < 0, x \in [\alpha, \beta]. \tag{5.6}$$

证明 只证括号外的情形.

先设 l_i 为(5.5)中的情形,则有

$$\int_{l_i} f(x)dt = \int_\alpha^\beta \frac{f(x)}{v_i(x)}dx = \int_\alpha^\xi \frac{f(x)}{v_i(x)}dx + \int_\xi^\beta \frac{f(x)}{v_i(x)}dx$$

$$= \int_{z_\alpha}^{z_\xi} \left(\frac{1}{v_i(x_1(z))} - \frac{1}{v_i[x_2(z)]} \right) dz.$$

$$\int_{l_2} f(x)dt - \int_{l_1} f(x)dt = \int_{z_\alpha}^{z_\xi} \left[\frac{v_2(x_2(z)) - v_1(x_2(z))}{v_1(x_2(z))v_2(x_2(z))} - \frac{v_2(x_1(z)) - v_1(x_1(z))}{(x_1(z))v_2(x_1(z))} \right] dz > 0.$$

这是因为由方程组(5.2)有

$$v_i(x_2(z)) - v_i(x_1(z)) = \int_{x_1(z)}^{x_2(z)} \frac{-g(x)}{v(x)} dx < 0,$$

$$\frac{d(v_2(x) - v_1(x))}{dx} = \frac{g(x)}{v_1(x)v_2(x)}(v_2(x) - v_1(x)) > 0, x > 0.$$

再设 l_i 为(5.6)中的情形,同理可证.

$$\int_{l_2} f(x)dt - \int_{l_1} f(x)dt = \int_{z_\alpha}^{z_\xi} \left[\frac{\widetilde{v}_1(x_2(z)) - \widetilde{v}_2(x_2(z))}{\widetilde{v}_1(x_2(z))\widetilde{v}_2(x_2(z))} - \frac{\widetilde{v}_1(x_1(z)) - \widetilde{v}_2(x_1(z))}{\widetilde{v}_1(x_1(z))\widetilde{v}_2(x_1(z))} \right] dz > 0.$$

引理证毕.】

考虑(5.1)的另一形式的等价方程组

$$\frac{dx}{dt} = y - F(x), \quad \frac{dy}{dt} = -g(x). \tag{5.7}$$

下面是丁荪红的一个引理[48].

引理 5.3 假设方程组(5.7)的轨线弧 $l: y(x)$,在$[\alpha, \beta]$上定义,则在 l 上的发散量积分为

$$\int_l -f(x)dt = \operatorname{sgn}(y(\alpha)-F(\alpha))\left[\ln\left|\frac{F(\beta)-y(\alpha)}{F(\alpha)-y(\alpha)}\right| + \int_\alpha^\beta \frac{(F(\beta)-F(x))g(x)dx}{(F(\beta)-y(x))(F(x)-y(x))^2}\right] \tag{5.8}$$

证明　先设 $y(x)-F(x)>0, x\in[\alpha,\beta]$.

$$\begin{aligned}\int_l -f(x)dt &= \int_\alpha^\beta \frac{F'(x)dx}{F(x)-y(x)} = \int_\alpha^\beta \frac{F'(x)-y'(x)+y'(x)}{F(x)-y(x)}dx \\ &= \ln\left|\frac{F(\beta)-y(\beta)}{F(\alpha)-y(\alpha)}\right| + \int_\alpha^\beta \frac{y'(x)dx}{F(x)-y(x)} \\ &= \ln\left|\frac{F(\beta)-y(\alpha)}{F(\alpha)-y(\alpha)}\right| + \ln\left|\frac{F(\beta)-y(\beta)}{F(\beta)-y(\alpha)}\right| \\ &\quad + \int_\alpha^\beta \frac{g(x)dx}{(F(x)-y(x))^2} = \ln\left|\frac{F(\beta)-y(\alpha)}{F(\alpha)-y(\alpha)}\right| \\ &\quad - \int_\alpha^\beta \frac{y'(x)dx}{F(\beta)-y(x)} + \int_\alpha^\beta \frac{g(x)dx}{(F(x)-y(x))^2} \\ &= \ln\left|\frac{F(\beta)-y(\alpha)}{F(\alpha)-y(\alpha)}\right| + \int_\alpha^\beta \frac{(F(\beta)-F(x))g(x)dx}{(F(\beta)-y(x))(F(x)-y(x))^2}.\end{aligned}$$

类似地可证明 $y(x)-F(x)<0, x\in[\alpha,\beta]$的情形.】

推论　若当 $x\in[\alpha,\beta], \alpha\geqslant 0$ 时, $F(\beta)-F(x)\leqslant 0(\geqslant 0), \neq 0$,则便有

$$-\int_l f(x)dt > 0(<0).$$

由引理 5.3 很容易推得下面的引理.

引理 5.4　设方程组(5.7)有轨线弧

$$l_i: y_i(x), i=1,2, x\in[\alpha,\beta], \alpha\geqslant 0,$$

且满足条件:

(1) $y_2(x)-F(x)>y_1(x)-F(x)>0$ 或
$y_2(x)-F(x)>y_1(x)-F(x)<0, x\in[\alpha,\beta]$,

(2) 当 $x\in[\alpha,\beta]$时, $F(\beta)-F(x)\leqslant 0(\geqslant 0)$,但$\neq 0$,

则

$$\int_{l_2} f(x)dt - \int_{l_1} f(x)dt > 0(<0). \tag{5.9}$$

证明　只证括号外的情形.

由引理 5.3 推得

$$\operatorname{sgn}(y(\alpha)-F(\alpha))\left\{\int_{l_2} f(x)dt - \int_{l_1} f(x)dt\right\}$$

$$= \ln\left|\frac{F(\beta)-y_1(\alpha)}{F(\alpha)-y_1(\alpha)}\right| - \ln\left|\frac{F(\beta)-y_2(\alpha)}{F(\alpha)-y_2(\alpha)}\right|$$

$$+\int_\alpha^\beta g(x)(F(\beta)-F(x))\left(\frac{1}{(F(\beta)-y_1(x))(F(x)-y_1(x))^2}\right.$$

$$\left.-\frac{1}{(F(\beta)-y_2(x))(F(x)-y_2(x))^2}\right)dx. \tag{5.10}$$

先设 $y_1(x)-F(x)>0, x\in[\alpha,\beta]$.

由 $y_2(x)-F(x)>y_1(x)-F(x)>0, x\in[\alpha,\beta], F(\alpha)>F(\beta)$，可证当 $x\in[\alpha,\beta]$时，便有

$$0<\frac{F(\beta)-y_2(\alpha)}{F(\alpha)-y_2(\alpha)}\leqslant\frac{F(\beta)-y_1(\alpha)}{F(\alpha)-y_1(\alpha)}\leqslant 1, \tag{5.11}$$

$$\frac{1}{(F(\beta)-y_1(x))(F(x)-y_1(x))^2}$$

$$-\frac{1}{(F(\beta)-y_2(x))(F(x)-y_2(x))^2}<0. \tag{5.12}$$

由(5.10)，(5.11)和(5.12)便知(5.9)成立.

设 $y_1(x)-F(x)<0, x\in[\alpha,\beta]$.

由 $y_2(x)-F(x)<y_1(x)-F(x)<0, x\in[\alpha,\beta], F(\alpha)>F(\beta)$，可证当 $x\in[\alpha,\beta]$时，便有

$$1\geqslant\frac{F(\beta)-y_2(\alpha)}{F(\alpha)-y_2(\alpha)}\geqslant\frac{F(\beta)-y_1(\alpha)}{F(\alpha)-y_1(\alpha)}>0, \tag{5.13}$$

$$\frac{1}{(F(\beta)-y_1(x))(F(x)-y_1(x))^2}$$

$$-\frac{1}{(F(\beta)-y_2(x))(F(x)-y_2(x))^2}>0. \tag{5.14}$$

由(5.10)，(5.13)和(5.14)便知(5.9)成立.

括号内的情形可类似地证明. 引理证毕.】

当条件(1)中的不等号在端点 $x=\beta$ 上变为等号时，可先在开区间上求积，然后取极限证得(5.9).

引理 5.1 和引理 5.2 分别是引理 5.3 的推论和引理 5.4 在 $F(\alpha)=F(\beta)$时的特例，但由于引理 5.1 和引理 5.2 较为直观，在此一并介绍给读者. 引理 4.1 就是引理 5.3 的推论，只是形式略有不同，在曾宪武的工作[50]中已有过与引理 5.3 类似的思想.

引理 4.5 对方程组(5.7)可叙述成如下形式.

考虑方程组(5.7). 若它满足条件：

(1) $\dfrac{(F(x)-F(\alpha))f(x)}{g(x)}$不减，当 $x\in[\alpha,\beta]$时， (5.15)

(2) $f(x)\geqslant 0(\leqslant 0)$,当 $x\in[\alpha,\beta]$时,

则沿着方程组(5.7)的任意过点$(\beta_i^*,F(\beta_i^*))$并和直线 $x=\alpha$ 两次相交的轨线弧 $l_i,i=1,2$,其中 $\alpha<\beta_1^*<\beta_2^*\leqslant\beta$,恒有

$$\int_{l_1} f(x)dt < (>) \int_{l_2} f(x)dt. \tag{5.16}$$

当 $g(x)=x$ 时,从 $f(x)$不减,$x\in[\alpha,\beta]$,可推出$\dfrac{(F(x)-F(\alpha))}{x}$不减,$x\in[\alpha,\beta]$,因此这时引理 4.5 自然成立.

附注　上述诸引理虽限于右半平面而论,但并不失一般性,事实上,只需作变换

$$T:R^2\to R^2,\quad T(x,v)=(-x,-v),$$

即可在左半平面上得相应的结论.

引理 5.1,5.2,5.3,5.4 及引理 4.5 是估算发散量积分常用的公式.

定理 5.1[46]　考虑微分方程(5.1),或其等价方程组(5.2),其中 $g(x)=x$.假设它满足下列条件

(1) $f(x)\in C^0(-d,d)$,对足够大的 $d>0$;$F(-x)=-F(x)$,其中

$$\int_0^x f(x)dx = F(x),$$

(2) 存在 $0<\beta_1<\beta_2<d$,$F(\beta_1)=F(\beta_2)=0$;当 $0<x<\beta_1$ 时,$F(x)\geqslant 0$;在 $x=0$ 的任何邻域内 $F(x)\neq 0$;当 $\beta_1<x<\beta_2$ 时 $F(x)\leqslant 0$;存在 $\beta_1<\alpha_2<\beta_2$,$f(\alpha_2)=0$,当 $\beta_1<x<\alpha_2$ 时 $f(x)\leqslant 0$,

(3) 当 x 增加且 $x\in[\alpha_2,d]$时,$f(x)$不下降,则方程组(5.2)按重次计算至多有两个极限环(即若存在,或者是两个单重环,或者是一个二重环).

证明　考虑(5.1)的等价方程组(5.7),由§1 的引理 1.1,在(x,y)平面上,在区域$|x|\leqslant d$ 中,方程组(5.7)的初值问题的解存在唯一.由定理 4.1,在区域$|x|\leqslant\alpha_2$ 中,方程组(5.7)至多有一个极限环,如存在,它是不稳定的,因而在(x,v)平面上,在区域$|x|\leqslant d$ 中方程组(5.2)的初值问题的解也存在唯一.在区域$|x|\leqslant\alpha_2$ 中方程组(5.2)也至多有一个极限环,如存在,它是不稳定的.

下面要证,假设方程组(5.2)有两个极限环 $\overline{L}\subset\overline{\overline{L}}$(如图 4.29),都与直线 $x=\pm\alpha_2$ 相交,必有

$$\oint_{\overline{\overline{L}}} f(x)dt > \oint_{\overline{L}} f(x)dt. \tag{5.17}$$

由对称性,为此只需证

$$\int_{\widehat{A_2F_2}} f(x)dt > \int_{\widehat{A_1F_1}} f(x)dt. \tag{5.18}$$

因 $f(x)\leqslant 0$,当 $\beta_1\leqslant x\leqslant\alpha_2$,故

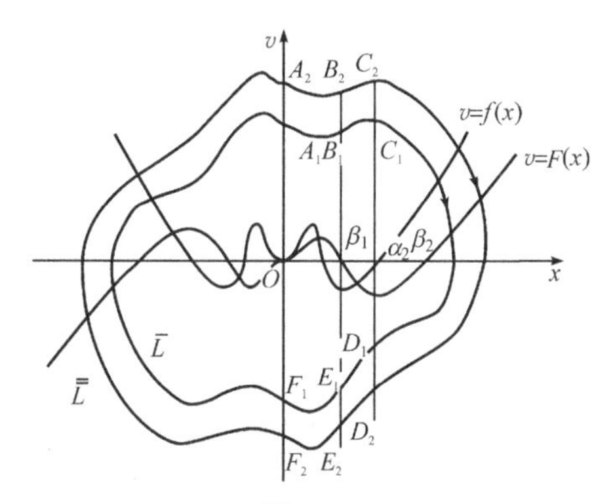

图 4.29

$$\int_{\widehat{B_2C_2}} f(x)dt - \int_{\widehat{B_1C_1}} f(x)dt = \int_{\beta_1}^{\alpha_2}\left[\frac{f(x)}{v_2(x)} - \frac{f(x)}{v_1(x)}\right]dx \geqslant 0, \quad (5.19)$$

其中 $v_i(x)$是轨线段$\widehat{A_iC_i}$的方程,$i=1,2$. 同理可证

$$\int_{\widehat{D_2E_2}} f(x)dt \geqslant \int_{\widehat{D_1E_1}} f(x)dt . \quad (5.20)$$

由条件(2,)(3)及引理 4.5 便知

$$\int_{\widehat{C_2D_2}} f(x)dt > \int_{\widehat{C_1D_1}} f(x)dt. \quad (5.21)$$

由条件(2)及引理 5.4 括号外的情形,便知

$$\int_{\widehat{A_2B_2}} f(x)dt > \int_{\widehat{A_1B_1}} f(x)dt, \quad (5.22)$$

$$\int_{\widehat{E_2F_2}} f(x)dt > \int_{\widehat{E_1F_1}} f(x)dt. \quad (5.23)$$

由不等式(5.19)~(5.23),不等式(5.18)得证.

下面分情形讨论.

1. $|x|\leqslant\alpha_2$ 之间存在唯一极限环 L_1,它是不稳定的. 这时最靠近 L_1 的极限环 $L_2\supset L_1$ 必定是内侧稳定. 但 L_2 不可能是外侧不稳定,否则可考虑方程组

$$\frac{dx}{dt} = v, \quad \frac{dv}{dt} = - x - f_1(x)v, \quad (5.2)_a$$

其中 $f_1(x)=f(x)+ar(x)$,当$|x|<\alpha_2$ 时 $r(x)=0$,当$|x|\geqslant\alpha_2$ 时 $r(x)=(|x|-\alpha_2)^2$,而$0<a\ll1$. $(5.2)_a$ 构成广义旋转向量场,$a=0$ 时$(5.2)_a$就是(5.2),其中 $g(x)=x$.$0<a\ll1$ 时,L_2 分解成至少两个极限环 $L_2^{(1)}\subset L_2^{(2)}$,$L_2^{(1)}$ 至少是单侧(甚至双侧)稳定,$L_2^{(2)}$ 至少是单侧(甚至双侧)不稳定. 由定理 2.2,应有

$$\oint_{L_2^{(1)}} f_1(x)dt \geqslant 0, \quad \oint_{L_2^{(2)}} f_1(x)dt \leqslant 0.$$

而方程组$(5.2)_a$仍满足定理 5.1 的条件,这将与不等式(5.17)相矛盾. 故 L_2 只能是双侧稳定. 再由不等式(5.17),L_2 之外无极限环.

2. $|x|\leqslant\alpha_2$ 之间无极限环. 由于奇点 O 是稳定的,这时最靠近奇点 O 的极限环 L_1 必是内侧不稳定. 由不等式(5.17),L_1 的外侧或是不稳定或是稳定(不可能是复型极限环).

若 L_1 是外侧不稳定,如同情形 1, 可证 L_1 之外还有一个稳定极限环.

若 L_1 是外侧稳定. 这时 L_1 之外不可能还有极限环. 假设存在 $L_2\supset L_1$,L_2 是最靠近 L_1 的极限环,L_2 必是内侧不稳定,由稳定性判据,应有

$$\oint_{L_2} f(x)dt\leqslant 0.$$

但由不等式(5.17),应有

$$\oint_{L_2} f(x)dt > \oint_{L_1} f(x)dt = 0.$$

得矛盾. 故这时方程组(5.2)只有唯一的半稳定极限环. 我们可以在区域$|x|\geqslant\alpha_2$ 上微小地扰动 $f(x)$,但仍保持其单调性,而使 L_1 分解成两个以上单重环. 由以上讨论知,L_1 只能分解成两个单重极限环,即 L_1 是二重环. 综上所述,每个极限环的个数按其重次计算,方程组(5.2)的极限环如果存在,则其个数恰好是二,定理证毕.】

令

$$m_1=\max_{0\leqslant x\leqslant\beta_1}F(x),\quad m_2=\max_{\beta_1\leqslant x\leqslant\beta_2}|F(x)|,$$

用 Liénard 作图法估算出,当 $m_2>m_1$,并且

$$\alpha_2<\frac{(m_2-m_1)(m_2+3m_1)}{4m_1}$$

时,方程组(5.2)确实有两个极限环.

推论　若 $f(x)\in C^0(-d,d)$,$f(-x)=f(x)$;$f(x)$只有两个正零点 $\alpha_2>\alpha_1>0$,即 $f(\alpha_2)=f(\alpha_1)=0$;当 $x\geqslant\alpha_2$ 时,$f(x)$单调,则方程组(5.2)至多有两个极限环.

Г. С. Рычков 在[43]中要求 $f(x)\in C^1(-d,d)$,当 $x\geqslant\alpha_2$ 时,$\left(\frac{f(x)}{x}\right)'>0$,这些要求可以减弱;而[43]中条件 $f(0)>0$,$f'(\alpha_1)\neq 0$ 是多余的,事实上 $f(0)=0$ 也可以. 事实上由定理 5.1 的条件可推得 $f(0)\geqslant 0$. [43]中还要求 $f(x)$只有两个正零点,由定理 5.1 看,$f(x)$可以有无穷多个正零点在区间$(0,\beta_1)$上.

附注　定理中条件(3)还可进一步减弱.

定理 5.2　考虑方程(5.1)或其等价方程组(5.7). 假设除满足定理 5.1 中的条件(1)和(2)外,另外还满足条件:

(3) $g(x)$在$(-d,d)$上满足 Lipschitz 条件；$xg(x)>0, x\neq 0$；$g(-x)=-g(x)$；$G(-\infty)=G(\infty)=\infty$，其中 $G(x)=\int_0^x g(x)dx$.

(4) 当 x 增加，$x\in[\alpha_2,d]$时，$\dfrac{f(x)\sqrt{2G(x)}\operatorname{sgn}x}{g(x)}$不下降，则方程组(5.7)至多有两个极限环(若存在，则或者是两个单重环，或者是一个二重环).

作变换 $u=\sqrt{2G(x)}\operatorname{sgn}x$，方程组(5.7)化为

$$\frac{dy}{dt}=-u,\quad \frac{du}{dt}=y-F(x(u)),$$

其中 $x=x(u)$是 $u=\sqrt{2G(x)}\operatorname{sgn}x$ 的反函数. 因 $g(-x)=-g(x)$，就有

$$F(x(-u))=F(-x(u))=-F(x(u)).$$

另外

$$F'_u=\frac{f(x(u))u}{g(x(u))},$$

问题就化为定理 5.1 的情形.

推论 若将定理 5.2 中的条件(4)换成，当 x 增加，$x\in[\alpha_2,d]$时，$f(x)/g(x)$不下降，定理 5.2 自然成立.

下面我们用§4 中 G. F. Duff 和 N. Levinson 的方法来构造例子，用以说明定理 5.1 中的条件(2)和(3)为了保极限环的唯二性一般来说是不能无条件去掉的.

考虑微分方程

$$\ddot{x}+\varepsilon f(x)\dot{x}+x=0, \tag{5.24}$$

或其等价方程组

$$\begin{aligned}\frac{dx}{dt}&=v,\\ \frac{dv}{dt}&=-x-\varepsilon f(x)v,\end{aligned} \tag{5.25}$$

其中 ε 是小参数. 令 $F(x)=\int_0^x f(x)dx$.

例题 5.1[49] 设方程组(5.25)中的

$$f(x)=\frac{1}{7}x^8-\frac{3}{10}x^6+\frac{307}{1600}x^4-\frac{579}{16000}x^2+\frac{11}{16000}.$$

令

$$I_{2k}=\int_0^{2\pi}\cos^{2k}\theta\sin^2\theta d\theta.$$

便有 $I_0=\pi, I_2=\frac{1}{4}\pi, I_4=\frac{1}{8}\pi, I_6=\frac{5}{64}\pi, I_8=\frac{7}{128}\pi$. 于是有

$$\bar{F}(\rho)=\int_0^{2\pi}\rho f(\rho\cos\theta)\sin^2\theta d\theta$$

$$= \frac{\pi}{128}\rho\left(\rho^2 - \frac{1}{10}\right)\left(\rho^2 - \frac{8}{10}\right)(\rho^2 - 1)\left(\rho^2 - \frac{11}{10}\right).$$

故当 ε 充分小时，方程组(5.25)至少有四条闭轨线，分别落在圆 $\rho=\sqrt{\frac{1}{10}}, \rho=\sqrt{\frac{8}{10}}, \rho=1, \rho=\sqrt{\frac{11}{10}}$ 的近旁.

$$F(x) = \frac{1}{63}x^9 - \frac{3}{70}x^7 + \frac{307}{8000}x^5 - \frac{193}{16000}x^3 + \frac{11}{16000}x = \frac{x}{7}G(x^2).$$

令 $y = x^2$,

$$G(y) = \frac{1}{9}y^4 - \frac{3}{10}y^3 + \frac{7\cdot 307}{8000}y^2 - \frac{7\cdot 193}{16000}y + \frac{7\cdot 11}{16000}.$$

$G(y)$的 Sturm 组是:

$$G_1(y) = G(y),$$

$$G_2(y) = \frac{4}{9}y^3 - \frac{9}{10}y^2 + \frac{7\cdot 307}{4000}y - \frac{7\cdot 19}{16000},$$

$$G_3(y) = 281y^2 - \frac{3\cdot 7\cdot 833}{40}y + \frac{7\cdot 3451}{160},$$

$$G_4(y) = 4\cdot 73158239y + 3\cdot 392691481,$$

$$G_5(y) = -1.$$

	G_1	G_2	G_3	G_4	G_5	变号数
0	+	−	+	+	−	3
∞	+	+	+	+	−	1

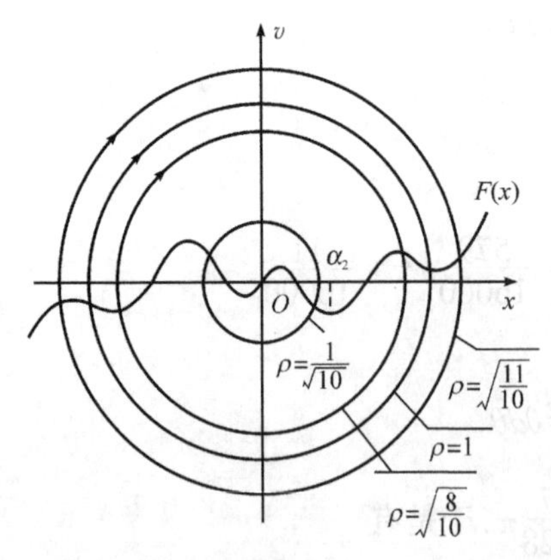

图 4.30

由 Sturm 定理，$G(y)=0$ 只有两个正实根，即 $F(x)=0$ 只有两个正实根.

因 $f(0)>0, f\left(\sqrt{\frac{1}{2}}\right)<0, f\left(\sqrt{\frac{7}{10}}\right)>0, f\left(\sqrt{\frac{8}{10}}\right)<0, f(1)<0, F(1)>0, F(x)$ 的草图如图 4.30.

此例说明定理 5.1 中，为了保证极限环不多于两个，当 $x>\alpha_2$ 时，$F(x)$的单调性限制不能无条件去掉.

例题 5.2 [49]　设方程组(5.25)中的

$$f(x)=\frac{1}{7}x^8-\frac{3}{5}x^6+\frac{1199}{1600}x^4-\frac{249}{800}x^2+\frac{297}{12800},$$

则

$$\begin{aligned}\bar{F}(\rho)&=\int_0^{2\pi}\rho f(\rho\cos\theta)\sin^2\theta d\theta\\&=\frac{\pi}{128}\rho\left(\rho^2-\frac{9}{10}\right)(\rho^2-1)\left(\rho^2-\frac{11}{10}\right)(\rho^2-3).\end{aligned}$$

故当 ε 充分小时,方程组(5.25)至少有四条闭轨线分别落在圆 $\rho=\sqrt{\frac{9}{10}}$, $\rho=1$, $\rho=\sqrt{\frac{11}{10}}$, $\rho=\sqrt{3}$的近旁.

$$\begin{aligned}F(x)&=\frac{1}{63}x^9-\frac{3}{35}x^7+\frac{1199}{8000}x^5-\frac{83}{800}x^3+\frac{297}{12800}x\\&=\frac{x}{7}G(x^2).\end{aligned}$$

令 $y=x^2$,

$$G(y)=\frac{1}{9}y^4-\frac{3}{5}y^3+\frac{7\cdot1199}{8000}y^2-\frac{7\cdot83}{800}y+\frac{7\cdot297}{12800}.$$

$G(y)$的 Sturm 组是:

$$\begin{aligned}G_1(y)&=G(y),\\G_2(y)&=\frac{4}{9}y^3-\frac{9}{5}y^2+\frac{7\cdot1199}{4000}y-\frac{7\cdot83}{800},\\G_3(y)&=1327y^2-\frac{3\cdot7\cdot2491}{20}y+7\cdot189,\\G_4(y)&=10527111567y+3\cdot4119596565,\\G_5(y)&=-1.\end{aligned}$$

	G_1	G_2	G_3	G_4	G_5	变号数
0	+	−	+	+	−	3
∞	+	+	+	+	−	1

由 Sturm 定理,$G(y)=0$ 只有两个正实根,也即 $F(x)=0$ 只有两个正实根.

因 $f(0)>0$, $f(1)>0$, $F(1)<0$, $f(\sqrt{2})<0$, $F(\sqrt{2})<0$, $F(\sqrt{3})>0$, $F(x)$的草图如图 4.31.

此例说明定理 5.1 中为了保证极限环不多于两个,$F(x)$在 $\beta_1<x<\alpha_2$ 上的单调性也不能无条件去掉. 而定理 5.1 中当$|x|\leqslant\beta_1$ 时,只要求 $xF(x)\geqslant0$,即使 $F(x)$多次升降,也不影响极限环的个数. 但由例题 5.1 和例题 5.2 可见,$F(x)$在 $\beta_1<x<\alpha_2$, $x>\alpha_2$ 上的单调性不能无条件去掉,否则,即使 $F(x)$是奇函数,$F(x)$

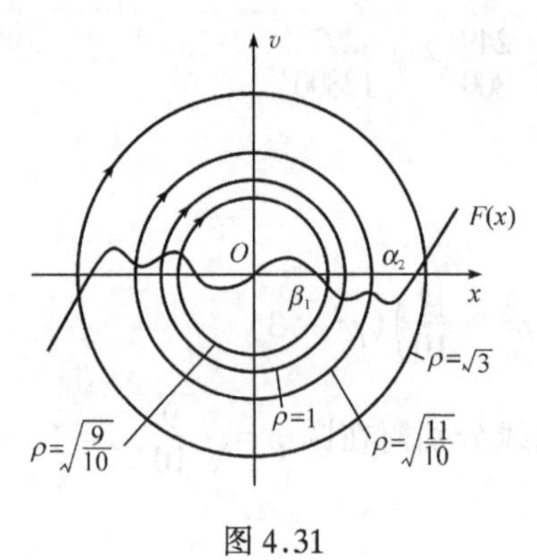

图 4.31

只有两个正零点,方程组(5.25)的极限环可能多于两个.

为了研究究竟什么因素影响极限环的个数,我们再看几个例子.

令

$$\Phi(a) = \int_{-a}^{a} f(x)dx = F(a) - F(-a).$$

例题 5.3[49] 设方程组(5.25)中的

$$f(x) = \frac{1}{5}x^6 - \frac{3}{8}x^4 + \frac{299}{1600}x^2 - \frac{99}{6400}.$$

便有

$$\begin{aligned}\overline{F}(\rho) &= \int_0^{2\pi} \rho f(\rho\cos\theta)\sin^2\theta d\theta \\ &= \frac{\pi}{64}\rho(\rho^2 - 1)\left(\rho^2 - \frac{9}{10}\right)\left(\rho^2 - \frac{11}{10}\right).\end{aligned}$$

$\rho=1, \sqrt{\frac{9}{10}}, \sqrt{\frac{11}{10}}$是 $\overline{F}(\rho)=0$ 的单根,故当 ε 充分小时,方程组(5.25)至少有三条闭轨线,分别落在圆 $\rho=\sqrt{\frac{9}{10}}, \rho=1, \rho=\sqrt{\frac{11}{10}}$的近旁.

$$\begin{aligned}F(a) &= \frac{a}{5}\left(\frac{1}{7}a^6 - \frac{3}{8}a^4 + \frac{299}{960}a^2 - \frac{99}{1280}\right) \\ &= \frac{a}{5}G(a^2).\end{aligned}$$

令 $b=a^2$,

$$G(b) = \frac{1}{7}b^3 - \frac{3}{8}b^2 + \frac{299}{960}b - \frac{99}{2280}.$$

$G(b)$的 Sturm 组是:

$$\begin{aligned}G_1(b) &= G(b), \\ G_2(b) &= \frac{3}{7}b^2 - \frac{3}{4}b + \frac{299}{960}, \\ G_3(b) &= b - \frac{311}{256}, \\ G_4(b) &= -1.\end{aligned}$$

	G_1	G_2	G_3	G_4	变号数
0	−	+	−	−	2
∞	+	+	+	−	1

由 Sturm 定理，$\overline{G}(b)=0$，从而 $F(x)=0$ 只有一个正实根.

此例说明方程组(5.25)的闭轨线的个数可以比 $F(x)=0$ 的实根个数多.

在上述例子中，设 $F(x)$ 的唯一正根为 Δ，因 $f(0)<0, f(1)<0, F(1)>0$，$F(x)$ 的草图如图 4.32.

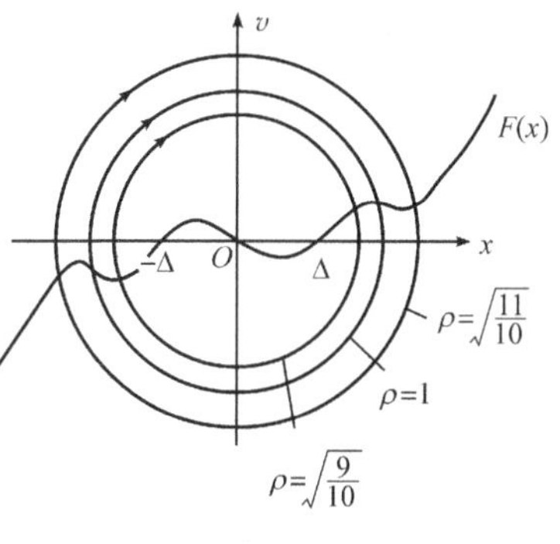

图 4.32

可见，在§4 定理 4.1 和定理 4.2 中，为了保证方程组(4.2)有唯一的闭轨线，当 $|x|>\Delta$ 时，对 $F(x)$ 单调的限制不能无条件去掉. 可见即使 $F(x)$ 是奇函数，不单 $F(x)\left(=\frac{1}{2}\phi(x)\right)$ 的正零点，而且 $F(x)$ 在 $|x|\geqslant\Delta$ 时的光滑性也影响极限环的个数.

例题 5.4[49] 设方程组(5.25)中的

$$f(x)=7x^6-15x^4+\frac{3\cdot 299}{100}x^2-\frac{99}{100}.$$

$$\begin{aligned}F(x)&=x^7-3x^5+\frac{299}{100}x^3-\frac{99}{100}x\\&=x(x^2-1)\left(x^2-\frac{9}{10}\right)\left(x^2-\frac{11}{10}\right).\end{aligned}$$

显然，$F(x)$ 在 $(0,+\infty)$ 上有三个根.

$$\begin{aligned}\overline{F}(\rho)&=\int_0^{2\pi}\rho f(\rho\cos\theta)\sin^2\theta d\theta\\&=\frac{35\pi\rho}{64}\left[\rho^6-\frac{8\cdot 3}{7}\rho^4+\frac{12\cdot 299}{5^3\cdot 7}\rho^2-\frac{16\cdot 99}{5^3\cdot 7}\right]\\&=\frac{35\pi\rho}{64}G(\rho^2).\end{aligned}$$

令 $\xi=\rho^2$，便有

$$G(\xi)=\xi^3-\frac{8\cdot 3}{7}\xi^2+\frac{12\cdot 299}{5^3\cdot 7}\xi-\frac{16\cdot 99}{5^3\cdot 7}.$$

$$G'(\xi)=3\xi^2-\frac{8\cdot 6}{7}\xi+\frac{12\cdot 299}{5^3\cdot 7}.$$

因 $G'(\xi)=0$ 无实根，故 $\overline{F}(\rho)=0$ 只有一个正实根，且为单根，故方程组(5.25)，当 ε 充分小时，至少有一条闭轨线，下面要证方程组(5.25)只有一个闭轨线.

由 $F(x)$ 的性质，知方程组(5.25)的闭轨线都包含点 $\left(-\sqrt{\frac{9}{10}},0\right)$，$\left(\sqrt{\frac{9}{10}},0\right)$，即(5.25)的闭轨线都不与 x 轴上的区间 $\left[-\sqrt{\frac{9}{10}},\sqrt{\frac{9}{10}}\right]$ 相交. 由§1 定理 1.3 知，

方程组(5.25)的闭轨线都落在带形域$|x|\leqslant B$中,其中B充分大,且满足下列不等式:

$$\int_0^B F(x)dx > 0.$$

因此$\overline{F}(\rho)=0$的唯一正根必落在区间$\left(\sqrt{\frac{9}{10}},B\right)$中. 由于这个正根是单根,可取$\varepsilon$充分小,使§4的等式(4.20),即

$$H(2\pi,\rho,\varepsilon)-\rho=\varepsilon\overline{F}(\rho)+\varepsilon^2H_2(2\pi,\rho,\varepsilon)$$

在$\left[\sqrt{\frac{9}{10}},B\right]$上有唯一的实根,它便对应方程组(5.25)的唯一的极限环

此例说明$F(x)=0$的实根的个数可以多于方程组(5.25)的闭轨线的个数.

例题5.3,5.4说明,方程组(5.25)的闭轨线的个数与$F(x)=0$的实根个数之间没有必然联系.

例题5.5[49]　将例3加以改造. 令

$$\begin{aligned}f_1(x)&=f(x)+Ax\\&=\frac{1}{5}x^6-\frac{3}{8}x^4+\frac{299}{1600}x^2-\frac{99}{6400}+Ax,\end{aligned}$$

其中$A>0$充分大,使

$$f_1'(x)=f'(x)+A$$

仅变号一次,而当$|x|\leqslant d$时,

$$f_1'(x)=f'(x)+A>0,$$

其中$d\geqslant 2$.

$$\Phi_1(a)=\int_{-a}^a f_1(x)dx=\int_{-a}^a f(x)dx=\Phi(a),$$

$$F_1(x)=\int_0^x f_1(x)dx=\int_0^x f(x)dx+\frac{Ax^2}{2}=F(x)+\frac{Ax^2}{2},$$

$$\begin{aligned}\overline{F}_1(\rho)&=\int_0^{2\pi}\rho f_1(\rho\cos\theta)\sin^2\theta d\theta\\&=\int_0^{2\pi}\rho f(\rho\cos\theta)\sin^2\theta d\theta\\&=\overline{F}(\rho)=\frac{\pi}{64}\rho(\rho^2-1)\left(\rho^2-\frac{9}{10}\right)\left(\rho^2-\frac{11}{10}\right).\end{aligned}$$

故当ε充分小时,在$|x|\leqslant d$中,方程组

$$\frac{dx}{dt}=v,\quad \frac{dv}{dt}=-x-\varepsilon f_1(x)v$$

至少有三条闭轨线,分别落在圆$\rho=1,\sqrt{\frac{9}{10}},\sqrt{\frac{11}{10}}$附近. 但$\Phi_1(a)=0$在$(0,+d)$

上只有一个零点. 不单如此,并且当$|x|\leqslant d$时$F''_1(x)>0$. 可见当$F_1(-x)\neq -F_1(x)$时,即使$F''_1(x)$定号,也不能保证极限环的唯一性. $F_1(x)$的草图如图4.33.

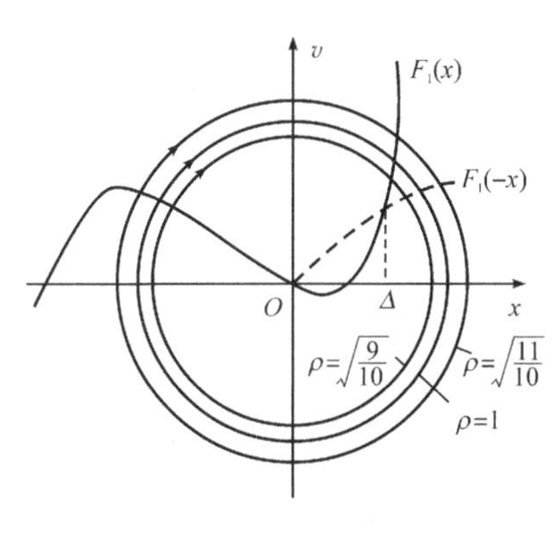

图4.33

如同在定理4.11中将方程

$$\ddot{x}+\varepsilon f_1(x)\dot{x}+x=0$$

化为

$$\frac{dz}{dy}=\varepsilon F_1^{(i)}(z)-y,$$

$$i=1,2,\quad z\geqslant 0,\qquad (5.26)$$

其中

$$F_1^{(i)}(z)=F_1(x_i(z)),$$

而$x=x_i(z)$是

$$z=z_i(x)=\int_0^x xdx$$

$$=\frac{x^2}{2},(-1)^{i+1}x\geqslant 0(i=1,2)$$

的反函数.

显然当A充分大时定理4.11中的条件(1),(2),(3)都满足,但条件(4)不满足. 令$z=\overline{F}^{(i)}(y)$是$y=F^{(i)}(z)$的反函数,$i=1,2$. 因

$$\frac{d}{dy}(\overline{F}_1^{(2)}(y)-\overline{F}_1^{(1)}(y))$$

$$=\frac{1}{\frac{dF_1^{(2)}(z)}{dz}}-\frac{1}{\frac{dF_1^{(1)}(z)}{dz}}$$

$$=\frac{-x}{f(x)-Ax}-\frac{x}{f(x)+Ax}$$

$$=\frac{-2xf(x)}{f^2(x)-A^2x^2},\quad x>0.$$

可取A充分大,使当$\Delta<x<d$时$f^2(x)-A^2x^2<0$,而$f(x)$在$\Delta<x<d$上两次变号,可见条件(4)不满足. 为了保证(5.26)有唯一的极限环,定理4.11中的条件(4)不能无条件去掉.

将例题3改造成例题5,$f_1'(x)$在$|x|\leqslant d$上定号,但$f(x)$在$\Delta<x<d$上两次变号,这个性质仍在潜在地起作用,使得方程组(5.26)在$|x|\leqslant d$上至少有三条闭轨线,这是很有趣的现象.

对于Liénard型方程极限环的个数问题,人们的认识是不断加深的. 最早认为

$f(x)$或$F(x)$的零点的个数决定极限环的个数. 譬如 N. Serbin 曾认为当$f(x)$只有两个零点时,即当$x_1<x<x_2$时,$f(x)<0$;当$x<x_1,x>x_2$时$f(x)>0$,其中$x_1<0<x_2$,方程组(5.7)的极限环唯一. 但很快发现,当$f(x)$不是偶函数时,$f(x)$只有一个正零点和一个负零点并不能保证极限环个数不多于一. 于是就对$f(x)$加上单调性的要求. 但当$f(x)$不是偶函数时,除 N. Serbin 的条件外,即使再加上$f'(x)$变号一次仍然不能保证极限环的唯一性. 正如我们在§4 中所作的那样,对 G. F. Duff 和 N. Levinson 的反例加上线性项Cx,其中$C>0$充分大,就能说明这一点. 我们所举的 De Castro 定理的反例也说明,当$F(x)$不是奇函数时,$F(x)$只有一个正零点,且$F(x)$具有一定的单调性,即当$x<x_1$时,$xF(x)<0$;当$x>x_1>0$时,$xF(x)>0$;并且当$x<0,x>x_1$时,$F(x)$单调,也不能保证极限环的个数唯一. 事实上,当在区间$x_1<x<+\infty$上不断改变$F''(x)$的符号,就可以使方程组(5.7)有任意有限多个极限环. 那么究竟对 N. Serbin 的条件,或对条件:当$x_2<x<x_1$时,$xF(x)<0$;当$x>x_1>0,x<x_2<0$时,$xF(x)>0$,再附加什么其他条件才能保证(5.7)的极限环唯一呢? 定理 4.5 和 4.6 正是回答了这个问题. 这附加条件就是曲线$y=f(x)$或曲线$y=F(x)$在$-\infty<x<+\infty$上的星形性. 要注意! 星形性的要求比二次导数定号的要求来得弱. 也就是说再附加$f''(x)$在$-\infty<x<+\infty$上定号,或$F''_1(x)$和$-F''_2(x)$在$0<x<+\infty$上定号且同号便能保证极限环的唯一性.

前不久杨思认[51]认真地审查了迄今为止所有的 Liénard 方程极限环的唯一性定理,他发现其中公共的特点是:$\Phi(x)=F(x)-F(-x)$在$0<x<+\infty$上有且仅有一个零点. G. F. Duff 和 N. Levinson 的反例和我们所举的 De Castro 定理的反例各具有至少三个极限环,在那里正是$\Phi(x)$在$0<x<+\infty$上有两个零点,即两次变号. 当$\Phi(x)$定号时,方程组(5.7)显然没有闭轨线. 那么在$\Phi(x)$的变号次数与方程组(5.7)的闭轨线的个数之间是否存在必然的联系? 我们上面所举的例题5.1,5.2,5.3,5.4,5.5 正是回答了这个问题. 当$F(x)=-F(-x)$时,$\Phi(x)=2F(x)$. $\Phi(x)$的变号次数就是$F(x)$的变号次数. 在例题 5.1 和例题 5.2 中,$\Phi(x)$在$0<x<+\infty$上两次变号,但方程组(5.7)至少有四个极限环. 在例题 5.3 中,$\Phi(x)$在$0<x<+\infty$上一次变号,但方程组(5.7)至少有三个极限环. 在例题 5.4 中,$\Phi(x)$在$0<x<+\infty$上三次变号,但方程组(5.7)有唯一的极限环. 由此可见,即使当$F(x)$是奇函数时,$F(x)$和$\Phi(x)$在$0<x<+\infty$上的变号次数与方程组(5.7)的闭轨线的个数之间也没有必然的联系. 由例题 5.4 看,当$F(x)$的变号次数大于闭轨线的个数时,往往是由于$F(x)$变号后的能量的积累不够大,以致不足以产生新的周期振荡. 由例题 5.1,5.2,5.3 来看,当$F(x)$的变号次数小于(5.7)的闭轨线的个数时,往往是由于$F(x)$在第一个正零点以外它的导数$f(x)$的变号而产生多个闭轨线,也即不但$F(x)$的变号次数,而且$F(x)$的光滑性影响

闭轨线个数. 可见当 $f(x)$是偶函数时,$F(x)$和 $f(x)$的变号次数影响极限环的个数. 但并不是 $F(x)$和 $f(x)$在$0<x<+\infty$上的变号次数就等于极限环的个数,这要看每次变号后能量积累的大小如何而定. 而由例题 5.5 看,当 $F(x)$不是奇函数时,情形就更加复杂,在那里$F(x)$只有一个正零点和一个负零点,$F(x)-F(-x)$只有一个正零点,而且$F''(x)$只变号一次,而在 $F''(x)$定号的区间上存在至少三条闭轨线,看来当 $F(x)$不是奇函数时,即(5.7)的方向场不对称时,虽然 $F(x)$二次光滑,通过相平面左右两侧能量的适当的耦合,也可以产生任意多个闭轨线.

曾宪武的唯一性定理 4.10,4.11 揭示了一个有趣的现象,即当 $f(x)$不是偶函数时,$f(x)$虽然多次变号,只要 $F_1(x)$与 $F_2(x)$在 $0<x<+\infty$上适当地耦合,仍能保证(5.7)的极限环唯一.

可见,当 $f(x)$不是偶函数时,虽然 $f'(x)$定号,见图 4.34,可以通过相平面左右两侧能量的适当的耦合,使方程组(5.7)产生任意有限多个极限环;另一方面,即使 $f(x)$多次变号,也可通过相平面左右两侧能量的适当的耦合,使方程组(5.7)只有唯一的极限环. 这正是极限环的个数问题的艰难所在. 人们对这个问题的认识还有待于进一步加深.

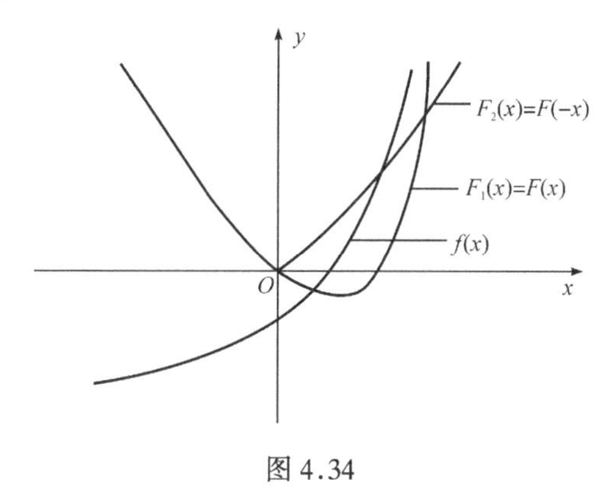

图 4.34

§6. * 二次系统极限环的个数

系统

$$\frac{dx}{dt}=X(x,y),\quad \frac{dy}{dt}=Y(x,y),\tag{E_2}$$

其中 $X(x,y)$, $Y(x,y)$是实二次多项式时,称为二次微分系统. 国内很多人对(E_2)系统做了大量的工作,取得了很好的成果. 有关情况参看叶彦廉的综合报告[52]. (E_2)系统极限环个数的最小上界问题迄今尚未解决. 研究(E_2)系统极限环的个数问题,目前主要有两类方法:第一类方法是,在奇点邻域,用微小扰动系数来改变焦点的稳定性,使得从细焦点“跳出”极限环;在大范围,将有限奇点与无限远奇点的稳定性相比较,用环域定理判断有奇数个(至少一个)或偶数个(可能没有)极限环. 第二类方法是,把(E_2)系统经适当变换化为 Liénard 方程,再用有关 Liénard 方程的定理来判断极限环的有无及个数. 关于第一类方法,在秦元勋等的文章[53]中有系统论述. 用这类方法可以做出具有尽可能多的极限环的二次系统(E_2),但得不出极限环个数的上界. 用第二类方法可对某些(E_2)系统得出极限环个数的上界,但由于在 Liénard 方程的理论中,现在对二次系统适用的主要是极限环唯一性和不存在性的定理,当在一个奇点外围出现两个以上极限环时,还缺少办法来判别其个数. 为了最终解决(E_2)系统极限环的个数问题,看来这两类方法都有待改进,或者要寻求新的途径. 下面,我们对这两类方法做一个简要的介绍.

应用第一类方法得到的重要结果是

定理 6.1　$N(2) \geqslant 4$.

这里 $N(2)$表示(E_2)系统极限环个数的最小上界. 1979 年,史松龄[4]和陈兰荪、王明淑[5]分别独立地举出至少具有四个极限环的(E_2)系统的实例,从而破除了(E_2)系统极限环个数的上界是 3 的传统猜测,并把这一困难问题重新摆到人们面前.

文献[4]是从系统

$$\begin{aligned} \frac{dx}{dt} &= -y - 10x^2 + 5xy + y^2, \\ \frac{dy}{dt} &= x + x^2 - 25xy. \end{aligned} \tag{6.1}$$

出发,经过系数的微扰变为

$$\begin{aligned} \frac{dx}{dt} &= \lambda x - y - 10x^2 + (5 + \delta)xy + y^2, \\ \frac{dy}{dt} &= x + x^2 + (-25 + 8\varepsilon - 9\delta)xy. \end{aligned} \tag{6.2}$$

用做无切环线的方法证明了,当 $0 < -\lambda \ll -\varepsilon \ll -\delta \ll 1$ 时,系统(6.2)在 $O(0,0)$外围至少有三个极限环,在 $M(0,1)$外围至少有一个极限环(称为(1,3)分布),并对小参数 $\delta, \varepsilon, \lambda$ 给出了具体数值.

文献[5]是从系统

$$\begin{aligned} \frac{dx}{dt} &= -y - 3x^2 + xy + y^2, \\ \frac{dy}{dt} &= x\left(1 + \frac{2}{9}x - 3y\right) \end{aligned} \tag{6.3}$$

出发,经过系数的微扰变为

$$\begin{aligned} \frac{dx}{dt} &= -y - \delta_2 x - 3x^2 + (1 - \delta_1)xy + y^2, \\ \frac{dy}{dt} &= x\left(1 + \frac{2}{9}x - 3y\right), \end{aligned} \tag{6.4}$$

用旋转向量场理论证明了,当 $0<\delta_2\ll\delta_1\ll1$ 时,(6.4)也是极限环的(1,3)分布.

我们现在应用第二章§5定理5.2的推论2对以上结果加以说明. 对于系统(6.1)而言,易证它的有限奇点是 $O(0,0)$ 和 $M(0,1)$,且 M 是不稳定粗焦点. 在 O 点,$w_1=w_2=0$,$w_3=57000>0$,因此,O 点是不稳定的三阶细焦点. 系统(6.1)有唯一无穷远奇点,它是鞍点,并显然有无切直线 $l:1-25y=0$. l 与两奇点 O,M 及无限远奇点的相对位置如图4.35所示. 将 M,O 点的稳定性与两个无穷远半鞍点的稳定性相比较,由环域定理,在 M 点外围有奇数个(至少一个)极限环,在 O 点外围有偶数个(可能没有)极限环. 然后再对系统(6.2)应用第二章定理5.2的推论2,先令 $\lambda=0$,便有

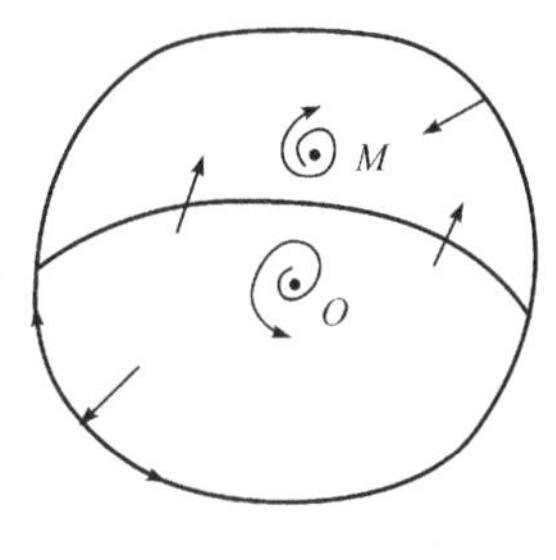

图 4.35

$$\overline{w_1}=-8\varepsilon,\quad \overline{w_2}=\delta(5+\delta)[1900-80(8\varepsilon-9\delta)],\quad \overline{w_3}>0$$

(当 $|\varepsilon|$,$|\delta|$ 足够小时). 因此,当再取 $\lambda=\varepsilon=0$,$0<-\delta\ll1$ 时,$\overline{w_1}=0$,$\overline{w_2}<0$,奇点 O 变为稳定的二阶细焦点,稳定性发生翻转,在点 O 邻域跳出一个极限环. 接着令 $\lambda=0$,$0<-\varepsilon\ll-\delta\ll1$,则 $\overline{w_1}>0$,奇点 O 变为不稳定的一阶细焦点,奇点 O 的稳定性又发生变化,在点 O 邻域再次跳出一个极限环. 最后取 $0<-\lambda\ll-\varepsilon\ll-\delta\ll1$,则奇点 O 成为稳定的粗焦点,并跳出第三个极限环(关于"跳出"极限环的论证手法,与本章§3定理3.7完全类似).

系统(6.3)与(6.1)不同的是,它以原点为稳定的二阶细焦点(容易算出,$w_1=0$,$w_2=-\dfrac{1232}{81^2}<0$). 因而在系数微扰前已具有极限环的(1.1)分布,$\delta_2=0$ 时,对(6.4)而言,有

$$\overline{w_1}=2\delta_1,\quad \overline{w_2}<0\quad (当|\delta_1|足够小时),$$

因此先后取 δ_1,δ_2,使 $0<\delta_2\ll\delta_1\ll1$,则原点的稳定性将两次翻转,跳出两个极限环,再加上分别在 O 和 M 外围原有的各一个极限环(至少一个),仍是(1,3)分布.

在这两个例子举出来后,史松龄[54]又把它们分别推广到较一般情形. 随后秦元勋、史松龄、蔡燧林[53]系统地总结了这类方法,并得到一个结构性定理:具三阶细焦点的二次系统如果有唯一无穷远奇点,则必出现图4.35的结构,并在系数的微扰下可以出现极限环的(1,3)分布. 此后,李承治(第二章文献[19])把上述[4],[5],[53],[54]中极限环(1,3)分布的结果做了统一的处理,得到下述.

定理 6.2 如果系统

$$\frac{dx}{dt}=-y+lx^2+\frac{b+2l}{l+n}axy+ny^2,$$

$$\frac{dy}{dt}=x+ax^2+bxy.$$

满足条件：

(1) 有唯一无穷远奇点，

(2) $3n(l+2n)\leqslant n(n+b)<0, a\neq 0$,

则存在 $\varepsilon, \delta, \lambda$，只要 $0<-\lambda\ll-\delta\ll-\varepsilon\ll 1$，系统

$$\frac{dx}{dt}=\lambda x-y+lx^2+\left(\frac{b+2l}{l+n}a+\varepsilon\right)xy+ny^2$$

$$\frac{dy}{dt}=x+ax^2+\left(b+\frac{\varepsilon(l+n)+\delta}{a}\right)xy.$$

具有极限环的(1,3)分布.

这里的条件(1)等价于下列不等式：

$$4\left(\frac{2l+b}{l+n}\right)^3a^4+\left[\left(\frac{2l+b}{l+n}\right)^2(b-l)^2+18n(b-l)\frac{2l+b}{l+n}-27n^2\right]a^2+4n(b-l)^3<0.$$

条件(2)说明系数微扰前的系统以原点为二阶或三阶细焦点.

定理 6.2 的证明从略.

应用第二类方法得到的较完整结果有：

定理 6.3　(I)类方程

$$\frac{dx}{dt}=-y+\delta x+lx^2+mxy+ny^2$$

$$\frac{dy}{dt}=x$$

至多有一个极限环.

定理 6.4　(III) 类方程当 $a=0$ 时，即

$$\frac{dx}{dt}=-y+\delta x+lx^2+mxy+ny^2$$

$$\frac{dy}{dt}=x(1+by)$$

至多有一个极限环.

定理 6.5　关于原点对称的二次系统

$$\frac{dx}{dt}=a+a_{20}x^2+a_{11}xy+a_{02}y^2,$$

$$\frac{dy}{dt}=b+b_{20}x^2+b_{11}xy+b_{02}y^2$$

至多有两个极限环.

定理 6.6　一类以原点为三阶细焦点的方程

$$\frac{dx}{dt} = -y + lx^2 + 5axy,$$

$$\frac{dy}{dt} = x + ax^2 + 3lxy,$$

在该细焦点外围不存在极限环.

下面我们将详细介绍定理 6.3 和 6.5 的证明,并指出定理 6.4 和 6.6 的证明的梗概. 读者可从定理 6.3 的证明中体会上述第二类方法的本质,而从定理 6.5 的证明中体会变换的技巧. 这一部分内容取材于下列文献:叶彦谦、陈兰荪、杨信安[55],[56];Л. А. Черкас[41];索光俭[57];王明淑、林应举[58]和蔡燧林[59].

在证明定理 6.3 之前,我们先对(I)类方程中 $\delta=0$ 或 $l=0$ 或 $n=0$ 三种情形分别给出引理.

引理 6.1 系统$(\mathrm{I})_{\delta=0}$

$$\begin{aligned} \frac{dx}{dt} &= -y + lx^2 + mxy + ny^2 = P(x,y), \\ \frac{dy}{dt} &= x = Q(x,y), \end{aligned} \tag{6.5}$$

当 $m(l+n)=0$ 时以原点为中心,当 $m(l+n)\neq 0$ 时不存在闭轨线或奇异闭轨线.

证明 系统(6.5)有两个奇点 $O(0,0)$ 及 $N\left(0,\frac{1}{n}\right)$. 对系统(6.5)应用第二章§5 定理 5.2 的推论 2,得到 $w_1=m(l+n)$,$w_2=w_3=0$,因此当 $m(l+n)=0$ 时,(6.5)以原点为中心.

现设 $m(l+n)\neq 0$.

当 $n=0$ 时取 Dulac 函数 $B(x,y)=e^{mx-2ly-\frac{m^2}{2}y^2}$,

则

$$\frac{\partial}{\partial x}(BP) + \frac{\partial}{\partial y}(BQ) = mlx^2 e^{mx-2ly-\frac{m^2}{2}y^2},$$

因 $ml\neq 0$,上式除去直线 $x=0$ 外在全平面保持定号,由本章§1 定理 1.7 及其最后面的附注,知(6.5)不存在闭轨线及奇异闭轨线.

当 $n\neq 0$ 时取 Dulac 函数

$$B(x,y) = (x-\alpha ny+\alpha)^{\alpha m} e^{(\alpha mn-2l)y},$$

其中 α 是方程 $n^2\alpha^2-m\alpha-1=0$ 的正实根,则

$$\frac{\partial}{\partial x}(BP) + \frac{\partial}{\partial y}(BQ) = \alpha m(l+n)x^2(x-n\alpha y+\alpha)^{m\alpha-1}e^{(\alpha mn-2l)y},$$

它在区域 $x-n\alpha y+\alpha>0$ 上定号,奇点 $O(0,0)$ 正是在此区域内,$x-n\alpha y+\alpha=0$

是无切直线,而奇点 $N\left(0,\frac{1}{n}\right)$是鞍点,它在此直线上,故(6.5)不存在闭轨线和奇异闭轨线(由过鞍点的两条分界线所围成).】

引理 6.2 系统$(\mathrm{I})_{l=0}$

$$\begin{aligned}\frac{dx}{dt} &= -y+\delta x+xy+ny^2\\ \frac{dy}{dt} &= x\end{aligned} \tag{6.6}$$

至多有一个极限环.

证明 不失一般性可设 $n>0$,否则将 y 和 t 同时改变符号就可达到此目的.

系统(6.6)有两个奇点,$N\left(0,\frac{1}{n}\right)$为鞍点. 关于奇点 $O(0,0)$,当 $\delta=0$ 时,用第二章§5关于中心焦点的判别定理5.2的推论2,得知此时 $w_1=m(l+n)=n>0$,故 $O(0,0)$是不稳定焦点. 再由引理6.1,知此时系统(6.6)无闭轨线和奇异闭轨线. 而当 $\delta\neq 0$ 时系统(6.6)对参数 δ 而言构成广义旋转向量场,故当 $\delta>0$ 时,由旋转向量场理论,$O(0,0)$也是不稳定焦点,且系统无闭轨线. 往下我们总假设 $\delta<0$.

先证 $\delta+\frac{1}{n}\leqslant 0$ 时系统(6.6)无闭轨线.

事实上,系统

$$\begin{aligned}\frac{dy}{dt} &= x\\ \frac{dx}{dt} &= -(y-ny^2)-(-\delta-y)x=-g(y)-f(y)x\end{aligned}$$

就是 Liénard 方程. $y=\frac{1}{n}$, $x>0$ 和 $y=\frac{1}{n}$, $x<0$ 都是无切直线,(6.6)如有闭轨线只能包含奇点 $O(0,0)$,而不能包含奇点 $N\left(0,\frac{1}{n}\right)$,故(6.6)如有闭轨线,则必整个落在 $y<\frac{1}{n}$ 半平面. 但当 $y<\frac{1}{n}$ 时,$y+\delta<\frac{1}{n}+\delta\leqslant 0$,即 $f(y)$在 $y<\frac{1}{n}$ 半平面上定号,因此(6.6)无闭轨线.

下面再证当 $\delta+\frac{1}{n}>0$ 时(6.6)至多有一个极限环. 为此我们应用§4定理4.7来进行判定.

$$yg(y)=y^2(1-ny)>0,\ y<\frac{1}{n};$$

$$f(0)=-\delta>0;$$

$$\frac{d}{dy}\left(\frac{f(y)}{g(y)}\right)=\frac{\delta-2n\delta y-ny^2}{(y-ny^2)^2}<0,\quad \text{当}\ \delta+\frac{1}{n}>0.$$

定理 4.7 的条件全部满足,故当 $\delta+\dfrac{1}{n}>0$ 时(6.6)至多有一个极限环.】

引理 6.3 系统$(\mathrm{I})_{n=0}$

$$\begin{cases}\dfrac{dx}{dt}=-y+\delta x+lx^2+xy\\ \dfrac{dy}{dt}=x\end{cases}\tag{6.7}$$

至多有一个极限环.

证明 不失一般性可设 $\delta<0$,否则将 y 和 t 同时改变符号就可达到此目的.

作变换

$$x=1-e^{-\bar{x}},\quad y=-\bar{y},\quad t=-\tau,$$

(6.7)化为

$$\frac{d\bar{x}}{d\tau}=-\bar{y}-[(\delta+l)e^{\bar{x}}-(\delta+2l)+le^{-\bar{x}}]=-\bar{y}-F(\bar{x}),$$

$$\frac{d\bar{x}}{d\tau}=1-e^{-\bar{x}}=g(\bar{x}).$$

由于

$$\bar{x}g(\bar{x})>0,\quad \bar{x}\neq 0;$$

$$f(0)=\delta<0;$$

$$\frac{d}{d\bar{x}}\left(\frac{f(\bar{x})}{g(\bar{x})}\right)=\frac{e^{-\bar{x}}[-\delta+(\delta+l)(e^{\bar{x}}-1)]^2}{(1-e^{-\bar{x}})^2}>0.$$

定理 4.7 的条件全部满足,故系统(6.7)至多有一个极限环.】

从引理 6.2 和 6.3 看出,要想证明某些二次系统至多有一个极限环,基本作法是,先画出参数空间中闭轨线不存在的区域,然后在参数空间中对应闭轨线可能存在的区域,将原系统化为 Liénard 方程,再应用有关 Liénard 方程极限环的唯一性定理,就可能解决问题.

定理 6.3 的证明 (I)类方程

$$\begin{aligned}&\frac{dx}{dt}=-y+\delta x+lx^2+mxy+ny^2\\ &\frac{dy}{dt}=x\end{aligned}\tag{6.8}$$

有两个奇点 $O(0,0)$和 $N\left(0,\dfrac{1}{n}\right)$,其中 $N\left(0,\dfrac{1}{n}\right)$是鞍点.

当 $m(l+n)=0$ 时,若又有 $\delta=0$,则根据引理 6.1,$O(0,0)$是中心;若 $\delta\neq 0$,则(6.8)对参数 δ 而言构成广义旋转向量场,故 $O(0,0)$是焦点,且此时(6.8)无闭轨线.

当 $m(l+n)\neq 0$ 时,可经相似变换 $x=\dfrac{1}{m}\bar{x}$,$y=\dfrac{1}{m}\bar{y}$,化为 $m=1$ 的情形,为符

号简单起见就设 $m=1$.若 $\delta=0$,应用第二章§5 定理 5.2 的推论 2,有 $w_1=l+n$,故当 $l+n>0(<0)$时,奇点 $O(0,0)$是不稳定(稳定)焦点. 据引理 6.1 知此时系统(6.8)无闭轨线和奇异闭轨线. 又系统(6.8)对参数 δ 而言构成广义旋转向量场,故当 $\delta>0(<0)$时,奇点(0,0)也是不稳定(稳定)焦点,且系统(6.8)无闭轨线,即当 $\delta(l+n)>0$ 时系统(6.8)无极限环.

往下我们只需讨论 $l+n>0,\delta<0$ 的情形. 由于引理 6.2 和 6.3,正分别是 $l=0,n\neq 0$ 和 $n=0,l\neq 0$ 的情形,所以只需讨论其余三种情形:

1. $l+n>0,\delta<0,l>0,n<0$.
2. $l+n>0,\delta<0,l<0,n>0$.
3. $l+n>0,\delta<0,l>0,n>0$.

情形 1　$l+n>0,\delta<0,l>0,n<0$.

首先将(6.8)化为 Liénard 方程. 先作变换 $x=\bar{x}+\lambda\bar{y},y=\bar{y}$,将(6.8)化为

$$\begin{aligned}\frac{d\bar{x}}{dt}&=(\delta-\lambda)\bar{x}+(\delta\lambda-\lambda^2-1)\bar{y}+l\bar{x}^2+(2l\lambda+1)\overline{xy},\\ \frac{d\bar{y}}{dt}&=\bar{x}+\lambda\bar{y}.\end{aligned}\tag{6.9}$$

这里 λ 是方程 $l\lambda^2+\lambda+n=0$ 的正实根,即

$\lambda=\dfrac{-1+\sqrt{1-4l_n}}{2l}$.对(6.9)再作变换:

$$x_1=\frac{2\lambda l+1}{\lambda^2-\delta\lambda+1}\bar{x},\quad y_1=\frac{2\lambda l+1}{\sqrt{\lambda^2-\delta\lambda+1}}\bar{y},$$

$$\tau=\sqrt{\lambda^2-\delta\lambda+1}\,t.$$

并将 y_1 和 τ 同时改变符号,得

$$\begin{aligned}\frac{dx_1}{d\tau}&=-y_1-\delta' x_1-l' x_1^2+x_1y_1,\\ \frac{dy_1}{d\tau}&=x_1-a' y_1,\end{aligned}\tag{6.10}$$

其中 $\delta'=\dfrac{\delta-\lambda}{\sqrt{\lambda^2-\delta\lambda+1}}<0,l'=\dfrac{l\sqrt{\lambda^2-\delta\lambda+1}}{2\lambda l+1}>0,a'=\dfrac{\lambda}{\sqrt{\lambda^2-\delta\lambda+1}}>0$.

对(6.10)再作变换:

$$x_1=1-e^{-x_2},\quad y_1=y_2.$$

得

$$\begin{aligned}\frac{dx_2}{d\tau}&=-y_2-[(\delta'+l')e^{x_2}-l'](1-e^{-x_2}),\\ \frac{dy_2}{d\tau}&=(1-e^{-x_2})-a' y_2.\end{aligned}\tag{6.11}$$

(6.11)等价于 Liénard 方程

$$\ddot{x}_2+[(\delta'+l')e^{x_2}-l'e^{-x_2}+a']\dot{x}_2+(1-e^{-x_2})\cdot\{1+a'[(\delta'+l')e^{x_2}-l]\}=0. \tag{6.12}$$

将 x_2, y_2, τ 分别记为 x, y, t, (6.12)又等价于

$$\frac{dx}{dt}=-y-F(x), \quad \frac{dy}{dt}=g(x), \tag{6.13}$$

其中 $F(x)=(\delta'+l')e^x+l'e^{-x}+a'x-\delta'-2l'$,

$g(x)=(1-a'l')(1-e^{-x})+a'(\delta'+l')(e^x-1)$.

先证当 $\delta'+l'\leqslant 0$ 时(6.13)无闭轨线. 事实上当 $\delta'+l'=0$ 时,(6.13)变为

$$\begin{aligned}\frac{dx}{dt}&=-y-(a'x+l'e^{-x}-l')=P(x,y),\\ \frac{dy}{dt}&=(1-a'l')(1-e^{-x})=Q(x,y).\end{aligned} \tag{6.14}$$

原点是(6.14)的不稳定奇点,设 Γ 是(6.14)的最靠近原点的闭轨线,则 Γ 应为内侧稳定,但

$$\begin{aligned}\oint_\Gamma \operatorname{div}(P,Q)dt&=\oint_\Gamma(l'e^{-x}-a')dt\\ &=\oint_\Gamma(l'-a')dt-\oint_\Gamma l'(1-e^{-x})dt\\ &=\oint_\Gamma(l'-a')dt>0,\end{aligned}$$

这是因为 $l'-a'=\dfrac{l+n-\lambda l\delta}{(2l\lambda+1)\sqrt{\lambda^2-\delta\lambda+1}}>0$ 的缘故. 这样 Γ 应为不稳定极限环,得矛盾. 故当 $\delta'+l'=0$ 时(6.13)无闭轨线. 回到方程组(6.8),便知当

$$\delta=\frac{-(l+n)}{\lambda l+1}$$

时系统(6.8)无闭轨线. 而系统(6.8)对参数 δ 而言构成广义旋转向量场,且当 $\delta<0$ 时,$O(0,0)$是(6.8)的稳定奇点,故当 $\delta<\dfrac{-(l+n)}{\lambda l+1}$时,(6.8)也无闭轨线.

$$\frac{\partial}{\partial\delta}(\delta'+l')=\frac{\lambda^3l-\lambda^2l\delta+3\lambda l+\lambda^2-\delta\lambda+2}{2(2\lambda l+1)(\lambda^2-\delta\lambda+1)^{3/2}}>0,$$

可见当 $\delta<-\dfrac{l+n}{\lambda l+1}$时,$\delta'+l'<0$,而当 $\delta>-\dfrac{l+n}{\lambda l+1}$时,$\delta'+l'>0$. 因而当 $\delta'+l'\leqslant 0$ 时,(6.14)无闭轨线. 以下就讨论 $\delta'+l'>0$ 的情形. 要证此时(6.14)至多有一个极限环. 应用§4 定理 4.7,显然

$$xg(x)=x(1-e^{-x})[1-a'l'+a'(\delta'+l')e^x]>0, \quad 当\ x\neq 0;$$

$$f(x)=F'(x)=(\delta'+l')e^x-l'e^{-x}+a'$$

$$f(0)=\delta'+a'=\frac{\delta}{\sqrt{\lambda^2-\delta\lambda+1}}<0;$$

$$\frac{d}{dx}\left[\frac{f(x)}{g(x)}\right]=\frac{(1-2a'l')(\delta'+l')(e^{x/2}-e^{-x/2})^2+}{[(1-e^{-x})(1-a'l')+}\rightarrow$$

$$\leftarrow\frac{+(a'l'-1)(a'+\delta')e^{-x}-a'(\delta'+l')(a'+\delta')e^{x}}{+a'(\delta'+l')(e^{x}-1)]^2}>0,\quad(6.15)$$

这是因为 $\delta'+l'>0,1-2a'l'=\dfrac{1}{2\lambda l+1}>0,a'l'-1=\dfrac{-\lambda l-1}{2\lambda l+1}<0,a'+\delta'<0$. 定理 4.7 的条件全部满足,系统(6.14)当 $\delta'+l'>0$ 时至多有一个极限环.

情形 2 $l+n>0,\delta<0,l<0,n>0$.

先证当 $\delta+\dfrac{1}{n}\leqslant 0$ 时(6.8)无闭轨线. 设若不然,因原点是稳定奇点,故最靠近原点的闭轨线 Γ 必为内侧不稳定,但

$$\oint_{\Gamma}\operatorname{div}(6.8)dt=\oint_{\Gamma}(\delta+2lx+y)dt$$

$$=\oint_{\Gamma}(\delta+y)dt<\oint_{\Gamma}\left(\delta+\frac{1}{n}\right)dt\leqslant 0,$$

故 Γ 应是稳定极限环,得矛盾. 这就证明了,当 $\delta+\dfrac{1}{n}\leqslant 0$ 时(6.8)无闭轨线.

往下讨论 $\delta+\dfrac{1}{n}>0$ 的情形.

取 $\lambda=-\dfrac{1+\sqrt{1-4nl}}{2l}>0$. 如同情形 1,可将(6.8)化为(6.13).

$g(x)=0$ 有两个根 $x=0$ 和 $x=\ln\dfrac{a'l'-1}{a'(\delta'+l')}$. 因 $a'l'-1<0,\delta'+l'<0$,故对数号下为正,对数有意义,又因 $a'l'-1<a'(l'+\delta')<0$,故 $\ln\dfrac{a'l'-1}{a'(\delta'+l')}>0$. 令

$$x_0=\ln\frac{a'l'-1}{a'(\delta'+l')},\quad y_0=-F(x_0).$$

(x_0,y_0)是(6.13)的奇点,且为鞍点. 若(6.13)有闭轨线,它只能包围奇点 $O(0,0)$,而不能包围奇点(x_0,y_0). 又 $x=\ln\dfrac{a'l'-1}{a'(\delta'+l')},y>y_0$ 和 $x=\ln\dfrac{a'l'-1}{a'(\delta'+l')},y<y_0$ 是无切直线,故(6.13)若有闭轨线,则必整个落在 $x<\ln\dfrac{a'l'-1}{a'(\delta'+l')}$ 半平面上. 现在验证在此半平面上(6.13)满足§4 定理 4.7 的所有条件. 显然

$$xg(x)>0,\quad 当\ x<\ln\frac{a'l'-1}{a'(\delta'+l')};$$

$$f(0) = a' + \delta' < 0.$$

再要证在情形 2 的条件下和当 $\delta+\frac{1}{n}>0$ 时,(6.15)式左侧的分子为正,即

$$\begin{aligned}\omega(x) &= (\delta' + l')(1 - 2a'l')(e^x - 2 + e^{-x}) \\ &\quad - a'(a' + \delta')(\delta' + l')e^x - (a' + \delta')(1 - a'l')e^{-x} \\ &= Ae^x + Be^{-x} - C > 0,\end{aligned}$$

其中 $A=(\delta'+l')[(1-2a'l')-a'(a'+\delta')]$,

$B=(\delta'+l')(1-2a'l')-(a'+\delta')(1-a'l')$,

$C=2(\delta'+l')(1-2a'l')$.

先证 $A>0,B>0$. 因为 $\delta'+l'<0,1-2a'l'<0,a'+\delta'<0,1-a'l'>0$,故 $B>0$. 为证 $A>0$,需证

$$1 - 2a'l' - a'(a' + \delta') = \frac{1 + 2n\delta + \lambda^2}{(1 + 2\lambda l)(\lambda^2 - \delta\lambda + 1)} < 0.$$

因 $1+2\lambda l<0$,为此需证 $1+2n\delta+\lambda^2>0$. 因为 $\delta>-\frac{1}{n}$, $l\lambda^2+\lambda+n=0$,故

$$1 + 2n\delta + \lambda^2 > -1 - \frac{\lambda}{l} - \frac{n}{l} = \frac{-(l+n)}{l} - \frac{\lambda}{l} > 0.$$

故有 $A>0,B>0$. 令

$$\omega'(x) = Ae^x - Be^{-x} = 0,$$

解得

$$e^{x_1} = \sqrt{\frac{B}{A}}, \quad x_1 = \ln\sqrt{\frac{B}{A}}.$$

$$\omega''(x) = Ae^x + Be^{-x},$$

$$\omega''(x_1) = 2\sqrt{AB} > 0,$$

故 $x=x_1$ 是 $\omega(x)$ 的唯一极值点,且为极小点. 为证 $\omega(x)>0$,只需证 $\omega(x_1)>0$,即

$$\omega(x_1) = Ae^{x_1} + Be^{-x_1} - C = 2\sqrt{AB} - C > 0,$$

即

$$4AB > C^2,$$

即

$$\begin{aligned}&(\delta' + l')(a' + \delta')[a'(a' + \delta')(1 - a'l') \\ &\quad - (1 - 2a'l')(a'\delta' + 1)] > 0.\end{aligned}$$

又因 $\delta'+l'<0,a'+\delta'<0$,为此只需证

$$D = a'(a' + \delta')(1 - a'l') - (1 - 2a'l')(a'\delta' + 1) > 0.$$

因 $a'(a'+\delta')=\frac{\delta\lambda}{\lambda^2-\delta\lambda+1}$, $1-a'l'=\frac{\lambda l+1}{2\lambda l+1}$, $1-2a'l'=\frac{1}{2\lambda l+1}$, $a'\delta'+1=$

$\frac{1}{\lambda^2-\delta\lambda+1}$,故

$$D=\frac{\delta\lambda(\lambda l+1)-1}{(\lambda^2-\delta\lambda+1)(2\lambda l+1)}$$

$$=\frac{-\delta n-1}{(\lambda^2-\delta\lambda+1)(2\lambda l+1)}$$

$$=\frac{-n\left(\delta+\frac{1}{n}\right)}{(\lambda^2-\delta\lambda+1)(2\lambda l+1)}>0.$$

定理 4.7 的条件全部满足,故当 $\delta+\frac{1}{n}>0$ 时(6.8)至多有一个极限环.

情形 3　$l+n>0,\delta<0,l>0,n>0$.

作变换

$$x=ue^{lv},\quad y=v,\quad dt=e^{-lv}d\bar{t}.$$

为符号简单起见,仍将 $\bar{t}$ 记成 t,系统(6.8)变为

$$\begin{aligned}\frac{du}{dt}&=(-v+nv^2)e^{-2lv}+(\delta+v)ue^{-lv},\\ \frac{dv}{dt}&=u.\end{aligned}\tag{6.16}$$

令 $t=-\tau$, (6.16)等价于 Liénard 方程.

$$\frac{d^2v}{d\tau^2}+(\delta+v)e^{-lv}\frac{dv}{d\tau}-(-v+nv^2)e^{-2lv}=0.\tag{6.17}$$

(6.17)又等价于下列方程组

$$\begin{aligned}\frac{dv}{d\tau}&=-u+\int_0^v(\delta+v)e^{-lv}dv\\ &=-u+\frac{lv+\delta l+1}{l^2}e^{-lv}-\frac{\delta l+1}{l^2}\\ &=-u-F(v),\\ \frac{du}{d\tau}&=(v-nv^2)e^{-2lv}=g(v),\end{aligned}\tag{6.18}$$

先证,当 $\delta\leqslant-\frac{1}{l}$ 时,(6.8)无闭轨线. 事实上,当 $\delta=-\frac{1}{l}$ 时,(6.18)变为

$$\begin{aligned}\frac{dv}{d\tau}&=-u+\frac{v}{l}e^{-lv},\\ \frac{du}{d\tau}&=(v-nv^2)e^{-2lv}.\end{aligned}\tag{6.19}$$

因当 $v<\frac{1}{n}$ 时,$v(v-nv^2)e^{-2lv}>0$,令

$$G(v)=\int_0^v(v-nv^2)e^{-2lv}dv,$$

便知当 $v\neq 0, v<\frac{1}{n}$时,$G(u)>0$;$G(-\infty)=+\infty$;当 $0<v\leqslant\frac{1}{n}$时,$G(v)\leqslant A_0$. 作广义的状态函数.

$$H(u,v)=\frac{u^2}{2}+\int_0^v(v-nv^2)e^{-2lv}dv.$$

$H(u,v)=A\leqslant A_0$ 是一族围绕原点的闭曲线,且 $H\left(0,\frac{1}{n}\right)=A_0$. 而

$$\left.\frac{dH}{d\tau}\right|_{(6.19)}=\frac{v^2}{l}(1-nv)e^{-3lv}>0,\quad 当\ v<\frac{1}{n}\ 时,$$

故(6.19)无闭轨线整个落在 $v<\frac{1}{n}$半平面上. 但(6.8)的闭轨线必定整个落在 $y<\frac{1}{n}$半平面上($v=y$). 故当 $\delta=-\frac{1}{l}$时,系统(6.8)无闭轨线. 如同情形 1 中一样,因系统(6.8)对参数 δ 而言构成广义旋转向量场,又当 $\delta\leqslant-\frac{1}{l}$时,原点是稳定奇点,故当 $\delta<-\frac{1}{l}$时系统(6.8)也无闭轨线.

如同情形 2 中一样,可证当 $\delta<-\frac{1}{n}$时系统(6.8)无闭轨线. 往下只需证当

$$v<\frac{1}{n},\quad l>0,\quad n>0,\quad 0>\delta>-\frac{1}{n},\quad 0>\delta>-\frac{1}{l}\tag{6.20}$$

时,系统(6.18)至多有一条闭轨线.

应用§4 定理 4.7. 显然

$$vg(v)=v^2(1-nv)e^{-2lv}>0,\quad 当\ v<\frac{1}{n};$$

$$f(v)=(\delta+v)e^{-lv},$$

$$f(0)=\delta<0;$$

还需证

$$\frac{d}{dv}\left(\frac{f(v)}{g(v)}\right)=\frac{d}{dv}\left[\frac{(\delta+v)e^{lv}}{v-nv^2}\right]=\frac{w(l,v)}{(v-nv^2)^2}e^{lv}>0,$$

其中 $w(l,v)=-l\,nv^3+(l+n-l\,n\delta)v^2+(2n\delta+l\delta)v-\delta$.

下面分三步来证明当 $v<\frac{1}{n}$时,$w(l,v)>0$.

(i) 当 $v<0$ 时,显然 $w(l,v)>0$.

(ii) 当 $0<v<-\delta$ 时,令

$$w(l,v)=w_1(l,v)+w_2(l,v),$$

$$w_1(l,v)=(-\delta-v)(lv-1)(nv-1),$$

$$w_2(l,v)=(1+n\delta)v.$$

由于

$-\delta-v\geqslant 0, lv-1\leqslant -l\delta-1\leqslant 0, nv-1<-n\delta-1<0, 1+n\delta>0$,故 $w_1(l,v)>0, w_2(l,v)>0$,即

$$w(l,v)>0,\quad 当 0<v<-\delta 时.$$

(iii) 当 $-\delta<v<\dfrac{1}{n}$ 时,

$$w(l,v)-w(0,v)=lv(-\delta-v)(nv-1).$$

故当 $-\delta<v<\dfrac{1}{n}$ 时,$w(l,v)-w(0,v)>0$.而

$$w(0,v)=nv^2+2n\delta v-\delta>0,$$

这是由于判别式 $4n\delta(1+n\delta)>0$.故

$$w(l,v)>0,\quad 当 -\delta<v<\frac{1}{n} 时.$$

因而当条件(6.20)成立时,定理 4.7 的条件全部满足,故此时系统(6.8)至多有一条闭轨线. 至此,定理 6.3 证毕.】

定理 6.4 的证明方法与定理 6.3 类似,把明显不存在极限环的情形排除后,将参数空间划分成八个区域,在每一个区域内选取适当变换把方程化为 Liénard 型,然后应用定理 4.7 或 4.11 得到结论. 值得注意的是,定理 6.4 可改述为

定理 6.4* 若二次系统有一条积分曲线,它是直线,则它至多有一个极限环.

应用定理 6.4*,索光俭[57]得出了定理 6.5.

定理 6.5 的证明 关于原点对称的二次系统,总可以化为.

$$\begin{aligned}\frac{dx}{dt}&=a+a_{20}x^2+a_{11}xy+a_{02}y^2,\\ \frac{dy}{dt}&=b+b_{20}x^2+b_{11}xy+b_{02}y^2.\end{aligned}\tag{6.21}$$

在(6.21)中,不妨设 $a_{02}=0$.事实上,若 $a_{02}\neq 0$,则当 $b_{20}=0$ 时,我们可以把 xy 互换. 当 $b_{20}\neq 0$ 时,取 λ 为三次方程

$$b_{20}\lambda^3+(b_{11}-a_{20})\lambda^2+(b_{02}-a_{11})\lambda+a_{02}=0$$

的根,作变换 $x=\bar{x}+\lambda\bar{y}, y=\bar{y}$.就可变成 $a_{02}=0$.因此上述结论只要对

$$\begin{aligned}\frac{dx}{dt}&=a+a_{20}x^2+a_{11}xy,\\ \frac{dy}{dt}&=b+b_{20}x^2+b_{11}xy+b_{02}y^2.\end{aligned}\tag{6.22}$$

证明就可以了. 若 $a^2+b^2=0$,则右侧是齐次式,因此无闭轨线. 若 $a^2+b^2\neq 0$,则原点不是奇点,注意到对称性,便知系统(6.22)的奇点和闭轨线的个数都是非负偶数.

若 $a=0$,则(6.22)有一直线解 $x=0$,据定理 6.4*,(6.22)的闭轨线不多于一个,但(6.22)的闭轨线个数是非负偶数,因此(6.22)无闭轨线.

若 $a\neq0$，不妨设(x_1,y_1)是一个奇点，由对称性$(-x_1,-y_1)$也是奇点. 我们总可以不改变(6.22)的形状而把这两个奇点变为$(\pm1,0)$. 事实上，由 $a\neq0$ 推出 $x_1\neq0$. 当 $y_1=0$ 时取变换 $x=x_1\bar{x}, y=\bar{y}$；当 $y_1\neq0$ 时取变换 $x=x_1\bar{x}, y=y_1\bar{x}+\bar{y}$ 就可达到目的，这样一来(6.22)可变为

$$\frac{dx}{dt}=a-ax^2+a_{11}xy,\quad \frac{dy}{dt}=b-bx^2+b_{11}xy+b_{02}y^2. \tag{6.23}$$

再引入 $\tau=at$，仍将 τ 记成 t，(6.23)变为如下形式：

$$\frac{dx}{dt}=1-x^2+\alpha xy,\quad \frac{dy}{dt}=l-lx^2+mxy+ny^2. \tag{6.24}$$

若(6.24)中 $\alpha=0$，则 $x=\pm1$ 是解，且奇点都在这两直线上，因此无闭轨线. 若 $\alpha\neq0$，则取变换 $y=\frac{1}{\alpha}\bar{y}$，就可把(6.24)变为

$$\frac{dx}{dt}=1-x^2+xy,\quad \frac{dy}{dt}=l'-l'x^2+m'xy+n'y^2. \tag{6.25}$$

我们仍记 l', m', n' 为 l, m, n，要证系统

$$\frac{dx}{dt}=1-x^2+xy\quad \frac{dy}{dt}=l-lx^2+mxy+ny^2 \tag{6.26}$$

至多有两个闭轨线. 当 $x=0$ 时$\frac{dx}{dt}=1$，因此所有闭轨线都不与直线 $x=0$ 相交. 若能证得 $x>0$ 时(6.26)至多有一个闭轨线，即可达到目的.

在(6.26)中作变换：$\xi=1-x^2+xy, x=x, dt=xd\tau$，得

$$\begin{aligned}\frac{dx}{d\tau}&=x\xi,\\ \frac{d\xi}{d\tau}&=(m+2n-1)x^2\xi-(2n+1)\xi+(n+1)\xi^2\\ &\quad-(l-m-n)x^4+(l-m-2n)x^2+n.\end{aligned} \tag{6.27}$$

在(6.27)中再引入变换 $u=x^2, \xi=\xi$，得

$$\begin{aligned}\frac{du}{d\tau}&=2u\xi,\\ \frac{d\xi}{d\tau}&=(m+2n-1)u\xi-(2n+1)\xi+(n+1)\xi^2\\ &\quad-(l-m-n)u^2+(l-m-2n)u+n.\end{aligned} \tag{6.28}$$

由于(6.25)在 $x>0$ 上的闭轨线个数与(6.28)在 $u>0$ 上的闭轨线个数相同. 而(6.28)是有直线解的二次系统，据定理6.4*，它的闭轨线个数不超过1，显然在 $u>0$ 上它的闭轨线个数也不超过1. 从而(6.25)在 $x>0$ 上的闭轨线个数不超过1，由对称性知(6.25)在全平面上的闭轨线个数不超过2. 证毕.】

王明淑、林应举[58]和蔡燧林[59]同时给出定理6.6的证明，所用的方法，都是通过变换将该类具有三阶细焦点的方程化为 Liénard 方程，然后作 Филиппов 变

换,(见本章§1 引理 1.1),证明 $F_1(z)$与 $F_2(z)$除(0,0)点外别无交点,故系统不存在闭轨线. 值得指出的是,虽然很多人猜测在一般情形下,一个具三阶细焦点的二次系统在该细焦点外围不存在极限环,但很长时间无人能给出证明,最近李承治证明了这个结论[85].

利用 Liénard 方程的有关理论,不仅可以证明二次系统在粗焦点外围闭轨线的唯一性,而且可以证明在细焦点外围闭轨线的唯一性. 下面的结果是用曾宪武的唯一性定理(定理 4.11)来证明的.

定理 6.7 方程组

$$\begin{aligned} \frac{dx}{dt} &= -y + lx^2 + mxy = X(x,y), \\ \frac{dy}{dt} &= x(1+ax) = Y(x,y), \quad a \neq 0, \end{aligned} \tag{6.29}$$

围绕原点至多有一条闭轨线.

证明 当 $l=0$ 时,由 $X(x,-y)=-X(x,y)$, $Y(x,-y)=Y(x,y)$,知向量场关于 x 轴对称,故知原点是中心.

当 $l\neq 0, m=0$ 时,(6.29)化为 Liénard 系统:

$$\frac{dx}{dt} = -y - F(x),$$

$$\frac{dy}{dt} = g(x),$$

其中 $F(x)=-lx^2$, $g(x)=x(1+ax)$. 由于二曲线

$$x^2 = u^2, \quad \frac{x^2}{2} + \frac{ax^3}{3} = \frac{u^2}{2} + \frac{au^3}{3}$$

在(x,u)平面的二、四象限无交点,故知无围绕原点的闭轨线(见本章习题 5).

在以下的讨论中可设 $m=1, l>0$.

在(6.29)中引入变换:$x=-\bar{x}$, $dt=\dfrac{d\tau}{1-x}$,变换后仍将 $\bar{x}$, $\bar{y}$ 和 τ 分别记成 x, y 和 t,(6.29)化为 Liénard 系统

$$\begin{aligned} \frac{dx}{dt} &= y - F(x), \quad F(x) = \frac{lx^2}{1+x}, \\ \frac{dy}{dt} &= -g(x), \quad g(x) = \frac{x(1-ax)}{1+x}. \end{aligned} \tag{6.30}$$

由 $F(x)=F(u)$,解得 $u=\dfrac{-x}{1+x}$. 记

$$\Phi_C(x) = G(u(x)) - G(x) - C, \quad C \geqslant 0.$$

便有

$$\Phi_C'(x) = g(u(x))u'(x) - g(x)$$

$$= \frac{x^2}{(1+x)^3}(ax^2 + (2a-1)x + (2a-1)).$$

以下分情形讨论.

1. $a \geqslant \frac{1}{2}$.

当 $0 < x < \frac{1}{a}$ 时,$\Phi_0(0) = 0, \Phi_0'(x) > 0$,故

当 $0 < x < \frac{1}{a}$ 时,$\Phi_0(x) > 0$. 这表明二曲线

$$F(u) = F(x), \quad G(u) = G(x)$$

在区域 $-1 < u < 0, 0 < x < \frac{1}{a}$ 内无交点,故方程组(6.30)在点 O 外围无闭轨.

2. $a < 0$.

$\Phi_0(0) = 0$. 当 $x > 0$ 时,$\Phi_0'(x) < 0$,故当 $x > 0$ 时,$\Phi_0(x) < 0$. 这表明二曲线

$$F(u) = F(x), \quad G(u) = G(x)$$

在区域 $\min\left(-1, \frac{1}{a}\right) < u < 0, x > 0$ 内无交点,故方程组(6.30)在点 O 外围无闭轨线.

3. $0 < a < \frac{1}{2}$.

对任何常数 $C > 0$,$\Phi_C'(x)$有唯一正根 x_a,x_a 与 C 无关.

$$\Phi_C'(x)(x - x_a) > 0, \quad \text{当 } x > 0, x \neq x_a \text{ 时},$$

$$\Phi_C'(0) = -C < 0,$$

故对任何常数 $C > 0$,$\Phi_C(x)$在区间$\left(0, \frac{1}{a}\right)$内至多有一个实根. 这表明对任何常数 $C > 0$,二曲线

$$F(u) = F(x), \quad G(u) = G(x) + C$$

在区域 $-1 < u < 0, 0 < x < \frac{1}{a}$ 内至多有一个交点. 又

$$\frac{F(x)f(x)}{g(x)} = \frac{lx^2(2+x)}{(1+x)^2(1-ax)} = l\left(\frac{x}{1+x}\right)^2\left(\frac{2+x}{1-ax}\right)$$

在 $x > 0$ 时是单调递增的,故由§4 定理 4.11 在 $O(0,0)$外围至多有一条闭轨线.】

最后讨论,如何将二次系统化为 Liénard 方程.

不失一般性,可将有可能存在闭轨线的二次系统写成

$$\begin{aligned} \frac{dx}{dt} &= -y + ax^2 + bxy, \\ \frac{dy}{dt} &= x + \delta y + lx^2 + mxy - ny^2. \end{aligned} \tag{6.31}$$

若 $b = 0$,则令 $-y + ax^2 = \xi$, (6.31)化为

$$\frac{dx}{dt}=\xi$$

$$\begin{aligned}\frac{d\xi}{dt}&=-[x+(a\delta+l)x^2+max^3+na^2x^4]\\&\quad+[\delta+(m-2a)x+2anx^2]\xi-n\xi^2\\&=-g(x)-f(x)\xi-n\xi^2.\end{aligned}$$

即

$$\ddot{x}+(f(x)+n\dot{x})\dot{x}+g(x)=0.$$

再令

$$\eta=A(x)\dot{x}+B(x), \tag{6.32}$$

其中 $A(x)$和 $B(x)$待定,则有

$$\begin{aligned}\frac{d\eta}{dt}&=A'(x)\dot{x}^2+A(x)\ddot{x}+B'(x)\dot{x}\\&=A'(x)\dot{x}^2+A(x)[-g(x)-f(x)\dot{x}-n\dot{x}^2]+B'(x)\dot{x}.\end{aligned} \tag{6.33}$$

在(6.33)中取 $A'(x)=nA(x)$,$B'(x)=f(x)A(x)$,于是(6.32),(6.33)就化为

$$\frac{d\eta}{dt}=-A(x)g(x),\quad \frac{dx}{dt}=\frac{\eta-B(x)}{A(x)}. \tag{6.34}$$

再引入时间变量的替换,(6.34)就变为

$$\begin{aligned}\frac{d\eta}{d\tau}&=-A^2(x)g(x),\\\frac{dx}{d\tau}&=\eta-B(x).\end{aligned} \tag{6.35}$$

这就是 Liénard 系统.

若 $b\neq0$,则可经相似变换,将 b 化为 1. 这时(6.31)可写成

$$\begin{aligned}\frac{dx}{dt}&=-y+ax^2+xy,\\\frac{dy}{dt}&=-x+\delta y+lx^2+mxy+ny^2.\end{aligned} \tag{6.36}$$

在(6.36)中令 $\xi=-y+ax^2+xy$,仿照 $b=0$ 时的方法,可将(6.36)化为 Liénard 系统,我们在此就将推导省略了.

值得注意的是当 $n=0$ 时,可用变换 $x=1-e^{-\bar{x}}$,$y=\bar{y}$,将(6.31)化为 Liénard 系统,这时把半平面 $x<1$ 变为全平面.

为了便于读者应用,我们在此引进刘钧[60]的结果. 他作了一系列变换,将(6.31)化为如下的 Liénard 系统,为符号简单起见,变量仍以 x,y,t 表示.

$$\frac{dx}{dt}=y-F(x),$$

$$\frac{dy}{dt}=-g(x),$$

其中

$$F(x)=\int_0^x \frac{1}{1-bx}[(ab+mb-2na)x^2+(b\delta-m-2a)x-\delta]E(x)dx,$$

$$g(x)=\frac{x}{1-bx}[(b^2l-abm+a^2n)x^3+(b^2+am-ab\delta-2bl)x^2 + (l+a\delta-2b)x+1]E^2(x),$$

$$E(x)=e^{\int_0^x \frac{b+n}{1-bx}dx}.$$

此外,Л. А. Черкас 也曾给出变换,可将二次系统化为 Liénard 方程. 可参看文献[61],[62].

§7. * 极限环的唯 n 性

极限环的个数问题是比较艰难的问题. 已有的工作大体上分四个方面. 第一方面,证明了某些系统极限环个数的最小上界. 第二方面,构造例子,使系统恰好有 n 个极限环. 或者用举例来说明,某类系统至少有 n 个极限环. 第三方面,对某类系统给出了至少存在 n 个极限环的充分条件. 第四方面,对某类系统给出了恰好存在 n 个极限环的充分条件.

关于第一方面,我们将只介绍 S. P. Diliberto[3] 的工作. 对于微分方程组

$$\frac{dx}{dt}=X_n(x,y),\quad \frac{dy}{dt}=Y_n(x,y), \tag{7.1}$$

其中 X_n, Y_n 是 x, y 的 n 次实系数多项式,S. P. Diliberto 给出了一类强稳定和强不稳定极限环个数的最小上界. 关于 Liénard 方程,A. Lins, W. de Melo and C. C. Pugh 在文献[63]中提出了当 $g(x)=x$,特征函数 $F(x)$是 $2n+1$ 或 $2n+2$ 次多项式时极限环个数至多是 n 的猜想. 在这方面已经得到的结果是:根据 §4 定理 4.6,当 $F(x)$是三次多项式时,极限环个数至多是 1;在 §5 中已提到,Г. С. Рычков[45] 证明了,当 $F(x)$是 5 次奇次多项式时,极限环个数至多是 2;最近索光俭[64] 证明,当 $F(x)=\sum\limits_{i=1}^{n} a_{2i+1}x^{2i+1}$, $a_{2n+1}\neq 0$, 若系数列 $a_1, a_3, \cdots, a_{2n+1}$ 的变号次数为 1,则极限环个数为 1,若变号次数为 2,则极限环个数至多是 2. 关于 (E_2)系统,如 §6 中已提到,(I)类方程至多有一个极限环;(III)类方程当 $a=0$ 时至多有一个极限环;关于原点对称的(E_2)系统至多有两个极限环. 目前有关这类方程的极限环个数的最小上界的估计主要结果就是这些. 由此可见离开彻底解决 A. Lins 等人的猜想和(E_2)系统极限环个数的最小上界差距还很大.

关于第二方面,首先是 M. Войлоков[65] 对 Liénard 方程给出了恰好有 n 个极限环的例子. A. Lins, W. de Melo and C. C. Pugh[63] 对 Liénard 方程,构造例子,

当 $F(x)$ 是 $2n+1$ 或 $2n+2$ 次多项式时,极限环个数恰好是 n,但他们的例子是带小参数的,因而是较容易构造的. 黄克成[9]和陈秀东[66]都给出了构造特征函数 $F(x)$ 的方法,使相应的 Liénard 方程恰好有 n 个极限环. 我们将着重介绍黄克成的工作. §6 中定理 6.1 关于 $N(2)\geqslant 4$ 就是属于这个方面的工作.

关于第三方面,近年来有不少人研究交变阻尼系统

$$\frac{dx}{dt}=\Phi(y)-F(x),\quad \frac{dy}{dt}=-g(x),$$

存在多个极限环的问题. 加在 $F(x)$ 上的条件大体上分两类:一类要求 $F(x)$ 在每次变号后的绝对值的最大值充分大,以产生多个周期振荡,如 M. Войлоков[65],黄克成[9],杨思认和黄启昌[67]等的工作. 一类要求 $F(x)$ 在每个定号区间上与 x 轴所围成的面积越来越大,以产生多个周期振荡,如 C. Comstock[68], D. A. Neumann[69],吴葵光[70],Г. С. Рычков[71]等的工作. 这两种限制在本质上都是要求阻尼 $f(x)=F'(x)$ 在每次变号后,其能量的积累要充分大(有时还要求所经过的位移 x 越来越大),以产生新的周期振荡. 前面提到用黄克成的定理所构造的例子就是属于第一种类型的工作,在这方面我们不再介绍其他人的工作了. 作为第二种类型的工作我们介绍[72]中的两个定理,在那里去掉了上述有关结果中关于 $F(x)$ 或 $\Phi(y)$ 是奇函数的限制.

关于第四个方面,即极限环的唯 n 性问题,我们将着重介绍文[73]中关于一类具有周期阻尼的 Liénard 方程极限环的唯 n 性定理.

(一) S. P. Diliberto 定理

定义 7.1 方程(7.1)的极限环 Γ 叫做强稳定的(强不稳定的),如果在 Γ 上恒有 $\operatorname{div}(X_n,Y_n)<0(>0)$.

定理 7.1 方程(7.1)的强稳定和强不稳定极限环的个数的总和小于 $\frac{1}{2}(n-2)(n-3)+1$;如果它们都围绕着一个奇点,则其总和小于 $\left[\frac{n-1}{2}\right]$.

证明 设 $\{\Gamma_\alpha\}$ 是(7.1)的所有强稳定和强不稳定极限环. 我们要证明每一个 Γ_α 至少与代数曲线 $\operatorname{div}(X_n,Y_n)=0$ 的一个闭分支相对应,这样 $\{\Gamma_\alpha\}$ 的总数就不大于 $\operatorname{div}(X_n,Y_n)=0$ 的闭分支的总数. 根据代数曲线的理论,$n-1$ 次代数曲线 $\operatorname{div}(X_n,Y_n)=0$ 的闭分支总数 $\leqslant\frac{1}{2}(n-2)(n-3)+1$. 这样定理的前半部分就得证.

设 R_α 是 Γ_α 所包围的区域,由 Green 公式

$$\iint\limits_{R_\alpha}\operatorname{div}(X_n,Y_n)\,dxdy=\oint_{\Gamma_\alpha}X_n dy-Y_n dx=0.$$

$\operatorname{div}(X_n,Y_n)$ 在 Γ_α 上恒正或恒负,故必存在区域 $\gamma_\alpha\subset R_\alpha$,$\operatorname{div}(X_n,Y_n)$ 在 γ_α 上与 Γ_α 上反号,故存在闭曲线(不一定单闭) $L_\alpha\subset R_\alpha\setminus\gamma_\alpha$,在 L_α 上,如图 4.36 所示,

$\mathrm{div}(X_n, Y_n)=0$.

设 $\Gamma_{\alpha_1}, \Gamma_{\alpha_2}, \cdots, \Gamma_{\alpha\beta}, \cdots$ 是所有位于 R_α 中互不包含的强稳定和强不稳定极限环. $R_{\alpha\beta}$ 是 $\Gamma_{\alpha\beta}$ 所包围的区域. $R_\alpha \setminus \bigcup\limits_\beta \vec{R}_{\alpha\beta}$ 中没有其他强稳定和强不稳定极限环. 由 Green 公式

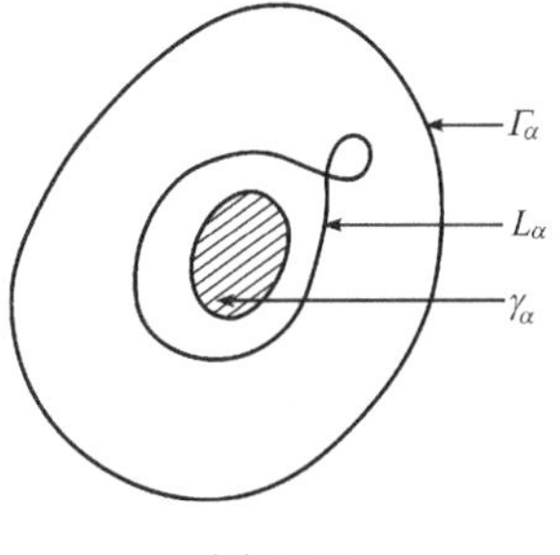

图 4.36

$$\iint\limits_{R_\alpha \setminus \bigcup\limits_\beta \vec{R}_{\alpha\beta}} \mathrm{div}(X_n, Y_n)dxdy$$

$$= \oint\limits_{\Gamma_\alpha} X_n dy - Y_n dx - \oint\limits_{\bigcup\limits_\beta \gamma_{\alpha_\beta}} (X_n dy - Y_n dx) = 0.$$

与上面同样的理由,在 $R_\alpha \setminus \bigcup\limits_\beta \vec{R}_{\alpha\beta}$ 中存在 $\mathrm{div}(X_n, Y_n)=0$ 的闭分支 $\bar{L}_\alpha$, $\bar{L}_\alpha$ 与 Γ_α 对应,这样我们就使每一个强稳定和强不稳定极限环与 $\mathrm{div}(X_n, Y_n)=0$ 的一个闭分支相对应,定理的前半部分得证.

如果(7.1)的强稳定和强不稳定极限环 Γ_i 都围绕着同一个奇点,即

$$\Gamma_1 \supset \Gamma_2 \supset \cdots \supset \Gamma_i \supset \Gamma_{i+1} \cdots,$$

则上面已证明,存在 $\mathrm{div}(X_n, Y_n)=0$ 的闭分支 L_i, $\Gamma_i \supset L_i \supset \Gamma_{i+1}$, L_i 与 Γ_i 对应,另外有

$$L_1 \supset L_2 \supset \cdots \supset L_i \supset \cdots,$$

$n-1$ 次代数曲线 $\mathrm{div}(X_n, Y_n)=0$ 最多包含 $\left[\dfrac{n-1}{2}\right]$ 个互相包含的闭分支,故围绕着同个奇点的强极限环的总和小于 $\left[\dfrac{n-1}{2}\right]$. 定理证毕.】

例题 7.1

$$\begin{cases} \dfrac{dx}{dt} = y - x\prod\limits_{i=1}^{k} (x^2+y^2-i^2), \\ \dfrac{dy}{dt} = -x - y\prod\limits_{i=1}^{k} (x^2+y^2-i^2). \end{cases} \tag{7.2}$$

令 $x=\rho\cos\theta$, $y=\rho\sin\theta$, (7.2)化为

$$\frac{d\rho}{d\theta} = -\rho\prod_{i=1}^{k} (\rho^2-i^2).$$

$\rho=i$, $i=1,2,\cdots,k$ 都是强极限环. (7.2)的右侧是 $n=2k+1$ 次多项式. (7.2)有 $\left[\dfrac{n-1}{2}\right]=k$ 个强极限环. 这个例题说明定理 7.1 后半部分的估值是可以达到的,但前半部分的估值较粗.

(二) 构造具有 n 个极限环的 Liénard 方程

下面先引进黄克成[9]的几个定理.

给定微分方程组

$$\frac{dx}{dt} = y - F(x), \quad \frac{dy}{dt} = -g(x), \tag{7.3}$$

假设 $F(x)$, $g(x)$ 均为连续函数，且满足方程(7.3)的解的唯一性条件. 又设 $F(0)=0$; $xg(x)>0$, $x\neq 0$. 这时原点 O 是方程组(7.3)的唯一奇点.

定理 7.2 设

(1) 当 $0\leqslant x\leqslant a$ 时，$F(x)\geqslant F(a)$；在 $(a,+\infty)$ 上 $F(x)$ 单调不增，

(2) 当 $b\leqslant x\leqslant 0$ 时，$F(x)\leqslant F(b)$；在 $(-\infty,b)$ 上 $F(x)$ 单调不增，

(3) 当 $b\leqslant x\leqslant a$ 时，$F(x)\neq 0$，

则方程(7.3)最多只有一个极限环能同时与直线 $x=a$ 和 $x=b$ 相交.

本定理可由引理 5.3 的推论直接推出. 因这时发散量沿着与直线 $x=a$ 和 $x=b$ 同时相交的闭轨线的积分恒正. 故这样的闭轨线个数不多于 1. 类似地可证下列定理.

定理 7.3 设

(1) 当 $0\leqslant x\leqslant a$ 时，$F(x)\leqslant F(a)$；在 $(a,+\infty)$ 上 $F(x)$ 单调不减，

(2) 当 $b\leqslant x\leqslant 0$ 时，$F(x)\geqslant F(b)$；在 $(-\infty,b)$ 上 $F(x)$ 单调不减，

(3) 当 $b\leqslant x\leqslant a$ 时，$F(x)\neq 0$，

则方程(7.3)最多只有一个极限环能同时与直线 $x=a$ 和 $x=b$ 相交.

定理 7.4 设

(1) 当 $0\leqslant x\leqslant a$ 时，$F(x)\geqslant -N$，

(2) 存在 $b<0$，使 $F(b)\leqslant -N-\sqrt{2G(a)}$，其中

$$G(x) = \int_0^x g(x)dx,$$

则方程(7.3)的与直线 $x=b$ 相交的极限环必与直线 $x=a$ 相交.

证明 取点 $A(a,-N)$ 和 $B(b,F(b))$，轨线 $\boldsymbol{f}(A,I^+)$ 与 $\boldsymbol{f}(B,I^-)$ 分别交 y 负半轴于 A' 与 B'，令

$$\lambda(x,y) = \frac{(y+N)^2}{2} + G(x),$$

便有

$$\left.\frac{d\lambda}{dt}\right|_{(7.3)} = -g(x)(N+F(x)) < 0, \quad \text{当 } 0\leqslant x\leqslant a \text{ 时},$$

故 $y_{A'}\geqslant -N-\sqrt{2G(a)}$，而 $y_{B'}<y_B=F(b)$，因而 $y_{B'}<y_{A'}$. 于是与直线 $x=b$ 相交的闭轨线必与直线 $x=a$ 相交. 定理证毕.】

下列定理显然也成立.

定理 7.5 设

(1) 当 $0\leqslant x\leqslant a$ 时，$F(x)\leqslant M$，

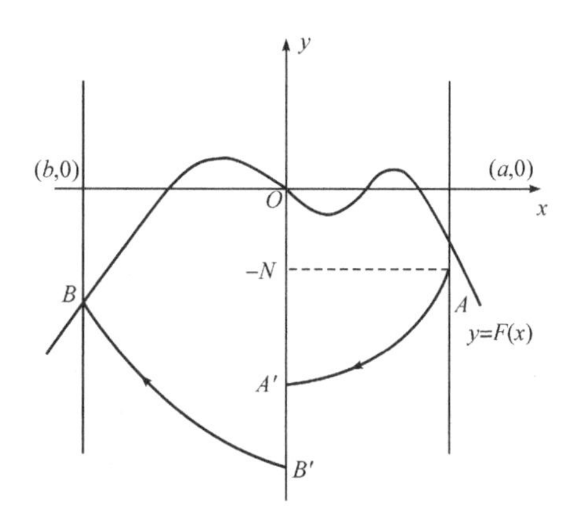

图 4.37

(2) 存在 $b<0$,使 $F(b)\geqslant M+\sqrt{2G(a)}$,

则方程(7.3)的与直线 $x=b$ 相交的闭轨线必与直线 $x=a$ 相交.

定理 7.6 设

(1) 当 $b\leqslant x\leqslant 0$ 时,$F(x)\geqslant -N$,

(2) 存在 $a>0$,使 $F(a)\leqslant -N-\sqrt{2G(b)}$,

则方程(7.3)的与直线 $x=a$ 相交的闭轨线必与直线 $x=b$ 相交.

定理 7.7 设

(1) 当 $b\leqslant x\leqslant 0$ 时,$F(x)\leqslant M$,

(2) 存在 $a>0$,使 $F(a)\geqslant M+\sqrt{2G(b)}$,

则方程(7.3)与直线 $x=a$ 相交的闭轨线必与直线 $x=b$ 相交.

黄克成指出,利用上述定理可以构造存在 n 个极限环的例子. 譬如方程组 $\dfrac{dx}{dt}=y+x^2\sin x,\dfrac{dy}{dt}=-x$ 在带域 $|x|\leqslant n\pi+\dfrac{\pi}{2}$ 内恰好有 n 个极限环.

用黄克成的定理来构造恰有 n 个极限环的例子比 M. Войлоков[65] 的方法简捷. 为了使读者便于掌握这套手法,我们写出具体例子,并加以证明.

例题 7.2 给定微分方程组

$$\frac{dx}{dt}=y-F(x),\quad \frac{dy}{dt}=-x, \tag{7.4}$$

其中 $F(x)$满足条件:

(1) $F(x)$二次可导,$F(x)=-F(-x)$,

(2) $F'(x)$的零点为 $\pm a_1\pm a_2,\cdots,\pm a_{n+1}$,

$$\left.\begin{aligned}&a_k = 2a_{k-1},\\&F(a_1) < 0, F(a_k)\cdot F(a_{k-1}) < 0,\\&(-1)^k F(a_k) = (-1)^{k-1}F(a_{k-1}) + a_k',\\&F(a_{k'}) = F(a_{k-1}), a_k < a_{k'} < a_{k+1},\end{aligned}\right\} k = 2,3,\cdots,n+1, \tag{7.5}$$

则方程组(7.4)在带域$-a_{n+1}<x<+a_{n+1}$之间恰好存在 n 个极限环.

证明　如图 4.38 所示,因 $xF(x)<0, 0<x<a_1'$, $F(a_1')=F(0)=0$,故方程组(7.4)的闭轨线都包含点 $A_{-1}(-a_1',0)$ 及 $A_1(a_1',0)$. 因 $F(x)$ 在区间 $[a_1',a_2]$及$[-a_2,-a_1']$上单调递增,由定理 7.3 在带域,$-a_2<x<+a_2$ 之间方程组(7.4)最多只能有一条闭轨(令定理 7.3 中的 $a=a_1', b=-a_1'$).

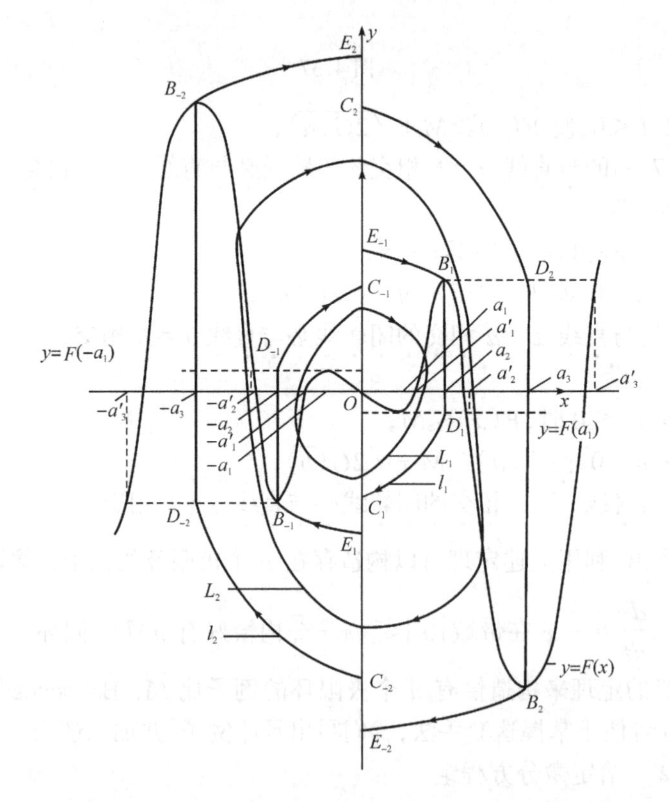

图 4.38

令定理 7.4 中的$-N=F(a_1), a=a_2, b=-a_2$,因 $F(-a_2)=F(a_1)-a_2'<F(a_1)-a_2$,定理 7.4 中的条件全部满足. 取点 $D_1(a_2,F(a_1))$及 $B_{-1}(-a_2,F(-a_2))$,便知轨线 $f(D_1,I^+)$与 $f(B_{-1},I^-)$分别交 y 负半轴于点C_1 及 E_1,且有 $y_{E_1}<y_{C_1}$. 由向量场的对称性,取点 $D_{-1}(-a_2,F(-a_1))$及 $B_1(a_2,F(a_2))$,轨

线 $\boldsymbol{f}(D_{-1}, I^+)$ 与 $\boldsymbol{f}(B_1, I^-)$ 分别交 y 正半轴于点 C_{-1} 及 E_{-1}，且有 $y_{E_{-1}} > y_{C_{-1}}$. 令

$$l_1 = \overline{B_1D_1} \cup \widehat{D_1C_1} \cup \overline{C_1E_1} \cup \widehat{E_1B_{-1}} \cup \overline{B_{-1}D_{-1}} \cup \widehat{D_{-1}C_{-1}} \cup \overline{C_{-1}E_{-1}} \cup \widehat{E_{-1}B_1},$$

其中 $\overline{B_1D_1}$，$\overline{C_1E_1}$，$\overline{B_{-1}D_{-1}}$ 及 $\overline{C_{-1}E_{-1}}$ 是联接相应两点的直线段，$\widehat{D_1C_1}$，$\widehat{E_1B_{-1}}$，$\widehat{D_{-1}C_{-1}}$ 及 $\widehat{E_{-1}B_1}$ 是联接相应两点的轨线弧. l_1 可作为 Poincaré-Bendixson 环域的外境界线，方程组(7.4)的轨线当 t 增加时不能从 l_1 所包围的区域离开，由奇点 O 的不稳定性，在 l_1 所包围的区域中存在闭轨线. 再由前面的讨论便知在其间存在唯一的闭轨线 L_1，它是稳定的.

取定理 7.4 中的 $-N = F(a_1)$，$a = a_2'$，$b = -a_2$，因

$$F(-a_2) = F(a_1) - \sqrt{2G(a_2')} = F(a_1) - a_2',$$

由定理 7.4，凡是与直线 $x = -a_2$ 相交的闭轨线必与直线 $x = a_2'$ 相交，由向量场的对称性，也必与直线 $x = -a'_2$ 相交. 也就是说在 L_1 之外在带域 $-a'_2 < x < a'_2$ 之间没有闭轨线. 再由 $F(x)$ 在区间 $[a_2', a_3]$ 及 $[-a_3, -a_2']$ 上的单调性，由定理 7.2 在 L_1 之外在带域 $-a_3 \leqslant x \leqslant +a_3$ 上(7.4)最多有一条闭轨线.

在定理 7.6 中取 $-N = F(-a_2)$，$a = a_3$，$b = -a_3$，由

$$F(a_3) = F(-a_2) - a_3' < F(-a_2) - a_3 = F(-a_3') - \sqrt{2G(-a_3)},$$

定理 7.6 中条件全部满足. 取点 $B_2(a_3, F(a_3))$ 及 $D_{-2}(-a_3, F(-a_2))$，由定理 7.6 轨线 $\boldsymbol{f}(B_2, I^+)$ 与 $\boldsymbol{f}(D_{-2}, I^-)$ 分别交 y 负半轴于点 E_{-2} 及 C_{-2}，且有 $y_{C_{-2}} > y_{E_{-2}}$. 取点 $B_{-2}(-a_3, F(-a_3))$ 及 $D_2(a_3, F(a_2))$，由向量场的对称性，轨线 $\boldsymbol{f}(B_{-2}, I^+)$ 及 $\boldsymbol{f}(D_2, I^-)$ 分别交 y 正半轴于点 E_2 及 C_2，且有 $y_{E_2} > y_{C_2}$. 令

$$l_2 = \widehat{B_2E_{-2}} \cup \overline{E_{-2}C_{-2}} \cup \widehat{C_{-2}D_{-2}} \cup \times \overline{D_{-2}B_{-2}} \cup \widehat{B_{-2}E_2} \cup \overline{E_2C_2} \cup \widehat{C_2D_2} \cup \widehat{D_2B_2}.$$

当 t 增加时(7.5)的轨线不能从 l_1 与 l_2 所围成的环域 G_1 之外进入 G_1. 由 Poincaré-Bendixson 环域定理在 G_1 中存在(7.4)的闭轨线. 由前面的论述知在 G_1 中存在唯一的闭轨线 $L_2 \supset L_1$，L_2 是不稳定的.

因 $F(x) \geqslant F(-a_2)$，当 $-a_3' \leqslant x \leqslant 0$，而 $F(a_3) = F(-a_2) - a_3'$，故定理 7.6 的条件满足. 因 $F(x) \leqslant F(a_2)$，当 $0 \leqslant x \leqslant a_3'$，而 $F(-a_3) = F(a_2) + a_3'$，故定理 7.5 的条件满足. 便知在 L_2 之外在带域 $-a_3' \leqslant x \leqslant a_3$ 之间方程组(7.4)无闭轨线.

在以上的论证中，如将脚标 1,2(或 3,4)分别换成脚标 $2s-1, 2s$(或 $2s+1, 2s$

+2),全部证明都能够通过,即可证方程组(7.4)有唯一的闭轨线 L_{2s-1}(或 L_{2s})与 x 轴上区间 $[a'_{2s-1},a_{2s}]$(或 $[a'_{2s},a_{2s+1}]$)相交,L_{2s-1}(或 L_{2s})是稳定(不稳定)环.而方程组(7.4)没有闭轨线与 x 轴上区间 $[a_{2s},a'_{2s}]$(或 $[a_{2s+1},a'_{2s+1}]$)相交.所需要的例子作成.

上述例题中的条件 $a_k=2a_{k-1}$ 只是为了使函数 $F(x)$ 确定起见,在论证中并未用到.

(三) 一类 Liénard 方程至少存在 n 个极限环的充分条件

给定微分方程组

$$\frac{dx}{dt}=\varphi(y)-F(x),\quad \frac{dy}{dt}=-g(x).\tag{7.6}$$

设 $xg(x)>0$,当 $x\neq 0$.令 $u=\sqrt{2G(x)}\operatorname{sgn}x$,其中 $G(x)=\int_0^x g(x)dx$.(7.6)可化为

$$\frac{du}{dy}=\frac{\varphi(y)-F(x(u))}{-u},$$

或

$$\frac{du}{d\tau}=\varphi(y)-F(x(u)),\quad \frac{dy}{d\tau}=-u,$$

或

$$\ddot{y}+\bar{F}(\dot{y})+\varphi(y)=0,\tag{7.7}$$

其中 $x=x(u)$ 是 $u=\sqrt{2G(x)}\operatorname{sgn}x$ 的反函数,$\dot{y}=\frac{dy}{d\tau}$,$\ddot{y}=\frac{d^2y}{d\tau^2}$,$\bar{F}(\dot{y})=-F(x(-\dot{y}))$.故方程组(7.6)等价于方程(7.7),其中阻尼项仅依赖于 $\dot{y}$.而当 $\varphi(y)=y$ 时,(7.6)也可看成等价于 Liénard 方程

$$\ddot{x}+f(x)\dot{x}+g(x)=0,$$

其中 $\dot{x}=\frac{dx}{dt}$,$\ddot{x}=\frac{d^2x}{dt^2}$,而 $f(x)=F'(x)$ 代表阻尼.

在下文中我们都假设下列基本条件满足:

1. $\varphi(y),g(x),F(x)\in C^0(-d,+d)$,对充分大的 $d>0$,且满足条件,保证方程(7.6)的解的唯一性.

2. 当 $x\neq 0$,$xg(x)>0$;$g(-x)=-g(x)$;当 x 增加时,$g(x)$ 非下降.

3. 当 $y\neq 0$,$y\varphi(y)>0$;$\varphi(y)$ 是 y 的单调增函数,且当 $y\to\pm\infty$,$\varphi(y)\to\pm\infty$.

定义 7.2 两条曲线 $y=F_1(x)$,$y=F_2(x)$ 叫做在区间 $[0,a]$ 上"n 重互相相容",如果满足下列条件:

(1) $y=F_1(x)$,$y=F_2(x)$ 相交于 $n+2$ 个点 (c_k,b_k),$k=1,2,\cdots,n+2$, $0=$

$b_1=c_1<c_2<\cdots<c_{n+1}<c_{n+2}=a$；$F_j(a_k^j)=0, j=1,2, k=1,2,\cdots,n+2$，其中 $a_1^1=a_1^2=0$，而 $d_k=\min(a_k^1,a_k^2)\leqslant c_k\leqslant\max(a_k^1,a_k^2), k=1,2,\cdots,n+2$. 另外，当 $a_k^j<x<a_{k+1}^j$ 时，$(-1)^{k+j}F_j(x)\leqslant 0, j=1,2, k=1,2,\cdots,n$；还有当 $(-1)^n b_{n+2}>0$，$a_{n+1}^1<x<a_{n+2}^1, a_{n+1}^2<x<c_{n+2}$ 时，或者当 $(-1)^n b_{n+2}<0, a_{n+1}^2<x<a_{n+2}^2$，$a_{n+1}^1<x<c_{n+2}$ 时，$(-1)^{n+1+j}F_j(x)\leqslant 0$.

(2)

$$A_k^j=\int_{a_k^j}^{a_{k+1}^j}|F_j(x)|dx\leqslant\int_{a_{k+1}^j}^{d_{k+2}}|F_j(x)|dx=\overline{A}_{k+1}^j\leqslant A_{k+1}^j,$$

$j=1,2,k=1,2,\cdots,n$.

附注　定义中 $F_1(x)$ 与 $F_2(x)$ 相交于 $n+2$ 个点，可改为 $F_2(x)-F_1(x)$，$n+1$ 次改号，即交点可多于 $n+2$ 个.

图 4.39 是当 $n=2$ 时的图形.

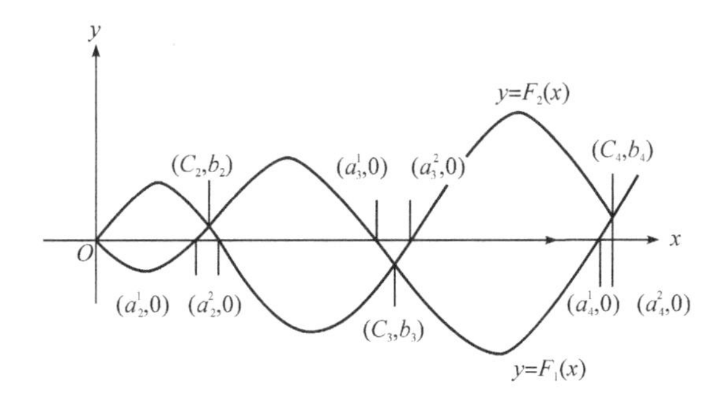

图 4.39

当 $F(x)=-F(-x)$ 时，就有 $a_i^1=a_i^2=c_i, i=1,2,\cdots,n+2$，这时曲线 $F_1(x)$ 与 $F_2(x)=-F_1(x)$ 在 $[0,a]$ 上"n 重互相相容"的几何含义就是：

$$\int_{c_i}^{c_{i+1}}|F(x)|dx\leqslant\int_{c_{i+1}}^{c_{i+2}}|F(x)|dx,\quad i=1,2,\cdots,n.$$

引理 7.1　考虑微分方程组

$$\frac{dy}{dx}=\frac{-g_j(x)}{\varphi(y)-F_j(x)},\quad j=1,2. \tag{7.8}$$

若当 $0<a<x<b$ 时，$g_1(x)\geqslant g_2(x)\geqslant 0, F_1(x)\geqslant(\not\equiv)F_2(x)$，且设解曲线 $y=y_j(x)$ 都落在 $\varphi(y)-F_j(x)=0$ 之上，$j=1,2$，则由 $y_2(a)\geqslant y_1(a)$，可推得当 $a\leqslant x\leqslant b$ 时，$y_2(x)\geqslant y_1(x)$，且 $y_2(b)>y_1(b)$.

由微分不等式定理可立刻证明此引理.

定理 7.8　考虑微分方程组(7.6)，假设它满足下列条件：

(1) $g'(x)\geqslant\delta_1>0$，当 $|x|\leqslant a$ 时，

(2) $\varphi'(y)\geqslant\delta_2>0$,当$-\infty<y<+\infty$时,

(3) $|F'(x)|\leqslant 2\sqrt{\delta_1\delta_2}$,当$|x|\leqslant a$时,

(4) (7.6)的等价方程(7.8)中的 $F_1(x)=F(x)$与 $F_2(x)=F(-x)$在区间$(0,a]$上"n 重互相相容",

则方程组(7.6)在带域$|x|\leqslant a$ 上至少存在 n 条闭轨,分别与 x 轴上区间(c_k,c_{k+1})相交,$k=2,3,\cdots,n+1$.

证明　作广义的状态函数

$$\lambda(x,y)=\int_0^x g(x)dx+\int_0^y \varphi(y)dy=G(x)+\Phi(y). \tag{7.9}$$

便有

$$\left.\frac{d\lambda}{dt}\right|_{(7.6)}=-g(x)F(x). \tag{7.10}$$

为符号简单起见,记 $\lambda(x)=\lambda(x,y(x))$,其中 $y=y(x)$是(7.6)的解曲线的表达式. 往下我们要计算沿着(7.6)的解曲线 $y=y(x)$广义状态函数 $\lambda(x)$的变化情况.

设 $y=y(x)$是方程组(7.6)的解,则 $y_1(x)=y(x)$和 $y_2(x)=y(-x)(x\geqslant 0)$分别是方程(7.8)当 $j=1,2$ 时的解,其中 $g_1(x)=g(x),F_1(x)=F(x),g_2(x)=g(-x),F_2(x)=F(-x)$,当 $x>0$.

由定理中的条件(1)~(3),知

$$(-1)^{k+1}\frac{d}{dx}\left[\frac{g(x)}{\varphi(y_j(x))-F_j(x)}\right]>0,$$

当$(-1)^{k+1}[\varphi(y_j(x))-F_j(x)]>0,k=1,2,3,\cdots,n+1,j=1,2$.

设解 $y=y(x)$落在 $\varphi(y)-F(x)=0$ 之上. 于是由定积分中 O. Bonnet 公式,便有

$$\begin{aligned}\frac{g(a_k^j)}{\varphi(y_j(a_k^j))}A_k^j&\leqslant(-1)^{k+j}[\lambda((-1)^{j+1}a_{k+1}^j)-\lambda((-1)^{j+1}a_k^j)]\\&=(-1)^{k+j+1}\int_{(-1)^{j+1}a_k^j}^{(-1)^{j+1}a_{k+1}^j}\frac{g(x)F(x)}{\varphi(y(x))-F(x)}dx\\&=(-1)^{k+j+1}\int_{a_k^j}^{a_{k+1}^j}\frac{g(x)F_j(x)}{\varphi(y_j(x))-F_j(x)}dx\\&\leqslant\frac{g(a_{k+1}^j)}{\varphi(y_j(a_{k+1}^j))}A_k^j\end{aligned} \tag{7.11}$$

同理,有

$$\frac{g(a_k^j)}{\varphi(y_j(a_k^j))}\overline{A}_k^j\leqslant(-1)^{k+j}(\lambda((-1)^{j+1}d_{k+1})-\lambda((-1)^{j+1}a_k^j))$$

$$\leqslant \frac{g(d_{k+1})}{\varphi(y_j(d_{k+1}) - F_j(d_{k+1}))} \overline{A}_k^j. \tag{7.12}$$

因

$$\begin{aligned}&\lambda(d_{i+1}) - \lambda(-d_{i+1}) \\ &= \lambda(d_{i+1}) - \lambda(a_i^1) + \sum_{k=1}^{i-1} (\lambda(a_{k+1}^1) - \lambda(a_k^1)) \\ &\quad + \sum_{k=1}^{i-1} (\lambda(-a_k^2) - \lambda(-a_{k+1}^2)) + \lambda(-a_i^2) - \lambda(-d_{i+1}).\end{aligned} \tag{7.13}$$

当 i 为偶数时,有

$$\begin{aligned}&\lambda(d_{i+1}) - \lambda(-d_{i+1}) \\ &\leqslant \sum_{k=1}^{\frac{i-2}{2}} \frac{g(a_{2k}^1)}{\varphi(y_1(a_{2k}^1))} (-A_{2k}^1 + A_{2k-1}^1) + \frac{g(a_i^1)}{\varphi(y_1(a_i^1))}(-\overline{A}_i^1 + A_{i-1}^1) \\ &\quad + \sum_{k=1}^{\frac{i-2}{2}} \frac{g(a_{2k}^2)}{\varphi(y_2(a_{2k}^2))} (A_{2k-1}^2 - A_{2k}^2) + \frac{g(a_i^2)}{\varphi(y_2(a_i^2))}(A_{i-1}^2 - \overline{A}_i^2) \leqslant 0\end{aligned} \tag{7.14}$$

当 i 为奇数时,约定 $A_0^1 = 0, A_0^2 = 0$,有

$$\begin{aligned}&\lambda(d_{i+1}) - \lambda(-d_{i+1}) \\ &\geqslant \sum_{k=1}^{\frac{i-1}{2}} \frac{g(a_{2k-1}^1)}{\varphi(y_1(a_{2k-1}^1))} (A_{2k-1}^1 - A_{2k-2}^1) + \frac{g(a_i^1)}{\varphi(y_1(a_i^1))}(\overline{A}_i^1 - A_{i-1}^1) \\ &\quad + \sum_{k=1}^{\frac{i-1}{2}} \frac{g(a_{2k-1}^2)}{\varphi(y_2(a_{2k-1}^2))} (A_{2k-1}^2 - A_{2k-2}^2) + \frac{g(a_i^2)}{\varphi(y_2(a_i^2))}(\overline{A}_i^2 - A_{i-1}^2) \geqslant 0.\end{aligned} \tag{7.15}$$

由基本条件 2,知 $G(x) = G(-x)$,于是由(7.9),(7.14),(7.15),便有

$$\begin{aligned}&(-1)^i(\lambda(d_{i+1}) - \lambda(-d_{i+1})) \\ &= (-1)^i[\Phi(y_1(d_{i+1})) - \Phi(y_2(d_{i+1}))] < 0.\end{aligned}$$

又因 $\Phi(y)$是 y 的单调增函数,便有

$$(-1)^i(y_1(d_{i+1}) - y_2(d_{i+1})) \leqslant 0. \tag{7.16}$$

另外根据定义 7.2,有

$$(-1)^i(F_2(x) - F_1(x)) < 0, d_{i+1} \leqslant x \leqslant c_{i+1}. \tag{7.17}$$

再由引理 7.1,由基本条件 2 及不等式(7.16),(7.17),可推得

$$(-1)^i[y_1(c_{i+1}) - y_2(c_{i+1})] < 0.$$

再由 $\Phi(y)$的单调性,得

$$(-1)^i[\Phi(y_1(c_{i+1}))-\Phi(y_2(c_{i+1}))]<0.$$

再由等式(7.9)可推得

$$(-1)^i[\lambda(c_{i+1})-\lambda(-c_{i+1})]<0,\quad i=1,2,\cdots,n+1. \tag{7.18}$$

当解落在 $\varphi(y)-F(x)=0$ 之下时,作变换 T:

$$T(x,y)=(-x,-y),$$

方程组(7.6)变为

$$\begin{aligned}\frac{dy}{dx}&=\frac{-g(-x)}{\varphi(-y)-F(-x)}\\&=\frac{-g(x)}{(-\varphi(-y))-(-F(-x))}\\&=\frac{-g(x)}{\bar{\varphi}(y)-\bar{F}(x)}\end{aligned} \tag{7.19}$$

其中 $\bar{\varphi}(y)=-\varphi(-y),\bar{F}(x)=-F(-x)$满足定理 7.8 所依据的全部条件,故类似于不等式(7.18),可证当解在 $\bar{\varphi}(y)-\bar{F}(x)=0$ 上方时,有

$$(-1)^i[\bar{\lambda}(c_{i+1})-\bar{\lambda}(-c_{i+1})]<0,\quad i=1,2,\cdots,n+1,$$

其中

$$\bar{\lambda}(x,y)=\int_0^x g(x)dx+\int_0^y\bar{\varphi}(y)dy.$$

再经变换 T^{-1},在 $\varphi(y)-F(x)=0$ 之下方,可得

$$(-1)^i[\lambda(-c_{i+1})-\lambda(c_{i+1})]<0,\quad i=1,2,\cdots,n+1. \tag{7.20}$$

这样对方程组(7.6)而言,由(7.18),(7.20)便知从点 $A_{i+1}(-c_{i+1},\bar{b}_{i+1})$ $(E_{i+1}(c_{i+1},\bar{b}_{i+1}))$出发的轨线,其中 $A_{i+1}(E_{i+1})$落在无穷等倾线 $\varphi(y)-F(x)=0$ 上,必经上(下)半平面交 $\varphi(y)-F(x)=0$ 于点 $B_{i+1}(D_{i+1})$且有

$$(-1)^i(x_{B_{i+1}}-c_{i+1})<0((-1)^i(c_{i+1}-x_{D_{i+1}})>0),$$
$$i=1,2,\cdots,n+1.$$

以$\overset{\frown}{A_{i+1}B_{i+1}},\overset{\frown}{E_{i+1}D_{i+1}}$分别表示过点$A_{i+1},B_{i+1}$与点$E_{i+1},D_{i+1}$的轨线段,以$\overset{\frown}{B_{i+1}E_{i+1}},\overset{\frown}{D_{i+1}A_{i+1}}$分别表示联接点 B_{i+1},E_{i+1}与点 D_{i+1},A_{i+1}的 $\varphi(y)-F(x)=0$ 上的曲线段. 再令

$$L_{i+1}=\overset{\frown}{A_{i+1}B_{i+1}}\cup\overset{\frown}{B_{i+1}E_{i+1}}\cup\overset{\frown}{E_{i+1}D_{i+1}}\cup\overset{\frown}{D_{i+1}A_{i+1}},$$
$$i=1,2,\cdots,n+1.$$

则单闭曲线序列 $L_2,L_3,\cdots,L_{i+1},\cdots,L_{n+2}$中两两相邻的闭曲线构成 Poincaré-Bendixon 环域的内外境界线,故在其间至少存在一条闭轨线. 定理证毕.】

当$F(-x)=-F(x),\varphi(-y)=-\varphi(y)$时,就是[70]中的有关结果. 当$F(-x)=-F(x),\varphi(y)=y,g(x)=x$ 时,就是[68],[69]中的结果.

条件 $g'(x) \geqslant \delta_1 > 0, \varphi'(y) \geqslant \delta_2 > 0, |F'(x)| \leqslant \sqrt{\delta_1 \delta_2}$ 是为了保证当解曲线 $y = y(x)$ 落在 $\varphi(y) - F(x) = 0$ 之上(下)时,有 $\dfrac{d^2 y(x)}{dx^2} < 0 (>0)$,但这些条件往往不能满足,在[71]中 Г. С. Рычков 从另一个角度来刻画阻尼变号后能量积累要充分大这一事实. 他引进了两条曲线"n 重互相包含"的概念. 文[72]中将他的定义的条件放宽了,从而改进了他的结果.

定义 7.3 两条曲线 $y = F_1(x)$ 和 $y = F_2(x)$ 叫做在区间 $[a, b]$ 上"n 重互相包含",如果它们满足下列条件:

(1) $y = F_1(x)$ 与 $y = F_2(x)$ 相交于 $n+2$ 个点

$$(a_i, b_i), i = 1, 2, \cdots, n+2;$$
$$a = a_1 < a_2 < \cdots < a_{n+1} < a_{n+2} = b;$$
$$(-1)^{i+1}[F_2(x) - F_1(x)] \geqslant 0, a_i < x < a_{i+1},$$
$$i = 1, 2, \cdots, n+1.$$

(2) 存在 $\tau_{i+1}^j, \xi_{i+1}^j \in [a_{i+1}, a_{i+2}], \xi_{i+1}^j \geqslant \tau_{i+1}^j$. 令 $\Delta_{i+1}^j = \tau_{i+1}^j - a_i, \overline{\Delta}_{i+1}^j = \xi_{i+1}^j - a_i$, $\gamma_{i+1} = \max\limits_{j=1,2}(\xi_{i+1}^j + \Delta_{i+1}^j)$,则有

(i) $(-1)^{i+j} F_j(x) \geqslant 0$,当 $x \in [\tau_{i+1}^j, \gamma_{i+1}] \subset [a_{i+1}, a_{i+2}]$,

(ii) $(-1)^i[(-1)^j F_j(x) + (-1)^l F_l(x + \overline{\Delta}_{i+1}^l)] \geqslant 0, \not\equiv 0$,当 $x \in [a_i, \tau_{i+1}^j]$,其中 $j \neq l, j, l = 1, 2$, $i = 1, 2, \cdots, n+1$.

图 4.40 是 $n = 1$ 时的草图.

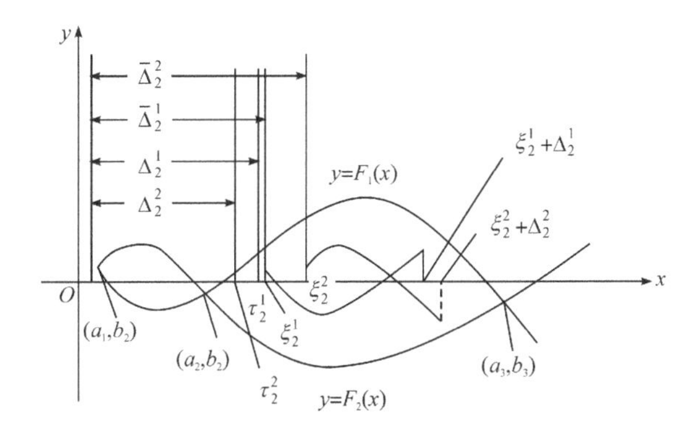

图 4.40

当 $F(x) = -F(-x)$ 时,就有 $F_1(x) = -F_2(x), b_i = 0, i = 1, 2, \cdots, n+2$, $\tau_{i+1}^1 = \tau_{i+1}^2, \xi_{i+1}^1 = \xi_{i+1}^2, i = 1, 2, \cdots, n+1$. 这时曲线 $y = F_1(x)$ 与曲线 $y = F_2(x)$ 在区间 $[a, b]$ 上"n 重互相包含"的几何含义是:存在 $\tau_{i+1}, \xi_{i+1} \in [a_{i+1}, a_{i+2}]$, $\xi_{i+1} \geqslant \tau_{i+1}$,使得曲线段 $y = F_1(x) a_i \leqslant x < \tau_{i+1}$,能向右平移距离 $\Delta_{i+1} = \tau_{i+1} - a_i$

后，而不与曲线 $y=F_2(x)$ 相交，$i=1,2,\cdots,n$.

在 Γ. C. Рычков 的定义中 $F(x)\neq -F(-x)$，但

$$\tau_{i+1}^1 = \tau_{i+1}^2 = \xi_{i+1}^1 = \xi_{i+1}^2.$$

下面我们要证明，当对定义作了上述改进，并且取消了[71]中关于 $\phi(y)$ 是奇函数的限制后. [71]中的有关结论仍然成立.

注意：定义 7.2 后面的附注也适用于定义 7.3.

引理 7.2 考虑微分方程组(7.6)的等价方程(7.8)，假设在区间 $[a,b]$ 上 $(a\geqslant 0)$，$F_1(x)$ 与 $F_2(x)$ "1 重互相包含"，又设(7.8)的解 $y=y_j(x)$ 都在 $[a,b]$ 上定义，且都落在 $\varphi(y)-F_j(x)=0$ 之上，$j=1,2$，则从

$$y_2(a)-y_1(a)\geqslant 0, \tag{7.21}$$

可推出

$$y_2(b)-y_1(b)>0. \tag{7.22}$$

证明 由引理 7.1，若存在 $\eta\in[a_2,\gamma_2]$，有

$$y_2(\eta)-y_1(\eta)\geqslant 0, \tag{7.23}$$

则(7.22)必成立；否则将有

$$y_2(x)-y_1(x)<0,\quad a_2\leqslant x\leqslant \gamma_2. \tag{7.24}$$

因当 $x\geqslant 0$ 时，方程式(7.8)的解 $y=y_j(x)$ 单调下降，$j=1,2$，故由(7.24)显然可推得

$$y_1(x)\geqslant y_2(x+\bar{\Delta}_2^2),\quad a_1\leqslant x\leqslant \tau_2^1. \tag{7.25}$$

因

$$y_2(a)\geqslant y_1(a)\geqslant y_1(a_1+\bar{\Delta}_2^1), \tag{7.26}$$

因 $F_1(x)$ 与 $F_2(x)$ 在 $[a,b]$ 上"1 重互相包含"，由定义 7.3 的条件(2)中的(ii)知

$$F_2(x)\leqslant(\not\equiv)F_1(x+\bar{\Delta}_2^1),\quad a_1\leqslant x\leqslant \tau_2^2. \tag{7.27}$$

且知

$$g(x)\leqslant g(x+\bar{\Delta}_2^1),\quad a_1\leqslant x\leqslant \tau_2^2.$$

于是由引理 7.1，便有

$$y_2(x)\geqslant y_1(x+\bar{\Delta}_2^1),\quad a_1\leqslant x\leqslant \tau_2^2. \tag{7.28}$$

往下我们要用不等式(7.25)(7.28)来导出矛盾.

由等式(7.9)，(7.10)推得

$$\sum_{j=1}^{2}(-1)^j\int_a^{\gamma_2}\varphi(y_j(x))dy_j(x)$$

$$=\sum_{j=1}^{2}(-1)^j\int_a^{\gamma_2}\frac{-F_j(x)g(x)dx}{\varphi(y_j(x))-F_j(x)}$$

$$\geqslant \int_a^{\tau_2^2} + \int_{\xi_2^2}^{\xi_2^2+\Delta_2^1} \frac{-F_2(x)g(x)dx}{\varphi(y_2(x)) - F_2(x)} + \int_a^{\tau_2^1} + \int_{\xi_2^1}^{\xi_2^1+\Delta_2^2} \frac{F_1(x)g(x)dx}{\varphi(y_1(x)) + F_1(x)}$$

$$= \int_a^{\tau_2^2} \left[\frac{-F_2(x)g(x)}{\varphi(y_2(x)) - F_2(x)} + \frac{F_1(x+\bar{\Delta}_2^1)g(x+\bar{\Delta}_2^1)}{\varphi(y_1(x+\bar{\Delta}_2^1)) - F_1(x+\bar{\Delta}_2^1)}\right]dx$$

$$+ \int_a^{\tau_2^1} \left[\frac{F_1(x)g(x)}{\varphi(y_1(x)) - F_1(x)} - \frac{F_2(x+\bar{\Delta}_2^2)g(x+\bar{\Delta}_2^2)}{\varphi(y_2(x+\bar{\Delta}_2^2)) - F_2(x+\bar{\Delta}_2^2)}\right]dx \geqslant 0. \tag{7.29}$$

若在$[a,\tau_2^2]$的子区间上,$F_2(x)<0$,则在这些子区间上,第一个积分号下函数显然大于零,而在$[a,\tau_2^2]$的其余部分,由(7.25),(7.28)可推得第一个积分号下函数也非负. 对第二个积分也可作类似的论证. 如此可从不等式(7.25),(7.28)推证不等式(7.29)

另一方面,由不等式(7.24),便有

$$y_2(\gamma_2) < y_1(\gamma_2),$$

则由 $\Phi(y)$的单调性,得

$$\Phi(y_2(\gamma_2)) - \Phi(y_1(\gamma_2)) + \Phi(y_1(a)) - \Phi(y_2(a)) < 0.$$

这与不等式(7.29)相矛盾. 故必有 $\eta\in[a_2,\gamma_2]$,使(7.23)式成立,即有

$$y_2(\eta) - y_1(\eta) > 0.$$

引理证毕.】

定理 7.9 考虑微分方程组(7.6),假设它的等价方程(7.8)中的 $F_1(x)$与 $F_2(x)$在区间$[0,b]$上"n 重互相包含",则方程组(7.6)在带域$|x|\leqslant b=a_{n+2}$上至少存在 n 条闭轨线,分别与区间$[a_i,a_{i+1}]$相交,$i=2,3,\cdots,n+1$.

证明 先设(7.8)的解 $y=y_j(x)$落在 $\varphi(y)-F(x)=0$ 之上,$j=1,2$.

因为

$$F_2(x) \geqslant (\not\equiv) F_1(x), \quad 0 = a_1 \leqslant x \leqslant a_2,$$

再由 $y_1(0)=y_2(0)>0$ 及引理 7.1 可推得

$$y_1(a_2) > y_2(a_2). \tag{7.30}$$

在(7.9)式中因 $G(-x)=G(x)$,$\Phi(y)$是 y 的单调增函数,故由(7.9),(7.30)可推得

$$\lambda(a_2) - \lambda(-a_2) > 0.$$

因 $F_1(x)$与 $F_2(x)$在$[0,a_3]$上"1 重互相包含",由引理 7.2,由 $y_2(0)=y_1(0)$,可推得

$$y_2(a_3) - y_1(a_3) > 0.$$

于是,可得

$$\lambda(a_3) - \lambda(-a_3) < 0.$$

因 $F_2(x)$ 与 $F_1(x)$ 在区间 $[a_2, a_4]$ 上"1 重互相包含"，由引理 7.2 及不等式 (7.30)，可推得

$$y_1(a_4) - y_2(a_4) > 0.$$

于是，可得

$$\lambda(a_4) - \lambda(-a_4) > 0.$$

如此类推，可得

$$(-1)^i[\lambda(a_i) - \lambda(-a_i)] > 0, \quad i = 2,3,\cdots,n+2. \tag{7.31}$$

当解 $y = y_j(x)(j=1,2)$ 落在 $\varphi(y) - F(x) = 0$ 之下方时，作变换 T：

$$T(x,y) = (-x, -y),$$

方程组(7.6)变为

$$\frac{dy}{dx} = \frac{-g(x)}{(-\varphi(-y)) - (-F(-x))} = \frac{-g(x)}{\bar{\varphi}(y) - \bar{F}(x)},$$

其中 $\bar{\varphi}(y) = -\varphi(-y)$，$\bar{F}(x) = -F(-x)$ 满足定理 7.9 所依据的全部条件，故类似于不等式(7.31)，可证，当解落在 $\bar{\varphi}(y) - \bar{F}(x) = 0$ 上方时，有

$$(-1)^i[\bar{\lambda}(a_i) - \bar{\lambda}(-a_i)] > 0, \quad i = 2,3,\cdots,n+2,$$

其中

$$\bar{\lambda}(x,y) = \int_0^x g(x)dx + \int_0^y \bar{\varphi}(y)dy.$$

再经变换 T^{-1}，在 $\varphi(y) - F(x) = 0$ 之下方，可得

$$(-1)^i[\lambda(-a_i) - \lambda(a_i)] > 0, \quad i = 2,\cdots,n+2.$$

往下的讨论与定理 7.8 完全类似.】

以上是关于方程组(7.6)在有限区间上至少存在 n 个极限环的两个定理，那么在这两个定理的基础上，再附加什么条件才能保证极限环的唯 n 性呢？在下面我们将要看到，当 $g(x) = x$，$\varphi(y) = y$，$F(-x) = -F(x)$，再加上 $F(x)$ 在一定意义下的光滑性或者周期性便能保证极限环的唯 n 性.

(四) 具周期阻尼的一类 Liénard 方程极限环的唯 n 性问题.

定理 7.10　考虑微分方程

$$\ddot{x} + f(x)\dot{x} + x = 0 \tag{7.32}$$

或其等价方程组

$$\frac{dx}{dt} = v, \quad \frac{dv}{dt} = -x - f(x)v, \tag{7.33}$$

(1) $f(x) \in C^0(-\infty, +\infty)$；存在 $l > 0$，

$$f(x) \leqslant 0, \quad 当 0 \leqslant x \leqslant l 时;$$

$$f(x) \neq 0, \quad 当 0 < x \ll 1 时;$$

$$f(2l \pm x) = -f(x), \quad -\infty < x < +\infty.$$

(2) 当 x 增加时，$f(x)$不下降，$0\leqslant x\leqslant l$.

结论(i)：假设满足条件(1)，则方程组(7.33)在带域 $|x|\leqslant 2(n+1)l$ 上至少存在 n 个极限环($n=1,2,\cdots$).

结论(ii)：假设满足条件(1)和(2)，则方程组(7.33)在带域 $|x|\leqslant 2(n+1)l$ 上恰好存在 n 个极限环($n=1,2,\cdots$). 稳定和不稳定极限环相间排列.

当条件(1)满足时，便有

$$f(x)=(-1)^m f(2ml\pm x), \tag{7.34}$$

并推得

$$\left.\begin{aligned}&F(x)=(-1)^m F(2ml+x),\\&F(2(m+1)l-x)=F(2ml+x),\\&F(-x)=-F(x),\end{aligned}\right\} \tag{7.35}$$

其中 $F(x)=\int_0^x f(x)dx$，而 $0\leqslant x<\infty$，$m=0,1,2,\cdots$.

$f(x)$及 $F(x)$的图形如图 4.41：

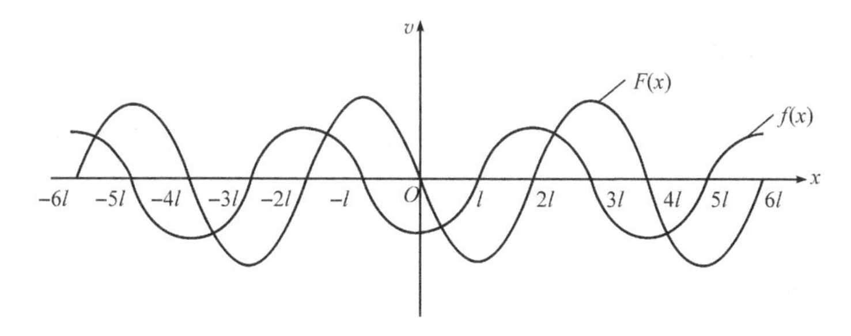

图 4.41

显然方程(7.32)的另一种等价形式为

$$\frac{dx}{dt}=y-F(x),\quad \frac{dy}{dt}=-x. \tag{7.36}$$

由条件(7.35)便知曲线 $y=F_1(x)=F(x)$与 $y=F_2(x)=F(-x)$在 $|x|\leqslant 2(n+1)l$ 上《n 重互相包含》，故结论(i)可从定理 7.9 推出.

为证结论(ii)，先证四个引理.

引理 7.3 若定理中的条件(1)成立，则在半平面 $v\geqslant 0(\leqslant 0)$上，沿方程组(7.33)的同一条轨线有

$$v(x)>v(-2l-x)(v(x)<v(-2l-x)),x\geqslant 0,$$

$$v(-x)>v(2l+x)(v(-x)<v(2l+x)),x\geqslant 0.$$

证明 只证括号外的. 由方程组(7.33)

$$v(2l+x)-v(-x)$$

$$
\begin{aligned}
&= \int_{-x}^{2l+x} \frac{-\xi}{v(\xi)} d\xi = \int_{-x}^{0} + \int_{0}^{2l} + \int_{2l}^{2l+x} \frac{-\xi}{v(\xi)} d\xi \\
&= \int_{0}^{x} \frac{\xi[v(2l+\xi) - v(-\xi)]}{v(-\xi)v(2l+\xi)} d\xi \\
&\quad - \int_{0}^{2l} \frac{\xi}{v(\xi)} d\xi - \int_{0}^{x} \frac{2l}{v(2l+\xi)} d\xi, \quad x \geqslant 0.
\end{aligned} \tag{7.37}
$$

对(7.37)式的两侧求导,得

$$
\frac{d(v(2l+x) - v(-x))}{dx} = \frac{x(v(2l+x) - v(-x))}{v(-x)v(2l+x)}
$$

$$
-\frac{2l}{v(2l+x)} < \frac{x(v(2l+x) - v(-x))}{v(-x)v(2l+x)}, x \geqslant 0.
$$

$$
\frac{d}{dx}\left[(v(2l+x) - v(-x))e^{-\int_0^x \frac{\xi d\xi}{v(-\xi)v(2l+\xi)}}\right] < 0, x \geqslant 0.
$$

因 $v(2l) - v(0) < 0$,故 $v(2l+x) - v(-x) < 0, x \geqslant 0$. 同理可证 $v(x) > v(-2l-x), x \geqslant 0$. 引理证毕.】

以 $\int_{(\alpha,\beta)} f(x(t))dt$ 表示在相空间 (x, v) 沿着方程组(7.33)的轨线段 $x = x(t), v = v(t), t_1 \leqslant t \leqslant t_2$ 求积,其中 $x(t_1) = \alpha, x(t_2) = \beta, x(t)$ 在 $t_1 \leqslant t \leqslant t_2$ 上单调.

引理 7.4 若定理的条件(1)成立,则在半平面 $v \geqslant 0$ 上,沿着方程组(7.33)的轨线段有

$$
(-1)^{m-1} \int_{[-2ml, 2ml]} f(x(t))dt > 0, \quad m \geqslant 1. \tag{7.38}
$$

证明 记

$$
\begin{aligned}
d_k &= \int_{[2kl, 2(k+1)l]} f(x(t))dt \\
&= \int_{2kl}^{2(k+1)l} \frac{f(x)}{v(x)} dx = (-1)^k \int_0^{2l} \frac{f(x)}{v(2kl+x)} dx \\
&= (-1)^k \int_0^l \frac{v(2kl+x) - v(2kl+2l-x)}{v(2kl+x)v(2kl+2l-x)} |f(x)| dx, \quad k \geqslant 0,
\end{aligned} \tag{7.39}
$$

$$
\begin{aligned}
\bar{d}_k &= \int_{[-2(k+1)l, -2kl]} f(x(t))dt \\
&= \int_{-2(k+1)l}^{-2kl} \frac{f(x)}{v(x)} dx = (-1)^k \int_0^{2l} \frac{f(x)}{v(-2kl-x)} dx \\
&= (-1)^k \int_0^l \frac{v(-2kl-x) - v(-2kl-2l+x)}{v(-2kl-x)v(-2kl-2l+x)} \times |f(x)| dx, \quad k \geqslant 0.
\end{aligned} \tag{7.40}
$$

先证不等式

$$(-1)^{k+1}(d_{k+1}+\bar{d}_k)>0, \tag{7.41}$$

$$(-1)^{k+1}(\bar{d}_{k+1}+d_k)>0, \quad k\geqslant 0. \tag{7.42}$$

由等式(7.34)

$$d_{k+1}+\bar{d}_k=(-1)^{k+1}\int_0^l \frac{v(2kl+2l+x)-v(2kl+4l-x)}{v(2kl+2l+x)v(2kl+4l-x)} \times |f(x)|dx-(-1)^{k+1}\int_0^l \frac{v(-2kl-x)-v(-2kl-2l+x)}{v(-2kl-x)v(-2kl-2l+x)}\times|f(x)|dx. \tag{7.43}$$

由引理 7.3 有

$$0<v(2kl+2l+x)<v(-2kl-x), \quad 0\leqslant x\leqslant l, k\geqslant 0,$$
$$0<v(2kl+4l-x)<v(-2kl-2l+x), \quad 0\leqslant x\leqslant l, k\geqslant 0. \tag{7.44}$$

由方程组(7.33)、等式(7.35)及引理 7.3 便有

$$\begin{aligned}
&v(2kl+2l+x)-v(2kl+4l-x)\\
&=\int_{2kl+2l+x}^{2kl+4l-x}\left(\frac{x}{v(x)}+f(x)\right)dx\\
&=\int_{2kl+x}^{2kl+2l-x}\frac{2l+x}{v(2l+x)}dx>\int_{2kl+x}^{2kl+2l-x}\frac{x}{v(-x)}dx\\
&=v(-2kl-x)-v(-2kl-2l+x)>0, \quad 0\leqslant x<l, k\geqslant 0.
\end{aligned} \tag{7.45}$$

由不等式(7.43)~(7.45),不等式(7.41)得证. 同理可证不等式(7.42).

另外,在(7.45)式中令 $k=0$,便得 $v(-x)-v(-2l+x)>0, 0\leqslant x<l$.再在(7.40)式中,令 $k=0$,便得

$$\bar{d}_0=\int_{[-2l,0]}f(x(t))dt>0. \tag{7.46}$$

同理可证

$$d_0=\int_{[0,2l]}f(x(t))dt>0. \tag{7.47}$$

约定 $d_{-1}=\bar{d}_{-1}=0$,由不等式(7.41),(7.42),(7.46),(7.47),便有

$$\begin{aligned}
&(-1)^{m-1}\int_{[-2ml,2ml]}f(x(t))dt\\
&=(-1)^{m-1}\sum_{k=0}^{m-1}(d_k+\bar{d}_k)\\
&=(-1)^{m-1}\sum_{k=0}^{\left[\frac{m-1}{2}\right]}(d_{m-2k-1}+\bar{d}_{m-2k-2})\\
&\quad+(-1)^{m-1}\sum_{k=0}^{\left[\frac{m-1}{2}\right]}(\bar{d}_{m-2k-1}+d_{m-2k-2})>0, \quad m\geqslant 1.
\end{aligned}$$

引理 7.4 证毕.】

由于方程组(7.33)的闭轨线关于原点对称,且$(-1)^{m-1}f(x)\geqslant 0$,当$2ml\leqslant x\leqslant(2m+1)l$,由引理 7.4 便有

引理 7.5　若定理的条件(1)成立,又方程组(7.33)的闭轨线 L_m 与 x 正半轴上区间$[2ml,(2m+1)l]$相交,则有

$$(-1)^{m-1}\oint_{L_m} f(x(t))dt>0,\quad m\geqslant 1.$$

引理 7.6　若定理中的条件(1)和(2)都成立,又方程组(7.33)的两条闭轨线 $L_1\subset L_2$ 同时与 x 正半轴上区间$[(2m+1)l,2(m+1)l]$相交,则有

$$(-1)^m\left[\oint_{L_2} f(x_2(t))dt-\oint_{L_1} f(x_1(t))dt\right]>0,\quad m\geqslant 1.\tag{7.48}$$

证明　设 L_i 与 v 轴相交于点 $A_i,B_i,v_{A_i}>0,v_{B_i}<0$,又设 L_i 与直线 $x=(2m+1)l$ 相交于点 $C_i,D_i,v_{C_i}>0,v_{D_i}<0,i=1,2$. 因在区间$[(2m+1)l,2(m+1)l]$上,$(-1)^mf(x)\geqslant 0$ 且单调不减,由引理 4.5 便知

$$(-1)^m\left[\int_{\overset{\frown}{C_2D_2}} f(x_2(t))dt-\int_{\overset{\frown}{C_1D_1}} f(x_1(t))dt\right]\geqslant 0.\tag{7.49}$$

令 $\beta=(2m+1)l$,因$(-1)^mF(\beta)-(-1)^mF(x)\leqslant 0$,当 $x\in[0,(2m+1)l]$时,由引理 5.4 便知

$$(-1)^m\left[\int_{\overset{\frown}{A_2C_2}\cup\overset{\frown}{D_2B_2}} f(x_2(t))dt-\int_{\overset{\frown}{A_1C_1}\cup\overset{\frown}{D_1B_1}} f(x_1(t))dt\right]\geqslant 0.\tag{7.50}$$

由不等式(7.49),(7.50)及向量场的对称性便知不等式(7.48)成立.】

请读者注意,引理 5.4 是对方程(7.32)的另一等价形式(7.36)证明的,但这一结果显然对(7.33)也成立.

下面再证结论(ii). 分两种情形:

1. 有闭轨线 L_m 与 x 轴上区间$[2ml,(2m+1)l]$相交. 这时由引理 7.5 及 Poincaré 关于极限环的稳定性判据,当 m 是奇(偶)数,L_m 是稳定(不稳定)的,且此外再无闭轨线与区间$[2ml,(2m+1)l]$相交. 还要证明无闭轨线与区间$[(2m+1)l,2(m+1)l]$相交. 否则,最靠近 L_m 的闭轨 L_m' 必是内侧不稳定(稳定). L_m' 不可能是半稳定. 如若 L_m' 是半稳定的,考虑方程组

$$\frac{dx}{dt}=v,\quad \frac{dv}{dt}=-x-f_\alpha(x)v,\tag*{$(7.33)_\alpha$}$$

其中 $f_\alpha(x)=f(x)+\alpha\gamma_m(x),\alpha>0$,而

$$\gamma_m(x)=\begin{cases}0,|x|\leqslant(2m+1)l,\\(-1)^m(|x|-(2m+1)l)^2,|x|>(2m+1)l.\end{cases}$$

显然 $f_\alpha(x)$满足引理 7.6 所依据的全部条件. 方程组$(7.33)_\alpha$ 对 α 形成广义旋转

向量场. $\alpha=0$ 时,方程组$(7.33)_\alpha$ 就是方程组(7.33). 于是当 $0<\alpha\ll 1$ 时,L_m'分裂成至少两条闭轨线$\overline{L}_m\subset\overline{\overline{L}}_m$,并有

$$(-1)^m\oint_{\overline{L}_m} f_\alpha(x)dt\geqslant 0,\quad (-1)^m\oint_{\overline{\overline{L}}_m} f_\alpha(x)dt\leqslant 0.$$

这将与引理 7.6 相矛盾,故 L_m'是不稳定(稳定)的. 由结论(i)的证明,这时在 L_m'之外与区间$[(2m+1)l,2(m+1)l]$相交的至少还有一条单侧,甚至双侧稳定(不稳定)闭轨线. 这又与引理 7.6 矛盾,故不可能有闭轨线与区间$[(2m+1)l,2(m+1)l]$相交.

2. 无闭轨线与区间$[2ml,(2m+1)l]$相交. 这时由结论(i),至少存在一条闭轨线与区间$[(2m+1)l,2(m+1)l]$相交. 其中最靠近原点的闭轨线,设为 L_m,当 m 是奇(偶)数,它必定是内侧稳定(不稳定). L_m 不可能是半稳定的,否则由结论(i)的证明,在 L_m 之外至少还有一条单侧,甚至双侧稳定(不稳定)闭轨线与区间$[(2m+1)l,2(m+1)l]$相交,这又与引理 7.6 相矛盾,故 L_m 是双侧稳定(不稳定)闭轨线. 以下讨论与情形 1 类似,可证在 L_m 之外无闭轨线再与区间$[(2m+1)l,2(m+1)l]$相交.

综上所述,当 m 是奇(偶)数,方程组(7.33)有唯一稳定(不稳定)闭轨线与 x 正半轴上区间$[2ml,2(m+1)l]$相交. 而所有闭轨都包含点$(-2l,0),(2l,0)$,故在区域$|v|\leqslant 2(n+1)l$ 上恰好有 n 个极限环,稳定和不稳定极限环是相间排列的. 定理证毕.】

方程 $\ddot{x}+\mu\sin\dot{x}+x=0$ 等价于方程组

$$\frac{dx}{dt}=v,\quad \frac{dv}{dt}=-x-\mu\sin v. \tag{7.51}$$

方程组(7.51)是方程组(7.36)的特例. 故方程组(7.51)在带域$|v|\leqslant(n+1)\pi$ 上恰好存在 n 个极限环$(n=1,2,\cdots)$,而且稳定极限环和不稳定极限环是相间排列的.

这是一个多年没有解决的猜想. 在这之前最好的结果是 D' Heedene, R. N. 于 1969 年在[88]中证明的,即对所有的实数 μ,(7.51)有无穷多个极限环.

下面是丁孙荭最近的工作[48],他推广了定理 7.10.

定理 7.11 在定理 7.9 的条件下,设还满足:

(1) $g(x)=x,\varphi(y)=y,F(x)=-F(-x)$,即

$$F_1(x)=-F_2(x),$$

(2) 存在 $\eta_{i+1}\in(a_{i+1},a_{i+2})$,$F_1(x)$在$[a_{i+1},\eta_{i+1}]$上广义单调(即或者不减或者不增),$F_1'(x)$在$[\eta_{i+1},a_{i+2}]$上广义单调,则方程组(7.6)在带域$|x|\leqslant b=a_{n+2}$上恰好存在 n 个极限环,分别与区间$[a_{i+1}a_{i+2}]$相交,$i=1,2,\cdots,n$.

定理 7.11 证明的思路与定理 7.10 基本相似,在这里就不再引进了.

下面是张芷芬和何启敏的工作[47]

定理 7.12　设方程组(7.6)满足条件:

(1) $g(x)=x;\varphi(y)=y;F(x)=-F(-x)$,

(2) $f(x)=F'(x),f(0)>0(f(0)<0)$;连续函数 $f(x)$ 仅有简单零点 $\alpha_i>0$, $i=1,2,\cdots,n+1$,函数 $F(x)$ 有零点 $x=0$ 及 $a_i>0,i=1,2,\cdots,n$,且 $0<\alpha_1<a_1<\alpha_2<a_2<\cdots<\alpha_{n+1}$.

(3) 存在 $\beta_{i+1}\in(a_{i+1},\alpha_{i+2}),i=1,2,\cdots,n-1$,使得

(i) $F(\alpha_i)=F(\beta_{i+1})$,

(ii) 在每个子区间 $(\alpha_{i+1},\beta_{i+1})$ 上函数 $f(x)$ 广义单调,则方程组(7.6)在带域 $|x|\leqslant\alpha_{n+1}$ 上至多有 n 个极限环.

定理 7.12 的证明在此也不再引进了.

定理 7.8 或定理 7.9 的条件再加上定理 7.12 的条件就能保证极限环的唯 n 性.

定理 7.11 和定理 7.12 是互不包含的,请读者比较这两个定理的条件.

下面我们介绍定理 7.11 的一个有趣的推论.

推论　考虑微分方程组(7.36),设其中

$$F(x)=h(x)\sin x,h(-x)=h(x),h(x)>0(<0),$$
$$h'(x)>0(<0),\text{且}$$
$$\delta(x)=h^2(x)-h(x)h''(x)+2(h'(x))^2>0,\quad x>0,\tag{7.52}$$

则方程组(7.36)在带域 $|x|\leqslant(n+1)\pi$ 中有且仅有 n 个极限环.

证明　只证括号外的情形.

由 $h(x)$ 的性质,曲线 $y=F_1(x)=h(x)\sin x$ 与 $y=F_2(x)=h(-x)\sin(-x)=-h(x)\sin x$ 在区间 $[0,(n+1)\pi]$ 上显然"n 重互相包含",故定理 7.9 的条件显然满足. 下面只要验证定理 7.11 的条件(2)也满足就成了.

条件(2)中的 $\eta_{i+1}\in[i\pi,(i+1)\pi]$ 由方程

$$F'(x)=h'(x)\sin x+h(x)\cos x=0$$

确定. 并且

$$\frac{-h'(\eta_{i+1})}{h(\eta_{i+1})}=\operatorname{ctan}\eta_{n+1}.$$

$F(x)$ 的拐点值 $\alpha_{i+1}\in[i\pi,(i+1)\pi]$ 由方程

$$F''(x)=(h''(x)-h(x))\sin x+2h'(x)\cos x=0$$

确定. 并且

$$\frac{h(\alpha_{i+1})-h''(\alpha_{i+1})}{2h'(\alpha_{i+1})}=\operatorname{ctan}\alpha_{i+1}.$$

由(7.52)便知

$$\frac{h(x)-h''(x)}{2h'(x)} > -\frac{h'(x)}{h(x)}, x \in [i\pi,(i+1)\pi], i=0,1,2,\cdots.$$

即在区间$(i\pi,(i+1)\pi)$上,曲线 $y=\frac{h(x)-h''(x)}{2h'(x)}$落在曲线 $y=-\frac{h'(x)}{h(x)}$的上方,又因 $y=\cot x$ 在$[i\pi,(i+1)\pi]$上单调下降,故有 $\alpha_{i+1}<\eta_{i+1}(i=0,1,2,\cdots)$. 推论得证.】

例题 7.3 在(7.36)中取 $F(x)=\mu|x|^{\alpha}\sin x, \mu>0, \alpha\geqslant 0$,便有 $\delta(x)=\mu^2[x^{2\alpha}+(\alpha^2+\alpha)x^{2\alpha-2}]>0, x>0$,故推论的条件满足. 方程组(7.36)在带域$|x|<(n+1)\pi$ 上有且仅有 n 个极限环.

例题 7.4 在(7.36)中取 $F(x)=e^{\alpha|x|}\sin x, \alpha\geqslant 0$,便有 $\delta(x)=(1+\alpha^2)e^{2\alpha x}>0, x>0$,故推论的条件满足. 方程组(7.36)在带域$|x|<(n+1)\pi$ 上有且仅有 n 个极限环.

例题 7.5 在(7.36)中取 $F(x)=\ln(1+|x|)\sin x$,便有 $\delta(x)=(\ln(1+x))^2+\frac{\ln(1+x)}{(1+x)^2}+\frac{2}{(1+x)^2}>0, x>0$,故推论的条件满足. 方程组(7.36)在带域$|x|<(n+1)\pi$ 上有且仅有 n 个极限环.

定理 7.10,7.11,7.12 中都要求 $F(x)$是奇函数. 取消了这个条件后极限环唯一性问题的难度就大多了. 在这方面黄克成[74]和周毓荣[75]的工作是很好的尝试.

最近在文[86]中对定理 7.11 又作了一点推广,不要求 $g(x)\equiv x$,但仍要求 $F(x)$是奇函数.

近来国内不少人将极限环理论应用到生物数学中去得到了一些好的结果[79~84].

习 题 四

1. 设 $F_1(z), F_2(z)\in C^0(z\geqslant 0)\cap C^1(z>0)$,又当 $z\geqslant 0$ 时,$F_2(z)\geqslant F_1(z)$,而当 $0<z\ll 1$ 时,$F_2(z)\not\equiv F_1(z)$,则 §1 方程(1.16)和(1.17)的具有相同初条件 $z_i(y_0)=0(y_0<0)$的解 $z_i(y)$满足

$$z_1(y)<z_2(y), \quad y_0<y<y_r,$$

其中$[y_0, y_r]$是 $z_i(y)$的公共存在区间,$i=1,2$,由此推出 §1 方程组(1.14)不存在闭轨线.

2. 考虑微分方程

$$\ddot{x}+f(x)\dot{x}+x=0,$$

或其等价方程组

$$\frac{dx}{dt}=y-F(x), \quad \frac{dy}{dt}=-x,$$

其中

$$F(x) = \begin{cases} 2x, & \text{当 } x \geqslant 0, \\ -\dfrac{5}{2}x, & \text{当 } -1 \leqslant x \leqslant 0, \\ \dfrac{5}{2}, & \text{当 } x \leqslant -1. \end{cases}$$

试讨论上述方程组轨线的全局结构,并画出草图. 再将本题与§1定理1.3中的条件(2)作比较.

3. 设 $-a\sqrt{z} < F_1(z) \equiv F_2(z) < a\sqrt{z}$,当 $0 < z < \delta$, $a < \sqrt{8}$,则 $O(0,0)$ 为§1方程组(1,14)的中心. 举例说明,当去掉条件 $-a\sqrt{z} < F_1(z)$(或 $F_2(z) < a\sqrt{z}$)时,则结论不真.

4. 试证明,在习题2中存在 $x_p < 0$,使得当 $x_p \leqslant x < 0$ 时,§1方程组(1.14)的从点 $(x, F(x))$ 出发的负半轨均进入 $O(0,0)$,而当 $x < x_p$ 时,从点 $(x, F(x))$ 出发的负半轨均趋于∞.

5. 设 (x, u) 平面上的两条曲线

$$F(x) = F(u),$$
$$G(x) = G(u),$$

在区域 $u < 0, x > 0$ 内不相交,则§1方程组(1.14)无闭轨线. 提示:利用习题1.

6. 设存在 $\Delta > 0$,使当 $0 < z < \Delta$ 时,$F_1(z) < F_2(z)$,而当 $z > \Delta$ 时,$F_1(z) > F_2(z)$,又 $L = L_1 \cup L_2$ 为§1方程组(1.14)的闭轨线,L_1 和 L_2 分别经 Филиппов 变换后变为§1(1.16)和(1.17)的积分曲线 Γ_1 和 Γ_2. 求证

(i) Γ_1 和 Γ_2 均与直线 $z = \Delta$ 相交,

(ii) Γ_1 和 Γ_2 在 $z > 0$ 上有唯一的交点.

7. 试证 Bruslator 方程

$$\frac{dx}{dt} = A - (1 + B)x + x^2 y,$$

$$\frac{dy}{dt} = Bx - x^2 y, \quad A > 0, \quad B > 0,$$

当 $B > 1 + A^2$ 时在第一象限内存在(稳定的)极限环.

提示:作外境界线时注意直线段

$$x + y = C, x > A, y \geqslant 0$$

为无切直线.

8. 试证方程

$$\ddot{x} + \rho(e^x - 2)\dot{x} + x = 0,$$

当 $0 < \rho < 1$ 时存在(稳定的)极限环. 并讨论 $\rho \geqslant 1$ 时是否存在闭轨线.

9. 设§1方程(1.13)中

$$f(x) = 4x^3 - 1,$$

$$g(x) = \begin{cases} x, & x \geqslant 0, \\ \alpha x^3, & x < 0, \end{cases}$$

$$M_0 = \max_{0 \leqslant x < +\infty}\left(-x^4 + \frac{x^2}{2} + x\right), \alpha \geqslant 5(M_0 + 4),$$

试用§1定理1.4证明§1方程(1.13)的等价方程组(1.14)存在极限环.

（提示：取 $C=1, M=M_0, x_0=1, K=\frac{1}{M_0+4}$）.

10. 设§1方程组(1.14)中

$$F(x)=\begin{cases}(x^{12}-x^6)(\sin x^3)^2, x\geqslant 0,\\ -x^3(\sin x^3)^2, x<0,\end{cases}$$

$$g(x)=3x^2\operatorname{sgn}x,$$

试用§1定理1.5证明§1方程组(1.14)存在极限环.

（提示：取 $c=1, a=-\infty, b=+\infty$.）

11. 试证明§1引理1.9中

$$y_A+y_B=2F(\xi),\quad 0\leqslant\xi\leqslant\bar{x}(\text{或 }\bar{x}\leqslant\xi\leqslant 0),$$

并由此证明，在§1定理1.2条件下，图4.4中

$$y_A-y_F\geqslant 2(k_1-k_2)-\varepsilon>0\quad(\varepsilon>0),$$

当 x_B 充分大时成立.

12. 试证§2等式(2.5)中的 $H(s)$ 是§2方程组(2.1)的正交轨线在点 $P(s)\in L$ 上的曲率.

13. 试证，若在闭轨线 L 的一侧恒有

$$\operatorname{div}(X,Y)\equiv 0,$$

则在 L 的这一侧的任意小邻域中恒有异于 L 的闭轨线.

14. 试讨论，当 $X(x,y,\alpha), Y(x,y,\alpha)$ 对 α 连续可微，§3定义3.2与定义3.3是否等价？

15. 讨论§3定理3.6中区域 D 的内外边界分别是否曲线连通的.

16. 考虑微分方程组

$$\frac{dx}{dt}=X(x,y),\quad \frac{dy}{dt}=Y(x,y),$$

设 $X(x,y), Y(x,y)\in\operatorname{Lip}(G\subseteq R^2)$. 若对任意 $\lambda>1$，恒有

$$\begin{vmatrix}X(x,y), & Y(x,y)\\ X(\lambda x,\lambda y), & Y(\lambda x,\lambda y)\end{vmatrix}\geqslant 0\quad(\leqslant 0),$$

且等号不在整条闭轨线上成立，则上方程组至多有一条闭轨线，且若存在必是星形的（星形的定义见本章§4定义4.1）

17. 若 $(X(\lambda x,y),\lambda Y(\lambda x,y))$ 或 $(\lambda X(x,\lambda y), Y(x,\lambda y))$ 关于 $\lambda\in(0,+\infty)$ 形成广义旋转向量场，则方程组

$$\frac{dx}{dt}=X(x,y),\quad \frac{dy}{dt}=Y(x,y)$$

不存在闭轨线.

18. 试证在广义旋转向量场 $(X(x,y,\alpha), Y(x,y,\alpha))$ 中孤立奇点的指数不变.

19. 试证方程组

$$\frac{dx}{dt}=x(a+bx+cy)$$

$$\frac{dy}{dt}=y(e+fx+gy)$$

当 $ga(f-b)+be(c-g)\neq 0$ 时无闭轨.

(提示:取形如 $x^k y^k$ 的 Dulac 函数)

20. 试证方程组

$$\frac{dx}{dt}=-y+mxy+ny^2,$$
$$\frac{dy}{dt}=x(1+ax),\quad a\neq 0,$$

当 $mn\neq 0$ 时无闭轨线.

21. 试证方程组

$$\frac{dx}{dt}=-y+lx^2+ny^2,$$
$$\frac{dy}{dt}=x(1+ax+by),\quad b\neq 0,$$

当 $a(b+2l)\neq 0$ 时无闭轨线.

22. 试证方程组

$$\frac{dx}{dt}=y,$$
$$\frac{dy}{dt}=-ax-by+cx^2+dy^2,\quad b\neq 0,$$

无闭轨线.

23. 试证当 $f(x)=\frac{64}{5\pi}x^6-\frac{112}{\pi}x^4+\frac{196}{\pi}x^2-\frac{36}{\pi}$,$0<\varepsilon\ll 1$ 时方程组(4.18)恰好有三个极限环。

24. 试证习题 8 中的方程当 $0<\rho<1$ 时有唯一的极限环.

25. 将习题 7 中的方程化为 Liénard 方程,然后证明极限环的唯一性.

26. 给定方程组

$$\frac{dx}{dt}=y-F(x),\quad \frac{dy}{dt}=-g(x),$$

试证若 $xg(x)>0$,当 $x\neq 0$ 时;$\frac{f(x)}{g(x)}=\text{Const.}$,当 $0<|x|\ll 1$ 时,则 $O(0,0)$是中心.

27. §4 定理 4.6 中的条件 $f(0)<0$ 可减弱为存在 $\delta>0$,使得当 $0<x<\delta$ 时,$F(-x)\geqslant F(x)$,但当 $0<x\ll 1$ 时,$F(-x)\not\equiv F(x)$.

28. 试用§5 引理 5.3 的推论来减弱§4 定理 4.2 的条件,并简化其证明.

29. 试用 $2n+1$ 次多项式来实现例题 7.2,即取 $F(x)$是 $2n+1$ 次多项式,使例题 7.2 的结论仍成立.

30. 试用 Sturm 定理举两个例子,使方程组

$$\frac{dx}{dt}=v,\quad \frac{dv}{dt}=-x-\varepsilon f(x)v,$$

的闭轨线个数分别大于和小于 $F(x)=\int_0^x f(x)dx$ 的正零点个数,其中 ε 是小参数.

31. 考虑微分方程组

$$\frac{dx}{dt} = -y + \delta x - \frac{1}{2}x^2 + xy,$$

$$\frac{dy}{dt} = x - \frac{1}{2}x^2, \quad 0 < \delta < \frac{1}{2},$$

试引入变换：$x=1-e^{-\bar{x}}, y=\bar{y}$，证明围绕原点的极限环的唯一性.

32. 将方程

$$\frac{dx}{dt} = -y + x^2 + xy,$$

$$\frac{dy}{dt} = x + \delta y + lx^2 + xy,$$

利用变换：$x=1-e^{-\bar{x}}, y=\bar{y}$，化为 Liénard 方程.

33. 求证，当 $-1<n<0, \delta<0, l>0$ 时，若 $m<0, m-\delta<0$，则系统

$$\frac{dx}{dt} = -y + \int_0^x (mx+\delta)(m+1)^{-l-1}dx$$

$$\frac{dy}{dt} = (x-nx^2)(x+1)^{-2l-1}$$

至多有一个围绕原点的极限环.

34. 利用§4 定理 4.7 证明方程

$$\frac{dx}{dt} = -y + \int_0^x \frac{mx+\delta}{1+x}dx,$$

$$\frac{dy}{dt} = \frac{x-nx^2}{1+x}, \quad m<0,$$

(i) 当 $n>0, \delta<0$ 时至多有一个极限环.

(ii) 当 $-1 \leqslant n<0, \delta>0$ 时至多有一个极限环.

35. 将方程

$$\frac{dx}{dt} = -y + \delta x + lx^2 - xy,$$

$$\frac{dy}{dt} = x(1+ax+by)$$

化为 Liénard 系统.

36. 试证明系统

$$\begin{cases} \dfrac{dx}{dt} = -y + \delta x - \dfrac{1}{2}x^2 + xy, \\ \dfrac{dy}{dt} = x - \dfrac{1}{2}x^2, \end{cases}$$

其中 $0<\delta<\frac{1}{2}$，在全平面恰有两个极限环，呈(1,1)分布.

参 考 文 献

[1] Hilbert, D., Mathematische Probleme, *Archiv der Math. u Phys.*, **1** (1901), 213—237.

[2] Dulac, H., Sur les cycles limites, *Bull. Soc. Math. de France*, **51** (1923), 45—188.

[3] Diliberto, S. P., On systems of ordinary differential equations, contribution to the theory of nonlinear oscillations, I(1950), 1—38.

[4] 史松龄,二次系统(E_2)出现至少四个极限环的例子,中国科学,**11** (1979),1051—1056.

[5] 陈兰荪、王明淑,二次系统极限环的相对位置与个数,数学学报,**22** (1979),6,751—758.

[6] 董金柱,方程组 $\frac{dx}{dt}=\sum_{0\leqslant i+k\leqslant 2}a_{ik}x^iy^k,\frac{dy}{dt}=\sum_{0\leqslant i+k\leqslant 2}b_{ik}x^iy^k$ 的奇点指数分布与其极限环线的位置,数学学报,**8** (1958),2,258—268.

[7] 方程组 $\frac{dx}{dt}=\sum_{0\leqslant i+k\leqslant 2}a_{ik}x^iy^k,\frac{dy}{dt}=\sum_{0\leqslant i+k\leqslant 2}b_{ik}x^iy^k$ 的极限环线的位置,数学学报,**9** (1959),2,156—169.

[8] Филиппов, А. Ф., Достаточное условие существования устойчивого предельного цикла для уравнения второго порядка, *Мат. Сб.*, **30** (72), 1952, 1, 171—180.

[9] 黄克成,微分方程 $\frac{dx}{dt}=h(y)-F(x),\frac{dy}{dt}=-g(x)$ 的极限环的存在性,数学学报,**23** (1980),4,483—490.

[10] Драгилёв, А. В., Периодические рещения дифференциального уравнения нелинейных колебаний, *ПММ*, **16** (1952), 85—88.

[11] 黄启昌、史希福,关于 Liénard 方程存在极限环的条件,科学通报,**27** (1982),11,645—646.

[12] 丁大正,Liénard 方程极限环的存在性,应用数学学报,**7** (1984),2,166—174.

[13] 伍卓群,非线性振动微分方程极限圈的存在性,东北人民大学学报(自然科学),**2** (1956),33—46.

[14] Железнов, Е. И., Некоторые достаточные условия существования предельных циклов, *Извест ия ВУЗ Мат.*, **1** (1958), 56—59.

[15] 余澍祥,证明极限环存在唯一性的 Филиппов 方法,数学学报,**14** (1964),13,461—470.

[16] ——,极限环的存在性定理,数学进展,**8** (1965),2,187—194.

[17] 周毓荣,非线性振动方程极限环的存在性,应用数学学报,**3** (1980),1,50—56.

[18] Chen Xiudong(陈秀东) Properties of characteristic functions and existence of limit cycles of Liénard's equation *Chin. Ann. of Math.*, **4B** (1983),2,207—215.

[19] Levinson, N. and Smith, O. K., A General Equation for relaxation oscillations, *Duke Math. J.*, **9** (1942), 382—403.

[20] Ткачёв, В. Ф., Ткачёв, Вл. Ф., О критериях отсутствия любых и кратных предельных циклов, *Мат. Сб.*, **52** (94)(1960), 3, 811—822.

[21] 陈翔炎,二维定常系统闭轨线不存在的判别法则,南京大学学报(自然科学),**3** (1978),9—11.

[22] Chow Shui-Nee and Hale, J. K., Methods of bifurcation theory, Springer-Verlag, 1982.

[23] Duff, G. F. D., Limit cycles and rotated vector fields, *Annals of Math.*, **57** (1953), 15—31.

[24] Seifert, G., Rotated vector fields on an equation for relaxation oscillations, contribution to the theory of nonlinear oscillation, IV(1958), 125—139.

[25] Perko, L. M., Rotated vector fields and the global behavior of limit cycles for a class of quadratic systems in the plane, *J. Diff. Equa.*, **18** (1975), 63—86.

[26] 陈翔炎,旋转向量场理论的应用(I),南京大学学报(数学版),**1** (1963),19—25.

[27] ——,旋转向量场理论的应用(II),南京大学学报(数学版),**2** (1963),43—50.

[28] ——,广义旋转向量场,南京大学学报(自然科学),**1** (1975),100—108.

[29] Черкас, Л. А., Методы оценки числа предельных циклов автономных систем, *Дифференц. Уравнения*, **13** (1977), 5, 779—802.

[30] 曾宪武,Liénard 方程极限环的唯一性问题,中国科学,A 辑,**1** (1982),1,14—20.

[31] Sansone, G., Sopra l'equazione di A. Liénard delle oscillaxionidi rilassamento, *Ann. Mat Pure end Appl.*, (4), **28** (1949), 153—181.

[32] Massera, J. L., Sur un Théorème de G. Sansone sur l'equation de Liénard. *Boll. Unione mai. ital.*, Ser. 3, Anno **9** (1954), 367—369.

[33] Чжан чжи-фэн(张芷芬), О единственности предельных циклов некоторых уравнений нелинейных колебаний, *ДАН СССР*, **119** (1958), 4, 659—662.

[34] Conti, R., Soluzioni periodiche dell'equazione di Liénard generalizzata esistenza ed unicitá, *Boll. Unione mat. ital.*, Ser. 3, Anno **7**, (1952), 111—118.

[35] Serbin, H., Periodic motions of a non-linear dynamic system, *Quart. Appl. Math.*, **8** (1950), 3, 296—303.

[36] Duff, G. F. D., Levinson, N., On the non-uniqueness of periodic solutions for an asymmetric Liénard equation, *Quart. Appl. Math.*, **10** (1952), 1, 86—88.

[37] De Castro, A., Un teorema di confronto per l'equazione differenziale delle oscillazioni di rilassamento, *Boll. Unione mat. ital.*, Ser, 3, Anno 9,(1954), 280—282.

[38] Черкас, Л. А., Жилевич Л И. Некоторые признаки отсутствия нединственности предельных циклов, *Дцфференц. Уравненця*, **6** (1970) 7, 1170—1178.

[39] Riesz, R. and Nagy, B., Lecons d'anzlyse foncitionnelle, Akad. Kiado Budapest, 1952, 7—8.

[40] Walter, W., Differential und Integral Ungleichungen und ihre Anwendung bei Abschätzungs und Eindeutigkeits Problemen, Berlin, Springer, 1964, 40—41.

[41] Рычков, Г. С., Полное исследование числа предельных циклов уравнения $(b_{01}x + y)dy = \sum_{i+j\geqslant 1}^{2} a_{ij}x^i y^j dx$, *Дп фференц. Уравненця*, **6** (1970), 12, 2193—2199.
Lins, A., de Melo, W. and Pugh, C. C., On

[42] 叶彦谦,方程 $\frac{dy}{dx} = \frac{q_{00} + q_{10}x + q_{01}y + q_{20}x^2 + q_{11}xy + q_{02}y^2}{p_{00} + p_{10}x + p_{01}y + p_{20}x^2 + p_{11}xy + p_{02}y^2}$ 所定义的积分曲线的定性研究(I),(II),数学学报,**12** (1962),1,1—16;60—67.

[43] 秦元勋,多重极限环线,数学学报,**5** ,2(1955),243—252;偶重极限环线,数学学报,**5** (1955),2,269—282.

[44] Войлоков, М., Метод массера доказательства единственности предельного цикла, *Извест ия ВУЗ Маг* ., **5** (1962), 22—28.

[45] Рычков, Г. С, Максимальное число предельных циклов системы $\dot{y} = -x, \dot{x} = y - \sum_{i=0}^{2} a_i x^{2i+1}$ равно двум, *Дифференц. Уравнения*, **11** (1975), 2, 390—391.

[46] 张芷芬,关于 Liénard 方程极限环的唯二性问题,数学学报,**24** (1981),5,710—716.

[47] 张芷芬、何启敏,关于 Liénard 方程至多存在 n 个极限环的一个充分条件,数学学报,**25** (1982),5,585—594.

[48] 丁孙荭,Liénard 方程在有限区间上极限环的存在唯 n 性定理,中国科学,A 辑,9(1982),792—800.

[49] 张芷芬、史希福,关于 Liénard 方程极限环个数问题的几个例子,东北师大学报(自然科学),**1** (1981),1—10.

[50] 曾宪武,Liénard 方程极限环的存在唯一性定理,数学学报,**21** (1978),3,263—269.

[51] 杨思认,关于 Liénard 方程存在有限个极限环的条件之探讨,东北师大学报(自然科学),**3** (1980),21—31.

[52] 叶彦谦,常微分方程定性论中几个研究课题,新疆大学学报,**1**(1980),1—32.

[53] 秦元勋、史松龄、蔡燧林,关于平面二次系统的极限环,中国科学,**8**(1981),929—938.

[54] 史松龄,关于平面二次系统的极限环,中国科学,**8**(1980),734—739.

[55] 杨信安、叶彦谦,方程 $\frac{dx}{dt}=-y+dx+lx^2+xy+ny^2, \frac{dy}{dt}=x$ 的极限环的唯一性,福州大学学报,**2**(1978),122—127.

[56] 陈兰荪、叶彦谦,方程组 $\frac{dx}{dt}=-y+dx+lx^2+xy+ny^2, \frac{dy}{dt}=x$ 的极限环的唯一性,数学学报,**18**(1975)3,219—222.

[57] 索光俭,微分方程组 $\dot{x}=a+\sum_{i+j=2}a_{ij}x^iy^j, \dot{y}=b+\sum_{i+j=2}b_{ij}x^iy^j$ 至多存在两个极限环,科学通报,**24**(1981),1479—1480.

[58] 王明淑、林应举,一类二次微分系统的极限环不存在性,数学年刊,**3**(1982),6,721—724.

[59] 蔡燧林,具有三阶细焦点的二次系统,数学年刊,**2**(1981),4,475—478.

[60] 刘钧,关于平面二次系统中的变换研究及其应用,武汉钢铁学院学报,**4**(1979),10—15.

[61] Черкас, Л. А., О циклах уравнения $y'=\frac{Q_2(x,y)}{P_2(x,y)}$, *Дифференц. Уравненпя*, **9**(1973), 8, 1432—1437.

[62] Черкас, Л. А., О предельных циклах квадратичного дифференциалъного уравнения. *Дифференц. Уравнения*, **10**, (1974), 5, 947—949.

[63] Lins, A., de Melo, W. and Pugh, C. C., On Liénard's Equation, *Lecture Notes in Math.*, **597**(1976), 335—357.

[64] 索光俭,$2n+1$ 次奇多项式 Liénard 系统至多存在一个或两个极限环的条件,东北师大学报,自然科学版,**2**(1982),21—24.

[65] Войлоков, М., Достаточные условия существования ровно n предельных циклов y системы $\frac{dx}{dt}=y$, $\frac{dy}{dt}=F(y)-x$, *Мат. Сб.*, **44**(86)(1958), 235—244.

[66] 陈秀东,Liénard 方程至少存在 n 个极限环的充分条件和构造方法,科学通报,**6**(1982),381—382.

[67] 黄启昌、杨思认,关于具有交变阻尼的 Liénard 方程存在多个极限环的条件,东北师大学报,**1**(1981),11—19.

[68] Comstock, C., On the Limit Cycles of $\ddot{y}+\eta F(\dot{y})+y=0$, *J. Diff. Equa.*, 7—8(1970),173—179.

[69] Neumann, D. A., Sabbagh, L. D., Periodic Solutions of Liénard systems, *J. Math Anal. Appl.*, **62**, (1978), 1, 148—156.

[70] 吴葵光,非线性方程极限环的存在性,全国第三次微分方程会议资料,1980.

[71] Рычков, Г. С., Некоторые критерии наличия и отсутствия предельных циклов у динамической системы второго порядка, *Сибир. Мат. Журнал.* **7**(1966), 6, 1425—1431.

[72] 张芷芬,关于一类非线性方程存在多个极限环的条件,北京大学学报,自然科学版,**1**(1982),34—43.

[73] ——,关于方程 $\ddot{x}+\mu\sin\dot{x}+x=0$ 在 $|\dot{x}|\leqslant(n+1)\pi$ 上恰好存在 n 个极限环的定理,中国科学,**10**(1980),941—948.

[74] 黄克成,Liénard 方程的极限环,华东水利学院学报,**1**(1979),116—123.

[75] 周毓荣,微分方程 $\dot{x}=\phi(y)-F(x), \dot{y}=-g(x)$ 的极限环的存在唯一性和唯二性,数学年刊,**3**(1982),1,89—102.

[76] 叶彦谦,科学纪录新辑,**1**(1957),359—361.

[77] 叶彦谦,南京大学学报,1(1958),7—17.

[78] 秦元勋、蒲富全,在平衡点附近 $\frac{dx}{dt}=P,\frac{dy}{dt}=Q$ 出现三个极限环的例子(P,Q 为二次多项式)数学学报,**9** (1959),2,213—226.

[79] 秦元勋,曾宪武,生物化学中的布鲁塞尔振子方程的定性研究,科学通报,**25** (1980),8,337—339.

[80] 井竹君,陈兰荪,二次自催化反应系统的极限环. 应用数学学报,**6** (1983),2,183—190.

[81] 井竹君,人体组织发炎数学模型的定性分析数学学报(N. S.)3(1987),322—339.

[82] 李继彬,一类 Liénard 方程的极限环及其对机械振动的应用,东北师范大学学报,1981 年,第 2 期.

[83] 周建莹、张锦炎、曾宪武,生化反应中一类非线性方程的定性分析,应用数学学报,**5** (1982),3,234—240.

[84] 马遵路、刘来福、徐汝梅,Nicholson 模型及其同源微分方程的稳定性分析,生态学报,**1** (1981)1,54—65.

[85] 李承治,平面二次系统三阶细焦点外围极限环的不存在性,数学年刊,7B,2(1986),174—190.

[86] 张芷芬,关于 Liénard 方程根限环个数的唯 n 性问题,数学年刊,5A(1984),4,467—472.

[87] Zhang Zhi-fen & Gao Suzhi, On the Uniqueness of Limit Cycles of one type of Nonlinear Differential Equations, Acta Scientiarum Naturalium Universitatis Pekinensis, 22(1986), 1—13.

[88] D'Heedene, R. N., For all real μ, $\ddot{x}+\mu\sin\dot{x}+x=0$ has an Infinite Number of Limit Cycles, J. D. E. 5(1969), 564—571.

[89] Zhang Zhi-fen, Proof of the Uniqueness Theorem of Limit Cycles of Generalized Liènard Equations, Applicable Analysis, 23(1986), 63—76.

[90] Yu. S. Ilyashenko, Finiteness Theorems of Limit Cycles, Translations of Math. Monographs, Vol. 94, AMS, 1991.

[91] J. Ecalle, J. Martinet, R. Moussu and J. P. Ramis, Nonaccumulation des cycies limites Acad. Sci. Paris Ser. Math. 304(1987).

第五章　无穷远奇点

为了研究平面动力系统的全局结构，除了分析奇点、闭轨线和分界线外，还必须研究当$|x|+|y|\to\infty$时轨线的性态，亦即轨线在“无穷远”的性态．而“无穷远”的性态往往对分界线的走向和闭轨线的存在性等问题也能提供有用的信息．本章主要讨论无穷远奇点，主要讨论多项式系统．参考文献见第二章的[23]．

§1. Poincaré 变换

在三维欧氏空间 R^3 上作单位球面

$$\Sigma:\ X^2+Y^2+Z^2=1.$$

设相平面 α：(x,y)与 Σ 在南极$S(0,0,-1)$相切．

对平面 α 上任一点$N(x,y)$，联结单位球的中心 O 与N 的直线必交Σ 于两对径点 N'与N''．反之，Σ 上任意两个对径点，只要它们不落在大圆 $Z=0,X^2+Y^2=1$ 上，它们的联线延长后必交平面 α 于一点．$Z=0,X^2+Y^2\leqslant 1$ 叫赤道平面；而 $X^2+Y^2=1,Z=0$ 叫赤道，记作 W．这样，除了赤道 W 上的点外，就建立了单位球面上的对径点与相平面 α 上的点之间的对应关系．α 上的点(x,y)，x^2+y^2 越大，它在 Σ 上的对应对径点越接近赤道．自然，我们也将赤道 W 上的对径点与α 上和此对径点连线相平行的方向上的无穷远点相对应．在第一章里我们讲过测地投影，在那里我们对相平面 α 引进一个无穷远点，将 α 完备化，然后与 Σ 相对应．在这里我们在相平面 α 上引进无数多无穷远点后，将它与单位球上对径点相对应，这样的单位球叫做 Poincaré 球．将单位球面上对径点叠合而得到的流形是射影平面，所以实际上是在相平面 α 上引进无数多无穷远点，然后使它与射影平面相对应．由于赤道将单位球面分成两半，因而上述对应也可以看作将相平面 α 映射到下半开球，然后使无穷远点与赤道上对径点相对应．

因此，为了研究相平面 α 上“无穷远”的情形，就要研究赤道附近的情形．为此要作以下变换．

设 X 轴与赤道 W 相交于C,C'两点，Y 轴与赤道 W 相交于 D,D'两点（见图 5.1）．作平面 $X=1$ 与 Σ 相切于C 点，将此平面记作 α^*．在 α^*上以 C 为原点引进坐标系(u,z)，u 轴与 Y 轴平行且同向，z 轴与 Z 轴平行，但方向与 Z 轴相反．这样，Σ 上任意两个不在$X=0$，$Y^2+Z^2=1$ 大圆上的对径点 N'，N''，经过以球心 O 为中心的投影，必映射到 α^*平面上的一点 N^*．赤道 W 上的对径点，除 D,D'

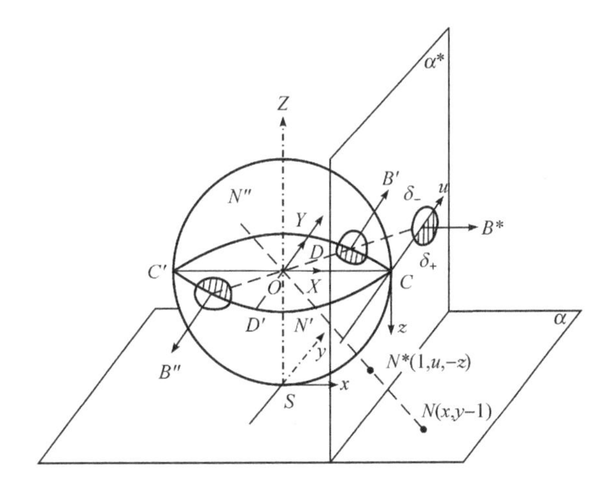

图 5.1

外,也映射到 α^* 平面的 u 轴上. 这样相平面 α 上的点 N,只要它不在 y 轴上,便与 α^* 上的点 N^* 相对应. 因 $O(0,0,0)$,$N^*(1,u,-z)$,$N(x,y,-1)$三点共线,它们的坐标应满足关系式

$$\frac{x}{1}=\frac{y}{u}=\frac{1}{z}. \tag{1.1}$$

于是有

$$x=\frac{1}{z},\quad y=\frac{u}{z}. \tag{1.2}$$

或者

$$u=\frac{y}{x},\quad z=\frac{1}{x}. \tag{1.3}$$

为了研究 D,D'附近的情形,作平面 $Y=1$ 与 Σ 切于D 点,将此平面记作 $\hat{\alpha}$. 在 $\hat{\alpha}$上以D 为原点引进坐标系(v,z),v 轴平行于X 轴且同向,z 轴平行于Z 轴,但方向与 Z 轴相反. 类似地也可建立 α 平面上除x 轴以外的各点与$\hat{\alpha}$平面上点的对应关系:

$$x=\frac{v}{z},\quad y=\frac{1}{z}, \tag{1.4}$$

或者

$$v=\frac{x}{y},\quad z=\frac{1}{y}. \tag{1.5}$$

变换(1.2)与(1.4)都叫 Poincaré 变换.

给定平面动力系统

$$\frac{dx}{dt} = P(x,y), \quad \frac{dy}{dt} = Q(x,y). \tag{1.6}$$

经变换(1.2),(1.6)变为

$$\begin{cases} \dfrac{du}{dt} = -uzP\left(\dfrac{1}{z},\dfrac{u}{z}\right) + zQ\left(\dfrac{1}{z},\dfrac{u}{z}\right), \\ \dfrac{dz}{dt} = -z^2 P\left(\dfrac{1}{z},\dfrac{u}{z}\right). \end{cases} \tag{A_1}$$

当 $z \neq 0$ 时,方程组(A_1)在 α^* 平面上确定的轨线是方程组(1.6)在相平面 α 上确定的轨线的投影. 为了研究平面 α 上"无穷远"的情形,必须考虑 $z=0$ 时的情形,于是还要作如下处理.

假设 $P(x,y)$,$Q(x,y)$是 x,y 的不可约多项式,将(A_1)改写成

$$\frac{du}{dt} = \frac{P^*(u,z)}{z^n}, \quad \frac{dz}{dt} = \frac{Q^*(u,z)}{z^n}. \tag{A_2}$$

n 的取法使得$P^*(x,y)$,$Q^*(x,y)$是不可约多项式,且 n 为非负整数. 方程(A_1)和(A_2)在 $z=0$ 时无定义. 对(A_2)作时间变换

$$d\tau = \frac{dt}{z^n},$$

得

$$\frac{du}{d\tau} = P^*(u,z), \quad \frac{dz}{d\tau} = Q^*(u,z). \tag{A_3}$$

当 $z \neq 0$ 时方程组(A_1)和(A_2)与方程组(A_3)是等价的,而方程组(A_3)在 $z=0$ 时已有定义. 要注意的是,当 n 是奇数时,用(A_3)来替代(A_2),在 $z<0$ 半平面上,轨线的走向恰好相反.

为了研究相平面 α 上"无穷远"的情形,就要研究赤道 W 上的奇点. 而除了 D 和 D'外赤道上的奇点刚好对应方程组(A_3)在 α^* 平面上 u 轴上的奇点,它们是

$$P^*(u,0) = 0, \quad Q^*(u,0) = 0$$

的解. 当 P,Q 不可约时,易证 P^*,Q^* 也不可约,故赤道 W 上只有有限个奇点.

为了研究赤道 W 上D,D'附近的情形,作变换(1.4),(1.6)变为

$$\begin{cases} \dfrac{dv}{dt} = zP\left(\dfrac{v}{z},\dfrac{1}{z}\right) - zvQ\left(\dfrac{v}{z},\dfrac{1}{z}\right), \\ \dfrac{dz}{dt} = -z^2 Q\left(\dfrac{v}{z},\dfrac{1}{z}\right). \end{cases} \tag{B_1}$$

类似于将(A_1)化成(A_2),可将(B_1)化成

$$\frac{dv}{dt} = \frac{\hat{P}(v,z)}{z^m}, \quad \frac{dz}{dt} = \frac{\hat{Q}(v,z)}{z^m}. \tag{B_2}$$

其中 $\hat{P},\hat{Q}$是不可约多项式,m 为非负整数. 作时间变换

$$d\tau = \frac{dt}{z^m},$$

得

$$\frac{dv}{d\tau} = \hat{P}(v,z), \quad \frac{dz}{d\tau} = \hat{Q}(v,z). \tag{B$_3$}$$

当 $z=0$ 时，(B_1)和(B_2)无定义，而(B_3)有定义. 而当 $z\neq 0$ 时，(B_1)和(B_2)与(B_3)等价. 可通过(A_3)，(B_3)来研究整个赤道 W 附近的情形.

再将 Σ 的下半开球面垂直投影到相平面 α 上以 S 为中心的单位圆周 Γ 的内部(记作 K)，这样就把相平面 α 映射到 K. 相平面 α 上的无穷远点对应于单位圆周 Γ 上的对径点. 这样给出了平面动力系统(1.6)的一个模型，有很多方便的地方.

设 B'，B'' 为赤道上异于 D，D' 的两个对径点(见图 5.1)，$X_{B'}>0$，$X_{B''}<0$，它们与 α^* 平面上 B^* 相对应. 而 B'，B'' 又分别与 α 平面上单位圆周 Γ 上的对径点 $\widetilde{B}$，$\widetilde{\widetilde{B}}$ 相对应，α^* 上 B^* 的任何邻域 σ 被 $z=0$ 分成两部分 $\sigma_+(z\geqslant 0)$ 和 $\sigma_-(z\leqslant 0)$. 在上述对应中，因 $x=\dfrac{1}{z}$，故 σ_+ 和 σ_- 分别对应于 $\overline{K}$ 上 $\widetilde{B}$ 和 $\widetilde{\widetilde{B}}$ 的半邻域 $\tilde{\sigma}_+$ 和 $\tilde{\sigma}_-$(见图 5.2). 如果 B^* 在 α^* 上的坐标是$(u^*,0)$，则 $\widetilde{B}$，$\widetilde{\widetilde{B}}$ 是直线 $y=u^*x$ 与 Γ 的交点. 同样 $\hat{\alpha}$ 平面上 D 点的邻域 $\hat{\sigma}$ 被 $z=0$ 分成两部分 $\hat{\sigma}_+(z\geqslant 0)$ 和 $\hat{\sigma}_-(z\leqslant 0)$，它们分别对应于 Γ 上 $\widetilde{D}$ 和 $\widetilde{\widetilde{D}}$ 的半邻域 $\tilde{\sigma}_+$ 和 $\tilde{\sigma}_-$(见图 5.3).

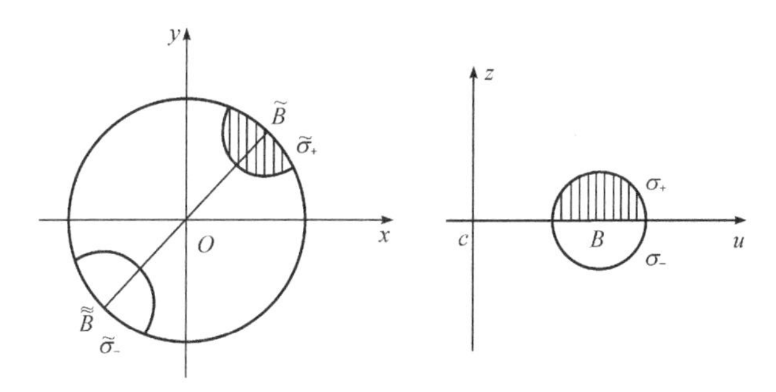

图 5.2

将以上讨论归结为下列步骤.

1. 作 Poincaré 变换

$$x = \frac{1}{z}, \quad y = \frac{u}{z},$$

(1.6)变为

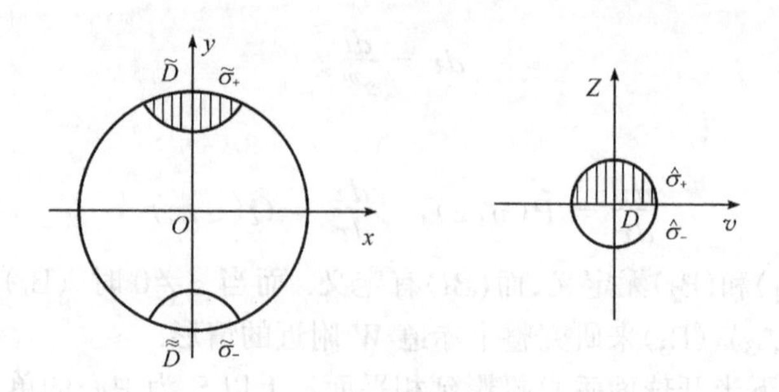

图 5.3

$$\begin{cases} \dfrac{du}{dt} = -uzP\left(\dfrac{1}{z},\dfrac{u}{z}\right) + zQ\left(\dfrac{1}{z},\dfrac{u}{z}\right) = \dfrac{P^*(u,z)}{z^n}, \\ \dfrac{dz}{dt} = -z^2P\left(\dfrac{1}{z},\dfrac{u}{z}\right) = \dfrac{Q^*(u,z)}{z^n}. \end{cases}$$

这里 n 是非负整数,P^*,Q^* 是不可约多项式.

2. 令 $d\tau = \dfrac{dt}{z^n}$,得

$$\frac{du}{d\tau} = P^*(u,z), \quad \frac{dz}{d\tau} = Q^*(u,z).$$

求出它在 $z=0$ 轴上的所有奇点,即解方程

$$P^*(u,0) = 0, \quad Q^*(u,0) = 0.$$

讨论每个奇点 $B(u,0)$的性质.

3. 求出 $B(u,0)$在 $\overline{K}$ 上的对应点$\widetilde{B}$,$\widetilde{\widetilde{B}}$. 它们是直线 $y=ux$ 与 Γ 的交点,$\widetilde{B}(x>0)$,$\widetilde{\widetilde{B}}(x<0)$. 将 B 的半邻域$\sigma_+(z\geqslant 0)$和 $\sigma_-(z\leqslant 0)$分别映到$\widetilde{B}$和$\widetilde{\widetilde{B}}$的半邻域$\widetilde{\sigma}_+$和$\widetilde{\sigma}_-$.

4. 若 n 是奇数,将 σ_-映到$\widetilde{\sigma}_-$时,轨线的走向要翻转.

5. 作 Poincaré 变换

$$x = \frac{v}{z}, \quad y = \frac{1}{z}.$$

(1.6)变为

$$\begin{cases} \dfrac{dv}{dt} = zP\left(\dfrac{v}{z},\dfrac{1}{z}\right) - zvQ\left(\dfrac{v}{z},\dfrac{1}{z}\right) = \dfrac{\hat{P}(v,z)}{z^m}, \\ \dfrac{dz}{dt} = -z^2Q\left(\dfrac{v}{z},\dfrac{1}{z}\right) = \dfrac{\hat{Q}(v,z)}{z^m}. \end{cases}$$

这里 m 是非负整数,且使得 $\hat{P}$,$\hat{Q}$是不可约多项式.

6. 令 $d\tau=\dfrac{dt}{z^m}$,试问 $D(0,0)$是否为

$$\frac{dv}{d\tau}=\hat{P}(v,z),\quad \frac{dz}{d\tau}=\hat{Q}(v,z)$$

的奇点,且讨论 $D(0,0)$的性质. 将 D 的半邻域$\hat{\sigma}_+(z\geqslant 0)$和 $\hat{\sigma}_-(z\leqslant 0)$分别映到 D 在$\overline{K}$ 上的对应点$\widetilde{D}$和$\widetilde{\widetilde{D}}$的半邻域$\tilde{\sigma}_+$和$\widetilde{\sigma}_-$.

7. 若 m 是奇数,则当将 $\hat{\sigma}_-$映到$\widetilde{\sigma}_-$时,轨线的走向要翻转.

例题 1.1 求下列方程组的无穷远奇点:

$$\begin{aligned}\frac{dx}{dt}&=x(3-x-ny),\\ \frac{dy}{dt}&=y(-1+x+y),\quad n>3.\end{aligned}\tag{1.7}$$

解 作 Poincaré 变换

$$x=\frac{1}{z},\quad y=\frac{u}{z}.$$

(1.7)变为

$$\begin{cases}\dfrac{du}{dt}=\dfrac{2u-4uz+(n+1)u^2}{z},\\[2mm] \dfrac{dz}{dt}=\dfrac{z+nzu-3z^2}{z}.\end{cases}\tag{1.8}$$

令 $d\tau=\dfrac{dt}{z}$,得

$$\begin{aligned}\frac{du}{d\tau}&=2u-4uz+(n+1)u^2,\\ \frac{dz}{d\tau}&=z+nzu-3z^2.\end{aligned}\tag{1.9}$$

在 α^*平面上解出 $z=0$ 时的奇点是 $C(0,0)$及 $B\left(\dfrac{-2}{n+1},0\right)$. C 为不稳定结点,B 为稳定结点.

再作 Poincaré 变换

$$x=\frac{v}{z},\quad y=\frac{1}{z}.$$

(1.7)变为

$$\begin{cases}\dfrac{dv}{dt}=\dfrac{-(n+1)v+4zv-2v^2}{z},\\[2mm] \dfrac{dz}{dt}=\dfrac{-z-vz+z^2}{z}.\end{cases}\tag{1.10}$$

令 $d\tau=\dfrac{dt}{z}$,得

$$\frac{dv}{d\tau}=-(n+1)v+4zv-2v^2,$$
$$\frac{dz}{d\tau}=-z-vz+z^2. \tag{1.11}$$

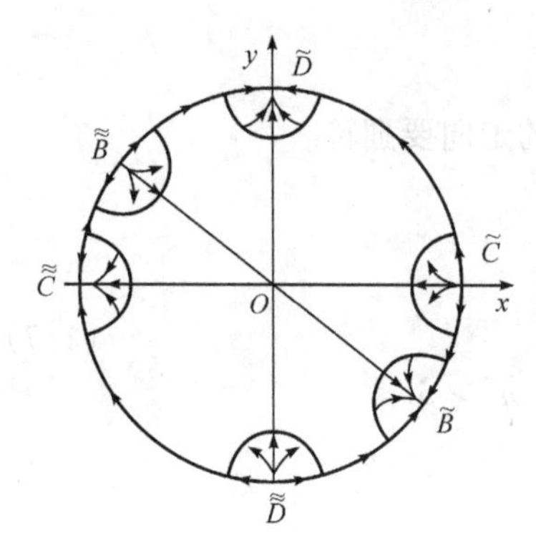

图 5.4

在$\tilde{\alpha}$平面上的奇点$D(0,0)$是稳定结点. 注意到$z=0$是(1.9)的解,故赤道由奇点和轨线连成. 又因 $d\tau=\dfrac{dt}{z}$,故在 $\overline{K}$ 上,奇点$\widetilde{C}$,$\widetilde{D}$,$\widetilde{B}$在半邻域内的稳定性分别与奇点C,D,B 的稳定性相同;而奇点$\widetilde{\widetilde{C}}$,$\widetilde{\widetilde{D}}$,$\widetilde{\widetilde{B}}$在半邻域内的稳定性分别与奇点$C$,$D,B$ 的相反. 因而$\widetilde{D}$,$\widetilde{B}$,$\widetilde{\widetilde{C}}$为稳定结点,$\widetilde{\widetilde{D}}$,$\widetilde{\widetilde{B}}$,$\widetilde{C}$为不稳定结点,其图形见图 5.4.

例题 1.2　求下列方程组的无穷远奇点:

$$\frac{dx}{dt}=2x(1+x^2-2y^2),$$
$$\frac{dy}{dt}=-y(1-4x^2+3y^2). \tag{1.12}$$

解　作 Poincaré 变换

$$x=\frac{1}{z},\quad y=\frac{u}{z},$$

(1.12)变为

$$\begin{cases}\dfrac{du}{dt}=\dfrac{2u-3uz^2+u^3}{z^2},\\[2mm] \dfrac{dz}{dt}=\dfrac{-2z+4zu^2-2z^3}{z^2}.\end{cases} \tag{1.13}$$

令 $d\tau=\dfrac{dt}{z^2}$,得

$$\frac{du}{d\tau}=2u-3uz^2+u^3,$$
$$\frac{dz}{d\tau}=-2z+4zu^2-2z^3. \tag{1.14}$$

它在 $z=0$ 上有唯一奇点 $C(0,0)$,C 是鞍点.

再作 Poincaré 变换

$$x=\frac{v}{z},\quad y=\frac{1}{z},$$

(1.12)变为

$$\begin{cases}\dfrac{dv}{dt}=\dfrac{-v+3vz^2-3v^3}{z^2},\\[2ex]\dfrac{dz}{dt}=\dfrac{3z-4zv^2+z^3}{z^2}.\end{cases}\tag{1.15}$$

令 $d\tau=\dfrac{dt}{z^2}$,得

$$\begin{aligned}\frac{dv}{d\tau}&=-v+3vz^2-3v^3,\\ \frac{dz}{d\tau}&=3z-4zv^2+z^3.\end{aligned}\tag{1.16}$$

在 $z=0$ 上有奇点 $D(0,0)$,它是鞍点.

$z=0$ 是(1.14)的解,故赤道由奇点和轨线连成. 又因 $d\tau=\dfrac{dt}{z^2}$,故在 $\overline{K}$ 上,在与 D 对应的奇点 $\widetilde{D}$ 的半邻域 $\tilde{\sigma}_+$ 和奇点 $\widetilde{\widetilde{D}}$ 的半邻域 $\tilde{\sigma}_-$ 内的轨线走向分别与奇点 D 的半邻域 $\hat{\sigma}_+$ 和 $\hat{\sigma}_-$ 内的轨线走向一致. 同样在与 C 对应的奇点 $\widetilde{C}$ 的半邻域 $\bar{\sigma}_+$ 和奇点 $\widetilde{\widetilde{C}}$ 的半邻域 $\tilde{\sigma}_-$ 内的轨线走向分别与奇点 C 的半邻域 σ_+ 和 σ_- 内的轨线走向一致. 故 Γ 附近的图形见图 5.5.

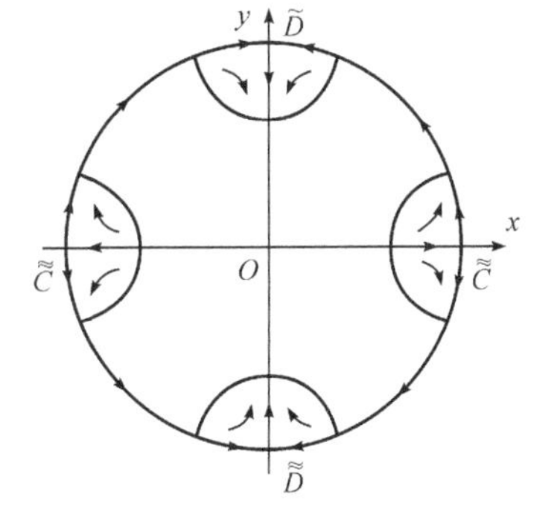

图 5.5

例题 1.3 求下列方程组的无穷远奇点:

$$\begin{aligned}\frac{dx}{dt}&=x^2y+x+y,\\ \frac{dy}{dt}&=xy^2+x-y.\end{aligned}\tag{1.17}$$

解 作 Poincaré 变换

$$x=\frac{1}{z},\quad y=\frac{u}{z},$$

(1.17)变为

$$\begin{cases}\dfrac{du}{dt}=\dfrac{z(1-zu-u^2)}{z},\\[2ex]\dfrac{dz}{dt}=\dfrac{-u-z^2-uz^2}{z}.\end{cases}$$

令 $d\tau=\dfrac{dt}{z}$,得

$$
\begin{aligned}
\frac{du}{d\tau} &= z(1 - zu - u^2), \\
\frac{dz}{d\tau} &= - u - z^2 - uz^2.
\end{aligned} \tag{1.18}
$$

(1.18)在 $z=0$ 上有唯一奇点 $C(0,0)$. 再作 Poincaré 变换 $x=\frac{v}{z}, y=\frac{1}{z}, d\tau=\frac{dt}{z}$, 可知 $D(0,0)$也是奇点. 除 C,D 两点外在 $z=0$ 上各点的方向场都垂直于 u 轴, $z=0$不是(1.18)的解. 但由方程组(A_3)和(B_3)知, 当 z 是$Q^*(u,z)$和 $\hat{Q}(v,z)$的因子时, 一般来说, $z=0$ 便是(A_3)和(B_3)的轨线. 即赤道由奇点和轨线连成. 由例3知, 这一事实并非对所有系统都成立.

例题 1.4　求下列方程组的无穷远奇点(在(X,Y,Z)空间表示):

$$
\begin{cases}
\frac{dx}{dt} = x(x+2y+1), \\
\frac{dy}{dt} = y(x+2y-2).
\end{cases} \tag{1.19}
$$

解　作 Poincaré 变换

$$
x = \frac{1}{z}, \quad y = \frac{u}{z},
$$

(1.19)变为

$$
\begin{cases}
\frac{du}{dt} = - 3u, \\
\frac{dz}{dt} = - 1 - 2u - z.
\end{cases} \tag{1.20}
$$

方程组(1.20)在 $z=0$ 上无奇点.

再作 Poincaré 变换

$$
x = \frac{v}{z}, \quad y = \frac{1}{z}.
$$

(1.19)变为

$$
\begin{cases}
\frac{dv}{dt} = 3v, \\
\frac{dz}{dt} = - 2 - v + 2z.
\end{cases} \tag{1.21}
$$

方程组(1.21)在 $z=0$ 上无奇点. 故方程组(1.19)没有无穷远奇点. 由此可见不是所有多项式平面系统都有无穷远奇点的.

方程组(1.20)在 $\alpha^*(u,z)$平面上有唯一奇点 $E_1^*(1,0,-1)$, 它是稳定结点, 其图形见图 5.6.

方程组(1.21)在 $\hat{\alpha}(v,z)$平面上有唯一奇点 $\hat{E}_2(0,1,1)$, 它是不稳定结点. 其

图形见 5.7.

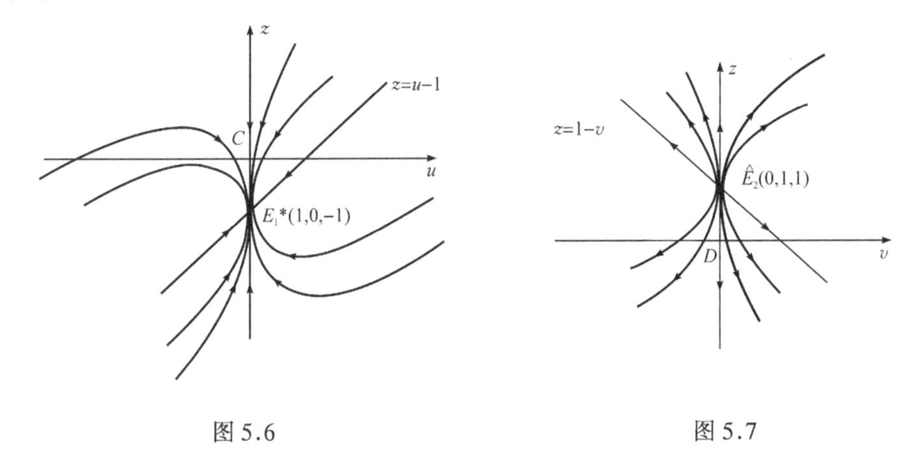

图 5.6　　　　图 5.7

方程组(1.19)的有穷奇点是:

$O(0,0,-1)$——鞍点,

$\widetilde{E}_2(0,1,-1)$——不稳定结点,

$\widetilde{E}_1(-1,0,-1)$——稳定结点.

$x=0, y=0$ 和 $y=x+1$ 都是方程组(1.19)的解. 在 $\alpha(x,y)$平面上方程组(1.19)的图形见图 5.8.

可将 $\alpha, \alpha^*, \hat{\alpha}$ 看成 Poincaré 球的三张坐标平面,方程组(1.19),(1.20),(1.21)在 Poincaré 球上,即射影平面 P_2 上定义了微分系统. 在 $\overline{K}$ 上其图形见图 5.9.

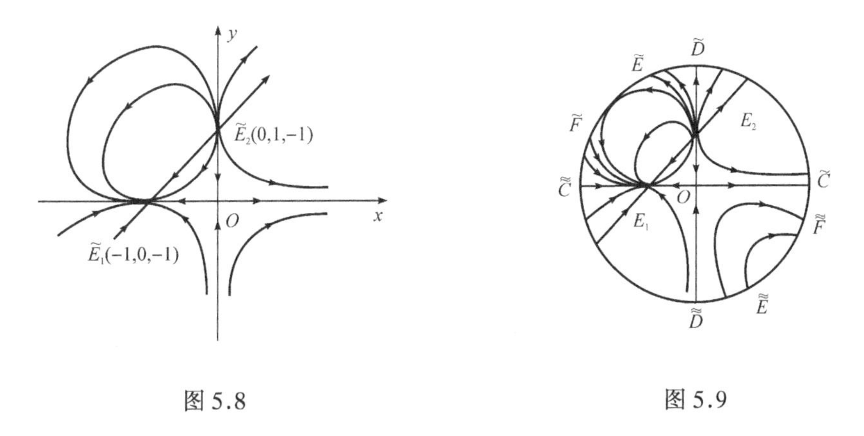

图 5.8　　　　图 5.9

坐标平面 α 上的奇点 $\widetilde{E}_2$ 与坐标平面 $\hat{\alpha}$ 上的奇点 $\hat{E}_2$ 对应 $\overline{K}$ 上的同个奇点 E_2;α 上的奇点 $\widetilde{E}_1$ 与 α^* 上的奇点 E_1^* 对应 $\overline{K}$ 上的同个奇点 E_1.

由例 1.2 与例 1.4 知，方程组(1.6)经变换(1.2)和(1.4)后分别得到方程组(A_2)与(B_2). 若其中 n, m 都是偶数，则方程组(1.6),(A_3),(B_3)在 Poincaré 球上诱导出连续向量场，即方程组(1.6),(A_3),(B_3)在射影平面上定义了微分系统. 由例 1.1 与例 1.3 知，当 n, m 都是奇数时，赤道上若有常点，则在对径的常点处的向量场的方向不确定，因而这时的模型就不再是射影平面了.

§2. 平面系统的全局结构

我们将在相平面 α 的单位圆盘 $\overline{K}$ 上，画出下列各例的全局结构.

例题 2.1　讨论下列方程组的轨线的全局结构：

$$\begin{cases} \dfrac{dx}{dt} = y = P(x,y), \\ \dfrac{dy}{dt} = -x - \alpha y + \mu x^2 - y^2 = Q(x,y), \end{cases} \tag{2.1}$$

其中 $\alpha > 0, \mu < 0$.

解　奇点：$O(0,0), E\left(\dfrac{1}{\mu}, 0\right)$.

对应于奇点 $O(0,0)$ 的特征方程为 $\lambda^2 + \alpha\lambda + 1 = 0$，特征根 $\lambda_{1,2} = \dfrac{-\alpha \pm \sqrt{\alpha^2 - 4}}{2}$. 当 $\alpha \geqslant 2$ 时，$O(0,0)$是稳定结点；当 $\alpha < 2$ 时，$O(0,0)$是稳定焦点.

对应于奇点 $E\left(\dfrac{1}{\mu}, 0\right)$，有

$$\frac{\partial P}{\partial x} = 0, \quad \frac{\partial P}{\partial y} = 1,$$

$$\frac{\partial Q}{\partial x} = 1, \quad \frac{\partial Q}{\partial y} = -\alpha.$$

特征方程为

$$\begin{vmatrix} -\lambda & 1 \\ 1 & -\alpha - \lambda \end{vmatrix} = \lambda^2 + \alpha\lambda - 1 = 0,$$

特征根 $\lambda_{1,2} = \dfrac{-\alpha \pm \sqrt{\alpha^2 + 4}}{2}$. $E\left(\dfrac{1}{\mu}, 0\right)$是鞍点. 为了求出鞍点的分界线进入鞍点的方向，把原点移到 E. 为符号简单起见，变量仍以 x, y 表示，得

$$\begin{cases} \dfrac{dx}{dt} = y + [x,y]_2, \\ \dfrac{dy}{dt} = x - \alpha y + [x,y]_2, \end{cases} \tag{2.2}$$

其中$[x,y]_2$ 表示次数高于 2 的各项之和.

设鞍点的分界线沿直线 $y=kx$ 进入奇点,将 $y=kx$ 代入上方程组所对应的线性方程组,得到

$$k^2+\alpha k-1=0.$$

它与原来的特征方程相同. 因此方程组(2.1)的鞍点 $E\left(\frac{1}{\mu},0\right)$的分界线沿下列两个方向进入奇点 E:

$$\theta_1=\arctan\lambda_1,\quad \theta_2=\arctan\lambda_2.$$

关于闭轨线的存在性问题,用 Dulac 判据,取 $H(x,y)=\alpha e^{2x}$,因

$$\frac{\partial(HP)}{\partial x}+\frac{\partial(HQ)}{\partial y}=-\alpha^2e^{2x}$$

定号,故方程组(2.1)无闭轨线.

为了判断鞍点 $E\left(\frac{1}{\mu},0\right)$的分界线离开鞍点的一端的走向,必须研究无穷远奇点.

作 Poincaré 变换

$$x=\frac{1}{z},\quad y=\frac{u}{z},$$

(2.1)变为

$$\begin{cases}\dfrac{du}{dt}=\dfrac{+\mu-z-\alpha zu-u^2-zu^2}{z}=\dfrac{P^*(u,z)}{z},\\[2ex]\dfrac{dz}{dt}=\dfrac{\overline{-z^2u}}{z}=\dfrac{Q^*(u,z)}{z}.\end{cases}$$

解方程

$$Q^*(u,0)=0,\quad P^*(u,0)=-u^2+\mu=0.$$

因 $\mu<0$,故方程无实根,即赤道上除 D,D'外无奇点.

考虑 D,D'的情形,作 Poincaré 变换

$$x=\frac{v}{z},\quad y=\frac{1}{z},$$

(2.1)变为

$$\begin{cases}\dfrac{dv}{dt}=\dfrac{v-\mu v^3+(1+\alpha v+v^2)z}{z}=\dfrac{\hat{P}(v,z)}{z},\\[2ex]\dfrac{dz}{dt}=\dfrac{(1+\alpha z+zv-\mu v^2)z}{z}=\dfrac{\hat{Q}(v,z)}{z}.\end{cases}$$

解方程

$$\hat{Q}(v,0)=0,\quad \hat{P}(v,0)=v-\mu v^3=0.$$

$D(0,0)$是奇点,对应的特征方程为

$$\begin{vmatrix} 1-\lambda & 1 \\ 0 & 1-\lambda \end{vmatrix} = (1-\lambda)^2 = 0,$$

特征根 $\lambda=1$ 是重根,故 $D(0,0)$为不稳定退化结点. 因 $n=m=1$ 是奇数,故对应到单位圆盘 $\overline{K}$ 上,$\widetilde{D}(0,1)$是不稳定退化结点,$\widetilde{\widetilde{D}}(0,-1)$是稳定退化结点.

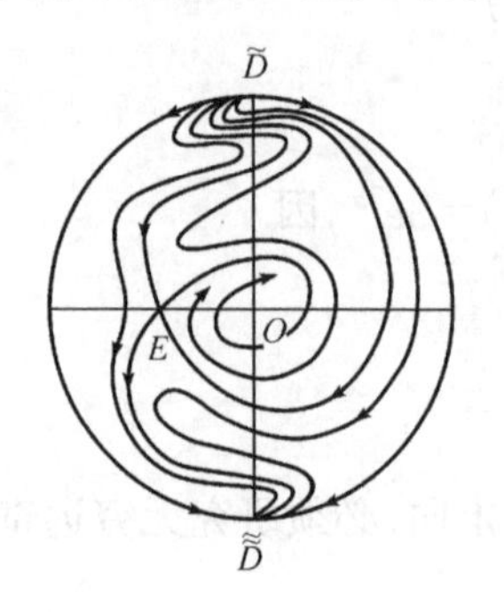

图 5.10

方程组(2.1)在 $0<\alpha<2$ 时的全局结构如图 5.10 所示.

例题 2.2(§1 例题 1.1) 讨论下列方程组的轨线的全局结构:

$$\begin{cases} \dfrac{dx}{dt} = x(3-x-ny) = P(x,y), \\ \dfrac{dy}{dt} = y(-1+x+y) = Q(x,y), \quad n>3. \end{cases} \tag{2.3}$$

解 奇点: $O(0,0)$, $E_1(0,1)$, $E_2(3,0)$, $E_3\left(\dfrac{n-3}{n-1},\dfrac{2}{n-1}\right)$.

$O(0,0)$是鞍点.

$$\begin{bmatrix} \dfrac{\partial P}{\partial x} & \dfrac{\partial P}{\partial y} \\ \dfrac{\partial Q}{\partial x} & \dfrac{\partial Q}{\partial y} \end{bmatrix} = \begin{bmatrix} 3-2x-ny & -nx \\ y & -1+x+2y \end{bmatrix}.$$

对应奇点 $E_1(0,1)$,特征方程为

$$\begin{vmatrix} 3-n-\lambda & 0 \\ 1 & 1-\lambda \end{vmatrix} = (1-\lambda)(3-n-\lambda) = 0,$$

特征根 $\lambda_1=1,\lambda_2=3-n$. 因 $n>3$,故 E_1 是鞍点.

对应奇点 $E_2(3,0)$,特征方程为

$$\begin{vmatrix} -3-\lambda & -3n \\ 0 & 2-\lambda \end{vmatrix} = (\lambda-2)(\lambda+3) = 0,$$

特征根 $\lambda_1=2,\lambda_2=-3$,故 E_2 是鞍点.

可证,当 $n>5$ 时,奇点 $E_3\left(\dfrac{n-3}{n-1},\dfrac{2}{n-1}\right)$为稳定焦点;当 $3<n<5$ 时,E_3 为不稳定焦点或结点;而当 $n=5$,对方程组(2.3)的相应线性方程组而言,E_3 是中心. 故 E_3 只可能是(2.3)的中心,焦点或中心焦点. 容易验证,当 $n=5$ 时,$xy^3\left(\dfrac{x}{3}+y-1\right)^2=c$是(2.3)的第一积分. 我们考察 $I(x,y)\equiv xy^3\left(\dfrac{x}{3}+y-1\right)^2$ 的取值. 在直线 $x=0,y=0,\dfrac{x}{3}+y-1=0$ 上,$I(x,y)=0$. 在这三条直线所围成

的三角形内部,$I(x,y)>0$.而在 $x=\frac{1}{2},y=\frac{1}{2}$ 上 $I(x,y)$取极大值,故$I(x,y)=c$ 是围绕$E_3\left(\frac{1}{2},\frac{1}{2}\right)$的一族闭轨线,因此 E_3 是中心.

对一切 $n>3,x=0,y=0$ 是方程组(2.3)的解.

判别 $n\neq5$ 时闭轨线的存在性.因闭轨线的指数为 1,故若存在闭轨线,它一定包含奇点 E_3.因 $x=0,y=0$ 是解,故如有闭轨线,必整个落在第一象限.用 Dulac 判据,取 $H(x,y)=x^{\frac{3-n}{n-1}}y^{\frac{2}{n-1}}$,

$$\frac{\partial(HP)}{\partial x}+\frac{\partial(HQ)}{\partial y}=\frac{5-n}{n-1}x^{\frac{3-n}{n-1}}y^{\frac{2}{n-1}} \tag{2.4}$$

当 $n\neq5,n>3$ 时在第一象限内定号,故方程组(2.3)无闭轨线.

Dulac 判据也可用来判断奇异闭轨线的不存在性.所谓奇异闭轨线就是由有限个奇点和有限条轨线所组成的单闭曲线(可参看第一章文献[3],第 17~18 页),在这里就可用等式(2.4)来判别当 $n\neq5,n>3$ 时不存在从鞍点 E_1 到鞍点 E_2 的分界线,因否则鞍点 O,E_1,E_2 之间的分界线将围成一奇异闭轨线.

1. 当 $3<n<5$ 时,E_3 是不稳定结点或集点.在第一象限从 E_2出发的 α 分界线(负端进入 E_2)必趋近稳定结点$\widetilde{D}$,而从 E_1出发的 ω 分界线(正端进入 E_1)必趋近不稳定结点或焦点 E_3.

2. 当 $n>5$ 时,E_3 是稳定焦点.在第一象限从 E_1出发的 ω 分界线必趋近不稳定结点$\widetilde{C}$,而从 E_2 出发的 α 分界线必趋近稳定焦点E_3.

结合§1 例 1.1 中对无穷远奇点的讨论,对不同的 n,方程组(2.3)的全局结构如图 5.11 所示

上面几个例子中无穷远奇点都是线性奇点.有时它们可能是高次奇点,如一个特征根为零,另一个特征根不为零.关于这种情况下奇点的判别问题,我们已在第二章§7 中讨论过.下面我们将要反复地引用第二章中的定理 7.1.

例题 2.3 讨论下列方程组的轨线的全局结构

$$\begin{cases}\dfrac{dx}{dt}=x(y-\beta),\\[2mm]\dfrac{dy}{dt}=\alpha-\beta y-\dfrac{1}{\alpha}xy,\end{cases} \tag{2.5}$$

其中 $\alpha,\beta>0$.

解 奇点:$E_1\left(0,\frac{\alpha}{\beta}\right),E_2\left(\frac{\alpha}{\beta}(\alpha-\beta^2),\beta\right)$.

当 $\beta^2>\alpha$ 时,E_1是稳定结点,E_2是鞍点.

当 $\beta^2<\alpha$ 时,E_1是鞍点,E_2是稳定结点.

$x=0,\beta x+\alpha\beta y-\alpha^2=0$ 都是解,奇点 E_1和 E_2分别落在这两条直线上,故方程

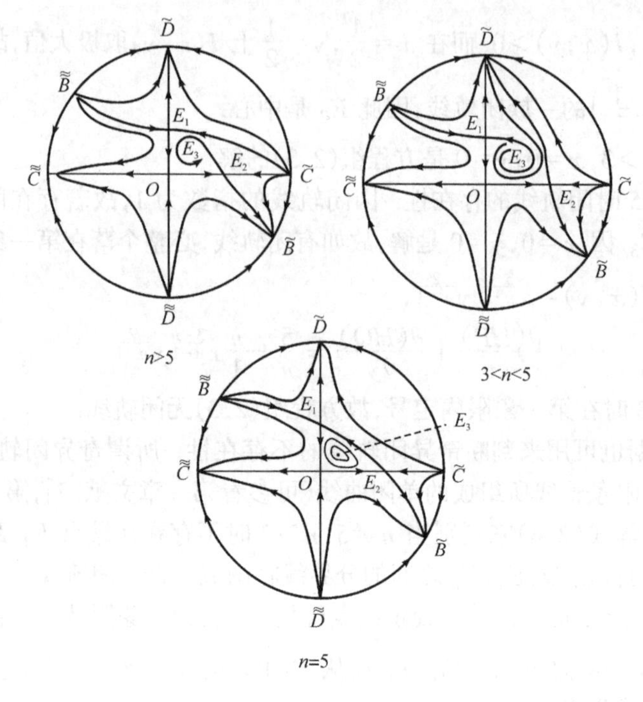

图 5.11

组(2.5)无闭轨线. 作 Poincaré 变换

$$x=\frac{v}{z},\quad y=\frac{1}{z},$$

(2.5)变为

$$\begin{cases}\dfrac{dv}{dt}=\dfrac{v+\dfrac{1}{\alpha}v^2-\alpha vz^2}{z}=\dfrac{\hat{P}(v,z)}{z},\\[2ex] \dfrac{dz}{dt}=\dfrac{\dfrac{1}{\alpha}vz+\beta z^2-\alpha z^3}{z}=\dfrac{\hat{Q}(v,z)}{z}.\end{cases}$$

令 $d\tau=\dfrac{dt}{z}$,得

$$\frac{dv}{d\tau}=\hat{P}(v,z),\quad \frac{dz}{d\tau}=\hat{Q}(v,z).$$

令 $z=0$,解方程

$$\hat{Q}(v,0)=0,\quad \hat{P}(v,0)=v+\frac{1}{\alpha}v^2=0.$$

奇点是 $D(0,0)$, $F(-\alpha,0)$.

对应于奇点 $D(0,0)$,一个特征根为零,另一个不为零,从 $\hat{P}(v,z)=0$ 解出

$v=\varphi(z)\equiv 0$,代入 $\hat{Q}(v,z)$,得

$$\psi(z) = \hat{Q}(\varphi(z),z) = \hat{Q}(0,z) = \beta z^2 + [z]_3.$$

由第二章定理 7.1,因 $m=2, a_m=\beta>0$,故 $D(0,0)$是鞍结点,如第二章§7 图 2.35 所示. 对应到 $\overline{K}$ 上,$\widetilde{D}(0,1)$是不稳定结点,$\approx\!\!\!\!D(0,-1)$是鞍点. 因 $d\tau=\frac{dt}{z}$,在 $\approx\!\!\!\!D$的半邻域内,轨线走向与第二章§7 图 2.35 中左半平面相反,即 α-分界线沿 y 轴进入$\approx\!\!\!\!D(0,-1)$,而 ω 分界线沿 Γ 进入$\approx\!\!\!\!D(0,-1)$.

对应于奇点 $F(-\alpha,0)$的特征根是重根,$\alpha_{1,2}=-1$,故 F 是稳定结点. 对应到 $\overline{K}$ 上,$\widetilde{F}$在其半邻域内是不稳定结点. 因 $d\tau=\frac{dt}{z}$,$\approx\!\!\!\!F$在其半邻域内是稳定结点.

为了研究赤道上 C 点附近情形,作 Poincaré 变换

$$x = \frac{1}{z}, \quad y = \frac{u}{z},$$

(2.5)变为

$$\begin{cases} \dfrac{du}{dt} = \dfrac{-\dfrac{1}{\alpha}u - u^2 + \alpha z^2}{z} = \dfrac{P^*(u,z)}{z}, \\ \dfrac{dz}{dt} = \dfrac{z(\beta z - u)}{z} = \dfrac{Q^*(u,z)}{z}. \end{cases}$$

令 $d\tau=\frac{dt}{z}$,得

$$\frac{du}{d\tau} = P^*(u,z), \quad \frac{dz}{d\tau} = Q^*(u,z). \tag{2.6}$$

令 $z=0$,解方程 $P^*(u,0)=-\frac{1}{\alpha}u-u^2=0, Q^*(u,0)=0$. 奇点是 $C(0,0)$和 $F'\left(-\frac{1}{\alpha},0\right)$. 在赤道上 F'与F 重合. 对应奇点 $C(0,0)$,有一个特征根为零,另一个不为零. 令 $\xi=-\tau$,(2.6)化为

$$\begin{cases} \dfrac{du}{d\xi} = \dfrac{1}{\alpha}u + u^2 - \alpha z^2, \\ \dfrac{dz}{d\xi} = zu - \beta z^2. \end{cases} \tag{2.7}$$

由(2.7)的第一式,在 $C(0,0)$附近解得

$$u = -\frac{1}{2\alpha} + \frac{1}{2}\left(\frac{1}{\alpha^2} + 4\alpha z^2\right)^{\frac{1}{2}} = \alpha^2 z^2 + o(z^2),$$

代入(2.7)的第二式,得

$$\psi(z) = -\beta z^2 + [z]_3.$$

由第二章定理 7.1,因 $m=2,a_m=-\beta<0$,故 $C(0,0)$是鞍结点,图形如第二章§7 图 2.34 所示. 因作过变换 $\xi=-\tau$,回到方程组(2.7),轨线走向与第二章图 2.34 相反. 对应到 $\overline{K}$ 上,$\widetilde{C}(1,0)$是鞍点,α 分界线沿 x 轴进入$\widetilde{C}(1,0)$. 又因 $d\tau=\frac{dt}{z}$,在$\widetilde{\widetilde{C}}(-1,0)$的半邻域内,轨线两次改变方向,等于不改变方向,故$\widetilde{\widetilde{C}}(-1,0)$是不稳定结点,如第二章图 2.34 中的左半平面一样.

当 $\alpha=\beta^2$ 时,奇点 E_1 和 E_2 汇合成一个奇点 $E(0,\beta)$. 令 $x_1=x,y_1=y-\beta$, $\tau=-t$,(2.5)变为

$$\begin{cases}\dfrac{dx_1}{d\tau}=-x_1y_1,\\[2mm]\dfrac{dy_1}{d\tau}=\beta y_1+\dfrac{1}{\beta}x_1+\dfrac{1}{\beta^2}x_1y_1.\end{cases}$$

为符号简单起见,仍写成

$$\begin{cases}\dfrac{dx}{dt}=-xy,\\[2mm]\dfrac{dy}{dt}=\beta y+\dfrac{1}{\beta}x+\dfrac{1}{\beta^2}xy.\end{cases}\tag{2.8}$$

有限奇点 $E(0,\beta)$变到 $E'(0,0)$. 对应奇点 $E'(0,0)$,一个特征根为零,另一个不为零. 由(2.8)的第二式解出

$$y=-\frac{x}{\beta^2}+o(x),$$

代入(2.8)的第一式,得

$$\psi(x)=\frac{x^2}{\beta^2}+[x]_3.$$

由第二章定理 7.1,$E'(0,0)$是鞍结点,图形如第二章图 2.35. 回到方程组(2.5), $E(0,\beta)$是鞍结点,图形如第二章图 2.35,但轨线走向相反.

综合以上讨论,方程组(2.5)的全局结构如图 5.12 所示.

例题 2.4　讨论下列方程组的轨线的全局结构

$$\begin{cases}\dfrac{dx}{dt}=y=P(x,y),\\[2mm]\dfrac{dy}{dt}=-x-\alpha y+\mu x^2-y^2=Q(x,y),\end{cases}\tag{2.9}$$

$\alpha\geqslant 0,\mu\geqslant 0$.

解　当 $\mu>0$ 时,奇点是 $O(0,0)$,$B\left(\frac{1}{\mu},0\right)$;当 $\mu=0$ 时,只有一个奇点 $O(0,0)$.

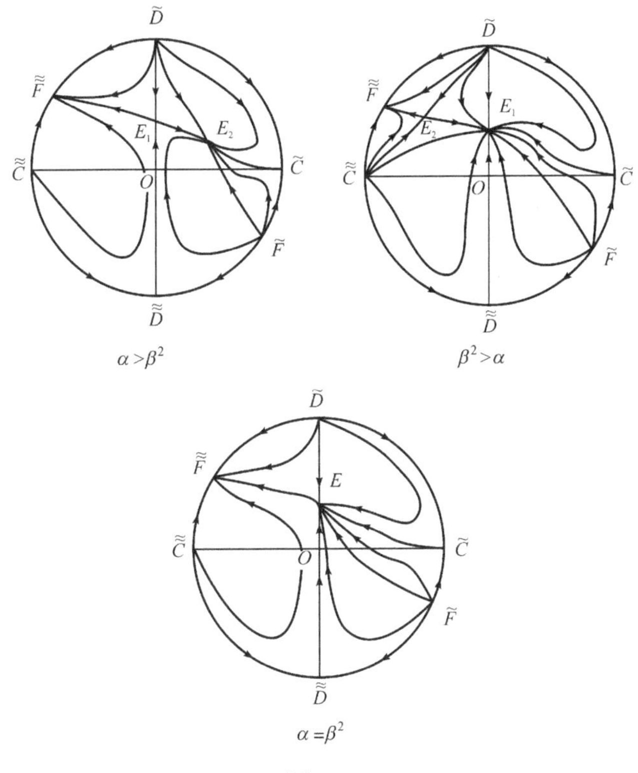

图 5.12

对应奇点 $O(0,0)$，特征方程为

$$\begin{vmatrix} -\lambda & 1 \\ -1 & -\alpha-\lambda \end{vmatrix} = \lambda^2+\alpha\lambda+1=0.$$

特征根 $\lambda_{1,2}=\dfrac{-\alpha\pm\sqrt{\alpha^2-4}}{2}$.

$O(0,0)$是稳定焦点，当 $0<\alpha<2$.

$O(0,0)$是稳定结点，当 $\alpha\geqslant 2$.

$O(0,0)$是中心，当 $\alpha=0$. 这是因为对应的线性方程组的奇点 $O(0,0)$是中心，又原方程组(2.9)与 x 轴对称(也可以用第二章定理 5.2 直接判定).

对应于奇点 $B\left(\dfrac{1}{\mu},0\right)$，由

$$\begin{vmatrix} \dfrac{\partial P}{\partial x} & \dfrac{\partial P}{\partial y} \\ \dfrac{\partial Q}{\partial x} & \dfrac{\partial Q}{\partial y} \end{vmatrix}_B = \begin{vmatrix} 0 & 1 \\ -1+2\mu x & -\alpha-2y \end{vmatrix}_{\left(\frac{1}{\mu},0\right)}$$

$$= \begin{vmatrix} 0 & 1 \\ 1 & -\alpha \end{vmatrix} = -1 < 0.$$

知 B 是鞍点,对一切 $\alpha \geqslant 0$.

研究无穷远奇点. 作 Poincaré 变换

$$x = \frac{1}{z}, \quad y = \frac{u}{z},$$

(2.9)变为

$$\begin{cases} \dfrac{du}{dt} = \dfrac{\mu - z - \alpha uz - u^2 - zu^2}{z} = \dfrac{P^*(u,z)}{z}, \\ \dfrac{dy}{dt} = \dfrac{-z^2 u}{z} = \dfrac{Q^*(u,z)}{z}. \end{cases}$$

令 $d\tau = \dfrac{dt}{z}$,得

$$\frac{du}{d\tau} = P^*(u,z), \quad \frac{dz}{d\tau} = Q^*(u,z). \tag{2.10}$$

令 $z=0$,解方程

$$Q^*(u,0) = 0, \quad P^*(u,0) = \mu - u^2 = 0.$$

当 $\mu>0$ 时,有两个实根,即有两个奇点 $E(0,\sqrt{\mu})$,$F(0,-\sqrt{\mu})$. 当 $\mu=0$ 时,只有一个奇点 $C(0,0)$.

对应于奇点 $E(0,\sqrt{\mu})$,作变换 $u_1=u-\sqrt{\mu}$, $z_1=z$, $\xi=-\tau$,(2.10)变为

$$\begin{cases} \dfrac{dz_1}{d\xi} = \sqrt{\mu} z_1^2 + z_1^2 u_1, \\ \dfrac{du_1}{d\xi} = (1+\alpha\sqrt{\mu}+\mu)z_1 + 2\sqrt{\mu}u_1 + (\alpha + 2\sqrt{\mu})u_1 z_1 + u_1^2 + z_1 u_1^2. \end{cases}$$

先将上式化为形如§7 公式(7.1)的标准型. 不难看出,定理 7.1 中的 $\psi(z_1) = \sqrt{\mu}z_1^2 + [z_1]_3$. 由第二章定理 7.1,因 $m=2$, $a_m=\sqrt{\mu}>0$,故 E 是鞍结点,如第二章图 2.35 所示. 回到变量 τ,方向与之相反.

对应于奇点 $F(0,-\sqrt{\mu})$,作变换 $u_1=u+\sqrt{\mu}$, $z_1=z$,(2.10)变为

$$\begin{cases} \dfrac{dz_1}{d\tau} = \sqrt{\mu} z_1^2 - z_1^2 u_1, \\ \dfrac{du_1}{d\tau} = (-1+2\sqrt{\mu}-\mu)z_1 + 2\sqrt{\mu}u_1 + (2\sqrt{\mu}-\alpha)u_1 z_1 - u_1^2 - z_1 u_1^2. \end{cases}$$

先将上式化为形如§7 公式(7.1)的标准型. 不难看出,定理 7.1 中的 $\psi(z_1) = \sqrt{\mu}z_1^2 + [z_1]_3$. 由第二章定理 7.1, $m=2$, $a_m=\sqrt{\mu}>0$,故 F 是鞍结点,如第二章图 2.35 所示.

再作 Poincaré 变换 $x=\dfrac{v}{z}$, $y=\dfrac{1}{z}$,(2.9)变为

$$\begin{cases}\dfrac{dv}{dt}=\dfrac{z+v+\alpha vz+v^2z-\mu v^3}{z}=\dfrac{\hat{P}(v,z)}{z},\\[2ex]\dfrac{dz}{dt}=\dfrac{z+\alpha z^2+vz^2-\mu v^2z}{z}=\dfrac{\hat{Q}(v,z)}{z}.\end{cases}$$

令 $d\tau=\dfrac{dt}{z}$,得

$$\frac{dv}{dt}=\hat{P}(v,z),\quad \frac{dz}{dt}=\hat{Q}(v,z). \tag{2.11}$$

令 $z=0$,解 $\hat{Q}(v,0)=0\quad \hat{P}(v,0)=v-\mu v^3=0$. $D(0,0)$是(2.11)的奇点. 对应的特征根 $\lambda_{1,2}=1$ 是重根,故 $D(0,0)$是不稳定结点.

为了确定方程组(2.9)的全局结构,还要弄清鞍点分界线的走向.

$\alpha=0$ 时,方程组(2.9)有第一积分

$$H(x,y)=\left[y^2-\mu x^2+(\mu+1)x-\frac{\mu+1}{2}\right]e^{2x}=h.$$

过鞍点 $B\left(\dfrac{1}{\mu},0\right)$的分界线方程是

$$y^2-\mu x^2+(\mu+1)x-\frac{\mu+1}{2}=\frac{1-\mu}{2}e^{\frac{2}{\mu}-2x}.$$

令

$$y_1=\frac{1-\mu}{2}e^{\frac{2}{\mu}-2x},\quad y_2=-\mu\left(x-\frac{\mu+1}{2\mu}\right)^2+\frac{1-\mu^2}{4\mu}.$$

就有

$$y^2=y_1-y_2,$$
$$(y_1-y_2)\big|_{x=\frac{1}{\mu}}=0,$$
$$\left(\frac{dy_1}{dx}-\frac{dy_2}{dx}\right)\bigg|_{x=\frac{1}{\mu}}=0.$$

当 $\mu>1$ 时,有

$$\frac{d^2y_1}{dx^2}=2(1-\mu)e^{\frac{2}{\mu}-2x}<0,\quad -\infty<x<+\infty,$$
$$\frac{d^2y_2}{dx^2}=-2\mu<0,\quad -\infty<x<+\infty,$$
$$\frac{d^2y_1}{dx^2}-\frac{d^2y_2}{dx^2}>0,\quad \frac{1}{\mu}<x<+\infty.$$

其图形如图 5.13 所示.

存在 $x_1<0$, $y_1(x_1)-y_2(x_1)=0$,而

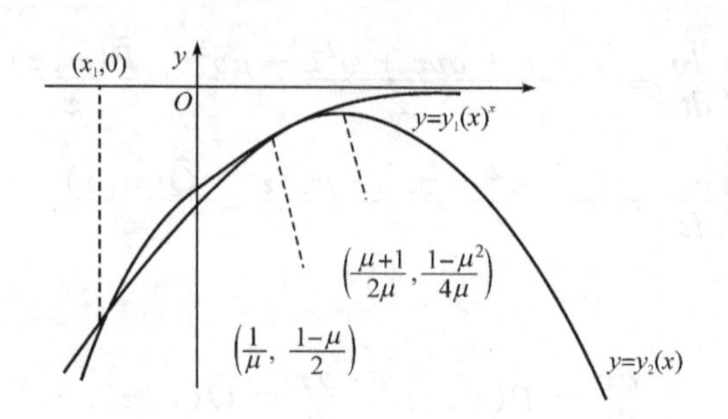

图 5.13

$$y_1(x) - y_2(x) > 0, \quad x_1 < x < \frac{1}{\mu}, \quad \frac{1}{\mu} < x < +\infty.$$

故当 $x \geqslant x_1$ 时，$y = \pm\sqrt{y_1(x) - y_2(x)}$ 有定义. 这时从鞍点 $B\left(\frac{1}{\mu}, 0\right)$ 出发的分界线又回到这鞍点.

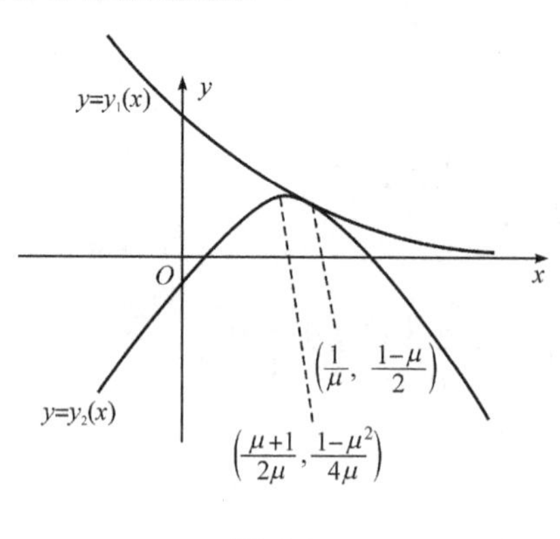

图 5.14

当 $0 < \mu < 1$ 时，

$$\frac{d^2 y_1}{dx^2} > 0, \frac{d^2 y_2}{dx^2} < 0, -\infty < x < +\infty.$$

其图形如图 5.14 所示.

$y = \pm\sqrt{y_1(x) - y_2(x)}$ 对一切 x 都有定义.

当 $\mu = 1$ 时，$y = \pm(x-1)$ 是过鞍点 $B(1,0)$ 的分界线，在 $\overline{K}$ 上它们分别趋于点 $\widetilde{E}, \widetilde{\widetilde{E}}$ 及 $\widetilde{F}, \widetilde{\widetilde{F}}$.

当 $\mu = 0$ 时，第一积分是：

$$\left(y^2 + x - \frac{1}{2}\right)e^{2x} = h.$$

当 $-\frac{1}{2} < h < 0$ 时，存在 $x_3^h < 0 < x_2^h$，当 $x_3^h < x < x_2^h$ 时 $y^2 = \frac{1}{2} - x + he^{-2x} > 0$，而 $y(x_3^h) = y(x_2^h) = 0$，故对应轨线是闭的；当 $h > 0$ 时，存在 $x_4^h > 0$，当 $x < x_4^h$ 时 $y^2 = \frac{1}{2} - x + he^{-2x} > 0$，而 $y(x_4^h) = 0$，故对应轨线非闭；当 $h = 0$ 时，对应轨线 $y^2 + x - \frac{1}{2} = 0$ 是抛物线，映到 $\overline{K}$ 上，它两端联接无穷远奇点 $\widetilde{\widetilde{C}}$.

当 $\alpha = 0, \mu \geqslant 0$ 时，方程组(2.9)变成

$$
\begin{aligned}
\frac{dx}{dt} &= y, \\
\frac{dy}{dt} &= -x + \mu x^2 - y^2.
\end{aligned}
\tag{2.12}
$$

由向量场的对称性,综上讨论,方程组(2.12)的全局结构如图 5.15(1)~(4)所示.

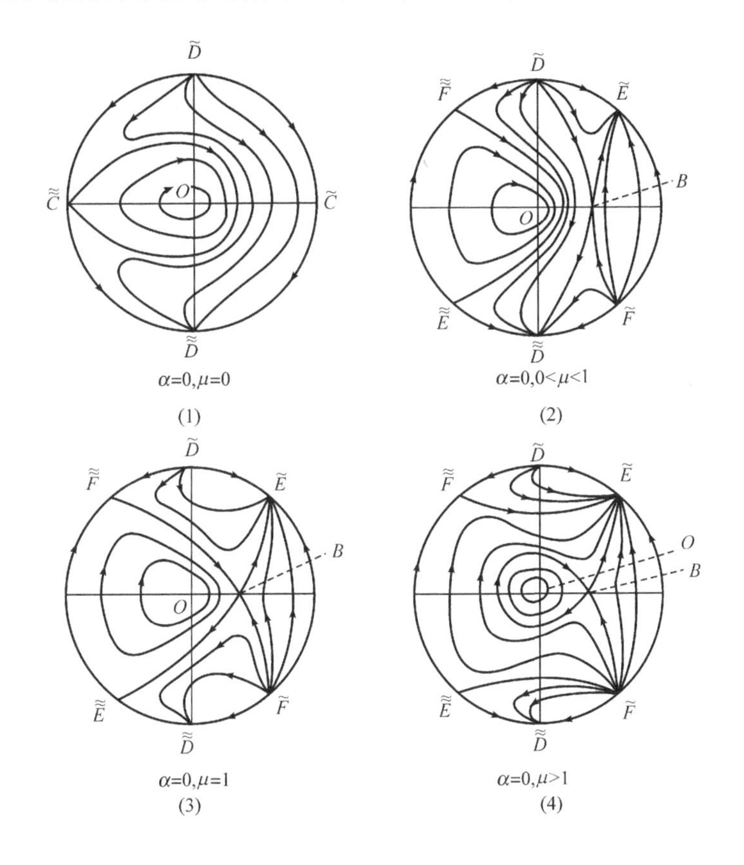

图 5.15

当 $\alpha \neq 0$ 时,比较方程组(2.9)与(2.12),有

$$
\left(\frac{dy}{dx}\right)_{(2.12)} > \left(\frac{dy}{dx}\right)_{(2.9)}, \alpha > 0.
$$

当 $\alpha > 0$ 时,方程组(2.9)有以下性质:

1. $B\left(\frac{1}{\mu}, 0\right)$仍是鞍点,$O(0,0)$变成稳定焦点或结点.

2. 方程组(2.12)在中心 $O(0,0)$附近的闭轨线族是方程组(2.9)的无切曲线,故方程组(2.9)有一端趋于焦点或结点 $O(0,0)$,而另一端趋于鞍点或无穷远奇点的轨线,故方程组(2.9)无闭轨线.

3. 无穷远奇点的性质不变.

当 $\alpha>0$ 充分小时,方程组(2.9)的全局结构如图 5.16 所示.

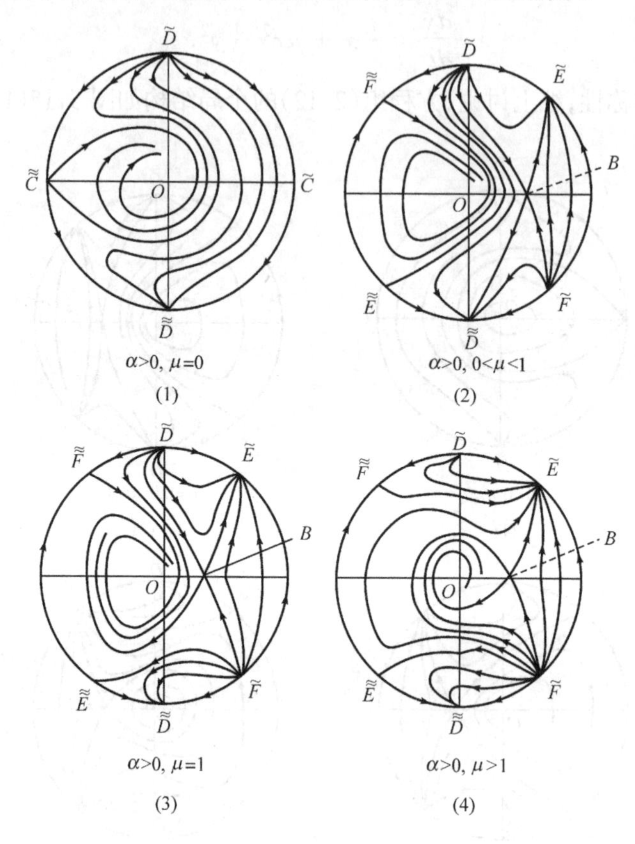

图 5.16

当 $\alpha<0$ 时,$O(0,0)$是不稳定焦点或结点,图形类似. 例题 2.1 中讨论的是 $\mu<0$的情形. 结合例题 2.1 的图形,可以看出 α,μ 连续地从负变到正时,全局结构的变化情形. 而奇点的性质,闭轨线的存在与否和性质,奇点的分界线(定义见第二章§6)的走向是决定全局结构的关键. 奇点的分界线及极限环将 $\overline{K}$ 分成若干区域,每个区域内轨线的走向基本相同,或者都是闭轨线,或者所有轨线的 ω 极限集和 α 极限集都相同,即若 p,q 是属于同个区域内的任何两点,则有 $\Omega_p=\Omega_q$, $A_p=A_q$.

以图 5.16 中的情形(3)为例. 联结$\widetilde{\widetilde{E}},\widetilde{F}$;$\widetilde{F},B$;$B$;$\widetilde{E}$;$\widetilde{D},B$ 的分界线和两条一端分别趋于$\widetilde{\widetilde{F}}$及$B$,而另一端趋于奇点 O 的分界线将K 分成五个区域G_1,G_2,G_3, G_4 和 G_5,其中区域 G_4 是由联接$\widetilde{D},B$;B,O;$\widetilde{\widetilde{F}},O$ 的三条分界线所围成;而区域

G_5 是由联接$\widetilde{F},B$;$\widetilde{\widetilde{E}},\widetilde{F}$;$B,O$;$\widetilde{\widetilde{F}},O$ 四条分界线所围成.

$$\Omega_P=\widetilde{\widetilde{D}},\quad A_P=\widetilde{F},\quad \forall P\in G_1.$$
$$\Omega_P=\widetilde{E},\quad A_P=\widetilde{F},\quad \forall P\in G_2.$$
$$\Omega_P=\widetilde{E},\quad A_P=\widetilde{D},\quad \forall P\in G_3$$
$$\Omega_P=\{0\},\quad A_P=\widetilde{D},\quad \forall P\in G_4.$$
$$\Omega_P=\{0\},\quad A_P=\widetilde{F},\quad \forall P\in G_5,$$

复杂奇点的结构不稳定. 如图 5.15 中情形(1),即当 $\alpha=0,\mu=0$ 时,$\widetilde{C}$与$\widetilde{\widetilde{C}}$是复杂奇点. 即使 μ 作微小变动,当 $\mu>0$ 时,它分解成两个赤道上的鞍结点$\widetilde{E}$与$\widetilde{\widetilde{E}}$,$\widetilde{F}$与$\widetilde{\widetilde{F}}$如图 5.15(2)所示. 当 $\mu<0$ 时,如例题 2.1 中的图 5.10 所示,$\widetilde{C}$与$\widetilde{\widetilde{C}}$消失,变成有穷区域的鞍点 $E\left(\dfrac{1}{\mu},0\right)$.

中心也是结构不稳定的. 如图 5.15(1),(2),(3),(4)中所示,$\alpha=0$,$O(0,0)$是中心. 但不论 α 多么小,只要 $\alpha\neq0$,$O(0,0)$就变成焦点或结点. 如图 5.16 中(1),(2),(3),(4)所示,$\alpha>0$,$O(0,0)$变成稳定焦点.

从鞍点到鞍点的分界线也是结构不稳定的. 例如图 5.15(1)中从$\widetilde{\widetilde{C}}$出发回到$\widetilde{\widetilde{C}}$的轨线,图 5.15(2)中从$\widetilde{\widetilde{F}}$到$\widetilde{\widetilde{E}}$的轨线,图 5.15(3)中从$\widetilde{\widetilde{F}}$到$B$ 与从B 到$\widetilde{\widetilde{E}}$的轨线,图 5.15(4)中从 B 出发回到 B 的轨线,只要 α 有微小变动,如当 $\alpha>0$ 充分小时,就分别变为图(5.16)(1),(2),(3),(4)中的对应的轨线,它们不再从鞍点到鞍点,而变成从鞍点到其他奇点. 从鞍点出发的分界线在图 5.15 和图 5.16 中都用粗线画出.

关于结构稳定性问题将在第八章中作较详细的介绍,这里只是结合实例给读者一点感性的认识.

§3. 用无穷远奇点研究极限环的存在性

对无穷远的研究,有时可回答某些系统的极限环的存在性问题. 例如,假定我们知道了无穷远奇点都是远离型的,而在有限平面上的唯一奇点是不稳定的焦点或结点,这时的赤道便相当于 Poincaré-Bendixson 环域的外境界线,故至少有一个稳定极限环. 当然,利用无穷远的研究,有时还可以解决更为复杂一些方程的关于极限环的存在性问题. 我们现在通过几个例子来说明这个方法.

例题 3.1 方程组

$$\frac{dx}{dt}=y-(a_1x+a_2x^2+a_3x^3),\quad \frac{dy}{dt}=-x \tag{3.1}$$

当 $a_1a_3<0$ 时至少存在一个极限环.

解 关于方程组(3.1)的极限环的存在性问题也可用第四章§1定理1.2或定理1.3来判定,在这里我们用无穷远的性质来判定. 无损于一般性可设 $a_1<0$, $a_3>0$. 原点是唯一奇点. 它的对应的线性方程的特征方程是 $\lambda^2+a_1\lambda+1=0$, 由此知当 $a_1\leqslant-2$ 时原点是不稳定结点, 当 $a_1>-2$ 时它是不稳定焦点. 现研究无穷远奇点.

作 Poincaré 变换

$$x=\frac{1}{z},\quad y=\frac{u}{z}\quad 及\quad d\tau=\frac{dt}{z^2},$$

于是(3.1)变为:

$$\begin{aligned}\frac{dz}{d\tau}&=a_3z+a_2z^2+a_1z^3-uz^3,\\ \frac{du}{d\tau}&=a_3u-z^2+a_2uz+a_1z^2u-u^2z^2.\end{aligned} \tag{3.2}$$

由此可知无穷远奇点 $C(0,0)$ 是不稳定结点. 由于 $d\tau=\frac{dt}{z^2}$, $n=2$ 是偶数, 故 C 的对径点 C' 也是远离的.

再作 Poincaré 变换

$$x=\frac{v}{z},\quad y=\frac{1}{z}\quad 及\quad d\tau=\frac{dt}{z^2},$$

(3.1)变为:

$$\begin{aligned}\frac{dz}{d\tau}&=vz^3,\\ \frac{dv}{d\tau}&=z^2+v^2z^2-a_1z^2v-a_2v^2z-a_3v^3.\end{aligned} \tag{3.3}$$

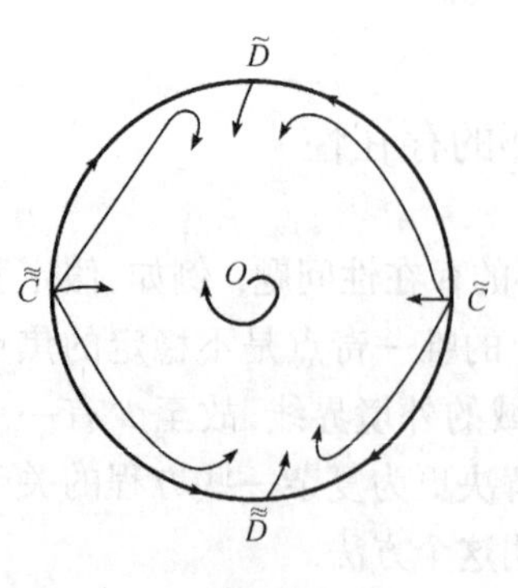

图 5.17

可以证明奇点 $D(0,0)$ 是鞍点. 而系统(3.1)在赤道上只有奇点 C, C', D 和 D', 在 $\overline{K}$ 上其走向如图 5.17 所示.

由此可见, 无穷远奇点都是远离的, 而有限处的唯一奇点是不稳定的. 因此, 至少存在一个极限环.

例题 3.2 考虑二次系统

$$\begin{aligned}\dot{x}&=a_{11}x+a_{12}y+y^2,\\ \dot{y}&=a_{21}x+a_{22}y-xy+cy^2.\end{aligned} \tag{3.4}$$

若满足条件:

(1) $a_{11}<0, |c|<2$,

(2) $(a_{12}-a_{21}+ca_{11})^2<4(a_{11}a_{22}-a_{21}a_{12})$,

(3) $a_{11}+a_{22}>0$,

则(3.4)至少存在一个极限环.

解 由条件(2)知有限平面上原点是唯一的奇点. 由条件(3)知原点是不稳定奇点. 要证极限环存在,只需证无限远奇点是远离型的即可. 事实上,对(3.4)引入 Poincaré 变换:

$$x=\frac{1}{z},\quad y=\frac{u}{z}\quad 及\quad d\tau=\frac{dt}{z},$$

(3.4)变换为:

$$\begin{aligned}\frac{dz}{d\tau}&=-a_{11}z^2-a_{12}uz^2-u^2z,\\ \frac{du}{d\tau}&=-u+a_{21}z+cu^2+(a_{22}-a_{11})uz-a_{12}u^2z-u^3.\end{aligned}\tag{3.5}$$

由(3.5)知在赤道上的奇点由方程组

$$\begin{cases}z=0\\ u^3-cu^2+u=0\end{cases}$$

决定. 由于 $|c|<2$,所以方程 $u^3-cu^2+u=0$ 有唯一实根 $u=0$. 因此,无穷远处有唯一奇点 $C(0,0)$.

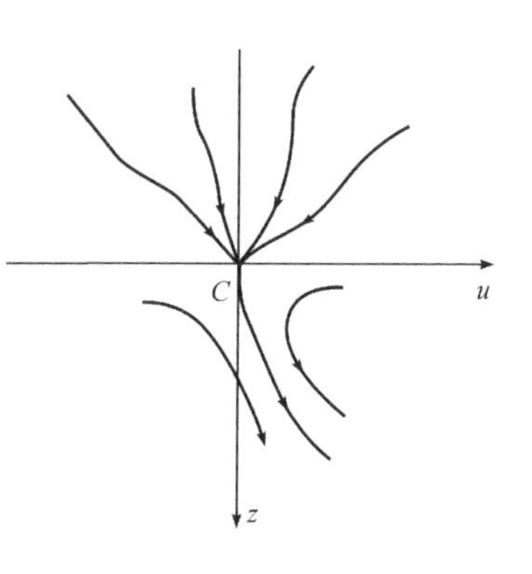

图 5.18

由第二章定理 7.1,知 $C(0,0)$ 是鞍结点,如图 5.18 所示.

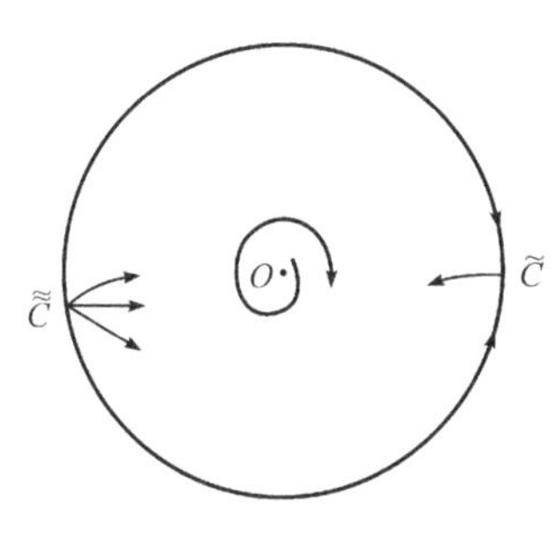

图 5.19

回到相平面 α 的单位圆盘 $\overline{K}$ 上,并注意时间变换 $d\tau=\frac{dt}{z}$ 中的 $n=1$ 是奇数,对径点 $\tilde{\tilde{C}}$ 处的轨线的走向应翻转,即得图 5.19. 也就是说无穷远处的奇点都是远离型的. 因此,由原点是唯一不稳定奇点,推出至少存在一个极限环.

下面再举一个稍复杂的例子,我们利用无穷远处有唯一鞍点这一事实,推断出至少存在两个极限环.

例题 3.3 试证二次系统

$$\begin{aligned}\dot{x}&=-y-3x^2+xy+y^2,\\ \dot{y}&=x\left(1+\frac{1}{6}x-3y\right)\end{aligned}$$

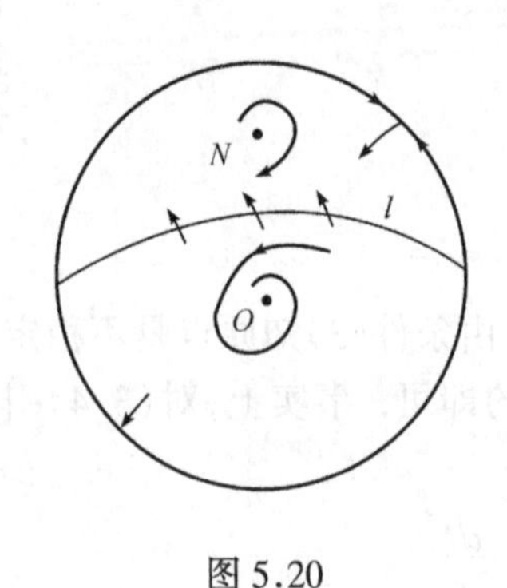

图 5.20

至少存在两个极限环.

解 在有限平面上有两个奇点 $O(0,0)$ 及 $N(0,1)$. O 是稳定焦点,N 是不稳定焦点. 不难算出有唯一无穷远奇点,它是鞍点. 而在直线 $y=\frac{1}{3}$ 上 $\frac{dy}{dt}=\frac{x^2}{6}>0$,因此直线 $y=\frac{1}{3}$ 是无切的,它在单位圆盘 $\overline{K}$ 上的象 l 将 $\overline{K}$ 分成两个部分. 如图 5.20 所示,l 与单位圆弧分别构成包含 O 及 N 的外境界线. 于是,根据两个奇点的稳定性情况,再结合 l 上方向场的方向和无穷远鞍点的分界线的走向,知包围 O 及 N 至少各有一个极限环,如图 5.20 所示.

§4. 二维紧致曲面 S^2,P_2 和 T^2 上连续向量场的奇点指数和[1]

本节着重讨论二维球面 S^2、射影平面 P_2 和二维环面 T^2 上所定义的连续向量场的奇点指数和. 以下都假设 S^2,P_2 和 T^2 上奇点是孤立的,于是根据曲面的紧致性,在其上只能有有限个奇点.

设以向量形式给定 R^2 上的微分方程

$$\dot{\boldsymbol{x}} = \boldsymbol{X}(\boldsymbol{x}). \tag{4.1}$$

以下都假设 $\boldsymbol{X}(\boldsymbol{x})$ 在 R^2 上连续.

定义 4.1 设 $l\subset R^2$ 是光滑 Jordan 闭曲线,G 是由 l 所围成的区域,设在点 $P\in l$ 上,l 的切线与(4.1)所定义的场向量重合. 若存在方程(4.1)的过点 P 的充分小轨线弧 $r(P)$,使得 $r(P)\setminus P\subset G$,则叫 P 对 l 而言为内切点;若使得 $r(P)\setminus P\subset R^2\setminus\overline{G}$,则叫 P 对 l 而言为外切点.

定理 4.1 设 Q 是(4.1)的孤立奇点,作光滑 Jordan 闭曲线 l,G 表示由 l 所包围的区域,$Q\in G$,在 $\overline{G}$ 上除 Q 外再无(4.1)的奇点,则关于奇点指数 $J(Q)$ 有如下等式:

$$J(Q) = \frac{1}{2}\sum_{P\in l} I(P) + 1, \tag{*}$$

其中

$$I(P) = \begin{cases} 1, & \text{当 } P \text{ 是 } l \text{ 的内切点时}, \\ -1, & \text{当 } P \text{ 是 } l \text{ 的外切点时}, \\ 0, & \text{其余情形}. \end{cases}$$

证明 取 $\delta>0$ 充分小,使 $S_\delta(Q)$ 满足第二章 §6 中定理 6.3. 在第三章 §6 中已证,对孤立奇点 Q 有 Bendixson 公式

$$J(Q) = 1 + \frac{e - h}{2},$$

其中 h 和 e 分别是双曲扇形(包括双曲椭圆扇形)和与$\partial S_\delta(Q)$有公共点的椭圆扇形的个数. 可取 $\delta>0$ 充分小,并在$\partial S_\delta(Q)$上对原向量场作非退化连续形变,使形变后的同伦场,在抛物扇形或抛物椭圆扇形所对应的$\partial S_\delta(Q)$的弧段上没有内切和外切点,椭圆扇形所对应的$\partial S_\delta(Q)$的弧段上有唯一的内切点,双曲扇形或双曲椭圆扇形所对应的$\partial S_\delta(Q)$的弧段上有唯一的外切点. 由于同伦向量场的旋转数相等,由 Bendixson 公式立刻推得等式(*).】

定理 4.2 平面连续向量场(4.1)的孤立奇点的指数在微拓变换(可微的拓扑变换)下不变.

证明 设 Q 是(4.1)的孤立奇点,l 是包围Q 的光滑 Jordan 闭曲线,

$$l \subset D \subset R^2.$$

有界区域 D 上除Q 外无其他奇点.

$$\varphi(x): x \in D \to y = \varphi(x) \in \varphi(D),$$

设 φ 是D 上的微拓变换,显然 $\varphi(l)$也是包围奇点,$\varphi(Q)$的光滑 Jordan 闭曲线,

$$\varphi(l) \subset \varphi(D),$$

且 $\varphi(D)$上除 $\varphi(Q)$外无其他奇点. 因 φ 是微拓变换,故有图表:

$$\begin{array}{ccc} T(l) & \xrightarrow{d\varphi} & T(\varphi(l)) \\ \uparrow & & \uparrow \\ l & \xrightarrow{\varphi} & \varphi(l) \end{array}$$

其中 $T(l)$和 $T(\varphi(l))$分别是 l 和$\varphi(l)$上的切向量场,上述图表说明 φ 所诱导的切映射$d\varphi$ 将l 上任一点P 处的切向量映到$\varphi(l)$上的对应点 $\varphi(P)$处的切向量,反之亦然. 我们有交换图表:

$$\begin{array}{ccc} T(D) & \xrightarrow{d\varphi} & T(\varphi(D)) \\ X(x)\uparrow & & \uparrow Y(y) \\ D & \xrightarrow{\varphi} & \varphi(D) \end{array}$$

而方程(4.1)在变换 φ 下成为:

$$\dot{y} = \frac{\partial \varphi}{\partial x}\dot{x} = \frac{\partial \varphi}{\partial x} X(\varphi^{-1}(y)) = Y(y) = d\varphi \cdot X \cdot \phi^{-1}(y).$$

故原来向量场与 l 相切的地方,变换后的向量场还在对应点上与 $\varphi(l)$相切,反之亦然. 并且如果原来是内切或外切的,变换后还分别是内切或外切. 于是由定理 4.1 的公式(*)便推得

$$J(\phi(Q))=\frac{1}{2}\sum_{\varphi(P)\in\varphi(l)} I(\phi(P))+1$$
$$=\frac{1}{2}\sum_{P\in l} I(P)+1=J(Q),$$

其中

$$I(\varphi(P))=\begin{cases}1, & \text{当 } \varphi(P) \text{ 是 } \varphi(l) \text{ 的内切点,}\\ -1, & \text{当 } \varphi(P) \text{ 是 } \varphi(l) \text{ 的外切点,}\\ 0, & \text{其余情形.}\end{cases}$$

定理证毕.】

定理4.2说明,奇点指数与坐标选取无关,于是我们可以定义二维紧致曲面M上连续向量场的奇点指数. 至于如何在M上定义连续向量场和流,我们不作详细介绍. 直观地说,它是通过微拓变换将R^2上的轨线族映到M上的某些开子集上的轨线族,然后并粘而成M上的流. 正如我们在前面用三张坐标平面α,α^*及$\hat{\alpha}$并粘成射影平面P_2上的流.

假设已在M上定义了连续向量场. $Q\in M$是孤立奇点. 存在(U_Q,φ),U_Q是M的开子集,$Q\in U_Q$,且$\overline{U}_Q$上除Q外无其他奇点. φ是微拓变换,

$$\varphi:\quad U_Q\to\varphi(U_Q)\subset R^2.$$

$\varphi(U_Q)$是R^2的开区域. φ将U_Q上的轨线映到$\varphi(U_Q)$上的轨线. 导映射$d\varphi$将U_Q上的向量场V_Q映到$\varphi(U_Q)$上的向量场$d\varphi(V_Q)$. 实际上M上的流正是局部地由φ^{-1}将$\varphi(U_Q)$上的轨线映上去的.

定义 4.2　定义孤立奇点$Q\in M$的指数为

$$J_M(Q)=J(\varphi(Q)),$$

其中$J(\varphi(Q))$是向量场$d\varphi(V_Q)$在奇点$\varphi(Q)$的指数.

由定理4.2,$J(\varphi(Q))$与φ的选取无关. 故这样定义是有意义的.

定理 4.3　S^2上任何连续向量场,如只有孤立奇点,则所有奇点的指数和为2,记作$\chi(S^2)=2$.

证明　因S^2上只有有限个奇点,可取常点$P\in S^2$,邻域$U(P)\subset S^2$,使$\overline{U}(P)$上无奇点. 微拓变换$\sigma: U(P)\to R^2$,导映射$d\sigma$将$U(P)$上场向量$V(P)$映到$\sigma(U(P))$上的场向量$d\sigma(V(P))$. 取包围$\sigma(P)$的Jordan闭曲线s,D是s所围成的区域,$D\subset\sigma(U(P))$,使得s上只有两个点$P^{(1)}$,$P^{(2)}$与场向量$d\sigma(V(P))$相外切(这是因为常点附点的向量场几乎平行,所以这样的s是可以取到的). 以P点为北极做测地投影φ,取S^2的开子集G_1,使得$P\in G_1\subset\sigma^{-1}=G$. $\varphi(S^2\setminus G_1)\subset R^2$,$\varphi$是$S^2\setminus G_1$上的微拓变换. S^2上的奇点全部映到有界区域$\varphi(S^2\setminus\overline{G})$内. 令$l=\sigma^{-1}(s)$,而$\varphi(l)$是区域$\varphi(S^2\setminus\overline{G})$的边界. 由第三章§2的性质1知

$$A(\varphi(l)) = \sum_{i=1}^{k} J(\varphi(Q_i)),$$

其中 $Q_1, Q_2, \cdots, Q_k$ 是 S^2 上的所有奇点,$A(\varphi(l))$表示向量场 $d\varphi(V(P))$在 $\varphi(l)$上的旋转数. 而区域 $\varphi(S^2 \setminus G)$的边界 $\varphi(l)$上只有两个内切点 $\varphi\sigma^{-1}(P^{(1)})$ 和 $\varphi\sigma^{-1}(P^{(2)})$,如图 5.21 所示. 显然 $A(\varphi(l))=2$. 故 $\chi(S^2)=2$.

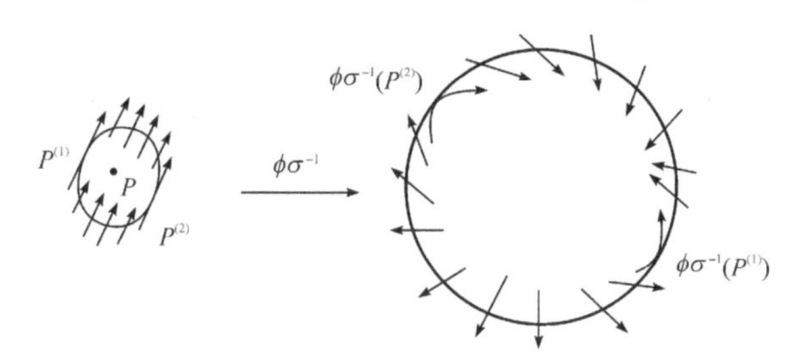

图 5.21

定理 4.4 P_2 上任何连续向量场,如只有孤立奇点,则所有奇点的指数和为 1,记作 $\chi(P_2)=1$.

证明

$$\varphi: S^2 \to P_2,$$

φ 将 S^2 上两两对径点叠合起来,φ 是局部微拓变换. 于是 φ^{-1}将 P_2 上的连续向量场 V 局部地映到 S^2 上的连续向量场 $\overline{V}$. 设 P_2 上 V 有 k 个奇点,则 S^2 上 $\overline{V}$ 有 $2k$ 个奇点. P_2 上每个奇点有 S^2 上两个奇点与它对应. 因 φ^{-1}是局部微拓变换,故对应奇点的指数相等. 由定理 4.3,

$$\chi(P_2) = \frac{1}{2}\chi(S^2) = 1.$$

定理 4.5 T^2 上任何连续向量场,如果只有孤立奇点,则所有奇点的指数和为 0,记作 $\chi(T^2)=0$.

证明 因 T^2 上只有有限个奇点,可取常点 $P \in T^2$,过 P 作纬圆 l_1 和经圆 l_2 将 T^2 剖开,并且 l_1, l_2 上无奇点. 这样就可将 T^2 经微拓变换 φ,映到 R^2 上的边长为 1 的正方形,如图 5.22 所示. 两两对边上对应点向量的方向一致. 四个顶点 $P^{(i)}(i=1,2,3,4)$上的向量的方向也一致(还可将 T_2 看成是 R^2 上所有两两的纵坐标和横坐标之差都是整数的点所叠合而成,因此四方形边界上的向量是有意义的).

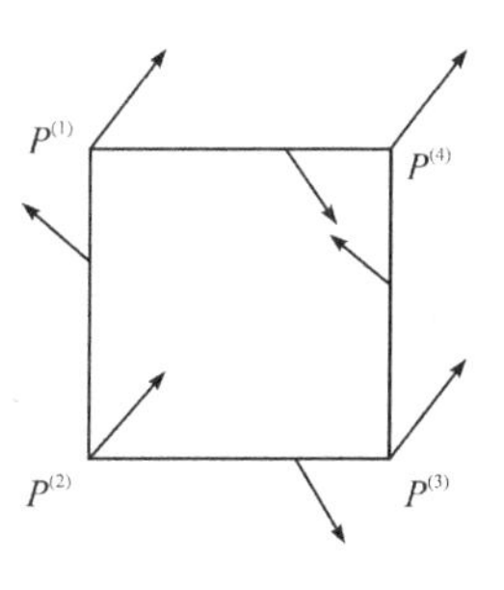

图 5.22

设从 $P^{(1)}$ 到 $P^{(2)}$ 和从 $P^{(2)}$ 到 $P^{(3)}$ 向量分别旋转

$2k_1\pi$ 和 $2k_2\pi$ 度则从 $P^{(3)}$ 到 $P^{(4)}$ 和从 $P^{(4)}$ 到 $P^{(1)}$ 向量将分别旋转 $-2k_1\pi$ 和 $-2k_2\pi$ 度，故分段光滑单闭曲线 $\overparen{P^{(1)}P^{(2)}P^{(3)}P^{(4)}P^{(1)}}$ 上的旋转数为

$$A(\overparen{P^{(1)}P^{(2)}P^{(3)}P^{(4)}P^{(1)}}) = 0,$$

即

$$\chi(T^2) = 0.$$

$\chi(S^2)=2, \chi(P_2)=1, \chi(T^2)=0$ 分别叫做曲面 S^2, P_2 和 T^2 的示性数. 由定理 4.3,4.4 和 4.5 可见，曲面的示性数刻画曲面的拓扑性质，与曲面上定义的连续向量场无关.

Poincaré 球就是射影平面 P_2. 其上任何连续向量场的奇点指数和为 1. 请读者注意，我们在 §1 的结尾处曾指出，方程组(1.6)(A_3)和(B_3)能否在 Poincaré 球(即射影平面)上诱导出连续向量场，要视方程组(A_2)或(B_2)中 n, m 的奇偶性而定. 然而无论在哪种情形下，我们总可以用 §1 的方法，在单位圆盘 $\overline{K}$ 上得到一个连续向量场. 如果把 $\overline{K}$ 的边界 Γ 上的两对径奇点合为一个(确切地说，是看作方程组(A_3)或(B_3)的一个奇点)来计算，则在 $\overline{K}$ 上奇点指数和为 1 的结论总是对的. 事实上，在 n, m 为奇数时，我们可以用如下的映射来代替本节定理 4.3 的证明中所取的映射 φ：以单位圆盘 $\overline{K}$ 为赤道平面，然后将 $\overline{K}$ 上的轨线沿与赤道平面垂直的方向分别投影到上下两个半球上，如果赤道 Γ 不是轨线，则投影后须把两个半球之一上的轨线方向反转，如果 Γ 是一条轨线，则投影后两个半球上的轨线方向无须变动. 这样，我们得到了 S^2 上的一个连续向量场，据定理 4.2，如果只有孤立奇点，则所有奇点指数和为 2，因而半个开球上的奇点指数和，再加上赤道 Γ 上所有奇点指数和的一半，应该为 1. 显然，Γ 上所有奇点(在 S^2 上看)指数和的一半，与将对径的两奇点合为一个(在平面 α^* 或 $\hat{\alpha}$ 上看)来计算的指数和是相等的. 这样就证明了我们的结论. 关于指数和的这一结果，对于平面系统的全局分析很有用处，可以用它来检验我们关于奇点的计算是否有误. 有时也可以用它排除掉许多不可能出现的奇点分布.

推论 球面 S^2 和射影平面 P_2 上的任何连续向量场必有奇点.

习 题 五

1. 讨论下列方程组的轨线的全局结构

(i) §1 中例题 1.2.

(ii) $\dfrac{dx}{dt} = x(3-x-y),$

$\dfrac{dy}{dt} = y(x-1).$

(iii) $\frac{dx}{dt}=y(x+2)+x^2+y^2-1,$

$\frac{dy}{dt}=-x(x+2).$

(iv) $\frac{dx}{dt}=x[(x^2+y^2+1)(x^2+y^2-1)-4y^2],$

$\frac{dy}{dt}=y[(x^2+y^2+1)(x^2+y^2-1)+4x^2].$

(v) $\frac{dx}{dt}=(x-y)^2-1,$

$\frac{dy}{dt}=(x+y)^2-1.$

(vi) $\frac{dx}{dt}=x(x+by+1),$

$\frac{dy}{dt}=y(x+by-b),\quad -\infty<b<+\infty.$

当 $b=2$ 时就是§1 中例题 1.4.

2. 求证方程组

$$\frac{dx}{dt}=-y+\lambda x.$$

$$\frac{dy}{dt}=x+\lambda y$$

以无穷远赤道为它的极限环线.

3. 求证方程组

$$\frac{dx}{dt}=a_{12}y+y^2,$$

$$\frac{dy}{dt}=a_{22}y-xy+cy^2$$

当 $|c|<2$ 时所有的解都是有界的,这时方程组就叫做有界的.

4. 求证方程组

$$\frac{dx}{dt}=a_{12}y+y^2,$$

$$\frac{dy}{dt}=a_{21}x+a_{22}y-xy+cy^2$$

当 $|c|<2, a_{21}\neq 0, a_{12}+a_{21}=0$ 及 $ca_{21}+a_{22}\leqslant 0$ 时是有界的.

5. 在方程 $P(x,y)dy-Q(x,y)dx=0$ 中,这里 $P(x,y), Q(x,y)$ 分别是 p,q 次不可约多项式,试证,若引入射影坐标

$$x=\frac{X}{Z},\quad y=\frac{Y}{Z},$$

并设

$$P^*(X,Y,Z)=Z^pP\left(\frac{X}{Z},\frac{Y}{Z}\right),$$

$$Q^*(X,Y,Z)=Z^qQ\left(\frac{X}{Z},\frac{Y}{Z}\right),$$

则方程 $P(x,y)dy-Q(x,y)dx=0$ 变为方程

$$\begin{vmatrix} dX & dY & dZ \\ X & Y & Z \\ Z^{n-p}P^* & Z^{n-q}Q^* & 0 \end{vmatrix} = 0,$$

其中 n 为非负整数,使得 $Z^{n-p}P^*$ 和 $Z^{n-q}Q^*$ 为不可约整多项式,且若在上式中令 $X=1$,则相当于从§1(A_3)中消去 τ;若令 $Y=1$,则相当于从§1(B_3)中消去 τ.

6. 试用旋转向量场理论,证明方程组(2.9)在 $\alpha\neq0$ 时不存在闭轨线.

7. 试用在模型 $\overline{K}$ 上奇点指数和为 1 的结论逐个检查本章的各个例题及习题 1.

参 考 文 献

[1] Arnold, V. I., Ordinary Differential Equations, Translated from the Russian, *M. I. T.* 1973.

第六章　二维周期系统的调和解

§1. 预备知识

在非线性振动理论中经常出现如下形式的二阶微分方程

$$x'' + f(x, x')x' + g(x) = p(t), \tag{1.1}$$

这里 x' 和 x'' 分别表示 x 对 t 的一阶和二阶导数. 为了简单起见,以下我们设 $g(x) \in C'(R,R)$ 和 $f(x,y) \in C'(R^2,R)$,而且 $p(t) \in C(R,R)$ 是一个 A 周期函数,即 $p(t+A) \equiv p(t)$ 对一切 $t \in R$ 成立(设周期 $A>0$). 例如, $p(t) = E\sin\omega t$ 是一个 $(2\pi/\omega)$ 周期函数(频率 $\omega>0$).

当 $p(t) \equiv 0$ 时,这是读者在前几章已经熟悉的方程,即

$$x'' + f(x, x')x' + g(x) = 0. \tag{1.2}$$

方程(1.1)和(1.2)有一显著的差别:(1.2)是一个驻定方程,即它不显含自变量 t;而(1.1)(设 $p(t) \not\equiv 0$)则是一个非驻定方程.

我们在这一章的主要任务是研究方程(1.1)的周期解的存在性.

显然,方程(1.1)等价于下面的微分方程组

$$x' = y, \quad y' = p(t) - f(x,y)y - g(x). \tag{1.3}$$

在介绍某些有关的基本概念时,我们考虑一般的二阶微分方程组

$$x' = f_1(t,x,y), \quad y' = g_1(t,x,y) \tag{1.4}$$

其中函数 f_1 和 g_1 对 $(t,x,y) \in R^3$ 连续,而且对 (x,y) 连续可微. 再设(1.4)是一个 A 周期系统,即

$$f_1(t+A,x,y) \equiv f_1(t,x,y),$$

$$g_1(t+A,x,y) \equiv g_1(t,x,y)$$

对一切 $(t,x,y) \in R^3$ 成立. 注意,若(1.4)是一个 A 周期系统,则它亦是 (nA) 周期的(n 是任何正整数).

设 $(x(t),y(t))$ 是方程(1.4)的解,以 $B>0$ 为周期,则称 $(x(t),y(t))$ 为(1.4)的一个 B **周期解**. 设 $A>0$ 为周期系统(1.4)的最小周期,如果 $(x(t),y(t))$ 是(1.4)的一个 A 周期解,那么我们称它为(1.4)的**调和解**. 如果 $(x(t),y(t))$ 是(1.4)的一个 mA 周期解($m>1$ 整数),而不是 nA - 周期解($1 \leqslant n < m$),那么我们称它为(1.4)的 m **阶次调和解**.

一般说来,方程(1.4)的周期解不一定是调和解. 例如,方程

$$x' = y, \quad y' = -x + (x^2 + y^2 - 1)\sin\sqrt{2}t$$

是一个($\sqrt{2}\pi$)周期系统.它有一个非调和的 2π 周期解

$$x = \sin t,\ y = \cos t.$$

然而,我们不难证明方程(1.3)[或(1.1)]的一切周期解都是调和解(或次调和解).

事实上,设方程(1.3)或 $p(t)$ 的最小周期为 $A_0>0$.令$(x(t),y(t))$是方程(1.3)的一个 B 周期解,则由解的定义,我们得到有关 t 的一个恒等式

$$\begin{aligned} &x'(t) \equiv y(t), \\ &y'(t) \equiv p(t) - f(x(t),y(t))y(t) + g(x(t)). \end{aligned} \tag{1.5}$$

又以 $t+B$ 替换上式中的t,得到

$$\begin{aligned} &x'(t+B) \equiv y(t+B), \\ &y'(t+B) \equiv p(t+B) - f(x(t+B),y(t+B))y(t+B) - g(x(t+B)). \end{aligned}$$

从而

$$\begin{aligned} &x'(t) \equiv y(t), \\ &y'(t) \equiv p(t+B) - f(x(t),y(t))y(t) - g(x(t)). \end{aligned} \tag{1.6}$$

联合(1.5)和(1.6)就有:$p(t+B)\equiv p(t)$.因为 A_0 是 $p(t)$的最小周期,所以 $B=mA_0$(m 是某一正整数).这就证明了$(x(t),y(t))$是一个调和解(或次调和解).

在前几章我们研究驻定方程(1.2)的周期解(极限环)存在性的主要工具是 Poincaré-Bendixson 定理,它以相平面作图为基础.但是,非驻定方程(1.4)在相平面(x,y)上的向量场

$$(f_1(t,x,y),g_1(t,x,y))$$

依赖于时间 t,从而它过相平面上各点的轨线可以不是唯一的.这就使得对非驻定方程无法建立类似于驻定方程的 Poincaré-Bendixson 定理.

但是,对于周期系统,有一个重要的性质可以作为研究调和解存在性的一个基础:

设$(x(t),y(t))$是(1.4)的解,则它是 A 周期解的充要条件为

$$x(0) = x(A), \quad y(0) = y(A). \tag{1.7}$$

必要性的证明是显然的.下面是充分性的证明.

令$(u(t),v(t))=(x(t+A),y(t+A))$.由于$(x(t),y(t))$是 A 周期方程(1.4)的一个解,易知$(u(t),v(t))$仍是(1.4)的一个解.而且(1.7)蕴含$(x(t),y(t))$和$(u(t),v(t))$满足相同的初始条件

$$x(0) = u(0), \quad y(0) = v(0).$$

利用解的唯一性定理推出:$(x(t),y(t))\equiv(u(t),v(t))$;即 $x(t+A)\equiv x(t)$和 $y(t+A)\equiv y(t)$.这就是说,$(x(t),y(t))$是(1.4)的一个 A 周期解.

关系式(1.7)叫作周期性边界条件,它通常是证明调和解存在性的一个出发点.而在实际的应用中它又由下述隐式方程解的形式或映射不动点的形式出现.

考虑初值条件

$$x(0)=\xi,\quad y(0)=\eta. \tag{1.8}$$

设方程(1.4)的满足初始条件(1.8)的解为

$$x=x(t;\xi,\eta),\quad y=y(t;\xi,\eta). \tag{1.9}$$

令 $\mathscr{D}$ 是相平面 (x,y) 上的一个区域.假设对一切 $(\xi,\eta)\in\mathscr{D}$,(1.9)在区间 $0\leqslant t\leqslant A$ 上存在,则由解对初值的连续性定理推出

$$u=x(A;\xi,\eta),\quad v=y(A;\xi,\eta) \tag{1.10}$$

对 $(\xi,\eta)\in\mathscr{D}$ 是连续的.

首先,我们指出,(1.9)满足周期性边界条件(1.7)当且仅当 (ξ,η) 满足隐式方程

$$\Phi(\xi,\eta)=0,\quad \Psi(\xi,\eta)=0, \tag{1.11}$$

其中 $\Phi(\xi,\eta)\equiv x(A;\xi,\eta)-\xi$ 和 $\Psi(\xi,\eta)\equiv y(A;\xi,\eta)-\eta$.因此,证明(1.4)的调和解的存在性归结为隐式方程(1.11)的解 (ξ,η) 的存在性.

其次,我们注意到(1.10)确定了一个连续映射

$$T:(\xi,\eta)\longmapsto(u,v).$$

注意,当 (ξ,η) 在 $\mathscr{D}$ 内变动时,(u,v) 不一定仍属于 $\mathscr{D}$. 自然,$(u,v)\in R^2$.因此,通常也记作

$$T:\mathscr{D}\to R^2.$$

映射 T 叫作方程(1.4)(在 $\mathscr{D}$ 上)的 Poincaré 映射.

设 (ξ,η) 是映射 T 的一个不动点:$T(\xi,\eta)=(\xi,\eta)$,即 $x(A;\xi,\eta)=\xi$, $y(A;\xi,\eta)=\eta$,则方程(1.4)的以 (ξ,η) 为初值的解(1.9)满足周期性边界条件

$$x(A;\xi,\eta)=x(0;\xi,\eta),\quad y(A;\xi,\eta)=y(0;\xi,\eta).$$

从而,它是一个 A 周期解.反之亦然.

因此,证明方程(1.4)的调和解的存在性又可归结于证明 Poincaré 映射不动点的存在性.

这里,我们介绍有关连续映射的两个不动点定理,而把它们的证明留作习题.

设 $\mathscr{B}$ 是一个闭的有界的平面区域,它的边界 $\partial\mathscr{B}$ 是一条分段光滑的简单闭曲线 J.

定理 1.1 (Brouwer) 设映射

$$h:\quad \mathscr{B}\to\mathscr{B},$$

是连续的,则 h 至少有一个不动点 $p_0\in\mathscr{B}$(即 $h(p_0)=p_0$).

顺便指出,在应用本定理时,需要注意:(i)有关区域 $\mathscr{B}$ 的条件;(ii)有关映射 h 的连续性;(iii)对于一切 $p\in\mathscr{B}$,是否 $h(p)\in\mathscr{B}$.

通常,条件(i)和(ii)的验证是显然的,而(iii)的验证则是相当困难的.事实上,往往有许多映射不满足条件(iii)的要求.下述定理是上述 Brouwer 定理的一个推广[4].

定理 1.2　设映射

$$h:\mathscr{B}\to R^2$$

是连续的,O 为 $\mathscr{B}$ 的一个内点.如果对任意 $p\in\partial\mathscr{B}$ 和任意实数 $\lambda\geqslant 1$,象点 $q=h(p)$满足

$$\overrightarrow{Oq}\neq\lambda\overrightarrow{Op},$$

那么 h 至少有一个不动点 $p_0\in\mathscr{B}$.

本章的基本参考文献为[1],[2]和[3].

§2. 具有周期性强迫力的常系数线性系统

为了对周期非线性系统(1.1)的研究提供一个向导,我们首先简要地介绍一下大家熟知的具有周期性强迫力的常系数线性微分方程

$$x''+cx'+kx=p(t),\tag{2.1}$$

其中 $c\geqslant 0$ 和 $k>0$ 都是常数,$p(t)\in C(R,R)$是 A 周期的.

方程(2.1),同方程(1.1)一样,通常表示某些运动定律的数学模型.例如,对于单位质量的弹簧振子而言,c 是阻尼系数,k 是弹性系数,而 $p(t)$代表强迫项.通常,称 $\omega=2\pi/A$ 为强迫频率.

考虑相应的线性齐次微分方程

$$x''+cx'+kx=0.\tag{2.2}$$

大家知道,如果 $u(t)$和 $v(t)$是(2.2)的一个基本解组,那么(2.2)的通解为

$$x=\alpha u(t)+\beta v(t),$$

其中 α 和 β 是两个任意常数.为了简单起见,不妨设 $u(t)$和 $v(t)$是标准的,亦即它们分别满足初始条件:

$$u(0)=1,\quad u'(0)=0;\quad v(0)=0,\quad v'(0)=1.$$

利用常数变易法可得方程(2.1)的通解

$$x=\alpha u(t)+\beta v(t)+\int_0^t G(t,\xi)p(\xi)d\xi,\tag{2.3}$$

其中核函数

$$G(t,\xi)=e^{c\xi}[u(\xi)v(t)-v(\xi)u(t)].\tag{2.4}$$

设 $x=x(t)$是方程(2.1)的满足初始条件

$$x(0)=x_0,\quad x'(0)=y_0,\tag{2.5}$$

的解,则由(2.3)可知

$$x(t)=[x_0u(t)+y_0v(t)]+\int_0^t G(t,\xi)p(\xi)d\xi. \tag{2.6}$$

由(2.6)可见,系统(2.1)的运动 $x(t)$ 是由初值激发 $[x_0u(t)+y_0v(t)]$ 和强迫振动 $\int_0^t G(t,\xi)p(\xi)d\xi$ 叠加而成的.这是线性系统的一个重要特征.

定理 2.1 设线性齐次方程(2.2)没有非平凡的 A 周期解,则方程(2.1)有并且只有一个 A 周期解.

证明 设 $\hat{x}(t)=\alpha u(t)+\beta v(t)$ 是线性齐次方程(2.2)的一个非平凡(即 $\hat{x}(t)\neq 0$)的解.则 α 和 β 显然不全为 0.因为方程(2.2)是一个驻定系统,所以 $\hat{x}(t)$ 是 A 周期的充要条件为 $\hat{x}(0)=\hat{x}(A)$ 和 $\hat{x}'(0)=\hat{x}'(A)$ 成立;亦即

$$\begin{cases}[u(A)-1]\alpha+v(A)\beta=0,\\ u'(A)\alpha+[v'(A)-1]\beta=0.\end{cases}$$

这是一个二元联立方程组,它有非零解 (α,β) 的充要条件为:系数行列式

$$\Delta(A)=\begin{vmatrix}u(A)-1 & v(A)\\ u'(A) & v'(A)-1\end{vmatrix}$$

等于 0.

因此,当且仅当 $\Delta(A)\neq 0$ 时,方程(2.2)没有非平凡的 A 周期解.

其次,我们已知方程(2.1)的解 $x(t)$ 是 A 周期的,当且仅当它满足周期性边界条件

$$x(0)=x(A),\quad x'(0)=x'(A).$$

再利用公式(2.6),我们推出 $x(t)$ 是 A 周期解,当且仅当它的初值 $x(0)=x_0$ 和 $x'(0)=y_0$ 满足联立方程组

$$\begin{cases}[u(A)-1]x_0+v(A)y_0+r(A)=0,\\ u'(A)x_0+[v'(A)-1]y_0+s(A)=0,\end{cases} \tag{2.7}$$

其中

$$r(A)=\int_0^A G(A,\xi)p(\xi)d\xi,\ s(A)=\int_0^A G'_t(A,\xi)p(\xi)d\xi. \tag{2.8}$$

因为已证 $\Delta(A)\neq 0$,所以由(2.7)可唯一地确定 x_0 和 y_0,从而方程(2.1)的 A 周期解是唯一确定的.定理证毕】

以下,我们以 $x=x_0(t)$ 表示方程(2.1)的这个 A 周期解.

推论 1 设 $c>0$,则方程(2.1)有唯一的调和解 $x=x_0(t)$;而且方程(2.1)的任何解 $x=x(t)$ 都渐近于它,即

$$\lim_{t\to\infty}[x(t)-x_0(t)]=0,\ \lim_{t\to\infty}[x'(t)-x'_0(t)]=0. \tag{2.9}$$

推论 2 设 $c=0$ 和 $k\neq\left(\frac{2l\pi}{A}\right)^2$,$l=1,2,\cdots$,则方程(2.1)的 A 周期解是唯一的.但是,没有渐近关系式(2.9).

推论 1 和 2 的证明归结为常系数线性方程(2.2)的求解(读者可参考下述例题).

例题 考虑微分方程

$$x'' + cx' + kx = E\sin\omega t, \tag{2.10}$$

其中常数 $c \geqslant 0, k > 0, E > 0$ 和 $\omega > 0$.

我们可以用待定系数法求解方程(2.10).下面是求解的主要步骤:

Ⅰ) 阻尼振动 ($c>0$).

(i) 设 $D = c^2 - 4k = d^2 > 0$,则方程(2.2)的特征根为

$$\lambda = \frac{-c+d}{2} < 0, \quad \mu = \frac{-c-d}{2} < 0, \quad (\mu \neq \lambda);$$

而方程(2.10)的通解为

$$x = \alpha e^{\lambda t} + \beta e^{\mu t} + F\sin(\omega t + \phi),$$

这里位相差 $\phi = \arctan\left(\frac{c\omega}{\omega^2 - k}\right)$,和振幅

$$F = \frac{E}{\sqrt{(k-\omega^2)^2 + (c\omega)^2}}. \tag{2.11}$$

(ii) 设 $D = c^2 - 4k = 0$,则特征根 $\lambda = \mu = -\frac{c}{2}$;而方程(2.10)的通解为

$$x = \alpha e^{\lambda t} + \beta t e^{\lambda t} + F\sin(\omega t + \phi),$$

其中 ϕ 和 F 同(i)中所述.

(iii) 设 $D = c^2 - 4k = -d^2 < 0$,则特征根为

$$\lambda = \frac{-c+id}{2}, \quad \mu = \frac{-c-id}{2},$$

$\left(\mathrm{Re}\lambda = \mathrm{Re}\mu = -\frac{c}{2} < 0\right)$;而方程(2.10)的通解为

$$x = e^{-\frac{c}{2}t}\left(\alpha\cos\frac{d}{2}t + \beta\sin\frac{d}{2}t\right) + F\sin(\omega t + \phi),$$

其中 ϕ 和 F 同(i)中所述.

由此可见,对于阻尼振动($c>0$),方程(2.10)存在唯一的调和解 $x = x_0(t) = F\sin(\omega t + \phi)$,而且它具有渐近性质(2.9).

另外,由公式(2.11)推得

$$\lim_{\omega\to\infty} x_0(t) = 0, \quad (\text{对 } t \text{ 一致}). \tag{2.12}$$

这样,我们简单地说明了,对于高频强迫振动,弹簧能起到消振作用.

Ⅱ) 无阻尼振动 ($c=0$).

在这个情形,我们称 $\omega_0 = \sqrt{k}$ 为弹簧振动的固有频率.

(i) 设 $\omega \neq \omega_0$,即强迫频率不等于固有频率.则方程(2.10)的通解为

$$x = \alpha\cos\omega_0 t + \beta\sin\omega_0 t + \frac{E}{\omega_0^2 - \omega}\sin\omega t.$$

由此可见，方程(2.10)至少有一个调和解

$$x = x_0(t) = \frac{E}{\omega_0^2 - \omega^2}\sin\omega t.$$

注意，它没有渐近性质(2.9)，但满足(2.12).

(ii) 设 $\omega = \omega_0$，即强迫频率等于固有频率，则方程(2.10)的通解为

$$x = \alpha\cos\omega_0 t + \beta\sin\omega_0 t - \frac{E}{2\omega_0}t\cos\omega_0 t.$$

由此可见，方程(2.10)的一切解都是无界的. 因此，它就没有调和解. 这就是通常说的线性共振现象.

这个简单的例子表明：关于调和解的存在性问题，无阻尼系统(非耗散系统)要比阻尼系统(耗散系统)更复杂.

§3. 拟线性系统

在上一节我们通过直接求解法解决了线性系统(2.1)的调和解的存在性问题.

现在，我们假设(1.1)非常近似于一个线性系统；更确切地说，设它可以写成如下形式

$$x'' + [c + \varepsilon L(x, x')]x' + [k + \varepsilon M(x)]x = p(t),$$

其中 ε 是一个小参数(即 $|\varepsilon| < \varepsilon_0$，正数 ε_0 充分小)；或更一般的形式

$$x'' + cx' + kx = p(t) + \varepsilon F(t, x, x', \varepsilon), \tag{3.1}$$

其中 $F(t, x, x', \varepsilon)$ 对 (t, x, x', ε) 连续，而且对 (x, x') 连续可微. 又设 $F(t, x, x', \varepsilon)$ 对 t 是 A 周期的，即 $F(t + A, x, x', \varepsilon) \equiv F(t, x, x', \varepsilon)$ 对一切 (t, x, x', ε) 成立.

称方程(3.1)为拟线性系统. 注意，当 $\varepsilon = 0$ 时(3.1)就是一个线性方程，即

$$x'' + cx' + kx = p(t), \tag{3.2}$$

它的调和解存在性问题已在上一节得到解决.

现在，为了研究拟线性方程(3.1)的调和解，我们需要简单地回顾一个有关方程(3.1)的解对初始值和参数的依赖性定理：

设函数 $F(t, x, x', \varepsilon)$ 对 (t, x, x', ε) 连续，而且对 (x, x', ε) 连续可微，则微分方程(3.1)的满足初值条件

$$x(0) = x_0, \quad x'(0) = y_0, \tag{3.3}$$

的解 $x = x(t, x_0, y_0, \varepsilon)$ 在区间 $[-h, h]$ 上存在(这里正数 h 与 (x_0, y_0, ε) 有关)；而且 $x(t, x_0, y_0, \varepsilon)$ 和 $x'_t(t, x_0, y_0, \varepsilon)$ 对 $(t, x_0, y_0, \varepsilon)$ 是连续可微的.

注意 $x = x(t, x_0, y_0, 0)$ 是线性方程(3.2)的满足初始条件(3.3)的解，它在整个 t 轴上都存在. 因此，我们不难推出下面的结论：任给有界的闭区域 $\mathscr{D}_0 \subset R^2$，

存在常数 $\varepsilon_1>0$,使得只要 $(x_0,y_0)\in\mathscr{D}_0$ 和 $|\varepsilon|\leqslant\varepsilon_1$,上述方程(3.1)的解 $x=x(t,x_0,y_0,\varepsilon)$ 在区间 $|t|\leqslant 2A$ 上存在;或者说,$x=x(t,x_0,y_0,\varepsilon)$ 和 $x'=x'_t(t,x_0,y_0,\varepsilon)$ 对 $(t,x_0,y_0,\varepsilon)\in[-2A,2A]\times\mathscr{D}_0\times[-\varepsilon_1,\varepsilon_1]$ 是连续可微的.

现在,我们要叙述并证明本节的主要结果.

定理 3.1　设与线性方程(3.2)相应的齐次方程

$$x''+cx'+kx=0 \tag{3.4}$$

没有非平凡的 A 周期解,则存在充分小的正数 ε_2,使得只要 $|\varepsilon|\leqslant\varepsilon_2$,方程(3.1)便有连续依赖于 (t,ε) 的调和解 $x=x(t,\varepsilon)$,而且

$$\lim_{\varepsilon\to 0}x(t,\varepsilon)=x_0(t), \tag{3.5}$$

其中 $x_0(t)$ 是线性方程(3.2)的唯一的调和解.

证明　根据定理的假设和上节的结果可知,线性方程(3.2)有唯一的 A 周期解 $x=x_0(t)$. 令 $\alpha=x_0(0)$ 和 $\beta=x_0'(0)$. 再考虑闭的圆盘区域

$$\mathscr{D}_\rho=\{(x_0,y_0)\mid(x_0-\alpha)^2+(y_0-\beta)^2\leqslant\rho^2\},$$

其中半径 $\rho>0$. 我们可以找到正数 ε_1,使得只要 $|\varepsilon|\leqslant\varepsilon_1$,方程(3.1)满足初始条件

$$x(0)=x_0,\quad x'(0)=y_0$$

的解 $x=x(t,x_0,y_0,\varepsilon)$ 在区间 $0\leqslant t\leqslant A$ 上存在[$\forall(x_0,y_0)\in\mathscr{D}_\rho$];而且 $x(t,x_0,y_0,\varepsilon)$ 和 $x_t'(t,x_0,y_0,\varepsilon)$ 对 $(t,x_0,y_0,\varepsilon)\in[0,A]\times\mathscr{D}_\rho\times[-\varepsilon_1,\varepsilon_1]$ 是连续可微的.

其次,设 $u(t)$ 和 $v(t)$ 是线性齐次方程(3.4)的一个标准基本解组,则由上节的讨论可知,行列式 $\Delta(A)\neq 0$. 又由常数变易法推出 $x=x(t)=x(t,x_0,y_0,\varepsilon)$ 满足积分方程

$$x(t)=x_0u(t)+y_0v(t)+\int_0^t G(t,\xi)[p(\xi)+\varepsilon F(\xi,x(\xi),x'(\xi),\varepsilon)]d\xi, \tag{3.6}$$

其中核函数 $G(t,\xi)$ 见(2.4). 我们已知 $x=x(t)$ 为 A 周期解的充要条件是它满足周期性边条件:$x(0)=x(A)$ 和 $x'(0)=x'(A)$;或

$$\Phi(x_0,y_0,\varepsilon)=0,\quad \Psi(x_0,y_0,\varepsilon)=0, \tag{3.7}$$

其中

$$\begin{cases}\Phi\equiv[u(A)-1]x_0+v(A)y_0+r(A)+\\ \qquad\varepsilon\displaystyle\int_0^A G(A,\xi)F(\xi,x(\xi),x'(\xi),\varepsilon)d\xi,\\ \Psi\equiv u'(A)x_0+[v'(A)-1]y_0+s(A)+\\ \qquad\varepsilon\displaystyle\int_0^A G_t'(A,\xi)F(\xi,x(\xi),x'(\xi),\varepsilon)d\xi,\end{cases}$$

而且这里的 $r(A)$和 $s(A)$由(2.8)确定. 注意,在积分号下的 $x(\xi)$和 $x'(\xi)$仍依赖于(x_0,y_0,ε).

因为 $x_0(t)=x(t,\alpha,\beta,0)$是方程(3.2)的 A 周期解,所以我们有

$$\Phi(\alpha,\beta,0)=0,\quad \Psi(\alpha,\beta,0)=0.$$

另一方面,易知 Jacobi 行列式

$$\left.\frac{\partial(\Phi,\Psi)}{\partial(x_0,y_0)}\right|_{\varepsilon=0}=\Delta(A)\neq 0.$$

于是,由隐函数存在定理可见,存在 $\varepsilon_2>0$,使得当$|\varepsilon|\leqslant\varepsilon_2$ 时(3.7)唯一地确定一个连续可微的解 $x_0=\xi(\varepsilon),y_0=\eta(\varepsilon)[\xi(0)=\alpha,\eta(0)=\beta]$.

令 $x(t,\varepsilon)=x(t,\xi(\varepsilon),\eta(\varepsilon),\varepsilon)$,则 $x=x(t,\varepsilon)$是方程(3.1)的 A 周期解,而且对(t,ε)是连续的. 注意,

$$\lim_{\varepsilon\to 0}x(t,\varepsilon)=x(t,\alpha,\beta,0)=x_0(t).$$

定理得证.】

当 $\Delta(A)=0$ 时,称方程(3.1)为**临界的**. 在临界情形下,还不能断言方程(3.1)是否存在调和解. 主要的困难是可能出现'共振现象'.

下面我们要分析方程(3.1)在临界情形仍有调和解的条件.

对于临界情形,我们可以推出 $c=0$ 和 $k=\left(\frac{2l\pi}{A}\right)^2$,$l$ 为某正整数. 因此

$$u(t)=\cos\frac{2l\pi}{A}t,\quad v(t)=\frac{A}{2l\pi}\sin\frac{2l\pi}{A}t.$$

注意,$u(t)$和 $v(t)$是方程(3.4)的两个 A 周期解. 而且,方程(3.1)有连续依赖于 ε 的A 周期解当且仅当(3.7)有连续依赖于 ε 的解$x_0=\xi(\varepsilon),y_0=\eta(\varepsilon)$. 特别,当 $\varepsilon=0$ 时,(3.7)变为

$$\begin{aligned}&[u(A)-1]x_0+v(A)y_0+r(A)=r(A)=0,\\&u'(A)x_0+[v'(A)-1]y_0+s(A)=s(A)=0,\end{aligned}$$

它蕴含正交性条件:

$$\int_0^A p(\xi)u(\xi)d\xi=0,\quad \int_0^A p(\xi)v(\xi)d\xi=0.$$

或

$$\int_0^A p(\xi)\cos\frac{2l\pi}{A}\xi d\xi=0,\quad \int_0^A p(\xi)\sin\frac{2l\pi}{A}\xi d\xi=0. \tag{3.8}$$

这就是说,正交性条件(3.8)是拟线性方程(3.1)有连续依赖于参数 ε 的A 周期解的必要条件. 因此,以下设正交性条件(3.8)成立. 这样一来,(3.7)可以表成如下形式

$$\varepsilon\Phi_1(x_0,y_0,\varepsilon)=0,\quad \varepsilon\Psi_1(x_0,y_0,\varepsilon)=0,$$

其中

$$\Phi_1 \equiv \int_0^A G(A,\xi)F(\xi,x(\xi,x_0,y_0,\varepsilon),x'(\xi,x_0,y_0,\varepsilon),\varepsilon)d\xi,$$

$$\Psi_1 \equiv \int_0^A G'_t(A,\xi)F(\xi,x(\xi,x_0,y_0,\varepsilon),x'(\xi,x_0,y_0,\varepsilon),\varepsilon)d\xi.$$

现在考虑隐式方程

$$\Phi_1(x_0,y_0,\varepsilon) = 0, \quad \Psi_1(x_0,y_0,\varepsilon) = 0. \tag{3.9}$$

显然,隐式方程(3.9)的任何连续解 $x_0 = \xi(\varepsilon), y_0 = \eta(\varepsilon)$ 也是(3.7)的连续解. 于是,我们获得下述结果.

定理 3.2 设方程(3.1)属于临界情形(即 $c=0$ 且 $k=\left(\frac{2l\pi}{A}\right)^2$, l 为某正整数),而且正交性条件(3.8)成立. 又设存在常数 α 和 β, 使得 $\Phi_1(\alpha,\beta,0)=0$ 和 $\Psi_1(\alpha,\beta,0)=0$, 以及 Jacobi 行列式

$$\left.\frac{\partial(\Phi_1,\Psi_1)}{\partial(x_0,y_0)}\right|_{x_0=\alpha,y_0=\beta,\varepsilon=0} \neq 0,$$

则方程(3.1)有连续依赖于 ε 的 A 周期解 $x=x(t,\varepsilon)$, 而且它满足

$$\lim_{\varepsilon\to 0} x(t,\varepsilon) = \alpha\cos\frac{2l\pi}{A}t + \beta\frac{A}{2l\pi}\sin\frac{2l\pi}{A}t + \frac{A}{2l\pi}\int_0^t P(\xi)\sin\frac{2l\pi}{A}(t-\xi)d\xi.$$

例题 考虑方程

$$x'' + x = \varepsilon E_0\sin t + \varepsilon x^3 \tag{3.10}$$

其中 $E_0>0$ 是一个常数, ε 是小参数.

如果把(3.10)对应于(3.1),那么有

$$A = 2\pi, \quad c = 0, \quad k = 1, \quad p(t) \equiv 0, \quad F = E_0\sin t + x^3.$$

因此,相应的正交性条件(3.8)自然成立,而且

$$\Phi_1(x_0,y_0,\varepsilon) = \int_0^{2\pi} -[E_0\sin\tau + x^3(\tau,x_0,y_0,\varepsilon)]\sin\tau d\tau,$$

$$\Psi_1(x_0,y_0,\varepsilon) = \int_0^{2\pi}[E_0\sin\tau + x^3(\tau,x_0,y_0,\varepsilon)]\cos\tau d\tau.$$

利用 $x(t,x_0,y_0,0) = x_0\cos t + y_0\sin t$, 以及 $x^3(t,x_0,y_0,0) = x_0^3\cos^3 t + 3x_0^2y_0\cos^2 t\sin t + 3x_0y_0^2\cos t\sin^2 t + y_0^3\sin^3 t$, 我们得到

$$\Phi_1(x_0,y_0,0) = -\pi E_0 - \frac{3\pi}{4}y_0(x_0^2+y_0^2),$$

$$\Psi_1(x_0,y_0,0) = \frac{3\pi}{4}x_0(x_0^2+y_0^2).$$

然后,由 $\Phi_1(x_0,y_0,0)=0$ 和 $\Psi_1(x_0,y_0,0)=0$ 确定 $x_0=\alpha=0$, $y_0=\beta=-\left(\frac{4E_0}{3}\right)^{\frac{1}{3}}$. 而且当 $x_0=\alpha$, $y_0=\beta$ 和 $\varepsilon=0$ 时,我们有

$$\frac{\partial(\Phi_1,\Psi_1)}{\partial(x_0,y_0)}=\frac{27\pi^2}{16}\left(\frac{4E_0}{3}\right)^{\frac{4}{3}}\neq 0.$$

因此,由定理 3.2 推出方程(3.10)有连续依赖于 ε 的 2π 周期解 $x=x(t,\varepsilon)$,它可任意接近于 $x(t,0)=x(t,\alpha,\beta,0)=\beta\sin t$,只要$|\varepsilon|$充分小.

最后,我们将分析方程(3.1)的 A 周期解 $x=x(t,\varepsilon)$的渐近性质. 当 $\varepsilon=0$ 时,阻尼系统(3.1),即线性阻尼方程(3.2)($c>0$)有满足渐近性质(2.9)的 A 周期解 $x=x_0(t)$. 而且根据定理 3.1 得知,当$|\varepsilon|$充分小时,方程(3.1)($c>0$)有连续依赖于 ε 的A 周期解 $x=x(t,\varepsilon)$. 这里自然产生一个问题:是否周期解 $x=x(t,\varepsilon)$也具有某种类似于(2.9)的渐近性质.

令 $\alpha=x_0(0)$和 $\beta=x_0'(0)$. 设有界闭区域 $\mathscr{D}_\rho$ 的定义如前所述. 又设方程(3.1)的解 $x=x(t,x_0,y_0,\varepsilon)$和 A 周期解 $x=x(t,\varepsilon)$的定义同前.

定理 3.3 设方程(3.1)中的常数 $c>0$ 和 $k>0$,则存在常数 $\delta>0$ 和 $\varepsilon_0>0$,使得只要$|\varepsilon|\leqslant\varepsilon_0$ 和$(x_0,y_0)\in\mathscr{D}_\delta$,就有渐近式

$$\begin{cases}\lim\limits_{t\to\infty}[x(t,x_0,y_0,\varepsilon)-x(t,\varepsilon)]=0,\\ \lim\limits_{t\to\infty}[x'(t,x_0,y_0,\varepsilon)-x'(t,\varepsilon)]=0.\end{cases}\tag{3.11}$$

证明 由于 $x=x(t,\varepsilon)$是连续依赖于 ε 的A 周期解,所以存在常数 $\rho>0$ 和充分小的正数 ε_0,使得只要$|\varepsilon|\leqslant\varepsilon_0$,就有

$$(x(t,\varepsilon),x'(t,\varepsilon))\in\mathscr{D}_\rho,\quad t\in R.$$

设$(x_0,y_0)\in\mathscr{D}_\rho$,则由解的延拓定理可知,存在 $t_1>0$,使得

$$(x(t,x_0,y_0,\varepsilon),x'(t,x_0,y_0,\varepsilon))\in\mathscr{D}_{2\rho},\quad 0\leqslant t<t_1,$$

这里的 t_1 有两种可能:

(i) $t_1=\infty$;

(ii)若 $t_1<\infty$,则$(x(t_1,x_0,y_0,\varepsilon),x'(t_1,x_0,y_0,\varepsilon))\in\partial\mathscr{D}_{2\rho}$($\partial\mathscr{D}_{2\rho}$表示 $\mathscr{D}_{2\rho}$的边界).

为了书写的简便,以下令 $\varphi(t)=x(t,\varepsilon)$和 $x(t)=x(t,x_0,y_0,\varepsilon)$,并且 $a=\varphi(0)$和 $b=\varphi'(0)$,则有

$$\varphi(t)=au(t)+bv(t)+\int_0^t G(t,\xi)[p(\xi)+\varepsilon F(\xi,\varphi(\xi),\varphi'(\xi),\varepsilon)]d\xi,\tag{3.12}$$

($t\in R$)和

$$x(t)=x_0u(t)+y_0v(t)+\int_0^t G(t,\xi)[p(\xi)+\varepsilon F(\xi,x(\xi),x'(\xi),\varepsilon)]d\xi,\tag{3.13}$$

($0\leqslant t<t_1$). 这里核函数 $G(t,\xi)$是由公式(2.4)确定的.

利用解的唯一性定理不难证明 $G(t,\xi)=v(t-\xi)$. 由于 $c>0$ 和 $k>0$,我们可以找到正的常数 K_0 和 γ_0,使得方程(3.4)的标准基本解组 $u(t)$ 和 $v(t)$ 满足

$$\max[|u(t)|,|u'(t)|,|v(t)|,|v'(t)|]<K_0e^{-\gamma_0 t}, \tag{3.14}$$

$(t\geqslant 0)$. 因此

$$|G(t,\xi)|,|G'_t(t,\xi)|<K_0e^{-\gamma_0(t-\xi)}, \tag{3.15}$$

$(t\geqslant\xi)$.

因为 $F(t,x,y,\varepsilon)$ 对 (x,y) 是连续可微的,而且对 t 是周期的,所以它对 $(x,y)\in\mathscr{D}_{2\rho}$ 满足 Lipschitz 条件

$$|F(t,x_1,y_1,\varepsilon)-F(t,x_2,y_2,\varepsilon)|\leqslant L(|x_1-x_2|+|y_1-y_2|), \tag{3.16}$$

其中 $L>0$ 是 Lipschitz 常数,$(t,\varepsilon)\in R\times[-\varepsilon_0,\varepsilon_0]$.

令

$$w(t)=|x(t)-\varphi(t)|+|x'(t)-\varphi'(t)|,\quad 0\leqslant t<t_1.$$

再利用(3.13)至(3.16),我们推得

$$w(t)\leqslant 2K_0w(0)e^{-\gamma_0^t}+2K_0L|\varepsilon|\int_0^t e^{-r_0^{(t-\xi)}}w(\xi)d\xi,$$

或

$$e^{\gamma_0^t}w(t)\leqslant 2K_0w(0)+2K_0L|\varepsilon|\int_0^t e^{\gamma_0\xi}w(\xi)d\xi,$$

$$(0\leqslant t<t_1).$$

由 Gronwall 不等式推出

$$e^{\gamma_0^t}w(t)\leqslant 2K_0w(0)e^{2K_0L|\varepsilon|t},\ (0\leqslant t<t_1).$$

不妨设 ε_0 充分小,使得只要 $|\varepsilon|\leqslant\varepsilon_0$,就有 $-\gamma_0+2K_0L|\varepsilon|<-\frac{\gamma_0}{2}$,从而

$$w(t)\leqslant 2K_0w(0)e^{-\frac{\gamma_0}{2}t},\quad (0\leqslant t<t_1). \tag{3.17}$$

当 $t_1=\infty$(即可能性(i)成立)时,不等式(3.17)蕴含(3.11).

以下我们要证只要 $\delta>0$ 充分小,当 $(x_0,y_0)\in\mathscr{D}_\delta$ 时,可能性(ii)就不成立. 事实上,容易看出,我们能够取到一个 $\delta>0$,使得当 $(x_0,y_0)\in\mathscr{D}_\delta$ 时,$2K_0w(0)<\frac{1}{2}\rho$. 因此,由(3.17)推出

$$\sqrt{|x(t)-\varphi(t)|^2+|x'(t)-\varphi'(t)|^2}\leqslant\frac{\rho}{2}e^{-\frac{\gamma_0}{2}t},$$

$$0\leqslant t<t_1, \tag{3.18}$$

又因为 $(\varphi(t),\varphi'(t))\in\mathscr{D}_\rho$, $t\in R$, 所以(3.18)蕴含

$$(x(t),x'(t))\in\mathscr{D}_{\frac{3}{2}\rho},\quad 0\leqslant t<t_1.$$

如果 $t_1 < +\infty$,那么$(x(t_1), x'(t_1))$不可能属于$\partial \mathscr{D}_{2\rho}$. 这与可能性(ii)矛盾. 因此定理得证.】

§4. 平 均 方 法

平均方法是处理非驻定微分方程的一种有用的近似方法. 然而建立它的理论基础则是一个比较复杂的课题. 现在,我们对周期微分方程的平均方法可以用相当简捷的办法证明它的一个基本定理.

设有带小参数 $\varepsilon(|\varepsilon| \leqslant \varepsilon_0)$的周期微分系统

$$\frac{dx}{dt} = \varepsilon f(t, x, y, \varepsilon), \quad \frac{dy}{dt} = \varepsilon g(t, x, y, \varepsilon), \tag{4.1}$$

其中函数 f 和 g 对$(t, x, y, \varepsilon) \in R^3 \times [-\varepsilon_0, \varepsilon_0]$是连续的,而且对$(x, y)$是连续可微的. 又设 f 和 g 对 t 以 $A = A(\varepsilon)$为周期,这里 $A(\varepsilon)$是 ε 的连续函数而且 $A_0 = A(0) > 0$.

对于任意固定的$(x, y, \varepsilon) \in R^2 \times [-\varepsilon_0, \varepsilon_0]$,取函数 f 和 g 关于 t 的平均值

$$F(x, y, \varepsilon) = \frac{1}{A}\int_0^A f(t, x, y, \varepsilon)dt,$$

$$G(x, y, \varepsilon) = \frac{1}{A}\int_0^A g(t, x, y, \varepsilon)dt.$$

然后,再考虑驻定的微分方程

$$\frac{dx}{dt} = \varepsilon F(x, y, \varepsilon), \quad \frac{dy}{dt} = \varepsilon G(x, y, \varepsilon), \tag{4.2}$$

它叫作方程(4.1)的**平均方程**.

设常数 α 和 β 满足

$$F(\alpha, \beta, 0) = 0, \quad G(\alpha, \beta, 0) = 0. \tag{4.3}$$

令 Jacobi 行列式为

$$J_0 = \left.\frac{\partial(F, G)}{\partial(x, y)}\right|_{(x=\alpha, y=\beta, \varepsilon=0)}.$$

现在,我们来证明下述基本定理.

定理 4.1 设 $J_0 \neq 0$,**则存在正数** ε_1,**使得只要** $|\varepsilon| \leqslant \varepsilon_1$,**微分方程**(4.1)**就有连续依赖于** ε **的调和解**

$$x = x(t, \varepsilon), \quad y = y(t, \varepsilon), \tag{4.4}$$

它满足

$$\lim_{\varepsilon \to 0} x(t, \varepsilon) = \alpha, \quad \lim_{\varepsilon \to 0} y(t, \varepsilon) = \beta. \tag{4.5}$$

证明 设微分方程(4.1)的满足初始条件 $x(0) = x_0, y(0) = y_0$ 的解为

$$x(t) = x(t, x_0, y_0, \varepsilon), \quad y(t) = y(t, x_0, y_0, \varepsilon). \tag{4.6}$$

根据解对初值和参数的依赖性定理,解(4.6)对(t,x_0,y_0,ε)是连续的而且对(x_0,y_0)是连续可微的($0\leqslant t\leqslant A,(x_0-\alpha)^2+(y_0-\beta)^2\leqslant 1,|\varepsilon|\leqslant\varepsilon_1$,这里$\varepsilon_1$是充分小的正数),而且

$$\lim_{\varepsilon\to 0}x(t,x_0,y_0,\varepsilon)=x_0,\quad \lim_{\varepsilon\to 0}y(t,x_0,y_0,\varepsilon)=y_0. \tag{4.7}$$

另一方面,已知$x(t),y(t)$是A周期的充要条件为

$$x(0)=x(A),\quad y(0)=y(A). \tag{4.8}$$

因为$x(t),y(t)$满足积分方程

$$\begin{cases} x(t)=x_0+\varepsilon\displaystyle\int_0^t f(t,x(t),y(t),\varepsilon)dt,\\ y(t)=y_0+\varepsilon\displaystyle\int_0^t g(t,x(t),y(t),\varepsilon)dt,\end{cases}$$

所以周期性边条件(4.8)等价于隐式方程

$$\Phi(x_0,y_0,\varepsilon)=0,\quad \Psi(x_0,y_0,\varepsilon)=0, \tag{4.9}$$

其中

$$\begin{cases} \Phi(x_0,y_0,\varepsilon)=\displaystyle\int_0^A f(t,x(t),y(t),\varepsilon)dt,\\ \Psi(x_0,y_0,\varepsilon)=\displaystyle\int_0^A g(t,x(t),y(t),\varepsilon)dt.\end{cases}$$

利用(4.7)不难推出

$$\Phi(x_0,y_0,0)=A_0F(x_0,y_0,0),$$
$$\Psi(x_0,y_0,0)=A_0G(x_0,y_0,0).$$

从而有

$$\Phi(\alpha,\beta,0)=0,\Psi(\alpha,\beta,0)=0,$$

和

$$\left.\frac{\partial(\Phi,\Psi)}{\partial(x_0,y_0)}\right|_{(x_0=\alpha,y_0=\beta,\varepsilon=0)}=A_0^2J_0\neq 0.$$

因此,由隐函数定理,我们从(4.9)可确定一个连续解

$$x_0=\xi(\varepsilon),\quad y_0=\eta(\varepsilon),\quad (\xi(0)=\alpha,\quad \eta(0)=\beta)$$

($|\varepsilon|\leqslant\varepsilon_1,\varepsilon_1$是一个适当小的正数).最后,只要令

$$\begin{cases} x(t,\varepsilon)=x(t,\xi(\varepsilon),\eta(\varepsilon),\varepsilon),\\ y(t,\varepsilon)=y(t,\xi(\varepsilon),\eta(\varepsilon),\varepsilon),\end{cases}$$

我们就得到所需的方程(4.1)的调和解.从而定理得证.】

作为定理4.1的一个应用,我们考虑Duffing方程

$$\frac{d^2u}{dt^2}+\varepsilon c_1\frac{du}{dt}+u+\varepsilon d_1u^3=\varepsilon B_1\cos\omega t, \tag{4.10}$$

其中 $c_1\geqslant 0, B_1\neq 0, \omega>0$ 和 $d_1\neq 0$ 都是常数，$\varepsilon\geqslant 0$ 是一小参数.

当 $\varepsilon=0$ 时，方程(4.10)表示无阻尼的自由振动，它的固有频率为 $\omega_0=1$. 令强迫频率 ω 满足 $\omega^2=1+\varepsilon\beta$，其中 β 是某一常数，则当 $|\varepsilon|$ 充分小时，强迫频率 ω 非常接近于固有频率 ω_0. 试问在这种情况下，方程(4.10)是否仍有调和解？如果有，我们如何近似地确定这种调和解呢？

方程(4.10)等价于方程组

$$u' = v, \quad v' = -u-\varepsilon c_1 v-\varepsilon d_1 u^3+\varepsilon B_1\cos\omega t.$$

再对它作 van der Pol 变换

$$u = x\sin\omega t+y\cos\omega t, v=\omega(x\cos\omega t-y\sin\omega t),$$

我们得到

$$\begin{cases} x' = \dfrac{\varepsilon}{\omega}(\beta u-d_1u^3-c_1v+B_1\cos\omega t)\cos\omega t, \\ y' = -\dfrac{\varepsilon}{\omega}(\beta u-d_1u^3-c_1v+B_1\cos\omega t)\sin\omega t. \end{cases} \tag{4.11}$$

其中 $\beta=(\omega^2-1)/\varepsilon$. 现在，我们要作方程(4.11)的平均方程. 为了简化计算过程，令 $x=r\sin\theta, y=r\cos\theta$，则有

$$\begin{cases} u = x\sin\omega t+y\cos\omega t = r\cos(\omega t-\theta), \\ v = \omega(x\cos\omega t-y\sin\omega t) = -\omega r\sin(\omega t-\theta). \end{cases}$$

因此，我们不难得到所求的平均方程为

$$\begin{cases} x' = \dfrac{\varepsilon}{2\omega}\left(\beta y-\dfrac{3d_1}{4}r^2y-c_1\omega x+B_1\right), \\ y' = \dfrac{-\varepsilon}{2\omega}\left(\beta x-\dfrac{3d_1}{4}r^2x+c_1\omega y\right), \end{cases} \tag{4.12}$$

其中 $r^2=x^2+y^2, \omega^2=1+\varepsilon\beta$. 相当于(4.3)，我们有

$$\begin{cases} F(x,y,0) = \dfrac{1}{2}\left(\beta y-\dfrac{3d_1}{4}r^2y-c_1x+B_1\right)=0, \\ G(x,y,0) = \dfrac{-1}{2}\left(\beta x-\dfrac{3d_1}{4}r^2x+c_1y\right)=0, \end{cases}$$

它等价于

$$x = \frac{c_1}{B_1}r^2, \quad y=\frac{1}{B_1}\left(\frac{3d_1}{4}r^2-\beta\right)r^2, \tag{4.13}$$

从而 r 满足

$$c_1^2r^2+\left(\beta-\frac{3d_1}{4}r^2\right)^2r^2 = B_1^2. \tag{4.14}$$

因此，由定理 4.1 可见，只要 Jacobi 行列式

$$J = \left.\frac{\partial(F,G)}{\partial(x,y)}\right|_{\varepsilon=0} = \frac{1}{4}\left[(c_1^2+\beta^2)+\frac{45}{16}d_1^2x^2y^2-\frac{9d_1\beta}{4}r^2\right]$$

不等于零,则由(4.14)和(4.13)确定的常数 x 和 y 可以作为方程(4.11)的近似解(只要 $|\varepsilon|$ 充分小).从而 $u=r\cos(\omega t-\theta)$ 是方程(4.10)的近似调和解.这就证明了:如果由(4.14)和(4.13)确定常数 x 和 y,而且相应的 Jacobi 行列式 $J\neq0$,那么只要 $|\varepsilon|$ 充分小,方程(4.10)有调和解,它的振幅近似于代数方程(4.14)的正实根 r.

令 $c=\varepsilon c_1$, $d=\varepsilon d_1$ 和 $B=\varepsilon B_1$,再注意 $\omega^2=1+\varepsilon\beta$,则(4.14)可以写成

$$\omega^2 = 1+\frac{3d}{4}r^2\pm\sqrt{\frac{B^2}{r^2}-c^2}. \tag{4.15}$$

通常,我们由(4.15)确定 $r=r(\omega)>0$;它在 (ω,r) 平面上所表示的曲线叫作**频率反应曲线**.而且,频率反应曲线上的点 (ω,r) 表示了以下的结论:对应于强迫频率 ω,方程(4.10)有一个振幅近似于 r 的调和解(只要 ε 充分小).但是,我们需要指出,上述结论是建立在 ε 为小参数的假设上.因此,频率反应曲线只适用于 $\omega=1$ 处的某个小邻域内(参考下列各图).

利用表达式(4.15),我们可以作出频率反应曲线的草图如下.

(一) **无阻尼的情形**($c=0$):见图 6.1.

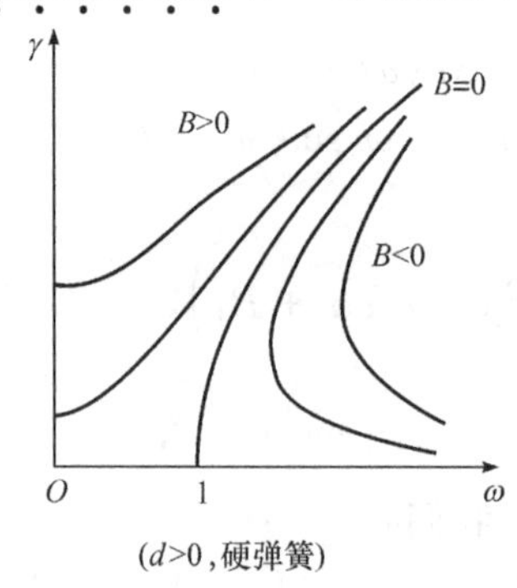

($d>0$,硬弹簧)

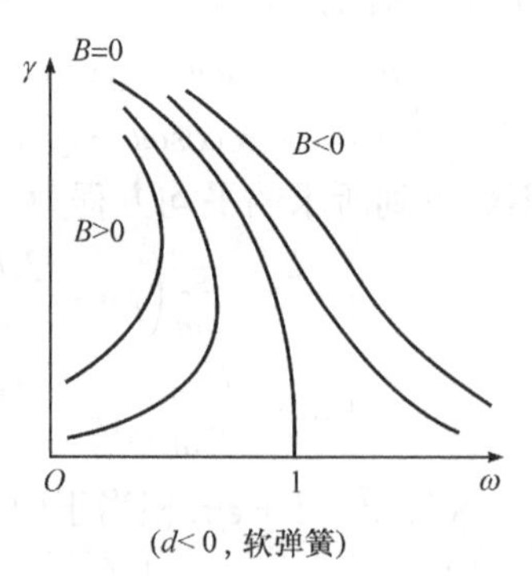

($d<0$,软弹簧)

图 6.1

(二) **有阻尼的情形**($c>0$):见图 6.2.

从上面频率反应曲线,我们看到一些有趣的现象:

(i) 对应于某些 ω,方程(4.10)至少有三个调和解.

(ii) 当 $\omega\to\infty$ 时,方程(4.10)有振幅趋于零的调和解.

(iii) 当 $\omega\to\infty$ 时,硬弹簧的无阻尼强迫振动有振幅趋于无限大的调和解.

诚如我们在前面所指出的那样,由于平均方法的基本假设为 ε 是一小参数,所以上面频率反应曲线只适用于 $\omega=1$ 的某个小邻域内.这样一来,上述现象(ii)和(iii)并未在理论上得到证实.我们将在第 6 和 7 节再来研究并解答这个问题.

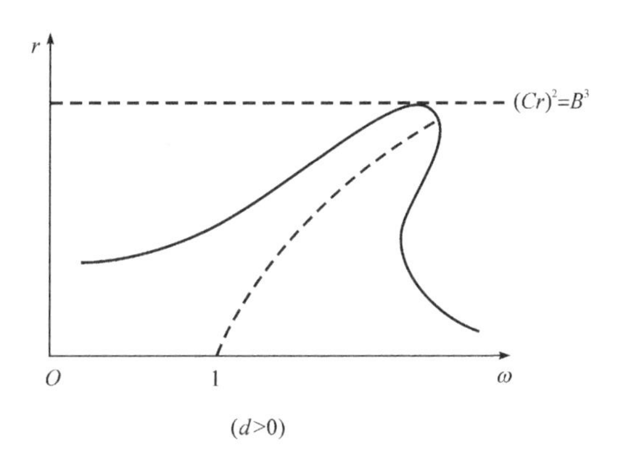

图 6.2

§5. Duffing 方程的小摄动

在以上几节,我们研究的拟线性方程可以看作是线性方程的小摄动,就是说,当小参数 $\varepsilon=0$ 时,我们得到一个简单的线性方程.现在,我们要讨论非线性(Duffing)方程的小摄动问题.

考虑 Duffing 方程

$$\frac{d^2x}{dt^2}+g(x)=\varepsilon\cos\omega t, \tag{5.1}$$

其中 $\omega>0$ 是强迫频率,而 ε 是一小参数.方程(5.1)等价于方程组

$$x'=y,\quad y'=-g(x)+\varepsilon\cos\omega t. \tag{5.2}$$

为了简单起见,我们假设

$$g(x)=2a_2x+4a_4x^3+\cdots+(2n+2)a_{2n+2}x^{2n+1}$$

其中系数 $a_2,a_4,\cdots,a_{2n+2}$ 都是正的.

我们再考虑辅助方程

$$\frac{d^2x}{dt^2}+g(x)=0 \tag{5.3}$$

或与它等价的方程组

$$x'=y,\ y'=-g(x). \tag{5.4}$$

易知(5.4)有一个第一积分

$$\frac{1}{2}y^2+G(x)=u, \tag{5.5}$$

其中势函数

$$G(x)=a_2x^2+a_4x^4+\cdots+a_{2n+2}x^{2n+2}.$$

不难推出,对于任何常数 $u=u_0>0$,由(5.5)确定了方程(5.4)的一个闭轨线

Γ_{u_0},它与 x－轴相交于两点:$(-\xi_0,0)$和$(\xi_0,0)$,其中 $\pm\xi_0$ 满足 $G(\pm\xi_0)=u_0$.对应于 $u_0=0$,Γ_0 就是一个静止点(即原点 O).总之,方程(5.4)的轨线的相图是以静止点 O 为中心的一族闭轨线$\{\Gamma_{u_0}\}$,它们关于时间 t 的定向都是顺时针的(参考图 6.3).

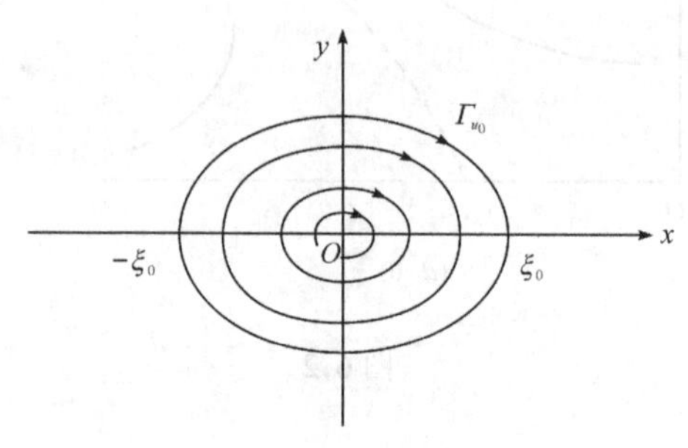

图 6.3

设 $\xi>0$ 是一常数.令

$$x=\varphi(t,\xi),\ y=\psi(t,\xi) \tag{5.6}$$

表示方程(5.4)的满足初始条件 $x(0)=\xi$ 和 $y(0)=0$ 的解,则它在相平面(x,y)上的图形就是闭轨线 $\Gamma_u(u=G(\xi))$.因此,(5.6)是一周期解.设它的最小周期为 $\tau(\xi)>0$.由于 $G(x)$是一个偶函数,所以我们得到

$$\tau(\xi)=\frac{4}{\sqrt{2}}\int_0^{\xi}\frac{dx}{\sqrt{u-G(x)}},\quad (u=G(\xi)).$$

利用积分变量的替换 $x=\xi\sin\theta$,我们有

$$\tau(\xi)=\frac{4}{\sqrt{2}}\int_0^{\frac{\pi}{2}}\frac{d\theta}{\sqrt{H(\sin\theta;\xi)}},$$

其中

$$\begin{aligned}H(\sin\theta;\xi)&=a_2+a_4(1+\sin^2\theta)\xi^2+\cdots\\&\quad+a_{2n+2}(1+\sin^2\theta+\cdots+\sin^{2n}\theta)\xi^{2n},\end{aligned}$$

它对 ξ 是单调上升的.从而,$\tau(\xi)$是 ξ 的单调下降函数.而且易知 $\tau(\xi)$是 ξ 的连续可微函数.当 $\xi\to\infty$ 时,$\tau(\xi)$单调趋于 0;当 $\xi\to0$ 时,$\tau(\xi)$单调趋于 $T_0=2\pi/\sqrt{2a_2}$.注意,T_0 只依赖于 $g(x)$的线性项系数.

现在,我们来证明下述经 Lefschetz 修正的 Shimizu 定理.

定理 5.1　设 $\tau_0=\dfrac{2\pi}{\omega}<T_0$,则方程(5.1)当$|\varepsilon|$充分小时至少有一个 τ_0 周期解.

证明　由于 $\tau(\xi)$是严格单调的,所以对于任何 $\tau_0(0<\tau_0<T_0)$,存在唯一的

正数 ξ_0,使得 $\tau(\xi_0)=\tau_0$,亦即方程(5.4)的以$(\xi_0,0)$为初值的解 $x=\varphi(t,\xi_0)$, $y=\psi(t,\xi_0)$的最小周期为 τ_0. 利用闭轨线 Γ_u 关于x 轴和y 轴的对称性可知

$$\varphi\left(\frac{\tau_0}{4},\xi_0\right)=0,\ \psi\left(\frac{\tau_0}{4},\xi_0\right)=-\eta_0, \tag{5.7}$$

其中

$$\eta_0=\sqrt{2G(\xi_0)}>0.$$

又令方程(5.2)的通过初值点$(\xi,0)$的解为

$$x=\varphi(t,\xi,\varepsilon),\ y=\psi(t,\xi,\varepsilon). \tag{5.8}$$

注意,当 $\varepsilon=0$ 时,(5.8)亦即(5.6)在整个 t 轴上存在. 于是,只要参数$|\varepsilon|$充分小,解(5.8)在区间 $0\leqslant t\leqslant\tau_0$ 上存在,而且对(t,ξ,ε)连续可微.

令

$$\varphi(t,\xi,\varepsilon)=0. \tag{5.9}$$

由(5.7)可见,$t=\frac{\tau_0}{4}$,$\xi=\xi_0$ 和 $\varepsilon=0$ 满足(5.9). 而且,由(5.2)和(5.5),我们推出

$$\varphi_t'\left(\frac{\tau_0}{4},\xi_0,0\right)=\psi\left(\frac{\tau_0}{4},\xi_0,0\right)=-\sqrt{2G(\xi_0)}\neq 0.$$

因此,由隐函数存在定理推出:隐式方程(5.9)可确定

$$t=\frac{1}{4}T(\xi,\varepsilon),$$

它在$(\xi_0,0)$的一邻域内连续和满足 $T(\xi_0,0)=\tau_0$. 显然,$T(\xi,0)=\tau(\xi)$.

取充分接近于 ξ_0 的正数 ξ_1 和 ξ_2,使得 $\xi_1<\xi_0<\xi_2$. 令 $\tau_1=T(\xi_1,0)$和 $\tau_2=T(\xi_2,0)$,则 $\tau_2<\tau_0<\tau_1$.

利用 $T(\xi,\varepsilon)$的连续性,可以找到 $\varepsilon_1>0$,使得只要$|\varepsilon|\leqslant\varepsilon_1$,就有

$$\begin{cases}|T(\xi_1,\varepsilon)-\tau_1|<\dfrac{1}{2}(\tau_1-\tau_0),\\[2mm]|T(\xi_2,\varepsilon)-\tau_2|<\dfrac{1}{2}(\tau_0-\tau_2).\end{cases}$$

从而,我们有

$$T(\xi_2,\varepsilon)<\tau_0<T(\xi_1,\varepsilon),\quad(|\varepsilon|\leqslant\varepsilon_1). \tag{5.10}$$

下面再固定 $\varepsilon(|\varepsilon|\leqslant\varepsilon_1)$,然后令 ξ 从ξ_1 变到 ξ_2. 由(5.10)可见,存在 $\xi^*(\xi_1<\xi^*<\xi_2)$,使得 $T(\xi^*,\varepsilon)=\tau_0$,而且方程(5.2)的通过初值点$(\xi^*,0)$的解

$$x=\varphi(t,\xi^*,\varepsilon),\quad y=\psi(t,\xi^*,\varepsilon),\quad(0\leqslant t\leqslant\tau_0), \tag{5.11}$$

满足

$$\varphi\left(\frac{\tau_0}{4},\xi^*,\varepsilon\right)=0,\quad\psi\left(\frac{\tau_0}{4},\xi^*,\varepsilon\right)=-\sqrt{2G(\xi^*)}=-\eta^*. \tag{5.12}$$

下面我们再来证明解(5.11)是 τ_0 周期的.

注意,方程(5.2)的形式在变换 $\tilde{t}=\frac{\tau_0}{2}-t$ 和 $\tilde{x}=-x$ 下保持不变. 因此

$$x=-\varphi\left(\frac{\tau_0}{2}-t,\xi^*,\varepsilon\right),\quad y=\psi\left(\frac{\tau_0}{2}-t,\xi^*,\varepsilon\right)\tag{5.13}$$

仍是方程(5.2)的解. 因为当 $t=\frac{\tau_0}{4}$ 时解(5.13)和(5.11)满足相同的初条件(5.12),所以由解的唯一性得到

$$\varphi(t,\xi^*,\varepsilon)=-\varphi\left(\frac{\tau_0}{2}-t,\xi^*,\varepsilon\right),$$
$$\psi(t,\xi^*,\varepsilon)=\psi\left(\frac{\tau_0}{2}-t,\xi^*,\varepsilon\right).$$

令 $t=\frac{\tau_0}{2}$,则

$$\begin{aligned}\varphi\left(\frac{\tau_0}{2},\xi^*,\varepsilon\right)&=-\varphi(0,\xi^*,\varepsilon)=-\xi^*\\ \psi\left(\frac{\tau_0}{2},\xi^*,\varepsilon\right)&=\psi(0,\xi^*,\varepsilon)=0.\end{aligned}\tag{5.14}$$

另一方面,由于方程(5.2)的形式在变换 $\tilde{x}=-x,\tilde{y}=-y$ 和 $\tilde{t}=\frac{\tau_0}{2}+t$ 下不变,所以

$$x=-\varphi\left(\frac{\tau_0}{2}+t,\xi^*,\varepsilon\right),\quad y=-\psi\left(\frac{\tau_0}{2}+t,\xi^*,\varepsilon\right)\tag{5.15}$$

仍是(5.2)的解. 当 $t=0$ 时,解(5.15)和(5.13)满足相同的初始条件(5.14),从而我们有

$$-\varphi\left(\frac{\tau_0}{2}-t,\xi^*,\varepsilon\right)=-\varphi\left(\frac{\tau_0}{2}+t,\xi^*,\varepsilon\right),$$
$$\psi\left(\frac{\tau_0}{2}-t,\xi^*,\varepsilon\right)=-\psi\left(\frac{\tau_0}{2}+t,\xi^*,\varepsilon\right).$$

然后令 $t=\frac{\tau_0}{2}$,我们得到

$$\varphi(\tau_0,\xi^*,\varepsilon)=\xi^*,\quad \psi(\tau_0,\xi^*,\varepsilon)=0,$$

亦即解(5.11)满足周期性边界条件. 因此,(5.11)是方程(5.2)的一个 τ_0 周期解. 定理得证.】

§6. 高频强迫振动的小振幅调和解

在第 4 节中我们从频率反应曲线的图形看到方程(4.10)当强迫频率 $\omega\to\infty$ 时有振幅趋于零的调和解. 但是,我们在那里已经指出,严格说来,频率反应曲线不适

用于 ω 充分大的情形.

现在,我们要用不同的方法严格证明上述提到的结论仍然是正确的.

设非线性强迫振动系统

$$x'' + cx' + kx = f(x, x') + E\sin\omega t, \tag{6.1}$$

其中常数 $c \geqslant 0, k > 0$ 和 $E > 0$;设强迫频率 $\omega > 0$ 是一个大参数. 设非线性项 $f(x, x')$ 充分光滑,而且满足

$$f(0,0) = f_x(0,0) = f_{x'}(0,0) = 0. \tag{6.2}$$

定理 6.1 当强迫频率 ω 充分大时,方程(6.1)有连续依赖于 ω 的调和解 $x = x(t, \omega)$,而且它满足

$$|x(t,\omega)| \leqslant \frac{M_0}{\omega}, \quad |x'(t,\omega)| \leqslant \frac{M_0}{\omega}, \tag{6.3}$$

其中 M_0 是一个与 ω 无关的常数.

证明 方程(6.1)等价于方程组

$$x' = y, \quad y' = -cy - kx + f(x, y) + E\sin\omega t. \tag{6.4}$$

令 $\tau = \omega t, u = \omega x, v = \omega y, \varepsilon = \dfrac{1}{\omega}$,则方程(6.4)变为

$$\frac{du}{d\tau} = \varepsilon v, \quad \frac{dv}{d\tau} = -\varepsilon ku - \varepsilon cv + f(\varepsilon u, \varepsilon v) + E\sin\tau. \tag{6.5}$$

由于 ω 是一大参数,这里 ε 是一小参数. 注意,方程(6.5)当 $\varepsilon = 0$ 时属于临界情形. 我们准备通过这个定理的证明向读者介绍小参数展开法的基本思想.

先考虑齐次线性方程组

$$\frac{du}{d\tau} = \varepsilon v, \quad \frac{dv}{d\tau} = -\varepsilon ku - \varepsilon cv. \tag{6.6}$$

设 $u = u_1(\tau, \varepsilon), v = v_1(\tau, \varepsilon)$ 是方程组(6.6)满足初始条件 $u_1(0, \varepsilon) = 1, v_1(0, \varepsilon) = 0$ 的解. 令

$$\begin{cases} u_1(\tau,\varepsilon) = u_{10}(\tau) + u_{11}(\tau)\varepsilon + u_{12}(\tau)\varepsilon^2 + \cdots, \\ v_1(\tau,\varepsilon) = v_{10}(\tau) + v_{11}(\tau)\varepsilon + v_{12}(\tau)\varepsilon^2 + \cdots \end{cases} \tag{6.7}$$

和

$$\begin{cases} u_{10}(0) = 1, \quad u_{11}(0) = u_{12}(0) = \cdots = 0, \\ v_{10}(0) = 0, \quad v_{11}(0) = v_{12}(0) = \cdots = 0. \end{cases} \tag{6.8}$$

把(6.7)代入方程(6.6),然后再比较 ε 各次幂的系数,我们得到

$$\begin{cases} u'_{10} = 0, \quad v'_{10} = 0 \\ u'_{11} = v_{10}, \quad v'_{11} = -ku_{10} - cv_{10}, \\ u'_{12} = v_{11}, \quad v'_{12} = -ku_{11} - cv_{11}, \\ \cdots \quad \cdots \quad \cdots \end{cases} \tag{6.9}$$

由(6.9)和初始条件(6.8),我们可依次确定

$$\begin{cases} u_{10} = 1, \quad u_{11} = 0, \quad u_{12} = -\dfrac{k\tau^2}{2}, \cdots, \\ v_{10} = 0, \quad v_{11} = -k\tau, \quad v_{12} = \dfrac{ck\tau^2}{2}, \cdots. \end{cases}$$

因此

$$\begin{cases} u_1(\tau,\varepsilon) = 1 - \dfrac{k\tau^2}{2} \cdot \varepsilon^2 + \cdots, \\ v_1(\tau,\varepsilon) = -k\tau \cdot \varepsilon + \dfrac{ck\tau^2}{2} \cdot \varepsilon^2 + \cdots. \end{cases} \tag{6.10}$$

又设 $u = u_2(\tau,\varepsilon), v = v_3(\tau,\varepsilon)$是方程组(6.6)的满足初始条件 $u_2(0,\varepsilon)=0$, $v_2(0,\varepsilon)=1$ 的解,则用相同的小参数展开法推出

$$\begin{cases} u_2(\tau,\varepsilon) = \tau \cdot \varepsilon - \dfrac{c\tau^2}{2} \cdot \varepsilon^2 + \cdots \\ v_2(\tau,\varepsilon) = 1 - c\tau \cdot \varepsilon + \dfrac{(c^2-k)\tau^2}{2} \cdot \varepsilon^2 + \cdots \end{cases} \tag{6.11}$$

显然,(6.10)和(6.11)组成方程组(6.6)的一标准基本解组,而且相应的 Wronski 行列式 $W(\tau) = e^{-\varepsilon c\tau}$.

设 $u(\tau) = u(\tau,a,b,\varepsilon), v(\tau) = v(\tau,a,b,\varepsilon)$是方程组(6.5)的满足初始条件 $u(0)=a, v(0)=b$ 的解,则我们有

$$\begin{cases} u(\tau) = au_1(\tau,\varepsilon) + bu_2(\tau,\varepsilon) + \\ \qquad \displaystyle\int_0^\tau G(\tau,s,\varepsilon)[f(\varepsilon u(s),\varepsilon v(s)) + E\sin s]ds, \\ v(\tau) = av_1(\tau,\varepsilon) + bv_2(\tau,\varepsilon) + \\ \qquad \displaystyle\int_0^\tau H(\tau,s,\varepsilon)[f(\varepsilon u(s),\varepsilon v(s)) + E\sin s]ds, \end{cases} \tag{6.12}$$

其中

$$\begin{cases} G(\tau,s,\varepsilon) = e^{\varepsilon cs}[u_1(s,\varepsilon)u_2(\tau,\varepsilon) - u_1(\tau,\varepsilon)u_2(s,\varepsilon)], \\ H(\tau,s,\varepsilon) = e^{\varepsilon cs}[u_1(s,\varepsilon)v_2(\tau,\varepsilon) - v_1(\tau,\varepsilon)u_2(s,\varepsilon)]. \end{cases}$$

因此,$u = u(\tau), v = v(\tau)$是 2π 周期解当且仅当

$$\Phi(a,b,\varepsilon) = 0, \ \Psi(a,b,\varepsilon) = 0, \tag{6.13}$$

其中

$$\begin{cases} \Phi = [u_1(2\pi,\varepsilon) - 1]a + u_2(2\pi,\varepsilon)b + \\ \qquad \displaystyle\int_0^{2\pi} G(2\pi,s,\varepsilon)[f(\varepsilon u(s),\varepsilon v(s)) + E\sin s]ds, \\ \Psi = v_1(2\pi,\varepsilon)a + [v_2(2\pi,\varepsilon) - 1]b + \\ \qquad \displaystyle\int_0^{2\pi} H(2\pi,s,\varepsilon)[f(\varepsilon u(s),\varepsilon v(s)) + E\sin s]ds. \end{cases}$$

利用 $f(\varepsilon u(s),\varepsilon v(s))=O(\varepsilon^2)$ $(0\leqslant s\leqslant 2\pi)$,(6.10)和(6.11),不难推出

$$\Phi(a,b,\varepsilon)=\varepsilon\Phi_1(a,b,\varepsilon),\quad \Psi(a,b,\varepsilon)=\varepsilon\Psi_1(a,b,\varepsilon),$$

其中

$$\begin{cases}\Phi_1=2\pi b+\displaystyle\int_0^{2\pi}(2\pi-s)E\sin s ds+O(\varepsilon),\\ \Psi_1=-2\pi(ka+cb)-c\displaystyle\int_0^{2\pi}(2\pi-s)E\sin s ds+O(\varepsilon).\end{cases}$$

当 $\varepsilon\neq 0$ 时,隐式方程(6.13)等价于

$$\Phi_1(a,b,\varepsilon)=0,\quad \Psi_1(a,b,\varepsilon)=0. \tag{6.14}$$

显然,由 $\Phi_1(a,b,0)=0$ 和 $\Psi_1(a,b,0)=0$ 可唯一地确定

$$a=\alpha=0,\quad b=\beta=\frac{E}{2\pi}\int_0^{2\pi}t\sin t dt.$$

另一方面,我们有

$$\left.\frac{\partial(\Phi_1,\Psi_1)}{\partial(a,b)}\right|_{\varepsilon=0}=\begin{vmatrix}0 & 2\pi\\ -2\pi k & -2\pi c\end{vmatrix}=4k\pi^2\neq 0.$$

因此,由隐函数定理可知,存在 $\varepsilon_0>0$,使得只要 $|\varepsilon|\leqslant\varepsilon_0$,隐式方程(6.14)有连续解

$$a=a(\varepsilon),\quad b=b(\varepsilon),\quad (a(0)=\alpha,b(0)=\beta).$$

由于 $a=a(\varepsilon),b=b(\varepsilon)$ 也满足(6.13),我们就得到方程(6.5)的一个 2π 周期解

$$u=\varphi(\tau,\varepsilon)=u(\tau,a(\varepsilon),b(\varepsilon),\varepsilon),$$
$$v=\psi(\tau,\varepsilon)=v(\tau,a(\varepsilon),b(\varepsilon),\varepsilon),$$

它对 (τ,ε) 是连续的.因此,$|\varphi(\tau,\varepsilon)|$ 和 $|\psi(\tau,\varepsilon)|$ 对 (τ,ε) $(\tau\in R,|\varepsilon|\leqslant\varepsilon_0)$ 是一致有界的.令 M_0 是它们的一个上界.

根据前面的变换得知,只要 $\omega\geqslant\dfrac{1}{\varepsilon_0}$,那么

$$x=\frac{1}{\omega}\varphi\left(\omega t,\frac{1}{\omega}\right),y=\frac{1}{\omega}\psi\left(\omega t,\frac{1}{\omega}\right)$$

是方程组(6.4)的调和解.从而

$$x=\frac{1}{\omega}\varphi\left(\omega t,\frac{1}{\omega}\right)$$

是方程(6.1)的连续依赖于 (t,ω) 的调和解,而且它满足(6.3).定理得证.】

注意,由(6.3)可见,当 $\omega\to\infty$ 时调和解 $x=x(t,\omega)$ 及其导数都趋于零.

§7. 高频强迫振动的大振幅调和解[5]

在上面一节我们已经证明了一类非线性方程在高频强迫振动下存在小振幅的

调和解.另外,我们知道线性方程在高频强迫振动下没有大振幅的调和解,但还不知这个事实是否对非线性方程也是正确的.

现在,我们通过对一类非线性方程的研究来证实非线性的高频强迫振动可以有大振幅的调和解(即它的振幅随强迫频率的变大而无限增加).

考虑二阶微分方程

$$x'' + f(x)x' + g(x) = p(\omega t). \tag{7.1}$$

设 $p(\tau)$是连续的 2π 周期函数,即 $p(\omega t)$是一个对 t 连续的 $2\pi/\omega$ 周期函数.设强迫频率 ω 是一大参数.又设多项式

$$f(x) = \sum_{i=0}^{m} a_{2i+1}x^{2i+1}, \quad g(x) = \sum_{i=0}^{n} b_{2i+1}x^{2i+1},$$

其中 $b_{2n+1}=\beta^2>0$;$n\geqslant 2(m+1)$当 $f(x)\not\equiv 0$;$n>0$ 当 $f(x)\equiv 0$.

对方程(7.1)作变换

$$t = \frac{\tau}{\omega}, \quad x = \omega^{\frac{1}{n}}u, \quad \omega = \left(\frac{1}{\varepsilon}\right)^n,$$

我们得到

$$\frac{d^2u}{d\tau^2} + \beta^2 u^{2n+1} = \varepsilon F\left(\tau, u, \frac{du}{d\tau}, \varepsilon\right), \tag{7.2}$$

其中

$$F\left(\tau, u, \frac{du}{d\tau}, \varepsilon\right) = \varepsilon^{2n}p(\tau) - \sum_{i=0}^{n-1} b_{2i+1}u^{2i+1}\varepsilon^{2(n-i)-1} - \sum_{i=0}^{m} a_{2i+1}u^{2i+1}\frac{du}{d\tau}\varepsilon^{n-2(i+1)}.$$

令 $v=\dfrac{du}{d\tau}$,则(7.2)等价于方程组

$$\frac{du}{d\tau} = v, \quad \frac{dv}{d\tau} = -\beta^2 u^{2n+1} + \varepsilon F(\tau, u, v, \varepsilon). \tag{7.3}$$

为了对方程(7.3)进行研究,我们考虑辅助方程

$$\frac{du}{d\tau} = v, \quad \frac{dv}{d\tau} = -\beta^2 u^{2n+1}. \tag{7.4}$$

类似于对方程(5.4)的分析,我们令方程(7.4)的满足初始条件

$$u(0) = \xi, \quad v(0) = \eta \tag{7.5}$$

的解为 $\Gamma_{(\xi,\eta)}$:

$$u = u(\tau) = u(\tau, \xi, \eta), \quad v = v(\tau) = v(\tau, \xi, \eta).$$

由方程(7.4)的第一积分,我们得到

$$\frac{1}{2}v^2 + \frac{\beta^2}{2n+2}u^{2n+2} = \frac{1}{2}\eta^2 + \frac{\beta^2}{2n+2}\xi^{2n+2}. \tag{7.6}$$

以下采用极坐标 $\xi=\rho\cos\sigma, \eta=\rho\sin\sigma$:简记为$(\xi,\eta)=(\rho,\sigma)$.而且令

$$u(\tau) = r\cos\theta, \quad v(\tau) = r\sin\theta,$$

其中 $r=r(\tau,\rho,\sigma)$和 $\theta=\theta(\tau,\rho,\sigma)$对$(\tau,\rho,\sigma)$是连续可微的($\rho=\sqrt{\xi^2+\eta^2}>0$).

以下设 $\rho>0$,则 $r=r(\tau,\rho,\sigma)>0(\tau\in R)$. 易知 $\Gamma_{(\xi,\eta)}$是一个通过初值点(ξ,η)的闭环,它包围一个关于原点 O 对称的凸闭有界区域. 而且,我们可以把环线 $\Gamma_{(\xi,\eta)}$表示成 $r=R(\theta,\rho,\sigma)$,其中 $R(\theta,\rho,\sigma)$关于(θ,ρ,σ)是连续可微的,又对 θ 是 2π 周期的

因为

$$\frac{d\theta}{d\tau}=-\sin^2\theta-\beta^2r^{2n}\cos^{2n+2}\theta<0, \tag{7.7}$$

所以闭轨线 $\Gamma_{(\xi,\eta)}$关于 t 的定向是顺时针的.

令 $T(\xi)$ $(\xi>0)$表示 $\Gamma_{(\xi,0)}$的最小周期. 易知 $T(\xi)$对 $\xi>0$ 是单调下降的连续函数,而且

$$\lim_{\xi\to0}T(\xi)=\infty,\quad \lim_{\xi\to\infty}T(\xi)=0.$$

因此,存在唯一的正数 ξ_0,使得 $T(\xi_0)=2\pi$. 这就是说,闭轨 $\Gamma_{(\xi_0,0)}$的周期等于 2π. 令 $\delta\left(0<\delta<\frac{1}{2}\xi_0\right)$是一个充分小的常数. 设 $\xi_1=\xi_0-\delta$ 和$\xi_2=\xi_0+\delta$,则闭轨线 $\Gamma_1=\Gamma_{(\xi_1,0)}$和 $\Gamma_2=\Gamma_{(\xi_2,0)}$的周期分别满足 $T(\xi_1)>2\pi$ 和 $T(\xi_2)<2\pi$. 又令 $\mathscr{D}$ 表示由 Γ_1 和 Γ_2 一起圈定的闭环形区域. 而且仍以 Γ_1 和 Γ_2 表示 $\mathscr{D}$ 的内侧和外侧边界.

现在,我们考虑

$$\bar{u}=u(2\pi,\xi,\eta),\ \bar{v}=v(2\pi,\xi,\eta). \tag{7.8}$$

显然,(7.8)确定了一个连续可微的映射

$$H:(\xi,\eta)\longmapsto(\bar{u},\bar{v}).$$

而且,$(\xi,\eta)\in\mathscr{D}$ 蕴含 $H(\xi,\eta)\in\mathscr{D}$.

引理 7.1 当 δ 充分小时,映射 H 对 Γ_1 作逆时针的变动,而对 Γ_2 作顺时针的变动(简称 H 对 $\mathscr{D}$ 是一个扭转映射).

证明 令 $P=(\xi,\eta)$和 $Q=(\bar{u},\bar{v})$,则 $Q=H(P)$. 又设 $\bar{u}=\bar{r}\cos\bar{\theta},\bar{v}=\bar{r}\sin\bar{\theta}$,其中 $\bar{r}=r(2\pi,\rho,\sigma)$和 $\bar{\theta}=\theta(2\pi,\rho,\sigma)(\langle\rho,\sigma\rangle=(\xi,\eta))$. 由于闭轨线 $\Gamma_{(\xi_0,0)}$的周期为 2π,所以函数

$$\varphi(\rho,\sigma)\equiv\theta(2\pi,\rho,\sigma)+2\pi-\sigma$$

当$\langle\rho,\sigma\rangle\in\Gamma_{(\xi_0,0)}$时等于零(见图 6.4).

而且,$T(\xi_1)>2\pi$ 和 $T(\xi_2)<2\pi$ 蕴含

$$\begin{cases}\varphi(\rho,\sigma)>0, & \text{当}(\rho,\sigma)\in\Gamma_1\text{时};\\ \varphi(\rho,\sigma)<0, & \text{当}(\rho,\sigma)\in\Gamma_2\text{时}.\end{cases} \tag{7.9}$$

另一方面,因为当$(\rho,\sigma)\in\Gamma_{(\xi_0,0)}$时,$\varphi(\rho,\sigma)=0$,所以由连续性推出,只要 δ 充分小(即 Γ_1 和 Γ_2 充分靠近 $\Gamma_{(\xi_0,0)}$)就有

$$|\varphi(\rho,\sigma)|<\frac{\pi}{4},\quad(\rho,\sigma)\in\mathscr{D}.$$

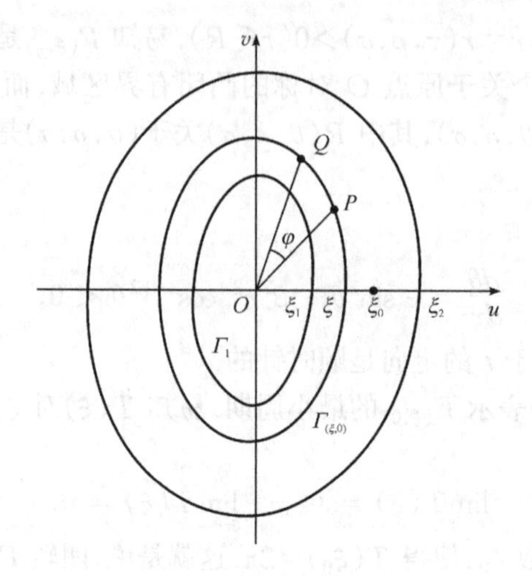

图 6.4

于是，$\varphi(\rho,\sigma)$表示锐角$\angle POQ$；从而由(7.9)推出引理的结论.】

引理 7.2 $\dfrac{\partial\varphi}{\partial\rho}(\rho,\sigma)<0,\quad(\rho>0)$.

证明 对方程(7.7)关于参数 ρ 求偏导数，我们有

$$\frac{d}{d\tau}\frac{\partial\theta}{\partial\rho}=A_1\frac{\partial\theta}{\partial\rho}+B_1\frac{\partial r}{\partial\rho},\tag{7.10}$$

其中

$$\begin{cases}A_1=-\sin2\theta+(2n+2)\beta^2r^{2n}\cos^{2n+1}\theta\cdot\sin\theta,\\ B_1=-2n\beta^2r^{2n-1}\cos^{2n+2}\theta\leqslant0.\end{cases}$$

另一方面，(7.6)也可以写成如下形式

$$\frac{1}{2}r^2\sin^2\theta+\frac{\beta^2}{2n+2}r^{2n+2}\cos^{2n+2}\theta=\frac{1}{2}\rho^2\sin^2\sigma+\frac{\beta^2}{2n+2}\rho^{2n+2}\cos^{2n+2}\sigma,$$

由此再对 ρ 求偏导数，我们得到

$$E_1\frac{\partial r}{\partial\rho}=F_1+G_1\frac{\partial\theta}{\partial\rho},\tag{7.11}$$

其中

$$\begin{cases}E_1=r\sin^2\theta+\beta^2r^{2n+1}\cos^{2n+2}\theta>0,\\ F_1=\rho\sin^2\sigma+\beta^2\rho^{2n+1}\cos^{2n+2}\sigma>0,\\ G_1=-r^2\sin\theta\cdot\cos\theta+\beta^2r^{2n+2}\cos^{2n+1}\theta\cdot\sin\theta.\end{cases}$$

从(7.10)和(7.11)消去$\dfrac{\partial r}{\partial\rho}$，就得

$$\frac{d}{d\tau}\frac{\partial\theta}{\partial\rho}=A\frac{\partial\theta}{\partial\rho}+B,\tag{7.12}$$

其中

$$A=\frac{A_1E_1+B_1G_1}{E_1},\quad B=\frac{B_1F_1}{E_1}\leqslant 0.$$

注意 $\theta(0,\rho,\sigma)=\sigma$ 和$\frac{\partial\theta}{\partial\rho}(0,\rho,\sigma)=0$. 于是,由(7.12)我们可得

$$\frac{\partial\theta}{\partial\rho}=e^{\int_0^\tau Ad\tau}\int_0^\tau Be^{-\int_0^\tau Adt}ds.$$

由于 $B<0$(几乎对所有 θ),我们有

$$\frac{\partial\varphi}{\partial\rho}(\rho,\sigma)=e^{\int_0^{2\pi}Ad\tau}\int_0^{2\pi}Be^{-\int_0^s Adt}ds<0.$$

这就证明了引理.】

以下我们再研究方程(7.3)的满足初始条件(7.5)的解

$$u=u_\varepsilon(\tau,\xi,\eta),\ v=v_\varepsilon(\tau,\xi,\eta), \tag{7.13}$$

这里$(\xi,\eta)\in\mathscr{D}$. 注意,当 $\varepsilon=0$ 时,(7.13)就是上述闭轨 $\Gamma_{(\xi,\eta)}$. 因此,存在正数 ε_0,使得只要$|\varepsilon|\leqslant\varepsilon_0$,解(7.13)在区间$[0,2\pi]$上存在,而且

$$\bar{u}_\varepsilon=u_\varepsilon(2\pi,\xi,\eta),\quad \bar{v}_\varepsilon=v_\varepsilon(2\pi,\xi,\eta), \tag{7.14}$$

确定了方程(7.3)的 Poincaré 变换

$$H_\varepsilon:(\xi,\eta)\longmapsto(\bar{u}_\varepsilon,\bar{v}_\varepsilon),\quad(\mathscr{D}\to R^2).$$

注意,$(\xi,\eta)\in\mathscr{D}$不一定蕴含 $H_\varepsilon(\xi,\eta)\in\mathscr{D}$.

我们可以对 H_ε 建立类似于上述引理 9.1 和 9.2 的结论. 令

$$(\bar{u}_\varepsilon,\bar{v}_\varepsilon)=\langle r_\varepsilon(2\pi,\rho,\sigma),\theta_\varepsilon(2\pi,\rho,\sigma)\rangle$$

和

$$\varphi_\varepsilon(\rho,\sigma)\equiv\theta_\varepsilon(2\pi,\rho,\sigma)+2\pi-\sigma.$$

因为 $\varphi_\varepsilon(\rho,\sigma)$对$(\rho,\sigma,\varepsilon)$是连续可微的,而且 $\varphi_0(\rho,\sigma)=\varphi(\rho,\sigma)$,所以只要正数 ε_0 充分小,就有

$$|\varphi_\varepsilon(\rho,\sigma)|<\frac{\pi}{4},\quad(\langle\rho,\sigma\rangle\in\mathscr{D},|\varepsilon|\leqslant\varepsilon_0). \tag{7.15}$$

引理 7.3 只要正数 ε_0 充分小,则对任何 $\varepsilon(|\varepsilon|\leqslant\varepsilon_0)$,映射 H_ε 在 $\mathscr{D}$ 上是扭转的(确切的涵义见下面的证明).

证明 由(7.9)和 $\varphi_\varepsilon(\rho,\sigma)$的连续性可知,只要 ε_0 充分小,对一切 $\varepsilon(|\varepsilon|\leqslant\varepsilon_0)$我们有

$$\begin{cases}\varphi_\varepsilon(\rho,\sigma)>0, & \text{当}\langle\rho,\sigma\rangle\in\Gamma_1\text{时};\\ \varphi_\varepsilon(\rho,\sigma)<0, & \text{当}\langle\rho,\sigma\rangle\in\Gamma_2\text{时}.\end{cases}$$

而且(7.15)也成立. 这就证明了引理.】

引理 7.4　存在充分小的 ε_0，使得只要 $|\varepsilon|\leqslant\varepsilon_0$，就有

$$\frac{\partial\varphi_\varepsilon}{\partial\rho}(\rho,\sigma)<0,\quad \langle\rho,\sigma\rangle\in\mathscr{D}.$$

只要利用$\frac{\partial\varphi_\varepsilon}{\partial\rho}$关于$(\rho,\sigma,\varepsilon)$的连续性和引理 9.2 即得本引理的证明.

现在，我们考虑一个连续的映射

$$h:\mathscr{D}\to R^2$$

和在环域 $\mathscr{D}$ 内的一条不可收缩的闭曲线 C_1. 如果对任何 $P\in C_1$，P 和 $h(P)$ 的坐标向量有相同的方向，那么我们称 C_1 为映射 h 的径向变换曲线.

引理 7.5　只要正数 ε_0 充分小和 $|\varepsilon|\leqslant\varepsilon_0$，则映射 H_ε 在 $\mathscr{D}$ 内有并且只有一条径向变换曲线.

证明　因为 Γ_1 和 Γ_2 可以分别写成 $\rho_1(\sigma)=R(\sigma,\xi_1,0)$ 和 $\rho_2(\sigma)=R(\sigma,\xi_2,0)$，所以只要正数 ε_0 充分小和 $|\varepsilon|\leqslant\varepsilon_0$ 就有

$$\varphi_\varepsilon(\rho_1(\sigma),\sigma)>0,\quad \varphi_\varepsilon(\rho_2(\sigma),\sigma)<0,\quad (0\leqslant\sigma\leqslant 2\pi).$$

因此，存在 $\rho_\varepsilon^*(\sigma)(\rho_1(\sigma)<\rho_\varepsilon^*(\sigma)<\rho_2(\sigma))$，使得

$$\varphi_\varepsilon(\rho_\varepsilon^*(\sigma),\sigma)=0,\ (0\leqslant\sigma\leqslant 2\pi). \tag{7.16}$$

再由引理 9.4 可知，这样的 $\rho_\varepsilon^*(\sigma)$ 是唯一的. 而且，由隐函数定理可知 $\rho_\varepsilon^*(\sigma)$ 是 σ 的连续函数，并且显然是 2π 周期的，因此，$\rho=\rho_\varepsilon^*(\sigma)(0\leqslant\sigma\leqslant2\pi)$ 在 $\mathscr{D}$ 内表示一条不可收缩的闭曲线 C_ε^*. 由 $\rho_\varepsilon^*(\sigma)$ 的唯一性和等式(7.16)可见，C_ε^* 是映射 H_ε 在 $\mathscr{D}$ 内的唯一径向变换曲线. 引理得证.】

引理 7.6　若周期函数 $p(\tau)$ 是奇的，则只要正数 ε_0 充分小和 $|\varepsilon|\leqslant\varepsilon_0$，映射 H_ε 在 $\mathscr{D}$ 内就至少有两个不动点.

证明　我们可以继续引理 9.5 的讨论. 令

$$P_1=(\alpha,0)\in C_\varepsilon^*,\quad (\xi_1<\alpha<\xi_2).$$

由于 C_ε^* 是映射 H_ε 的径向变换曲线，所以

$$H_\varepsilon(P_1)=(\bar{\alpha},0),\quad (\xi_1<\bar{\alpha}<\xi_2),$$

亦即

$$u_\varepsilon(2\pi,\alpha,0)=\bar{\alpha},\quad v_\varepsilon(2\pi,\alpha,0)=0.$$

由于方程(7.3)是一个 2π 周期系统，所以我们有

$$u_\varepsilon(-2\pi,\bar{\alpha},0)=\alpha,\ v_\varepsilon(-2\pi,\bar{\alpha},0)=0. \tag{7.17}$$

另一方面，对方程(7.3)作变换

$$y=-u,\ z=v, \tag{7.18}$$

我们得到

$$\frac{dy}{d\tau}=-z,\quad \frac{dz}{d\tau}=\beta^2y^{2n+1}+\varepsilon F(\tau,-y,z,\varepsilon). \tag{7.19}$$

令 $y=y_\varepsilon(\tau,\xi,\eta),z=z_\varepsilon(\tau,\xi,\eta)$表示方程(7.19)的满足初值 $y(0)=\xi,z(0)=\eta$ 的解.由(7.18)可知

$$\begin{cases} y_\varepsilon(\tau,\xi,\eta)=-u_\varepsilon(\tau,-\xi,\eta), \\ z_\varepsilon(\tau,\xi,\eta)=v_\varepsilon(\tau,-\xi,\eta). \end{cases} \tag{7.20}$$

再令 $\tau=-t$,则(7.19)变成

$$\frac{dy}{dt}=z,\quad \frac{dz}{dt}=-\beta^2y^{2n+1}+\varepsilon F(t,y,z,\varepsilon), \tag{7.21}$$

这里我们用到恒等式 $F(-t,-y,z,\varepsilon)=-F(t,y,z,\varepsilon)$.因此,$y=y_\varepsilon(-t,\xi,\eta),z=z_\varepsilon(-t,\xi,\eta)$是方程(7.21)的满足初值条件 $y(0)=\xi,z(0)=\eta$ 的解.因为方程(7.21)和(7.3)是完全相同的(只要令 $t=\tau,y=u$ 和 $z=v$),所以有

$$\begin{cases} y_\varepsilon(-t,\xi,\eta)=u_\varepsilon(t,\xi,\eta), \\ z_\varepsilon(-t,\xi,\eta)=v_\varepsilon(t,\xi,\eta); \end{cases}$$

再利用(7.20),我们得到

$$\begin{cases} u_\varepsilon(\tau,\xi,\eta)=-u_\varepsilon(-\tau,-\xi,\eta), \\ v_\varepsilon(\tau,\xi,\eta)=v_\varepsilon(-\tau,-\xi,\eta). \end{cases}$$

然后,令 $\tau=2\pi,-\xi=\bar{\alpha}$ 和 $\eta=0$,就得

$$\begin{cases} u_\varepsilon(2\pi,-\bar{\alpha},0)=-u_\varepsilon(-2\pi,\bar{\alpha},0), \\ v_\varepsilon(2\pi,-\bar{\alpha},0)=v_\varepsilon(-2\pi,\bar{\alpha},0). \end{cases} \tag{7.22}$$

因而,由(7.22)和(7.17)推出

$$u_\varepsilon(2\pi,-\bar{\alpha},0)=-\alpha,\ v_\varepsilon(2\pi,-\bar{\alpha},0)=0, \tag{7.23}$$

即 $H_\varepsilon(-\bar{\alpha},0)=(-\alpha,0)$.再由 $\rho_\varepsilon^*(\pi)$的唯一性可知$(-\bar{\alpha},0)\in C_\varepsilon^*$.令 $P_2=(-\bar{\alpha},0)$,则 $H_\varepsilon(P_2)=(-\alpha,0)$.

若 $\bar{\alpha}=\alpha$,则 P_1 和 P_2 是 H_ε 的两个不同的不动点.

若 $\alpha<\bar{\alpha}$,则 $H_\varepsilon(P_1)$在 C_ε^* 的外部,而 $H_\varepsilon(P_2)$在 C_ε^* 的内部.因此,由 Jordan 定理推出,闭曲线 C_ε^* 和$H_\varepsilon(C_\varepsilon^*)$至少有两个不同的交点 Q_1 和 Q_2.由于 C_ε^* 是映射 H_ε 的径向变换曲线,而且它与每条径向射线的交点是唯一的,所以 Q_1 和 Q_2 是 H_ε 的两个不动点.

若 $\alpha>\bar{\alpha}$,则同样可证 H_ε 至少有两个不同的不动点.引理得证.】

引理 7.7 若周期函数 $p(\tau)$是奇的,则存在正数 ε_0,使得对任何 $\varepsilon(|\varepsilon|\leqslant\varepsilon_0)$,方程(7.3)至少有两个不同的 2π 周期解

$$u=\bar{u}_i(\tau,\varepsilon),\ v=\bar{v}_i(\tau,\varepsilon)\quad(i=1,2),$$

它们满足

$$\max_{0\leqslant\tau\leqslant2\pi}|\bar{u}_i(\tau,\varepsilon)|\geqslant\frac{\xi_1}{2}>0\quad(i=1,2). \tag{7.24}$$

证明　由引理 9.6 得知,只要正数 ε_0 充分小和 $|\varepsilon| \leqslant \varepsilon_0$,映射 H_ε 至少有两个不动点

$$Q_1 = (\bar{\xi}_1, \bar{\eta}_1), \quad Q_2 = (\bar{\xi}_2, \bar{\eta}_2).$$

因此

$$\begin{cases} u = \bar{u}_i(\tau, \varepsilon) = u_\varepsilon(\tau, \bar{\xi}_i, \bar{\eta}_i), \\ v = \bar{v}_i(\tau, \varepsilon) = v_\varepsilon(\tau, \bar{\xi}_i, \bar{\eta}_i) \end{cases} \quad (i = 1, 2), \tag{7.25}$$

是方程(7.3)的两个 2π 周期解.不妨设 ε_0 充分小,使得这两个周期解的轨线坐落在 $\mathscr{D}$ 的一个 $\frac{1}{2}\xi_1$ 领域内,而且是不可收缩的.这样,不等式(7.24)自然成立.引理得证.】

在做了这些准备工作之后,我们就可证明本节的主要定理.

定理 7.1　若周期函数 $p(\omega t)$ 是奇的,则当 ω 充分大时微分方程(7.1)至少有两个不同的调和解 $x = x_i(t, \omega)$, $(i = 1, 2)$,它们满足

$$\max_{0 \leqslant t \leqslant \frac{2\pi}{\omega}} |x_i(t, \omega)| \geqslant \frac{\xi_1}{2} \cdot \sqrt[n]{\omega} \quad (i = 1, 2). \tag{7.26}$$

证明　令

$$x_i(t, \omega) = \sqrt[n]{\omega}\, \bar{u}_i\left(\omega t, \frac{1}{\sqrt[n]{\omega}}\right) \quad (i = 1, 2),$$

则 $x = x_i(t, \omega)$ $(i = 1, 2)$ 是方程(7.1)的两个不同的调和解.而不等式(7.26)只是(7.24)的一个直接推论.定理得证.】

定理 7.2　若 $f(x) \equiv 0$,而且周期函数 $p(\omega t)$ 是偶的,则方程(7.1)当 ω 充分大时至少有两个不同的调和解 $x = x_i(t, \omega)$ $(i = 1, 2)$,它们满足(7.26).

这定理的证明基本上与定理 7.1 的相同,这里从略.

最后,请注意,由不等式(7.26)可知,调和解 $x = x_i(t, \omega)$ $(i = 1, 2)$ 的振幅随 ω 的增加而无限变大.

§8. 耗散系统

设二阶微分方程

$$x'' + f(x, x')x' + g(x) = p(t), \tag{8.1}$$

或等价方程组

$$x' = y, \quad y' = -g(x) - f(x, y)y + p(t), \tag{8.2}$$

其中函数 $f(x, y) \in C^1(R^2, R)$, $g(x) \in C^1(R, R)$ 和 $p(t) \in C(R, R)$.

如果在相平面 (x, y) 上有一个闭的有界区域 $\mathscr{D}$,使得(8.2)的任何轨线只要时间 t 充分大时就走进 $\mathscr{D}$ 内,并且永远留在那里,则称方程(8.2)或(8.1)为

耗散系统;否则,称它为非耗散系统.

关于耗散系统的研究数 N. Levinson 和 M. Cartwright 的工作为最著名. 我们只介绍 N. Levinson 的一些结果.

我们先对方程(8.2)作下列假设.

(H_1):存在常数 $a>0$, $m>0$ 和 $M>0$,使得

$$f(x,y)=\begin{cases}\geqslant M, & \text{当} |x|\geqslant a \text{ 时};\\ \geqslant -m, & \text{当} |x|\leqslant a \text{ 时}.\end{cases}$$

(H_2):存在常数 $A>0$,使得当 $|x|\geqslant A$ 时 $xg(x)>0$;而当 $x\geqslant A$ 时,$g(x)$ 单调上升.

(H_3):当 $|x|\to\infty$ 时 $|g(x)|\to\infty$;而且

$$\frac{g(x)}{G(x)}=O\left(\frac{1}{|x|}\right),\quad \left(G(x)=\int_0^x g(x)dx\right).$$

定理 8.1 设条件 (H_1), (H_2) 和 (H_3) 成立,又设连续函数 $p(t)$ 是有界的,则对于相平面 (x,y) 上的任何有界区域 $\mathscr{K}$,存在一条简单闭曲线 J,使得 $\mathscr{K}$ 在 J 的内部,而且方程(8.2)的任何与 J 相交的轨线都正向走进 J 的内部.

证明 我们将分段作出这样的简单闭曲线 J. 不妨设,当 $|x|\geqslant a$ 时,$xg(x)>0$;而且当 $x\geqslant a$ 时,$g(x)$ 单调增加.

首先,我们考虑能量常值曲线

$$\gamma_u:\frac{1}{2}y^2+G(x)=u.$$

不难证明,当 u 充分大时 γ_u 是一条包围原点 O 的简单闭曲线,而且 γ_u 随 u 的增加而无限扩大;亦即当 $u\to\infty$ 时,有

$$\operatorname{dist}(O,\gamma_u)=\inf_{(x,y)\in\gamma_u}\sqrt{x^2+y^2}\to\infty.$$

其次,令 p_0 是函数 $|p(t)|(-\infty<t<\infty)$ 的一个上界. 我们作辅助曲线

$$\Gamma: y=\frac{-1}{M}(g(x)+2p_0),\ x\geqslant a,$$

和带形区域

$$\mathscr{B}=\{(x;y)\mid |x|\leqslant a, |y|<\infty\}.$$

注意,辅助曲线 Γ 在带形区域 $\mathscr{B}$ 的右侧.

在带形区域 $\mathscr{B}$ 上,我们来估计方程(8.2)的轨线的斜率

$$\frac{dy}{dx}=-f(x,y)-\frac{g(x)-p(t)}{y},(y\neq 0).$$

令 g_0 是函数 $|g(x)|$ 在区间 $|x|\leqslant a$ 上的一个上界,则

$$\left.\frac{dy}{dx}\right|_{(8.2)}\leqslant m+\frac{g_0+p_0}{|y|}\quad (y\neq 0). \tag{8.3}$$

因此,存在常数 $B>0$,使得只要 $|y|\geqslant B$,就有

$$\left.\frac{dy}{dx}\right|_{(8.2)} < 2m = m_0. \tag{8.4}$$

以下,取 $h=2m_0a$ 和 $b=2p_0/M$.我们将参考图 6.5 按步作出所需的简单闭曲线 J.

取充分大的常数 $\lambda>B$,使得直线 $y=-\lambda$ 与辅助曲线 Γ 相交.

令 $P_n=(x_n,y_n)$,而以 $u_n=\frac{1}{2}y_n^2+G(x_n)$ 表示能量函数 u 在点 P_n 上的值,$n=1,2,\cdots$.

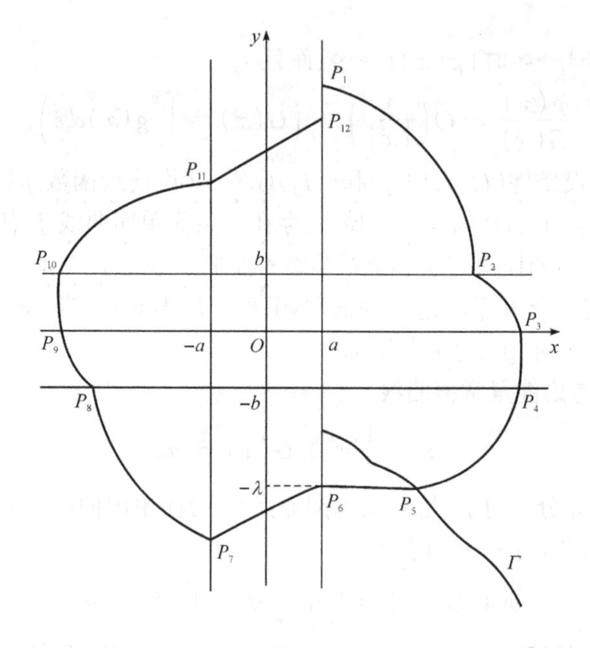

图 6.5

令 $P_6=(a,-\lambda)$.第一步,我们从 P_6 出发作直线 $y=-\lambda$,设它与曲线 Γ 的交点为 P_5.这样得到一个直线段 $\overline{P_5P_6}$.

第二步,作能量常值曲线 $\gamma_{u_5}:\frac{1}{2}y^2+G(x)=u_5$.令 γ_{u_5} 和直线 $y=-b$ 在第四象限的交点为 P_4.我们就得到 γ_{u_5} 的一个弧段 $\overset{\frown}{P_4P_5}$.顺便指出,由于 $u_4=u_5$,所以 $\frac{1}{2}b^2+G(x_4)=\frac{1}{2}\lambda^2+G(x_5)\geqslant\frac{1}{2}\lambda^2$.因此,可以使 x_4 任意大,只要 λ 充分大.

第三步,取 $x_3=x_4$ 和 $P_3=(x_3,O)$.再作垂直的直线段 $\overline{P_3P_4}$.

第四步,令 $P_2=(x_2,b)$,这里正数 $x_2>a$ 满足

$$G(x_3)-G(x_2)=\frac{3}{2}b^2, \tag{8.5}$$

当 x_3 足够大时,由 $G(x)$的单调性可见正数 x_2 存在和唯一,而且 $x_2<x_3$. 又选取常数 α 和β,使得曲线 $\Lambda: u=\alpha x+\beta$ 通过P_2 和 P_3;亦即

$$\frac{1}{2}b^2+G(x_2)=\alpha x_2+\beta \text{ 和 } G(x_3)=\alpha x_3+\beta.$$

由此得到

$$\alpha=\frac{b^2}{x_3-x_2}, \beta=G(x_3)-\frac{b^2 x_3}{x_3-x_2}. \tag{8.6}$$

然后取曲线 Λ 的一个弧段$\overset{\frown}{P_2P_3}$.

由(8.5)可得

$$g(\xi)(x_3-x_2)=\frac{3}{2}b^2, \quad (x_2\leqslant\xi\leqslant x_3),$$

从而

$$0<(x_3-x_2)=\frac{3b^2}{2g(\xi)}\leqslant\frac{3b^2}{2g(x_2)}. \tag{8.7}$$

因为当 $\lambda\to\infty$时 $x_3\to\infty$,所以由(8.5)可见 $x_2\to\infty$. 因此,由(8.7)和(H_3)推出:$x_3-x_2\to 0$,只要 $\lambda\to\infty$. 再由(8.6)推出,只要 λ 充分大,我们不妨设 $\alpha>p_0$.

第五步,作能量常值曲线 γ_{u_2},设它与直线 $x=a$ 在第一象限的交点为P_1. 这样又得到一个能量常值曲线的弧段$\overset{\frown}{P_1P_2}$.

第六步,现在我们重新回到 P_6 点,以 m_0 为斜率作一直线,设它与直线 $x=-a$的交点为P_7. 再取直线段$\overline{P_6P_7}$.

第七步,作能量常值曲线 γ_{u_7},令它与直线 $y=-b$ 在第三象限的交点为P_8. 然后,我们取 γ_{u_7}的一个弧段$\overset{\frown}{P_7P_8}$.

第八步,仿照第四步关于弧段$\overset{\frown}{P_2P_3}$的作法,利用曲线 $u=\alpha x+\beta$ 规定一个弧段$\overset{\frown}{P_8P_9}$.

第九步,令 $P_{10}=(x_9,b)$. 再取垂直的直线段$\overline{P_9P_{10}}$.

第十步,作能量常值曲线 $\gamma_{u_{10}}$,令它与直线 $x=-a$ 在第二象限的交点为P_{11}. 我们取 $\gamma_{u_{10}}$的一个弧段$\overset{\frown}{P_{10}P_{11}}$.

第十一步,在 P_{11}点以 m_0 为斜率作一直线,设它与直线 $x=a$ 的交点为P_{12}. 我们取直线段$\overline{P_{11}P_{12}}$.

最后,我们作垂直线段$\overline{P_{12}P_1}$.

连结以上各步所得的弧段,我们就得到一条通过 $P_6=(a,-\lambda)$点的简单闭曲线

$$J_\lambda=\langle P_1,P_2,P_3,\cdots,P_{11},P_{12},P_1\rangle.$$

从上面的讨论可见,对于任何给定的有界区域$\mathscr{K}$,只要 λ 充分大,$\mathscr{K}$就在 J_λ 的内部.

现在,我们再来证明闭曲线 J_λ 的一个重要性质:存在正数 λ_0,使得只要 $\lambda\geqslant\lambda_0$,点 P_{12}坐落在点 P_1 之下。

事实上,令记号 $w\approx z$ 表示 w 和 z(当 $\lambda\to\infty$时)相差一个有界变量,则不难推出

$$u_1 = u_2 \approx u_3[\text{由}(8.5)] \approx u_4 = u_5;$$

$$u_7 \approx \frac{(\lambda+h)^2}{2} \approx u_8 \approx u_9 \approx u_{10} = u_{11} \approx \frac{1}{2}y_{11}^2.$$

从而

$$y_{11} \approx \lambda + h;\ y_{12} = y_{11} + h = \lambda + h_1,$$

其中 h_1 是一个有界变量.由此可见

$$u_{12} \approx \frac{1}{2}(\lambda+h_1)^2 \approx \frac{1}{2}\lambda^2 + h_1\lambda \approx \frac{1}{2}\lambda^2 + \frac{h_1 g(x_5)}{M}.$$

另一方面,我们有

$$u_1 \approx u_5 = \frac{1}{2}\lambda^2 + G(x_5).$$

因此,由(H_2)可见

$$u_1 - u_{12} = \frac{1}{2}(y_1^2 - y_{12}^2) \approx G(x_5)\left[1 - \frac{h_1 g(x_5)}{MG(x_5)}\right]$$

$$\geqslant \frac{1}{2}G(x_5) > 0,$$

只要 x_5(或 λ)充分大.因为当 $\lambda\to\infty$时 x_5 从而 $G(x_5)\to\infty$,所以存在 λ_0,使得只要 $\lambda\geqslant\lambda_0$,就有 $y_1^2-y_{12}^2>0$。这就证明了点 P_{12}在点 P_1 之下.

其次,我们来证明 $J=J_\lambda(\lambda\geqslant\lambda_0)$满足定理 8.1 的需要.

设$(x(t),y(t))$为方程组(8.2)的任一轨线,而且$(x(t_0),y(t_0))\in J_\lambda$.我们首先对 J_λ 的各个开弧段$\widehat{P_iP_{i+1}}$进行轨线走向的分析.在相平面(x,y)上考虑系统(8.2)的向量场

$$v(t,x,y) = (y, p(t) - g(x) - f(x,y)y).$$

在能量常值弧段$\widehat{P_1P_2}$,$\widehat{P_4P_5}$,$\widehat{P_7P_8}$和$\widehat{P_{10}P_{11}}$上,能量函数 u 关于(8.2)的导数为

$$\frac{du}{dt} = y\frac{dy}{dt} + g(x)\frac{dx}{dt} = -f(x,y)y^2 + yp(t)$$

$$\leqslant -My^2 + p_0|y| = -M|y|\left(|y| - \frac{p_0}{M}\right)$$

$$\leqslant - Mb\left(b - \frac{p_0}{M}\right) = - bp_0 < 0.$$

由此可见,从这些弧段上出发的轨线$(x(t), y(t))$只能走进 J_λ 的内部.

再考虑弧段$\overset{\frown}{P_2P_3}$. 由隐函数存在定理,易知曲线 $u = \alpha x + \beta$ 在点(x, y)上的斜率为

$$\frac{- g(x) + \alpha}{y}. \tag{8.8}$$

另一方面,在点$(x, y) \in \overset{\frown}{P_2P_3}$上向量$v(t, x, y)$的斜率为

$$- f(x, y) - \frac{g(x)}{y} + \frac{p(t)}{y}. \tag{8.9}$$

因此,利用 $\alpha > p_0 \geqslant p(t)$推出斜率(8.9)与(8.8)之差为

$$- f(x, y) + \frac{p(t) - \alpha}{y} \leqslant - M < 0;$$

亦即$\overset{\frown}{P_2P_3}$在各点的切线斜率大于通过该点的轨线的诸斜率. 再由 $x'(t) = y(t) > 0$ 推出这些轨线是正向走进 J_λ 的内部.

同理可证,经过弧段$\overset{\frown}{P_8P_9}$上任一点的轨线也是正向走进 J_λ 的内部.

在$\overline{P_3P_4}$和$\overline{P_9P_{10}}$上,由于 $x'(t) = y(t)$,易知轨线正向走进 J_λ 的内部.

在$\overline{P_5P_6}$上,因为 $x'(t) = y(t) = - \lambda < 0$ 和 $y'(t) = \lambda f(x, - \lambda) - g(x) + p(t) > M\lambda - g(x) - p_0 > 0$,所以在$\overline{P_5P_6}$上出发的轨线也走进 J_λ 的内部.

在$\overline{P_6P_7}$和$\overline{P_{11}P_{12}}$上,不难由(8.4)和 $x'(t) = y$ 推出轨线正向走进J_λ 的内部.

在$\overline{P_{12}P_1}$上,由于 P_{12}在 P_1 之下和 $x'(t) = y(t) > 0$,所以轨线也正向走进 J_λ 的内部.

至此,我们已经证明了,从 J_λ 上(除去尖点 $P_i, i = 1, 2, \cdots, 12$)出发的轨线都是正向走进 J_λ 的内部.

易知当 λ_0 充分大时 $x_i^2 + y_i^2 \quad (i = 1, 2, \cdots, 12)$可以任意大,从而使$v(t, x_i, y_i) \neq 0$. 由此不难用反证法推出,通过点 P_i 的轨线也都正向走进J_λ 的内部. 定理得证.】

定理 8.2 设条件(H_1),(H_2)和(H_3)成立,而且 $p(t)$是一个 A 周期函数,则方程(8.1)至少有一个 A 周期解.

证明 不妨设 $A = 2\pi$. 由于 $p(t)$是一连续的周期函数,因此 $p(t)$有界. 这样,我们可以利用定理 8.1 得到一个简单的闭曲线 $J = J_{\lambda_0}$,使得方程(8.2)从 J 上出发的任何轨线都正向走进J 的内部. 设 $\mathscr{D}_0$ 表示由 J 包围的有界闭区域,则方程(8.2)在 $\mathscr{D}_0$ 上出发的一切轨线都不能正向离开区域 $\mathscr{D}_0$. 因此,对一切$(\xi, \eta) \in \mathscr{D}_0$,方程(8.2)的满足初值条件 $x(0) = \xi, y(0) = \eta$ 的解

$$x = x(t,\xi,\eta), \quad y = y(t,\xi,\eta)$$

在区间 $0 \leqslant t < \infty$ 上存在. 令

$$\bar{x} = x(2\pi,\xi,\eta), \quad \bar{y} = y(2\pi,\xi,\eta), \tag{8.10}$$

则(8.10)确定了方程(8.2)的一个 Poincaré 映射

$$H:\mathscr{D}_0 \to \mathscr{D}_0; \quad ((\xi,\eta) \longmapsto (\bar{x},\bar{y})).$$

因而,由 Brouwer 不动点定理推出,H 至少有一个不动点$(\xi_0,\eta_0) \in \mathscr{D}_0$;即

$$x(2\pi,\xi_0,\eta_0) = \xi_0, \quad y(2\pi,\xi_0,\eta_0) = \eta_0. \tag{8.11}$$

由此可见,$x = x(t,\xi_0,\eta_0)$, $y = y(t,\xi_0,\eta_0)$是方程(8.2)的一个 2π 周期解;而 $x = x(t,\xi_0,\eta_0)$是方程(8.1)的一个 2π 周期解. 定理得证.】

现在,我们要证明比定理 8.2 更强的结论.

定理 8.3 设条件(H_1),(H_2)和(H_3)成立,而且 $p(t)$是一个周期函数,则方程(8.1)是耗散的.

证明 不妨设 $p(t)$的周期等于 2π.

由定理 8.1,我们可以作出含一个参数的简单闭曲线族 $J_\lambda(\lambda \geqslant \lambda_0)$. 易知,对任何在 J_{λ_0}外部的点(x_0,y_0),存在 $\lambda_1 > \lambda_0$,使得$(x_0,y_0) \in J_{\lambda_1}$.

又根据解对初值的连续性定理,对任何 $\lambda \geqslant \lambda_0$ 和 t_0,存在 J_λ 的一个外侧邻域 G_λ,使得方程(8.2)的一切满足$(x(t_0),y(t_0)) \in G_\lambda$ 的轨线$(x(t),y(t))$在有限时间内走进 J_λ 的内部. 由于(8.2)是一个 2π 周期系统,所以它的一切满足$(x(t_0+2n\pi),y(t_0+2n\pi)) \in G_\lambda$ 的轨线$(x(t),y(t))$亦在有限时间内走进 J_λ 的内部(这里 n 是任何整数).

令$(x_0,y_0) \in R^2$. 考虑方程(8.2)的满足初始条件 $x(t_0) = x_0$, $y(t_0) = y_0$ 的解

$$x(t) = x(t,t_0,x_0,y_0), \quad y(t) = y(t,t_0,x_0,y_0). \tag{8.12}$$

令 $\mathscr{D}_0$ 表示由 J_{λ_0}包围的有界闭区域. 设$(x_0,y_0) \in \mathscr{D}_0$,则轨线(8.12)当 $t > t_0$ 时显然逗留在 $\mathscr{D}_0$ 的内部.

设(x_0,y_0)在 $\mathscr{D}_0$ 的外部,则存在 $\lambda_1 > \lambda_0$,使得$(x_0,y_0) \in J_{\lambda_1}$;从而轨线(8.12)当 $t > t_0$ 时逗留在 J_{λ_1}的内部. 现在,我们要证它在有限时间内亦进入 $\mathscr{D}_0$ 的内部;从而(8.2)是一个耗散系统.

由(8.12),令 $x_n = x(2n\pi)$, $y_n = y(2n\pi)$ $(n = 1,2,\cdots)$,则有两种可能的情形.

(i) 对一切正整数 n,$(x_n,y_n) \notin \mathscr{D}_0$;

(ii) 存在某正整数 m,$(x_m,y_m) \in \mathscr{D}_0$.

对于情形(ii),要证的结论显然成立. 现在,我们来证明情形(i)是不可能的.

事实上,假设(i)成立. 则对于任何正整数 n,存在 $\sigma_n(\lambda_0 < \sigma_n \leqslant \lambda_1)$,使得$(x_n, y_n) \in J_{\sigma_n}$. 由定理 8.1 易知 σ_n 是单调下降的. 因此,我们有极限

$$\lim_{n\to\infty} \sigma_n = \sigma_0, \ (\lambda_0 \leqslant \sigma_0 \leqslant \lambda_1).$$

显然，$J_{\sigma n}(n\geqslant 1)$在 J_{σ_0}的外部. 因此，一切(x_n, y_n)也在 J_{σ_0}的外部. 另一方面，由于 $\sigma_n\rightarrow\sigma_0$，所以存在 N，使得只要 $n\geqslant N$，就有 $J_{\sigma n}\subset G_{\sigma_0}$. 从而轨线(8.12)将在有限时间走进 J_{σ_0}的内部，此与(x_n, y_n)在 J_{σ_0}的外部相矛盾. 所以情形(i)不可能成立. 定理证毕.】

§9. 无阻尼的 Duffing 型方程

在最后一节，我们将研究 Duffing 型方程

$$\frac{d^2x}{dt^2}+g(x)=p(t), \tag{9.1}$$

其中 $g(x)\in C^1(R,R)$，$p(t)\in C(R,R)$和 $p(t+2\pi)\equiv p(t)$. 由于方程(9.1)不含阻尼项，一般说来它不是一个耗散的系统. 因此，我们不能像上节那样应用 Brouwer 不动点定理来证明周期解的存在性. 从五十年代开始，这个问题一直吸引着人们的关注.

如果函数 $g(x)$满足

$$\lim_{|x|\to\infty}\frac{g(x)}{x}=\infty,$$

则称方程(9.1)是强非线性的. 对某些特殊类型的强非线性方程(9.1)，G. Morris，C. A. Harvey 等证明了它们有无穷多个 2π 周期解. 最近，丁伟岳对一般强非线性方程(9.1)证明了同一结论[7].

如果函数 $g(x)$满足

$$\sup_{0<\delta\leqslant|x|<\infty}\frac{g(x)}{x}<\infty \quad (\delta\text{ 为某正常数}),$$

则称(9.1)为弱非线性方程. 弱非线性方程可以没有周期解. 一个简单的例子是方程

$$\frac{d^2x}{dt^2}+n^2x=\cos nt \quad (\text{整数 } n>0)$$

没有周期解. 这就是通常所讲的(线性)共振现象.(强迫频率 ω 等于固有频率 n).

1967 年，W. S. Loud 提出了一种严格排除共振点的条件

$$(n+\delta)^2\leqslant g'(x)\leqslant(n+1-\delta)^2, \tag{9.2}$$

这里 $n\geqslant 0$ 是某一整数，δ 是一个小的正数. 而且他证明了下面的结果.

定理 9.1 设 $g(x)$是连续可微的奇函数，而且满足条件(9.2)，则方程

$$\frac{d^2x}{dt^2}+g(x)=E\cos t \quad (\text{常数 } E>0)$$

存在唯一的 2π 周期解(而且这个解是偶的).

后来,D. E. Leach 利用他所证明的摄动定理[9],证明了

定理 9.2　设 $g(x)$ 满足 Loud 条件(9.2),则方程(9.1)有并且只有一个 2π 周期解.

现在,我们将用第一节中的不动点定理 2 简单地证明上述 Leach 的结果.

为此,让我们考虑(9.1)的等价方程组

$$x' = y, \quad y' = -g(x) + p(t). \tag{9.3}$$

而且令(9.3)的满足初始条件

$$x(0) = \xi, \quad y(0) = \eta \tag{9.4}$$

的解为

$$x = x(t,\xi,\eta), \quad y = y(t,\xi,\eta). \tag{9.5}$$

易知条件(9.2)蕴含下面的结论:对任何 $(\xi,\eta)\in R^2$,解(9.5)在整个 t 轴上都存在而且对 (t,ξ,η) 连续可微.

在证明定理 9.2 之前,我们先需要建立几个引理. 以下我们不妨假设 $g(0)=0$.

引理 9.1　设条件(9.2)成立,则对任何常数 $a>0$,存在常数 $b=b(a)$,使得只要 $\xi^2+\eta^2\geqslant b$,就有

$$x^2(t,\xi,\eta)+y^2(t,\xi,\eta) > a^2, \ (0\leqslant t\leqslant 2\pi). \tag{9.6}$$

证明　考虑函数

$$V(x,y) = y^2 + 2G(x) \quad \left(G(x) = \int_0^x g(x)dx\right).$$

显然, $V(x,y)\geqslant 0$, $V(x,y)=0$ 当且仅当 $x=y=0$;而且

$$\lim_{x^2+y^2\to\infty} V(x,y) = \infty. \tag{9.7}$$

固定 $(\xi,\eta)\in R^2$,我们沿着解(9.5)来计算 $V(x,y)$,即

$$W(t) = V(x(t,\xi,\eta),y(t,\xi,\eta)).$$

因为

$$\begin{aligned} W'(t) &= 2y(t,\xi,\eta)y'(t,\xi,\eta) + 2g(x(t,\xi,\eta))x'(t,\xi,\eta) \\ &= 2y(t,\xi,\eta)p(t) \geqslant -2\sqrt{W(t)}\,p_0, \end{aligned}$$

其中 p_0 是周期函数 $|p(t)|$ 的一个上界,所以我们有

$$\sqrt{W(t)} \geqslant \sqrt{W(0)} - p_0 t \quad (t\geqslant 0), \tag{9.8}$$

令

$$m(a) = \max_{x^2+y^2\leqslant a^2} V(x,y).$$

由(9.7)知,存在充分大的正数 $b=b(a)$,使得

$$V(x,y) > (\sqrt{m(a)} + 2p_0\pi)^2, \text{只要 } x^2+y^2\geqslant b^2.$$

因此,只要 $\xi^2+\eta^2\geqslant b^2$,由(9.8)可见

$$\sqrt{V(x(t,\xi,\eta),y(t,\xi,\eta))} \geqslant \sqrt{V(\xi,\eta)} - p_0 t$$
$$> \sqrt{m(a)} + 2p_0\pi - p_0 t \geqslant \sqrt{m(a)}$$
$$(0 \leqslant t \leqslant 2\pi),$$

它蕴含不等式(9.6)成立.引理得证.】

引理 9.2 设 Loud 条件(9.2)成立,则存在正数 A,使得当 $\xi^2+\eta^2 \geqslant A^2$ 时,我们有

$$(x(2\pi,\xi,\eta),y(2\pi,\xi,\eta)) \neq \lambda \cdot (\xi,\eta), \tag{9.9}$$

其中 $\lambda \geqslant 0$ 是任何常数.

证明 考虑不等式

$$(n+\delta)^2 - \alpha^2 \geqslant \frac{(n+\alpha)^2}{1-\alpha^2}, \tag{9.10}$$

和

$$(n+1-\delta)^2 + \alpha^2 \leqslant \frac{(n+1-\alpha)^2}{1+\alpha^2}. \tag{9.11}$$

因为当 $\alpha=0$ 时,不等式(9.10)和(9.11)在严格意义下成立,所以存在充分小的正数 $\alpha<1$,使得(9.10)和(9.11)同时成立.又取充分大的常数 $c>0$,使得

$$\frac{p_0}{c} \leqslant \alpha^2. \tag{9.12}$$

由引理 9.1 可知,存在常数 $A>0$,使得只要 $\xi^2+\eta^2 \geqslant A^2$,就有

$$x^2(t,\xi,\eta) + y^2(t,\xi,\eta) > c^2, (0 \leqslant t \leqslant 2\pi).$$

我们要证这个常数 A 满足引理 9.2 的要求.

设 $x(t,\xi,\eta)=\rho(t)\sin\varphi(t)$ 和 $y(t,\xi,\eta)=\rho(t)\cos\varphi(t)$,则当 $\xi^2+\eta^2 \geqslant A^2$ 时我们有 $\rho(t)>c$ $(0 \leqslant t \leqslant 2\pi)$.

另一方面,我们有

$$\varphi'(t) = \frac{1}{\rho^2(t)}[y(t,\xi,\eta)x'(t,\xi,\eta) - x(t,\xi,\eta)y'(t,\xi,\eta)]$$
$$= \cos^2\varphi(t) + \frac{1}{\rho(t)}[g(\rho(t)\sin\varphi(t)) - p(t)]\sin\varphi(t).$$

再利用(9.2),(9.12)和(9.10),得到

$$\varphi'(t) \geqslant \cos^2\varphi(t) + (n+\delta)^2\sin^2\varphi(t) - \alpha^2$$
$$= (1-\alpha^2)\cos^2\varphi(t) + [(n+\delta)^2 - \alpha^2]\sin^2\varphi(t)$$
$$\geqslant (1-\alpha^2)\cos^2\varphi(t) + \frac{(n+\alpha)^2}{1-\alpha^2}\sin^2\varphi(t). \tag{9.13}$$

类似地,由(9.2),(9.12)和(9.11),得到

$$\varphi'(t) \leqslant (1+\alpha^2)\cos^2\varphi(t) + \frac{(n+1-\alpha)^2}{1+\alpha^2}\sin^2\varphi(t). \tag{9.14}$$

取整数 k 满足

$$2k\pi \leqslant \varphi(2\pi) - \varphi(0) < 2(k+1)\pi.$$

从而用积分公式

$$\int_0^{2\pi} \frac{dx}{a^2\cos^2 x + b^2\sin^2 x} = \frac{2\pi}{ab} \quad (\text{常数 } a > 0, b > 0),$$

我们推出

$$\frac{2(k+1)\pi}{n+\alpha} = \int_{\varphi(0)}^{\varphi(0)+2(k+1)\pi} \frac{d\varphi}{(1-\alpha^2)\cos^2\varphi + \dfrac{(n+\alpha)^2}{1-\alpha^2}\sin^2\varphi}$$

$$\geqslant \int_{\varphi(0)}^{\varphi(2\pi)} \frac{d\varphi}{(1-\alpha^2)\cos^2\varphi + \dfrac{(n+\alpha)^2}{1-\alpha^2}\sin^2\varphi}.$$

再利用变量替换 $\varphi = \varphi(t)$ 和不等式(9.13),得到

$$\int_{\varphi(0)}^{\varphi(2\pi)} \frac{d\varphi}{(1-\alpha^2)\cos^2\varphi + \dfrac{(n+\alpha)^2}{1-\alpha^2}\sin^2\varphi}$$

$$= \int_0^{2\pi} \frac{\varphi'(t)}{(1-\alpha^2)\cos^2\varphi(t) + \dfrac{(n+\alpha)^2}{1-\alpha^2}\sin^2\varphi(t)} dt$$

$$\geqslant 2\pi.$$

因此

$$\frac{2(k+1)\pi}{n+\alpha} \geqslant 2\pi, \text{ 或 } k \geqslant n - 1 + \alpha.$$

因为 k 是整数,所以 $k \geqslant n$. 从而

$$2n\pi \leqslant \varphi(2\pi) - \varphi(0).$$

而且我们要证 $2n\pi \neq \varphi(2\pi) - \varphi(0)$,否则,令 $\varphi(2\pi) - \varphi(0) = 2n\pi$,则有

$$\frac{2n\pi}{n+\alpha} = \int_{\varphi(0)}^{\varphi(2\pi)} \frac{d\varphi}{(1-\alpha^2)\cos^2\varphi + \dfrac{(n+\alpha)^2}{1-\alpha^2}\sin^2\varphi} \geqslant 2\pi,$$

从而 $n \geqslant n + \alpha$. 这是一个矛盾. 因此,$2n\pi < \varphi(2\pi) - \varphi(0)$.

同理可证 $k \leqslant n$. 从而 $k = n$,而且

$$2n\pi < \varphi(2\pi) - \varphi(0) < 2(n+1)\pi,$$

它蕴含(9.9)成立. 引理得证.】

读者不难用比较定理证明下述引理.

引理 9.3 设 $q(t)$ 为连续的 2π 周期函数,而且它满足不等式

$$n^2 < q(t) < (n+1)^2 \quad (0 \leqslant t \leqslant 2\pi), \tag{9.15}$$

其中 n 是一整数,则齐次线性方程

$$u'' + q(t)u = 0 \tag{9.16}$$

没有非平凡的 2π 周期解.

定理 9.2 的证明 先证唯一性部分.设 $x = x_1(t)$ 和 $x = x_2(t)$ 是方程 9.1 的任意两个 2π 周期解,而且令 $u(t) = x_1(t) - x_2(t)$.则 $u = u(t)$ 是方程(9.16)的一个 2π 周期解,这里函数

$$q(t) = \int_0^1 g'(x_2(t) + \xi u(t))d\xi$$

是连续的 2π 周期函数,而且由条件(9.2)可知它满足不等式(9.15).因此,由引理 9.3 推出 $u(t) \equiv 0$,即 $x_1(t) \equiv x_2(t)$.唯一性得证.

其次,我们要证明存在性部分.

由(9.5),令

$$\bar{x} = x(2\pi, \xi, \eta), \quad \bar{y} = y(2\pi, \xi, \eta).$$

设

$$\mathscr{D}_A = \{(\xi, \eta) \mid \xi^2 + \eta^2 \leqslant A^2\}.$$

从而我们有 Poincaré 映射

$$H: \mathscr{D}_A \to R^2;\ (\xi, \eta) \longmapsto (\bar{x}, \bar{y}).$$

由引理 9.2 可知,存在充分大的正数 A,使得对一切常数 $\lambda \geqslant 0$,当 $\xi^2 + \eta^2 = A^2$ 时我们有

$$H(\xi, \eta) \neq \lambda \cdot (\xi, \eta),$$

即 H 满足第 1 节中定理 1.2 的条件.因此,H 至少有一个不动点(ξ_0, η_0).而且,易知 $x = x(t, \xi_0, \eta_0)$是方程(9.1)的 2π 周期解.定理得证.】

当 Loud 条件(9.2)不成立时方程(9.1)的 2π 周期解存在性问题是近来一个比较活跃的研究课题.最近,丁同仁在广义的 Loud 条件

$$n^2 \leqslant g'(x) \leqslant (n+1)^2$$

下解决了方程(9.1)的 2π 周期解的存在性问题[6],而且在共振点还考虑了一些别的问题[10],[11].而王铎提出并证明了一类强-弱混合型方程(9.1)的 2π 周期解的存在定理[8].总之,在这个领域内仍有许多等待人们去解决的有趣问题[13].

习 题 六

1. 试证明定理 1.1 和定理 1.2.

[提示:定义向量场

$$v(p) = h(p) - p, \quad p \in \mathscr{B}.$$

注意,p_0 是 h 的一个不动点当且仅当 $v(p_0) = 0$.设 $v(p) \neq 0$,对一切 $p \in J (= \partial\mathscr{B})$.再证明向量场 v 沿 J 的旋转数不等于零.]

2. 设方程(1.1)是 A 周期的;又 $x = x(t)$是(1.1)的一个解.证明 $x = x(t)$是 A 周期的当

且仅当$x(0)=x(A)$和$x'(0)=x'(A)$成立.

3. 已知$x=\left(\cos\frac{t}{3}\right)^3$是方程

$$x''+\frac{1}{3}x=\frac{1}{3}\sin\frac{t}{3}\cdot\sin\frac{2t}{3},$$

的一个6π周期解.试作这周期解在相平面(x,x')上的轨线图.[注意:利用极坐标可作出此轨线图为一个"∞"形.如何画出时间t增加的方向?如何解说解的存在和唯一性?]

4. 导出方程(2.10)和(2.1)有无穷多个调和解的充要条件.

5. 证明方程(2.1)存在调和解的充要条件为它有一个正向(即当$t\to+\infty$时)有界解.

6. 把§2的理论推广到一般的线性常微分方程组

$$\frac{dx}{dt}=Ax+f(t),$$

其中x是n维向量,A是$n\times n$的实常数矩阵,而$f(t)$是2π周期的向量值函数.

7. 设方程(3.10)的2π周期解为

$$x(t,\varepsilon)=x_0(t)+\varepsilon x_1(t)+\varepsilon^2x_2(t)+\cdots \qquad (*)$$

其中$x_0(t),x_1(t),x_2(t),\cdots$,都是$2\pi$周期函数.试确定$x_0(t)$和$x_1(t)$;从而写出一次近似解$x=x_0(t)+\varepsilon x_1(t)$.[提示:把(*)代入方程(3.10),然后再比较ε^n的系数$(n=0,1,\cdots)$.]

8. 试讨论方程

$$x''+x=E\sin\omega t+\varepsilon x^2$$

的调和解.($E>0$和$\omega>0$是常数,ε是小参数.)

9. 证明$G(t,\xi)=v(t-\xi)$.

10. 作方程(4.10)当$d_1=0$时的频率反应曲线图.

11. 作软弹簧阻尼振动的频率反应曲线图.

12. *在定理4.1中设Jacobi矩阵(J_0)的特征根的实部是负的.试证调和解(4.4)具有类似于(3.11)的渐近性质.

13. 证明方程$x''+x+x^3=\varepsilon\cos 2t$当$|\varepsilon|$充分小时有$\pi$周期解;而且考虑它的次调和解.

14. 如果把方程(5.1)的右端换成$\varepsilon\sin\omega t$,那么定理5.1的结论也是对的.

15. 证明方程$x''+x^3=\varepsilon\cos\omega t$当$|\varepsilon|$充分小时有$2\pi/\omega$周期解.

16. 利用定理6.1的结果证明方程(4.10)当$\omega\to\infty$时有振幅趋于零的调和解.

17. 设$p(\tau)$是连续的2π周期函数,而且

$$\int_0^{2\pi}p(\tau)d\tau=0.$$

试证方程$x''+cx'+kx=f(x,x')+p(\omega t)$当$\omega\to\infty$时有振幅趋于零的调和解(对$c,k$和$f(x,x')$的假设同定理6.1).

18. 证明硬弹簧无阻尼的高频强迫振动方程(4.10)至少有两个不同的大振幅调和解.

19. 证明定理7.2(以及相应的引理).

20. 证明$x''+cx'+kx+\alpha x^3=E\sin t$是一个耗散系统,其中常数$c>0,k>0$;又常数$\alpha\geqslant 0$和$E\geqslant 0$.

21. 证明van der Pol方程

$$x''+\mu(x^2-1)x'+x=p(t)(\equiv p(t+2\pi))$$

至少有一个 2π 周期解.

22. 试证明本章最后一节的引理 3.[提示:作(9.16)的比较方程:$u''+n^2u=0$ 和 $u''+(n+1)^2u=0$.]

23. 证明 Duffing 方程

$$x''+x-\arctan x=4\cos t$$

没有 2π 周期解.[提示:利用反证法].

参 考 文 献

[1] Hale, J.K., Ordinary Differential Equations, 1969; 2nd ed., Huntington, Krieger, 1980.(常微分方程,人民教育出版社,1980)

[2] S.莱夫谢茨,微分方程几何理论,上海科学技术出版社,1965

[3] G. Sansone and R. Conti, Nonlinear differential equations, Pergamon Press, 1964.(G.桑森、R.康蒂、非线性微分方程,科学出版社,1983.)

[4] DING TONG-REN(丁同仁), Some fixed point theorems and periodically perturbed non-dissipative systems, Chin. Ann. of Math. **2**(Eng. Issue)(1981),281—300.

[5] DING TON-REN(丁同仁), Existence of forced periodic solutions of high frequency with small or large amplitude, Chin. Ann. of Math. **2** (Eng. Issue) (1981),93—103.

[6] 丁同仁,在共振点的非线性振动,中国科学,A辑,**1**(1982),1—13.

[7] 丁伟岳,Poincaré-Birkhoff 扭转定理的推广及其在微分方程中的应用,数学学报,**25**(1981),2.

[8] 王铎,周期扰动的非保守系统的 2π 周期解,数学学报,**26**(1983),3,241-353.

[9] D.E. Leach, On poincaré's perturbation theorem and a theorem of W. S. Loud, J. Diff. eqs., **7**(1970), 34—53.

[10] DING TONG-REN (丁同仁), An infinite class of periodic solutions of periodically perturbed Duffing equations at resonance, Proc. A. M. S. **86** (1982),1.

[11] Ding Tong-ren, *Jnbounded perturbations of forced harmonic oscillations at resonance*, Proc. Amer. Math. Soc. **88**(1983),59—66.

[12] Ding Wei-yue, *A generalization of the Poincaré-Birkhoff theorem*, Proc. Amer. Math. Soc. **88**(1983), 341—346.

[13] Ding Tong-ren and Ding Wei-yue, *Resonance problem for a class of Duffing's equations*, chinese Ann. Math. **6-B**(1985),427—432.

[14] Ding Tong-ren, R. Iannacci, and F. Zanolin, *On periodic solutions of sublinear Duffing's equations*, J. Math. Anal. Appl. **158**(1991), 316—332.

[15] ____, *Existence and multiplicity results for periodic solutions of semilinear Duffing equations*, J. Differential Equations, Vol. 105 (1993), 364-409.

[16] Ding Tong-ren and F. Zanolin, *Periodic solutions of Duffing's equations with superquadratic potential*, J. Differential Equations, Vol. 97(1992),326—378.

[17] ____, *Time-maps for the solvability of periodically perturbed nonlinear Duffing's equations*, Nonlinear Anal., TMA, Vol. 17(1991), 635—653.

[18] ____, *Subharmonic solutions of second order nonlinear equations: A timemap approach*, Nonlinear Anal., TMA, Vol. 20(1993), 509—532.

第七章　环面上的常微系统

§1. 引　　言

本章讨论环面上的常微系统的经典结果,主要内容来自[1],[2].

设一阶方程组

$$\frac{d\varphi}{dt}=F(\varphi,\theta),\quad \frac{d\theta}{dt}=G(\varphi,\theta) \tag{1.1}$$

右端函数满足解的存在和唯一性条件,而且

$$F(\varphi+1,\theta)\equiv F(\varphi,\theta+1)\equiv F(\varphi,\theta),$$
$$G(\varphi+1,\theta)\equiv G(\varphi,\theta+1)\equiv G(\varphi,\theta).$$

由于 F,G 有界,所以方程(1.1)的解在$(-\infty,+\infty)$上存在.

如果把 φ,θ 平面内单位正方形的对边看作是重合的,那么就产生出一个环面 T^2,而方程(1.1)可以解释为环面上的微分方程.把(1.1)在 φ,θ 平面内的轨线在环面上进行解释,如图 7.1 所示.

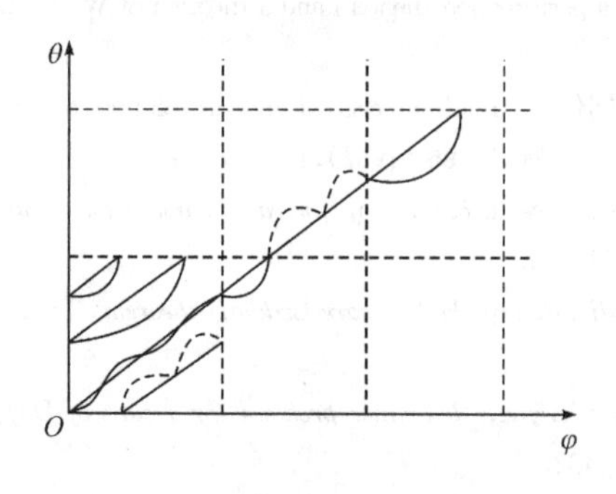

图 7.1

在三维 Euclid 空间内,我们可以把环面 T^2 的方程写出来,即

$$T^2:(\sqrt{x^2+y^2}-a)^2+z^2=b^2,$$

其中 a 和 b 是正的常数,而且 $a>b$;或用等价的参数表达式来表示:

$$x=(a+b\cos2\pi\theta)\cos2\pi\varphi,$$
$$y=(a+b\cos2\pi\theta)\sin2\pi\varphi,$$
$$z=b\sin2\pi\theta,$$
$$0\leqslant\varphi<1,\quad 0\leqslant\theta<1,\quad 0<r<R.$$

它表明环面 T^2 上的点关于坐标 (φ,θ) 也是双周期的,即

$$(\varphi+1,\theta)=(\varphi,\theta+1)=(\varphi,\theta).$$

因此,我们可以把常微系统(1.1)的定义域直接看作环面 T^2,并且在环面 T^2 上作出相应的切向量场 (F,G).

我们介绍几个有关的名词.

中圆(环轴): $z=0, x^2+y^2=a^2$.

经圆: $\varphi=\varphi_0$.

纬圆: $\theta=\theta_0$.

显然,常微系统(1.1)的积分轨线跟经(纬)圆相切的充要条件是在切点有 $F=0(G=0)$.因此,若在整个环面上有 $F\neq 0$,则积分轨线在各点都是穿过所在的经圆,而作沿中圆的转动.对于这种系统,我们可以利用(1.1)消去 dt,即得

$$\frac{d\theta}{d\varphi}=\frac{G(\varphi,\theta)}{F(\varphi,\theta)}=A(\varphi,\theta). \tag{1.2}$$

把 φ 看作自变量.方程(1.2)是一个一阶常微系统.

设方程(1.2)满足初值

$$\theta\Big|_{\varphi=\varphi_0}=\theta_0$$

的解为 $\theta=\theta(\varphi;\varphi_0,\theta_0)$,它在环面 T^2 上的图象就是微分方程(1.2)的曲线(没有方向).再根据(1.1)可以确定一个方向,即得常微系统(1.1)在 T^2 上的轨线(方向表示当 t 增加时的运动方向).

例题　设 $\dfrac{d\varphi}{dt}=1, \dfrac{d\theta}{dt}=\mu$,

这里 μ 是一个常数.

消去 dt,得到

$$\frac{d\theta}{d\varphi}=\mu,$$

由此推出

$$\theta=\mu\varphi+\theta_0,(\theta_0\text{ 是任意常数}).$$

当 $\varphi=n(n=0,\pm1,\pm2,\cdots)$ 时,令 $\theta=\theta_n$,即

$$\theta_n=n\mu+\theta_0.$$

由于 T^2 关于 θ 是以 1 为周期,因此考虑

$$\theta_n=k_n+(\theta_n),$$

其中 k_n 是某个整数,而 $0\leqslant(\theta_n)<1$.

当 $\mu=\dfrac{p}{q}$(p 和 q 为互素的正整数)时,有

$$(\theta_q)=(\theta_0)=(\theta_{sq})$$

$(s=0,\pm1,\pm2,\cdots)$.这就说明,当 φ 沿中圆转 q 圈时,θ 沿经圆方向转了 p 圈,并且回到初始点.因此,我们在环面上得到一个闭轨线.再由于 θ_0 是任意的,所以这种闭轨线充满整个环面.

其次,我们考虑 μ 是无理数的情形.此时对任何整数 k,我们有

$$\theta_k - \theta_0 = k\mu$$

它不可能是整数,因此不可能出现闭轨线.而且,由于序列 $\{(\theta_k-\theta_0)\}=\{(k\mu)\}$ 在 $0\leqslant\theta\leqslant1$ 上处处稠密[4],从而易知这条轨线也在 T^2 上处处稠密.这种现象对于平面上的常微系统是不可能出现的.

§2. 旋 转 数

设常微分方程

$$\frac{d\theta}{d\varphi} = A(\varphi,\theta) \tag{2.1}$$

满足下列条件:

(1) $A(\varphi,\theta)$是连续的,而且 $A(\varphi,\theta)>0$.

(2) $A(\varphi+1,\theta)=A(\varphi,\theta)=A(\varphi,\theta+1)$.

(3) 经过每一点(φ_0,θ_0)有唯一的解.

由性质(2)可知,我们可以在环面上作轨线图,而且由(3)可见,在环面上过各点的轨线是(存在)唯一的.再由(1),(2)可知,$A(\varphi,\theta)$是有界的,因而各轨线的存在区间为:$-\infty<\varphi<+\infty$.

设 $\theta=u(\varphi,\theta_0)$是方程(2.1)满足初始条件

$$\theta_0 = u(0,\theta_0)$$

的解.令 C 表示环面 T^2 上的经圆 $\varphi=0$.　令

$$\psi(\theta_0) = u(1;\theta_0).$$

由解的存在唯一性推出,$\psi(\theta_0)$是 θ_0 的单调递增函数.

因此,通过对应

$$(0,\theta_0) \rightarrow (1,\psi(\theta_0)) \tag{2.2}$$

确定了一个同胚 $\mathscr{T}:C\rightarrow C$.　令

$$P_0 = (0,\theta_0), P_1 = (1,\psi(\theta_0)),$$

则 $P_1=\mathscr{T}P_0$.由于 $\psi(\theta_0)$是单调递增的,所以同胚 $\mathscr{T}$ 是保持方向的.另一方面,再由解的存在唯一性,

$$u(\varphi;\theta_0+1) = u(\varphi,\theta_0)+1.$$

特别,当 $\varphi=1$ 时,我们有

$$\mathscr{T}(\theta_0+1)=\psi(\theta_0)+1 \tag{2.3}$$

我们称 ψ 是同胚 $\mathscr{T}$ 的一个代表. 由(2.2)可见, $\psi+n$(n 是任一整数)也是 $\mathscr{T}$ 的一个代表.

令

$$\psi^0(\theta_0)=\theta_0,$$
$$\psi^n(\theta_0)=\psi(\psi^{n-1}(\theta_0)). \quad (n\geqslant 1),$$
$$\psi^n(\theta_0)=\psi^{-1}(\psi^{n+1}(\theta_0)) \quad (n\leqslant -1)$$

(其中 ψ^{-1} 表示 ψ 的反函数). 相应地, 令

$$\mathscr{T}^0P_0=P_0,$$
$$\mathscr{T}^nP_0=\mathscr{T}(\mathscr{T}^{n-1}P_0) \quad (n\geqslant 1),$$
$$\mathscr{T}^nP_0=\mathscr{T}^{-1}(\mathscr{T}^{n+1}P_0) \quad (n\leqslant -1).$$

于是, 有

(i) $\mathscr{T}^0\mathscr{T}^k=\mathscr{T}^k\mathscr{T}^0$;

(ii) $\mathscr{T}^{k+l}=\mathscr{T}^k\mathscr{T}^l=\mathscr{T}^l\mathscr{T}^k$;

(iii) $(\mathscr{T}^k)^{-1}=\mathscr{T}^{-k}$.

这就是说, $\{\mathscr{T}^n|n=0,\pm1,\pm2,\cdots\}$ 组成一个变换群.

易知函数 ψ^n 也是连续和单调递增的, 而且也满足(2.3), 它是 $\mathscr{T}^n$ 的一个代表.

令

$$\theta_n=\psi^n(\theta_0), \quad P_n=\mathscr{T}^nP_0.$$

本节的主要结论是

定理 2.1 (i) 极限

$$\mu=\lim_{|n|\to+\infty}\frac{\theta_n}{n} \tag{2.4}$$

存在且跟 θ_0 的选择无关(称 μ 为系统(2.1)的旋转数);

(ii) 旋转数 μ 是有理数的充要条件为 $\mathscr{T}$ 的某个幂 $\mathscr{T}^m$ 有不动点.

证明 第一步, 设对某个 $\bar\theta_0$ 极限 μ 存在. 现取任意的 θ_0, 则存在整数 m 使得

$$m\leqslant\theta_0-\bar\theta_0<m+1,$$

由 ψ^n 的单调递增, 我们推得

$$\psi^n(\bar\theta_0+m)\leqslant\psi^n(\theta_0)<\psi^n(\bar\theta_0+(m+1)),$$

再由(2.3)推出

$$\psi^n(\bar\theta_0)+m\leqslant\psi^n(\theta_0)<\psi^n(\bar\theta_0)+m+1, \tag{2.5}$$

从而

$$\bar\theta_n+m\leqslant\theta_n<\bar\theta_n+(m+1),$$

由此, 再根据(2.4)推出

$$\lim_{|n|\to\infty} \frac{\theta_n}{n} \leqslant \mu \leqslant \lim_{|n|\to\infty} \frac{\theta_n}{n},$$

从而

$$\mu = \lim_{|n|\to\infty} \frac{\bar{\theta}_n}{n}.$$

这就证明了 μ(如果存在的话)跟 θ_0 无关.

第二步,设$\mathscr{T}$的某个幂$\mathscr{T}^m(m\neq 0)$有一个不动点 $P=(0,\theta_0)$:$\mathscr{T}^m P=P$,则 $P=\mathscr{T}^{-m}P$,即$\mathscr{T}^{-m}$也有不动点P.由此不妨设 $m>0$.又因 $\mathscr{T}^m P=P$ 可知,$\theta_m=\theta_0+r$(r 是某个整数).因此,有

$$\begin{aligned}\theta_{2m} &= \psi^m(\theta_m)=\psi^m(\theta_0+r)=\psi(\theta_0)+r \\ &= \theta_m+r=\theta_0+2r.\end{aligned}$$

用归纳法可证

$$\theta_{nm} = \theta_0 + nr.$$

由于任意的整数 k 可以写成$k=nm+s(0\leqslant s\leqslant m-1)$.于是

$$\begin{aligned}\theta_k &= \theta_{nm+s}=\psi^s(\theta_{nm})=\psi^s(\theta_0+nr) \\ &= \psi^s(\theta_0)+nr=\theta_s+nr,\end{aligned}$$

和

$$\frac{\theta_k}{k} = \frac{\theta_s}{k} + \frac{nr}{k}.$$

显然

$$\lim_{|k|\to\infty} \frac{\theta_s}{k} = 0.$$

我们就有

$$\lim_{|k|\to\infty}\left(\frac{\theta_k}{k}\right) = \lim_{|k|\to\infty}\left(\frac{nr}{k}\right) = \lim_{|n|\to\infty} \frac{nr}{nm+s} = \frac{r}{m},$$

即 μ 存在,而且 $\mu=\dfrac{r}{m}$为一有理数.

第三步,设 μ 是有理数,令

$$m\mu + k = 0 \quad (m \neq 0, k \text{ 是整数})$$

要证 $\mathscr{T}^m$ 有不动点.事实上,令

$$g(\theta_0) = \psi^m(\theta_0) + k,$$

则

$$g^n(\theta_0) = \psi^{nm}(\theta_0) + nk.$$

因此

$$\lim_{|n|\to\infty} \frac{g^n(\theta_0)}{n} = \lim_{|n|\to\infty}\left(m\cdot\frac{\psi^{mn}(\theta_0)}{mn} + k\right)$$

$$= m\mu + k = 0. \tag{2.6}$$

显然,$g(\theta_0)$是$\mathscr{T}^m$ 的一个代表.假设 $\mathscr{T}^m$ 没有不动点,则对于任何 θ_0,有 $g(\theta_0)-\theta_0\neq 0$.故由 $g(\theta_0)$的单调递增性,可见

$$g(\theta_0) > \theta_0,$$

特别,有 $g(0)>0$;从而

$$g^l(0) > g^{l-1}(0) > \cdots > g(0) > 0.$$

即$\{g^l(0)\}$是一个单调递增序列.

现在证明 $g^l(0)<1$.假设不然,存在某个正整数 n,使得 $g^n(0)\geqslant 1$,则

$$\begin{aligned} g^{2n}(0) &\geqslant g^n(1) = \psi^{nm}(1) + nk \\ &= \psi^{nm}(0) + (kn+1) \\ &= g^n(0) + 1 \geqslant 2. \end{aligned}$$

用归纳法可证

$$g^{ln}(0) \geqslant l \quad (l \geqslant 1).$$

由此得到

$$\frac{g^{ln}(0)}{ln} \geqslant \frac{1}{n} > \theta \quad (n \text{ 固定}).$$

令 $l\to+\infty$,由(2.4)推出

$$m\mu + k \geqslant \frac{1}{n} > 0.$$

这个矛盾证明了 $g^l(0)<1$.因此,单调递增有界序列$\{g^l(0)\}$有极限.令

$$\hat{\theta}_0 = \lim_{l\to\infty} g^l(0),$$

则

$$g(\hat{\theta}_0) = \lim_{l\to\infty} g(g^l(0)) = \lim_{l\to\infty} g^{l+1}(0) = \hat{\theta}_0,$$

即得

$$\hat{P} = (0, \hat{\theta}_0)$$

是 $\mathscr{T}^m$ 的一个不动点.此矛盾证明了 $\mathscr{T}^m$ 必须有不动点.】

第四步,设$\mathscr{T}$的任何幂 $\mathscr{T}^m(m\neq 0)$都没有不动点,即关系式

$$\theta_m = \theta_0 + r \quad (r \text{ 是整数})$$

不可能成立.因此,对于任何整数 $m\neq 0$ 和一个特定的实数 θ_0,存在整数 r,使得

$$r + \theta_0 < \theta_m < \theta_0 + r + 1.$$

由 ψ^m 的连续性可见此不等式对所有 θ_0 都成立.特别取 $\theta_0=0$ 而相应的 θ_k 写成 $\bar{\theta}_k$,则

$$r < \bar{\theta}_m < r + 1,$$

$$\bar{\theta}_m + r < \bar{\theta}_{2m} < \bar{\theta}_m + (r+1),$$

$$\cdots\cdots$$

$$\theta_{(n-1)m} + r < \bar{\theta}_{nm} < \bar{\theta}_{(n-1)m} + (r+1).$$

把这 n 个不等式分别加起来,再消去同类项,得到

$$nr < \bar{\theta}_{nm} < n(r+1) \quad (n \geqslant 1).$$

于是,我们有

$$r < \frac{\bar{\theta}_{nm}}{n} < r+1.$$

而且类似地可以证明不等式当 $n \leqslant -1$ 时亦成立.又因

$$r < \bar{\theta}_m < r+1,$$

所以

$$\left| \frac{\bar{\theta}_{nm}}{nm} - \frac{\bar{\theta}_m}{m} \right| < \frac{1}{|m|},$$

从而我们推出

$$\left| \frac{\theta_m}{m} - \frac{\theta_n}{n} \right| < \frac{1}{|m|} + \frac{1}{|n|},$$

由此可见 $\left\{ \frac{\bar{\theta}_n}{n} \right\}$ 是一个 Cauchy 序列,因此,极限

$$\mu = \lim_{|n| \to \infty} \left(\frac{\theta_n}{n} \right)$$

存在.最后,由第三步可知 μ 必为无理数.】

§3. 极 限 点 集

类似于平面动力系统的极限点集,我们考虑集合

$$S_P = \{ \mathscr{T}^n P \mid n = 0, \pm 1, \pm 2, \cdots \}$$

其中 $P \in C$(固定).以 S_p' 表示 S_p 的极限点集.

定理 3.1　$\mathscr{T} S_p' = S_p'$(即 S_p' 是不变集合).

证明　令 $\hat{P} \in S_p'$,则存在 $P_{n_i} = \mathscr{T}^{n_i} P \in S_P (|n_i| \to +\infty)$,使得

$$\lim_{|n_i| \to \infty} P_{n_i} = \hat{P},$$

因此

$$\mathscr{T} \hat{P} = \lim_{|n_i| \to \infty} \mathscr{T} P_{n_i} = \lim_{|n_i| \to \infty} P_{n_i + 1} \in S'_P.$$

由此证明了 $\mathscr{T}S'_P\subseteq S'_P$.

另一方面,我们有

$$\mathscr{T}^{-1}\hat{P} = \lim\mathscr{T}^{-1}P_{n_i} = \lim P_{n_i-1}\in S'_P,$$

就有 $\mathscr{T}^{-1}S'_P\subseteq S'_P$. 从而 $S'_P\subseteq\mathscr{T}S'_P$.

这样就证明了 $\mathscr{T}S'_P=S'_P$】

当 μ 是有理数时,则不难利用上节证明中的第三步相仿的方法推出 S'_P只有有限个点(注意,S_P 可能有无限多的点). 因此 S'_P的结构比较简单. 以下设 μ 是无理数.

以下我们要证明 S'_P跟P 无关,为此,我们先证一个引理.

引理 3.1 设 $P_m,P_n\in S_P(m\neq n)$,又设 α 和 β 是在 C 上以 P_m,P_n 为端点的两个闭弧. 在 C 上任取一点 q,则 α 和 β 都包含 q 的某些像点 $q_s=\mathscr{T}^sq$.

证明 我们只须考虑 α,对于 β 可作相同的讨论.

易知 $\alpha,\mathscr{T}^{m-n}\alpha,\mathscr{T}^{2(m-n)}\alpha,\cdots,\mathscr{T}^{l(m-n)}\alpha$ 在C 上是一串相连接的弧段. 而且当 l 充分大时,我们有

$$C\subset\alpha\cup\mathscr{T}^{m-n}\alpha\cup\cdots\cup\mathscr{T}^{l(m-n)}\alpha \tag{3.1}$$

事实上,假设(3.1)对任何大的 l 都不对,则序列

$$\{\mathscr{T}^{l(m-n)}P_n\,|\,l=0,1,2,\cdots\}$$

在 C 上'单调有界',因而它有极限点

$$\hat{P}=\lim_{l\to\infty}\mathscr{T}^{l(m-n)}P_n.$$

但是

$$\begin{aligned}\mathscr{T}^{m-n}\hat{P}&=\lim_{l\to\infty}\mathscr{T}^{m-n}(\mathscr{T}^{l(m-n)}P_n)\\&=\lim_{l\to\infty}\mathscr{T}^{(l+1)(m-n)}P_n=\hat{P},\end{aligned}$$

即 $\mathscr{T}^{m-n}$有不动点$\hat{P}$,这跟 μ 是无理数的假设相矛盾. 因而(3.1)成立.

由(3.1),存在某个整数 $k>0$,使得

$$q\in\mathscr{T}^{k(m-n)}\alpha$$

从而

$$\mathscr{T}^{k(n-m)}q\in\alpha$$

即 $q_s=\mathscr{T}^sq\in\alpha\quad(s=k(n-m))$.】

定理 3.2 S'_P不依赖于 P 的选择.

证明 设 S'_P和S'_q分别表示相应的极限点集. 令 $u\in S'_P$,则存在 $n_i(|n_i|\to\infty)$,使得

$$\lim P_{n_i} = u$$

则由上面的引理推出,存在 $l_j(|l_j|\to\infty)$,使得

$$\lim \mathscr{T}^{l_j} q = u,$$

即 $u\in S'_q$.所以我们有 $S'_P\subseteq S'_q$.再利用 P 和 q 在逻辑上的对称性,就有 $S'_q\subseteq S'_P$.因此,$S'_P=S'_q$,由于 P 是任意的,这就证明了定理的结论.】

由定理 3.2 我们可定义系统的极限点为 $S'=S'_P$.

定理 3.3 极限点集 S' 是完全的,而且只有下述两种可能:

(i) $S'=C$ (此时称 $\mathscr{T}$ 为各态经历),

(ii) S' 在 C 上无处稠密(称 T 为奇异情况).

证明 容易证明 S' 是闭的.因此,S' 的极限点集 $(S)\subseteq S'$.另一方面,设 $u\in S'$,用定理 3.2 的证明方法可知存在 $q\in S'$,使得

$$\lim q_{l_j} = \lim \mathscr{T}^{l}_{j_q} = u.$$

由 $\mathscr{T}S'=S'$ 推出 $q_{l_j}\in S'$.所以 $u\in(S')$.这样我们就证明了 $S'\subseteq(S)$.因此,$(S')=S'$,即 S' 是一个完全集.

最后,设 S' 在 C 上的某个弧段稠密,则由引理推出 S' 在 C 上处处稠密.由于 S' 是闭的,所以 $S'=C$.这就证明了,如果可能性(ii)不成立,则只有可能性(i)成立.】

§4. 各态经历

当系统(2.1)是解析的情形,Poincaré 曾经猜想不会出现奇异的情形.A. Denjoy 在 1932 年证实了 Poincaré 的猜想,而且只要求 $A(\varphi,\theta)$ 和 $A'_\theta(\varphi,\theta)$ 连续,以及 $A'_\theta\ (\varphi,\theta)$ 对 θ 囿变(关于 φ 一致)就够了.

定理 4.1 设 $\psi(\theta_0)$ 有一阶连续的导数 $\psi'(\theta_0)>0$,而且 $\psi'(\theta_0)$ 是囿变的($0\leqslant\theta_0\leqslant2\pi$).又设 $\mathscr{T}$ 的各次幂变换($\mathscr{T}^0$ 除外)无不动点,则 $\mathscr{T}$ 是各态经历的.

证明 令 $P_0\in C$,α 是以 P_0 为一端点的弧.设 n 是一个正整数,使得 P_n 或 P_{-n} 是点集

$$\{P_k = \mathscr{T}^k P_0 \mid |k|\leqslant n\}$$

在 α 内部的唯一的一个点.任给 $N>0$,可取弧段 α 充分小,使得具有上述性质的 $n\geqslant N$.设 $P_{-n}\in\alpha$.对于 $P_n\in\alpha$ 的情形,可作类似的处理.

现在,我们首先来证明两个有限序列

$$P_0,P_1,\cdots,P_{n-1}\ 和\ P_{-n},P_{1-n},\cdots,P_{-1} \tag{4.1}$$

在 C 上的位置是互相交错的.

事实上,我们取开弧 $\widehat{P_0P_{-n}}\subset\alpha$.只须证明开弧 $\widehat{P_kP_{k-n}}$ (跟 $\widehat{P_0P_{-n}}$ 同向;$k=0,1,\cdots,n-1$)内部不包含上述两序列的任何点,亦即它们两两不相交.假设不然,

则存在某个 $l(-n\leqslant l\leqslant n-1)$,使得 $P_l\in\widehat{P_kP_{k-n}}$.只有两种可能:

(i) $k-n\leqslant l<n$;

(ii) $-n\leqslant l<k-n<0$.

考虑(i).由 $P_l\in\widehat{P_kP_{k-n}}$ 推出 $\mathcal{T}^{-k}P_l\in\widehat{P_0P_{-n}}$.(这里用到 $\mathcal{T}$ 的保向性),即 $P_{l-k}\in\widehat{P_0P_{-n}}$.但由(i)得出,$-n\leqslant l-k\leqslant l<n$,因此 $P_{l-k}\in\widehat{P_0P_{-n}}$ 跟 n 的选取矛盾.所以可能性(i)不会出现.

再考虑(ii).由(ii)得 $0\leqslant l+n<k$,从而 $k-n<l+n<n$.但是,已证(i)不会出现,所以 $P_{l+n}\notin\widehat{P_kP_{k-n}}$.由反证假设 $P_l\in\widehat{P_kP_{k-n}}$,故 $\widehat{P_{l+n}P_l}$ 跟 $\widehat{P_kP_{k-n}}$ 部分相叠.因此 $P_k\in\widehat{P_{l+n}P_l}$.从而 $P_{k-(l+n)}\in\widehat{P_0P_{-n}}$.但是 $0<k-(l+n)<-l\leqslant n$,此又跟 n 的选取矛盾.所以可能性(ii)也不会出现.

上述矛盾证明了两个序列(4.1)在 C 上的位置是互相交错的.

其次,由于 $\psi'(\theta_0)>0$ 连续和囿变 $(0\leqslant\theta_0\leqslant 1)$,因而函数 $\eta(\theta_0)=\log\psi'(\theta_0)$ 也是连续的,而且易知 $\eta(\theta_0+1)=\eta(\theta_0)$.设 $P_0=(0,\theta_0)$ 满足(4.1),则 $\widehat{P_kP_{k-n}}$ $(k=0,1,\cdots,n-1)$ 互不相交.所以

$$\sum_{k=0}^{n-1}|[\eta(\theta_k)-\eta(\theta_{k-n})]|\leqslant V_0, \tag{4.2}$$

其中常数 V_0 是 $\eta(\theta_0)$ 在 $(0\leqslant\theta_0\leqslant 1)$ 上的全变量.但是

$$\sum_{k=0}^{n-1}\eta(\theta_k)=\log\left(\prod_{k=0}^{n-1}\psi'(\theta_k)\right)=\log\frac{d\psi^n}{d\theta}(\theta_0),$$

类似地可得

$$\sum_{k=0}^{n-1}\eta(\theta_{k-n})=-\log\frac{d\psi^{-n}}{d\theta}(\theta_0),$$

因而由(4.2)推出

$$\left|\log\left(\frac{d\psi^n}{d\theta}(\theta_0)\,\frac{d\psi^{-n}}{d\theta}(\theta_0)\right)\right|\leqslant V_0,$$

或

$$e^{-V_0}\leqslant\frac{d\psi^n}{d\theta}(\theta_0)\,\frac{d\psi^{-n}}{d\theta}(\theta_0)\leqslant e^{V_0}.$$

显然,此不等式对任何 $\theta_0(0\leqslant\theta_0\leqslant 1)$ 和任意大的 n 都成立.

然后,设 β 是在 C 上长度为 S 的弧段,以 S_k 表示 $\mathcal{T}^k\beta$ 的长度.不妨设 C 的半径等于 1,则

$$S_k=\int_\beta\frac{d\psi^k}{d\theta_0}d\theta_0 \text{ 和 } S_{-k}=\int_\beta\frac{d\psi^{-k}}{d\theta_0}d\theta_0.$$

由此推出

$$S_k+S_{-k}=\int_\beta\left(\frac{d\psi^k}{d\theta_0}+\frac{d\psi^{-k}}{d\theta_0}\right)d\theta_0$$

$$\geqslant 2\int_{\beta}\left(\frac{d\psi^{k}}{d\theta_0}\cdot\frac{d\psi^{-k}}{d\theta_0}\right)^{\frac{1}{2}}d\theta_0\geqslant 2S\,e^{-\frac{1}{2}V_0}.$$

因此,当 $k\to\infty$ 时,S_k+S_{-k} 不可能趋于 0.

现在,设 $C-S'$ 非空.取开弧 $\beta\subseteq C-S'$,且 β 以 S' 的点为端点.由于 $\mathscr{T}S'=S'$ 和 $\mathscr{T}$ 的保向性,从而全体开弧 $\mathscr{T}^k\beta(k=0,\pm1,\pm2,\cdots)\subseteq C-S'$,因为这些开弧的端点属于 S',所以这些开弧的任何两个都不能重叠,而且也不能重合,否则一开弧的端点变到另一开弧的同一端点(用保向性),这样推出 μ 为有理数,不可能.因此,所有开弧 $\{\mathscr{T}^k\beta\}$ 都是互不相交的,当 $k\to\infty$ 时必须有 $S_k+S_{-k}\to 0$,这跟上一段最后的结论矛盾.因此,$S-S'$ 是空集,即 $\mathscr{T}$ 是各态经历.】

定理 4.2　设 $A(\varphi,\theta)$ 连续和以 1 为双周期;又 $A'_\theta(\varphi,\theta)$ 连续,且是 $\theta(0\leqslant\theta\leqslant 1)$ 的(关于 φ 是一致的)囿变函数;再设 $\mathscr{T}$ 的任何幂变换 $\mathscr{T}^m(m\neq 0)$ 都无不动点,则系统(2.1)(或相应的 $\mathscr{T}$)是各态经历的.

证明　我们容易推出

$$\psi'(\theta_0)=\exp\left[\int_0^1\frac{\partial A}{\partial\theta}(\varphi,\psi(\varphi,\theta_0))d\varphi\right]$$

是正的连续函数.要证 $\psi'(\theta_0)$ 囿变 $(0\leqslant\theta_0\leqslant 1)$.只需证

$$w(\theta_0)=\int_0^1\frac{\partial A}{\partial\theta}(\varphi,\psi(\varphi;\theta_0))d\varphi\quad(0\leqslant\theta_0\leqslant 1)$$

囿变.为此,设

$$0=\sigma_0<\sigma_1<\cdots<\sigma_n=1,$$

则

$$\sum_{k=0}^{n-1}|w(\sigma_{k+1})-w(\sigma_k)|\leqslant\int_0^1\sum_{k=0}^{n-1}\left|\frac{\partial A}{\partial\varphi}(\varphi,u(\varphi;\sigma_{k+1}))-\frac{\partial A}{\partial\theta}(\varphi,u(\varphi;\sigma_k))\right|d\varphi.$$

显然,

$$u(\varphi;0)=u(\varphi;\sigma_0)<u(\varphi;\sigma_1)<\cdots<u(\varphi;\sigma_n)=u(\varphi,1)$$

和

$$0<u(\varphi,1)-u(\varphi;0)\leqslant 1.$$

由 A'_θ 是囿变的推出

$$\sum_{k=0}^{n-1}\left|\frac{\partial A}{\partial\theta}(\varphi,u(\varphi;\sigma_{k+1}))-\frac{\partial A}{\partial\theta}(\varphi,u(\varphi;\sigma_k))\right|\leqslant V_0$$

对 φ 一致成立.因此

$$\sum_{k=0}^{n-1}|w(\sigma_{k+1})-w(\sigma_k)|\leqslant V_0.$$

由此可见,$w(\theta)$是圄变的.从而推出定理的结论成立.】

设 n,m,r,s 都是整数.

令 $\xi_n=\psi^n(\xi)$,其中 ξ 是固定的实数.

引理 4.1 若 μ 是无理数,则 $h(\xi_n+m)=n\mu+m$ 是实数序列$\{\xi_n+m\}$的增函数.

证明 首先证明$\{\xi_n+m\}$的元素的序与 ξ 无关;即从 $\xi_n+m<\xi_r+s$ 推知 $\zeta_n+m<\zeta_r+s$ 对任何 ζ 成立.设若不然,必存在数 η 使 $\eta_n-\eta_r$ 是整数,即 $\mathscr{T}$的某次幂有不动点,这与 μ 是无理数矛盾,故只取 $\xi=0$ 即可.

令 $\psi^m(0)=u(m,0)$,则反复应用(2.5),从 $p\leqslant u(m,0)\leqslant q$ 可推出

$$u(m,0)+(k-1)p\leqslant u(km,0)\leqslant u(m,0)+(k-1)r$$

其中 k 是任意正整数.因此

$$\begin{aligned}\frac{u(m,0)}{k}+\left(1-\frac{1}{k}\right)p&\leqslant m\,\frac{u(km,0)}{km}\\&\leqslant\frac{u(m,0)}{k}+\left(1-\frac{1}{k}\right)r\end{aligned}$$

上面不等式当 $k\to+\infty$时取极限便得

$$p\leqslant m\mu\leqslant r$$

因 μ 是无理数,故 $p<m\mu<r$.

设 $u(n,0)+m<u(r,0)$,因 $u(n,m)=u(n,0)+m$, $u(r,s)=u(r,0)+s$,故 $u(m,n)<u(r,s)$于是 $u(n-r,m)<u(0,s)$或 $u(n-r,0)+m<s$.由此便可推出

$$\mu(n-r)<s-m\quad \text{或}\quad n\mu+m<\mu r+s.$$

引理证毕.】

定理 4.3 若$\mathscr{T}$是各态历经的,μ 是旋转无理数,则存在圆周 C 到它自身的同胚 G,使得 $G\mathscr{T}=RG$,其中 R 是 C 经过 $2\pi\mu$ 的旋转.

证明 令 $A=\{n\mu+m\}$, $B=\{\xi_n+m\}$.因$\mathscr{T}$是各态历经的,则 B 在实数中稠密,A 也在实数中稠密.令 h 为引理 4.1 中定义的从 B 到 A 的连续函数,则 h 可以唯一地并且保序连续、递增地扩充到全体实数.仍记这个函数为 h.

令

$$\eta=\xi_n+m,\quad h(\eta)=n\mu+m,$$

则

$$\begin{aligned}h(\eta+1)&=n\mu+m+1=h(\eta)+1,\\h(\psi(\eta))&=h(\psi(\xi_n+m))=h(\psi(\xi_n)+m)\\&=h(\xi_{n+1}+m)=(n+1)\mu+m\\&=h(\eta)+\mu.\end{aligned}\tag{4.3}$$

由于 B 稠密及 h 的连续性,所以对所有实数 η,

$$h(\eta+1)=h(\eta)+1,\quad h(\psi(\eta))=h(\eta)+\mu.$$

令 $G(\eta)=h(\eta)$,当 $0\leqslant\eta<1$ 时,它定义了同胚 $G:C\to C$.从 $h(\psi(\eta))=h(\eta)+\mu$ 得出 $G\mathscr{T}=RG$.定理证毕.】

定理 4.4　如果 $\mathscr{T}$ 是各态历经的,则存在 y,z 的连续函数 $w(y,z)$,使得

$$w(y+1,z)=w(y,z+1)=w(y,z),$$

对一切 y,z.并且对(2.1)的每个 θ 适合.

$$\theta(\varphi)=\mu\varphi+c+w(\varphi,\mu\varphi+C),\tag{4.4}$$

其中 c 是常数,μ 是旋转数.反过来,由(4.4)给出的 $\theta(\varphi)$ 满足方程(2.1).[0,1)中每个 c 对应着唯一的 $\theta(c)$(mod).

证明　设 ξ 是任意实数,$u(\varphi,\theta)$ 是(2.1)的适合 $u(0,\xi)=\xi$ 的解.因为

$$u(\varphi,\xi+1)=u(\varphi,\xi)+1,$$
$$u(\varphi+1,\xi)=u(\varphi,\psi(\xi)),$$

此处 $\psi(\xi)=u(1,\xi)$.令 g 为 h 的逆.从 h 的性质(4.3),必有

$$g(c+1)=g(c)+1$$
$$\psi(g(c))=g(c+\mu).$$

若 $\bar{u}(\varphi,c)=u(\varphi,g(c))$,则

$$u(\varphi,c+1)=u(\varphi,g(c+1))=u(\varphi,g(c)+1).$$
$$=u(\varphi,g(c))+1=\bar{u}(\varphi,c)+1,$$

与

$$\bar{u}(\varphi+1,c)=u(\varphi+1,g(c))=u(\varphi,\psi(g(c)))$$
$$=u(\varphi,g(c+\mu))=u(\varphi,c+\mu)$$

令

$$w(y,z)=\bar{u}(y,z-\mu y)-z,$$

则

$$w(y,z+1)=w(y,z)=w(y+1,z).$$

于是定义

$$u(\varphi,h(c))=\bar{u}(\varphi,c)=\mu\varphi+c+w(\varphi,\mu\varphi+c).$$

定理证完.

§5. 奇异情况举例

在这一节中,我们将举出奇异情形的例子.

设圆周 C 上给定 Cantor 集合 F,设它的相邻区间为$\{(\alpha_n,\beta_n)\}$($n=0,1,2,\cdots$).

设 μ 为无理数,考虑单位圆周 Γ 上的点集$\{k\mu\}$($k=0,\pm1,\pm2,\cdots$).

首先建立区间族$\{(\alpha_n,\beta_n)\}$与点集$\{k\mu\}$之间的1-1的保序对应. 设点O与区间$(\alpha_0,\beta_0)=(\alpha^0,\beta^0)$对应. 将$\{k\mu\}$排列如下：

$$0,\mu,-\mu,2\mu,-2\mu,\cdots,k\mu,-k\mu,(k+1)\mu,\cdots \tag{5.1}$$

令点μ与区间$(\alpha_1,\beta_1)=(\alpha^{(1)},\beta^{(1)})$对应. $-\mu$与(α_0,β_0)和(α_1,β_1)之间的顺序和0, μ, $-\mu$三点在Γ上的巡迴顺序完全一样而且下标n为最小的区间(α_n,β_n)相对应.

归纳地假设点列(5.1)中前N个点与集合$\{(\alpha_n,\beta_n)\}$中的区间对应. 于是第$N+1$个点在Γ的顺序下将恰好位于其前某两点$k\mu$和$k'\mu$之间(k, k'是整数)：设$(\alpha^{(k)},\beta^{(k)})$与$(\alpha^{(k')},\beta^{(k')})$之间且下标为最小的$(\alpha_{n_0},\beta_{n_0})$对应，令为$(\alpha^{(N+1)},\beta^{(N+1)})$.

无限地进行下去，可以得到1-1对应关系. 假设不然，设$(\alpha_{n_0+1},\beta_{n_0+1})$为与点集(5.1)第一个不相对应的区间，设最大的$k$为$k'$，$k'\mu$前面一些点已建立对应关系，即$(k\mu)\leftrightarrow(\alpha^{(k)},\beta^{(k)})$，$k\leqslant k'$. 而$(\alpha_{n_0+1},\beta_{n_0+1})$为位于某相邻的区间$(\alpha^{(k_1)},\beta^{(k_1)})$，$(\alpha^{(k_2)},\beta^{(k_2)})$之间. 根据作法，$(k'\mu)$之后的在$(k_1\mu)$与$(k_2\mu)$之间的第一个点与$(\alpha_{n_0+1},\beta_{n_0+1})$对应. 这与假设矛盾.

今确定$\varphi=0$到单位圆周Γ的映射Φ.

$$[\alpha^{(k)},\beta^{(k)}]\to(k\mu).$$

若θ_0是F的第二类点，它作出(α_n,β_n)的一个分割，根据保序的对应，相应为点$(k\mu)(k\neq0)$的一个分割，它确定某一点$\Psi_0\in F$，即它的θ_0的象. 于是$\Phi(\theta_0)=\Psi_0$，而且对第二类点，变换Φ是相互一对一的：$\theta_0=\Phi^{-1}(\psi_0)$.

设T_1为圆Γ对应着旋转弧μ的一个转动，于是点$\xi\in\Gamma$变成$\xi+\mu$(modl)即

$$T_i:\quad(\xi)\to(\xi+\mu).$$

设$\varphi=0$的圆为K.

今建立K到K的变换为T_1，使得下式图表可交换.

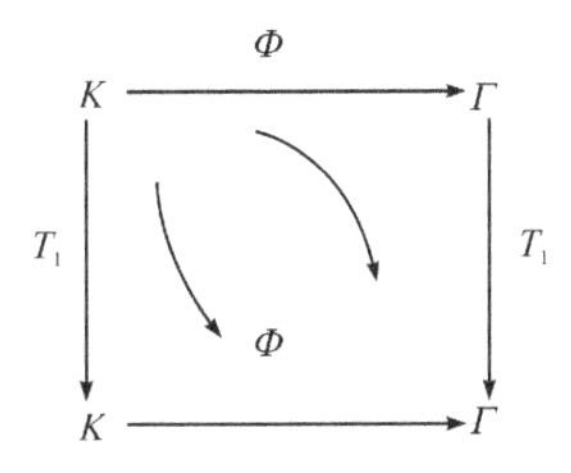

Γ在T_1变换下：

$$T_1(k\mu)=(k+1)\mu.$$

相应地在K上有：

$$T_1:(\alpha^{(k)},\beta^{(k)})\to(\alpha^{(k+1)},\beta^{(k+1)}).$$

而第二类点 θ_0,如 $\theta_0=\phi^{-1}(\xi_0)$,则

$$T_1(\theta_0)=\Phi^{-1}(\xi_0+\mu),$$

ξ_0 为相应的在 Γ 上的一个分割.

若

$$\theta_0=\alpha^{(n)}+\lambda(\beta^{(n)}-\alpha^{(n)}),\quad 0\leqslant\lambda\leqslant 1,$$

则

$$T_1(\theta_0)=\alpha^{(n+1)}+\lambda(\beta^{(n+1)}-\alpha^{(n+1)}),$$

这样建立了 $\varphi=0$ 到自身的写象,这写象是同胚的.

在环面 $T^2(\varphi,\theta)$上以如下方式定义运动 $f(P,t)$:

若 $0\leqslant t\leqslant 1$,对点(0,0)如下定义运动 $f(P,t)$.

$$\begin{cases}\varphi=t,\\ \theta=tT_1(0),\end{cases}$$

其中 $T_1(0)$的坐标为确定起见选为 $0<T_1(0)<1$.

对点$(0,\theta_0)(0<\theta_0<1)$,令

$$\begin{cases}\varphi=t\\ \theta(t,\theta_0)=\theta_0\left(\cos\dfrac{\pi}{2}t\right)^2+(T_1(\theta_0)-\theta_0)\left(\sin\dfrac{\pi}{2}t\right)^2,\end{cases}$$

其中 $T_1(\theta_0)$满足

$$T_1(0)<T_1(\theta_0)<T_1(0)+1.$$

根据这样的选择,轨道之间互不相交且充满整个环面 T^2,因如 $0\leqslant\theta_0'<\theta_0''<1$,则

$$T_1(0)\leqslant T_1(\theta'_0)<T_1(\theta''_0)<T_1(0)+1,$$

以上不等式对 $0\leqslant t\leqslant 1$ 的所有值都成立.

若 $t=n+\tau$,n 是整数,$0\leqslant\tau<1$,则命

$$\varphi(t)\equiv t\equiv\tau(\mathrm{modl}),\theta(t)=T_1^n(\theta_0)+\theta(\tau,T_1^{(n)}(\theta_0))$$

最后,对任一初始点.(φ_0,θ_0),命

$$\varphi(t)=\varphi_0+t,\theta(t)=\theta(t+\varphi_0,\theta'_0),$$

其中 θ_0'是 $t=\varphi_0$ 时经过(φ_0,θ_0)的轨道和 $\varphi=0$ 的交点坐标.

经过 F 的点的轨道上的点集 P 是闭的不变集合,因 F 的相邻区间的端点及 F 的第二类点在变换 T_1 下仍变为同类的点,其中,对任一 $\psi\in F$,集合$\{T_1^k\psi\}(k=0,\pm1,\cdots\pm n\cdots)$在 F 上到处稠密,对相邻区间的端点由作法可知在 F 上到处稠密,若不是第一类点,因$\{\xi_0+k\mu\}$在 Γ 上到处稠密,可知在 T_1 变换下在 F 上处处稠密,而相应的 $S'=F$,即出现了奇异的情形.这样便在二维环面 T^2 上直观地定义了 C^0 向量场,作适当修改可成为 C^1 向量,请参考[3].

§6. 介绍 Schweitzer 之例

在 1950 年,Seifert 提出下面的问题:

设$\mathscr{H}^3$ 是三维 Euclid 空间中一个闭的实心环,在 $\mathscr{H}^3$上给定一个非奇异的 $c^r(r\geqslant 1)$向量场 X,在$\mathscr{H}^3$的边界$\partial\mathscr{H}^3$(即环面 $\mathscr{H}^2$)上各点的向量指向 $\mathscr{H}^3$的内部. 试问X 在$\mathscr{H}^3$内是否一定有周期的闭轨?

这个问题就是 Poincaré-Bendixson(环域)原理是否在空间也成立的问题,它一直是常微分方程定性理论中的一大难题. 1974 年 Schweitter 发表了一个否定的例子[3]. L. Marcus 对这个反例给了很高的评价,认为它是定性理论在近年的一个突出的成果.

令 N 是一个连通的 q 维流形(无边界),又设 Z 是N 上的一个非奇异的$C^r(r\geqslant 1)$向量场,它有一个紧致的不变集合 $F\subset N$. 令 $D^1=[-1,1]$,在 $N\times D^1$ 上作向量场 $X_0=(0,X)$和 $Z_0=(Z,0)$,其中 X 是D^1 上的一个常数(非零)向量场.

引理 在 $N\times D^1$ 上存在 C^r 向量场 $X_0\simeq X_1$ 的同伦,它在 $N\times(-1,1)$中含有一个紧致的承载子(可以把承载子直观地理解为在一个紧致邻域内部可以使其函数值不为零而在边界上为零),使得 X_1 的每个闭轨线只有两种可能:

(1) 一个从$(n,-1)$到$(n,1)$的弧段,其中 $n\in N-F$;

(2) Z_0 的在 $F\times\left\{\pm\frac{1}{2}\right\}$内的一个闭轨线.

证明 利用标准的方法,我们造一个 C^∞函数

$$\Psi: N\times I\to I,(I=[0,1])$$

使得 Ψ 在$N\times(0,1)$内有一个紧致的承戴子 K. 而且

$$\Psi^{-1}(1)=F\times\left\{\frac{1}{2}\right\}$$

然后,令

$$X_1\mid N\times I=(1-\Psi)\cdot X_0+\Psi\cdot Z_0$$

为了把 X_1 扩充到 $N\times D^1$ 上去,在 $N\times D^1$ 上作对合变换 $\Phi:(n,t)\to(n,-t)$,使得 X_1 满足 $d\varphi(X_1)=-X_1$.

显然,X_1 与同伦 $X_s=(1-s)X_0+sX_1$ 完全有意义了. 而且是非奇异的 C^r 向量场,而在紧致集 $KU\varphi(K)$外,X_s 与X_0 重合.

需要证明:X_1 的所有闭轨线不外上述两种可能的形式.

我们首先注意,在$N\times D^1$ 上使 X_1 的 X_0 一分量为零(或 $X_1=\pm Z_0$)的点集恰是 $F\times\left\{\pm\frac{1}{2}\right\}$. 不难看出,它是 X_1 的一个紧致不变集合. 于是 X_1 的任何与这集合相交的闭积分曲线一定属于类型(2).

令 $\alpha: J \to N\times D^1$ 是 X_1 的不与集合 $F\times\left\{\pm\frac{1}{2}\right\}$ 相交的闭轨线. 我们将要证明, α 必属于类型(1).

我们看到, α 有下列两个性质:

(a) 曲线 $p_2 o\alpha$ 的切向量 $d(p_2 o\alpha)\left(\frac{\partial}{\partial t}\right)\neq 0$, 其中 $p_2: N\times D^1 \to D^1$ 是投射;

(b) $I_m(p_2 o\alpha)$ 是紧致的.

因此, $I_m(p_2 o\alpha)=D^1$, 而 $I_m(\alpha)$ 就是一个从 $(n,-1)$ 到 $(n',+1)$ 的弧段, 其中 $n, n'\in N$. 由于 α 与 $N\times\{0\}$ 相交的点是唯一的, 而且 α 在对合变换 Φ 下不变, 所以 $n=n'$. 由于 α 与 $F\times\left\{\pm\frac{1}{2}\right\}$ 不相交. $d(p_1 o\alpha)\left(\frac{\partial}{\partial t}\right)=\Psi\cdot Z_0$. 其中 $p_1: N\times D^1 \to N$ 是投射. 因此, $I_m(p_1 o\alpha)\subset Z_0$ 在 $N\times\{0\}$ 内的某一积分曲线内. 由此可见, $F\times D^1$ 是 X_1 的一个不变集合, 从而在它里面的轨线被 $F\times\left\{\pm\frac{1}{2}\right\}$ 所隔开, 不可能从 $(n,-1)$ 到达 $(n,1)$. 这就证明了上述 α 必须在 $F\times D^1$ 之外, 从而推出, $n\in N-F$(引理证完).

下面我们阐述 Schweitzer 之例的构造

在§5节, 我们在二维环面 $\mathscr{T}^2$ 上可以布置一个非奇异的 C^1 向量场 X, 使得 X 没有闭轨. 而只有一个例外的极小集合 F(即 F 是 $\mathscr{T}^2$ 上的一个不是闭轨线组成的最小的紧致不变真子集)(Denjoy 向量场). 因此, $\mathscr{T}^2-F$ 是 $\mathscr{T}^2$ 上的一个非空的开集. 在它上面挖去一个闭的圆域后作为主要引理中的流形 N(二维), 而且取相应的向量场 $Z=X/N$.

我们对 N 再作适当的变形如图 7.2:

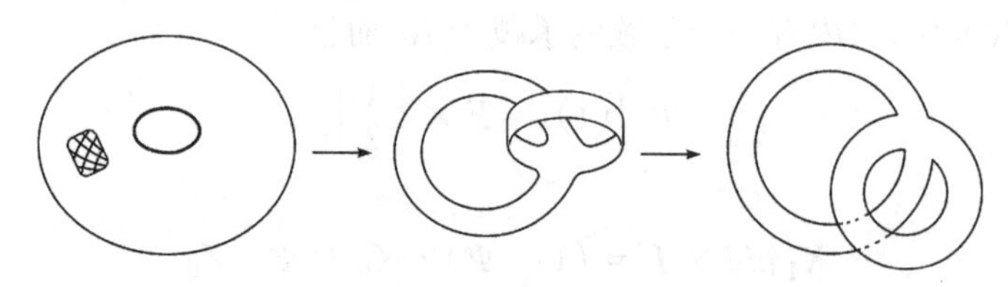

图 7.2 (二维流形 N 及其 C^1 向量场 Z)

再利用主要引理, 我们可以得到下面的图块 B:

$B=N\times D^1$, 而且在 B 上有一个 C^1 向量场 X_1, 使得在 B 无周期的闭轨, 而且在 B 的边界上 X_1 的指向与 X_0 的指向一致. 从 $(n,-1)$ 进入 B 的轨线或者渐近于不变集合 $F\times\left\{-\frac{1}{2}\right\}$. 或者从 $(n,1)$ 出口. 存在两点 $p''=(n,-1)$ 和 $p'=(n,1)$ 使得从 p'' 进口的正半轨和从 p' 出口的轨线的负半轨永远停留在 B 内, 等等.

再在实心环 $\mathscr{H}^3$ 内作一个非奇异的 C^∞ 向量场 Y, 使得在边界 $\partial\mathscr{T}^3$ 上的向量都

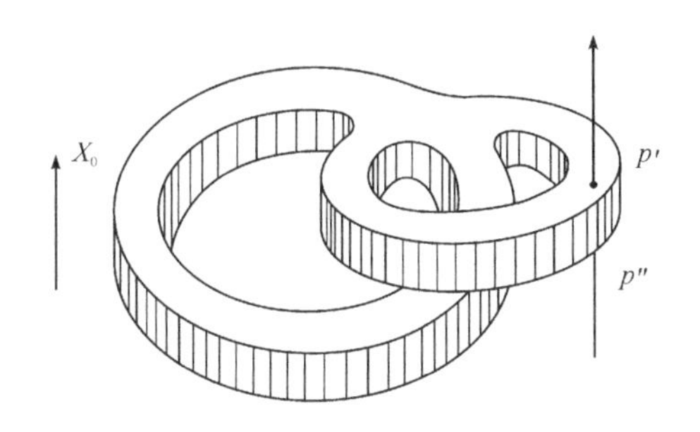

图 7.3

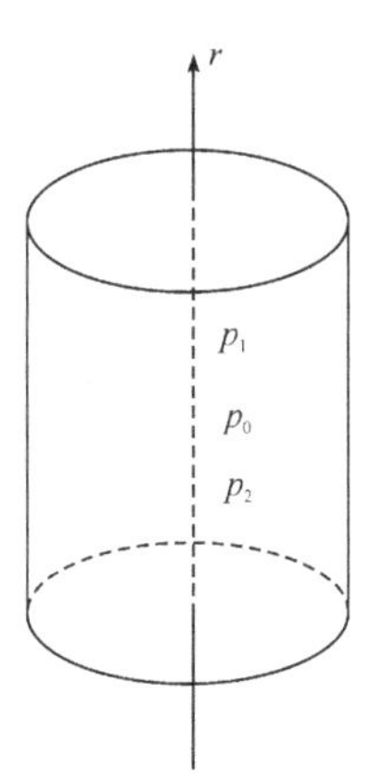

图 7.4

指向 $\mathscr{T}^3$ 的内部,而且 $\mathscr{H}^3$ 的中心轴线为 Y 唯一的闭轨线. 在 γ 上任取一点 p_0,在 p_0 的某个邻域 $U(p_0)$ 内改造向量场 Y,使得在 $U(p_0)$ 内的某个圆柱体 $W(p_0)$(以 p_0 为中心)内的轨线都是平行于向量 $X(p_0)$ 的直线段,而 γ 在 $W(p_0)$ 的相应弧段对应于 $W(p_0)$ 的中心轴线.

作嵌入

$$e: B \to W(p_0)$$

并且由 e 从 B 中的向量场诱导到 $e(B)$ 中的向量场取代原来的 $Y|e(B)$. 使得如此得到的向量场 Y 仍是一个非奇异的 C^1 向量场(仍记作 Y),而且 $e(p')=p_1$. $e(p'')=p_2$. $e(B)$ 在边界上的轨线完全与 $W(p_0)$ 的对应的轨线吻合.

这样一来,我们就在 $\mathscr{H}^3$ 内设计了一个非奇异的新的 C' 向量场 Y,它在边界 $\partial\mathscr{H}^3$ 的内部,但是在 $\mathscr{H}^3$ 内没有闭的轨线. 这就是 Schweitzer 之例.

附注 在环面上的 Denjoy 向量场最多只能属于 C^1. 而对于 C^2 向量场就不可能有例外的极小集合. 因此,上述方法只能限于 C^1 向量场. 对于 $C^r(r\geqslant 2)$ 向量场的情形,仍然是一个尚未解决的问题.

习 题 七

1. 设旋转数 μ 是有理数,证明方程(2.1)的每一条轨道或者是闭轨线或者趋于闭轨线.

2. 下面所有的函数对 φ,θ 连续、周期为 1,并且足够光滑以致方程对任意初始值有唯一解.

(i) $\dfrac{d\theta}{d\varphi}=\sin 2\pi\theta$ 的旋转数是什么?

(ii) 如果 $|g(\theta)|<1, 1\leqslant\theta\leqslant 1$, $\dfrac{d\theta}{d\varphi}=\sin 2\pi\theta+g(\theta)$ 的旋转数是什么?

(iii) 利用 Poincaré -Bendixon 定理证明,如果 $|\varepsilon|$ 足够小, $\dfrac{d\theta}{d\varphi}=\sin 2\pi\theta+\varepsilon g(\theta,\phi)$ 的旋转数是有理数.

(iv) 利用 Brouwer 不动点定理与在(iii)中的作法,证明(iii)中方程的旋转数当 $|\varepsilon|$ 足够小时

是零.

3. 假设 ω 是无理数. 对于任意 $\varepsilon>0$, 证明存在函数 $g(\theta,\varphi)$, 对 θ,φ 连续、周期为 1, 使得 $\max\{|g(\theta,\varphi)|, 0\leqslant\theta,\varphi\leqslant 1\}<\varepsilon$, $\dfrac{d\theta}{d\varphi}=\omega+g(\theta,\varphi)$ 的旋转数 μ 是有理数, 又不是所有的轨线都是环面上的闭轨线. (提示: 选取整数序列 $\{p_k\}$, $\{q_k\}$, 当 $k\to+\infty$ 时 $q_k\to+\infty$, 以致对某个常数 γ 有 $|\omega-p_k/q_k|<\gamma/q_k^2$, 又对于适当的常数 a、b、c 考虑 $g(\theta,\varphi)=a\sin 2\pi(b\theta+\varphi)$.

(i) 对任何周期为 1 的函数 $f(\varphi)$, 证明方程 $\dfrac{d\theta}{d\varphi}=2\pi\mu+f(\varphi)$ 有唯一的周期解, 其周期为 1.

(ii) 记这个唯一周期解为 Kf. 如果 p 是周期为 1 的连续函数组成的, 具有一致收敛的拓扑的 Banach 空间, 证明 $K:P\to P$ 是连续、线性映射.

(iii) 设 $g(\theta,\varphi)$ 对 θ,φ 连续, 周期为 1, 又对 θ 满足 Lipschitz 条件, 利用压缩原理与 ii), 证明存在 $\varepsilon_0>0$, 以致方程 $\dfrac{d\theta}{d\varphi}=2\pi\theta+(\sin 2\pi\theta-2\pi\theta)+\varepsilon g(\theta,\varphi)$ 当 $|\varepsilon|<\varepsilon_0$ 时有对 φ 周期为 1 的解.

参 考 文 献

[1] Coddington, E. A. and Levinson, N., theory of ordinary differential equations, McGraw-Hill, 1955.

[2] Hale, J. K., Ordinary Differential Equations, Wiley-Interscience, 1969; and Edition, Kreiger Publ. Co., 1980.

[3] Schweitzer, A. J., Counterexamples to the Seifert conjecture and openning closed leaves of foliations, *Ann. Math*. 100 (1974), 386—400.

[4] 闵嗣鹤, 严士健, 初等数论, 高等教育出版社, (1957), 136—148.

第八章　结构稳定性

在前面几章中，我们分析了微分方程所定义的系统的一系列拓扑性质，例如奇点的拓扑结构、极限环的存在性以及它的个数，也研究了在旋转向量场中极限环随参数变化的情况等等．但是在实际问题中经常需要研究：当系统出现"扰动"时，相应系统的拓扑结构是否有改变？在什么条件下它的拓扑结构没有改变？即所谓系统的结构稳定性问题．

1937 年 А. А. Андронов，Л. С. Понтрягин[1]在研究非线性振动问题时首先提出了平面圆盘上的系统的结构稳定性概念．他们对于方程

$$\frac{dx}{dt} = f(x,y), \quad \frac{dy}{dt} = g(x,y) \quad (x^2 + y^2 \leqslant R^2),$$

在右端 $f(x,y)$和 $g(x,y)$是解析的情况下，给出了系统是结构稳定的充要条件．1952 年 H. DeBaggis[2]在 $f(x,y)$和 $g(x,y)$对 x,y 具有一阶连续偏导数情况下，给出了平面圆盘上的系统是结构稳定的充要条件．1962 年 M. M. Peixoto[3,4]给出了一般二维定向闭流形上的系统是结构稳定的充要条件，并提出高维流形上常微系统的结构稳定性问题，围绕这个问题，从本世纪六十年代起引起一批数学家的重视，例如我国的廖山涛[8]-[14]以及以 Smale[5]-[7]为代表的美国学派等等．

由于高维系统的结构稳定性问题是十分复杂而困难的，我们在这一章中只能就平面圆盘上的常微系统以及二维定向流形上的常微系统来叙述结构稳定性的概念并论证它的充要条件．这些基本事实对于进一步讨论高维流形上的常微系统的结构稳定性是颇有稗益的．

§1. 平面圆盘上常微系统的结构稳定性

考虑方程

$$\frac{dx_i}{dt} = X_i(x_1,x_2), \quad i = 1,2, \tag{1.1}$$

其中 X_i 定义在圆盘B^2：$x_1^2 + x_2^2 \leqslant 1$ 上，且 $X_i \in C^1[B^2]$，再设向量场 $X = (X_1, X_2)$ 与 B^2 的边界∂B^2 无切．

在 B^2 上满足上述这些假定的所有系统 X 组成的集合记为$\mathfrak{X}(B^2)$或$\mathfrak{X}$．设 X，$Y \in \mathfrak{X}$，定义

$$\rho(X,Y) = \max_{(x_1,x_2)\in B^2} \left\{ \sum_{i=1}^{2} |X_i - Y_i| + \sum_{i,j=1}^{2} \left| \frac{\partial X_i}{\partial x_j} - \frac{\partial Y_i}{\partial x_j} \right| \right\},$$

通常称 ρ 为 $\mathfrak{X}$ 中的 C^1 度量.

定义 1.1 (Андронов-Понтрягин)　令 $X \in \mathfrak{X}$,若任给 $\varepsilon > 0$,存在 $\delta > 0$,使得对于任意满足 $\rho(X, Y) < \delta$ 的系统 Y,可以找到一个从 B^2 到自身上的拓扑同胚 T,它满足:1) T 把 X 的有向轨线映到 Y 的有向轨线上;2) T 是一个 ε 映射,即对于任意 $p \in B^2$,有 $d(p, T(p)) < \varepsilon$,则称 X 是结构稳定的或称 X 是粗系统. 为叙述简便,也称这个定义为 A-П 定义.

Peixoto 推广了 A-П 定义如下

定义 1.2 (Peixoto)[3]　在定义 1.1 中去掉条件 2),而其余的陈述相同(简称为 P 定义).

显然在 A-П 定义下的结构稳定性要比在 P 定义下的结构稳定性强. 平面圆盘上常微系统的结构稳定性的主要定理如下.

定理 1.1 (Андронов-Понтрягин)[1]　设 $X \in \mathfrak{X}(B^2)$. 在 A-П 定义下 X 为结构稳定的充要条件是:

1) X 只有有限个奇点,它们是初等的,且特征根实部不等于零(称为双曲的);

2) X 没有从鞍点到鞍点的轨线;

3) X 只有有限个闭轨线 γ,且在 γ 上

$$h(\gamma) = \int_r \mathrm{div} X dt \neq 0,$$

即闭轨线是稳定的或不稳定的单重极限环.

读者回忆过去一些章节的内容,可看出这个定理中的三个条件是自然的. 关于条件 1),在第二章 §2 中就常系数线性方程组讲了当奇点特征根实部不为零时,在线性扰动之下拓扑结构不改变;而当奇点特征根实部等于零时,则是结构不稳定的. 从这个具体事实中我们看到奇点的特征根实部不为零这一条件对于系统的结构稳定性的重要性. 关于条件 3),我们在第四章 §2 中讲了积分 $\int_r \mathrm{div} X dt < 0$ (> 0) 可用来判定闭轨线 γ 为稳定(不稳定)的极限环. 关于条件 2),读者可回顾第五章中许多具体例题,看出:从鞍点到鞍点的分界线是结构不稳定的,当系统稍作扰动时,这些分界线可能跑向其它的奇点或极限环.

定理 1.1 的证明的步骤如下所述:

X 是在定义 1.2 下结构稳定⇒

X 满足 A-П 结构稳定条件 1),2),3)⇒

X 是在定义 1.1 下结构稳定⇒

X 在定义 1.2 下结构稳定.

显然由这个推证过程可得到另一个重要定理

定理 1.2　定义 1.1 与定义 1.2 是等价的.

因此,若一个系统 $X\in\mathfrak{X}(B^2)$是在定义 1.2 下结构稳定,则由定理 1.2,X 自然满足定义 1.1 中的条件 2). 由于在定义 1.1 下的结构稳定必是在定义 1.2 下结构稳定的,因此上述定理 1.1 的证明分如下两步即可:

第一步,由 X 在定义 1.2 下的结构稳定性去推证 X 满足 A-Π 结构稳定性条件 1),2),3);

第二步,由 X 满足 A-Π 结构稳定性条件 1),2),3)去推证 X 在定义 1.1 下的结构稳定性.

为了叙述方便,我们称在 X 结构稳定性定义中一切满足 $\rho(X,Y)<\delta$ 的系统 Y 为可允系统.

第一步的推证是由下面七个引理完成的.

引理 1.1 X 只有有限个奇点.

证明 设 $X=(X_1(x_1,x_2),X_2(x_1,x_2))$是在定义 1.2 下结构稳定的. 任给 $\varepsilon>0$,可取满足定义的 $\delta>0$,由 Weierstrass 定理,对于 $\varepsilon>0$,存在多项式系统 $Y=(Y_1(x_1,x_2),Y_2(x_1,x_2))$,$Y_1$ 和 Y_2 互质,使得 $\rho(X,Y)<\delta$,即取多项式系统 Y 是可允系统. 上述多项式系统 Y 只有有限个奇点,又由结构稳定的定义,X 与可允系统 Y 的奇点个数应该相同,所以 X 只有有限个奇点.】

引理 1.2 X 的奇点是初等的,即奇点的特征根不等于零.

证明 假设系统 X 存在非初等奇点,无妨设原点(0,0)是非初等奇点,于是

$$\dot{x}_1 = X_1(x_1,x_2) = ax_1 + bx_2 + f_1(x_1,x_2),$$
$$\dot{x}_2 = X_2(x_1,x_2) = cx_1 + dx_2 + f_2(x_1,x_2),$$

其中 f_1,f_2 不含 x_1,x_2 的一次项,且

$$\triangle_X(0,0) = \begin{vmatrix} a, b \\ c, d \end{vmatrix} = 0.$$

我们作系统 $Y=(Y_1(x_1,x_2),Y_2(x_1,x_2))$,使

$$Y_1 = X_1(x_1,x_2) + \theta a_1 x_1 \varphi(x_1,x_2),$$
$$Y_2 = X_2(x_1,x_2) + \theta a_2 x_2 \varphi(x_1,x_2),$$

其中 $|a_i|\leqslant 1$, $i=1,2$, $\varphi(x_1,x_2)$为 x_1,x_2 的多项式;容易构造 φ,使得 $\varphi(0,0)=1$,在系统 X 的其它奇点(由引理 1 它们仅有有限个)上,也有 $\varphi=0$. 取 θ 充分小,使得 Y 是可允系统,于是 X 与 Y 具有相同数目的有限个奇点. 而且 X 的奇点又全部是 Y 的奇点,所以 Y 与 X 具有相同的奇点.

以(0,0)为中心作小圆周 $S\subset B^2$,使 S 内无 X 的其它奇点,取 θ 充分小,使 Y 与 X 在 S 上不反向. 由此,奇点指数 $I_X(0,0)=I_Y(0,0)$. 因而 $I_Y(0,0)$应与 θ,a_1,a_2 在允许范围内的选择无关.

另一方面,由于$\triangle_X(0,0)=0$,我们有$\triangle_Y(0,0)=\theta(a_2a+a_1d+\theta a_1a_2)$,取 θ

充分小,选择适当的 a_1,a_2,使得 $\triangle_Y(0,0)>0$,于是 $I_Y(0,0)=1$;使得 $\Delta_Y(0,0)<0$,于是 $I_Y(0,0)=-1$,这与上述 $I_Y(0,0)$ 恒为 $I_X(0,0)$ 而 $I_X(0,0)$ 为定值矛盾.】

引理 1.3 X 的奇点的特征根实部不等于零.

证明 设 X 的所有奇点是 (a_j,b_j), $j=1,2,\cdots,n$.令

$$\varphi_j(x_1,x_2)=m(x_1-a_j)+p(x_2-b_j),\quad j=1,2,\cdots,n,$$

其中 m,p 为常数,选取 m 和 p,使 $m+p\neq 0$,且当 $k\neq j$ 时,$\varphi_j(a_k,b_k)\neq 0$.令

$$\varphi=\varphi_1\varphi_2\cdots\varphi_n,$$

显然在 X 的奇点 (a_j,b_j) 上,$\varphi(a_j,b_j)=0$, $j=1,2,\cdots,n$,且

$$\operatorname{div}(\varphi,\varphi)\Big|_{(a_j,b_j)}=\left(\frac{\partial\varphi}{\partial x_1}+\frac{\partial\varphi}{\partial x_2}\right)\Big|_{(a_j,b_j)}=c_j(m+p)\neq 0$$

c_j 为某个非零常数.

令系统 $Y=(X_1+\theta\varphi,X_2+\theta\varphi)$,取 θ 充分小使 Y 是 X 的可允系统.

$$\begin{aligned}\operatorname{div}Y&=\frac{\partial X_1}{\partial x_1}+\theta\frac{\partial\varphi}{\partial x_1}+\frac{\partial X_2}{\partial x_2}+\theta\frac{\partial\varphi}{\partial x_2}\\&=\frac{\partial X_1}{\partial x_1}+\frac{\partial X_2}{\partial x_2}+\theta\operatorname{div}(\varphi,\varphi).\end{aligned}$$

设

$$\operatorname{div}X\Big|_{(a_i,b_i)}=\left(\frac{\partial X_1}{\partial x_1}+\frac{\partial X_2}{\partial x_2}\right)\Big|_{(a_i,b_i)}=0,$$

显然

$$\operatorname{div}Y|_{(a_i,b_i)}=\theta\operatorname{div}(\varphi,\varphi)|_{(a_i,b_i)}=\theta c_i(m+p)\neq 0.$$

无妨设 $i=1,2,\cdots,\gamma$.而在使 $\operatorname{div}X|_{(a_j,b_j)}\neq 0$ 的奇点 (a_j,b_j) 上,

$$\operatorname{div}Y|_{(a_j,b_j)}=\operatorname{div}X|_{(a_j,b_j)}+\theta c_j(m+p),$$

$j=r+1,r+2,\cdots,n$.由于 (a_j,b_j) 只有有限个,因此可以选择 θ 充分小,使得 $\operatorname{div}Y|_{(a_j,b_j)}\neq 0,j=r+1,\cdots,n$.于是我们得到 X 的可允系统 Y,它仅以 X 的奇点为奇点,且在所有奇点上,$\operatorname{div}Y\neq 0$,因而系统 Y 没有中心,进而 X 也没有中心.

另一方面,设系统 X 为

$$\begin{aligned}\dot{x}_1&=X_1(x_1,x_2)=ax_1+bx_2+f_1(x_1,x_2),\\\dot{x}_2&=X_2(x_1,x_2)=cx_1+dx_2+f_2(x_1,x_2),\end{aligned}$$

其中 f_1,f_2 不含 x_1,x_2 的一次项,且设 $\operatorname{div}X|_{(a_1,b_1)}=0$,无妨设 (a_1,b_1) 为原点 $(0,0)$,作系统 $Z=(Z_1,Z_2)$:

$$\begin{aligned}Z_1&=ax_1+bx_2+f_1\cdot\varphi,\\Z_2&=cx_1+dx_2+f_2\cdot\varphi,\end{aligned}$$

其中 $\varphi(x_1,x_2)$ 在 B^2 上连续可微,且

$$\varphi(x_1,x_2)=\begin{cases}0,\text{在 } S_1 \text{ 内},\\ 1,\text{在 } S_2 \text{ 外}.\end{cases}$$

S_1 是以(0,0)为中心,以 r_1 为半径的圆周,S_2 是以(0,0)为中心,以 $r_2(>r_1)$ 为半径的圆周,取 r_2 充分小,使得系统 Z 是 X 的可允系统,显然(0,0)是 Z 的中心,因而也是 X 的中心,但这与前面已证 X 没有中心的结论矛盾.】

引理 1.4 X 没有从鞍点到鞍点的轨线.

证明 由引理 1.1 X 的鞍点至多为有限个,记为 $A_1,A_2,\cdots,A_m$,作旋转向量场

$$\dot{x}_1=Y_{1\lambda}=X_1\cos(\lambda\theta)-X_2\sin(\lambda\theta),$$

$$\dot{x}_2=Y_{2\lambda}=X_1\sin(\lambda\theta)+X_2\cos(\lambda\theta),$$

其中 $\theta>0,0\leqslant\lambda\leqslant1$,当 θ 充分小时,$Y_\lambda=(Y_{1\lambda},Y_{2\lambda})$ 是 X 的可允系统.计算

$$\begin{aligned}\Delta_{Y_\lambda}(A_i)&=\left(\frac{\partial Y_{1\lambda}}{\partial x_1}\cdot\frac{\partial Y_{2\lambda}}{\partial x_2}-\frac{\partial Y_{1\lambda}}{\partial x_2}\cdot\frac{\partial Y_{2\lambda}}{\partial x_1}\right)\Big|_{A_i}\\&=\left[\frac{\partial X_1}{\partial x_1}\cos(\lambda\theta)-\frac{\partial X_2}{\partial x_1}\sin(\lambda\theta)\right]\\&\quad\times\left[\frac{\partial X_1}{\partial x_2}\sin(\lambda\theta)+\frac{\partial X_2}{\partial x_2}\cos(\lambda\theta)\right]\\&\quad-\left[\frac{\partial X_1}{\partial x_2}\cos(\lambda\theta)-\frac{\partial X_2}{\partial x_2}\sin(\lambda\theta)\right]\\&\quad\times\left[\frac{\partial X_1}{\partial x_1}\sin(\lambda\theta)+\frac{\partial X_2}{\partial x_1}\cos(\lambda\theta)\right]\\&=\frac{\partial X_1}{\partial x_1}\cdot\frac{\partial X_2}{\partial x_2}-\frac{\partial X_2}{\partial x_1}\cdot\frac{\partial X_1}{\partial x_2}\Big|_{A_i}<0.\end{aligned}$$

因此 X 的鞍点也是 Y_λ 的鞍点,反之亦然.故 Y_λ 与 X 具有相同的鞍点,而且 Y_λ 的鞍点的特征方向就是相应的 X 的鞍点的特征方向旋转 $\lambda\theta$ 角后的方向(如图 8.1 所示).

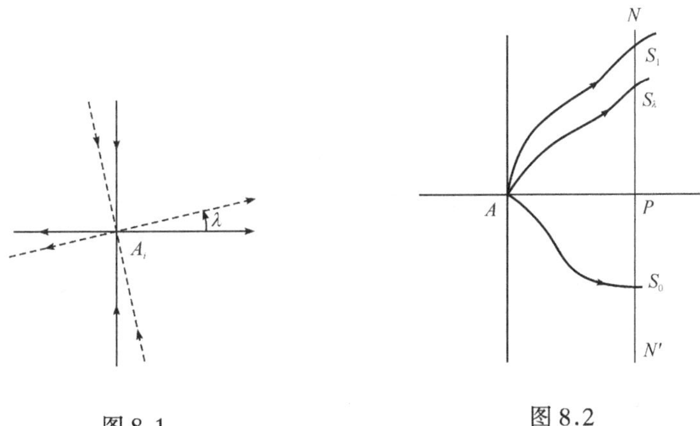

图 8.1　　图 8.2

考虑 X 的某个鞍点 A,在它的某个特征方向上取一点 P,使 P 充分接近 A,过 P 作 X 的局部截痕 $N'PN$,利用系统的连续性,只要取 θ 充分小,总可以使 $N'PN$ 是 $Y_\lambda(0\leqslant\lambda\leqslant1)$ 的公共截痕,且 Y_λ 的沿某个特征方向的轨线与 $N'PN$ 相交于 S_λ 以及使曲边三角形 AS_0S_1 内部无奇点(如图 8.2 所示).要证:当 λ 单调增加时,S_λ 于 NPN' 上从 S_0 单调增加至 S_1.假设不然,可设 $\lambda'>\lambda$,弧 $\widehat{S_{\lambda'}S_0}\subset$ 弧 $\widehat{S_\lambda S_0}$.在系统 Y_λ 的轨线 AS_λ 上系统 $Y_{\lambda'}$ 的场向量只可能自上而下穿过 AS_λ.由此系统 $Y_{\lambda'}$ 的轨线 $AS_{\lambda'}$ 必落在 AS_λ 的下方,故它只能由系统 Y_λ 旋转负值角度得到,但是这与 $\lambda'>\lambda$,$AS_{\lambda'}$ 是 AS_λ 旋转正值角 $(\lambda'-\lambda)\theta$ 得到的结论矛盾.

对于 X 的每一个鞍点的每一特征方向,都作这样的曲边三角形.

设 X 有连接鞍点 C 到鞍点 D 的轨线 γ,考虑 X 的上述可允系统 Y_λ $(0\leqslant\lambda\leqslant1)$,存在同胚 $T_\lambda:B^2\to B^2$.且把 X 的轨线变到 Y 的轨线,设 T_λ 把连接鞍点 C,D 的轨线 γ 变为系统 Y_λ 上连接鞍点的轨线,记为 Γ_λ,由于 X 的鞍点的个数有限,而且易证 Γ_λ 对 $0\leqslant\lambda\leqslant1$ 是不可数的(为什么?读者自证),因此一定存在鞍点 A,B 有不可数条连接它们的轨线,记为 Γ_{λ_α},设 λ_0 是 $\{\lambda_\alpha\}$ 的聚点,存在 $\lambda_{\alpha_n}\in\{\lambda_\alpha\},n=1,2,\cdots$ 使 $\lambda_{\alpha_n}\to\lambda_0(n\to+\infty)$,不妨设 $\lambda_{\alpha_n}<\alpha_0$,取 n 充分大,使 Γ_{λ_n} 与 Γ_{λ_0} 所围的区域 D_n 内部无奇点(如图 8.3 所示)取定 Γ_{λ_n},在 Γ_{λ_n} 上系统 Y_{λ_0} 的场向量方向是自下而上,因而系统 Y_{λ_0} 将有无穷多条轨道穿过 Γ_{λ_n} 进入 D_n,它们趋于鞍点 A 或 B,显然这与鞍点 A,B 的拓扑结构矛盾.】

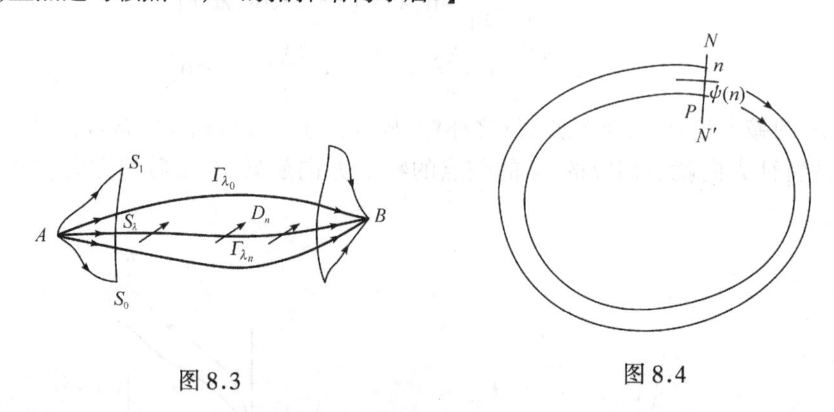

图 8.3　　图 8.4

引理 1.5　X 的每条闭轨线都是极限环.

证明　由于 X 存在可允的解析系统,不妨设 X 就是解析系统,设 γ 是 X 的一条闭轨线,在 γ 上取一点 P,过 P 作无切线段(局部截痕)$N'PN$(如图 8.4 所示)在 $N'PN$ 上定义坐标 n,使 P 点坐标为 0,由于系统 X 是解析的,因此它的后继函数 $\varphi(n)$ 也是解析的,令 $\psi(n)=n-\varphi(n)$ 有 $\psi(0)=0$,要证 $\psi(n)$ 的零点是孤立的,否则在 P 点附近将有无穷多个点使 $\psi(n)=0$.由于 ψ 是解析的,于是在 P 点附近

$\psi(n)\equiv 0$,即 γ 附近都是闭轨线,形成了由闭轨线组成的环域,这个环域不可能是闭的,因为若环域是闭,其边界是由闭轨线组成.由上述同样理由,此闭轨线的两侧附近都是闭轨线,这与它是由闭轨线组成的环域的边界不符,于是这个环域只可能是开域,它的内侧边界不可能是由闭轨线族收缩而成的某个点,即中心,因为 X 无中心.因此,这个环域的边界(二侧)只可能是由连接鞍点的轨线组成的.但由引理1.4,X 不可能存在由鞍点到鞍点的轨线.故 $\psi(n)$的零点是孤立的,即 X 的每条闭轨线都是极限环.】

由此推出

引理 1.6 X 只有有限个极限环.

证明 由引理 1.1 X 只有有限个奇点,而每个极限环内至少有一个奇点,若 X 有无穷多个极限环,记这些极限环为$\{\gamma_\alpha\}$,在 γ_α 上任取一点 x_α,由于 B^2 的紧致性,$\{x_\alpha\}$有聚点 x_c,设 $x_j \to x_c$,设 x_j 所在极限环 γ_j 所围的区域为C_j,由于系统的奇点仅有有限个,一定存在无穷子列$\{\gamma_{j_k}\}$,对 j_k,G_{j_k}包含相同的一些奇点,即$\{\gamma_{j_k}\}$是一个套着一个(图 8.5)无妨设 $G_{j_1}\supset G_{j_2}\supset\cdots\supset G_{j_k}\supset\cdots$,令 $G=\bigcap_k G_{j_k}$,G 是不变集,∂G 也是不变集.∂G 不可能是一个点 A,否则 A 是中心,由引理 1.3 这是不可能的;又由引理 1.4,系统没有鞍点间的连接轨线,故∂G 仅可能是一条闭轨线,显然它不是极限环,但这又与引理 1.5 矛盾.】

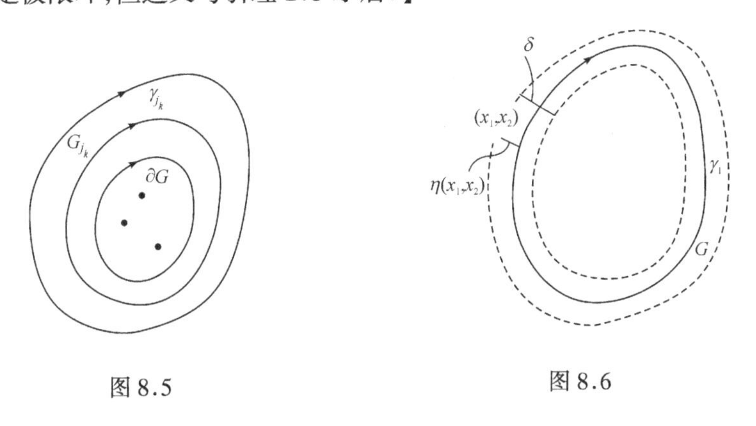

图 8.5　　图 8.6

引理 1.7 若 γ 是 X 的极限环,则它的 Poincaré 指数

$$h(\gamma)=\int_\gamma \mathrm{div}X dt\neq 0.$$

证明 设 $\gamma_1,\gamma_2,\cdots,\gamma_p$ 是X 的全部极限环,设 $h(\gamma_1)=0$.作辅助函数 $\varphi(x_1,x_2)$如下:对于极限环 γ_1,作与 γ_1 的距离为 δ 的二条平行闭曲线,它们界定的环域记为 G(如图 8.6 所示),取 δ 充分小,使

$$G\cap\gamma_j=\phi,\quad j=2,\cdots,p.$$

令

$$\varphi(x_1,x_2)=\begin{cases}\eta(x_1,x_2)e^{-\left(\tan\frac{\eta(x_1,x_2)}{2\delta}\pi\right)^2}, & (x_1,x_2)\in G,\\ 0, & (x_1,x_2)\notin G,\end{cases}$$

其中 $\eta(x_1,x_2)$的值为点(x_1,x_2)到 γ_1 的垂直距离,其符号由点(x_1,x_2)落在极限环γ_1所围的区域内部或外部分别定为正的或负的.不难验证 $\varphi(x_1,x_2)\in C^2(B^2)$,$\varphi(x_1,x_2)|_{\gamma_1}=0$,而且在 γ_1 上,φ 的梯度

$$\|\operatorname{grad}\varphi|_{\gamma_1}\| = \frac{d}{d\eta}\eta e^{-\left(\tan\frac{\eta}{\delta}\right)^2}\Big|_{\eta=0}\neq 0.$$

作系统

$$Y=\left(X_1+\varepsilon a\varphi\frac{\partial\varphi}{\partial x_1}, X_2+\varepsilon a\varphi\frac{\partial\varphi}{\partial x_2}\right),$$

其中$|a|\leqslant 1$和 $\varepsilon>0$,取 ε 充分小,使 Y 是X 的可允系统,不难验证 Y 也仅以γ_1,$\gamma_2,\cdots,\gamma_p$ 为其全部极限环.计算

$$\begin{aligned}h_Y(\gamma_1)&=\int_{\gamma_1}\operatorname{div}Ydt\\&=\int_{\gamma_1}\operatorname{div}Xdt+\varepsilon a\int_{\gamma_1}\varphi\operatorname{div}\left(\frac{\partial\varphi}{\partial x_1},\frac{\partial\varphi}{\partial x_2}\right)dt\\&\quad+\varepsilon a\int_{\gamma_1}(\operatorname{grad}\varphi)^2dt\\&=\varepsilon a\int_{\gamma_1}(\operatorname{grad}\varphi)^2dt\neq 0,\end{aligned}$$

取 $a=+1$ 或 -1,于是相应地得到 $h_Y(\gamma_1)>0$ 或 $h_Y(\gamma_1)<0$,即 Y 的γ_1 既可为不稳定的也可为稳定的,这与 Y 是X 的可允系统相矛盾.】

综合上述七个引理,即得:若 X 是在定义 1.2 下结构稳定的,那么 X 必满足 A-Π 结构稳定的条件;即完成了定理 1.1 的证明的第一步.

下面来叙述定理 1.1 的证明的第二步.设 X 是满足 A-Π 结构稳定条件,要证 X 是在定义 1.1 下结构稳定的.这里仅扼要证明如下(细节见[2],[15]).

首先,由 X 满足 A-Π 结构稳定的条件,其奇点是初等的,特征根实部 q 不为零,因而奇点只可能是结点、焦点、鞍点;X 的各个极限环γ,由于 $h(\gamma)\neq 0$,只可能是稳定的($h(\gamma)<0$)或不稳定的($h(\gamma)>0$).

为了叙述方便,我们把不稳定的结点、焦点以及不稳定的极限环分别称为系统的一个源,把稳定的结点、焦点以及稳定的极限环分别称为系统的一个渊.而且规定:若 B^2 的边界∂B^2 的向量场方向都指向 B^2 的内部(外部),则从∂B^2 出发的积分曲线也称为由源(渊)出发的轨线.

其次,除了奇点、极限环以外,系统 X 的轨线仅有如下两类:

1）连接源与渊的轨线；

2）连接鞍点与源或渊的轨线.

由系统的连续性，连接源与渊的轨线的附近的轨线也是连接相同的源、渊的轨线，因此在系统 X 的轨线集合中，连接源与渊的轨线组成了开集，我们称它的每一连通分支为 X 的一个规范区域. 显然，每一个规范区域有仅有一个源与一个渊.

我们来分析系统 X 的规范区域的边界情况，仅有下面三种.

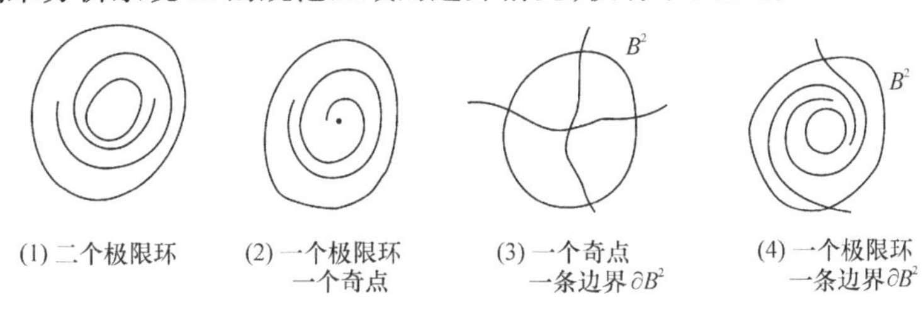

图 8.7

(a) 仅由源与渊组成(如图 8.7 所示)

1）二个极限环；

2）一个极限环与一个奇点；

3）一个是 ∂B^2，另一个是极限环或奇点. 注意到规范区域的边界不可能是连接源与渊的轨线，因此边界除了源与渊外只可能由连接鞍点与源或渊的轨线组成. 又由 X 没有鞍点到鞍点轨线. 因此除了情况(a)外，只可能还有下述二种情况(b)与(c)：

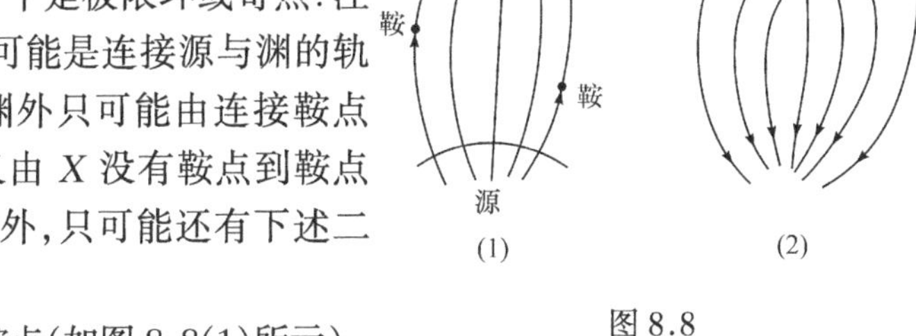

图 8.8

(b) 边界上有二个鞍点(如图 8.8(1)所示)，

(2) 边界上有一个鞍点(如图 8.8(2)所示).

下面我们考虑 X 的扰动系统 Y，当 $\| Y-X \|$ 充分小时，即在小扰动下，有下面一些性质.

引理 1.8 存在 X 的源(渊)的小邻域，使得在 X 的小扰动下 Y 在邻域中有且仅有一个源(渊)，而且当扰动充分小时，Y 的源(渊)相应靠近于 X 的源(渊).

证明 设 X 的渊是稳定的焦点或结点 A，则存在 A 的充分小邻域 C，使得 C 上无 X 的其它奇点，而且边界 ∂C 上 X 的方向指向 ∂C 的内部. 显然在 X 的小扰动下，可使 Y 在 ∂C 上的方向仍指向内部，因而 Y 在 C 内的奇点指数为 1，而且可使(由 $q_X>0$)

$$q_Y=\begin{vmatrix}\dfrac{\partial Y_1}{\partial x_1}\cdot\dfrac{\partial Y_1}{\partial x_2}\\ \dfrac{\partial Y_2}{\partial x_1}\cdot\dfrac{\partial Y_2}{\partial x_2}\end{vmatrix}>0$$

因此 Y 在 C 内有且只有一个稳定的结点或焦点. 当扰动充分小时,它可任意靠近 X 相应的稳定的结点或焦点.

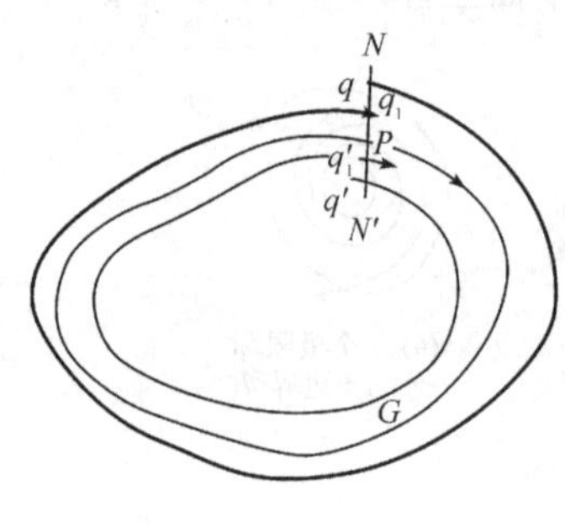

图 8.9

设 X 的渊为稳定的极限环 γ, 在 γ 上取一点 P, 再作截痕 NPN', 在 NPN' 上的 P 点两侧, 取 q 和 q' 充分接近 P, 使过 q,q' 的轨线正向延长与 NPN' 相交于 q_1,q_1', 所得的二段轨线弧与 qq_1, 以及 $q'q_1'$ 组成封闭区域 G, 且在 G 上无奇点(图 8.9). 其次, 考虑系统 Y, 当扰动充分小时, 可使 NPN' 仍为 Y 的截痕, 过 q, q', Y 的轨线分别交 NPN' 于 q_2 和 q'_2, 而且相应得到的 Y 的封闭区域 G_2 上无 Y 的奇点. 于是由 Poincaré-Bendixson 定理, Y 在 G_2 上存在闭轨线 $\bar{\gamma}$. 另一方面, 当扰动充分小时, $h_Y(\bar{\gamma})<0$, 由此 Y 在 G_2 上有且仅有一个稳定的极限环. 易证, 当扰动充分小时, Y 的极限环 $\bar{\gamma}$ 趋于 X 的极限环 γ.

当 X 的渊是 ∂B^2 时, 结论显然. 另外类似地可讨论源的情况.】

引理 1.9　存在 X 的鞍点的小邻域, 使得在 X 的小扰动下 Y 在邻域内有且仅有一个鞍点; 而且当扰动充分小时, Y 的鞍点靠近 X 的相应的鞍点.

证明　考虑 X 的鞍点的小邻域 C, 使 C 上无其它的奇点, 在 ∂C 上的奇点指数为 -1, 且 $q_X<0$. 显然, 只要扰动充分小, 可使 Y 在 C 上的奇点指数亦为 -1, 且 $q_Y<0$. 因此 Y 在 C 内有且只有一个鞍点, 而且它可充分接近 X 的相应的鞍点.】

由引理 1.8 和 1.9 可得

引理 1.10　设 X 的扰动充分小, 于是, Y 划分的规范区域与 X 的规范区域在数目和类型上是相同的; 而且当扰动充分小时, Y 的规范区域趋于 X 的相应的规范区域.

证明　由引理 1.8, 1.9, 在 X 的小扰动下, X 的源、渊、鞍点的小邻域内分别存在唯一的 Y 的源、渊、鞍点, 且扰动充分小时, X 和 Y 相应的源、渊、鞍点可无限接近. 由此 Y 的连接鞍点与源或渊的轨线也无限接近于 X 的连接鞍点与源或渊的轨线. 于是, 对于 X 的一个规范区域的邻近有 Y 的一个相同类型的规范区域与之对应. 另外, 由于 X 只有有限个奇点和极限环, X 的规范区域只有有限个. 因此存在 X 的小扰动, 使得 X 的每一个规范区域附近存在 Y 的相同类型的规范区域. Y 的规范区域的数目显然与 X 相同.】

我们来讨论定理 1.1 的第二步的证明, 即若 X 满足 A-П 结构稳定条件, 要证

X 是在定义 1.1 下结构稳定的,即 $\forall \varepsilon>0, \exists \delta>0$,使满足 $\| Y-X \| < \delta$ 的 Y,存在 ε 同胚 $h: B^2 \to B^2$,把 X 的有向轨线映到 Y 的有向轨线上.下面对 X 的每一规范区域先去找 ε 同胚 h,满足相应的要求,然后再在整个 B^2 上定义 ε 同胚 h.

以规范区域(b)为例,其它情况可作类似讨论.首先讨论规范区域(b)的源和渊都是奇点的情况.设系统 X 的规范区域(b)记为 J_X(如图 8.10 所示),相应的扰动系统 Y 的规范区域记为J_Y,由前面引理1.8,1.9,1.10,当 $Y \to X$ 时,J_Y 的源点和渊点、鞍点以及它们的连接轨线都趋于 J_X 的对应的部分.分别作 J_X 的源点A 和渊点 B 的$\varepsilon/4$ 的邻域,记为 S_1 和 S_2,设∂S_1 和∂S_2 分别交连接轨线 AC, AD, BC, BD 于M_1, M_2, M_3, M_4.在圆 S_1 的圆弧$\widehat{M_1 M_2}$ 上取若干点 $q_1, q_2, \cdots, q_{n-1}, q_n$ 过q_i 作轨线,再作区域 J_X 的若干条截痕$N_1, \cdots, N_k$,以及过 C, D 分别作区域J_X 的截痕N_C, N_D,分割区域 J_X 为若干小块,取 n, k 充分大,使得每一小块的直径$<\varepsilon/4$.

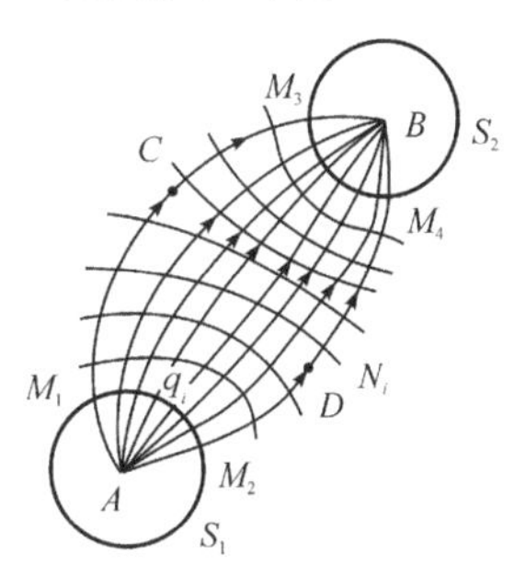

图 8.10

考虑扰动系统 Y 的规范区域J_Y,它与 J_X 相应的源点、渊点、鞍点记为 $\widetilde{A}, \widetilde{B}$, $\widetilde{C}, \widetilde{D}$,鞍点与源点,渊点连接轨线与 S_1, S_2 相交于 $\widetilde{M}_1, \widetilde{M}_2, \widetilde{M}_3, \widetilde{M}_4$.相应地,过 $q_i, i=1,2,\cdots,n$,作 J_Y 的轨线,只要 Y 充分接近X,由前面的讨论可知,$\widetilde{A}, \widetilde{B}, \widetilde{C}$, $\widetilde{D}$ 点分别与A, B, C, D 点充分接近,$\widetilde{M}_i$ 与 $M_i (i=1,2,3,4)$也充分接近,而且 J_Y 被过q_i 的 Y 的轨线以及截痕N_i 以及过$\widetilde{C}, \widetilde{D}$ 分别所作区域J_Y 的截痕$N_{\widetilde{C}}, N_{\widetilde{D}}$,分割成若干小块,可使每小块与 X 对应小块的距离$<\varepsilon/2$.

在 J_X 与J_Y 对应小块上,容易给出同胚 h.具体地说,首先,把$\widehat{M_1 M_2}$ 按弧长均匀对应于$\widehat{M'_1 M'_2}$,记这个对应为 g, $g: \widehat{M_1 M_2} \to \widehat{M'_1 M'_2}$ 是同胚.其次 $\forall a \in \widehat{M_1 M_2}$,过 a 点系统X 的轨线记为$f_{[X]}(a, t)$,对应地 $a'=g(a)$,过 a'点系统 Y 的轨线记为$f_{[Y]}(a', t)$.轨线 $f_{[X]}(a, t)$与 $f_{[Y]}(a', t)$按下面规则建立对应:

(i) 落在 S_1, S_2 以及 S'_1, S'_2之外的对应小块部分按弧长均匀对应(如图 8.11 所示);

(ii) 落在 S_1, S_2 以及 S'_1, S'_2之内对应小块部分按时间 t 对应,即 $f_{[X]}(a, t)$ 对应于 $f_{[Y]}(a', t)$(如图 8.11 所示).

不难看出,在 J_X 与J_Y 之间上述对应是一一的,仍记为 $h: J_X \to J_Y$.今证 h 是连续的.事实上,h 在除A, B 之外的点上连续是显然的(读者自证),仅需要证 h 在 A, B 的连续性.以 A 为例,对应于 Y 的$\widetilde{A}$,设 $\widetilde{A}$ 的小邻域$\widetilde{U} \subset \widetilde{S}'_1$,设 $f_{[Y]}(a', t)$ 从 a'到 $\widetilde{U}$ 的边界$\partial \widetilde{U}$ 上所需的时间为$t_{a'}$.由于 $\widetilde{S}'_1$紧,$f_{[\widetilde{Y}]}(a', t)$连续,故存在常数 $L>0, \forall a' \in \widetilde{S}'_1 \mid t_{a'} \mid < L$.于是令 $\hat{a}=f_{[X]}(a, t_d)$,记 $U=\{f_{[X]}(\hat{a}, t), \forall a \in S$,

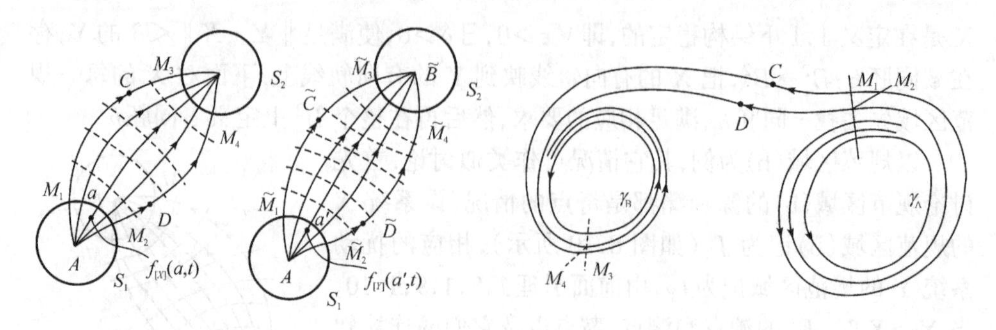

图 8.11　　图 8.12

$t \geqslant L\}$就是包含 A 的一个邻域,且 $h(U) \subset \widetilde{U}$. 故 h 在A 是连续的. 类似地可证 h 在点B 连续. 所以 h 是J_X 上同胚. 这样作出的同胚 h 显然是 ε 同胚(详见[2],[15]).

其次讨论规范区域(b)的源或渊是极限环的情况,如图 8.12 所示.

在不稳定的极限环 γ_A 上取若干点 $P_1, P_2, \cdots, P_n$,过 P_i 作系统X 的局部截痕 N_{P_i}, $i=1,2,\cdots,n$,设鞍点 C,D 与极限环γ_A 的连接轨线与N_{P_i}相交于 $q_i^k, l_i^k(k=1,2,\cdots)$记 $q_1^1=M_1, l_1^1=M_2$,于是区域 J_X 绕A 的部分被N_{P_i}分割成若干小块,只要 N_{P_i}取得充分密,长度充分小,可使每小块直径$<\varepsilon/4$.

再未考虑扰动系统 Y 的对应的规范区域J_Y,记对应的极限环与鞍点为 $\widetilde{\gamma}_A$, $\widetilde{C},\widetilde{D}$,当扰动充分小时,使 N_{P_i}仍是 $\widetilde{\gamma}_A$ 的局部截痕,设鞍点 $\widetilde{C},\widetilde{D}$ 与 $\widetilde{\gamma}_A$ 的连接轨线与N_{P_i}相交于 $\widetilde{q}_i^k$, $\widetilde{l}_i^k(k=1,2,\cdots)$记 $\widetilde{q}_1^1=\widetilde{M}_1$, $\widetilde{l}_1^1=\widetilde{M}_2$,区域 J_Y 绕 $\widetilde{\gamma}_A$ 的部分被 N_{P_i}分割成若干小块,只要系统 Y 充分接近于X,可使 J_Y 与J_X 绕极限环部分对应的小块距离$<\varepsilon/2$.

不难给出对应小块之间按弧长均匀的对应 h, h 是同胚,使得 X 的有向轨线对应于Y 的有向轨线,且同胚 h 一定是ε 同胚.

若渊是稳定的极限环 γ_B,在 γ_B 附近作类似于γ_A 的讨论. 另外 J_X, J_Y 的其余部分(即图 8.12 上 $M_1M_2M_3M_4$ 部分)与前面叙述的渊是奇点的区域相应部分进行同样的讨论.

用类似的办法,可以讨论规范区域(a),(c)的情况,这里不赘述.

我们对系统 X 的每一规范区域都进行上述讨论,由于它的规范区域只有有限个,可找到一个共同的充分小的扰动范围,即存在 $\delta>0$,使得 $\|Y-X\|<\delta$ 中一切Y 与X 在相对应的规范区域都存在ε 同胚,另外由同胚的作法可保证在规范区域的边界上同胚的定义是一致的,因此把限制在每个规范区域上的 ε 同胚联接在一起,便得到 B^2 上一个 ε 同胚. 于是定理 1.1 证明的第二步完成,定理证毕.】

§2. *二维流形上常微系统的结构稳定性

这一节我们主要介绍 M. M. Peixoto 关于紧致的定向的二维流形 M^2 上的常微系统 M_t^2 的结构稳定性定理. 他给出了 M_t^2 是结构稳定的充要条件,进一步他又得到了在 M^2 上的常微系统族中结构稳定系统族稠密的这一重要结论.

Peixoto 在他的论文[4]中原来所给的上述结论成立的范围不仅包括紧致的定向的二维流形,也包括紧致的不定向的二维流形,但是,事实上他的论文的证明对于不定向情况是错误的[19],因此这一节仅介绍 Peixoto 关于可定向的紧致二维流形上常微系统结构稳定性的工作.

Peixoto 为了证明他的上述结论,首先对 M^2 上常微系统建立一系列的逼近引理,这是他的证明最关键的一步;其次,在这些引理的基础上再去推证他的结构稳定性定理以及稠密性定理. 本节基本上按着他的这一证明途径进行.

1. 二维流形上常微系统以及 Peixoto 的结构稳定性定理

二维流形的概念对我们并不生疏,平面、平面上的圆盘、环面以及带有 k 个"洞"的环面(或者说它是带 k 个"环柄"的球面),它们都是可定向的二维流形;而

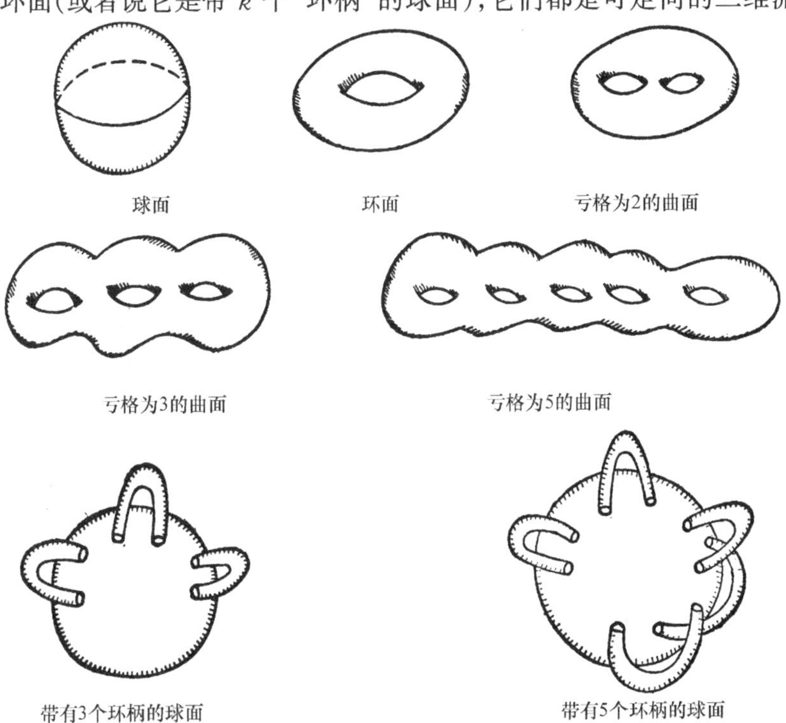

图 8.13

射影平面、Möbius 带、Klein 瓶以及带有 h 个"交叉帽"的球面是不可定向的二维流形(如图 8.13,图 8.14 所示);平面上的圆盘以及 Möbius 带则是带边的二维流形.

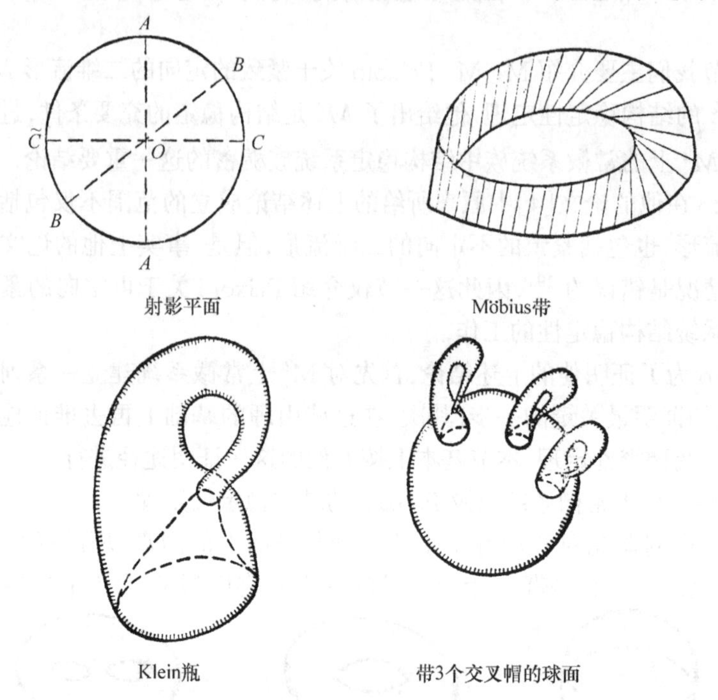

图 8.14

直观上看,上述的二维流形 M^2 有两个特点:第一,它的局部邻域同胚于平面上的小方块;第二,整个二维流形 M^2 是由这些小方块光滑地粘接而成.具体说来,M^2 上存在开覆盖$\{U_j\}$,由于 M^2 紧致,无妨设$\{U_j\}$是 M^2 上有限开覆盖,使得每一个邻域 U_j,存在同胚 $\varphi_j: U_j \to R^2$.若 $x \in U_j$,则 $\varphi(x)(\in R^2)$称为 x 的坐标,U_j 称为坐标邻域,φ_j 称为坐标映射,$\{(U_j, \varphi_j)\}$称为一个局部坐标系.

根据一般拓扑学,有下面的重要定理:

定理 2.1 (曲面拓扑学基本定理) 两个闭的二维流形同胚的充要条件是它们的示性数相等以及能定向性相同.因此,最普遍的可定向的闭二维流形是有 $k(\geqslant 0)$个环柄的球面,最普遍的不可定向的闭二维流形是有 $h(\geqslant 1)$个交叉帽的球面.

证明见[17]. 这里 k 称为可定向闭二维流形的亏格,h 称为不可定向的闭二维流形的亏格.亏格与它的 Euler 示性数 $\chi(M^2)$的关系如下:

$$\chi(M^2) = 2(k-1), \text{当 } M^2 \text{ 是可定向的};$$

$$\chi(M^2) = h-2, \text{当 } M^2 \text{ 是不可定向的},$$

它们分别表示 M^2 的示性数与环柄个数 k 或交叉帽的个数 h 的关系.

二维流形 M^2 上闭曲线 γ 可分成两类:一类是可界于胞腔(cell)的,即存在 γ 在 M^2 上的邻域 U,使得 U 同胚于平面;否则就称它为不可界于胞腔的.

显然,平面与球面上任何闭曲线都是界于胞腔的,但环面则不然,它存在不界于胞腔的闭曲线(如图 8.15 所示),而且易看出,环面上任何两条不相交的不界于胞腔的闭曲线都界成一个柱面.这个性质可推广到一般紧致二维流形,从而得到下面引理.对于这个引理,我们以后将多次应用它.

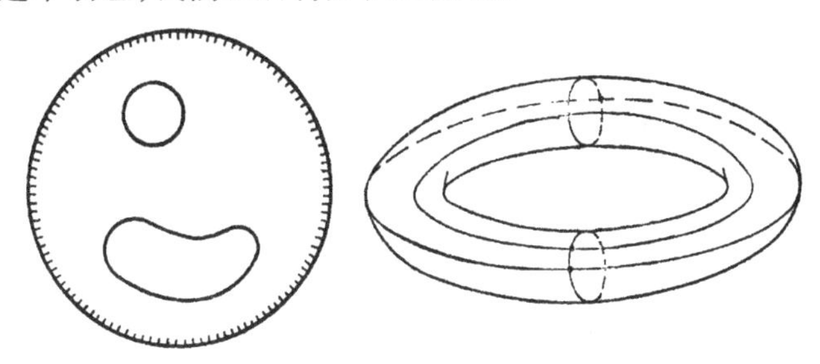

图 8.15

引理 2.1 设 $\gamma_1,\gamma_2,\cdots,\gamma_n$ 是 M^2 上不相交的闭曲线,它们都不界于胞腔,那么对于充分大的 n,在它们中存在两条闭曲线界成一个柱面.

证明 沿着闭曲线切割 M^2,使 M^2 不分离的闭曲线个数不超过 $k=2+\chi(M^2)$,由此 M^2 上单侧闭曲线的个数$\leqslant k$.我们无妨设闭曲线 γ_i 是双侧的.

沿着 γ_1 切割 M^2,$M^2\setminus\gamma_1$ 或连通或不连通,对应地得到一个带边的二维流形 M_1^2,或得到两个如此的流形 M_{11}^2,M_{12}^2.下面仅讨论 M_1^2,若用 M_{11}^2或 M_{12}^2替代 M_1^2 推证相同.

对于二维带边流形 M_1^2,其边界由与 γ_1 重叠的两条闭曲线作成,M_1^2 的 Euler 示性数与 M^2 相同,但易看出 M_1^2 的亏格比 M^2 的亏格小.若再沿着 γ_2 切割 M_1^2 且假定切割使 M_1^2 连通,于是得到另一个流形 M_2^2,其亏格比 M_1^2 小,如此进行下去,直到得到某个带边二维流形 M_i^2 为止,若 M_i^2 是定向的,则它是亏格为零的带有 $2i$ 个洞的球面.若 M_i 是不可定向,则它是亏格为 -1 的带洞的射影平面.对于前者,由于闭曲线 $\gamma_{i+1},\gamma_{i+2},\cdots$都不界于胞腔,它们中每一个将分离球面为两个区域,一个区域包含某些洞,另一个区域包含剩下来的一些洞.如此推证下去容易找到两个下标 j 和 l,使得由 γ_j 和 γ_l 决定的区域仅包含相同的一些洞,于是 γ_j,γ_l 界成一个柱面.

若 M_i^2 是带洞的射影平面,我们沿着 γ_{i+1}分割 M_i^2 为两块,一块是带洞的胞腔,另一个是带洞的 Möbius 带,它的边界是 γ_{i+1}的重叠,与前面推证类似,可得到引理所要求的两条闭曲线,它们界成一个柱面.】

设 M^2 是二维紧致流形,S 是M^2 上 $C^r(r\geqslant1)$向量场,S 在M^2 上定义了一个

常微系统

$$\frac{dx}{dt} = S(x), \qquad (*)$$

其中 $S(x)$ 是 S 在 x 点的切向量. 若曲线 $x(t)$ 是常微系统 $(*)$ 的解, 即对于 $-\infty < t < \infty$ 有

$$\frac{dx(t)}{dt} = S(x(t)),$$

通常亦称 $x(t)$ 是 $(*)$ 的一条解曲线.

命题 2.1 设 M^2 上向量场 S' 是 C^r 的 $(r \geqslant 1)$, 则初值问题

$$\begin{cases} \dfrac{dx}{dt} = S(x), \\ x(0) = p \end{cases}$$

存在唯一的解曲线 $x = x(t), (-\infty < t < \infty), x(0) = p$. 若记过 p 的解曲线为 $x = \phi_t(p)$, 则解曲线 $\phi_t(p)$ 对初值点是 C^r 连续依赖的.

证明[18] 对于 M^2 上常微系统, 我们可以类似于前面几章所讲的平面上的常微系统, 研究它的奇点结构、极限环的存在性, 也可以类似于第七章, 去研究它的一些复杂轨道的拓扑结构(见[20],[21],[22],[23],[24],[25]). 这一节我们主要来研究 M^2 上常微系统的结构稳定性.

设 M^2 上所有 C^1 向量场的集合记为 $\mathscr{B}$, 在 $\mathscr{B}$ 中给出 C^1 模(或称 C^1 拓扑), 于是 $\mathscr{B}$ 是有 C^1 模的线性空间. 具体地说, 设 $X, Y \in B$, 可取有限个坐标邻域 $\{U_j\}$ 覆盖 M^2, 在局部坐标系 $\{(U_j, \varphi_j)\}$ 下, 我们定义

$$\rho_j(X, Y) = \max_{U_j}\left[\max_{i,k}\left(|X_i - Y_j|, \left|\frac{\partial X_i}{\partial x_k} - \frac{\partial Y_i}{\partial x_k}\right|\right)\right],$$

$$\rho(X, Y) = \max_j(\rho_j(X, Y)).$$

这里, X_i, Y_i 分别是在局部坐标系下 X, Y 的分量.

在叙述 Peixoto 定理之前, 先给出一些术语.

定义 2.1 M^2 上向量场 X 的奇点 P 称为初等的, 只要 X 在点 P 的 Jacobi 矩阵是非奇异的; 若这个矩阵的特征值具有非零的实部, 则称 P 点为双曲奇点.

显然, 当 X 仅有初等奇点时, X 仅有有限个奇点(读者自己证明). 设 X 的闭轨线 γ, 在 γ 上一点 O 作截痕 C, 在 C 上接近于 O 点的一点 $\hat{\eta}$ 出发的轨线, 当 t 增加时, 将又通过 C, 与 C 的第一个交点记为 $h(\hat{\eta})$, 于是在 C 上 O 点的小邻域上定义了可微映射 $\hat{\eta} \to h(\hat{\eta})$, 通常称它为 Poincaré 映射. 记

$$h(\gamma) = \int_\gamma \operatorname{div} X dt = \int_\gamma \left(\frac{\partial X_1}{\partial x_1} + \frac{\partial X_2}{\partial x_2}\right) dt,$$

其中 X_1, X_2 为向量场 X 的分量.

定义 2.2 若 $h(\gamma)\neq 0$,则称 γ 是 X 的简单闭轨线,或者说,闭轨线 γ 是双曲的.若 $h(\gamma)<0$,则 γ 是稳定的;若 $h(\gamma)>0$,则 γ 是不稳定的.$h(\gamma)$ 称为闭轨线 γ 的稳定指数.

注意,定义 2.2 不依赖于局部坐标系的选择.现在来叙述本节的主要定理.

定理 2.2 (Peixoto[4]) 设 M^2 是紧致的可定向的二维流形,X 是 M^2 的 C^1 向量场,则 X 是结构稳定的,当且仅当

(1) X 仅有有限个奇点且它们是双曲的;

(2) X 的任何轨线的 α, ω 极限集仅由奇点或闭轨线组成;

(3) X 不存在连接鞍点与鞍点的轨线;

(4) X 仅有有限个闭轨线且它们是简单的.

条件(1),(3),(4)就是 Андронов-Понтрягин 所给出的平面圆盘 B^2 上的常微系统的结构稳定性条件,而条件(2)在 B^2 上可由(1),(3),(4)推出.为叙述方便,我们引进下述定义.

定义 2.3 若系统 X 满足定理 2.2 中的条件(1),则称它是(1)型的,若它满足条件(1),(2),则称它是(1.2)型的,等等.

定义 2.4 给定系统的集合 $\mathscr{C}\subset\mathscr{B}$,我们称 $\mathscr{C}$ 可逼近 X,只要 $X\in\overline{\mathscr{C}}$.

为了证明定理 2.2,Peixoto 先给出了一系列的逼近引理(即引理 2.2 至引理 2.9,共七个).由此再去证明定理 2.2.

引理 2.2 任何系统 $X\in\mathscr{B}$ 可以用(1)型系统 Y_1 逼近.

证明并不复杂,但用到微分拓扑的知识,故略去,可见[4].

关于引理 2.3 至引理 2.9 我们将分成下面两个小节详细论述它们.

2. 关于非平凡极小集合的消去法

所谓极小集合就是非空的不变的闭集,而且它不包含任何非空的不变的闭的真子集.例如,系统的一个奇点或一条闭轨线显然是系统的极小集合,第七章中叙述的环面上无理流亦是系统的极小集合.通常称非奇点、非闭轨线的极小集合为系统的非平凡的极小集合[16].

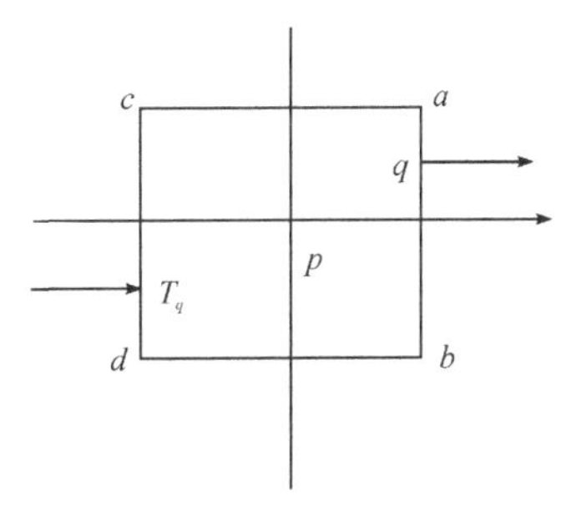

图 8.16

这一小节主要来证明:(1.2)型系统是在(1)型系统中稠密,于是由引理 2.2,(1.2)型系统又在 $\mathscr{B}$ 中稠密.其关键在于证明,在 C^1 小扰动下总可以消去系统 Y_1 的非平凡的极小集合,从而得到新的闭轨线或新的连接鞍点与鞍点的轨线,这就是这一小节所要叙述的非平凡极小集合的消去法.

设 P 是系统 Y_1 的常点,对于 P 我们来做一个"方形"$R=abcd$,R 的"水平"边

ca 与 db 是 Y_1 的两条轨道弧,"铅直"边 ab 与 cd 是与 Y_1 的线性场正交的两条弧(如图 8.16 所示).

我们不妨假设在具体的局部坐标系下,R 取得适当小,使它包含于过 P 的局部坐标邻域中,且记 R 为 $|x|\leqslant 1, |y|\leqslant 1$,记 $P=(0,0)$,$a=(1,1)$,$b=(1,-1)$,$c=(-1,1)$,$d=(-1,-1)$,而且 R 内的向量场 Y_1 的方向是平行于 x 轴正指向的单位向量.

设 $q\in[a,b]$,考虑 Y_1 的过 q 的轨线 $\gamma(q)$,若 $\gamma(q)$ 在 q 以后还与 $[c,d]$ 相交,记第一次相交的交点为 T_q,于是确定了一个映射 $T:[a,b]\to[c,d]$.设其定义域为 $\Gamma\subset[a,b]$,Γ 可能是空的.若存在 $c_0,d_0\in[a,b]$ 使得 $T_{c_0}=c$,$T_{d_0}=d$.Γ 中可能包含 c_0 或 d_0,也可能不包含 c_0 或 d_0.为叙述简便起见,我们总假定方形 R 的 ca 与 bd 不属于同一轨线.

引理 2.3　设集合 $\Gamma\subset[a,b]$ 是变换 $T:[a,b]\to[c,d]$ 的在 $[a,b]$ 上有定义的集合,则 Γ 由有限个区间组成,且当这些区间的端点 $S\overline{\in}\Gamma$ 时,过 S 的轨线 $\gamma(S)$ 趋于某个鞍点.

证明　设 $q\in\Gamma\setminus a\cup b\cup c_0\cup d_0$,由系统连续性,存在 q 在 $[a,b]$ 上小邻域 $U(q)$,使得 $U(q)\subset\Gamma$,即 $\Gamma\setminus a\cup b\cup c_0\cup d_0$ 是在 $[a,b]$ 中开的,显然它至多是可数个不相交的开区间的和集.设 (S,S') 是这些区间中的一个,且设 $S\notin\Gamma$,考虑一切从 (S,S') 出发的轨线,它与 $[c,d]$ 相交(见图 8.17),对于所有 $q\in(S,S')$ 轨线弧 $\widehat{qT_q}$ 构成一个"带子"Δ,考虑过 S 的轨线 $\gamma(S)$,由于 $S\notin\Gamma$,$\gamma(S)$ 一定属于 Δ 的边界 $\partial\Delta$ 上,且 $\omega(\gamma)\subset\partial\Delta$.易证,$\Delta$ 是同胚于 R^2 中不带两条平行边的长方形(如图 8.18 所示),$\omega(\gamma)$ 显然只能是奇点,又由于系统 Y_1 是(1)型的,这个奇点只能是鞍点.另一方面由于(1)型的奇点仅有有限个,因此上述 $\Gamma\setminus a\cup b\cup c_0\cup d_0$ 是有限个互不相交的开区间的和集,于是 Γ 就是由有限个互不相交的区间(开的或闭的或半开半闭的)组成的.】

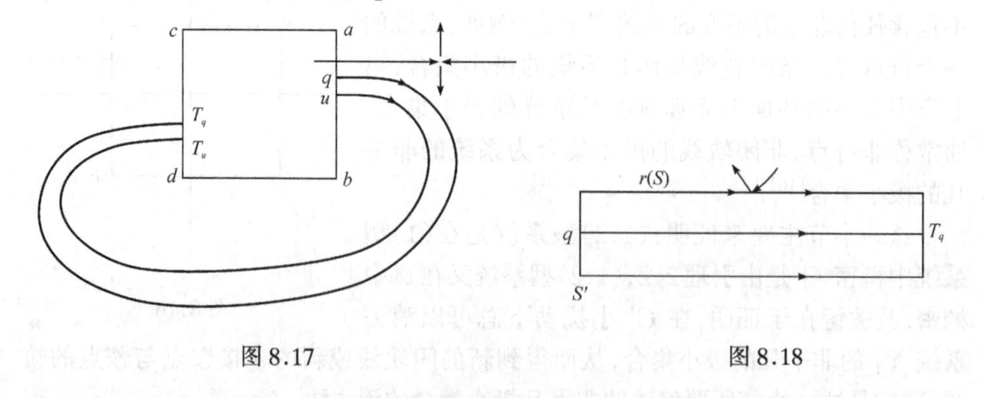

图 8.17　　　　图 8.18

引理 2.4　考虑 Y_1 的非平凡的极小集合 μ 中的一点 P,假设 P 的外围存在这样一个局部坐标方形 R,使从 R 的右侧边 ab 出发的轨线都不趋向于鞍点,则 Y_1 可用过点 P 是闭轨线的系统去逼近,并且可以要求这个闭轨线不界于胞腔之内.

证明 若 T 在 a 与 b 上有定义,则由引理 2.3,T 在 $[a,b]$ 上都有定义,若 T 在 a 或 b 上没有定义,于是由 μ 的非平凡极小集合的性质,总可以找到 μ 上一点 $\bar{P}$ 以及相应的方形 $\bar{R}$,使 $\bar{R}$ 的右侧边 $[a,b]$ 上 a,b 两点处 T 都有定义,于是 T 在 $[a,b]$ 上都有定义(读者自证)故不妨设 $P\in\mu$,在其相应的坐标方形 R 的右侧边 $[a,b]$ 上,T 都有定义(如图 8.19 所示).

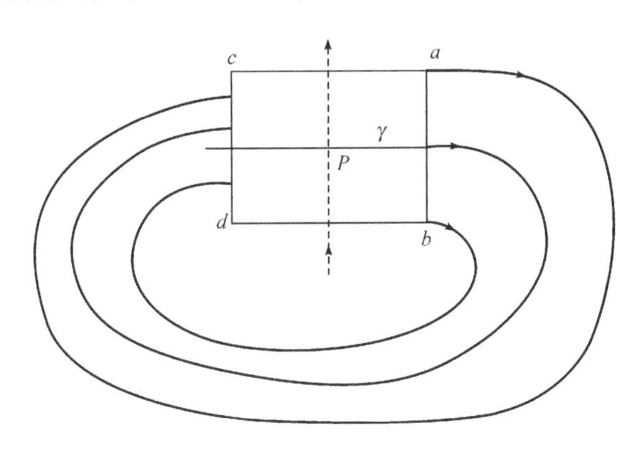

图 8.19

设过 P 的轨线记为 γ,γ 上存在无限多条轨线弧任意接近 P.若记 q_i 为 γ 上自 P 以后第 i 次落在线段 $\sigma: x=-1, 0\geqslant y\geqslant -\dfrac{1}{2}$ 上的点,存在充分大的 i 使得 q_i 任意接近 $(-1,0)$,记 P_i 为对应于 y 轴上的点,使得 P_i 任意接近 $P=(0,0)$.

设 φ 是可微函数,使得在 R 内 $\varphi>0$,在 R 以外 $\varphi=0$,设 $Z=(0,1)$ 为 R 内垂直向上的向量场,对于 $0\leqslant u\leqslant 1$ 定义 M^2 上新的向量场

$$X(u) = Y_1 + \varepsilon u\varphi Z.$$

当取 ε 充分小时,它可任意接近向量场 Y_1,记 $\gamma(u)$ 为系统 $X(u)$ 的过 P 的轨线,显然由于 T 在 $[a,b]$ 上到处有定义推出 $\gamma(u)$ 无限次与 R 相交,它不趋于奇点.

对于每点 $y\in\sigma$,考虑 $X(0)$ 与 $X(1)$ 过 y 的轨线,记 $\delta(y)>0$ 表示这两条轨线在 y 轴上所决定的线段长度.$\delta(y)$ 关于 y 连续,由紧致性,存在常数 $\delta>0$,使得 $\delta(y)>\delta$, $\forall_y\in\sigma$.

选择充分大的 i,使得 $\rho(P_i,P)<\delta$,由 M^2 的可定向性,能够决定充分小的 u_0,使得对于 $u\leqslant u_0$,$\gamma(u)$ 第 i 次交于 σ 的点 $q_i(u)$ 在 q_i 之上.由此对应的 $P_i(u)$ 即 $\gamma(u)$ 在 y 轴上的交点也在 P_i 之上(见图 8.20).显然 $P_i(u)$ 关于 u 是连续且单调增加的.于是若 $P_i(u_0)$ 在点 P 之上,则一定存在 $u<u_0$,使 $P_i(u)=P$,即 $\gamma(u)$ 是闭轨.

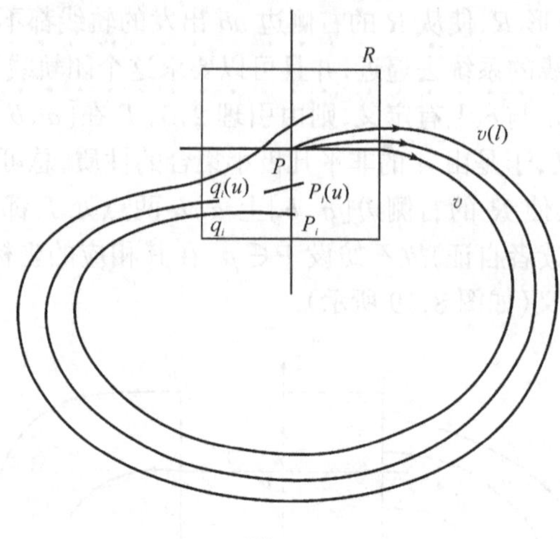

图 8.20

若 $P_i(u_0)$在点 P 之下,我们考虑 $u>u_0$ 的 $\gamma(u)$,因为 $q_i(u_0)\in\sigma$,利用系统的连续性以及 M^2 的可定向性,存在 $u_1>u_0$,使得 $u\leqslant u_1$,$q_i(u)$连续且在 q_i 之上,若 $P_i(u_1)\geqslant P$,则存在 $u\leqslant u_1$,使 $P_i(u)=P$,即 $\gamma(u)$是闭轨线.

若 $P_i(u_1)<P$,可用 $u_2(>u_1)$替代上述 u_1 作类似的讨论…….上述讨论或终止在某个有限的 k 步上,得到某个闭轨线 $\gamma(u)$,$0<u\leqslant u_k$,或得到序列 $u_0<u_1<\cdots<u_k<\cdots\leqslant 1$,且 $\forall k$,有 $P(u_k)<P$,$q_i(u_k)\in\sigma$,$q_i(u_k)>q_i$.于是令 $u_k\to\hat{u}$,考虑所有 $u\in[0,\hat{u})$的 $\gamma(u)$的轨道弧$\overline{PP_i(u)}$组成的"带子"Δ,显然 $\gamma(\hat{u})\in\overline{\Delta}$,由题设 $\gamma(\hat{u})$不趋于任何鞍点,于是 $q_i(\hat{u})\in\sigma$,且 $q_i(\hat{u})>q_i$,$P_i(\hat{u})\leqslant P$.若 $P_i(\hat{u})=P$,即得闭轨线 $\gamma(\hat{u})$;若 $P_i(\hat{u})<P$,可继续上述讨论.

归纳地,上述讨论或终止在某步,得到闭轨线 $\gamma(u)$,或者 $q_i(u)$可最终开拓到区间$[0,1]$上,使得 $q_i(1)\in\sigma$,$q_i(1)>q_i$.但这时由在 σ 上极小提升 δ 的定义有 $P_i(1)>P$,因而存在 $0<u<1$,使 $P_i(u)=P$,即得到闭轨 $\gamma(u)$[1)].

最后指出,由于 μ 是非平凡极小集合,存在它的充分长时间上的轨道弧不含于胞腔,因而只要上述的 ε 适当小,可使得所得到的闭轨线不界于任何胞腔.】

引理 2.5　设 μ 是 Y_1 的非平凡的极小集,R 是相应于 $P\in\mu$ 的局部坐标方形,假定 R 充分小,使它不与任何连接鞍点的轨线相交,而且存在 Y_1 的两条轨线 $\gamma_1,\gamma_2,\alpha(\gamma_1)=\sigma_1,\omega(\gamma_2)=\sigma_2,\sigma_1,\sigma_2$ 是鞍点,使得 $P\in\omega(\gamma_1)$,$P\in\alpha(\gamma_2)$,那么 Y_1 能够用比 Y_1 有更多的鞍点与鞍点的连接轨线的系统去逼近.

1) 注意上述 $q_i(u)$可能碰到 σ 的底,它与 σ 的交点可能不止 i 个.但这点并不影响我们的讨论,Peixoto 为了克服这个困难,对 R 的定义作了一些修改,详见 Topology,**2**(1963),2,179—180.

证明 因为 $P\in\omega(\gamma_1)$,若我们从鞍点 $\alpha(\gamma_1)$ 出发,沿着 t 的增加 γ_1 将交 cd, y 轴无限多次,记 a_k、α_k 以及 τ_k 分别是 γ 与 cd, y 轴, ab 的第 k 次交点.类似地,记 b_j,β_j 是 γ_2 当 t 减少时与 ab, y 轴的第 k 次交点,显然存在 α_k,β_k 的子序列收敛于 P(如图 8.21 所示).

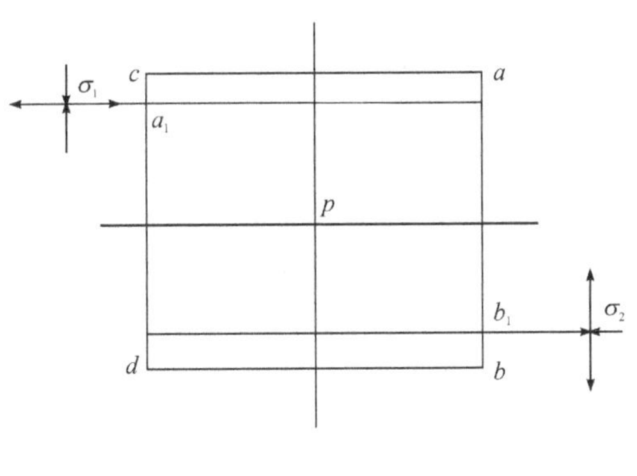

图 8.21

不失一般性,我们可以假定 R 的平行边 ca, db 都不属于 γ_1 或 γ_2 的任何一条.

考虑扰动系统

$$X(u)=Y_1+\varepsilon u\varphi Z,\ -1\leqslant u\leqslant 1,$$

其中 $Z=(0,1)$,而光滑函数 φ 在 R 以外等于零,在 R 内, $\varphi>0$.设 Θ_{-1} 和 Θ_1 分别是 cd 上小线段 $x=-1,|y|\leqslant m$ 以及 ab 上小线段 $x=1,|y|\leqslant m$.这里 m 适当小,对于扰动 $X(1)$ 存在关于 Θ_{-1} 的极小提升 $\delta_{-1}>0$,即一切从 Θ_{-1} 出发的 $X(1)$ 的轨线相交 y 轴的点,这一点的坐标比起出发点的 y 轴的坐标之差要 $\geqslant\delta_{-1}$.类似地对线段 Θ_1 存在一个极小提升 $\delta_1<0$,使得从 Θ_1 上一点出发的 $X(1)$ 的轨线,当 t 减少时交 y 轴于等点,该点坐标与出发点的坐标之差 $\leqslant\delta_1<0$.

类似地对于系统 $X(-1)$,记 $\bar{\delta}_{-1}<0,\bar{\delta}_1>0$ 分别表示对应于 Θ_{-1} 和 Θ_1 的极小提升,设 $\delta=\min(\delta_{-1},-\delta_1,-\bar{\delta}_{-1},\bar{\delta}_1)$ 选择 i 充分大,使

$$a_i\in\Theta_{-1},\quad b_i\in\Theta_1,\quad d(\alpha_i,\beta_i)<\delta/2,\tag{Δ}$$

这里 d 表示距离,因 R 与 X 的一切连接鞍点的轨线不相交,若固定下标 i,那么 $\alpha_i\neq\beta_i$.这里只有如下的两种可能:

(a) α_i 在 β_i 之下;

(b) α_i 在 β_i 之上.

首先讨论情况(a),在这种情况下,我们感兴趣的仅是对应 $0\leqslant u\leqslant 1$ 的扰动系统 $X(u)$.设 $a_i(u)$ 和 $\alpha_i(u)$ 为过 a_1 的 $X(u)$ 的轨道第 i 次分别与 cd, y 轴相交的交点(见引理 2.4 证明的脚注).类似地可讨论点 $b_i(u)$ 和 $\beta_i(u)$.只要 u 充分小,这些点是

有确定的定义的，且它关于 u 连续、单调. 这样就存在确定的 u_0，它如此小，使得对于 $0\leqslant u\leqslant u_0$，$a_i(u)$是 a_i 之上，而 $b_i(u)$在 b_i 之下且 $\alpha_i(u)$在 $\beta_i(u)$之下.

取 u 从 u_0 增加到 1，仅需要证，有某个 u，$0<u\leqslant 1$，使 $\alpha_i(u)=\beta_i(u)$. 假设它不成立，那末只要 $\alpha_i(u)$，$\beta_i(u)$有定义，就连续、单调，$\alpha_i(u)$是在 $\beta_i(u)$之下，于是下面两个结论是正确的：

(c) $a_i(u)$与 $b_i(u)$不都是在 $0\leqslant u\leqslant 1$ 上有定义；

(d) $a_i(u)$与 $b_i(u)$有定义，但 $\alpha_i(u)$在 $\beta_i(u)$之下，对于 $0\leqslant u\leqslant 1$.

首先讨论情况(c). 为确定起见，假定 $a_i(u)$不是对一切 u 有定义，另外一种情况(即 $b_i(u)$)是完全类似的. 对于适当小的 u，弧 $a_1(u)a_i(u)$将相交于引理 2.3 中定义的 Γ 于 i 个点 $\tau_1(u),\cdots,\tau_i(u)$. τ 是 u 的连续函数，只要它们中没有相交于 Γ 的任何端点，于是 $a_i(u)$是有定义的，由此，我们推出存在一确定的值 $\bar{u}$ 使得点 $\tau(\bar{u})$中一个在如下方式下达到 Γ 的端点，即要么它的端点不属于 Γ，要么 $a_i(u)$在 $\bar{u}$ 以上不能定义，即不存在 $u'>\bar{u}$ 使得 $a_i(u)$对 $\bar{u}<u<u'$有定义. 当端点不属于 Γ 时，我们从引理 2.3 知道通过它的轨线进到鞍点 σ，这意味着开始于 a_1 的 $X(\bar{u})$的轨线趋向于 σ. 因为弧 $a_1\sigma$ 是 $X(\bar{u})$的新的连接鞍点 σ 与 σ_1 的轨线，由此引理成立. 其次，若端点属于 Γ，由引理 2.3 它仅可能是 a,b,c_0,d_0 之一，若它是 c_0，那么弧 $a_1a_i(u)$穿过 a 且 $a\overline{\in}\Gamma$，否则 $a_i(u)$超出 $\bar{u}$ 而有定义，这与 $\bar{u}$ 的假设不符. 但是 $a\overline{\in}\Gamma$，又加上存在 a 的一侧邻域属于 Γ 这个事实，由引理 2.3 的论证可推出过它的轨线将趋于鞍点. 于是我们又再一次得到新的连接鞍点之间轨线. 类似地，我们可以讨论端点是 d_0 的情况；若它是 a 或 b 而且属于 Γ，那么 $a_i(u)$能够扩充到 $\bar{u}$ 以外. 这与 $\bar{u}$ 的定义不符. 这样，引理在(c)的情况被证明了.

最后讨论情况(d)，将极小提升的论证应用到这种情况，于是 $\alpha_i(1)$比 a_i 至少高 δ 以及 $\beta_i(1)$至少比 b_i 低 δ，那么由(Δ)以及(a)有 $a_i<b_i$，且 $d(a_i,b_i)<\delta/2$，于是存在 $\bar{u}$，$0\leqslant\bar{u}\leqslant 1$，使 $\alpha_i(\bar{u})=\beta_i(\bar{u})$，轨线 $\gamma(\bar{u})$又是一条新的连接鞍点的轨线. 故情况(a)下的引理 2.5 成立.

当证明情况(b)时，我们仅只要讨论扰动 $X(u)$，其中 $-1\leqslant u\leqslant 0$，推证的行文完全一样. 于是整个引理 2.5 得证.】

引理 2.6　系统 Y_1 能够用只具有平凡极小集的(1)型系统 Y_1' 来逼近.

证明　若 Y_1 有非平凡的极小集 μ，取 $P\in\mu$，连接 P 的局部坐标方形为 R，只要 R 取得充分小，可使 R 与 Y_1 的任何连接鞍点与鞍点的轨线不相交，由此我们可以假定 R 上只可能有引理 2.4 或引理 2.5 的结构. 事实上，若 R 的 ab 侧边上无趋于鞍点的轨线，即为引理 2.4 的情况，否则 ab 侧边上有趋向于鞍点的轨线，此时若 cd 边上仍无趋于任何鞍点的轨线，用 cd 替代引理 2.4 中的 ab 边可以得到同样结论，其次若 cd 边上也有趋于鞍点的轨线，此时 R 属于引理 2.5 的情形.

由引理 2.4,引理 2.5,我们有 Y_1 的小扰动 $Y_{1,1}$使得 $Y_{1,1}$有新的不界于胞腔的闭轨线或者有比原来系统 Y_1 更多的连接鞍点之间的轨线. 若 $Y_{1,1}$仍有非平凡的极小集,重复上面论述,又得到新的不界于胞腔的闭轨线或新鞍点间的连接轨线. 因为系统仅存在有限个鞍点,若不断重复这个过程,取扰动充分小(即使得与 Y_1 的 C^1 距离任意小),这个过程进行到某个系统 Y_{1ij},有 j 条闭轨线 $\gamma_1,\cdots,\gamma_j$,它们中没有界于胞腔的,j 可任意大,使得对应于引理 2.1,M^2 上闭曲线 $r_1,r_2,\cdots r_j$ 都不界于胞腔且互不相交,而且加上一条闭曲线与它们其中一个界成一个柱面. 若 Y_{1ij}仅有平凡的极小集,引理 2.6 成立. 假定它仍有非平凡的极小集 μ_{j+1},则 μ_{j+1}将属于柱面,这不可能. 因此令 $Y_1'=Y_{1,ij}$,Y_1'没有非平凡的极小集,Y_1'仍是(1)型的,故引理得证.】

3. 进一步的逼近引理

现在继续进行逼近过程,其目的是通过逼近过程得到(1,2,3,4)型系统. 我们称系统是(1,2′)型的,只要它满足(1)以及下述的(2′),这里,(2′)替换定理 2.2 中(2).

(2′)每一轨线的 α,ω 极限集或是奇点或是闭轨线或是由鞍点与连接它们的连接轨线作成的图.

引理 2.7 Y_1'能用(1,2′)型系统 Y_2'逼近.

证明 仅考虑 ω 极限集情况,α 极限集情况类似. 设 γ 是 Y_1'的轨线,假定 $\omega(\gamma)$既不是奇点或闭轨线,也不是由鞍点与连接它们的轨线所构成的图. 我们应用引理 2.3 的证明替代这里的推证以及考虑到 $\omega(\gamma)$不可能包含任何非平凡极小集,于是容易看出,必须存在轨线 δ,它离开鞍点而且无穷多次返回到自己的邻域,即 $\delta\subset\omega(\delta)$. 显然也存在轨线 ξ 进入这个鞍点,且 $\xi\subset\omega(\delta)$(读者自证). 考虑关于 $P\in\xi$ 的局部坐标方形 R,选择 R 使得 P 以后的轨线 ξ 与 R 的右侧边相交于 P'进入鞍点,不再返回 R. R 可以选择充分小,使得 R 不与任何连接鞍点轨线相交.

设 $q_i,i=1,2,\cdots$是 δ 与 R 的左侧边第 i 次的交点,q_i'是 R 的右侧边上对应于 q_i 的点,那么存在序列 $i_j j=1,2,\cdots$使得当 $j\to\infty$时,$q_{i_j}'\to P'$. 现在我们要处理与引理 2.5 相类似的情况,而且事实上比那里情况还简单一些,利用类似的推证,我们可用有比 Y_1'更多连接鞍点间轨线的系统 $Y_{1,1}'$逼近 Y_1',若 $Y_{1,1}'$不满足条件(2′),重复上面论证,得到系统 $Y_{1,2}'$,它又比系统 $Y_{1,1}'$具有更多的连接鞍点间轨线,等等,由于这些连接轨线是有限的,最终将得到满足条件(1)以及(2′)的系统 Y_2'. 引理得证.】

引理 2.8 Y_2'能用(1,2,3)型的系统 Y_3 逼近.

证明 我们分两步证,第一步消去系统 Y_2'中由鞍点连接而成的"闭圈"(如图 8.22);第二步再消去系统的连接鞍点间的轨线.

第一步,为简便起见,不妨设鞍点与连接它们的轨线所组成的闭圈是由四个鞍

点 S_1,S_2,S_3,S_4 所连接成的(如图 8.22 所示),在连接轨线 S_1S_2 上任取一点 P,作 P 的方形 $R:abcd$,在 S_1S_2 上另取一点 A,过 A 作局部截痕 N_A,在 N_A 上取 A_1,由于闭圈性质,只要 A_1 充分接近 A,过 A_1 轨线 $f(A_1,t)$,当 $t\to+\infty$时,将螺旋地趋近于$\widehat{S_1S_2S_3S_4}$(如图 8.22 所示).

设过 A_1 轨线当 t 正向延长时第一次与 N_A 相交于A_2,取定轨线弧$\widehat{A_1A_2}$之后,再取 $R(abcd)$充分小使得 R 与$\widehat{A_1A_2}$不交,在 $abcd$ 上作小扰动(方法与前面引理同),扰动方向如图所示. 设 P_1,P_2 分别是轨线弧 S_1S_2 与 cd,ab 相交的交点,于是在扰动下,过 P_1 的轨线当 $t\to\infty$ 时,它只能落在由$\widehat{S_1S_2S_3S_4}$与$\widehat{A_1A_2A_1}$ 所围成的区域 G 内,它不可能与由过 P_2 轨道连接,因而在此扰动下,闭圈 $S_1S_2S_3S_4$ 被消除,由于系统 Y_2'仅有有限个如此连接鞍点的闭圈,于是继续消除下去,总可以得到没有闭圈的系统 Y_2'.

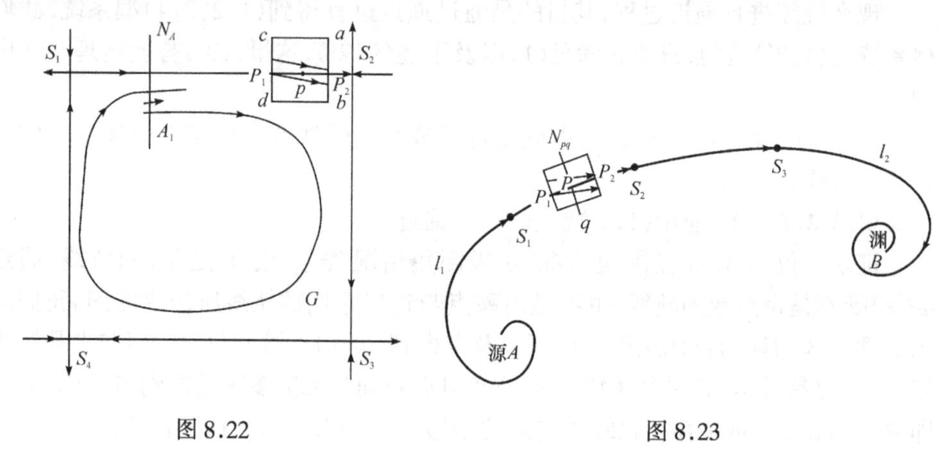

图 8.22　　图 8.23

第二步,设 Y_2'没有连接鞍点的闭圈,但仍有连接鞍点的轨线,无妨设它是由鞍点 S_1,S_2,S_3 连接而成(如图 8.23)由于系统没有连接鞍点的闭圈,因此可设进入鞍点 S_1 的一条轨线 l_1,l_1 当 $t\to-\infty$时,它趋于“源”A(即源点或不稳定的极限环),而且存在从 S_3 出发的一条轨线 l_2,当 $t\to\infty$时,l_2 趋于“渊”B(即渊点或稳定的极限环). 在$\widehat{S_1S_2}$上取一点,过 P 作局部截痕N_{pq},当局部截痕充分小时,由于系统的连续性以及$\widehat{S_1S_2S_3}$ 的定义总可以使得过$\widehat{pq}$上任一点的轨线,负向以源 A 为极限集,正向以渊 B 为极限集,作 P 的小方形R,使得 $R\cap N_{pq}\subset N_{pq}$,在小方形 R 内作向量场的小扰动σ,扰动的方向如图,于是过 P_1 的轨线正向趋于渊 B,而过 P_2 的轨线负向不再与过 P_1 的轨线连接,它只能跑向某个源,这时连接鞍点 S_1,S_2 的轨线弧$\widehat{S_1S_2}$被“切断”了,类似地还可以“切断”$\widehat{S_2S_3}$以及系统其它连接鞍点轨线,最后得到满足条件(1),(2),(3)的系统 Y_3.】

引理 2.9　系统 Y_3 能够用(1,2,3,4)型系统 Y_4 逼近.

证明 分几种情况讨论

(一) Y_3 的所有闭轨线都是孤立的,因而闭轨线只可能是有限条.若闭轨线 l 的一侧是稳定的而另一侧是不稳定的,则可以在 l 的一个小邻域 $U(l)$ 上作系统 Y_3 一个适当小旋转扰动,可使 l 分裂为两个闭轨线 l_1,l_2,分别为双侧稳定的、双侧不稳定的(证明见第四章§3).因此,我们无妨设 Y_3 都是稳定或不稳定的闭轨线,若它们是双曲的,引理成立.假设不然,设存在闭轨线 l,它是稳定的,存在轨线 $\gamma,l=\omega(\gamma)$,且它的稳定指数,$h(\gamma)=0$,我们要作系统的一个小扰动,使它的 $h(\gamma)<0$.为此,在 l 上取一点 P,作 P 的小方形 R,取 R 充分小,使得过 R 的轨线都是正向趋于闭轨线 l,假设 Y_3 在 R 内每一点都是单位向量(1,0)考虑可微函数 $\phi(y),f(x)$ 使得

当 $0<y<1$ 时,$\phi(y)<0$ 且 $\phi(0)=0,\phi'(0)<0$;

当 $-1<y<0$ 时,$\phi(y)>0$;当 $|y|\geqslant 1$ 时,$\phi(y)=0$;

当 $|x|<1$ 时,$f(x)>0$;$|x|\geqslant 1,f(x)=0$.

设 Y_3' 是 Y_3 的扰动系统,由 $Y_3'=Y_3+\varepsilon\phi fZ$ 定义,其中 ε 充分小,$Z=(0,1)$,由 Y_3' 联系的微分方程

$$\frac{dx}{dt}=Y_{3,1},\quad \frac{dy}{dt}=Y_{3,2}+\varepsilon\phi(y)f(x).$$

此时 l 仍为 Y_3' 的闭轨线,它的稳定指数 $h(l)$

$$h(l)=\int_l \operatorname{div} Y'_3\,dt=\int_l \operatorname{div} Y_3\,dt+\int_l \varepsilon\phi'(y)f(x)dx$$

$$=\int_{-1}^{1}\varepsilon\phi'(0)f(x)dx<0\left(\text{因为}\int_l \operatorname{div} Y_3 dt=0\right).$$

于是在 Y_3 的小扰动下可得到系统 Y_3',使得它是(1,2,3)型且它的一切闭轨线是双曲的.

(二) Y_3 存在非孤立的闭轨线 l.在 M^2 上考虑一切与 l 同伦的闭轨线的集合 L,这个集合除 l 外非空,这是因为 l 非孤立,在 l 邻近存在无穷多条与它同伦的闭轨线.由同伦性质知道,L 中非 l 的闭轨线都与 l 界成一个 M^2 上的环域,而且所有这些环域的并仍为一个环域 D.此时仅有二种情况:(a)这个环域 D 是带边的;(b)这个环域 D 是不带边的.

对于情况(a),显然这个环域 D 的边是两条闭曲线,由于系统不存在鞍点间的连接轨线,因此闭曲线只能是闭轨线 l_1,l_2.而且它们的一侧是稳定的或不稳定的.无妨设 l_1 是外侧稳定的,l_2 是外侧不稳定的(如图 8.24),容易看到,在 l_1 的外侧存在闭曲线 $\widetilde{l}_1$,使 Y_3 在 $\widetilde{l}_1$ 上方向指向一侧,同样在 l_2 内侧存在闭曲线 $\widetilde{l}_2$,使 Y_3 在 $\widetilde{l}_2$ 上方向指向一侧(如图).令 $\widetilde{l}_1,\widetilde{l}_2$ 所围的环域为 $\widetilde{D}$,不难看出,可把环域 $\widetilde{D}$ 光滑地同胚到平面上的环域 $\widetilde{D}_0$,$\widetilde{D}_0$ 上向量场由 $\widetilde{D}$ 上诱导得到,所得系统再

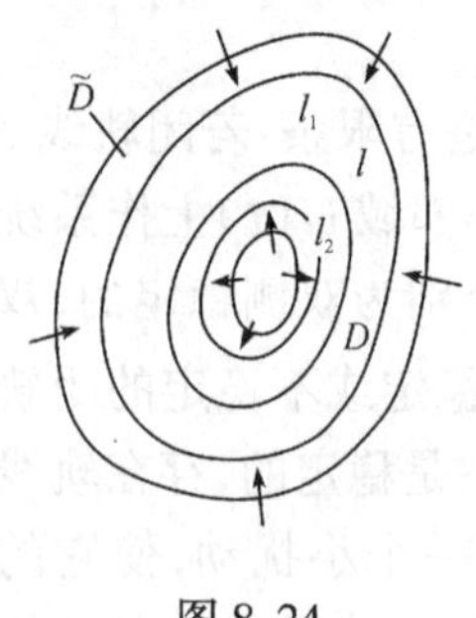

图 8.24

沿着 $\widetilde{D}_0$ 的边界 l_2^0 嵌上一个源点 A.于是得到平面圆盘 B^2 上系统 $\widetilde{Y}_B$.由于 Y_3 在 $\widetilde{D}$ 上是(1,2,3)型的,不难验证 $\widetilde{Y}_B$ 在B^2 上也是(1,2,3)型的.事实上,在上面光滑同胚下,奇点的个数以及它们的拓扑结构不变,即原来的鞍点、源点、渊点分别仍是 $\widetilde{Y}_B$ 上鞍点、源点、渊点.而且在光滑同胚下,轨道的极限关系不变,因此 $\widetilde{Y}_B$ 除了增加了一个源点A 外,整个拓扑结构与 Y_3 在 $\widetilde{D}$ 上系统相同.在 B^2 上考虑 $\widetilde{Y}_B$ 的解析的小扰动系统 $\hat{Y}_B$,当扰动充分小时,可使 $\hat{Y}_B$ 的奇点仍保持原来的结构,即 $\hat{Y}_B$ 是(1)型的.而且由于 $\hat{Y}_B$ 是解析系统,由§1 知它仅有有限条闭轨线,仍没有鞍点的连接轨线.对应于 $\hat{Y}_B$ 通过光滑同胚又在$\widetilde{D}$ 上诱导一个系统Y_3',Y_3'具有有限个双曲奇点以及有限条闭轨线,且没有鞍点之间的连接轨线.

类似地,对 Y_3 在 M^2 上其它非孤立闭轨线作同样的讨论.由于 M^2 是闭的,互不同伦的闭轨线的环域只能有限,因此最终在 M^2 上可得到 Y_3 的一个小扰动系统 Y_3^*,Y_3^* 满足条件(1),(3)以及它的闭轨线是有限的.

若 Y_3^* 满足条件(2),则 Y_3^* 满足条件(1),(2),(3),且仅有有限条闭轨线,这就归为情况(一);若 Y_3^* 不满足条件(2),即存在轨线 γ,无妨设 $\omega(\gamma)$不是奇点或闭轨线,不难利用 Y_3^* 满足(3)推出 $\omega(\gamma)$中一定存在非平凡的 P 式轨线,利用引理 2.7 的方法作小扰动去消除它,由于上述的环域中不存在非平凡的 P 式轨线,因此上面消除非平凡 P 式轨线的过程只在M^2 上不属于上述的若干环域的部分进行.但是在这些部分可能出现新的鞍点间轨线.对于它可利用引理 2.8 作小扰动去消除它,然而在这些部分还可能存在无穷多条闭轨线,对此再重复上述情况(a)的讨论.由于在 M^2 上互不同伦的闭轨线的环域仅有有限个,因此这样的过程,必在有限步终止,而得到满足条件(1),(2),(3)以及闭轨线是有限的系统.于是又归为已讨论的情况(一).

对于情况(b),显然此时 M^2 应为环面 T^2,(一)若 T^2 上存在某条闭轨线 l 它的一侧是孤立的.无妨设这一侧是稳定的,于是存在一条闭曲线 γ_l,γ_l 充分接近 l,且 γ_l 上系统的切向量都指向一侧.此时沿着 γ_l 切割 T^2 得到平面上环域系统,又归为上述情况(a),但由于环面 T^2 上不再发生非平凡的 P 式轨线,这里的讨论要比上述情况(a)简单.(二)若 T^2 上闭轨线都不孤立,此时 T^2 全由互相同伦的闭轨线组成.取其中两条 l_1,l_2 切断 T^2 即得二个柱面上的系统,作小扰动可使 l_1,l_2 中一个为稳定闭轨线另一个为不稳定的闭轨线.系统的其它的轨线都渐近于它们(读者自证这点)显然这个系统是满足引理要求.引理得证.】

4. 结构稳定性定理与稠密性定理的证明

定理 2.2 的证明 假定 X 是结构稳定的，由引理 2.9，X 将满足条件(2)，(3)以及它的奇点、闭轨线都是有限的，其次可用与平面 B^2 上相同的方法．证 X 的奇点是双曲的(读者自证)．最后要证 X 的闭轨线都是双曲的，假设其中存在某条闭轨 γ 有稳定指数 $h(\gamma)=0$，无妨设它的一侧是稳定的，对它的某点 P 的小方形 R 的上侧，考虑扰动系统 $X' = X + \varepsilon\phi fZ$，$\varepsilon$ 充分小，$Z=(0,-1)$．f,φ 定义同引理 2.9．与引理 2.9 相同可得到小扰动系统 X' 其稳定指数 $g(\gamma)>0$，于是 γ 是不稳定的，又 γ 又是 X 的一侧稳定的．这与 X 是结构稳定性相矛盾．这就证明了定理 2.2 的必要性部分．

假定 X 满足条件(1)，(2)，(3)，(4)．要证 X 是 ε 结构稳定的．事实上，回顾平面 B^2 上在结构稳定定理的充分性部分证明中所用规范区域以及构造同胚的方法，都可用到这里，这里不用复述，由读者自证．于是定理得证．】

由定理 2.2 的证明，即得

推论 对于定向二维流形上的常微系统，结构稳定性与 ε 结构稳定性是等价的．

由定理 2.2 以及引理 2.9 可推得：

定理 2.3(稠密性定理) 设 M^2 是定向的紧致的二维流形，将 M^2 上一切结构稳定的常微系统的集合记为 Σ，则 Σ 在 M^2 上一切常微系统的空间 $\mathscr{B}$ 中开且稠．

证明 Σ 是开的，这可直接由结构稳定系统 X 在小扰动下，它的规范区域的拓扑结构不变的事实推得．Σ 亦是稠的，这可直接由 X 满足条件(1)，(2)，(3)，(4)，并应用引理 2.9 得到．】

习 题 八

1. 若把定理 1.1 中的圆盘 B^2 换为整个平面 R^2，定理是否仍成立？(提示：化为球面上的系统去考虑．)

2. 在结构稳定性的定义中，可否把 C^1 度量改为 C^0 度量？

3. 证明：设 $X\in \mathfrak{X}(B^2)$，X 的奇点都是初等的，则 X 的奇点仅有有限个．

4. 证明定理 1.1 的第二步关于规范区域(a)(c)的部分．

5. 证明：图 8.25 所示的两个区域 A，B．存在同胚 $h:A\to B$，h 把 A 上有向轨线映满 B 上有向轨线．

6. 证明 在平面圆盘 B^2 上系统 $x(B^2)$ 中，Peixoto 定理中条件(4)可由条件(1)，(2)，(3)推得．

7. 证明定理 2.2 的充分性部分．

8. 证明：设 M^2 是定向的紧致的二维流形，M^2 上一切结构稳定的常微系统的集合记为 Σ，则 Σ 在 M^2 上一切常微系统的空间 B 中是开的．

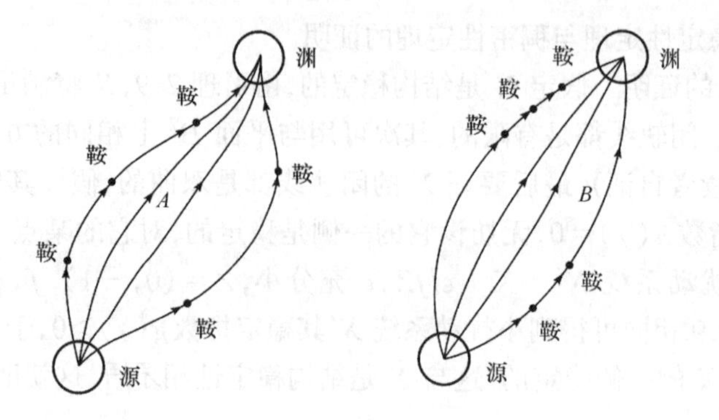

图 8.25

参 考 文 献

[1] Андронов, А. А., Понтрягин Л. С. Глубие системы, *ДАН*, **16**(1937), 5, 247—250.

[2] DeBaggis, H. F., Dynamical Systems With Stable Structures, *Contributions to nonlinear oscillations*, Ⅱ (1952), 37—59.

[3] Peixoto, M. M., On structural stability, *Ann Math, Princeton*, **69**(1959), 199—222.

[4] ———, Structural Stability on two-Dimensional Manifolds, *Topo logy*, **1**(1962), 101—120.

[5] Smale, S., Differentiable dynamics systems, *Bull, Amer. Math. Soc.*, **73**(1967), 747—817.

[6] Nitecki, Z., Differentiable Dynamical, The M. I. T. Press, 1971.

[7] Markus, L., Lectures in Differentiable Dynamics CBMS Regional conference series, no. 3(1970, 1980 增订) cleveland Ohio.

[8] 廖山涛，紧致微分流形上常微分方程系统的某类诸态备经性质，北京大学学报(自然科学)1963, 3, 241—265, 1963, 4, 309—324.

[9] ———，典范方程组，数学学报，**17**(1974), 100—109, 175—196, 270—295.

[10] ———，阻碍集(Ⅰ)，数学学报，**3**(1980), 23, 411—453.

[11] ———，阻碍集(Ⅱ)，北京大学学报(自然科学)，1981, 2, 1—36.

[12] ———，一个推广的 C^1 封闭引理，北京大学学报(自然科学)，(1979), **3**, 1—41.

[13] ———, On the Stability Conjecture, *Chinese Annals of Math*, **1**(1980), 1, 9—30.

[14] ———，常微系统的结构稳定性及一些相关的问题，计算机应用与应用数学，1978, **7**, 52—64.

[15] 第一章，参考文献[2].

[16] 第一章，参考文献[1].

[17] H.沙爱福，W.施雷发，拓扑学，人民教育出版社，1981.

[18] Boothby, W. M., An introduction to Differentiable Manifolds and Riemannian Geometry, Academic Press, 1975.

[19] Gutierrez, C., Smooth Nonorientable Nontrivial Recurrence on TwoManifolds, *J. Diff. Equs*, **29**(1978), 388—395.

[20] 陈藻平，环面上具有一个奇点的系统的拓扑分类，数学学报 **24**(1981), 1, 154—160.

[21] 叶彦谦、罗定军，环面上含奇点的微分方程的定性研究，数学年刊，**1**(1980), 3, 4, 335—349.

[22] 余澍祥，二维流形上动力系统的某些问题，数学进展，**10**(1981), 1, 12—23.

[23] 董镇喜,二维定向流形上动力系统的一些拓扑结构,北京大学学报(自然科学),1982,2,23—29.

[24] ————,二维流形的广义 Poincaré-Bendixson 环域定理,数学进展,**12**(1983),3,222—225.

[25] ——,On the classification of Dynamical Systems for Orientable 2-Manifolds, Proceedings of the 1983 Beijing Symposium on Differential Geometry and Differential Equations, Science Press, Beijing, China, 1986, 441—442.

《现代数学基础丛书》已出版书目

1 数理逻辑基础(上册) 1981.1 胡世华 陆钟万 著
2 数理逻辑基础(下册) 1982.8 胡世华 陆钟万 著
3 紧黎曼曲面引论 1981.3 伍鸿熙 吕以辇 陈志华 著
4 组合论(上册) 1981.10 柯 召 魏万迪 著
5 组合论(下册) 1987.12 魏万迪 著
6 数理统计引论 1981.11 陈希孺 著
7 多元统计分析引论 1982.6 张尧庭 方开泰 著
8 有限群构造(上册) 1982.11 张远达 著
9 有限群构造(下册) 1982.12 张远达 著
10 测度论基础 1983.9 朱成熹 著
11 分析概率论 1984.4 胡迪鹤 著
12 微分方程定性理论 1985.5 张芷芬 丁同仁 黄文灶 董镇喜 著
13 傅里叶积分算子理论及其应用 1985.9 仇庆久 陈恕行 是嘉鸿 刘景麟 蒋鲁敏 编
14 辛几何引论 1986.3 J.柯歇尔 邹异明 著
15 概率论基础和随机过程 1986.6 王寿仁 编著
16 算子代数 1986.6 李炳仁 著
17 线性偏微分算子引论(上册) 1986.8 齐民友 编著
18 线性偏微分算子引论(下册) 1992.1 齐民友 徐超江 编著
19 实用微分几何引论 1986.11 苏步青 华宣积 忻元龙 著
20 微分动力系统原理 1987.2 张筑生 著
21 线性代数群表示导论(上册) 1987.2 曹锡华 王建磐 著
22 模型论基础 1987.8 王世强 著
23 递归论 1987.11 莫绍揆 著
24 拟共形映射及其在黎曼曲面论中的应用 1988.1 李 忠 著
25 代数体函数与常微分方程 1988.2 何育赞 萧修治 著
26 同调代数 1988.2 周伯壎 著
27 近代调和分析方法及其应用 1988.6 韩永生 著
28 带有时滞的动力系统的稳定性 1989.10 秦元勋 刘永清 王 联 郑祖庥 著
29 代数拓扑与示性类 1989.11 [丹麦] I. 马德森 著
30 非线性发展方程 1989.12 李大潜 陈韵梅 著

31 仿微分算子引论 1990.2 陈恕行 仇庆久 李成章 编
32 公理集合论导引 1991.1 张锦文 著
33 解析数论基础 1991.2 潘承洞 潘承彪 著
34 二阶椭圆型方程与椭圆型方程组 1991.4 陈亚浙 吴兰成 著
35 黎曼曲面 1991.4 吕以辇 张学莲 著
36 复变函数逼近论 1992.3 沈燮昌 著
37 Banach 代数 1992.11 李炳仁 著
38 随机点过程及其应用 1992.12 邓永录 梁之舜 著
39 丢番图逼近引论 1993.4 朱尧辰 王连祥 著
40 线性整数规划的数学基础 1995.2 马仲蕃 著
41 单复变函数论中的几个论题 1995.8 庄圻泰 杨重骏 何育赞 闻国椿 著
42 复解析动力系统 1995.10 吕以辇 著
43 组合矩阵论(第二版) 2005.1 柳柏濂 著
44 Banach 空间中的非线性逼近理论 1997.5 徐士英 李 冲 杨文善 著
45 实分析导论 1998.2 丁传松 李秉彝 布 伦 著
46 对称性分岔理论基础 1998.3 唐 云 著
47 Gel'fond-Baker 方法在丢番图方程中的应用 1998.10 乐茂华 著
48 随机模型的密度演化方法 1999.6 史定华 著
49 非线性偏微分复方程 1999.6 闻国椿 著
50 复合算子理论 1999.8 徐宪民 著
51 离散鞅及其应用 1999.9 史及民 编著
52 惯性流形与近似惯性流形 2000.1 戴正德 郭柏灵 著
53 数学规划导论 2000.6 徐增堃 著
54 拓扑空间中的反例 2000.6 汪 林 杨富春 编著
55 序半群引论 2001.1 谢祥云 著
56 动力系统的定性与分支理论 2001.2 罗定军 张 祥 董梅芳 著
57 随机分析学基础(第二版) 2001.3 黄志远 著
58 非线性动力系统分析引论 2001.9 盛昭瀚 马军海 著
59 高斯过程的样本轨道性质 2001.11 林正炎 陆传荣 张立新 著
60 光滑映射的奇点理论 2002.1 李养成 著
61 动力系统的周期解与分支理论 2002.4 韩茂安 著
62 神经动力学模型方法和应用 2002.4 阮 炯 顾凡及 蔡志杰 编著
63 同调论——代数拓扑之一 2002.7 沈信耀 著
64 金兹堡-朗道方程 2002.8 郭柏灵 黄海洋 蒋慕容 著

65 排队论基础 2002.10 孙荣恒 李建平 著
66 算子代数上线性映射引论 2002.12 侯晋川 崔建莲 著
67 微分方法中的变分方法 2003.2 陆文端 著
68 周期小波及其应用 2003.3 彭思龙 李登峰 谌秋辉 著
69 集值分析 2003.8 李 雷 吴从炘 著
70 强偏差定理与分析方法 2003.8 刘 文 著
71 椭圆与抛物型方程引论 2003.9 伍卓群 尹景学 王春朋 著
72 有限典型群子空间轨道生成的格(第二版) 2003.10 万哲先 霍元极 著
73 调和分析及其在偏微分方程中的应用(第二版) 2004.3 苗长兴 著
74 稳定性和单纯性理论 2004.6 史念东 著
75 发展方程数值计算方法 2004.6 黄明游 编著
76 传染病动力学的数学建模与研究 2004.8 马知恩 周义仓 王稳地 靳 祯 著
77 模李超代数 2004.9 张永正 刘文德 著
78 巴拿赫空间中算子广义逆理论及其应用 2005.1 王玉文 著
79 巴拿赫空间结构和算子理想 2005.3 钟怀杰 著
80 脉冲微分系统引论 2005.3 傅希林 闫宝强 刘衍胜 著
81 代数学中的 Frobenius 结构 2005.7 汪明义 著
82 生存数据统计分析 2005.12 王启华 著
83 数理逻辑引论与归结原理(第二版) 2006.3 王国俊 著
84 数据包络分析 2006.3 魏权龄 著
85 代数群引论 2006.9 黎景辉 陈志杰 赵春来 著
86 矩阵结合方案 2006.9 王仰贤 霍元极 麻常利 著
87 椭圆曲线公钥密码导引 2006.10 祝跃飞 张亚娟 著
88 椭圆与超椭圆曲线公钥密码的理论与实现 2006.12 王学理 裴定一 著
89 散乱数据拟合的模型、方法和理论 2007.1 吴宗敏 著
90 非线性演化方程的稳定性与分歧 2007.4 马 天 汪宁宏 著
91 正规族理论及其应用 2007.4 顾永兴 庞学诚 方明亮 著
92 组合网络理论 2007.5 徐俊明 著
93 矩阵的半张量积:理论与应用 2007.5 程代展 齐洪胜 著
94 鞅与 Banach 空间几何学 2007.5 刘培德 著
95 非线性常微分方程边值问题 2007.6 葛渭高 著
96 戴维-斯特瓦尔松方程 2007.5 戴正德 蒋慕蓉 李栋龙 著
97 广义哈密顿系统理论及其应用 2007.7 李继彬 赵晓华 刘正荣 著
98 Adams 谱序列和球面稳定同伦群 2007.7 林金坤 著

99　矩阵理论及其应用　2007.8　陈公宁　编著
100　集值随机过程引论　2007.8　张文修　李寿梅　汪振鹏　高　勇　著
101　偏微分方程的调和分析方法　2008.1　苗长兴　张　波　著
102　拓扑动力系统概论　2008.1　叶向东　黄　文　邵　松　著
103　线性微分方程的非线性扰动(第二版)　2008.3　徐登洲　马如云　著
104　数组合地图论(第二版)　2008.3　刘彦佩　著
105　半群的 S-系理论(第二版)　2008.3　刘仲奎　乔虎生　著
106　巴拿赫空间引论(第二版)　2008.4　定光桂　著
107　拓扑空间论(第二版)　2008.4　高国士　著
108　非经典数理逻辑与近似推理(第二版)　2008.5　王国俊　著
109　非参数蒙特卡罗检验及其应用　2008.8　朱力行　许王莉　著
110　Camassa-Holm 方程　2008.8　郭柏灵　田立新　杨灵娥　殷朝阳　著
111　环与代数(第二版)　2009.1　刘绍学　郭晋云　朱　彬　韩　阳　著
112　泛函微分方程的相空间理论及应用　2009.4　王　克　范　猛　著
113　概率论基础(第二版)　2009.8　严士健　王隽骧　刘秀芳　著
114　自相似集的结构　2010.1　周作领　瞿成勤　朱智伟　著
115　现代统计研究基础　2010.3　王启华　史宁中　耿　直　主编
116　图的可嵌入性理论(第二版)　2010.3　刘彦佩　著
117　非线性波动方程的现代方法(第二版)　2010.4　苗长兴　著
118　算子代数与非交换 L_p 空间引论　2010.5　许全华　吐尔德别克　陈泽乾　著
119　非线性椭圆型方程　2010.7　王明新　著
120　流形拓扑学　2010.8　马　天　著
121　局部域上的调和分析与分形分析及其应用　2011.4　苏维宜　著
122　Zakharov 方程及其孤立波解　2011.6　郭柏灵　甘在会　张景军　著
123　反应扩散方程引论(第二版)　2011.9　叶其孝　李正元　王明新　吴雅萍　著
124　代数模型论引论　2011.10　史念东　著
125　拓扑动力系统——从拓扑方法到遍历理论方法　2011.12　周作领　尹建东　许绍元　著
126　Littlewood-Paley 理论及其在流体动力学方程中的应用　2012.3　苗长兴　吴家宏　章志飞　著
127　有约束条件的统计推断及其应用　2012.3　王金德　著
128　混沌、Mel'nikov 方法及新发展　2012.6　李继彬　陈凤娟　著
129　现代统计模型　2012.6　薛留根　著
130　金融数学引论　2012.7　严加安　著
131　零过多数据的统计分析及其应用　2013.1　解锋昌　韦博成　林金官　著

132　分形分析引论　2013.6　胡家信　著

133　索伯列夫空间导论　2013.8　陈国旺　编著

134　广义估计方程估计方程　2013.8　周　勇　著

135　统计质量控制图理论与方法　2013.8　王兆军　邹长亮　李忠华　著

136　有限群初步　2014.1　徐明曜　著

137　拓扑群引论(第二版)　2014.3　黎景辉　冯绪宁　著

138　现代非参数统计　2015.1　薛留根　著